橋梁点検ハンドブック

財団法人道路保全技術センター
道路構造物保全研究会　編

鹿島出版会

序

　わが国の道路は，永年にわたり整備されてきた結果，その蓄積である道路のストックも今や膨大となり，これを良好に保全することが，従来にも増して強く求められています。一方交通量の増大，車両の大型化による道路の損傷が激化し，また交通渋滞や交通事故の増加等は大きな社会問題となっております。こうした状況に適切に応えていくためには，高度な保全技術を駆使することにより，道路を常に望ましい状態に保全することが肝要であります。そのためには，道路の保全に関する情報を組織的に収集・蓄積し，それらを活用して調査研究を進めるとともに，保全にかかわる技術の官民における人材不足にも対処することが急がれています。

　財団法人道路保全技術センターは，このような情勢に対応するため，1990年以来道路保全に関する総合的な技術の開発を行い，効率的な保全技術を広く提供するべく活動してまいりました。また，1995年には広く官民による道路構造物の保全に関する技術の研究・開発，新技術・新工法の普及と技術交流を図るための「道路構造物保全研究会」を当センターに設置いたしました。

　本研究会では，材料，機械・器具，調査，設計，施工など広く保全技術にかかわる分野の知見を収集・蓄積し，このたび，同研究会計測・診断部会橋梁委員会によりこれまでの研究を総括するものとして「橋梁点検ハンドブック」を刊行する運びとなりました。

　これまで尽力いただいた関係各位に感謝の意を表するとともに，本書が橋梁点検業務に携わる技術者の一助となることを願う次第です。

　　平成 18 年 11 月

　　　　　　　　　　　　　　　　　　　　　　　財団法人道路保全技術センター
　　　　　　　　　　　　　　　　　　　　　　　　　　理事長　佐藤信彦

まえがき

　道路構造物保全研究会 計測・診断部会 橋梁委員会は発足以来，橋梁点検に役立てるような報告書を作成してきた。特に近年は，鋼橋およびコンクリート橋の両小委員会が合同で「点検のポイント」としての具体的な報告書を作成し，点検者の手助けになるように活動してきた。

　しかし，系統だった報告書ではなく，委員の間からも「会員会社への具体的なフィードバックが必要」「橋梁の設計を経験していなくても点検に従事する人が増えているので，一貫したトレーニングマニュアルが必要ではないか」という意見が出された。

　現在，橋梁点検技術研修で行われている教育では，損傷等の現象面を捉えることが重点で，その原因まで推定できるような一貫した講義は行われていない。

　米国では「橋梁点検員トレーニングマニュアル90」が完成されており，それに従った教育研修が行われ，資格が与えられている。

　当部会でも，昨今の状況から近い将来このような一貫した教育が必要になると判断し，2カ年をかけ，ハンドブックを作成することとし，平成14年度から活動を開始した。米国のトレーニングマニュアルを参考とし，わが国の実情にあわせ，内容を取捨選択，増補している。

　また素案作成当初では，昭和63年7月の土木研究所資料第2651号「橋梁点検要領（案）」に従い記述していたが，平成16年3月に国土交通省道路局国道・防災課から「橋梁定期点検要領（案）」が発刊され，損傷の種類の変更，損傷評価基準および対策区分の判定が変更されているため，平成16年度から17年度に内容の見直しとともに関係項目の修正も行った。

　ここに完成したハンドブックは，橋梁委員会全員の勉強の成果であるとともに，点検に対して一貫した教育が行われてほしいという進取の成果でもある。各章を担当した委員は必ずしも担当部門のエキスパートではないため，誤記などを危惧するが，会員会社の講習会も含め今後多くの方面で利用されれば委員の望外の喜びである。

　　平成18年11月

道路構造物保全研究会
計測・診断部会　橋梁委員会

計測診断部会　橋梁委員会「橋梁点検ハンドブック」作成者名簿（平成16年3月現在）

(部 会 長)	森　　康晴	パシフィックコンサルタンツ㈱
(副 部 会 長)	西川　武夫	㈱シードコンサルタント
(副 部 会 長)	笠井　利貴	大日本コンサルタンツ㈱
(橋梁委員長)	白瀬　昇快	清水建設㈱
(コンクリート橋小委員長)	森田　嘉満	オリエンタル建設㈱
(委　　員)	戸次　和雄	㈱アール・アンド・ディーエンジニアズ
	今尾　勝治	㈱安部工業所
	渡邊　裕一	石川島播磨重工業㈱
	中山　良直	川田建設㈱
	天野　　勲	基礎地盤コンサルタンツ㈱
	厚地　憲一	㈱橋梁検査センター
	葛目　和宏	㈱国際建設技術研究所
	西川　　忠	㈱コンステック
	前田　敏也	清水建設㈱
	吉田　光信	㈱白石
	河島　啓二	㈱白石
	猪八重由之	新構造技術㈱
	中江　広晴	日本工営㈱
	阿部　久雄	日本データーサービス㈱
	赤坂　保彦	㈱ニュージェック
	山口　恒太	パシフィックコンサルタンツ㈱
	立松　　博	ピーシー橋梁㈱
	品川　清和	ピーシー橋梁㈱
	藤原　保久	三井住友建設㈱
	高井伸一郎	村本建設㈱
	新井　淳一	リテックエンジニアリング㈱
(鋼橋小委員長)	細井　義弘	横河工事㈱
(委　　員)	杉崎　　守	㈱イスミック
	飯野　剛弘	川崎重工業㈱
	川口　喜史	川崎重工業㈱
	磯　　光夫	川田工業㈱
	諸隈　成幸	住友重機械工業㈱
	佐々木靖彦	住友重機械工業㈱
	西ヶ谷健彦	JFEエンジニアリング㈱
	伊藤　　功	瀧上工業㈱
	外山　義春	㈱ドーコン
	吉田　　靖	日立造船鉄構エンジニアリング㈱
	西永　卓司	㈱富士ピー・エス
	梶原　　勉	㈱富士ピー・エス
	須藤　典助	三井造船㈱

目　　次

序
まえがき
「橋梁点検ハンドブック」作成者名簿

第1章　序　　説

1.1　本書の目的と構成 ……………………………………………………………… 1
　1.1.1　目　　的 …………………………………………………………………… 1
　1.1.2　構　　成 …………………………………………………………………… 1
1.2　ハンドブックの必要性 ………………………………………………………… 2
1.3　用語の定義 ……………………………………………………………………… 2

第2章　橋梁技術の変遷

2.1　コンクリート橋の技術の変遷 ………………………………………………… 5
　2.1.1　コンクリート橋の発展 …………………………………………………… 5
　2.1.2　コンクリート橋の技術基準 ……………………………………………… 6
　2.1.3　コンクリート橋の標準設計 ……………………………………………… 8
　2.1.4　コンクリート橋の材料および許容応力度 ……………………………… 10
　2.1.5　コンクリート橋の設計法 ………………………………………………… 13
　2.1.6　コンクリート橋の施工法 ………………………………………………… 14
2.2　鋼橋の技術の変遷 ……………………………………………………………… 15
　2.2.1　鋼橋の発展 ………………………………………………………………… 15
　2.2.2　鋼橋の技術基準 …………………………………………………………… 17
　2.2.3　鋼橋の標準設計 …………………………………………………………… 19
　2.2.4　鋼橋の材料および許容応力度 …………………………………………… 19
　2.2.5　鋼橋の設計法 ……………………………………………………………… 20
　2.2.6　鋼橋の施工法 ……………………………………………………………… 23
2.3　下部工の技術の変遷 …………………………………………………………… 26
　2.3.1　下部工の発展 ……………………………………………………………… 26
　2.3.2　下部工の技術基準 ………………………………………………………… 28
　2.3.3　下部工の材料 ……………………………………………………………… 30
　2.3.4　下部工の設計施工法 ……………………………………………………… 32
　2.3.5　下部構造と耐震 …………………………………………………………… 36
2.4　支承の技術の変遷 ……………………………………………………………… 37
　2.4.1　コンクリート橋の支承 …………………………………………………… 37

2.4.2　鋼橋の支承 ………………………………………………………… 38
　　　2.4.3　支承の技術基準 …………………………………………………… 40
　　　2.4.4　支承の標準設計 …………………………………………………… 41
　　（付表） ………………………………………………………………………… 42

第3章　橋梁力学

3.1　橋梁力学の基本事項 …………………………………………………………… 71
　　　3.1.1　荷重による部材の挙動 …………………………………………… 71
　　　3.1.2　荷重に対する橋梁の挙動 ………………………………………… 72
3.2　道路橋の設計荷重 ……………………………………………………………… 73
3.3　耐震設計 ………………………………………………………………………… 74
3.4　コンクリート橋の設計 ………………………………………………………… 75
　　　3.4.1　コンクリート橋の設計フロー …………………………………… 75
　　　3.4.2　曲げモーメントおよび軸力が作用する部材の検討 …………… 77
　　　3.4.3　せん断力が作用する部材の検討 ………………………………… 80
　　　3.4.4　ねじりモーメントが作用する部材の検討 ……………………… 82
3.5　鋼橋の設計 ……………………………………………………………………… 84
　　　3.5.1　鋼橋の設計フロー ………………………………………………… 84
　　　3.5.2　鋼橋の部材設計概要 ……………………………………………… 85
　　　3.5.3　鋼桁の設計 ………………………………………………………… 86
　　　3.5.4　部材の連結 ………………………………………………………… 88
　　　3.5.5　鋼桁のたわみ ……………………………………………………… 91
　　　3.5.6　非合成桁と合成桁 ………………………………………………… 91
　　　3.5.7　鋼橋の床版 ………………………………………………………… 91
3.6　下部工の設計 …………………………………………………………………… 91
　　　3.6.1　設計の基本的考え方 ……………………………………………… 91
　　　3.6.2　荷重の組合せ ……………………………………………………… 93
　　　3.6.3　橋脚，橋台の基礎底面に働く作用力 …………………………… 94
　　　3.6.4　下部工の設計に用いる活荷重 …………………………………… 94
　　　3.6.5　常時，暴風時および地震時における下部構造の設計方針 …… 96

第4章　橋梁材料の特性と劣化

4.1　コンクリートの特性と劣化 …………………………………………………… 97
　　　4.1.1　特　　性 …………………………………………………………… 97
　　　4.1.2　劣　　化 …………………………………………………………… 101
4.2　鋼の特性と劣化 ………………………………………………………………… 108
　　　4.2.1　特　　性 …………………………………………………………… 108
　　　4.2.2　劣　　化 …………………………………………………………… 111
4.3　ケーブルの特性と劣化 ………………………………………………………… 112
　　　4.3.1　特　　性 …………………………………………………………… 113

4.3.2　劣　　化 ………………………………………………………………… *115*
　4.4　塗装材料の特性と劣化 …………………………………………………………… *116*
　　　4.4.1　塗装材料の構成 …………………………………………………………… *116*
　　　4.4.2　塗装の構成 ………………………………………………………………… *117*
　　　4.4.3　種類と特性 ………………………………………………………………… *118*
　　　4.4.4　劣　　化 ………………………………………………………………… *123*
　4.5　補修材料の特性と劣化 …………………………………………………………… *126*
　　　4.5.1　概　　要 ………………………………………………………………… *126*
　　　4.5.2　種類と特性 ………………………………………………………………… *126*
　　　4.5.3　劣　　化 ………………………………………………………………… *136*

第5章　橋梁の構成部材と機能

　5.1　上部工 ……………………………………………………………………………… *141*
　　　5.1.1　コンクリート橋 …………………………………………………………… *141*
　　　5.1.2　鋼橋 ………………………………………………………………………… *145*
　5.2　下部工 ……………………………………………………………………………… *148*
　　　5.2.1　下部工の主な構成 ………………………………………………………… *148*
　　　5.2.2　種類と形状 ………………………………………………………………… *150*
　5.3　支承部 ……………………………………………………………………………… *154*
　　　5.3.1　構成と機能 ………………………………………………………………… *154*
　　　5.3.2　支承の種類と材料 ………………………………………………………… *154*
　　　5.3.3　支承の構造 ………………………………………………………………… *156*

第6章　点検の基礎

　6.1　点検の意義と目的 ………………………………………………………………… *159*
　6.2　点検の種別 ………………………………………………………………………… *160*
　6.3　点検の流れ ………………………………………………………………………… *161*
　6.4　机上調査 …………………………………………………………………………… *163*
　6.5　現地踏査 …………………………………………………………………………… *167*
　6.6　点検の準備 ………………………………………………………………………… *167*
　6.7　点検の心構え ……………………………………………………………………… *169*
　6.8　安全管理 …………………………………………………………………………… *169*
　6.9　服装と持ち物 ……………………………………………………………………… *170*
　6.10　基準と参考図書 …………………………………………………………………… *171*
　6.11　記録と保存 ………………………………………………………………………… *171*
　6.12　関連法規 …………………………………………………………………………… *175*

第7章　床版と舗装の点検

　7.1　床版の点検 ………………………………………………………………………… *177*

  7.1.1　床版の種類と特徴 …………………………………………………… 177
  7.1.2　損傷の種類と原因 …………………………………………………… 186
  7.1.3　床版の点検方法 ……………………………………………………… 189
  7.1.4　損傷程度の評価と対策区分の判定 ………………………………… 196
 7.2　舗装の点検 ……………………………………………………………… 200
  7.2.1　舗装の種類と特徴 …………………………………………………… 200
  7.2.2　損傷の種類と原因 …………………………………………………… 203
  7.2.3　舗装の点検方法 ……………………………………………………… 209
  7.2.4　点検結果の評価 ……………………………………………………… 212

第8章　コンクリート橋（PC橋を含む）の点検

 8.1　概　　説 ………………………………………………………………… 219
 8.2　損傷の種類と原因 ……………………………………………………… 220
 8.3　点　　検 ………………………………………………………………… 222
  8.3.1　点検の着目点と留意点 ……………………………………………… 222
  8.3.2　点検方法 ……………………………………………………………… 237
 8.4　損傷程度の評価と対策区分の判定 …………………………………… 238

第9章　鋼橋の点検

 9.1　概　　説 ………………………………………………………………… 239
 9.2　損傷の種類と原因 ……………………………………………………… 239
 9.3　点　　検 ………………………………………………………………… 241
  9.3.1　点検の着目点と留意点 ……………………………………………… 241
  9.3.2　点検方法 ……………………………………………………………… 258
 9.4　損傷程度の評価と対策区分の判定 …………………………………… 259

第10章　支承の点検

 10.1　概　　説 ……………………………………………………………… 261
 10.2　損傷の種類と原因 …………………………………………………… 261
 10.3　点　　検 ……………………………………………………………… 268
  10.3.1　点検の着目点と留意点 …………………………………………… 268
  10.3.2　点検方法 …………………………………………………………… 270
 10.4　損傷程度の評価と対策区分の判定 ………………………………… 271

第11章　下部工の点検

 11.1　概　　説 ……………………………………………………………… 273
 11.2　損傷の種類と原因 …………………………………………………… 273
 11.3　点　　検 ……………………………………………………………… 275

|　11.3.1　点検の着目点と留意点 ……………………………………………… 275
|　11.3.2　点検方法 ………………………………………………………………… 296
11.4　損傷程度の評価と対策区分の判定 ……………………………………… 297

第12章　橋面構造物の点検

12.1　防護柵 ………………………………………………………………………… 299
　12.1.1　防護柵の種類と特徴 ……………………………………………… 299
　12.1.2　歴史的な変遷 ……………………………………………………… 301
　12.1.3　計画・設計・施工方法 …………………………………………… 301
　12.1.4　主な損傷と原因 …………………………………………………… 303
　12.1.5　点検・調査 ………………………………………………………… 305
　12.1.6　補修・補強方法 …………………………………………………… 306
12.2　防音壁・落下物防止柵 …………………………………………………… 306
　12.2.1　設置目的 …………………………………………………………… 306
　12.2.2　歴史的な変遷 ……………………………………………………… 307
　12.2.3　計画・設計・施工方法 …………………………………………… 307
　12.2.4　主な損傷と原因 …………………………………………………… 308
　12.2.5　点検・調査 ………………………………………………………… 308
　12.2.6　補修・補強方法 …………………………………………………… 309
12.3　道路照明 …………………………………………………………………… 309
　12.3.1　設置目的 …………………………………………………………… 309
　12.3.2　歴史的変遷 ………………………………………………………… 310
　12.3.3　計画・設計・施工方法 …………………………………………… 310
　12.3.4　主な損傷と原因 …………………………………………………… 312
　12.3.5　点検・調査 ………………………………………………………… 312
　12.3.6　補修・補強方法 …………………………………………………… 313
12.4　道路標識 …………………………………………………………………… 313
　12.4.1　設置目的 …………………………………………………………… 313
　12.4.2　歴史的変遷 ………………………………………………………… 315
　12.4.3　計画・設計・施工方法 …………………………………………… 316
　12.4.4　主な損傷と原因 …………………………………………………… 317
　12.4.5　点検・調査 ………………………………………………………… 317
　12.4.6　補修・補強方法 …………………………………………………… 318
12.5　伸縮装置 …………………………………………………………………… 319
　12.5.1　設置目的 …………………………………………………………… 319
　12.5.2　歴史的な変遷 ……………………………………………………… 319
　12.5.3　計画・設計・施工方法 …………………………………………… 321
　12.5.4　主な損傷と原因 …………………………………………………… 321
　12.5.5　点検・調査 ………………………………………………………… 322
　12.5.6　補修・補強方法 …………………………………………………… 323
12.6　排水装置 …………………………………………………………………… 323

12.6.1　設置目的 ································· 323
　　　12.6.2　歴史的な変遷 ····························· 323
　　　12.6.3　計画・設計・施工方法 ··················· 324
　　　12.6.4　主な損傷と原因 ························· 327
　　　12.6.5　点検・調査 ····························· 327
　　　12.6.6　補修・補強工法 ························· 329

第13章　橋梁点検要領と記録

13.1　点検要領 ·· 331
　　　13.1.1　国土交通省の点検要領 ··················· 331
　　　13.1.2　国内外機関の点検要領 ··················· 332
13.2　点検記録 ·· 338
　　　13.2.1　道路管理データベースシステム ········· 343
　　　13.2.2　橋梁管理データベースシステム ········· 345
13.3　点検データの利用 ······························· 345
　　　13.3.1　橋梁のマネジメントサイクル ··········· 346
　　　13.3.2　橋梁マネジメントシステム ············· 347
　　　13.3.3　PONTIS ································· 348

第14章　点検に有効な機器

14.1　各種非破壊検査機器の特徴 ······················ 353
　　　14.1.1　測定項目に対する非破壊検査 ··········· 353
　　　14.1.2　各非破壊検査機器の特徴 ··············· 355
14.2　新しい非破壊検査機器の紹介 ···················· 372

第15章　補修・補強

15.1　概　　説 ·· 387
15.2　コンクリート橋の補修・補強 ···················· 387
　　　15.2.1　補修工法 ································ 387
　　　15.2.2　補強工法 ································ 393
　　　15.2.3　事　　例 ································ 397
15.3　鋼橋の補修・補強 ······························· 401
　　　15.3.1　補修工法 ································ 401
　　　15.3.2　補強工法 ································ 406
　　　15.3.3　事　　例 ································ 408
15.4　下部工の補修・補強 ····························· 411
　　　15.4.1　補修工法 ································ 411
　　　15.4.2　補強工法 ································ 412
　　　15.4.3　事　　例 ································ 417

15.5 支承および落橋防止システムの補修・補強 425
15.5.1 補修工法 425
15.5.2 補強工法 426
15.5.3 事 例 429

第16章 破壊力学

16.1 コンクリート床版の破壊 437
16.1.1 コンクリートの破壊 437
16.1.2 RC床版の疲労破壊のメカニズム 441
16.1.3 コンクリート床版の破壊確認 443
16.2 鋼部材の破壊 448
16.2.1 破壊力学 448
16.2.2 溶接構造物の破壊事故例 449
16.2.3 疲労亀裂 453
16.2.4 座 屈 458

第17章 特殊橋梁

17.1 コンクリート橋の特殊橋梁 461
17.1.1 アーチ橋 461
17.1.2 斜張橋 464
17.1.3 その他の橋梁 466
17.2 鋼橋の特殊橋梁 467
17.2.1 アーチ橋 467
17.2.2 斜張橋 469
17.2.3 吊 橋 472
17.2.4 その他の橋梁 475
17.3 木 橋 484
17.3.1 概 要 484
17.3.2 木橋の分類 487
17.3.3 木橋のメンテナンス 490

第18章 今後の動向と展望

18.1 橋梁点検に対する要求の変化 497
18.2 橋梁点検の動向 497
18.3 ハンドブック活用上の課題 499

あとがき 501
索 引 503

第 1 章　序　　説

1.1　本書の目的と構成

1.1.1　目　　的

本書は，橋梁点検に関わる技術者の教育訓練用テキストとして利用されるべく，保全技術に関わる分野の知見をとりまとめたものである。

1.1.2　構　　成

本書の構成は，以下のようになっている。

　第 1 章　序　　説
　第 2 章　橋梁技術の変遷
　第 3 章　橋梁力学
　第 4 章　橋梁材料の特性と劣化
　第 5 章　橋梁の構成部材と機能
　第 6 章　点検の基礎
　第 7 章　床版と舗装の点検
　第 8 章　コンクリート橋（PC 橋を含む）の点検
　第 9 章　鋼橋の点検
　第 10 章　支承の点検
　第 11 章　下部工の点検
　第 12 章　橋面構造物の点検
　第 13 章　橋梁点検要領と記録
　第 14 章　点検に有効な機器
　第 15 章　補修・補強
　第 16 章　破壊力学
　第 17 章　特殊橋梁
　第 18 章　今後の動向と展望

　第 1 章では，本書の目的と構成を示すとともに，本書の必要性と活用上の課題を示し，本書で使用する用語の定義を記述している。

　第 2 章，第 3 章，第 4 章，第 5 章では，橋梁に関する技術の変遷，橋梁設計における構造力学の基礎，橋梁を構成する材料の特性や部材の機能をわかりやすく説明している。

　第 6 章では，橋梁点検に関わる技術者の心構えも含めて，橋梁点検技術者が保有すべき基礎的な知識を詳述している。

　第 7 章から第 12 章では，橋梁を構成する部材ごとに章を設け，構成部材の

特徴，損傷の種類・原因，点検方法，評価について詳述している。

第13章では，国土交通省の点検要領を概観した上で，国内外の各公的機関の橋梁点検要領を比較しながら紹介している。

第14章では，橋梁点検に有効な非破壊検査機器類を従来から標準的に使用されているものと，最近着目されてきているものに分けて紹介している。

第15章では，橋梁部材（上部工，下部工，支承）の機能回復および維持のために行われる補修補強方法を最近の動向を踏まえて紹介している。

第16章では，コンクリート床版の破壊と鋼部材の破壊に関する設計の考え方を，実験の事例や損傷の写真を用いてわかりやすく説明している。

第17章では，材質別に特殊な橋梁タイプの事例をあげて，その特徴をわかりやすく説明している。また，古くて新しい木橋についても材料や接合方法，メンテナンス方法等の最近の技術動向を紹介している。

第18章では，近年の橋梁点検に関する要求の変化や動向を紹介し，本書が橋梁点検技術者の教育訓練テキストとして有効活用されるための今後の課題と展望を提示している。

1.2 ハンドブックの必要性

平成15年4月には「道路構造物の今後の管理・更新等のあり方」に関する提言が国土交通省に出された。この中では，あと10年もすると1980年代に話題となった「荒廃するアメリカ」以上にわが国の道路構造物の高齢化が進み，いまや大規模な更新時代の入り口にさしかかっていると指摘されている。

そして，これからは更新時期の平準化，補修・更新費用の最小化等，長期的な視点から，今後の管理・更新等のあり方を検討しなければならず，道路構造物の維持管理に対する基本的な考え方や方針を明確にし，さらに将来のビジョンを見据えた上で，現在の技術の粋を結集した総合的なマネジメントシステムをつくることが必要であるとしている。

このような社会的背景のもとで，わが国においても維持管理の総合的なマネジメントシステムの構築作業が始まっているが，維持管理において欠かせないのが，構造物の点検作業である。

構造物がおかれている状況を正確に捉え，損傷を的確に判断し記録することは，その後の補修工法の選定ともあわせて，構造物の長寿命化，補修・更新費用の最小化には極めて大きな影響を及ぼすこととなる。

橋梁を構成する構造部材や材料の歴史的背景およびその役割を基礎知識として保有し，最新の非破壊試験の特徴や適用限界を理解した橋梁点検員を教育し，世に送り出すことが，いま求められているといえる。

1.3 用語の定義

本書の中で使用する用語の定義は，次に示すとおりとする。

(1) 損　傷

構造物または部材が損なわれ傷つく事象をいう。損傷を劣化・欠陥を含めた構造物または部材の機能低下の総称として定義する。

(2) 劣　化

材料の特性が時間とともに損なわれていく現象のことをいう。

(3) 欠　陥

構造物または部材に必要な性能が主に初期状態から欠けていること。
(4) 変　　状
形が変化した状態のことをいう。必ずしも損傷とは限らない。

第2章　橋梁技術の変遷

本章では，橋梁技術の変遷について，歴史的な流れや技術基準の改訂履歴をコンクリート橋，鋼橋，下部工，支承に分けて記す。

技術基準の改訂や設計荷重の設定方法，材料諸値などは，変遷をわかりやすく示すために，章末に付表形式で示し，年号については，時代や経年を理解しやすいように和暦（西暦）で併記している。

2.1 コンクリート橋の技術の変遷[1],[2]

2.1.1 コンクリート橋の発展[2]

(1) 鉄筋コンクリート橋

わが国の鉄筋コンクリート橋は，諸外国からかなり遅れて明治30年代中頃から架設され始めた。

鋼橋に押されがちであった鉄筋コンクリート橋も，大正末期には全国的に普及するようになった。この当時の橋の構造形式の主体は，支間の短い単純床版橋，単純桁橋，アーチ橋，ラーメン橋であったが，昭和に入ってからは，支間長の長いゲルバー橋が全国各地で架設されるようになった。

その後戦時下に入り，橋の建設はほとんど中断したが，昭和25年（1950年）頃から中小の鉄筋コンクリート橋の建設が再開された。昭和30年代になると，プレストレストコンクリート橋の発達により鉄筋コンクリート橋は減少したが，現在もアーチ橋や短支間の中空スラブ橋などに用いられている。

(2) プレストレストコンクリート橋

わが国のプレストレストコンクリート橋の歴史は，昭和27年（1952年）に建設されたプレテンション桁を用いた床版橋から始まった。翌年の昭和28年（1953年）にはポストテンション桁を用いた橋梁が建設された。

プレテンション桁は，この工法がもつ利点が確認されたために，その需要の増大とともに工業化，規格化が進められた。昭和34年（1959年）から昭和38年（1963年）にかけて，スラブ橋用・桁橋用・軽荷重スラブ橋用のプレストレストコンクリート橋桁のJISが順次制定され，いっそう普及していった。その後，これらの基準は改正・統合され，今日に至っている。

ポストテンション桁の定着工法は，昭和27年（1952年）にフランスからフレシネー工法が技術導入されて以降，さまざまな工法が技術導入または考案されていった。これらの工法に対して土木学会は，昭和41年（1966年）から昭和61年（1986年）にかけて12の工法の設計施工基準を順次刊行し，平成3年（1991年）には改訂合本「プレストレストコンクリート工法設計施工指針」を刊行した。

2.1.2 コンクリート橋の技術基準[2)]

(1) 鉄筋コンクリート橋

鉄筋コンクリート橋を設計および施工する場合の技術基準は，昭和39年（1964年）に「鉄筋コンクリート道路橋設計示方書」[③]（日本道路協会）が制定されるまでは，道路橋の設計に必要な荷重については「道路構造に関する細則」（大正15年（1926年）内務省）や，「鋼道路橋設計示方書案」（昭和14年（1939年）内務省）等の規定を用いており，設計計算方法，許容応力度，および施工方法等に関しては「鉄筋コンクリート標準示方書」[①]（昭和6年（1931年）土木学会）によっていた。

その後，「鉄筋コンクリート道路橋設計示方書」[⑤]は，昭和53年（1978年）に「プレストレストコンクリート道路橋示方書」と改訂・統合されて，「道路橋示方書Ⅲコンクリート橋編」が制定された。

　　大正15年（1926年）　「道路構造に関する細則」（内務省）
　　昭和 6年（1931年）　「鉄筋コンクリート標準示方書」[①]（土木学会）制定
　　昭和15年（1940年）　「鉄筋コンクリート標準示方書」改訂
　　昭和24年（1949年）　「鉄筋コンクリート標準示方書」改訂
　　昭和31年（1956年）　「鉄筋コンクリート標準示方書」改訂
　　昭和39年（1964年）　「鉄筋コンクリート道路橋設計示方書」[③]（日本道路協会）制定
　　昭和53年（1978年）　「道路橋示方書Ⅲコンクリート橋編」[⑤]（日本道路協会）制定
　　昭和59年（1984年）　「道路橋鉄筋コンクリート床版の設計施工指針」（建設省通達）
　　平成 2年（1990年）　「道路橋示方書Ⅲコンクリート橋編」改訂
　　平成 6年（1994年）　「道路橋示方書Ⅲコンクリート橋編」改訂
　　平成 8年（1996年）　「道路橋示方書Ⅲコンクリート橋編」改訂
　　平成14年（2002年）　「道路橋示方書Ⅲコンクリート橋編」改訂

(2) プレストレストコンクリート橋

プレストレストコンクリート橋を設計および施工する場合の技術基準は，昭和43年（1968年）に日本道路協会の「プレストレストコンクリート道路橋示方書」[④]が制定されるまでは，「プレストレストコンクリート設計施工指針」（昭和30年（1955年）土木学会制定）によっていた。

その後，「プレストレストコンクリート道路橋示方書」は，昭和53年（1978年）に「鉄筋コンクリート道路橋設計示方書」と改訂・統合されて，「道路橋示方書Ⅲコンクリート橋編」[⑤]が制定された。

　　昭和30年（1955年）　「プレストレストコンクリート設計施工指針」[②]（土木学会）制定
　　昭和36年（1961年）　「プレストレストコンクリート設計施工指針」改訂
　　昭和43年（1968年）　「プレストレストコンクリート道路橋示方書」[④]（日本道路協会）制定

昭和 53 年（1978 年）「プレストレストコンクリート標準示方書」（土木学会）制定
「道路橋示方書Ⅲコンクリート橋編」[5]（日本道路協会）制定
平成 2 年（1990 年）「道路橋示方書Ⅲコンクリート橋編」改訂
平成 3 年（1991 年）「プレストレストコンクリート工法設計施工指針」（土木学会）制定
平成 4 年（1992 年）「プレキャストブロック工法によるプレストレストコンクリートＴげた道路橋設計施工指針」（日本道路協会）制定
平成 6 年（1994 年）「道路橋示方書Ⅲコンクリート橋編」改訂
平成 8 年（1996 年）「道路橋示方書Ⅲコンクリート橋編」改訂
平成 14 年（2002 年）「道路橋示方書Ⅲコンクリート橋編」改訂

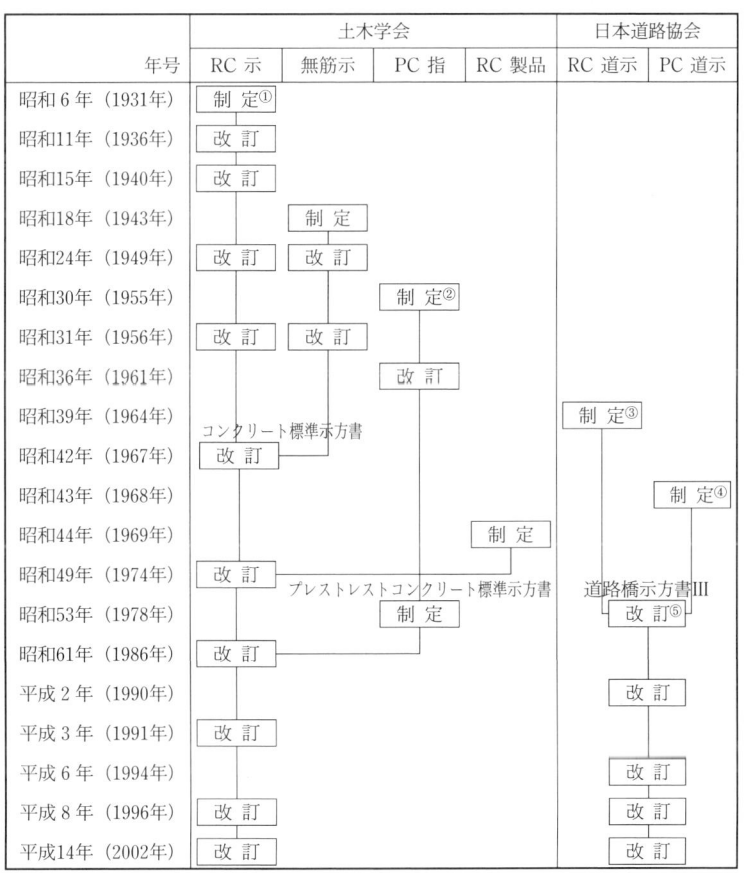

年号	土木学会				日本道路協会	
	RC 示	無筋示	PC 指	RC 製品	RC 道示	PC 道示
昭和6年（1931年）	制定①					
昭和11年（1936年）	改訂					
昭和15年（1940年）	改訂					
昭和18年（1943年）		制定				
昭和24年（1949年）	改訂	改訂				
昭和30年（1955年）			制定②			
昭和31年（1956年）	改訂	改訂				
昭和36年（1961年）			改訂			
昭和39年（1964年）					制定③	
昭和42年（1967年）	改訂					
昭和43年（1968年）						制定④
昭和44年（1969年）				制定		
昭和49年（1974年）	改訂					
昭和53年（1978年）			制定		改訂[5]	
昭和61年（1986年）	改訂					
平成2年（1990年）					改訂	
平成3年（1991年）	改訂					
平成6年（1994年）					改訂	
平成8年（1996年）	改訂				改訂	
平成14年（2002年）	改訂				改訂	

コンクリート標準示方書（昭和39年）
プレストレストコンクリート標準示方書（昭和49年）
道路橋示方書Ⅲ（昭和49年）

RC 示：鉄筋コンクリート標準示方書
無筋示：無筋コンクリート標準示方書
PC 指：プレストレストコンクリート設計施工指針（案）
RC 製品：鉄筋コンクリート工場製品設計施工指針（案）
RC 道示：鉄筋コンクリート道路橋示方書
PC 道示：プレストレストコンクリート道路橋示方書

図 2-1 規格・基準の変遷[3]

なお,「便覧」としては,下記が刊行されている.
　　昭和59年（1984年）「コンクリート道路橋施工便覧」（日本道路協会）
　　　　　　　　　　　　制定
　　昭和60年（1985年）「コンクリート道路橋設計便覧」（日本道路協会）
　　　　　　　　　　　　制定
　　平成 6 年（1994年）「コンクリート道路橋設計便覧」改訂
　　平成10年（1998年）「コンクリート道路橋施工便覧」改訂

コンクリート道路橋に関する示方書類の改訂・統合の変遷を，**図2-1**に示す．なお，主な制定・改訂については，①〜⑤を本文と図中に注記し，対応させている．

2.1.3　コンクリート橋の標準設計[1]

(1) 鉄筋コンクリート橋

鉄筋コンクリート橋の標準設計は，昭和6年（1931年）に「國道鐵筋混凝土丁桁橋標準設計案」が，昭和8年（1933年）に「國道鐵筋混凝土丁桁橋準設計案」が，ともに内務省土木試験所にて作成された．これらは昭和14年（1939年）の「鋼道路橋設計示方書案」における活荷重の改訂に伴い，昭和17年（1942年）に「鉄筋コンクリートT桁橋標準設計案」として改訂された．

昭和33年（1958年）には建設省土木研究所にて「スラブ橋標準設計」が作成され，昭和34年（1959年）には「鉄筋コンクリートT桁橋標準設計」が日本道路協会から刊行された．

当初の標準設計では，コンクリートの許容曲げ圧縮応力度 $\sigma_{ca}=45\,\mathrm{kgf/cm^2}$，鉄筋の許容引張応力度 $\sigma_{sa}=1\,200\,\mathrm{kgf/cm^2}$，鋼とコンクリートのヤング係数比 $n=15$ が採用され，単鉄筋梁としていた．標準設計図は，支間長が5〜11m（1mごと）の7種類，幅員が7.5, 9, 11mの3種類の詳細設計図面と鉄筋表からなっていた．

標準設計案の主な設計条件を，**表2-1**に示す．

(2) プレストレストコンクリート橋

プレテンション桁は，比較的早くからJISや標準設計などの規格化がなされた．

JIS規格としては，昭和34年（1959年）にJIS A 5313「スラブ橋用プレストレストコンクリート橋げた」[6]が，昭和35年（1960年）にJIS A 5316「けた橋用プレストレストコンクリート橋げた」[7]が，また昭和38年（1963年）には道路構造令の適用を受けない農道や林道を対象とした橋梁用

表 2-1　鉄筋コンクリートT桁橋標準設計案の概要[1]

	國道鐵筋混凝土丁桁橋 昭和6年（1931年）	國道鐵筋混凝土丁桁橋 昭和8年（1933年）	鉄筋コンクリートT桁橋 昭和17年（1942年）	
対象道路	国道橋	府県道橋	国道橋	府県道橋
橋の等級	二等橋	三等橋	一等橋	二等橋
設計支間（m）	5〜11	5〜11	5〜13	
有効幅員（m）	7.5, 9.0, 11.0	4.5, 6.0, 7.5	5.5, 6.0, 7.5	4.5, 5.5, 6.0
主桁間隔（m）	$0.14L+0.35$	$0.15L+0.35$	$0.11L+0.50$	$0.13L+0.35$

L：支間（m）

(1車線）として JIS A 5319「軽荷重スラブ橋用プレストレストコンクリート橋げた」[8]が，それぞれ制定された。これらの JIS 規格は，改正・統合などを繰り返しながら現在まで利用されている。

道路橋の標準設計としては，昭和34年（1959年）に「PCスラブ橋標準設計」が日本道路協会から刊行され，昭和46年（1971年）には建設省の標準設計「プレテンション方式 PC 単純 T げた橋」[10]，昭和50年（1975年）には同「プレテンション方式 PC 単純中空床版橋」[11]が制定された。昭和55年（1980年）に，道路の標準幅員の見直し，道路橋示方書の改訂との整合，JIS 改正への対応を図るため，全面的に改正された。さらに，平成3年（1991年）および平成7年（1995年）の JIS 桁の改正に対応して，建設省標準設計「プレテンション方式 PC 単純床版橋（中空床版を統合）」が平成3年（1991年）に改訂され，「プレテンション方式 PC 単純 T げた橋」が平成8年（1996年）に改訂された。

プレテンション桁の PC 鋼材は，開発初期の昭和34年（1959年）頃には 2.9 mm の PC 鋼線を2本撚ったものを使用していたが，現在では 15.2 mm の太径の PC 鋼より線が多く用いられており，断面を合理化した経済的な桁が製作されている。プレテンション橋桁に用いるコンクリートの強度は，昭和34年（1959年）の JIS 制定時から 500 kgf/cm² であり，平成4年（1992年）に改正された JIS A 5319「軽荷重スラブ橋用プレストレストコンクリート橋げた」のみが 700 kgf/cm² の高強度コンクリートとなっている。

ポストテンション桁は，昭和44年（1969年）に建設省標準設計「ポストテンション方式 PC 単純 T げた橋」[9]が制定され，その改訂版が昭和55年（1980年）および平成6年（1994年）に発行された。

	JIS 橋桁			建設省標準設計		
	プレテンション			プレテンション		ポストテンションT桁橋
年号	JIS A 5313	JIS A 5316	JIS A 5319	中空床版橋	T桁橋	
	スラブ橋用	けた橋用	軽荷重用			
昭和34年（1959年）	制定[6]					
昭和35年（1960年）		制定[7]				
昭和38年（1963年）			制定[8]			
昭和44年（1969年）						制定[9]
昭和46年（1971年）		改正			制定[10]	
昭和50年（1975年）				制定[11]		
昭和55年（1980年）	改正	改正	改正	改訂	改訂	改訂
平成3年（1991年）	改正	改正		廃止		
平成4年（1992年）			改正			
平成6年（1994年）						改訂[12]
平成7年（1995年）	改正	改正				
平成8年（1996年）					改訂	
平成12年（2000年）	JIS A 5373 改正					

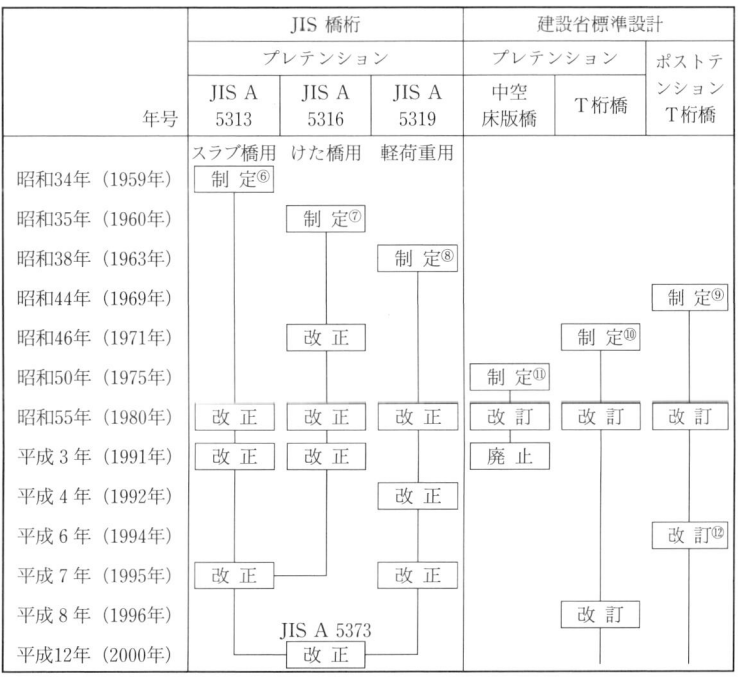

図 2-2　JIS 橋桁と建設省標準桁の変遷[1]

昭和44年（1969年）の標準設計では，曲げモーメントに対して合理的にPC鋼材を配置するために，主桁上縁部に箱抜きを設け，PC鋼材の約半分を定着していた。しかし，上縁の定着用箱抜き部の跡埋めコンクリート部分からの浸水により，主桁やPC鋼材に損傷が生じることがあるため，平成6年（1994年）の「ポストテンション方式PC単純Tげた橋」[12]改正では，PC鋼材をすべて桁端部に定着するように変更された。また，型枠の転用を図ることを主たる目的に，ウェブと下フランジの幅が同じ寸胴タイプとなった。

JIS橋桁と建設省標準設計の変遷を，図2-2に示す。なお，主な制定・改訂については，[6]～[12]を本文と図中に注記し，対応させる。

2.1.4　コンクリート橋の材料および許容応力度[1]

(1)　材　　料

(a)　セメント

文政7年（1824年）に，イギリスのアスプシンがポルトランドセメントの特許を取り，これを契機にセメントが工業化された。

わが国においては，明治8年（1875年）に官営のセメント製造所が創立され，現在のセメント・コンクリート産業の基礎となった。その後，セメント工業も民営化され，生産が増大していった。明治24年（1891年）の濃尾大地震や大正12年（1923年）の関東大震災で鉄筋コンクリート構造物の耐震性が認識され，セメント・コンクリートの普及が急速に進んだ。

第二次大戦後は，アメリカから新技術が導入され，AE剤をはじめとする各種混和剤の使用や施工機械の進歩により，コンクリート技術はめざましい発展を遂げた。

(b)　骨　　材

わが国の急峻な河川には，コンクリート用の天然骨材が豊富にあったため，昭和30年（1955年）頃までは，これらが使用されていた。しかし，その後の需要の急激な増加によって河川からの骨材供給が困難となり，河川砂利の採取規制が強化されることになった。この頃から，陸砂利・山砂利などとともに，砕石が一般的に用いられるようになった。全骨材中に占める河川砂利の比率は，昭和38年（1963年）には79％であったが，昭和41年（1966年）には52％，昭和53年（1978年）には10％まで減少し，最近では5％程度にまで減少している。

(c)　鉄　　筋

欧米では，鉄棒は古くからつくられており，17世紀には圧延された鉄板を切断してつくられていた。明和3年（1766年）にパネルが圧延機の特許を取ってから鉄棒の近代的な製造が始まったといわれている。

わが国における鉄の近代的製造は明治34年（1901年）であり，官営八幡製鉄所で初めて丸棒が圧延された。昭和23年（1948年）頃から国内で異形鉄筋の製造と利用の研究が進められ，昭和28年（1953年）にJIS G 3310「異形丸棒」が制定された。

(d)　PC鋼材

昭和初期（1930年代）に入ってから，フランスで引張強度95 kgf/mm² 程

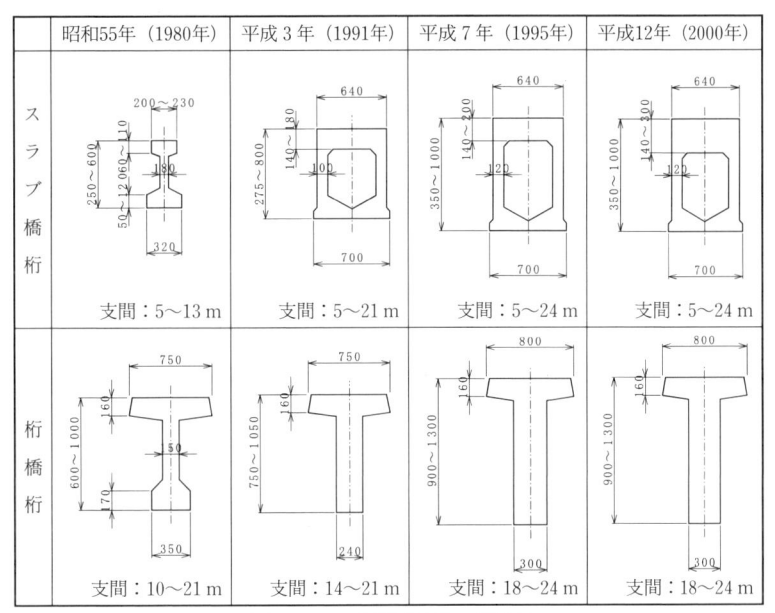

図 2-3 JIS 桁断面形状の変遷[3],[4]

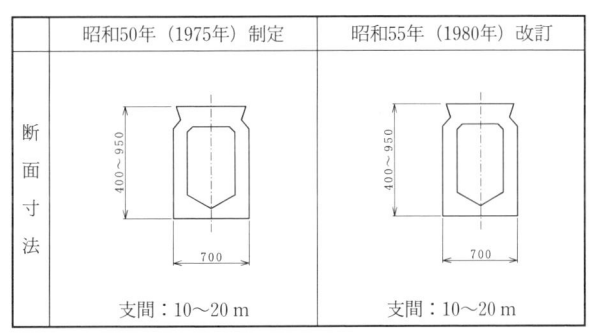

図 2-4 建設省標準設計プレテンション桁断面形状の変遷[3],[4]

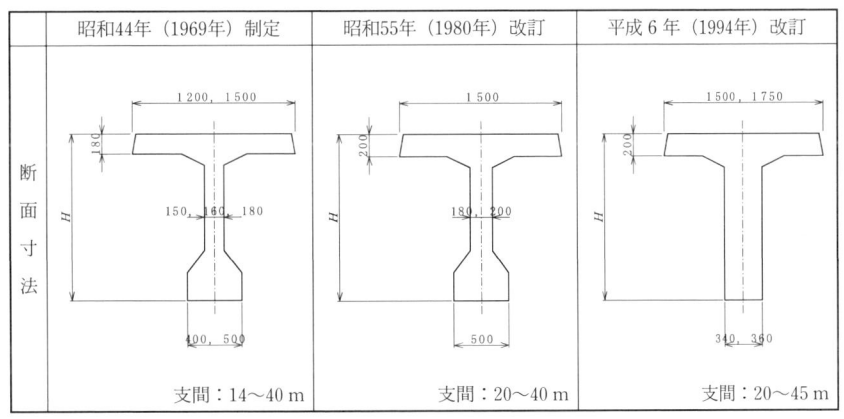

図 2-5 建設省標準設計ポストテンション桁断面形状の変遷[2]

度の硬鋼線が，ドイツで 160 kgf/mm² 以上のピアノ線が用いられるようになり，PC 構造物用の高強度鋼材が実用化されるようになった。

わが国では，昭和 27 年（1952 年）にフレシネー工法が導入されて以来，各種工法が相次いで導入され，それぞれに PC 鋼材の規格が定められるようになった。

(2) 鉄筋コンクリート橋
　(a) コンクリート

コンクリートの曲げ圧縮応力に対する許容応力度は，昭和6年（1931年）の「鉄筋コンクリート標準示方書」以来，一貫して $\sigma_{28}/3$ としているが，最大値に対する制限値は改訂に伴って大きな値となっている。昭和31年（1956年）の「鉄筋コンクリート標準示方書」では，柱の軸方向荷重に対する設計方法が極限強さ設計法に改められたため，許容軸方向圧縮応力度の規定が削除された。

昭和39年（1964年）の「鉄筋コンクリート道路橋設計示方書」では，道路橋に使用するコンクリートの品質は，材齢28日における最低設計基準強度が180 kgf/cm² 以上として規定され，昭和53年（1978年）の「道路橋示方書Ⅰ共通編」で，210 kgf/cm² 以上に変更された。

鉄筋コンクリート橋のコンクリートの品質と許容応力度の変遷を，章末の**付表 2-3** に示す。

　(b) 鉄　筋

コンクリートと同様に鉄筋も材質の向上に伴って，許容応力度が増大してきた。昭和24年（1949年）までの「コンクリート標準示方書」では，鉄筋の許容応力度は1 200 kgf/cm² であったが，昭和31年（1956年）の「コンクリート標準示方書」からは，異形鉄筋が加わり，許容引張応力度は1 600 kgf/cm² と定められた。

昭和53年（1978年）の「道路橋示方書Ⅲコンクリート橋編」から，鉄筋の表示記号がこれまでの引張強度表示から降伏点表示に変更されている。また，許容引張応力度は，一般部材と床版および支間 10 m 以下の床版橋とに区分して規定され，後者の場合，異形鉄筋の許容引張応力度は，活荷重による応力変動が大きく，おびただしい頻度の繰返し荷重が載荷され，有害なひびわれ発生の危険性が高いため，1 400 kgf/cm² に制限された。

平成2年（1990年）の「道路橋示方書Ⅲコンクリート橋編」では，使用材料として，低強度の異形鉄筋である SD 24 が削除され，平成6年（1994年）の「道路橋示方書Ⅲコンクリート橋編」からは，鉄筋記号に国際単位（SI単位）を取り入れたために，SR 235，SD 295，SD 345 となった。

鉄筋の種類と許容引張応力度の変遷を，章末の**付表 2-4** に示す。

(3) プレストレストコンクリート橋
　(a) コンクリート

プレストレストコンクリート構造の場合は，その特性を有効に発揮するために，鉄筋コンクリート構造に比べて圧縮強度の高いコンクリートを用いることが必要である。特に緊張作業時には，PC鋼材の定着部に大きな支圧応力が生じることも考慮して，コンクリートの品質や許容応力度は，鉄筋コンクリートと別途に規定されている。

わが国で初めてのプレストレストコンクリート関係の基準は，昭和30年（1955年）の「プレストレストコンクリート設計施工指針」で，許容曲げ引張応力度はフルプレストレス（引張応力度発生を許容しない）とパーシャルプレストレス（引張応力の発生を許容する）の2種類に区分して規定されている。

昭和43年（1968年）の「プレストレストコンクリート道路橋示方書」は，プレストレストコンクリート道路橋に関する初めての基準であり，活荷重作用時にはパーシャルプレストレッシングを基本とし，300 kgf/cm² から 500 kgf/cm² までのコンクリートについての規格値が定められた。

プレストレストコンクリート橋のコンクリートの品質と許容応力度の変遷を，章末の**付表 2-5** に示す。

(b) PC 鋼材

昭和30年（1955年）の「プレストレストコンクリート設計施工指針」で，わが国で初めて PC 鋼材の規格値が定められた。昭和43年（1968年）の「プレストレストコンクリート道路橋示方書」では，道路橋に使用する PC 鋼線および PC 鋼より線は JIS G 3536 に適合するものとし，その後の JIS 改訂に伴い，「道路橋示方書Ⅲコンクリート橋編」も改訂された。平成8年（1996年）の「道路橋示方書Ⅲコンクリート橋編」では，PC 鋼線および PC 鋼より線に低リラクセーション鋼材が追加された。

初期の段階から，許容値は，設計荷重作用時，緊張作業中，緊張直後の3段階について示されており，特に設計荷重時の許容引張応力度については，昭和30年（1955年）の「プレストレストコンクリート設計施工指針」で引張強度の60％以下とされ，昭和36年（1961年）以降は，これに加えて降伏点応力度の75％以下のうち小さい方の値としている。

PC 鋼材の種類と許容応力度の変遷を，章末の**付表 2-6** に示す。

2.1.5 コンクリート橋の設計法[2]

(1) 鉄筋コンクリート橋

鉄筋コンクリート部材の設計は，昭和39年（1964年）の「鉄筋コンクリート道路橋設計示方書」までは，設計荷重作用時の応力度の照査のみを行っていた。

昭和53年（1978年）に制定された「道路橋示方書Ⅲコンクリート橋編」では，終局時の破壊に対する安全度をプレストレストコンクリート橋と同等にするため，設計荷重作用時の許容応力度に対する応力度の照査（許容応力度設計法）に加えて，終局荷重作用時の破壊に対する安全度の照査（終局強度設計法あるいは荷重係数設計法）を行うこととなった。

(2) プレストレストコンクリート橋

コンクリートは，乾燥によって収縮し，持続荷重によってクリープが生じる。また PC 鋼材は緊張力が減少するリラクセーションが起こる。したがって，プレストレストコンクリート橋は，鉄筋コンクリート橋と違い，コンクリートの材齢とともに力学的特性が変化すること，およびプレストレスにより部材軸方向に圧縮力があらかじめ与えられていることなどを考慮に入れて設計を行う必要がある。

照査項目としては，①プレストレッシング作業時における PC 鋼材応力度の照査，②プレストレッシング直後におけるコンクリート応力度・PC 鋼材応力度の照査，③コンクリートの乾燥収縮やクリープ，PC 鋼材のリラクセーションが終了した時点に車両等が通行した場合におけるコンクリート応力度・PC

鋼材応力度の照査，④終局荷重が作用している状態における破壊に対する安全度の照査，がある．

終局荷重作用時の破壊に対する安全度の照査は，設計荷重を安全係数倍した終局荷重による断面力よりも部材耐力が大きいことを確認する．終局荷重算出用の荷重係数は，以下のように変遷してきている．

昭和30年（1955年）：「プレストレストコンクリート設計施工指針」
　　$2.0\times$（静荷重＋動荷重＋温度変化）

昭和36年（1961年）：「プレストレストコンクリート設計施工指針」改訂
　　$1.3\times$（静荷重）＋$2.5\times$（動荷重）

昭和43年（1968年）：「プレストレストコンクリート道路橋示方書」
　　$1.3\times$（死荷重）＋$2.5\times$（活荷重）
　　$1.8\times$（死荷重＋活荷重）

昭和53年（1978年）：「道路橋示方書Ⅲコンクリート橋編」
　　$1.3\times$（死荷重）＋$2.5\times$（活荷重＋衝撃）
　　$1.0\times$（死荷重）＋$2.5\times$（活荷重＋衝撃）
　　$1.7\times$（死荷重＋活荷重＋衝撃）

(3) 床版の設計

明治・大正時代には，床版の設計の規定はなく，昭和に入っても昭和39年（1964年）までは，輪荷重に対する床版の有効幅 B を定める算式が示されているだけであった．

昭和39年（1964年）の「鉄筋コンクリート道路橋設計示方書」で，設計曲げモーメントの算定式が初めて示され，昭和53年（1978年）の「道路橋示方書Ⅲコンクリート橋編」で，大型車の計画交通量による設計曲げモーメントの割増し係数が示されるとともに，支間直角方向（配力鉄筋用）の曲げモーメント算出式が示され，配力鉄筋量がこれまでに比べて大幅に増えることとなった．

コンクリート橋の床版の設計曲げモーメント算定式の変遷を，章末の**付表2-7**に示す．

2.1.6　コンクリート橋の施工法[2]

(1) 鉄筋コンクリート橋

明治時代には，バケツあるいはセメント樽にコンクリートを入れて担いで運搬し，蛸槌で入念に突き固めるという，もっぱら人力による方法で施工されていた．しかし，大正末期には，ミキサの採用によりコンクリートの製造効率が上がり，手押し車で運搬するようになった．その後昭和30年代に入ると，レディーミクストコンクリートの普及により，アジテータトラックによる運搬が一般的になった．

コンクリートの締固めは，昭和初期までは突固めによるものであったが，昭和15年（1940年）以後は，振動機が普及していった．

高度成長期となる昭和40年代に入ると，急速施工，省力化施工が求められ，コンクリートポンプが広く使われるようになった．

(2) プレストレストコンクリート橋

昭和20年代に建設された初期のプレストレストコンクリート橋は，ウィンチや簡易クレーンなどで架設施工を行っていた。

昭和30年代になると架設機械の進歩により，プレキャスト桁をガーダーエレクションやケーブルエレクションで架設する工法が誕生し，支間も40m程度まで延びた。昭和30年代後半からは，固定支保工による場所打ちコンクリート橋の架設が盛んに行われるようになった。昭和33年（1958年）からは移動作業車による張出し工法も行われるようになった。

昭和40年代には，支保工を長時間設置し，場所を占有することが次第に困難になったことと，クレーン技術がめざましく発達したことから，プレキャスト桁をクレーンによって架設する工法が多く用いられるようになった。また，プレキャストブロックをクレーンにより架設するブロック工法も多く採用されていった。

昭和40年代後半には，労働力不足の解消と急速施工の必要性から，施工の機械化とともに，移動式支保工を用いた工法や押出し工法が採用されるようになった。

2.2 鋼橋の技術の変遷[5),6)]

2.2.1 鋼橋の発展

わが国における鋼橋の歴史は，明治初期に外国から輸入された鉄製橋梁が架設されて以来，製鋼技術や溶接技術の発達，鉄筋コンクリート構造の導入，構造力学の進歩，さらに関東大震災，第二次世界大戦，および阪神・淡路大震災など変革期を経て今日の発展に至っている。参考文献5)，6)では，鋼橋の変遷期を下記に示す3期に分類し整理している。

(1) 明治から昭和30年（1955年）頃まで（鋼橋の勃興と停滞）

明治期には輸入されていた鋼橋も，大正期以降は日本標準規格（JES）として鋼材規格が制定され，設計示方書案として設計基準が制定されるなど，名実ともに国産化されるようになった。この時期の橋梁は，山形鋼，溝形鋼，鋼板などを組み合わせたプレートガーダー，トラス，2ヒンジアーチが建設され，工場においてリベットで組み立てられた部材を，現場でリベットにて接合するタイプが一般的であった。溶接技術は昭和の初期に欧米の新技術として日本に紹介され実橋にも適用されたが，溶接変形など施工技術上の問題，鋼材の炭素含有量などによるぜい化の問題，さらに第二次世界大戦の影響もあり本格的普及には至らなかった。

また，関東大震災で木橋や木製床組が大きな被害を受けたことが契機となり，鉄筋コンクリート床版が採用されるようになった。しかし，輪荷重の大きさとコンクリートの強度不足，施工不良などを原因とする損傷が多く発生し，補修・補強，または交換されている場合が多い。

(2) 昭和30年（1955年）～昭和40年（1965年）頃まで（鋼橋の再興と発展）

橋の設計，製作，架設の技術が大きく進歩し始めた時期であり，溶接構造用（SM材）の50 kg，60 kgの高張力鋼，サブマージアーク溶接などの自動溶接，合成桁・斜橋・曲線橋・箱桁・鋼床版などの設計法，高力ボルト接合など，現在採用されている技術のほとんどが実用化され，種々の技術基準も制定

された。また，格子桁が普及し，これに対応する詳細構造が発展した。

溶接用鋼材と溶接技術発展により，工場における断面の組立ては溶接構造が一般的となった。主桁の断面変化では，カバープレート方式に代わり溶接による板継ぎ構造が採用された。また，腹板の補剛構造では施工の合理化のための種々の試みがなされ，補剛材の取付け方法や細部構造が現在の構造に近いものとなった。斜橋・曲線橋の普及によりねじれに抵抗する横桁構造や主桁との取合い構造が種々採用されたが，耐久性上問題があり後に疲労損傷が発生した。

現場継手構造については，この時期リベットから高力ボルトへの変遷期となった。高力ボルトについては，「2.2.5(3)継手の設計」で述べる。

合成桁は，昭和20年代後半に初めて採用され，昭和35年に設計施工指針が制定されて以来単純桁のみならず連続桁にも採用された。しかし，連続桁は架設系で中間支点部コンクリートにプレストレスを導入（しかも導入応力が確認できない）しているため，取替え時の有効な再現方法がないという大きな課題を抱えている。

高度成長とともに橋の建設も増大したが，鋼橋では競争設計方式の発注がとられ，いわゆる最小重量設計を追求した結果，剛性が低い構造となり，死荷重を軽くするためRC床版厚や鉄筋のかぶりを小さくしたため，全体が振動しやすく耐久性に劣る橋梁が採用され，交通量増加，車両の大型化と相まって，RC床版，鋼部材の疲労損傷の原因となった。

(3) 昭和40年（1965年）以降（鋼橋の反省と再考）

昭和40年代以降の特徴は，溶接構造のさらなる進化とコンピュータ解析の発達による多主桁・格子分配構造・連続桁・箱桁形式の時代であるとともに，前述した昭和30〜40年代に建設した橋梁の疲労損傷や鋼材腐食の問題が噴出し，平成の時代になるとあらためて維持管理の重要性が強調された。また，平成7年の阪神・淡路大震災以降の耐震性向上対策としてゴム支承の採用が一般化され，反力分散ゴム支承や免震ゴム支承を用いた多径間連続桁，さらに支承を省略した多径間連続鋼製（あるいは複合）ラーメン橋が採用されるようになった。

RC床版については，交通量，支持桁の剛性，補修の難易を考慮した床版厚の決定，配力筋方向の設計曲げモーメント式の設定と主鉄筋量の70％以上，交通量による活荷重の割増し，異形鉄筋（SD）の採用など，耐久性向上対策が採用された。

鋼材の疲労損傷については，昭和55年（1980年）の道路橋示方書Ⅱの「鋼床版の設計」でT荷重（衝撃を含まない）1台による縦リブの溶接部の照査が設定された。

防錆では，長期耐久型の塗料が開発され，1970年代には塩化ゴム系塗料，MIO塗料，ウレタン系塗料が使用され始め，1980年代にはウレタン樹脂塗料やフッ素樹脂塗料などの重防食塗装が使用された。また，この時期には全溶融亜鉛メッキ橋梁も出現した。メッキ橋梁は，メッキのまわりや熱影響の関係から独自の構造詳細（スカーラップ，最小板厚，高力ボルトF8T使用など）が採用されている。耐候性裸使用橋梁も1960年代後半から採用されたが色彩選択上の問題から，すぐには普及しなかった。

表 2-2 鋼橋の構造的特徴

構造部位		昭和30年（1955年）以前	昭和30年（1955年）～昭和40年（1965年）頃	昭和40年（1965年）代
主構造	プレートガーダー	・床組を有する2主桁構造 ・工場組立てはリベット ・フランジは山形鋼＋鋼板で構成 ・腹板は桁高より6～10 mmくらい短い	・多主桁並列構造の活荷重合成桁 ・溶接構造 ・現場継手はリベット，後に高力ボルト ・ずれ止めは羊羹型，馬蹄型，後にスタッド	・多主桁並列構造で活荷重合成桁 ・溶接構造 ・現場継手はすべて高力ボルト ・ずれ止めはスタッドタイプのみ
	トラス	・弦材のπ断面は山形鋼＋鋼板で構成 ・溝形鋼をレーシングやタイプレートで連結	・溶接構造 ・現場継手はリベット，後に高力ボルト。 ・ワーレンタイプのゲルバートラスが多い	・トラスが少なくなる。採用されても連続トラスタイプ ・溶接構造 ・現場継手は高力ボルト
	アーチ	・2ヒンジアーチ	・下路ランガー桁形式が多い ・対傾構の省略，もしくは一部省略が多い	・トラスドランガーやニールセン形式が出現
床組	縦桁	・I形鋼あるいはプレートガーダー ・床桁上に設置	・溶接構造 ・腹板位置でリベットあるいは高力ボルトで取り付け	・溶接構造 ・床組腹板位置で高力ボルト連結
	床桁	・プレートガーダー ・主桁との連結は腹板のみ	・溶接構造	・溶接構造
横構・対傾構		・山形鋼のみ	・CT鋼やビルトアップ断面の採用が多い	・集成断面の採用が多い
RC床版		・床版厚，かぶり小さく，鉄筋は丸鋼 ・床組位置で施工目地，盲目地	・床版厚，かぶりが少なく，鉄筋は丸鋼，異形の変換期 ・施工目地，盲目地はほとんどない	・床版厚は厚くされるようになる ・鉄筋は異形 ・ポンプ打設が採用され始める

各期の構造的特徴を**表 2-2**に示す。

2.2.2 鋼橋の技術基準

大正15年（1926年）の「道路構造に関する細則案」以降，昭和14年（1939年）に「鋼道路橋設計示方書案」が制定された。その後，溶接橋，合成桁橋，高張力鋼，高力ボルト接合などの各種の鋼橋に関係する基準の制定あるいは改訂を経て，昭和48年（1973年）に「示方書Ⅱ」として統一され，現在に至っている。

鋼橋の規定は，大正15年（1926年）の「道路構造に関する細則案」から現在に至るまで許容応力度設計法の形式で表現されている。この場合の許容応力は，部材の降伏点や耐荷力などの終局強度に対して安全率を考慮して定めている。また，合成桁のように荷重と部材の応力が比例しない構造に関しては，想定し得る上限の荷重を設定して，これに対して終局強度を照査することになっている。

鋼橋に関する技術基準の変遷を以下に示す。

　　大正15年（1926年）　「道路構造に関する細則案」制定
　　昭和14年（1939年）　「鋼道路橋設計示方書案，鋼道路橋製作示方書案」制定
　　昭和15年（1940年）　「電弧溶接道路橋設計及製作示方書案」制定

昭和 31 年（1956 年）	「鋼道路橋設計示方書，鋼道路橋製作示方書」制定	
昭和 32 年（1957 年）	「溶接鋼道路橋示方書」制定	
昭和 34 年（1959 年）	「鋼道路橋の合成桁設計施工指針」制定	
昭和 39 年（1964 年）	「鋼道路橋設計示方書，鋼道路橋製作示方書」改訂	
昭和 39 年（1964 年）	「溶接鋼道路橋示方書」改訂	
昭和 40 年（1965 年）	「鋼道路橋の合成ゲタ設計施工指針」改訂	
昭和 41 年（1966 年）	「鋼道路橋高力ボルト摩擦接合設計施工指針」制定	
昭和 42 年（1967 年）	「溶接鋼道路橋示方書 1967 年追補」	
昭和 42 年（1967 年）	「鋼道路橋の一方向鉄筋コンクリート床版の配力筋」	
昭和 43 年（1968 年）	「溶接鋼道路橋示方書 1968 年追補」	
昭和 43 年（1968 年）	「鋼道路橋床版の設計に関する暫定基準（案）」	
昭和 46 年（1971 年）	「鋼道路橋の鉄筋コンクリート床版の設計要領」	
昭和 48 年（1973 年）	「道路橋示方書Ⅱ鋼橋編」制定	
昭和 48 年（1973 年）	「特定の路線に係る橋，高架の道路等の技術基準について」	
昭和 53 年（1978 年）	「道路橋鉄筋コンクリート床版の設計施工指針」制定	
昭和 55 年（1980 年）	「道路橋示方書Ⅱ鋼橋編」改訂	
昭和 59 年（1984 年）	「道路橋鉄筋コンクリート床版の設計施工指針」改訂	
昭和 59 年（1984 年）	「小規模吊橋指針・同解説」制定	
昭和 59 年（1984 年）	「道路橋の塩害対策指針（案）・同解説」制定	
昭和 62 年（1987 年）	「道路橋鉄筋コンクリート床版防水層設計施工資料」作成	
平成 2 年（1990 年）	「道路橋示方書Ⅱ鋼橋編」改訂	
平成 6 年（1994 年）	「道路橋示方書Ⅱ鋼橋編」改訂	
平成 8 年（1996 年）	「道路橋示方書Ⅱ鋼橋編」改訂	
平成 14 年（2002 年）	「道路橋示方書Ⅱ鋼橋編」改訂	

1970 年代以降，基準の刊行に伴って，各種の便覧が㈳日本道路協会などから刊行され改訂もされている。主なものを年代別に示すと以下のとおりである。

これらの便覧は，示方書を補足し実務上の情報や注意事項などが盛り込まれ，役に立つものである。

昭和 45 年（1970 年）	「道路橋伸縮装置便覧」	㈳日本道路協会
昭和 47 年（1972 年）	「鋼道路橋施工便覧」	〃
昭和 48 年（1973 年）	「道路橋支承便覧」	〃
昭和 54 年（1979 年）	「道路橋支承便覧（施工編）」	〃
昭和 54 年（1979 年）	「道路橋補修便覧」	〃
昭和 54 年（1979 年）	「鋼道路橋塗装便覧」	〃
昭和 54 年（1979 年）	「鋼道路橋設計便覧」	〃
昭和 55 年（1980 年）	「鋼道路橋設計便覧」改訂	〃

昭和 60 年（1985 年）　「鋼道路橋施工便覧」改訂　　　　〃
　平成 2 年（1990 年）　「鋼道路橋塗装便覧」改訂　　　　〃
　平成 3 年（1991 年）　「道路橋耐風設計便覧」　　　　　〃
　平成 3 年（1991 年）　「道路橋支承便覧」　　　　　　　〃
　平成 9 年（1997 年）　「鋼橋の疲労」　　　　　　　　　〃
　平成 16 年（2004 年）　「道路橋支承便覧」　　　　　　　〃

2.2.3　鋼橋の標準設計

　昭和 20 年（1945 年）以前では，内務省土木試験所の標準設計が，鋼橋の設計を行うための手順を示した唯一の資料であったようである。

　第二次世界大戦後の標準設計が作成された背景には，特殊な条件下でない限り，高度成長期に建設数が増加した橋梁の設計の手間を省いてすぐに製作架設できるようにという考え方があった。

　　昭和 38 年（1963 年）　「道路橋標準設計〔1〕，〔2〕」
　　昭和 51 年（1976 年）　「道路橋支承標準設計（すべり支承編）」
　　昭和 54 年（1979 年）　「道路橋支承標準設計（ピン支承・ころがり支承編）」
　　昭和 54 年（1979 年）　「土木構造物標準設計 25-28（活荷重合成プレートガーダー橋）」
　　昭和 54 年（1979 年）　「土木構造物標準設計（H 形鋼橋）」
　　昭和 54 年（1979 年）　「道路橋支承標準設計」改訂
　　平成 3 年（1991 年）　「土木構造物標準設計（H 形鋼橋）」改訂
　　平成 5 年（1993 年）　「道路橋支承標準設計」改訂
　　平成 6 年（1994 年）　「土木構造物標準設計 25-28（単純プレートガーダー橋）」

2.2.4　鋼橋の材料および許容応力度

(1)　主要使用鋼材

　大正 14 年（1925 年）に日本標準規格（JES）第 20 号「構造（橋梁・建築其ノ他）用圧延鋼材」で強度 $39\sim47\,\mathrm{kgf/mm^2}$ の St 39 が制定されている。これらの鋼材規格は主としてドイツの工業規格（DIN）を参考に作成された。

　昭和 15 年（1940 年）には，JES 第 430 号「一般構造用圧延鋼材」が制定され，この中の第二種の強度 $41\sim50\,\mathrm{kgf/mm^2}$ の鋼材が SS 41 とよばれた。この SS 41 は昭和 14 年（1939 年）の「鋼道路橋設計示方書案」に採用された。

　その後の示方書改訂の中で，鋼材も順次改訂された。主要な構造用鋼材および接合用鋼材に関する改訂を以下に示す。

・昭和 31 年（1956 年）　「鋼道路橋設計示方書，鋼道路橋製作示方書」
　　　　　　　　　　　　一般構造用鋼材 SS 41，　リベット SV 34
・昭和 39 年（1964 年）　「鋼道路橋設計示方書，鋼道路橋製作示方書」
　　　　　　　　　　　　一般構造用鋼材 SS 50，溶接構造用鋼材 SM 50 の追加
　　　　　　　　　　　　リベット SV 41 の追加

- 昭和 41 年（1966 年）　「鋼道路橋高力ボルト摩擦接合設計施工指針」
　　　　　　　　　　　　摩擦接合用高力ボルト F 9 T，F 11 T の制定
- 昭和 42 年（1967 年）　「溶接鋼道路橋示方書 1967 年追補」
　　　　　　　　　　　　溶接構造用鋼材 SM 50 Y，SM 53，および SM 58 の追加
- 昭和 48 年（1973 年）　「道路橋示方書 I 共通編」
　　　　　　　　　　　　耐候性鋼材 SMA 41，SMA 50，および SMA 58 の追加
　　　　　　　　　　　　摩擦接合用高力ボルト F 8 T，F 10 T の追加，F 9 T の削除
- 昭和 55 年（1980 年）　「道路橋示方書 I 共通編」
　　　　　　　　　　　　一般構造用鋼材 SS 50 の削除
　　　　　　　　　　　　摩擦接合用高力ボルト F 11 T の削除
- 平成 2 年（1990 年）　「道路橋示方書 I 共通編」
　　　　　　　　　　　　耐候性鋼材 SMA 41 W，SMA 50 W，および SMA 58 W に限定
　　　　　　　　　　　　摩擦接合用高力ボルト S 10 T の追加
　　　　　　　　　　　　支圧接合用打込み式高力ボルト B 8 T，B 10 T の追加
　　　　　　　　　　　　リベット SV 34，SV 41 の削除
- 平成 6 年（1994 年）　「道路橋示方書 I 共通編」
　　　　　　　　　　　　変更なし（JIS に合わせて鋼材記号を変更）
- 平成 8 年（1996 年）　「道路橋示方書 I 共通編」変更なし
- 平成 14 年（2002 年）　「道路橋示方書 I 共通編」変更なし

主要使用鋼材における日本標準規格（JES）や日本工業規格（JIS）の変遷については，**付表 2-8** に示す。

(2) 主要使用鋼材の許容応力度

鋼材の軸方向引張許容応力度は，「道路構造に関する細則」（大正 15 年）において初めて定められた。**付表 2-9** に主要鋼材の許容応力度の変遷を示す。ここで注意したいのは，軸方向許容圧縮応力度が「鋼道路橋設計示方書」（昭和 39 年）までは許容引張応力度より 100 kgf/cm² 低いことである。これは，設計・製作上で避け難い偏心圧縮の影響を考慮したものである。

2.2.5 鋼橋の設計法

(1) 主構造の設計

主構造の設計方法・解析モデルの変遷期を，下記に示す I 期，II 期，III 期に大まかに分けて整理する。

　I 期：わが国に本格的な近代橋梁の建設が始まった慶応 4 年（1868 年）から昭和初期（1930 年頃）までの約 60 年間。この期間は関東大震災復興事業［大正 13 年（1924 年）〜昭和 3 年（1928 年）］における画期的な橋梁の建設も含み，輸入設計技術の習得に努力が注がれた。

　II 期：I 期に続く昭和 25 年（1950 年）頃までの 20 年ほどの期間。この時

期には，わが国における材料力学ならびに構造力学の研究が進み，これを応用した各種形式の橋梁，ならびに可動橋，曲線橋あるいは溶接橋等の特殊橋梁までもが開発されたが，とりわけⅡ期の後半では国力のすべてが戦争への態勢に向けられたため，橋梁設計技術の進展は停滞を余儀なくされた。

Ⅲ期：橋梁設計技術の進展の足取りが大きくなり始めたのは，第二次世界大戦後の混乱が落ち着き始めた1950年代以降のⅢ期である。その技術的内容，構造規模，建設量は世界に並び，あるいは凌駕するまでに発展して現在に至っている。

わが国の鋼橋における構造部材の設計は，Ⅰ期当初以来ほとんどが許容応力度設計法で行われてきた。最新の道路橋示方書Ⅱ（平成14年）では要求性能表示，すなわち性能規定型の基準となったものの，一般橋においては従来の規定が併記された「見なし規定」を適用している場合が多く，依然として許容応力度設計法に基づく設計が行われているのが実態である。しかし，近年日増しに求められるコスト縮減，高耐久性構造など橋梁技術開発に呼応して性能照査型設計の普及が促進されるものと考えられる。これら設計法に関する詳細は章末の参考文献にゆだねるものとする。本項では，構造解析上のモデル化に着目し，桁構造，トラス構造，およびアーチ系構造について，「点検」と関連づけてⅠ期，Ⅱ期とⅢ期を対比する（**表2-3**参照）。

(2) RC床版の設計

昭和30年（1955年）以前のRC床版に関する基準は，その損傷メカニズムが必ずしも解明されていなかった時代に作成されたが，その後，この基準は種々の実橋損傷実態や実験での成果を踏まえ改訂されてきた。設計計算は，RC床版を梁のモデルに置き換え，舗装と床版による輪荷重の分布を考慮して行われた。また，転圧機の荷重を考慮したため，せん断応力の照査を行う必要があり，版厚がこの荷重で決定されるケースが多かった（**付表2-10 鋼橋のRC床版の設計活荷重と曲げモーメント算定式の変遷**参照）。

昭和31年（1956年）の「鋼道路橋設計示方書」から，版という考え方で設計されるようになったが，配力筋方向の曲げモーメントなどの断面力と必要版厚への配慮不足から，交通量増大や大型車の通行により損傷が著しくなった。

その後，版厚や曲げモーメント算定式の吟味と実験が行われ，示方書に取り入れられてきた。

現在のRC床版は，版という考え方で設計され，2方向に配筋した上で，鉄筋の応力度を$1\,200\,\mathrm{kgf/cm^2}$程度に低く抑えることと床版厚を厚くすることにより，曲げモーメントによるコンクリートの引張応力度を抑え，せん断力に抵抗することが基本となっている。このような配慮により，昭和48年（1973年），昭和55年（1980年），平成2年（1990年）のそれぞれの示方書に基づいて設計されたRC床版が次第に損傷を受けにくくなっている。現在はRC床版の損傷メカニズムもほぼ解明されており，それに基づいた基準の整備が行われてきている。

昭和39年（1964年）以前の「鋼道路橋設計示方書」による技術基準で設計されたRC床版は，劣化損傷が進んだため，すでに鋼板接着や縦桁増設で補強

表 2-3 構造形式と解析モデルの特徴

	I期,II期	III期
桁構造	【構造形式】 ・単純桁,多径間はゲルバー形式 【解析モデル】 ・断面積と曲げ剛性をもつ直線棒モデル ・隣接桁の荷重分配を無視した単部材モデル ・床組など連続構造も単純桁として設計 【特徴的な損傷】 ・対傾構など二次部材ガセットの疲労損傷 ・ゲルバー桁かけ違い部ピン支承部の切欠き部の疲労損傷	【構造形式】 ・単純,または連続の合成桁,非合成桁 ・並列多主桁 【解析モデル】 ・初期は,主桁間の対傾構のせん断バネモデルで隣接主桁の協働を考慮 ・1970年代以後は任意格子桁モデル 【特徴的な損傷】 ・分配対傾構で解析して,主桁の連結部でコネクションプレートがないなどのモデルに対する実構造の不備による疲労損傷
トラス構造	【構造形式】 ・下路トラス,下路ランガートラス ・単純構造,π型弦材 ・格点はピン構造,ガセット構造 【解析モデル】 ・軸力のみに抵抗する部材端ヒンジの直線棒からなる平面骨組モデル 【特徴的な損傷】 ・ガセット部での二次応力による疲労損傷 ・主構と床組連結部,および床組腹板の疲労損傷	【構造形式】 ・下路トラス,上路トラス,合成トラス ・連続構造,箱型弦材 ・格点はガセット構造 【解析モデル】 ・部材端ヒンジ,または部材端固定の直線棒からなるモデル ・平面骨組モデル,または立体骨組モデル 【特徴的な損傷】 ・ガセット部での二次応力による疲労損傷 ・主構と床組連結部,および床組腹板の疲労損傷
アーチ系構造	【構造形式】 ・2ヒンジアーチ(上路式) ・タイドアーチ(下路式) 【解析モデル】 ・アーチリブは曲線(多格点折れ)棒の曲げ・軸力・せん断の3力抵抗モデル,支柱,吊材は,両端ヒンジの直線棒モデル ・路面は床組として主構モデルに含めない 【特徴的な損傷】 ・主構と床組連結部,および床組腹板の疲労損傷 ・側径間がある場合,かけ違い部ピン支承部の切欠き部の疲労損傷	【構造形式】 ・ランガー,トラスドランガー ・ローゼ,ニールセンローゼ ・補剛アーチ 【解析モデル】 ・アーチリブ,補剛桁は材端固定の直線棒,または曲線(多格点折れ)棒の平面骨組モデル,または立体骨組モデル ・吊材(支柱)は部材端ヒンジ,または固定の直線棒モデル ・幾何学的非線形解析,全体座屈安定解析 【特徴的な損傷】 ・風琴振動による吊材端部の疲労損傷 ・活荷重たわみによる支材端部の疲労損傷 ・主構と床組連結部,および床組腹板の疲労損傷

されたもの,あるいは取り替えられたものが多い。しかし,まだ補強や取替えがすんでいないものや,すんだものでも再び劣化損傷が生じたものなど,あらためて検討を迫られているものもある。さらに,新しい技術基準で設計された床版の中にも,施工が悪いために劣化損傷が生じているものもあり得るので,日常の点検が必要である。

(3) 継手の設計

(a) 工場継手

鋼橋が最初に建設された明治期以来大正期に至っても継手構造は工場,現場ともにリベットで組み立てられるのが一般的であった。

わが国に最初に溶接技術が紹介されたのは,昭和5年(1930年)の土木学会誌であり,すべて隅肉溶接接合であった。すぐに試験的導入を試みたが第二次世界大戦の影響もあり普及はしなかった。溶接桁が本格的に普及するのは戦後昭和25年(1950年)頃であり,板継ぎに突合せ溶接が初めて採用され,工

場溶接組立てと現場リベット接合の組合せが誕生した。昭和32年（1957年）「溶接鋼道路橋示方書」の改訂により，設計・製作方法が確立され，鋼道路橋の工場組立てはすべて溶接で行われるようになった。その後，現場継手がリベットから高力ボルトに代わってからも今日に至るまでこの方式が一般的には踏襲されてきている。

工場リベットは，昭和37年（1962年）竣工の若戸大橋を最後に，以後採用されなくなった。

(b) 現場継手

昭和40年（1965年）頃には，熟練を要するリベット工の減少や騒音問題などから現場継手にもリベットが使われなくなり，高力ボルトが用いられるようになった。

昭和39年（1964年）にJIS B 1186「摩擦接合用高力六角ボルト，六角ナット，平座金のセット」が制定されたのを受けて，昭和41年（1966年）に「鋼道路橋高力ボルト摩擦接合設計施工指針」（㈳日本道路協会）が制定され，F 9 T，F 11 Tが採用された。以後2度のJIS改正を受けて，昭和48年（1973年）の示方書ではF 8 T，F 10 T，およびF 11 Tが規定された。その後，F 11 Tに遅れ破壊現象がみられたため，首下形状の改良や添加成分の見直しが行われたが，昭和55年（1980年）に改訂された「示方書Ⅱ」以降F 11 Tは削除され，F 8 TとF 10 Tのみが規定されている。

一方現場溶接は，工場に比べ施工環境が悪くなることから平成6年（1994年）までの「示方書Ⅱ」では原則として継手効率90％（解説において，緩和規定はあるが）であった。そこで，鋼床版桁のデッキプレートのように，比較的応力レベルが低く，舗装の維持管理面でボルト継手よりも有利であり，しかも施工条件がよい構造に採用された。また，鋼製橋脚のように部材板厚が大きく，高力ボルトでは設計不能となる場合にも採用された。

近年，溶接技術の向上，現場における施工管理および品質管理が充実したことから，平成8年（1996年）の「示方書Ⅱ」では工場溶接と同等の管理を行うことを前提として現場溶接部の許容応力度を工場溶接と同じ値とすることが認められた。近年の合理化橋梁における現場継手位置での断面変化，部材板厚の極厚化により高力ボルトでは設計不能となる場合，および美観上の要求などから現場溶接の採用が増えつつある。

2.2.6 鋼橋の施工法

1960年代半ばまで一般的な鋼橋の架設工法に変化はなく，桁下空間が利用できる（ベントが建てられる）か否かで，工法が大別できたといえる。桁下が利用できる場合は，橋梁の全長にわたり主要点をベントで支持するオールステージング工法（ベント工法）が採用された。部材の架設位置への搬入には，移動可能な三脚デリッククレーン（**図2-6**）か，施工部分の全長にわたって張り渡されたケーブルクレーン（**図2-7**）が用いられた。両クレーンとも吊り能力が小さいため，部材は小さく分割されることが多かった。

桁下空間が利用できない狭隘な谷間や，桁下が15 m以上でベントを建てるには深すぎる場合には，橋桁支持設備を用いた吊下げ方式（**図2-8**）と斜吊り

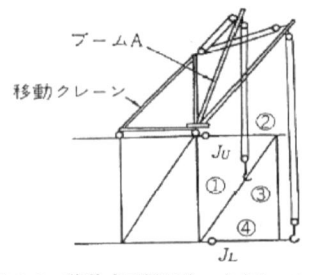

図 2-6 移動式三脚デリッククレーン[7]

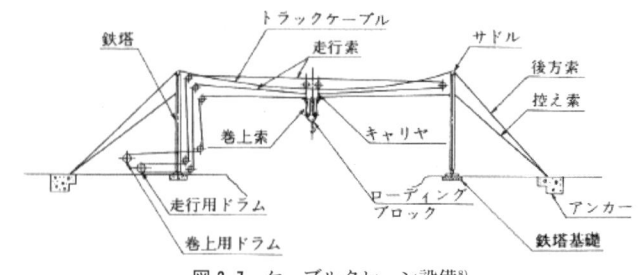

図 2-7 ケーブルクレーン設備[8]

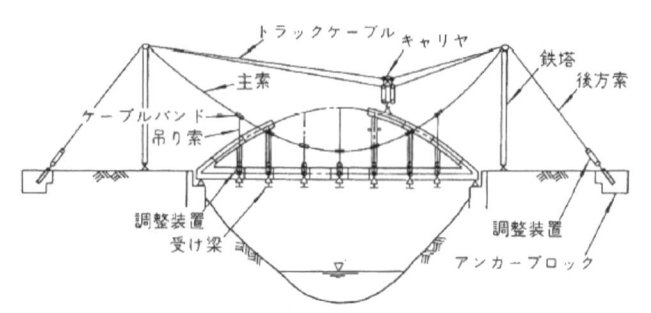

図 2-8 ケーブルクレーン直吊り工法[9]

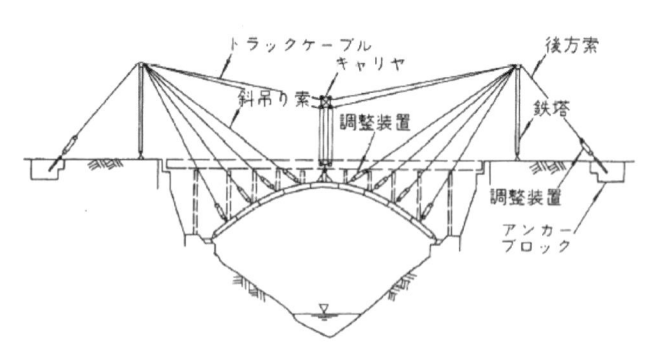

図 2-9 ケーブルクレーン斜吊り工法[9]

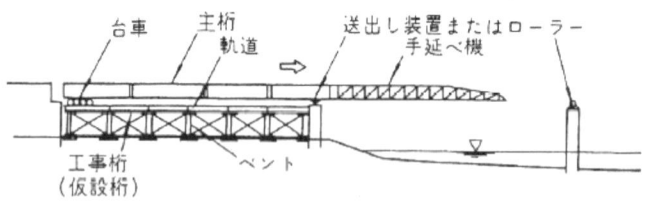

図 2-10 手延べ工法[9]

方式（図 2-9）が利用された。トラスのような橋軸方向に細長い橋梁や下路式アーチでは吊下げ方式が，上路式アーチでは斜吊り方式が採用された。

　また，立体交差部などで架設する場合には，架橋位置手前側で組立てを完了させ，先端に架設用の軽いアームを取り付け，送り出して架設する手延べ工法（図 2-10）も利用されていた。

　手延べ方式が採用できない場合には，架設先端に部材を順次取り付けていく片持ち工法（図 2-11）が，1960 年代のワーレントラスの架設に多く用いられた。この方式では，先端が自重で垂れ下がっていくため，次の支点に到達した際に下部工に接触しないようにあらかじめ計算でたわみを求めておき，手前の支点を上げ越しておくなどの工夫が必要であった。また，トラスの上下弦材の

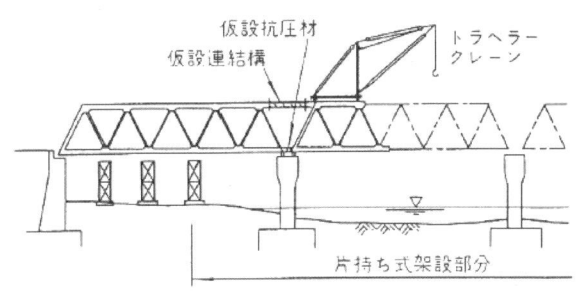

図 2-11 トラベラークレーンによる片持ち工法[9]

現場継手は，各格点近傍でかつ架設側に設置しておく必要がある。この架設工法は複数径間にわたる単純トラスの場合にも利用され，架設時には連続トラス構造にするため，下弦材には一時的な水平沓を設けたり，上弦材には同じように架設完了後には不要となる部材が設けられたりした。なお，この上弦材を温度変化を拘束しない構造にした上で，冗材として架設後に美観上残した事例もある。

この時期の架設方法は，鋼重も含めた死荷重を全主要部材で支持するという設計上の仮定を満足させるように計画するだけでよかった。ところが1960年代になると，関西を中心に架設されるようになった連続合成桁において，中間支点部へのプレストレス導入対策としてコンクリート打設前後の支点の上げ下げやPCケーブルによる応力導入など架設時に応力を調節するような設計手法が採用され，架設管理が難しくなっていった。

また，長大橋では主要部材のうちのある部材を先行架設し，その部材に残りの部材重量を支持させるというような架設工法が採用され始めた。例えば，吊り橋ではケーブルに補鋼桁の全自重を負担させて閉合させ，床組や床版，活荷重をケーブル・補鋼桁の全主要部材で負担させると，ケーブルは全荷重を，補剛桁は床組以降の後死荷重と活荷重を支持することになる。このように全主要部材が全応力を負担する従来の工法を適宜変えるという考え方が採られるようになった。

1970年代になると，こうした考え方が長大橋以外でも一般的になった。例えば斜吊り工法でアーチ部材を架設し，垂直材や床組の後死荷重をアーチのみに負担させ，床版，舗装，活荷重を全部材で負担するという考え方になっていった。同じように連続桁をキャンティレバー工法で架設した場合，閉合後に主桁応力を調整せず，閉合位置では架設誤差のみを考慮する考え方が多く採用されてくるようになった。

したがって，このような考え方で設計された橋梁を補強する場合には，原点に戻り設計計算書の内容を吟味しないと，大きな間違いを犯すことになる。

1980年代になると，オールステージング工法（ベント工法）では三脚デリックやケーブルクレーンに代わって，大型化してその吊り能力も増大したトラッククレーンが多用されるようになった（図2-12，図2-13）。トラッククレーンを使用することで架設期間が短くなり，工期の短い分だけ架設時の安全性が増した。また，海上もしくは大河川の河口近くの箇所ではフローティングクレーン（図2-14）が用いられ，短期間で架設が完了する時代となった。

今日では，斜吊りのケーブル軸力，たわみ，あるいは反力などの架設管理に

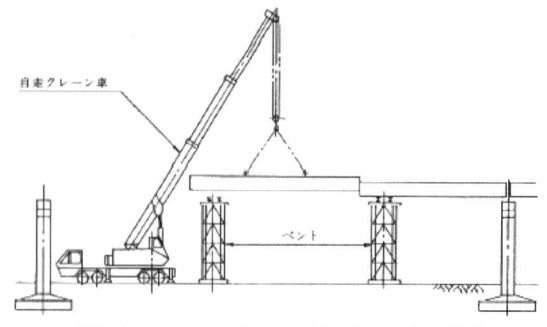

図 2-12 トラッククレーンによるベント工法[10]

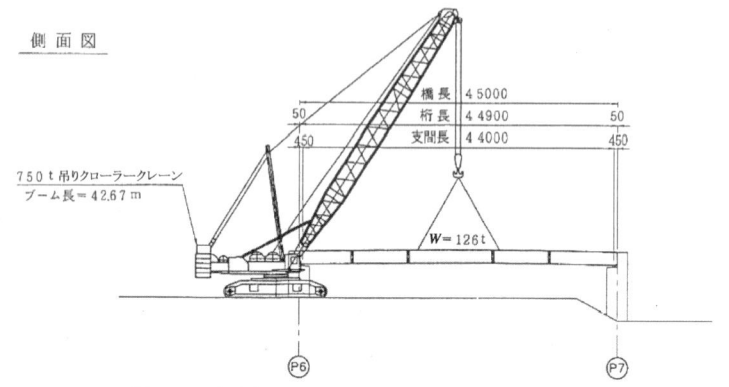

図 2-13 大型トラッククレーンによる一括架設工法[11]

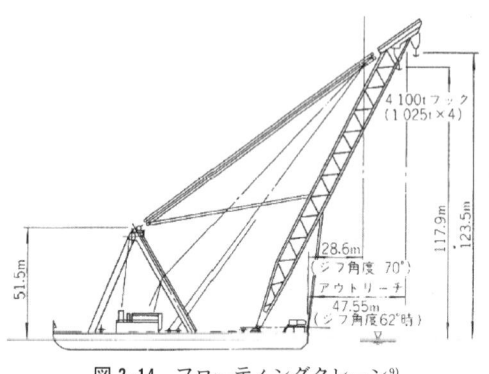

図 2-14 フローティングクレーン[9]

コンピュータが多用されている。既設橋梁の補修・補強の施工でも桁の応力やたわみの管理に，やがてコンピュータが使用される時代となるであろう。

2.3 下部工の技術の変遷[12),13),14)]

2.3.1 下部工の発展[14)]

橋梁下部構造は，躯体部と基礎部に分かれる。躯体部は，上部構造の荷重やそれ自体に作用する土圧，水圧，地震力などを基礎に伝えるものであり，基礎部は躯体からの荷重その他を，有害な変形を伴わずに支持地盤に伝えるものである。この目的のために古くからいろいろな材料を用いて，種々の構造形式が考案され実施されている。

明治時代における下部構造は，材料に木材・石材・レンガ・コンクリートなどを用い，ときには鋳鉄や簡単な鉄骨が使用されている。橋台や橋脚は重力式構造とパイルベント構造が主であり，耐震設計はほとんど考慮されていないも

のであった．基礎は直接基礎のほかに，木杭基礎，木枠やレンガによるオープンケーソン基礎などが用いられ，土質力学がまだ十分発達していないため，一部を除いて過去から継承した経験的な設計施工が行われていた．施工は人力施工が主であったが，一部では蒸気力による機械化施工も行われていた．

大正時代になると，従来の構造形式に加えて明治時代の終わり頃から使用してきた鉄筋コンクリート構造を本格的に採用するようになり，軀体には鉄筋コンクリートの柱，壁，ラーメン構造などが，基礎には同じく鉄筋コンクリートの杭やオープンケーソン，ニューマチックケーソンなどを施工するようになっている．設計面では関東大震災の経験により，特に耐震設計に意を注ぐようになり，震度法による設計が普及し始めた．基礎の施工は機械化が進み，動力として蒸気力のほかに内燃機関，電力などが用いられ始めている．

昭和の初期になると，橋梁建設は以前にも増して盛んになり，比較的規模の大きい橋梁が多く架設されるようになって，下部構造もそれに伴って大型化されることとなった．鉄筋コンクリートは，下部構造にとって，ますます重要な材料となったが，一部では鋼製の背の高い橋脚なども採用されるようになっている．基礎は大正時代に引き続き木杭・鉄筋コンクリート杭・オープンケーソン・ニューマチックケーソンなどが施工され，中でも重要な橋梁の基礎には，鉄筋コンクリートのオープンケーソンが多くみられるようになり，さらに大規模な橋梁ではニューマチックケーソンが目立つようになっている．そのほか，この時代には地質調査法が発達し，土質工学の研究と相まって，耐震設計が一般化するようになった．しかし，昭和16年（1941年）頃からは，第二次世界大戦の影響により，下部構造の技術的な発達はみられなくなり，昭和23～24年（1948～1949年）頃まで同じ状態が続いた．

昭和20年代の後半以降，橋梁工事は徐々にではあるが再び盛んになり，下部構造の面でも新しい技術的発展がみられるようになった．まず材料の面では，いままでの木材がほとんど姿を消し，代わって鉄筋コンクリートのほかにプレストレストコンクリート・普通鋼・高張力鋼などが用いられるようになり，基礎構造面では，杭基礎に遠心力鉄筋コンクリート杭・鋼杭・PC杭，および場所打ち鉄筋コンクリート杭などが用いられ，ケーソン基礎は超大型のものが現れるようになった．また，昭和40年以降になると杭基礎とケーソン基礎の中間的な矢板式基礎が開発され，ほかに多柱式基礎などが施工されるようになった．施工面では，新しい機械の輸入が盛んとなり，国内においても多くの種類の機械が製作され，しかも次第に大型化して機械化施工が急激に発展していった．特に，基礎の施工面では，杭打ちを無騒音・無振動で行う機械の発達にめざましいものがみられる．また基礎の設計面では，土質調査をはじめ土質工学の飛躍的な発展により，種々の新しい計算法が提案されるようになり，支持力・沈下・変形等の値はかなり合理的に推定できるようになった．耐震設計法では従来の震度法による震度の値が見直されるとともに，非常に背の高い橋脚などには修正震度法が適用されることとなり，さらに動的解析法が試みられるようになった．下部構造の設計施工に関する技術基準は，昭和39年（1964年）に初めて杭基礎の設計篇の作成をみ，以来逐次形式別に制定され，上部構造の技術基準とあわせて，橋梁の設計基準は一応の整備をみるようにな

った。

　昭和50年代は，構造的に従来の延長線上のものが主体であった。しかし，本州四国連絡橋をはじめとする海峡を越える橋梁などでは，巨大な橋脚やアンカーレッジが次々と建設された。また，橋梁の景観も重視されるようになり，下部構造の形状についても種々の工夫が見られるようになった。ケーソン工法ではニューマチックケーソンの自動掘削が実用化され，いくつかの方式が開発された。それによって50 m程度の大深度，大規模ケーソンの施工が経済ベースに乗るようになった。また，本州四国連絡橋では，プレパックドコンクリートによる大型の設置ケーソンが軌道に乗って次々と施工されるようになった。

　昭和60年（1985年）頃から阪神・淡路大震災のあった平成7年（1995年）までの約10年間は，バブル景気といわれた好景気の時期から深刻な不況に陥った時期にあたる。この期間に現れた新しい基礎形式は少なく従来の技術の成熟期と位置づけられる。基礎では杭基礎が増加し，特に場所打ち杭が多く採用されてきた。平成7年（1995年）に6 300人を超す死者を出し，土木・建築構造物にも大きな被害を与えた阪神・淡路大震災以降は，新設構造物はもちろんのこと既設構造物に対する耐震対策が緊急課題となり，直下型大地震への対応策が設計基準として整備されるとともに種々の施工法が提案され実施されている。

2.3.2　下部工の技術基準[12]

(1)　基準のない時代［昭和38年（1963年）以前］

　道路法は大正8年（1919年）の制定以来，度々の改正を繰り返してきたが，技術基準としての具体的な規定はない。道路構造令では，橋に関する基準を建設省規則に委ね，規則は道路技術基準に委ねている。ところが道路技術基準は，道路橋の計画や荷重などに関する規定が主で，具体的な設計基準や施工基準はない。上部構造については昭和14年（1939年）に「鋼道路橋示方書（案）」が初めて編纂された。

　しかし，下部構造に関しては道路技術基準や「鋼道路橋示方書（案）」（昭和14年）などに規定されている荷重や洗掘などの基本的な事項以外は，各設計・施工担当者たちの判断で設計・施工がなされるのが通常であった。そのほかに設計のよりどころになったものには土木学会の「鉄筋コンクリート標準示方書」があり，下部構造，特に軀体の設計に大きな影響を与えている。

　このような事情で，明治時代から昭和の中期までの下部構造に関する設計は，教科書，専門書，鉄道橋などを含む設計例，外国の事例などを参考にして進められた。施工も外国の技術の導入はあったものの，経験を重視したやり方が主体であった。

(2)　指針の時代［昭和39年（1964年）～昭和54年（1979年）］

　表2-4に下部工に関わる技術基準の変遷の一覧を示す。道路橋の下部工に関する技術的な基準は昭和39年（1964年）に刊行された道路橋下部構造設計指針「くい基礎の設計篇」が最初である。

　この指針は杭基礎に対する従来からの基本的な考え方を示すもので，鋼管杭，RC杭を中心に構成されている。変位法により作用荷重の合力に対して杭

表 2-4 下部工に関わる技術基準の変遷

年　代	タイトル
大正3年（1914年）	「鉄筋混凝土橋梁設計心得」制定
昭和6年（1931年）	「鉄筋コンクリート標準示方書」制定
昭和11年（1936年）	「鉄筋コンクリート標準示方書」改訂
昭和15年（1940年）	「鉄筋コンクリート標準示方書」改訂
昭和24年（1949年）	「コンクリート標準示方書」制定
昭和31年（1956年）	「コンクリート標準示方書」改訂
昭和39年（1964年）	「道路橋下部構造設計指針：くい基礎の設計篇」制定
昭和41年（1966年）	「道路橋下部構造設計指針：調査及び設計一般篇」制定
昭和42年（1967年）	「コンクリート標準示方書」改訂
昭和43年（1968年）	「道路橋下部構造設計指針：橋台・橋脚の設計篇」制定
〃	「道路橋下部構造設計指針：直接基礎の設計篇」制定
〃	「道路橋下部構造設計指針：くい基礎の施工篇」制定
昭和45年（1970年）	「道路橋下部構造設計指針：ケーソン基礎の設計篇」制定
昭和48年（1973年）	「道路橋下部構造設計指針：場所打ちぐい基礎の設計施工篇」制定
昭和49年（1974年）	「コンクリート標準示方書」改訂
昭和51年（1976年）	「道路橋下部構造設計指針：くい基礎の設計篇」改訂
昭和52年（1977年）	「道路橋下部構造設計指針：ケーソン基礎の施工篇」制定
昭和55年（1980年）	「道路橋示方書Ⅳ下部構造篇」制定
昭和59年（1984年）	「鋼管矢板基礎設計指針」制定
昭和61年（1986年）	「コンクリート標準示方書」改訂
平成2年（1990年）	「道路橋示方書Ⅳ下部構造篇」改訂
平成3年（1991年）	「コンクリート標準示方書」改訂
平成6年（1994年）	「道路橋示方書Ⅳ下部構造篇」改訂
平成8年（1996年）	「道路橋示方書Ⅳ下部構造篇」改訂
〃	「コンクリート標準示方書」改訂
平成11年（1999年）	「コンクリート標準示方書」改訂
平成14年（2002年）	「道路橋示方書Ⅳ下部構造篇」改訂

基礎全体で安定性の計算をする考え方が提示され，その後の基礎の設計の基本的考え方となっている。

続いて，昭和41年（1966年）の「調査及び設計一般篇」から昭和52年（1977年）の「ケーソン基礎の施工篇」まで，世にいう道路橋下部構造設計指針の8編が次々と発行された。設計指針に施工編がなぜ必要かという批判はあるが，多種多様の地盤を対象に設計するには標準的な施工方法を前提にしなければ設計できないという事情から必要となっている。

これらの指針は，昭和55年（1980年）に刊行された「道路橋示方書Ⅳ下部構造編」に統合されていくこととなった。

なお，昭和46年（1971年）に道路橋耐震設計指針が公表されている。これは昭和39年（1964年）の新潟地震により道路橋に落橋を含む大きな被害が多数発生したことに基づく。ここで，従来からの震度法から修正震度法，地域別，地盤別，重要度別の設計震度の設定，動的解析法までの一連の設計法を位置づけ，地盤の液状化による影響を設計に取り込むことなどが規定された。

道路橋下部構造の設計は，この指針にも大きく支配されることとなった（章末の**付表 2-11** に耐震設計の諸規定の変遷を示す）。

(3) 示方書の時代［昭和55年（1980年）以降］

道路橋下部構造に関する初めての示方書は，昭和55年（1980年）に㈳日本道路協会より「道路橋示方書Ⅳ下部構造編」として刊行された。これまでの8編の指針が一つの示方書として統一され，「Ⅱ鋼橋編」「Ⅲコンクリート橋編」などとも整合のとれるものとなった。同時に「Ⅴ耐震設計編」も刊行され，道

路橋下部構造は「Ⅰ共通編」とともに3編の示方書で設計することとなった。

一方，指針から示方書になることで，示方書に馴染みにくい規定は「設計便覧」「施工便覧」で補うこととなった。また，新たな基礎形式などは従来どおりに指針で技術基準を定め，一定の運用期間を経て，習熟した段階で示方書に盛り込むこととなった。

示方書は，技術の進歩に後れをとらないために10年を目途に改訂することになっている。そのために，次の改訂は平成2年（1990年）に行われた。ここでは昭和55年（1980年）の制定時に整理統一しきれなかった事項などを整理するとともに，鋼管矢板基礎，高強度水中コンクリート，太径鉄筋などに関する規定が新設された。この示方書を受ける杭基礎に関する便覧として「杭基礎設計便覧」の改訂版と「杭基礎施工便覧」が平成4年（1992年）に刊行された。また，「地中連続壁基礎の設計施工指針」が平成3年（1991年）に刊行されている。

平成6年（1994年）には，示方書全編が設計荷重を中心に改訂された。これは，道路交通法で自動車荷重の制限値を20 tfから25 tfに変更することになったためで，これまでの一等橋，二等橋の分別は廃止され，最大荷重は25 tfに統一された。下部構造に作用する活荷重は上部構造のL荷重となった。下部構造編では活荷重に関わらない事項はそのままにされた。

それから間もなくの平成7年（1995年）に阪神・淡路大震災が発生し，これまでにない大きな被害が橋梁にもたらされた。特に，橋脚に壊滅的な被害が生じ，これまでの耐震設計法の見直しが迫られた。そのために震災調査と並行して示方書の改訂作業も進められ，平成8年（1996年）に新たな示方書が刊行された。

平成14年（2002年）には，性能規定型の技術基準を目指して，要求する事項とそれを満たす従来からの規定とを併記する書式とすることを基本に改訂され，また，前回の改訂以降の調査研究成果を踏まえ多くの見直しが行われた。

章末の**付表2-12**に道路橋下部構造設計基準の変遷を示す。

2.3.3　下部工の材料[10]

道路橋下部構造に使われている材料は，設計，施工に関する技術の発展や時代とともに大きく変化している。

明治時代以降，永久橋としてコンクリートや鋼材を用いた橋梁が架設され始めた。コンクリートの原料となるセメントの生産は明治5年（1872年），鋼材は長い間輸入が続き，平炉，転炉で製鋼されるようになったのは明治34年（1901年）である。

下部構造にコンクリートが使われ始めた年次は明確でないが，明治時代の中期には重力式の橋台や橋脚の外側を石材やレンガ材とし，内部にコンクリートが用いられている。

コンクリートの使用は，大正時代になると本格化し，RCの上部工が主流となった。それとともに重力式の無筋コンクリートやRC製の橋台橋脚も広く普及するようになった。基礎の分野でもRCのオープンケーソンが大正2年（1913年）に初めて施工された。

昭和に入って遠心力鉄筋コンクリート杭が昭和9年（1934年）頃に出現し，その後の基礎杭の設計・施工に大きく貢献した。最初は他の既製杭と同様に普及は進まなかったが，昭和30年（1955年）頃，政府が木材資源利用合理化政策の一環としてコンクリート杭の利用促進を進めたところから急速に需要が伸びた。

　しかし，RC杭は取扱い中や打込み時に杭体にひびわれが入りやすく，抵抗曲げモーメントも小さいという弱点があった。昭和37年（1962年）にその弱点を補うPC杭が現れ，次第にRC杭と代替するようになった。PC杭は昭和40年（1965年）の製造量15万tが昭和42年（1967年）には100万tとなった。

　一方，コンクリートは配合，練混ぜ，養生，温度などの影響を受けやすいので厳格な施工管理を必要とする。その管理をコンクリート量の多少にかかわらず，各現場ごとに厳格に実施するのは大きな負担となる。その課題を解決するために工場でコンクリートを練り混ぜるレディーミクストコンクリート（生コン）が一般的になった。最初に生コンが供給されたのは昭和26年（1951年）で，普及は遅れたものの，昭和35年（1960年）頃より急激に伸び，コンクリートポンプの発達もあって，生コンは広い分野で利用されるようになった。

　鋼材については，明治時代初期から輸入鋼材で架設された上部構造が多いが，下部構造に鋼材が用いられた事例は明治の中期である。それも上部構造との関連で鋳鉄や錬鉄の鋼橋脚がパイルベント形式で採用されたもので，例外的な存在である。その後，鋼材の普及とともに陸橋を中心に鋼製橋脚も増加しているが，経済面でRC橋脚と比べて不利であることから採用は特殊な場合に限られた。

　下部構造における鋼材として最も多く用いられるものは鉄筋である。RCの考え方は明治時代の中期には導入されており，鉄筋には形鋼，丸鋼が用いられていた。鉄筋の基準強度の規定は内務省土木局通達の道路構造に関する細則案以来で，昭和6年（1931年）に制定された「鉄筋コンクリート標準示方書」の規定で一般化した。その後，昭和31年（1956年）の改訂で異形鉄筋，高強度鉄筋も規定され，現在に続いている。また，電気炉の普及と屑鉄の発生が多くなった昭和30年代半ば以降には再生棒鋼が続々と生産されるようになり，鉄筋の大部分を占めるようになった。太径鉄筋（例えば径32mm以上）については高炉のものが中心で，昭和50年（1975年）頃には径51mmの太径異形鉄筋が現れ，本州四国連絡橋や高速道路の高橋脚などに利用された。

　基礎では鋼管杭が昭和30年代半ば頃から急速に普及した。曲げモーメントに対する大きな抵抗，ディーゼルハンマーの導入による施工の合理化と効率化，溶接と切断による長さの自由な調節などの利点がある。しかし，昭和50年頃には建設公害に対する世論の厳しさから需要は頭打ちとなっている。

　木橋が永久橋に架け替えられる過程でも，基礎に木杭の採用が一般的であった時代もある。木杭は地下水位下では半永久的に保存される。明治時代から大正時代の沖積地盤の上の橋梁の基礎杭の多くが木杭である。大正時代から昭和初期には，長大杭の木材が不足して米国から米松を大量に輸入している。

2.3.4 下部工の設計施工法[12]

(1) 下部工躯体の技術

下部工躯体の設計・施工に関する技術は，橋台および橋脚を主体に述べる。その他の袖擁壁や防衝工などについては割愛する。

橋台および橋脚の設計は，平成8年（1996年）までの「示方書IV」では，平面保持の原則に基づく許容応力度設計法で実施されてきた。許容応力度は通常，破壊強度に対して3倍，降伏強度に対して1.5～1.7倍の安全率をみている。コンクリートの場合は圧縮力，曲げモーメントに対して安全率を4～3としている。

この方法は簡易で便利なために，長い間各方面で慣用されてきた。下部構造の場合は，ディープビームとなるような分厚い断面にも平面保持の原則を適用して設計することが多く，課題も少なくない。逆に，半重力式橋台のように引張応力の発生する部分にだけ配筋するというような設計も可能である。そのために道路橋下部構造はRCとして鉄筋比の極めて小さな断面になりがちで，部材がぜい性的に破壊しないように，また，乾燥収縮等によるひびわれが有害な幅にならないように，最小鉄筋量の規定が設けられている。

一方，欧米を中心にコンクリート構造物だけでなく，鋼構造物についても限界状態設計法が採用されるようになっている。限界状態設計法とは作用荷重に対して，破壊状態すなわち終局限界状態，供用して問題の生じない範囲すなわち使用限界，ひびわれ限界，疲労限界などの限界状態を設定し，それぞれに所要の安定係数を確保するように設計するものである。特にコンクリート構造物のように死荷重の比率の大きい構造物には有利な設計法である。

平成8年（1996年）の改訂では，耐震設計上，地震時保有水平耐力を照査することになっている。この場合，断面内のひずみは線形領域を超えて非線形領域に入るので非線形計算をすることになる。この計算自体が限界状態設計法の一形態ということができる。このように今後は，性能照査型設計の普及とともに限界状態設計法を前提とした設計法が主流になるものと考えられる。

道路橋下部構造の施工方法は明治時代から大きく変化してきた。その変遷は**表 2-5** に示すように，木造や石造アーチ橋の時代から材料，工法，施工機械の発達に応じて様変わりしている。

明治時代には木杭または箱枠などで基礎を下ろし，その上に石積み，レンガ積み，無筋コンクリートなどで橋台・橋脚が施工された。施工は主に人力によった。

大正時代に入るとRCが普及し，橋台・橋脚のみならず，RCオープンケーソン，既製のRC杭などが出現した。大正12年（1923年）の関東大震災ではRC構造が地震に強いことが検証され，下部構造の多くがRC構造になった。

昭和の時代に入ると橋梁の建設は増加したが，外国からの技術導入も少なく，下部構造に関する技術的な発展は停滞し，その後の昭和20年代まで戦争の影響もあって目立った進歩はみられない。

昭和30年代以降は，道路と橋梁の整備が進み，下部構造についても大型化，複雑化とともに機械化施工が進行し，新材料と新工法も次々に誕生した。広幅員，高層の高架橋などの橋台・橋脚には新しい形式のものが提案され，鋼製橋

2.3 下部工の技術の変遷

表 2-5 下部工技術年表

年代	下部工技術の変遷
明治	・明治中期橋梁基礎としてコンクリートが用いられるようになる。 ・明治23年（1890年）日本最初のRC構造物（ケーソン）が横浜港でつくられる。 ・隅田川新大橋の主橋脚基礎が無筋コンクリート井筒（オープンケーソン）で施工される。 ・明治41年（1908年）初めてコンプレッソル杭（原始的な場所打ち杭）が施工される。 ・明治43年（1910年）既製コンクリート杭が海軍倉庫で採用される。 ・主な構造形式は直接基礎（重力式），オープンケーソン（井筒）。
大正〜昭和20年	・大正2年（1913年）最初の鉄筋コンクリートオープンケーソンが愛媛県肱川橋で施工される。 ・大正12年（1923年）関東大震災があり，これを契機にRC構造が脚光を浴びるようになる。 ・大正14年（1925年）隅田川の永代橋，清洲橋，言問橋で本格的なニューマチックケーソン基礎が施工される。 ・ペデスタルパイル（打込み式場所打ちコンクリート杭）が荒川放水路，新四ツ木橋など少数の橋梁で用いられる。 ・この年代までの掘削，杭打ちなどの作業は人力主体で，杭打ちは人力あるいは電動ウインチ引きによる重さ1〜2t止まりのモンケン打ちで，使用する杭も木杭15m，コンクリート杭で10m以下であった。 ・角形鉄筋コンクリート杭（武智杭）はあったが大量には生産されていなかった。 ・昭和9年（1934年）最初の遠心力コンクリート杭がつくられた。 ・主な構造形式は小規模橋梁では直接基礎（重力式），杭基礎。大規模橋梁では，軍需優先から杭材が逼迫しケーソンが多く用いられる。
昭和20〜30年代	・昭和30年（1955年）に入りRC杭の生産が急激に増大する。昭和31年（1956年）PC杭が出現。 ・昭和34年（1959年）若戸大橋橋脚で大規模な鋼製曳航ケーソンが施工される。 ・昭和30年代ディーゼルハンマーの普及に伴いRC杭，続いてPC杭が量産される。 ・昭和37年（1962年）首都高速道路羽田1号線でPC杭が土木工事としては初めて使用される。 ・鋼管杭も同様に鉄鋼産業の高度成長を背景に昭和30年代後半から多く用いられるようになる。 ・昭和38年（1963年），39年（1964年）頃より直径1mを超す大口径鋼管杭が実用化され，琵琶湖大橋で施工される。 ・昭和20年代後半から30年代にかけてアースドリル機・ベノト機，連続オーガー機，続いてリバース工法が導入され，東京オリンピック関連工事を中心に使用される。 ・橋台は高価な鉄筋を減らすため重力式・半重力式が主流。河川部では掘削量を減らすためパイルベント式橋台が主流となる。 ・昭和40年（1965年）頃には木杭がほとんど用いられなくなる。
昭和40年代	・騒音規制により打込み杭（RC・PC・鋼管杭）が減り，削孔式場所打ちコンクリート杭が増加する。 ・山岳道路の建設が盛んになり，深礎工法が多く用いられるようになる。 ・昭和43年（1968年）プレストレストコンクリートケーソンが北海道の清川橋で施工される。 ・昭和45年（1970年）首都高5号線で最初の地中連続壁井筒式基礎が施工される。 ・昭和40年代半ばPHC杭が開発される。 ・昭和40年代後半にSC杭が開発される。 ・昭和47年（1972年）厚岸大橋（北海道）で本格的に鋼管杭を斜杭に用いる。 ・昭和47年（1972年）直径3.5mの大口径鋼管杭を用いた多柱式基礎（大島大橋）が施工される。 ・大口径PC杭の出現，場所打ちコンクリート杭の発展によりケーソンの施工量が著しく減少する。 ・鋼管矢板式基礎工法が大型構造物の基礎として開発され用いられるようになる。 ・都市部では，鋼製橋脚，1本柱やラーメン式のコンクリート橋脚などスレンダーなものが多くなる。
昭和50年代〜現在	・各種埋込み杭工法，低騒音ハンマーの開発により既製杭の需要が再び伸びる。 ・ニューマチックケーソンは函内掘削の無人化・自動化，プレキャスト化が進められる。 ・クレーン船などの大型水上施工機材の進歩により設置ケーソン工法（直接基礎）が大型水中基礎に用いられるようになる。 ・昭和59年（1984年）本州四国連絡橋の番の州高架橋で直径3mの大深度場所打ち杭が施工される。 ・昭和60年（1985年）横浜ベイブリッジで直径10mのプレキャストケーソンを用いた多柱式基礎が施工される。 ・平成7年（1995年）阪神・淡路大震災以降，最も被害が顕著であった橋脚基部を重点的に既設下部工の補強工事が進められている。 ・ポンプ車打設の普及とともに逆T型橋台が多くなり，控え壁式橋台が少なくなってきた。

脚，SRC橋脚，プレストレスの導入，高強度コンクリートなども採用されるようになった。その施工のために大型クレーン，各種クレーン，生コン，コンクリートポンプ，太径鉄筋，各種混和剤などの利用とともにマスコンクリートなどの養生，型枠，溶接，圧接，施工管理，品質管理，各種計測などでも高い技術力が要求されるようになった。

(2) 直接基礎

直接基礎は最も普遍的な基礎形式で，特に正式な名称はなく，俗にベタ基礎などとよばれていた。直接基礎やフーチング基礎という言葉は最近のものである。

構造物を支持できる地盤が地表に近ければ自然に直接基礎となる。橋梁基礎の場合も，洗掘などのおそれのない深さの地盤に基礎を求めるのは古代からの常識である。明治以前は経験によって支持層を判定していたが，明治時代に入って永久橋が架設され始めてからは，沈下や水平移動の影響のないように地盤反力を計算するようになっている。

計算法が発達して安全率が固定されるようになると，明治，大正時代のように経験で支持地盤を選定し，荷重と沈下量とのきわどいバランスの上で基礎形状を決めるようなやり方はとりにくくなった。

平成8年（1996年）の示方書改訂では，躯体，ケーソン基礎，杭基礎などで地震時保有水平耐力の照査を行うことになっているが，直接基礎では義務づけられてはいない。

直接基礎の施工法というと支持地盤までの掘削が主体であるために，その施工方法の変遷は，掘削機械，土留め工法，仮締切り工法，岩盤掘削のための火薬の発達の歴史ということができる。また，昭和40年代以降には大型のフーチング基礎が現れ，橋梁下部工でもマスコンクリートの施工管理が必要になっている。

(3) ケーソン基礎（地中連続壁基礎を含む）

オープンケーソン基礎の主目的は支持力確保であり，石積み，レンガ積み，無筋コンクリートで函体を構築し，内部を掘削して函体を支持層まで沈設させた。しかし，軟弱地盤上や多層地盤で，ある長さ以上のケーソンでは施工上からも一定の曲げ剛性が必要となり，函体はRC製になった。さらに，濃尾地震，関東大震災を経て耐震設計の必要性が認識され，震度法でRCのケーソンを設計するようになった。RCケーソンになると高価な鉄筋，セメントなどの材料費を節減するために具体的かつ合理的な設計法が求められるようになった。一方，ケーソンの設計においては，オープンケーソン，ニューマチックケーソンともに，施工を前提にして断面と構造を決めていく点に特徴がある。

地中連続壁基礎と鋼管矢板基礎は，ケーソン基礎の設計方法に大きな影響を与えた。ともに躯体の変形と壁面のせん断抵抗を考慮した設計法である。特に，地中連続壁基礎は周面支持力や剛性も大きく，地震時保有水平耐力にも優れており，ケーソン基礎の強力なライバル工法である。ケーソン基礎も深い基礎やPCケーソンなどでは函体の変形を考慮せざるを得ないことと，函体の変形に伴う地盤とのせん断抵抗を取り込んだほうが設計上で有利となることなどの理由から，平成8年（1996年）の示方書改訂で，函体を剛体とする設計法から函体の変形を考慮する設計法への転換が図られた。

ケーソン基礎の施工方法は，施工機械の発達に従って変化してきている。初期のオープンケーソンでは人力による掘削が主体であった。RCケーソンになって掘削深が大きく，水深も深くなると機械による掘削となった。

ニューマチック（空気）ケーソンは，関東大震災の復興事業で導入されて以来，日本独自の技術になっている。ニューマチックケーソンは確実な施工ができるという利点はあるが，段取りが大規模になり，大水深の掘削では高気圧下での作業という厳しい労働条件となる。つねに潜函病とそれに伴う後遺症を防止する対策が必要である。かつては人力掘削が中心であったが，昭和50年代

から作業室内の自動掘削が試行されて現在ではほぼ完全な自動掘削が可能になっている。しかし，機械の取外しや地耐力試験などでは関係者が入函せざるを得ないのが実情である。

PCケーソンについては，内部掘削と地中アンカーによる反力で函体を押し込む工法が主流である。函体はエポキシ樹脂の塗布とPC鋼棒による締付けで継ぎ足し，延長されている。昭和43年（1968年）以来の工法であるが，平成の時代に入ると自動掘削機械の開発も進み，大規模工事で実用化されている。

地中連続壁基礎は地中連続壁の各単体（エレメント）を繋ぎ合わせて函体を構築する。このため，継手のせん断力の伝達が重要であり，その構造については各種の工夫が提案されている。

(4) 杭基礎（鋼管矢板基礎を含む）

杭基礎は明治時代までは木杭が中心であった。明治時代に入っても一部の特殊な事例を除くとほとんどが木杭であった。上部構造や下部工軀体が永久構造であっても基礎は木杭という事例が多い。その設計は支持層まで杭を到達させるというもので，支持層が薄弱な場合は地杭として杭を密集して打ち込み，実質的な人工地盤にしてしまうというやり方が多い。その支持力の算定には具体的なものはなく，経験に負っていたとみられる。杭の上には石積み，レンガ積みまたは無筋コンクリートで下部工軀体を立ち上げている。

明治末期から大正時代にかけてRC杭が多くなったが，松材を主とする木杭の需要も多かった。その頃の反力の計算は，作用力と杭反力の釣合い条件を満たしているだけで変位の概念は入っていない。

昭和35年（1960年）頃から，杭の支持力，水平抵抗について外国の文献を通じて検討されるようになった。支持力に関する各文献の提案式は同じ条件で計算すると，バラツキの範囲は10倍程度で信頼性に課題を残した。その中で比較的重用されたのがテルツァギーとマイヤーホッフの考え方であった。水平力については地盤を弾性床，杭を梁とする弾性床上の梁の計算「チャンの式」が現象と比較的一致するので多用された。

昭和39年（1964年）の「くい基礎の設計篇」で，変位法により作用荷重の合力に対して杭基礎全体で安定性を計算する考え方が提示され，その後の直接基礎，ケーソン基礎の安定計算法の先例となった。

杭基礎，鋼管矢板基礎はともに大きな変形性能を有する基礎形式である。平成8年（1996年）の示方書改訂でそれぞれの地震時保有水平耐力が照査される。

杭基礎の施工法は明治時代より大きく変化した。明治時代の施工はほとんどが人力であったが，明治末期にはスチームハンマーが使用されている。場所打ち杭としては明治末期にコンプレッソル杭（ハンマーを落下させて地中に穴をあけ，その中に硬練りのコンクリートを投入し，突固め用のハンマーで突き固めて杭を築造する工法）が導入され，大正時代の初期には貫入工法による無筋のアボット杭から，RCのペデスタル杭（アメリカのアボットにより発明された。内外管組み合わせた先端に鉄製のシューをはかせ，支持地盤でコンクリートを突き固めて球根をつくり，鉄筋を入れて流動性のよいコンクリートを流し込む工法）が用いられている。

また，大正時代末期にはRCの角杭，丸杭が，昭和の初期には遠心力によるRC杭が生産されている。これらの施工にはレール式のウインチによるドロップハンマーが用いられている。動力には蒸気のほかには内燃機関，電動機関なども用いられている。

その後は第二次世界大戦もあり，杭に関する施工技術の進展はみられなかったが，昭和20年代にはディーゼルハンマーが，昭和35年（1960年）にはバイブロハンマーが導入され，スチームハンマーは次第に姿を消していった。

高度経済成長とともに公害問題が顕在化し，建設公害もその中に含まれた。

騒音・振動対策として，場所打ちコンクリート杭や既製杭用の多様な中掘り工法，セメントミルク工法，コンクリートモルタル工法などが発達した。これらの施工機械の動力も騒音対策上，電動モーターが中心となった。場所打ちコンクリート杭は設計施工基準の整備もあって昭和40年代後半から急速に施工実績を伸ばしたが，昭和55年（1980年）頃より人工泥水を用いる工法は泥水および泥水混入の掘削土が産業廃棄物に指定されて，その処理に費用がかさみ，施工実績は停滞している。

この間においても，その施工比率は低いものの深礎工法には根強い需要があった。昭和30年代は都市部の首都高速道路などで，その後は山間部や丘陵部の高速道路などで多く用いられている。深礎工法は簡易な設備による人力掘削が主体であったが，深い杭の増加，作業員の不足などで昭和60年（1985年）頃より機械掘削の試みも積極的に行われている。

2.3.5　下部構造と耐震[12]

橋梁構造物の耐震性の必要性を最初に認識させたのは明治24年（1891年）の濃尾地震である。その頃は架設計画も限られており，震度法の考え方は出ていたが，具体的な適用の記録はみられない。しかし，RCの普及を促進したことは確かである。その後，大正12年（1923年）の関東大震災は首都東京を中心に南関東に大きな災害をもたらした。そして大正15年（1926年）に「道路構造に関する細則案」で設計地震力に関する規定が設けられた。それまでは震度法の運用の是非が学会などで論じられていたが，関東大震災以降の耐震性を付与する設計では震度法（0.2程度）が採用され，RCが積極的に用いられている。

しかし，設計基準などで明確に耐震設計を義務づけていなかったために，震度の取り方，適用の仕方などは設計者自身に委ねられる傾向にあった。特に第二次世界大戦後の経済復興期には，橋梁の設計でも経済性が重視され，耐震性を大きな課題とする機会は少なかった。

昭和39年（1964年）の新潟地震は，砂地盤の液状化現象もあって大きな被害を発生させ，交通の途絶の怖さを世間に示した。そのために具体的な耐震設計基準の整備の必要性が認識され，各種の通達などで対応がとられた。しかし，設計基準の方は耐震を専門に検討する組織の整備の遅れもあって，道路橋耐震設計指針が公表されたのは昭和46年（1971年）になった。指針は震度法から動的解析法まで耐震設計方法を位置づけ，地域別，地盤別，重要度別設計震度の設定，地盤の液状化の判定，構造細目などの内容を盛り込み，下部構造

に深く関わるものとなった。

　昭和43年（1968年）の十勝沖地震では橋梁には被害は少なかったが，昭和53年（1978年）の宮城県沖地震ではコンクリート構造にせん断破壊による被害が多数発生した。その影響や，その後の研究成果などを反映して耐震設計方法の適用の仕方，地盤区分の合理化，動的解析の実用的な規定，地震時変形性能の照査，砂地盤のＦＬ値による液状化判定，液状化地盤の具体的な区分などを昭和55年（1980年）の示方書に盛り込んでいる。これらの規定で下部構造の設計との整合もよくなり，動的設計などの適用例も増加した。

　昭和58年（1983年）の日本海中部地震では橋梁被害は少なかったため，平成2年（1990年）の示方書改訂では，昭和55年（1980年）改定以降の10年間の研究成果が中心となった。震度法の統合，地盤種別の削減，地震時保有水平耐力や許容塑性率の規定，動的解析の入力などである。

　平成7年（1995年）の6 300人を超す死者を出した阪神・淡路大震災は，土木・建築構造物にも大きな被害を与えた。20日前に発生した同じ規模のマグニチュードと加速度をもつ三陸はるか沖地震での橋梁被害が軽微であったのとは対照的である。橋梁被害の多くは曲げせん断破壊によるといわれている。最大800ガルを超える加速度が観測され，設計荷重を超える地震荷重であったことは明らかで，橋脚の崩壊，上部構造の落橋などの致命的な被災を多く受けている。特に，これまで地震に強いといわれていた鋼製橋脚にも被災があったことは，既存の耐震規定を根本から見直す機会となった。

　精力的な原因究明の調査研究と実証研究の結果，2年足らずの期間で示方書を改訂することができた。主な変更点は直下型の大規模地震への対応，各種構造に対する地震時保有水平耐力の照査，具体的な免震設計法の規定，RCや鋼製構造のせん断耐力の評価と確保の方法，非線形領域を含む変形性能の照査方法，コンクリート充填鋼製橋脚の設計方法，各種構造細目などである。これらの規定は，設計荷重以上の地震力が作用しても変形でそのエネルギーを吸収し，崩壊のような致命的な被害を防ごうとする画期的な考え方をとっている。

　さらに平成14年（2002年）の示方書改訂では，平成8年（1996年）以降の6年間の研究成果を反映し，大規模地震に対する考え方を整備し直すと同時に，性能規定型の技術基準を目指したものとなっている。

2.4 支承の技術の変遷

2.4.1 コンクリート橋の支承[15],[16]

(1) 鉄筋コンクリート橋

　大正期までのRC橋は短支間の橋がほとんどで，支承も鋼板が支点部に配置されただけの単純なすべり支承（図2-15(a)）で，固定・可動の区別はなかったようである。昭和に入ってからも，RCの桁橋，床版橋は比較的短支間のものがほとんどで，支承は2枚の鋼板を重ねたすべり支承が主体であった。この支承は昭和25年（1950年）頃まで広く使用された。昭和5年（1930年）頃から各地方に架けられた比較的支間の長いゲルバー橋などにはコンクリートロッカー支承（図2-15(b)）も使用された。また，線支承（図2-15(c)）も昭和25年（1950年）頃まで桁橋に利用された。支承本体は鋼または鋳鉄製品であった。

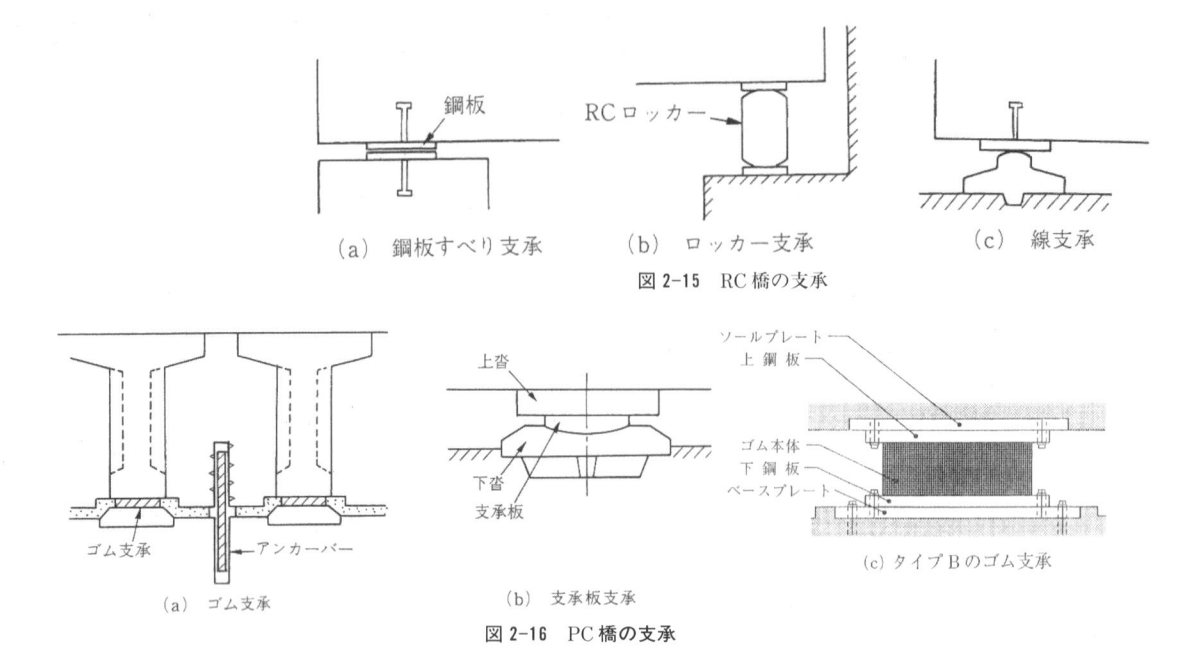

図 2-15　RC 橋の支承
(a) 鋼板すべり支承　(b) ロッカー支承　(c) 線支承

図 2-16　PC 橋の支承
(a) ゴム支承　(b) 支承板支承　(c) タイプBのゴム支承

(2) プレストレストコンクリート橋

　PC 橋が本格的に普及し始めた昭和 30 年（1955 年）頃の桁橋では，RC 橋と同様な線支承が主流であり，床版橋ではエラスタイト（瀝青材）を支承部に配置するだけの単純な支承が主流であった。昭和 35 年（1960 年）頃にわが国独自の規格によるゴム支承（**図 2-16**(a)）が開発された。ゴム支承本体には移動制限装置がないので移動制限装置として別途アンカーボルトを設置する構造である。その後，このゴム支承は構造の単純さ，施工の簡便さから利用が増大し，昭和 35 年（1960 年）頃から中小支間の PC 橋に利用され，単純 T 桁橋のほとんどはゴム支承構造である。近年，多径間連続橋に地震時水平力を各橋脚に分散させるいわゆる反力分散支承や免震用支承としての積層ゴム支承も開発され用途が拡大されている。地震による被害調査でもゴム支承本体の損傷はほとんどみられず，耐震性にも優れていることが実証されてきている。

　一方，鋼製支承は，昭和 30 年（1955 年）頃に上沓と下沓の間に摩擦係数の低い支承板を入れた支承板支承（**図 2-16**(b)）も開発され，昭和 40 年（1965 年）頃から伸縮量の比較的大きな形式の橋などに使用された。平成 7 年（1995 年）の阪神・淡路大震災での橋梁および支承部の損傷状況などから，平成 8 年（1996 年）の「道路橋示方書Ⅴ耐震設計編」では，支承についての設計の考え方が大幅に改められ，積層ゴムを上下の鋼製支承体ではさむ構造（**図 2-16**(c)）になっている。また，耐震設計上から，免震支承や反力分散支承が採用されることが多くなってきている。

2.4.2　鋼橋の支承[17),18)]

　第二次世界大戦前の支承は，ベッドプレートとソールプレートの組合せの平面支承と，小判型の鋳鉄製の線支承が主であった。「鋼道路橋設計示方書」[昭和 31 年（1956 年）] では，通常，支間長が 30 m 未満では摩擦抵抗が比較的小さいためすべり支承とし，反力が特に大きい場合や伸縮量が大きい場合はコロ

ガリ支承とするとしている。

　当時のコロガリ支承で現在問題になっている形式にロッカータイプがある。これはローラーの一部を削った欠円にして，支承の下沓の面積を小さくした形式であるが，いったんロッカーが相互に接触するまでに倒れてからはコロガリの機能を失い，すべり支承となってしまう。また，支承部分は水分や堆積物が多く，腐食しやすいため可動機能が失われて，主桁とソールプレートを接合する溶接部に疲労亀裂を発生させる場合が多い。

　昭和40年（1965年）前後に，㈳日本支承協会から提案された高力黄銅鋳物にカーボンを埋め込んですべり面としたBP-A支承が，その後広く用いられ

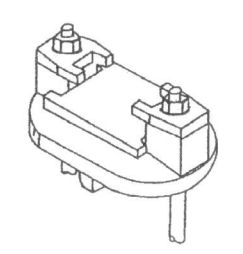

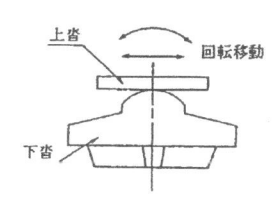

線支承（LB支承）

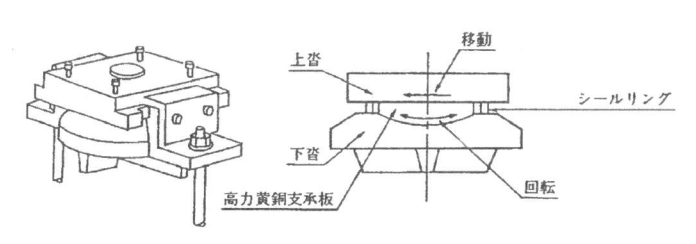

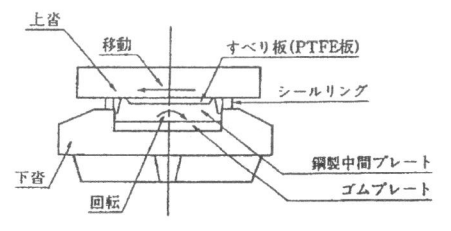

高力黄銅支承板支承（BP-A支承）　　密閉ゴム支承板支承（BP-B支承）

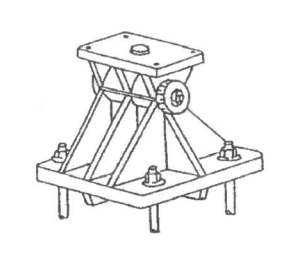

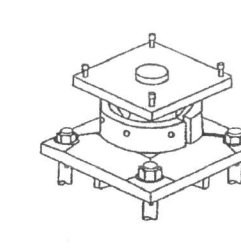

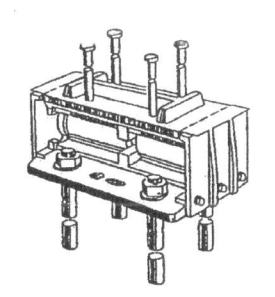

ピン支承　　　　ピボット支承　　　　1本ローラー支承

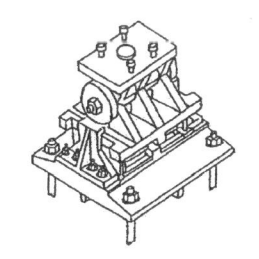

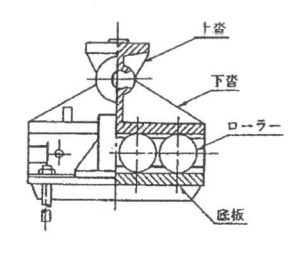

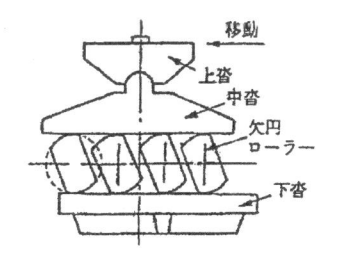

複数ローラー支承　　　　　　　　　　ロッカー支承

図 2-17　可動支承の構造と種類[19]

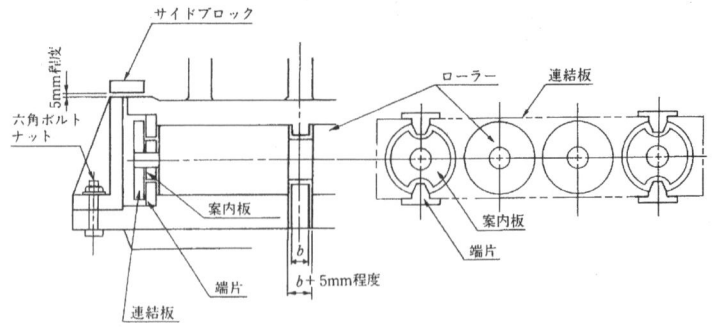

図 2-18 ローラー支承の細部構造[20]

るようになった（**図2-17**）。続いてローラータイプのコロガリ支承の標準図も提案され，橋梁メーカーでは支承を設計することは少なくなった。この標準図では，ローラーとガイド突起との隙間などが 5 mm 程度（**図2-18**）になり，従来に比べて 3 mm 程度大きくなった。これによりローラーの据付けが容易になったが，供用後にローラー移動方向と桁移動方向とがずれて，ローラーとガイド突起とが互いに接触して可動機能を失う原因にもなった。

同じ頃，ドイツから技術導入された高強度鋼を用いた 1 本ローラーが登場するが，回転と移動の機能を 1 個のローラーで行うため据付け精度が要求され，それを満たさなかったものは供用後数年でローラーが飛び出す事例が生じたため，現在ではわが国においてもドイツにおいても使用されなくなっている。またこの支承はローラーがむき出しになるため，わが国のように湿度の高い環境では，防錆のために水切りプレートを付け，伸縮装置からの漏水や堆積物からローラーを保護する必要もあって，必ずしも経済的でなかった（**図2-17**）。この支承を防護する考え方は，その後一般的なローラー支承にも使われるようにもなり，鋼製枠やゴム幕枠で囲む方法が用いられた。

この後は，BP-A 支承，BP-B 支承，ローラー支承，ピン支承の 4 タイプが，反力と移動量から選択され使用されていたが，阪神・淡路大震災後にゴム支承が全面的に使用されるようになった。

2.4.3 支承の技術基準
(1) 阪神・淡路大震災以前

鋼橋に関する技術基準として，昭和 39 年（1964 年）まで「鋼道路橋設計示方書」の支承に関する規定では，鋳鉄製や鋳鋼製の鋼製支承を用いることを基本としてきた。固定支承に加える地震力は，昭和 39 年（1964 年）の「鋼道路橋設計示方書」までは水平震度 0.2 を標準として，地盤別，過去の被災別に割増しを行っていた。昭和 48 年（1973 年）の「道路橋示方書Ⅰ共通編」では，可動支承には移動制限装置を設けることが規定され，ソールプレートなどに移動制限のためのストッパーが設けられ，50 ％割り増しした地震荷重によって計算するようになった。昭和 55 年（1980 年）以降の「道路橋示方書Ⅰ共通編」の改訂では，支承に関する変更はない。

コンクリート橋に関する技術基準として，昭和 39 年（1964 年）の「鉄筋コンクリート道路橋設計示方書」および昭和 53 年（1978 年）以降の「道路橋示

方書Ⅰ共通編」に，支承部の設計に関する規定がある。

　コンクリート橋，鋼橋共通の設計・製作に関する手引書として㈳日本道路協会から「道路橋支承便覧」が昭和48年（1973年）に刊行された。その後昭和54年（1979年）に施工に関する内容の充実を図って「施工編」が刊行された。その改訂合本が「道路橋支承便覧」として平成3年（1991年）に刊行され，平成16年（2004年）に改訂されている。

(2) 阪神・淡路大震災以後

　平成7年（1995年）1月に発生した震災において，道路橋に大きな被害が生じたことから，平成7年（1995年）6月に㈳日本道路協会から「阪神・淡路大震災により被災した道路橋の復旧に係る仕様」（いわゆる「復旧仕様」）が出され，可能な限りゴム支承を用いることが望ましいという見解が示された。それを踏まえ，平成8年（1996年）に改訂された「道路橋示方書Ⅴ耐震設計編」でも，支承高さの高いピンローラー支承およびピボットローラー支承は極力使用を避けるのがよいことが明記された。

2.4.4　支承の標準設計

　支承の標準設計は，昭和48年（1973年）「道路橋支承便覧」の巻末資料に日本道路公団の標準設計図が参考に添付されたのが最初である。昭和51年（1976年）には，線支承，支承板支承（BP-A，BP-B）の標準設計集が㈳日本道路協会から初めて出され，ローラー支承等の大型支承の標準設計集が昭和54年（1979年）に作成された。

　その後，支承の標準設計は「2.2.3　鋼橋の標準設計」の項に示したように2回改訂されているが，平成8年（1996年）の示方書改訂に伴い，基本的に鋼製支承の使用が許されなくなったため，標準設計図は使えなくなった。

参考文献
1)　多田宏行，「橋梁技術の変遷」，鹿島出版会，pp. 129-176，H 12.12
2)　㈶道路保全技術センター，「保全技術者のための橋梁技術の変遷」，pp. 73-101，H 11.7
3)　㈳PC建設業協会，「JIS A 5373 設計・製造便覧（道路橋用PC橋げた）」，pp. 6，H 14.3
4)　㈳PC建設業協会，「JIS A 5373 設計・製造便覧（軽荷重スラブ橋用PC橋げた）」，pp. 7，H 14.3
5)　多田宏行，「橋梁技術の変遷」，鹿島出版会，pp. 73-110，H 12.12
6)　㈶道路保全技術センター，「保全技術者のための橋梁技術の変遷」，pp. 31-67，H 11.7
7)　大橋昭光他，「長大橋梁施工法」，土木施工法講座6，pp. 39，S 53.12
8)　㈳日本道路協会，「鋼道路橋施工便覧」，pp. 259，S 60.2
9)　㈳日本橋梁建設協会，「わかりやすい鋼橋の架設」，pp. 29-54，H 9.3
10)　㈳日本道路協会，「鋼道路橋施工便覧」，pp. 220，S 60.2
11)　㈳日本橋梁建設協会，「特殊架設の手引き書」，pp. 58，H 10.6
12)　多田宏行，「橋梁技術の変遷」，鹿島出版会，pp. 177-213，H 12.12
13)　㈶道路保全技術センター，「保全技術者のための橋梁技術の変遷」，pp. 106-125，H 11.7
14)　㈳日本道路協会，「日本道路史技術編」，pp. 868-875，S 52.10
15)　多田宏行，「橋梁技術の変遷」，鹿島出版会，pp. 166-168，H 12.12
16)　㈶道路保全技術センター，「保全技術者のための橋梁技術の変遷」，pp. 102-103，H 11.7
17)　多田宏行，「橋梁技術の変遷」，鹿島出版会，pp. 115-117，H 12.12
18)　㈶道路保全技術センター，「保全技術者のための橋梁技術の変遷」，pp. 68-70，H 11.7
19)　㈳日本道路協会，「道路橋支承便覧」，pp. 16-26，H 3.7
20)　㈳日本道路協会，「道路橋支承便覧」，pp. 142-143，H 3.7

付表 2-1 道路橋の技術基準の変遷

年代	橋の等級・活荷重	鋼橋	コンクリート橋	下部構造	耐震設計
明治19年 (1886年)	(1)国県道の築造標準				
大正8年 (1919年)	(2)道路構造令 (2)街路構造令				
大正15年 (1926年)	(3)道路構造に関する細則案	(3)道路構造に関する細則案	(3)道路構造に関する細則案		(3)道路構造に関する細則案
昭和6年 (1931年)			○鉄筋コンクリート標準示方書		
昭和11年 (1936年)			○鉄筋コンクリート標準示方書		
昭和14年 (1939年)	(4)鋼道路橋設計示方書案	(4)鋼道路橋設計示方書案 (4)鋼道路橋製作示方書案			(4)鋼道路橋設計示方書案
昭和15年 (1940年)		(5)電弧溶接道路橋設計及製作示方書案 (6)木道路橋設計示方書案	○鉄筋コンクリート標準示方書		
昭和18年 (1943年)			○無筋コンクリート標準示方書		
昭和24年 (1949年)			○コンクリート標準示方書		
昭和30年 (1955年)			○プレストレストコンクリート設計施工指針		
昭和31年 (1956年)	(7)鋼道路橋設計示方書	(7)鋼道路橋設計示方書 (7)鋼道路橋製作示方書	○コンクリート標準示方書		(7)鋼道路橋設計示方書
昭和32年 (1957年)		(8)溶接鋼道路橋示方書			
昭和33年 (1958年)	○道路構造令				
昭和134年 (1959年)		(9)鋼道路橋の合成桁設計施工指針			
昭和36年 (1961年)			○プレストレストコンクリート設計施工指針		
昭和39年 (1964年)	(11)鋼道路橋設計示方書	(11)鋼道路橋設計示方書 (11)鋼道路橋製作示方書 (12)溶接鋼道路橋示方書	(13)鉄筋コンクリート道路橋設計示方書	(10)道路橋下部構造設計指針（くい基礎の設計篇）	(11)鋼道路橋設計示方書
昭和40年 (1965年)		(14)鋼道路橋の合成ゲタ設計施工指針			
昭和41年 (1966年)		(15)鋼道路橋高力ボルト摩擦接合設計施工指針		(16)道路橋下部構造設計指針（調査及び設計一般篇）	

年代	橋の等級・活荷重	鋼橋	コンクリート橋	下部構造	耐震設計
昭和43年 (1968年)			(17)プレストレストコンクリート道路橋示方書	(18)道路橋下部構造設計指針（橋台・橋脚の設計篇） (19)道路橋下部構造設計指針（直接基礎の設計篇） (20)道路橋下部構造設計指針（くい基礎の施工篇）	
昭和45年 (1970年)	○道路構造令			(21)道路橋下部構造設計指針（ケーソン基礎の設計篇）	
昭和46年 (1971年)					(22)道路橋耐震設計
昭和48年 (1973年)	(23)道路橋示方書（Ⅰ共通編） (25)特定の路線にかかる橋，高架の道路等の設計荷重	(23)道路橋示方書（Ⅱ鋼橋編）		(24)道路橋下部構造設計指針（場所打ちぐい基礎の設計施工編）	
昭和51年 (1976年)				(26)道路橋下部構造設計指針（くい基礎の設計篇）	
昭和52年 (1977年)				(27)道路橋下部構造設計指針（ケーソン基礎の施工篇）	
昭和53年 (1978年)			(28)道路橋示方書（Ⅲコンクリート橋編）		
昭和55年 (1980年)	(29)道路橋示方書（Ⅰ共通編）	(29)道路橋示方書（Ⅱ鋼橋編）		(29)道路橋示方書（Ⅳ下部構造編）	(29)道路橋示方書（Ⅴ耐震設計編）
昭和57年 (1982年)	○道路構造令				
昭和59年 (1984年)		(32)小規模吊橋指針	(31)道路橋塩害対策指針（案）	(30)鋼管矢板基礎設計	
平成2年 (1990年)	(33)道路橋示方書（Ⅰ共通編）	(33)道路橋示方書（Ⅱ鋼橋編）	(33)道路橋示方書（Ⅲコンクリート橋編）	(33)道路橋示方書（Ⅳ下部構造編）	(33)道路橋示方書（Ⅴ耐震設計編）
平成3年 (1991年)				(34)地中連続壁基礎設計施工指針	
平成5年 (1993年)	○道路構造令				
平成6年 (1994年)	(35)道路橋示方書（Ⅰ共通編）	(35)道路橋示方書（Ⅱ鋼橋編）	(35)道路橋示方書（Ⅲコンクリート橋編）	(35)道路橋示方書（Ⅳ下部構造編）	
平成8年 (1996年)	(36)道路橋示方書（Ⅰ共通編）	(36)道路橋示方書（Ⅱ鋼橋編）	(36)道路橋示方書（Ⅲコンクリート橋編）	(36)道路橋示方書（Ⅳ下部構造編）	(36)道路橋示方書（Ⅴ耐震設計編）
平成14年 (2002年)	(37)道路橋示方書（Ⅰ共通編）	(37)道路橋示方書（Ⅱ鋼橋編）	(37)道路橋示方書（Ⅲコンクリート橋編）	(37)道路橋示方書（Ⅳ下部構造編）	(37)道路橋示方書（Ⅴ耐震設計編）

注1) (6)は木橋道路橋に関する基準であるが，便宜上鋼橋の欄に示した。
注2) ○印は，道路橋の技術基準として取り扱ってはいないが，これに関連のあるものである。

付表

名称	橋の等級		車両荷重	
	道路の種類	等級	自動車	転圧機
明治19年（1886年）8月 国県道の築造標準 （内務省訓令第13号）	国道 県道	規定なし	規定なし	
大正8年（1919年）12月 道路構造令および街路構造令 （内務省令）	街路		3 000 貫 (11 250 kgf)	15 tf
	国道		2 100 貫 (7 875 kgf)	12tf
	府県道		1 700 貫 (6 375 kgf)	規定なし
大正15年（1926年）6月 道路構造令に関する細則案 （内務省土木局）	街路	一等橋	12 tf	14 tf
	国道	二等橋	8 tf	11 tf
	府県道	三等橋	6 tf	8 tf
昭和14年（1939年）2月 鋼道路橋設計示方書案 （内務省土木局）	国道および小路(I) 等以上の街路	一等橋	13 tf	17 tf
	府県道および小路 (II)等以上の街路	二等橋	9 tf	14 tf

2-2 道路橋設計活荷重の変遷(1)

活荷重		載荷の方法	衝撃係数
車道	歩道		
等分布荷重 (大正8年,15年(1919年,1926年) では,群集荷重と称す)	群集荷重 (昭和14年(1939年)では, 等分布荷重と称す)		
車道・歩道の区分なし 400貫／坪（450 kgf/m²）		橋上満面に積載する	規定なし
15貫／7尺²（613 kgf/m²） 径間に応じ相当軽減することを得			規定なし
12貫／7尺²（490 kgf/m²） 径間に応じ相当軽減することを得			
12貫／7尺²（490 kgf/m²） 径間に応じ相当軽減することを得			
○主桁,主構 120 000/(170+L)≦600 kgf/m² ○主桁,主構以外 600 kgf/m²	○主桁,主構 100 000/(170+L)≦500 kgf/m² ○主桁,主構以外 500 kgf/m²	1．自動車は橋梁の縦方向に1台とする 2．転圧機は1橋梁につき1台とし他の車両と同時に載荷しない 3．車両は横の方向に4台まで 4．群集荷重は自動車・転圧機の左右前後に等分布する	$i=20/(60+i)\leq0.3$ （群集荷重,転圧機荷重は衝撃を生ぜしめない）
○主桁,主構 100 000/(170+L)≦500 kgf/m² ○主桁,主構以外 500 kgf/m²	○主桁,主構 80 000/(170+L)≦400 kgf/m² ○主桁,主構以外 400 kgf/m²		
二等橋に同じ	二等橋に同じ		
$L<30$ m　500 kgf/m² 30 m≦L≦120 m　$(545-1.5L)$ kgf/m²		1．自動車は橋梁の縦方向に1台,横方向に制限しない 2．転圧機は1橋梁につき1台で他の活荷重と同時に載荷しない 3．等分布荷重は自動車の前後左右に分布する。車道の床版縦桁の設計には考えない	$i=20/(50+i)\leq0.3$ （歩道の等分布荷重,転圧機荷重は衝撃を生ぜしめない）
$L<30$ m　400 kgf/m² 30 m≦L≦120 m　$(430-1.5L)$ kgf/m²			

(注)　小路(I)等…幅員8 m以上の街路
　　　小路(II)等…幅員4 m以上8 m未満の街路

付表 2-2　道路橋設計活荷重の変

名称	橋の等級		活荷重				
	道路の種類	等級	車道				
			車両荷重	等分布荷重			
昭和31年（1956年）5月 鋼道路橋設計示方書 （建設省道路局長）	一級国道， 二級国道， 主要地方道	一等橋	20 tf（T-20）	荷重	線荷重 kgf/m	等分布荷重 kgf/m²	
						$L \leq 80$	$L > 80$
				L-20	$\alpha \times 5\,000$	$\alpha \times 350$	$\alpha \times (430 - L)$
	都道府県道 市町村道	二等橋	14 tf（T-14）	L-14	一等橋の70%		
	（注）　床版および床組の設計…T荷重 　　　　主桁の設計……………L荷重			（注）　$\alpha = 1 - (w - 5.5)/50$　$(1 \geq \alpha \geq 0.75)$ 　　　　$w = L$荷重の載荷幅（m）			
昭和39年（1964年）8月 鋼道路橋設計示方書 （建設省道路局長）	同上		同上	荷重	主載荷荷重（幅5.5 m）		従載 荷重
					線荷重 P kgf/m	等分布荷重 p kgf/m²	主載荷 荷重の 50%
						$L \leq 80$	$L > 80$	
				L-20	5 000	350	$430 - L \geq 300$	
				L-14	一等橋の70%		
昭和47年（1972年）3月 道路橋示方書共通編 （建設省都市局長，道路局長）	一般国道， 都道府県道， 市町村道	一等橋	20 tf（T-20）	同上			
	都道府県道 市町村道	二等橋	14 tf（T-14）				
	（注）　床版および床組の設計…T荷重 　　　　主桁の設計……………L荷重			支間（m）	$L \leq 80$	$80 < L \leq 130$	
				荷重（kgf/m²）	350	$430 - L$	
昭和48年（1973年）4月 特定の路線にかかる橋，高架の 道路等の技術基準について （建設省都市局長，道路局長）	湾岸道路 高速自動車国道 その他		43 tf（TT-43）				

続(2)

歩道 載荷の方法	群集荷重	衝撃係数		
床版および床組 500 kgf/m² 主桁 350 kgf/m²	1．床版および床組の車道部はT荷重とし，自動車は縦方向に1台，横方向に制限しない 2．主桁にはL荷重とし載荷範囲は制限しない。線荷重は1橋につき1個	$i = 20/(50+L)$ （歩道の群衆荷重は衝撃を生ぜしめない）		
同上	同上	同上		
床版および床組 500 kgf/m² 主桁は下段にする $L>130$ 300	同上	橋種	衝撃係数 i	備考
		鋼橋	$i=20/(50+L)$	
		鉄筋 コンクリート橋	$i=20/(50+L)$	T荷重
			$i=7/(20+L)$	L荷重
		プレストレスト コンクリート橋	$i=20/(50+L)$	T荷重
			$i=10/(25+L)$	L荷重
	1．床版および床組の車道部はTT-43を縦方向1台，横方向2台とし，横方向にT-20を載荷する 2．主桁にはL-20とし主載荷重部にTT-43を横方向に2台載荷する			

付表 2-2　道路

名称	橋の等級		車道				
	道路の種類	等級	車両荷重	等分布荷重			
昭和55年（1980年）2月 道路橋示方書Ⅰ共通編 （建設省都市局長，道路局長）	一般国道， 都道府県道， 市町村道	一等橋	20 tf （T-20）	荷重			主載荷荷重
					線荷重 P kgf/m		等分布荷重 p
	都道府県道 市町村道	二等橋	14 tf （T-14）				$L \leq 80$
				L-20	5 000		350
				L-14			
	（注）床版および床組の設計…T荷重 　　　主桁の設計…………L荷重			支間（m）			$L \leq 80$
				荷重（kgf/m²）			350
	湾岸道路 高速自動車国道 その他 （昭和48年（1973）4月 特定の路線にかかる橋， 高架の道路等の技術基準 について（建設省都市局 長，道路局長））		43 tf （TT-43）				
平成 2 年（1990年）2月 道路橋示方書Ⅰ共通編 （建設省都市局長，道路局長）	同上		同上				
平成 5 年（1993年）11月 道路橋示方書Ⅰ共通編 （建設省都市局長，道路局長）	高速自動車国道， 一般国道， 都道府県道， 幹線市町村道		設計自動車 荷重 25 tf	荷重 の区 分	T荷重 （1組 の集中 荷重）		車道部
							主載荷荷重
	その他の市町村道						等分布荷重 p_1
						載荷長 D（m）	荷重（kgf/m²）
							曲げモー メントを 算出する 場合 / せん断力を 算出する場 合
				B活 荷重	25 tf	10	1 000 / 1 200
				A活 荷重		6	
	（注）　床版および床組の設計…T荷重 　　　　主桁の設計…………L荷重 平成 2 年とT荷重，L荷重のモデルは異なる					部材の支間長 L（m）	
						床組等の設計に用いる係数 （B活荷重のみ）	
平成14年（2002年）3月 道路橋示方書Ⅰ共通編 （建設省都市局長，道路局長）	同上		245 kN	B活 荷重	245 kN	載荷長 D（m）	荷重（kN/m²）
						10	10 / 12
				A活 荷重		6	
	同上						

橋設計活荷重の変遷(3)

活荷重			歩道	載荷の方法	衝撃係数			
			群集荷重		橋種	衝撃係数 i		備考
(幅5.5 m) kgf/m^2 $L>80$ $430-L\geqq300$ 一等橋の70%		従載荷荷重 主載荷荷重 の50%	床版および床組 500 kgf/m² 主桁は下段にする	1．床版および床組の車道部はT荷重とし，自動車は縦方向に1台，横方向に制限しない 2．主桁にはL荷重とし載荷範囲は制限しない。線荷重は1橋につき1個	鋼橋	$i=20/(50+L)$		
					鉄筋 コンクリート橋	$i=20/(50+L)$		T荷重
						$i=7/(20+L)$		L荷重
$80<L\leqq130$	$L>130$				プレストレスト コンクリート橋	$i=20/(50+L)$		T荷重
$430-L$	300					$i=10/(25+L)$		L荷重
				1．床版および床組の車道部はTT-43を縦方向1台，横方向2台とし，横方向にT-20を載荷する 2．主桁にはL-20とし主載荷重部にTT-43を横方向に2台載荷する				
同上				同上	同上			

L荷重				歩道	載荷の方法	
				群集荷重		
(幅5.5 m) 等分布荷重 p_2 荷重（kgf/m²） 支間長 L（m）			従載荷荷重	床版および床組 500 kgf/m² 主桁は等分布 p_2と同じ	1．床版および床組の車道部はT荷重を橋軸方向に1組，橋軸直角方向に制限しないで載荷する 2．床組はB活荷重の場合，断面力に係数を乗じる 3．主桁はL荷重とし，載荷範囲は制限しない	同上
$L\leqq80$	$80<L\leqq130$	$L>130$				
350	$430-L$	300	主載荷荷重の50%			
$L\leqq4$	$L>4$					
1.0	$L/32+7/8\leqq1.5$					
荷重（kN/m²）			従載荷荷重	床版および床組 5.0 kN/m² 主桁は等分布 p_2と同じ	同上	同上
3.5	$4.3-0.01L$	3.0	同上			

付表 2-3 鉄筋コンクリート橋のコンクリートの品質と許容応力度の変遷

基準	道路構造に関する細則等	鉄筋コンクリート標準示方書			鉄筋コンクリート道路橋設計示方書
	大正15年(1926年)	昭和6年(1931年)	昭和15年(1940年)	昭和31年(1956年)	昭和39年(1964年)
	単位:kgf/cm²				
コンクリートの品質	規定なし(配合1:2:4)	規定なし	規定なし	規定なし	$\sigma_{28} \geq 180$
曲げ圧縮応力度	45	$\sigma_{28}/3 \leq 65$	$\sigma_{28}/3 \leq 70$	$\sigma_{28}/3$	$\sigma_{28}/3$
軸圧縮応力度	35	$\sigma_{28}/4 \leq 50$	$\sigma_{28}/4 \leq 55$	—	

基準	道路橋示方書III コンクリート橋編							
	昭和53年(1978年)〜				平成14年(2002年)			
	kgf/cm²				N/mm²			
コンクリートの品質	$\sigma_{ck} \geq 210$				$\sigma_{ck} \geq 21$			
σ_{28}	210	240	270	300	21	24	27	30
曲げ圧縮応力度	70	80	90	100	7.0	8.0	9.0	10.0
軸圧縮応力度	55	65	75	85	5.5	6.5	7.5	8.5

σ_{28}:コンクリートの打設法28日強度
σ_{ck}:設計基準強度

付表 2-4　鉄筋の種類と許容応力度の変遷

基準	内務省道路橋構造細則	鉄筋コンクリート標準示方書			鉄筋コンクリート道路橋設計示方書		道路橋示方書 コンクリート橋編			
	大正15年 (1926年)	昭和6年 (1931年)	昭和15年 (1940年)	昭和24年 (1949年)	昭和31年 (1956年)	昭和39年 (1964年)	昭和53年 (1978年)	平成2年 (1990年)	平成6年 (1994年)	平成14年 (2002年)
規格		JES 第20号 G9 構造用圧延鋼材	JES 第43号 G56 一般用圧延鋼材	JES 金属 3101	SS材：JIS G 3101 棒鋼 SSD材：JIS G 3110 異形大棒	JIS G 3101 棒鋼 JIS G 3110 異形大棒	JIS G 3112 鉄筋コンクリート用棒鋼	鉄筋コンクリート用棒鋼		
許容引張応力度 1800						SSD49				180 N/mm²
1600					SS49 SS50 SSD49 (注1)	SS39 SS41 SS49 SS50 SSD39	SD30 SD35 (注2)	SD30A SD30B SD35 (注2)	SD295A SD295B SD345 (注2)	SD295A SD295B SD345 (注2)
1400					SS39 SS41 SSD39	(注1)	SR24 SD24	SR24	SR235	140 N/mm² SR235
1200 (kgf/cm²)			SS41	SS41						

記号	降伏点または耐力 (kgf/mm²)	引張強さ (kgf/mm²)
SS39		39~53
SS41	SR24　24以上	41~50
SS49	SR30　23以上	49~63
SS50	30以上	50~60
	28以上	
SSD39	SD24　24以上	39~63
SSD49	SD30　30以上	49~63
	SD35　35以上	50以上

注1）　σ_{ts} が200 kgf/cm² 以下の場合には，SS49，SS5Cに対して1400 kgf/cm²
注2）　床版および支間10 m 以下の床版橋の場合は1400 kgf/cm²
注3）　鉄筋の機械的性質は右表

付表2-5 プレストレストコンクリート

				プレストレストコンクリート 設計施工指針 昭和30年（1955年）			同左 昭和36年（1961年）		
コンクリートの品質		プレテンション方式		$\sigma_{28} \geq 400$			$\sigma_{28} \geq 350$		
		ポストテンション方式		$\sigma_{28} \geq 300$			同左		
				σ_{28} (kgf/cm²)			σ_{28} (kgf/cm²)		
				300	400	500	300	400	500
コンクリート許容応力度	曲げ圧縮応力度	部材引張部（プレストレッシング直後）	長方形断面	140	180	210	同左		
			I(T)形，中空（箱形）断面	130	170	200			
		部材圧縮部（その他）	長方形断面	110	140	160			
			I(T)形，中空（箱形）断面	100	130	150			
	軸方向圧縮応力度	引張部材（プレストレッシング直後）		80	110	130	110	145	170
		圧縮部材（その他）					80	110	130
	軸方向引張応力度			12	15	18	（フルプレストレスの場合） 0　　0　　0 （パーシャルプレストレスの場合） 12　　15　　18		
	曲げ引張応力度	フルプレストレス	プレストレッシング直後　部材圧縮部	8	10	12	12	15	18
			全死荷重作用時　部材圧縮部	0	0	0	同左		
			設計荷重作用時　部材引張部	0	0	0			
		パーシャルプレストレス	プレストレッシング直後　部材圧縮部	8	10	12	12	15	18
			全死荷重作用時　部材圧縮部	0	0	0	同左		
			設計荷重作用時　下側引張*1	20	25	30	同左		
			設計荷重作用時　上側引張*2	12	15	18			

*1：部材引張部が断面下側にあるとき，および断面上側にあるが防水層があるとき。
*2：部材引張部が断面上側にあり，防水層がないとき。

橋のコンクリートの品質と許容応力度の変遷

プレストレストコンクリート 道路橋示方書 昭和43年（1968年）			道路橋示方書Ⅲコンクリート橋編 昭和53年（1978年） 平成2年（1990年） 平成6年（1994年）			同左 平成8年（1996年）		同左 平成14年（2002年）			
同左			同左			同左		同左			
同左			同左			同左		同左			
σ_{28} (kgf/cm²)			σ_{ck} (kgf/cm²)			σ_{ck} (kgf/cm²)		σ_{ck} (N/mm²)			
300	400	500	300	400	500	300～500	600	30	40	50	60
			150	190	210		230	15.0	19.0	21.0	23.0
			140	180	200		220	14.0	18.0	20.0	22.0
同左			120	150	170		190	12.0	15.0	17.0	19.0
			110	140	160		180	11.0	14.0	16.0	18.0
同左			同左		160	同左	170	11.0	14.5	16.0	17.0
			85	110	135		150	8.5	11.0	13.5	15.0
0	0	0	同左			同左		0	0	0	0
同左			同左			同左		20	1.2	1.5	1.8	2.0
								0	0	0	0
12	15	18	同左 （床版およびセグメント目地に対しては0）			同左		20 （同左）（床版およびセグメント目地に対しては0）	1.2	1.5	1.8	2.0

付表 2-6　PC鋼材の種

	プレストレストコンクリート設計施工指針 昭和30年（1955年）		
PC鋼線 および PC鋼より線	直径	引張強度 kgf/mm²	降伏点 応力度 kgf/mm²
	5.0 mm	165 以上	140 以上
	7.5 mm	155 以上	130 以上
	2.0 mm	215 以上	170 以上
	2.9 mm	195 以上	165 以上

	同上 昭和36年（1961年）				プレストレストコンクリート道路橋示方書 昭和43年（1968年）				道路橋示方書コンクリート橋編 昭和53年（1978年）			
PC鋼線 および PC鋼より線	記号	呼び名	引張強度 kgf/mm²	降伏点 応力度 kgf/mm²	呼び名	引張強度 kgf/mm²	降伏点 応力度 kgf/mm²		記号	呼び名	引張強度 kgf/mm²	降伏点 応力度 kgf/mm²
		5.0 mm	165 以上	145 以上	5.0 mm	同左	同左		SWPR1 および SWPD1	5 mm	同左	同左
					6.0 mm	162 以上	140 以上			7 mm	同左	同左
		7.0 mm	155 以上	135 以上	7.0 mm	同左	同左			8 mm	150 以上	130 以上
					8.0 mm	155 以上	135 以上			9 mm	145 以上	125 以上
	SWPC1	2.0 mm	207 以上	183 以上	2.0 mm	同左						
		2.9 mm	195 以上	175 以上	2.9 mm							
	SWPC2	2.0 mm 2本より 2.9 mm 2本より	207 以上 195 以上	183 以上 175 以上	2.0 mm 2本より 2.9 mm 2本より	同左			SWPR2	2.9 mm 2本より	同左	
	SWPC7	9.3 mm 10.8 mm 12.4 mm 7本より	177 以上	150 以上	9.3 mm 10.8 mm 12.4 mm 7本より	同左			SWPR7A	9.3 mm 10.8 mm 12.4 mm 7本より 15.2 mm 7本より	175 以上 165 以上	同左 140 以上
									SWPR7B	9.5 mm 11.1 mm 12.7 mm 7本より	190 以上	160 以上
	SWPC材は JIS G 3536「PC鋼線およびPC鋼より線」				同左				SWPR，SWPD材は JIS G 3536「PC鋼線およびPC鋼より線」			
PC鋼棒	種類	記号	引張強度 kgf/mm²	降伏点 応力度 kgf/mm²	記号	引張強度 kgf/mm²	降伏点 応力度 kgf/mm²	種類		記号	引張強度 kgf/mm²	降伏点 応力度 kgf/mm²
	1種	SBPC 80	80 以上	65 以上		同左		丸棒 A種	1号	SBPR 80/95	95 以上	80 以上
	2種	SBPC 95	95 以上	80 以上					2号	SBPR 80/105	105 以上	80 以上
	3種	SBPC110	110 以上	95 以上				丸棒 B種	1号	SBPR 95/110	110 以上	95 以上
	4種	SBPC125	125 以上	110 以上					2号	SBPR 95/120	120 以上	95 以上
								JIS G 3109「PC鋼棒」				

上表中　1．「同左」は左隣の「指針」，「示方書」の値を示す．
　　　　2．降伏点応力度は0.2%永久伸び（残留ひずみ）に対する応力度を示す．

類と許容応力度の変遷

平成2年 (1990年)，平成6年 (1994年)				同左 平成8年 (1996年)				同左 平成14年 (2002年)			
記号	呼び名	引張強度 kgf/mm²	降伏点 応力度 kgf/mm²	記号	呼び名	引張強度 kgf/mm²	降伏点 応力度 kgf/mm²	記号	呼び名	引張強度 kN/mm²	降伏点 応力度 kN/mm²
SWPR1 および SWPD1		同左		SWPR1AN SWPR1AL SWPD1N SWPD1L	5 mm 7 mm 8 mm 9 mm	同左	同左	SWPR1AN SWPR1AL SWPD1N SWPD1L	5 mm 7 mm 8 mm 9 mm	1.60 以上 1.50 以上 1.45 以上 1.40 以上	1.40 以上 1.0 以上 1.25 以上 1.20 以上
				SWPR1BN SWPR1BL	5 mm 7 mm 8 mm	175 以上 165 以上 160 以上	155 以上 145 以上 140 以上	SWPR1BN SWPR1BL	5 mm 7 mm 8 mm	1.70 以上 1.60 以上 1.55 以上	1.50 以上 1.40 以上 1.30 以上
SWPR2		同左		SWPR2N SWPR2L	2.9 mm 2本より	同左	同左	SWPR2N SWPR2L	2.9 mm 2本より	1.95 以上	1.70 以上
SWPR7A	9.3 mm 10.8 mm 12.4 mm 7本より 15.2 mm 7本より	同左 175 以上	同左 150 以上	SWPR7AN SWPR7AL	9.3 mm 10.8 mm 12.4 mm 15.2 mm 7本より	同左	同左	SWPR7AN SWPR7AL	9.3 mm 10.8 mm 12.4 mm 15.2 mm 7本より	1.70 以上	1.45 以上
SWPR7B	9.5 mm 11.1 mm 12.7 mm 7本より 15.2 mm 7本より	同左 190 以上	同左 160 以上	SWPR7BN SWPR7BL	9.5 mm 11.1 mm 12.7 mm 15.2 mm 7本より	同左	同左	SWPR7BN SWPR7BL	9.5 mm 11.1 mm 12.7 mm 15.2 mm 7本より	1.85 以上	1.60 以上
SWPR19	17.8 mm 19.3 mm 19本より 21.8 mm 19本より	190 以上 185 以上	160 以上 160 以上	SWPR19N SWPR19L	17.8 mm 19.3 mm 19本より 20.3 mm 21.8 mm 19本より	同左	同左	SWPR19N SWPR19L	17.8 mm 19.3 mm 19本より 20.3 mm 21.8 mm 19本より 28.6 mm 19本より	1.85 以上 1.80 以上 1.80 以上	1.60 以上 1.60 以上 1.50 以上
同左				同左 (記号のNは通常品，Lは低リラクセーション品を示す)				同左			
種類	記号	引張強度 kgf/mm²	降伏点 応力度 kgf/mm²	種類	記号	引張強度 kgf/mm²	降伏点 応力度 kgf/mm²	種類	記号	引張強度 N/mm²	降伏点 応力度 N/mm²
	同左			丸棒 A種	2号 SBPR 785/1 030	同左	同左	丸棒 A種	2号 SBPR 785/1 030	1 030 以上	785 以上
				丸棒 B種	1号 SBPR 930/1 080 2号 SBPR 930/1 180			丸棒 B種	1号 SBPR 930/1 080 2号 SBPR 930/1 180	1 080 以上 1 180 以上	930 以上 930 以上
同左				同左				同左			

付表 2-7　コンクリート橋の床版の設計曲げモーメント算定式の変遷
(衝撃を含むT荷重による床版の単位幅1m当りの設計曲げモーメント)

(1) 昭和6年（1931年）〜昭和31年（1956年） (tf・m/m)

鉄筋コンクリート標準示方書	同左	コンクリート標準示方書	同左
昭和6年（1931年）	昭和15年（1940年）	昭和24年（1949年）	昭和31年（1956年）
床版の有効幅 B（車両の進行方向が床版の主鉄筋に直角の場合）			
$B \leq 2/3L - a$ ≤ 200 $\leq L_1$ 「道路構造に関する規則案」 （大正15年（1926年））も同じ	$B \leq 0.7L + a$ $\leq 200 + a$ $\leq L_1$	$B = a$ $B = 0.7L \leq a + 200$ のうちの大きい方	$B = a$ $B = 2/3\,(L + a/2)$ のうちの大きい方

(2) 昭和39年（1964年）〜昭和43年（1968年） (tf・m/m)

		適用支間	鉄筋コンクリート道路橋設計示方書 昭和39年（1964年） 曲げモーメント	プレストレストコンクリート道路橋設計示方書 昭和43年（1968年） 曲げモーメント
支間中央	橋軸直角方向	$L \leq 6.0\,\mathrm{m}$	$(0.1 + 0.075L)P$	同左
	橋軸方向	$L \leq 6.0\,\mathrm{m}$	—	$\alpha \times (0.1 + 0.075L)P$
支点上	橋軸直角方向	$L \leq 6.0\,\mathrm{m}$	$-(0.125 + 0.15L)P$	同左
片もち支間	橋軸直角方向	$L \leq 5.0\,\mathrm{m}$	$-(0.25 + 0.28L)P$	同左
	橋軸方向	$L \leq 5.0\,\mathrm{m}$	—	$\beta \times (0.25 + 0.28L)P$
			支間直角方向の算定式は示されていないが，配力鉄筋量は主鉄筋量の25%以上と規定されている。	上式中 $\alpha = 0.66 + 0.04L$ $\beta = 0.25$

(3) 昭和53年（1978年）～平成14年（2002年） (tf・m/m，平成14年のみ：kN・m/m)

| 道路橋示方書コンクリート橋編 ||||||
| 昭和53年（1978年），平成2年（1990年），平成6年（1994年），平成8年（1996年），平成14年（2002年） ||||||
版の区分	曲げモーメントの種類	適用範囲	床版支間方向 曲げモーメントの方向	車両進行方向に直角 支間方向	支間に直角方向
単純版	支間曲げモーメント	$0 \leq L \leq 6$		$+(0.12L+0.07)P$	$+(0.10L+0.04)P$
連続版	支間曲げモーメント	$0 \leq L \leq 6$		＋（単純版の80%）	＋（単純版の80%）
連続版	支点曲げモーメント	$0 \leq L \leq 6$		$-(0.15L+0.125)P$	―
片持ち版	支点曲げモーメント	$0 \leq L \leq 1.5$		$-PL/(1.30L+0.25)$	―
片持ち版	支点曲げモーメント	$1.5 \leq L \leq 3.0$		$-(0.6L-0.22)P$	―

①昭和53年（1978年），平成2年（1990年）版
　算定値に下記の割増し係数を乗じる。
　計画交通量のうち大型車両が1日1方向1 000台以上の橋

床版の支間 L（m）	割増し係数
$L \leq 4.0$	1.2
$4.0 < L \leq 6.0$	$1.2-(L-4)/30$

②平成6年（1994年），平成8年（1996年），平成14年（2002年）版
・B活荷重の場合，算定式に下記の割増し係数を乗じる。

床版の支間 L（m）	割増し係数
$L \leq 2.5$	1.0
$2.5 < L \leq 4.0$	$1.0+(L-2.5)/12$
$4.0 < L \leq 6.0$	$1.125+(L-4.0)/26$

・A活荷重の場合，算定値を20%低減してよい。

注）　L：T荷重に対する床版の支間（m）
　　　P：8 tf（一等橋），5.6 tf（二等橋）…………平成2年（1990年）まで
　　　　　10 tf　　　　　　　　　　　　　…………平成6年（1994年），平成8年（1996年）
　　　　　100 kN　　　　　　　　　　　　 …………平成14年（2002年）

付表2-8 鋼橋の主要

形状 \ 示方書	鋼道示 昭和14年 (1939年)	鋼道示 昭和31年 (1956年)	溶接鋼道示 昭和32年 (1957年)	鋼道示 昭和39年 (1964年)	溶接鋼道示 昭和39年 (1964年)	道示II鋼橋編 昭和48年 (1973年)
鋼板・形鋼	JES-20 SS41	JIS G 3101 (1952) SS41	JIS G 3101 (1952) SS41	JIS G 3101 (1959) SS41		JIS G 3101 (1968) SS41, SS50
			JIS G 3106 (1952) SM41, SM41W	JIS G 3106 (1959) SM41, SM41W, SM50A		JIS G 3106 (1968) SM41A&B, SM50A&B, SM50YA&YB, SM53B&C, SM58
						JIS G 3114 (1968) SMA41A&50, SMA58
接合用		リベットは許容応力のみ規定	JIS G 3104 (1953) SV34		JIS G 3104 (1953) SV34, SV41	JIS G 3104 (1953) SV34, SV41A
						JIS B 1186 (1964) F8T, F10T, F11T
			JIS G 3524 (1950) 軟鋼用被覆アーク溶接棒 注）溶接鋼道示ではこのようになっているが，この時点では JIS Z 3211 (1955) が制定されていた。		JIS Z 3211 (1960) 軟鋼用被覆アーク溶接棒 JIS Z 3212 (1961) 高張力鋼用被覆アーク溶接棒	JIS Z 3211 (1970) 軟鋼用被覆アーク溶接棒 JIS Z 3212 (1970) 高張力鋼用被覆アーク溶接棒 JIS Z 3311 鋼サブマージアーク溶接材料 JIS Z 3523 (1964) 被覆アーク溶接棒心線
鍛鋳造用	JES-6 鋳鋼 JES-134 鋳鉄	JIS G 5101 (1954) SC46		JIS G 5101 (1958) SC46		JIS G 5101 (1969) SC46 JIS G 5102 (1969) SCW42&49
				JIS G 5501 8 1956) FC15, 20&25		JIS G 5501 (1956) FC15&25
						JIS G 5502 (1971) FCD40
鉄筋				JIS G 3110 (1961) SSD39, SSD49		JIS G 3112 (1964) SR24 SD24, 30&35

使用鋼材規格の変遷

道示II鋼橋編 昭和55年 (1980年)	道示II鋼橋編 平成2年 (1990年)	道示II鋼橋編 平成6年 (1994年)	道示II鋼橋編 平成8年 (1996年)	道示II鋼橋編 平成14年 (2002年)
JIS G 3101 (1976) SS41	JIS G 3101 (1991) SS41	JIS G 3101 (1991) SS400	JIS G 3101 (1995) SS400	JIS G 3101 (1995) SS400
JIS G 3106 (1976) SM41A&B&C SM50A&B, SM50YA&YB, SM53B&C, SM58	JIS G 3106 (1991) SM41A&B&C SM50A&B, SM50YA&YB, SM53B&C, SM58	JIS G 3106 (1991) SM400A&B&C, SM490YA&YB, SM520B&C, SM570	JIS G 3106 (1995) SM400A&B&C, SM490YA&YB, SM520C, SM570	JIS G 3106 (1999) SM400A&B&C, SM490YA&YB, SM520C, SM570
JIS G 3114 (1976) SMA41A&50, SMA58	JIS G 3114 (1988) SMA41AW&50W, SMA58W	JIS G 3114 (1988) SMA400AW&490W, SMA570W	JIS G 3114 (1988) SMA400AW&490W, SMA570W	JIS G 3114 (1998) SMA400AW&490W, SMA570W
JIS G 3104 (1976) SV34, SV41	リベット材は使用実績がないため削除			
JIS B 1186 (1979) F8T (第1種), F10T (第2種)	JIS B 1186 (1979) F8T, F10T, (F11T) 道路協会規格 (1983) S10T	JIS B 1186 (1979) F8T, F10T, (F11T) 道路協会規格 (1983) S10T	JIS B 1186 (1995) F8T, F10T 道路協会規格 (1983) S10T	
JIS Z 3211 (1978) 軟鋼用被覆アーク溶接棒 JIS Z 3212 (1976) 高張力鋼用被覆アーク溶接棒 JIS Z 3311 (1976) 鋼サブマージアーク溶接材料 JIS Z 3523 (1964) 被覆アーク溶接棒心線	JIS Z 3211 (1986) 軟鋼用被覆アーク溶接棒 JIS Z 3212 (1982) 高張力鋼用被覆アーク溶接棒 JIS Z 3214 (1987) 耐候性鋼用被覆アーク溶接棒 JIS Z 3351 (1988) 炭素&低合金鋼用サブマージアーク溶接材料 JIS Z 3312, 3313 (1980) 軟鋼&高張力鋼用溶接ワイヤー JIS Z 3315, 3320 (1980) 耐候性鋼用溶接ワイヤー	JIS Z 3211 (1991) 軟鋼用被覆アーク溶接棒 JIS Z 3212 (1990) 高張力鋼用被覆アーク溶接棒 JIS Z 3214 (1993) 耐候性鋼用被覆アーク溶接棒 JIS Z 3351, 3352 (1988) 炭素&合金鋼用サブマージアーク溶接材料 JIS Z 3312, 3313 (1980) 軟鋼&高張力鋼用溶接ワイヤー JIS Z 3315, 3320 (1980) 耐候性鋼用溶接ワイヤー		JIS Z 3211 (2000) 軟鋼用被覆アーク溶接棒 JIS Z 3212 (2000) 高張力鋼用被覆アーク溶接棒 JIS Z 3214 (1999) 耐候性鋼用被覆アーク溶接棒 JIS Z 3351 (1999) 炭素&低合金鋼用サブマージアーク溶接材料 JIS Z 3312, 3313 (1999) 軟鋼&高張力鋼用溶接ワイヤー JIS Z 3315, 3320 (1999) 耐候性鋼用溶接ワイヤー
JIS G 5101 (1978) SC46 JIS G 5102 (1978) SCW42&49 JIS G 4051 (1979) S30C, S35C	JIS G 5101 (1988) SC46 JIS G 5102 (1987) SCW42&49 JIS G 4051 (1979) S35C, S45C	JIS G 5101 (1991) SC46 JIS G 5102 (1991) SCW42&49 JIS G 4051 (1979) S35C, S45C		
JIS G 5501 (1976) FC15&25	JIS G 5501 (1976) FC250	JIS G 5501 (1989) FC250	JIS G 5501 (1995) FC250	
JIS G 5502 (1975) FCD40	JIS G 5502 (1982) FCD40	JIS G 5502 (1989) FCD400	JIS G 5502 (1995) FCD400	JIS G 5502 (2001) FCD400
JIS G 3112 (1964) SR24 SD24, 30&35	JIS G 3112 (1987) SR24 SD30A&30B, SD35	JIS G 3112 (1987) SR235 SD295A&295B, SD345		

付表 2-9　鋼橋の主要鋼

No	年・月 (西暦)	道路橋示方書	特　徴	連結構造 鋲	連結構造 溶接	連結構造 HTB	40 kg 鋼
1	昭和14年2月 (1939年)	鋼道路橋設計示方書案 〃　製作　〃	支間120 m以下の構造用鋼を使用する鋲結鋼橋橋桁の製作は本示方書および設計図による	○			1 300 (1 100)
2	昭和31年5月 (1956年)	鋼道路橋設計示方書 〃　製作　〃	荷重改訂：1等橋　TL-14 → TL-20 　　　　　2等橋　TL-9 → TL-14 1方向版としての床版曲げモーメント式と配力鉄筋は主鉄筋の25%以上 明示項目：橋の等橋，震度，床版に関する事項，高欄高さ，緩和規定の適用法	○			1 300 (1 200)
3	昭和32年7月 (1957年)	溶接鋼道路橋示方書	板厚および施工条件により使用鋼材質明確化許容応力度を高くする工場突合せ溶接強度＝母材強度 合成応力に対する許容応力度を規定 繰返し応力および応力集中に対する注意点		○		1 300 (1 200)
4	昭和35年1月 (1960年)	鋼道路橋の合成桁設計施工指針	原則として単純合成桁を扱っている．連続，ゲルバー桁は範囲外 施工の良否が橋全体の強度を左右すると忠告	○	○		1 300 (1 200)
5	昭和39年6月 (1964年)	鋼道路橋設計示方書 〃　製作　〃	適用支間長120 m → 150 mに拡大 50 kg級の高張力鋼の使用を規定 衝突荷重が新たに規定 許容応力度を一部改訂	○			1 400 (1 300)
6	昭和39年5月 (1964年)	溶接鋼道路橋示方書	50 kg級の溶接構造用高張力鋼の使用を規定 軟鋼の許容応力度を規定 鋼床版構造を規定 現場溶接の許容応力度を工場の90%と規定 「4章修理および補強」の規定あり		○		1 400 (1 400)
7	昭和48年2月 (1973年)	道路橋示方書II鋼橋編	道路橋示方書がI共通編，II鋼橋編，IIIコンクリート橋編，IV下部工編，V耐震設計編に分冊 アーチ，ケーブル，鋼管構造，ラーメン構造の項を新設 適用支間長150 m → 200 mに拡大 設計計算の最終有効数字の規定を新設 耐候性鋼材の項を新設 許容圧縮応力度をたわみ，残留応力の影響を考慮した溶接主体に改訂 許容曲げ圧縮応力度を横倒れ座屈耐荷力から規定 高力ボルト規定 床版関係を大幅に改訂整備 腹板厚の規定改訂，合成応力の検算規定新設 連続合成桁の適用を容認 トラスのガセット厚，二次応力の影響を規定 アーチの変形の影響，座屈照査規定を新設 鋼管構造，ラーメン構造の規定新設		○	○	1 400 (1 400)

材の許容応力度の変遷(1)

基本許容応力度 (kgf/cm²) ( ) は軸圧縮					構造形式								備考
50 kg 鋼	53 kg 鋼	60 kg 鋼	床版コンクリート		鈑桁	合成桁	トラス	アーチ	吊橋	斜張橋	鋼管	その他	
			σ_{ck}	曲げ σ_a									
				45 or $\sigma_{28}/3$	○		○	○					
				70 or $\sigma_{28}/3$	○		○	○					
					○		○	○					
				80 or $\sigma_{28}/4$		○							
1 900 (1 800)				80 or $\sigma_{28}/3$	○		○	○					
1 900 (1 900)					○		○	○					4章には，リベット構造を溶接で補強する場合の注意がある
1 900 (1 900)	2 100 (2 100)	2 600 (2 600)	非合成 $\sigma_{ck}>210$ 合成 >280 プレストレス導入 >300	100 or $\sigma_{ck}/3$ 100 or $\sigma_{ck}/3.5$	○	○	○	○	○	○	○		

付表 2-9　鋼橋の主要鋼

No	年・月 (西暦)	道路橋示方書	特徴	連結構造 鋲	連結構造 溶接	連結構造 HTB	40 kg 鋼
8	昭和55年2月 (1980年)	道路橋示方書II鋼橋編	許容応力度の根拠明確化とSM58材の許容応力改訂 板と補鋼板への局部座屈の影響考慮 高力ボルト摩擦接合の応力伝達方式による計算方式の改訂 SM50YとSM58材の鋼床版適用への規定追加 縦リブに対する疲労を考慮した許容応力度 アーチの変形の影響の判定式&終局強度照査 高力ボルト接合面の防錆処理		○	○	1 400 (1 400)
9	平成2年2月 (1990年)	道路橋示方書II鋼橋編	RC床版厚の規定を改訂（$d = k_1 \times k_2 \times d_0$） 斜張橋のケーブル安全率3.0→2.5 現場溶接部の検査と許容応力の関係定義 溶接施工試験の条件付き省略		○	○	
10	平成6年2月 (1994年)	道路橋示方書II鋼橋編	活荷重体系25 fとしB，A荷重を採用 風荷重，温度変化について改訂 RC床版厚の設計曲げモーメントと床版厚の規定を改訂 鋼床版の設計断面力算出方法の見直し 床組の縦桁断面力算出方法の見直し		○	○	1 400 (1 400)
11	平成8年12月 (1996年)	道路橋示方書II鋼橋編	JIS規格改正との整合とSS400の溶接禁止 適用板厚50 mm→100 mmと高機能の承認 溶接時の予熱温度判定法をCeq→P_{CM}に改訂 耐震設計編改正に伴う改訂 高力ボルトの耐力点法締付けを規定 鋼床版舗装のひびわれ配慮規定制定		○	○	
12	平成14年3月 (2002年)	道路橋示方書II鋼橋編	耐久性の向上を図るために疲労の影響照査を規定 溶接構造用耐候性鋼の適用板厚50 mm→100 mm 高力ボルトの引張接合継手を規定 プレストレストコンクリート床版を規定 超音波探傷試験による内部きず検査を規定 鋼床版の製作・施工に関する規定の充実		○	○	140 (140)

材の許容応力度の変遷(2)

基本許容応力度（kgf/cm²）（ ）は軸圧縮					構造形式								備考
50 kg 鋼	53 kg 鋼	60 kg 鋼	床版コンクリート		鈑桁	合成桁	トラス	アーチ	吊橋	斜張橋	鋼管	その他	
			σ_{ck}	曲げ σ_a									
1 900 (1 900)	2 100 (2 100)	2 600 (2 600)	非合成 $\sigma_{ck}>210$ 合成 >270 プレストレス導入 >300	100 or $\sigma_{ck}/3$ 100 or $\sigma_{ck}/3.5$	○	○	○	○	○	○	○		
		同　　上						同　上					
1 900 (1 900)	2 100 (2 100)	2 600 (2 600)	非合成 $\sigma_{ck}>240$ 合成 >270 プレストレス導入 >300	100 or $\sigma_{ck}/3$ 100 or $\sigma_{ck}/3.5$	○	○	○	○	○	○	○		
		同　　上						同　上					
185 (185)	210 (210)	255 (255)	非合成 $\sigma_{ck}>24$ 合成 >27 プレストレス導入 >30	10 or $\sigma_{ck}/3$ 10 or $\sigma_{ck}/3.5$				同　上					許容応力度の単位系は kN/mm²

付表 2-10　鋼橋のRC床版の設計活荷重と曲げモーメント算定式の変遷

基準	項目　道路の種類	橋の等級	設計活荷重 (tf) 自動車	設計活荷重 (tf) 転圧機 ※1	設計曲げモーメント式 L=支間長 (m) ※2　主筋方向	設計曲げモーメント式　配力筋方向	鉄筋の許容応力度 (kgf/cm²)	最小版厚 (cm) ※3	配力筋量
明治19年(1886年) 8月　国県道の築造標準(内務省訓令第13号)	国道　県道	規定なし	規定なし		規定なし	規定なし	規定なし	規定なし	
大正8年(1919年) 12月　道路構造令及び街路構造令(内務省令)	街路　国道　府県道		11.255　7.875　6.375	5　12　規定なし					
大正15年(1926年) 6月　道路構造に関する細則案(内務省土木局)	街路　国道　府県道	1等橋　2等橋　3等橋	T-12, P=4.5　T-8, P=3.0　T-6, P=2.25	14　11　8	T荷重では舗装厚分の分布幅を考慮し, 単純梁として主鉄筋方向の曲げモーメントを算出　ただし, 衝撃係数 i=20/(60+L)≦0.3		規定なし　1200 kgf/cm² 程度に抑えている		RC断面の2%以上またはRC有効断面の3%以上
昭和14年(1939年) 2月　鋼道路橋設計示方書(案)(内務省土木局)	国道　府県道	1等橋　2等橋	T-13, P=5.2　T-9, P=3.6	17　14	同上　ただし, i=20/(50+L)				
昭和31年(1956年) 5月　鋼道路橋設計示方書(日本道路協会)	一級国道　二級国道　主要地方道　都道府県道　市町村道	1等橋　2等橋	T-20　P=8.0　T-14　P=5.6	―　―	2.0<L≦4.0　M=0.4×P×(L-1)×(1+i)/(L+0.4)　i=20/(50+L)	規定なし	規定なし	有効厚11 cm以上	主鉄筋断面の25%以上
昭和39年(1964年) 6月　鋼道路橋設計示方書(日本道路協会)	同上		同上		同上	同上	SSD39：1800		
昭和42年(1967年) 9月　鋼道路橋一方向鉄筋コンクリート床版の配力鉄筋設計要領(建設省道路局長通達)									
昭和43年(1968年) 5月　鋼道路橋の床版設計に関する暫定基準(案)(日本道路協会)	一級国道　二級国道　主要地方道　都道府県道　市町村道	1等橋　2等橋	T-20　P=8.0　T-14　P=5.6	―　―	2.0<L≦4.0　M=0.4×P×(L-1)/(L+0.4)	規定なし	1400	t_0=　$3L+11≧16$	主鉄筋量の70%以上

基 準	橋の種類 道路の種類	橋の等級 等級	設計活荷重 (tf) ※1 自動車	設計活荷重 (tf) ※1 転圧機	設計曲げモーメント式 (tf・m) L＝支間長 (m) ※2 主筋方向	設計曲げモーメント式 (tf・m) L＝支間長 (m) ※2 配力筋方向	鉄筋の許容応力度 (kgf/cm^2)	最小版厚 (cm) ※3	配力筋量
昭和46年 (1971年) 3月 鋼道路橋の鉄筋コンクリート床版の設計について (建設省道路局長通達)	高速自動車道 一般国道 都道府県道 市町村道	1等橋	T-20 P＝8.0 (9.6)	—	M＝0.8×(0.12L＋0.07)×P	M＝0.8×(0.10L＋0.04)×P		t_0＝ 3L＋11≧16	左欄の曲げモーメント式より算出
	都道府県道 市町村道	2等橋	T-14 P＝5.6	—					
昭和48年 (1973年) 2月 道路橋示方書 (日本道路協会)	同上	同上	同上	—					
昭和48年 (1973年) 4月 特定路線にかかる橋高架の道路等の技術基準 (建設省都市局長，道路局長通達)	特定道路 [湾岸道路] [高速自動車道] その他	1等橋	TT-43 P＝6.5		L<2.5 m M＝0.8×(0.12L＋0.07)×P×K ただし K>1.0	L<2.5 m M＝0.8×(0.10L＋0.04)×P×K ただし K>1.0			
昭和53年 (1978年) 4月 道路橋鉄筋コンクリート床版の設計，施工について (建設省道路局企画課長)	高速自動車道 一般国道 都道府県道 市町村道	1等橋	T-20 P＝8.0 (9.6)	—	M＝0.8×(0.12L＋0.07)×P	M＝0.8×(0.10L＋0.04)×P	許容応力度 1 400 kgf/cm^2 に対して200 kgf/cm^2 程度余格をもたせる	t_0＝3L＋11 t＝k_1・k_2・t_0 k_1：交通量係数 k_2：付加モーメント係数	同上
	都道府県道 市町村道	2等橋	T-14 P＝5.6	—					
昭和55年 (1980年) 2月 道路橋示方書 (日本道路協会)	同上	同上	同上	—	同上	同上	同上	同上	同上
平成2年 (1990年) 2月 道路橋示方書 (日本道路協会)	同上	同上	同上	—	同上	同上	同上	同上	同上
平成6年 (1994年) 2月 道路橋示方書 (日本道路協会)	高速自動車道 一般国道 都道府県道基幹道 路に関連する市町村道	B荷重	P_0＝10.0 P＝k×P_0 L≦4 m, k＝1.0 L>4 m, K＝L/32＋7/8 床版に関してはABとも同じ	—	同上	同上	同上	同上	同上
平成8年 (1996年) 12月 道路橋示方書 (日本道路協会)	同上	同上	同上	—					
平成14年 (2002年) 3月 道路橋示方書 (日本道路協会)	同上	同上	同上	—					

注) ※1：大型車が1方向1 000台/日以上の場合の設計活荷重を ( ) で示す
   ※2：連続版で主鉄筋が車両進行方向に直角の場合
   ※3：t：床版厚 (cm) (小数第1位を四捨五入する。ただし t_0 を下回らないこと)
   t_0：道路示方書に規定される床版厚最小厚 (cm) (小数第2位を四捨五入し，小数第1位まで求める)
   k_1：大型車の1日交通量による係数
   k_2：床版を支持する桁の剛性が著しく異なるために生じる付加曲げモーメントの係数。

付表2-11 道路橋の耐震性

		大正5年(1916年)道路構造細則	昭和14年(1939年)鋼道路橋示方書案	昭和31年(1956年)鋼道路橋示方書	昭和39年(1964年)下部指針杭基礎	昭和39年(1964年)鋼道路橋示方書	昭和41年(1966年)下部指針調査設計
地震荷重	設計水平震度	最強地震力	$k_h=0.2$	$k_h=0.1 \sim 0.35$			
			架橋地点に応じて増減	地域と地盤条件により増減			
	地震時土圧		物部・岡部式が使われていたようである。				
	地震時動水圧		水中にある高橋脚を除き，一般橋脚に対する影響は小さい。				水圧の算定式の導入
鉄筋コンクリート躯体	基部の曲げ		現行と同様の計算法で設計されていたようである。				
	せん断					ラーメン，中空断面等断面の小さい躯体に対する影響は大きい。	
	主鉄筋の中間定着（主鉄筋の段落とし）						
	地震時保有水平耐力						
フーチング							
杭基礎			鉛直支持力の検討は行われていたようである。		具体的な計算法の導入（鉛直支持・水平支持）		
直接基礎				安定計算（転倒・滑動）は行われていたようである。			
ケーソン基礎							昭和45年下部指針と同様の検討は行われていたようである。
地盤の液状化							
支承部	支承部			支承，ローラー，アンカーボルト等鋼製支承の設計法の導入			
	落橋防止構造						

に関する諸規定の変遷

昭和43年 (1968年) 下部指針 橋脚 直接基礎	昭和45年 (1970年) 下部指針 ケーソン	昭和47年 (1972年) 耐震設計 指針	昭和48年 (1973年) 下部指針 場所打ち杭	昭和51年 (1976年) 下部指針 杭基礎	昭和55年 (1980年) 道路橋 示方書	平成2年 (1990年) 道路橋 示方書	平成8年 (1996年) 道路橋 示方書	平成14年 (2002年) 道路橋 示方書
		$kh=0.1〜0.3$			$kh=0.1〜0.3$			
		設計水平震度の標準化 修正震度法の導入			修正震度法の 適用範囲の改訂		震度法と 修正震度法の統合	レベル2地震動
地震時土圧の 算定法の導入								
		地震時動水圧の導入						
具体的な計算法の導入							塑性ヒンジの設定	
せん断力の照査に 関する記述					具体的な計算法の導入 許容せん断応力度の低減			
			中間定着鉄筋の定着長の延長					
一般にコンクリート断面の大きい橋脚に 対する影響は少ない。				変形性能照査		地震時保有水平耐力 の照査		
具体的な設計法の導入 (片持ち版として設計)			有効幅・せん断の検討の導入					設計法の見直し
			杭頭の構造細目の規定					
			特殊条件(斜面上の基礎,圧密沈下・側方移動を受ける基礎)					支持力推定式 の見直し
具体的な計算法の導入 (支持力・安定計算法)								極限支持力算定式 の見直し
	具体的な設計法の導入						弾性体モデルの導入	
	計算上支持力を無視する土層の導入			液状化判定法の導入と 液状化層の具体的取扱い法		細粒分の 影響を考慮	レベル2に 対する照査	
支承における地震力の伝達方法の規定						免震設計法 を規定		
支承縁端距離Sの規定の導入	移動制限装置,落橋防止構造 (S,桁間連結,かけ違い長)の導入				移動制限装置,落橋防止構造 (S_E,落橋防止装置)の導入		落橋防止システム の位置づけ	

付表 2-12　道路橋下部

No.	年・月(西暦)	道路橋下部構造設計指針 道路橋示方書	内容 ・（分冊編）　○（共通編）　□（下部構造編）
1	昭和39.3 (1964年)	道路橋下部構造設計指針 くい基礎の設計編	・この分冊の内容は，杭設計についての一般事項，1本の杭の許容応力度の求め方，杭群としての設計，杭本数の強度計算，構造細目に分かれている ・実際の設計に必要な荷重，許容応力度等は次回以降の分冊を参照
2	昭和41.11 (1966年)	道路橋下部構造設計指針 調査および設計一般編	・調査：種類と方法の選定は構造物の規模と重要度に応じ責任技術者の判断で行う ・設計：設計図に設計条件表の記載を義務づけ ・荷重：土圧計算はクーロン土圧による　粘性土には粘着力を考慮 ・材料：コンクリートでは最低強度を制限　木杭の規格を明示 ・許容応力度・許容支持力：コンクリート・鋼材・木杭で明確に規定
3	昭和43.3 (1968年)	道路橋下部構造設計指針 橋台・橋脚の設計編 直接基礎の設計編	・斜橋の橋台に働く土圧・地震荷重の統一的な計算方法を規定 ・直接基礎の設計については，杭基礎・ケーソン基礎・直接基礎に関して統一的な思想を導入
4	昭和43.10 (1968年)	道路橋下部構造設計指針 くい基礎の施工編	・鉄筋コンクリート杭・PC杭・鋼杭を中心に規定 ・打込み杭：設備の選定基準を明示　杭の傾斜・ずれの許容値　打止め時の沈下量を2mm前後と指定　打込み公式はHiley式を採用　打込み記録 ・杭の継手は溶接またはボルト継手　現場溶接には溶接施工管理技術者を常駐 ・杭頭の仕上げをそれぞれに規定
5	昭和45.3 (1970年)	道路橋下部構造設計指針 ケーソン基礎の設計編	・杭基礎・ケーソン基礎・直接基礎で設計する範囲を示す ・鉛直荷重・水平荷重の荷重分担要素を明確に決め，水平荷重には考えられる要素をすべて考慮　変位の概念を設計に取り入れ ・その他ケーソンの設計に必要な項目を明示
6	昭和48.1 (1973年)	道路橋下部構造設計指針 場所打ちぐいの設計施工編	・場所打ち杭の定義を明確にし，深礎工法も場所打ち杭に含める ・調査・計画の方針を示し，最適工法選定の便宜を図った ・設計には杭の設計径・コンクリートのヤング係数・許容応力度を定めた ・構造細目：主鉄筋量・かぶり・継手・フーチングとの結合（杭径・本数） ・施工には管理技術者を常駐　試験工事には責任技術者・主任技術者の立会い ・具体的な施工手引として，機械掘削・人力掘削に分けた
7	昭和51.8 (1976年)	道路橋下部構造設計指針・同解説 くい基礎の設計編改訂	・杭の支持力の検討事項・推定式・所要本数算定等を明確にした ・構造細目はJIS規格によること　継手にはアーク溶接継手を採用 ・木杭は現在使用実績がほとんどないため本指針から除外
8	昭和52.12 (1977年)	道路橋下部構造設計指針・同解説 ケーソン基礎の施工編改訂	・ニューマチック工法とオープン工法について留意事項を具体的に記述 ・綿密な施工計画の作成と日常管理のため管理技術者の配置を義務づけ ・ニューマチックケーソンの最終沈設完了時，平板載荷試験を義務づけ・方法明示
9	昭和55.5 (1980年)	道路橋示方書・同解説 IV下部構造編	・コンクリートの許容応力度・せん断力の照査方法を道路橋示方書・コンクリート橋編と整合 ・杭基礎の鉛直支持力の算定方法を改め　中掘り杭工法の設計施工の規定を新設
10	昭和59.2 (1984年)	鋼管矢板基礎設計指針	・設計を主体とし，施工に関する規定は省く ・鋼管矢板は打撃工法により打ち込むのを原則とする ・構造形式は井筒型鋼管矢板を原則とし，安易に脚付き型とすることを排除する
11	平成2.2 (1990年)	道路橋示方書・同解説 IV下部構造編	□基礎の規模の大型化に伴い各種基礎の設計法の適用範囲の解説を充実 □地盤反力係数算定式・フーチング剛性判定式の統合 □基礎沈下を考慮し許容鉛直支持力を定め，各種許容値の規定を充実 □鋼管矢板基礎の設計施工・高強度水中コンクリートや太径鉄筋等に新たな規定 □杭頭結合法や安定計算における暴風時の取扱い規定の見直し
12	平成3.7 (1991年)	地中連続壁基礎設計施工指針	・平面形状は長方形閉合断面とし，全断面を支持層に根入れした井筒型とする ・エレメント間の継手は，曲げモーメントおよびせん断力を伝達できる剛結継手 ・変位量の計算は，基礎全体の曲げ剛性を評価し弾性床上の有限長梁として扱う ・地盤の抵抗要素として，原則として4種類の地盤反力を考慮する
13	平成6.2 (1994年)	道路橋示方書・同解説 IV下部構造編	○設計自動車荷重が一律25tになり，一等橋二等橋の等級による区分をなくす ○活荷重をA，B活荷重に区分し，適用区分を明示 ○T，L荷重および載荷方法の規定を見直した □L荷重の線荷重が等分布荷重に変更により，下部構造の活荷重載荷方法を見直し □胸壁設計の荷重変更により断面力算定式を見直し
14	平成8.12 (1996年)	道路橋示方書・同解説 IV下部構造編	○JIS規格値の改正により低リラクセーションPC鋼材の導入 ○無筋コンクリート部材の最低設計基準強度を変更 ○コンクリートの乾燥収縮の影響について算定式を見直し ○高強度コンクリートの許容応力度，ヤング係数等を規定 ○耐震設計編の改訂によりゴム支承の採用を考慮し，負反力の算定式の見直し □設計に地震時保有水平耐力法を導入したことにより，RC部材の曲げモーメントせん断力に対する照査法を新たに規定 □橋脚基礎は地震時保有水平耐力法による安定計算を行うこととし，具体的な安定計算モデルや設計定数の設計法，照査の詳細を規定 □橋脚のほか橋台についても部材のじん性を向上させる鉄筋配置の構造細目を充実 □構造物形式を単純化させ建設費を縮減するようフーチング上面のテーパーを廃止し，橋台の縦壁の形状を単純化 □「鋼管矢板基礎設計指針」「地中連続壁基礎設計・施工指針」の取入れ □ケーソン基礎の安定計算モデルを従来の剛体基礎設計法を地盤抵抗の塑性化を考慮した弾性体モデルに変更
15	平成9.12 (1997年)	鋼管矢板基礎設計施工便覧	・設計方法：仮締切り　頂版と鋼管矢板との結合部　脚付き型鋼管矢板基礎　地震時保有水平耐力法による頂版設計 ・詳細な構造例　施工に関する詳細な注意事項

構造設計基準の変遷

共通	許容応力度		設計									施工							
				杭基礎									既製杭		場所打ち杭				
活荷重	コンクリート 曲げ圧縮,軸圧縮 210 240 270 300	鉄筋	直接基礎	木杭	RC杭	PC杭	場所打ち杭	鋼杭	ケーソン杭	鋼管矢板基礎	地中連続壁基礎	直接基礎	打込み杭	中掘り杭	機械掘削杭	深礎工法	ケーソン基礎	鋼管矢板基礎	地中連続壁基礎
				○	○	○	○												
鋼道路橋設計示方書に示すTL荷重		SR24 1 400 SD24 1 400 SR30 1 400 SD30 1 600 単位 kgf/cm²		○	○	○	○	○											
			○																
												○							
									○										
	180〜200 200〜240 240〜 $\sigma_{28}/3$ 100 $\sigma_{28}/4$ 75 単位 kgf/cm²	SD24 1 400 SD30 1 800 単位 kgf/cm²					○										○		
			除外	○	○	○	○												
																		○	
一等橋TL-20 二等橋TL-14 特定TT-43	70 80 90 100 55 65 75 85 単位 kgf/cm²	SR24 1 400 SD24 1 400 SD30 1 800 SD35 1 800 単位 kgf/cm²	○	○	○	○	○	○				○	○	○	○	○	○		
									○										
昭和55年と同じ	70 80 90 100 55 65 75 85 単位 kgf/cm²	SR24 1 400 SD30A 1 800 SD30B 1 800 SD35 1 800 単位 kgf/cm²	○	○	○	○	○	○				○	○	○	○	○	○		
										○									○
A荷重 B荷重 昭和55年の制定の荷重はすべて廃止	平成2年と同じ	SR235 1 400 SD295A 1 800 SD295B 1 800 SD345 1 800 単位 kgf/cm²	○	○	○	○	○	○				○	○	○	○	○	○		
平成6年と同じ	平成2年と同じ	平成6年と同じ																	
			○	○	○	○	○	○				○	○	○	○	○	○		
									○									○	

第3章 橋梁力学

橋梁構造物の基本的な役割は，構造物に作用する外力を支えることであり，この作用外力と構造物の自重を合理的に基礎地盤にいかに伝えるかが課題となる。ここでは，外力に対して構造部材に生じる力や変形量を定量的に求める基本原理について述べる。部材内部の断面力を求め，部材に発生する応力度や耐力を照査することによって部材の安全性を確認することができる。

3.1 橋梁力学の基本事項[1]

3.1.1 荷重による部材の挙動

部材の材質，形状および寸法を決める要因を知るため，この節では荷重による部材の挙動について述べる。

(1) 応　力

部材に力が作用すると，部材内の断面には応力が連続的に生じる。応力は断面上に発生する力の単位面積当りの量として次式で示される。

$$\sigma = P/A + M/Z$$

ここに，σ：応力，P：軸力，A：断面積，M：曲げモーメント，Z：断面係数

(2) 変　形

部材内に応力が生じると同時に，ひずみが部材内で累加されて変形として現れる。ひずみは，部材が変形する前の長さに対する変形後の変化量の比として次式で求められる。

$$\varepsilon = \Delta L/L$$

ここに，ε：ひずみ，ΔL：変形後の長さの変化量，L：変形前の長さ

力を除去したときにもとの形状に戻る場合，その部材は弾性変形をしていることになる。一方，力を除去した後も変形が残留する場合，その部材は塑性変形していることになる。

クリープは，塑性変形の一つである。部材に一定の力が持続して作用すると部材の変形が随時進行するものと定義される。

(3) 応力-ひずみ関係

一般的な構造材料では，弾性限界という特定の応力値以下で一軸方向の応力とひずみとの間に次式の比例関係が成り立つ。

$$\sigma = E\varepsilon$$

ここに，σ：応力，E：弾性係数，ε：ひずみ

これをフックの法則といい，比例定数Eは材料のヤング係数または弾性係数とよばれる（**図3-1**参照）。弾性係数は，材料の力学的性質を表す重要な量の

図 3-1 弾性体の応力-ひずみ関係

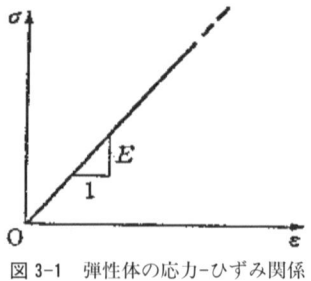

一つであり，材料に固有の値である。

(4) 延性とぜい性

延性材料は，破壊に至るまでに大きく塑性変形することができる材料をいう。しかし，部材に過大な荷重が作用し，あるいは部材断面が腐食，摩耗等により減少すると，部材の応力が材料の耐えうる降伏応力に達し，金属などの延性材料では変形が著しく大きくなり，破断する場合もある。

ぜい性材料は，伸び能力が小さく，もろい材料では突発的に破壊する場合がある。常温で延性を有する鋼材料でも，5℃以下の低温になるとぜい性を示す場合がある。

(5) 疲　労

疲労は，繰返し荷重が作用したときに破壊する傾向が現れる現象である。疲労破壊は材料の弾性限界内で繰返し荷重が作用したときでも生じる場合がある。

3.1.2　荷重に対する橋梁の挙動

設計どおり部材が機能しているかを評価するために，部材に作用する荷重の形態を理解する必要がある。いくつかの力を受けている部材が静止しているとき，部材に作用するすべての力はつりあい状態にある。作用力がすべて同一平面内にあるときには，それらの水平方向成分をH，鉛直方向成分をV，任意点まわりの力のモーメントをMとすれば，つりあい条件は次式で表される。

$$\Sigma H=0, \quad \Sigma V=0, \quad \Sigma M=0$$

(1) 軸　力

軸力は，部材の長手方向に作用する力で，力の作用方向により部材が縮まるときに圧縮となり，または部材が伸びるときに引張りとなる（**図 3-2** 参照）。圧縮や引張部材は，軸力によるそれぞれの応力を許容できる断面積が必要となる。座屈は，圧縮力が作用したときに部材が面外に変形する現象である。圧縮部材は座屈しないように断面積を増加する等の対処が必要である。

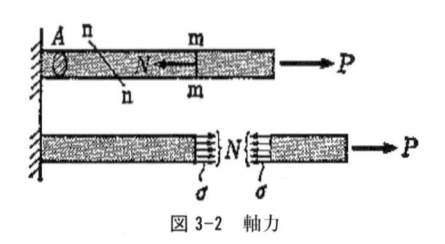

図 3-2　軸力

図3-3 曲げモーメント

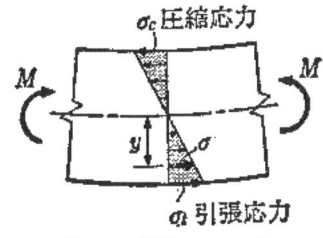

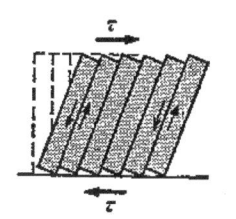

図3-4 せん断力

表3-1 支承のタイプ

名称	可動支点 (ローラー)	回転支点 (ヒンジ)	固定支点	自由端
支持形式				
支持条件	水平：自由 鉛直：固定 回転：自由	水平：固定 鉛直：固定 回転：自由	水平：固定 鉛直：固定 回転：固定	水平：自由 鉛直：自由 回転：自由

(2) 曲げモーメント

部材に力が作用すると，力の方向に部材が移動すると同時に回転が生じる。部材を回転させようとする力をモーメントという。部材に曲げモーメントが作用すると，部材内には引張りから圧縮へと直接的に変化する曲げ応力が生じる（**図3-3**参照）。曲げ応力は，応力が生じない中立軸からの距離とモーメントの大きさに比例する。

(3) せん断力

せん断力は，部材内にすべり変形を生じさせる力をいう（**図3-4**参照）。この力による変形をせん断変形という。

(4) 反　力

外力が構造物に作用すると，それらの力は支承を通じて基礎構造物や地盤に伝わる。この作用に対して，支承から構造物に反作用が生じ，これを反力という（**表3-1**参照）。

3.2 道路橋の設計荷重

設計には，構造物の施工中および完成後に加わるすべての荷重のほか，地震の影響，温度変化，コンクリートの乾燥収縮およびクリープの影響を考慮しなければならない。道路橋示方書（以下，道示とする）によれば設計にあたっては，以下の荷重を考慮するものとしている。

〔主荷重〕①死荷重，②活荷重，③衝撃，④プレストレス力，⑤コンクリートのクリープの影響，⑥コンクリートの乾燥収縮の影響，⑦土圧，⑧水圧，⑨浮力または揚圧力

〔従荷重〕⑩風荷重，⑪温度変化の影響，⑫地震の影響

〔主荷重に相当する特殊荷重〕⑬雪荷重，⑭地盤変動の影響，⑮支点移動の影響，⑯波圧，⑰遠心荷重

〔従荷重に相当する特殊荷重〕⑱制動荷重，⑲施工時荷重，⑳衝突荷重

表 3-2 主な材料の単位重量

材 料	単位重量 (kN/m³)
鋼・鋳鋼・鍛鋼	77.0
鋳鉄	71.0
アルミニウム	27.5
鉄筋コンクリート	24.5
プレストレストコンクリート	24.5
コンクリート	23.0
セメントモルタル	21.0
木材	8.0
瀝青材（防水用）	11.0
アスファルト舗装	22.5

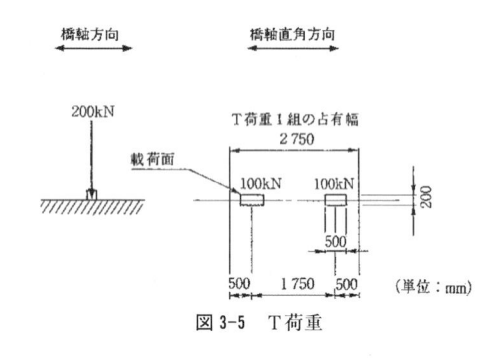

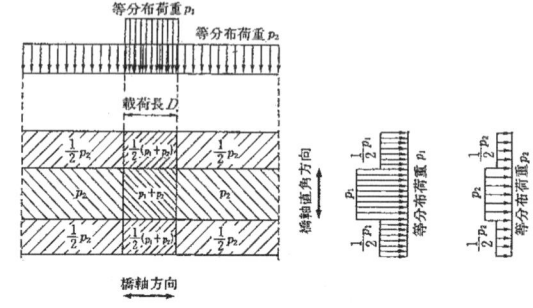

図 3-5　T荷重

図 3-6　L荷重

(1) 死荷重

死荷重は，構造物および上載物などの体積を計算し，これを構成している材料の単位重量を乗じて求める。材料の単位重量は，道示によれば表3-2を用いてもよい。

(2) 活荷重

平成5年の道示改訂で車両の大型化への対応や耐久性の向上等を図るために活荷重の見直しが行われた。道路構造令の改正に伴い橋の設計自動車荷重が一律25tになったことを受けて，従来の等級による橋の区分が廃止された。大型車の走行頻度が比較的高い状況を想定したB活荷重と，比較的低い状況を想定したA活荷重に区分された。高速自動車国道，一般国道，都道府県道およびこれらの道路と基幹的な道路網を形成する市町村道の橋の設計にはB活荷重を，その他の市町村道の橋にはA活荷重またはB活荷重を適用することになった。部材設計には図3-5，3-6に示すT荷重とL荷重を使用する。

3.3 耐震設計

橋の耐震設計では，中規模程度の地震と極めて大きい地震を想定し，それぞれ橋の重要度に応じて，必要な耐震性能が確保されているかどうかを照査することになる。道示Ⅴでは，レベル1地震動（供用期間中に発生する確率が高い地震動）とレベル2地震動（発生する確率は低いが大きな強度をもつ地震動）の2段階の設計地震動を考慮することを定めている。レベル2地震動としては，プレート境界型の大規模な地震によるもの（タイプⅠ）と内陸直下型地震によるもの（タイプⅡ）がある。橋の重要度は，道路種別および橋の機能・構造に応じて，重要度が標準的な橋（A種の橋）と特に重要度が高い橋（B種の

表 3-3 橋の要求性能

		レベル1地震動	レベル2地震動 タイプIの地震動：プレート境界型の大規模な地震 タイプIIの地震動：内陸直下型地震	
耐震設計で考慮する地震動		橋の供用期間中に発生する確率が高い地震動	橋の供用期間中に発生する確率が低いが大きな強度をもつ地震動	
橋の耐震性能	ランク	耐震性能1	耐震性能2	耐震性能3
	限界状態	地震によって橋としての健全性を損なわない性能	地震による損傷が限定的なものにとどまり，橋としての機能の回復がすみやかに行い得る性能	地震による損傷が橋として致命的とならない性能
該当する橋の種別 A種の橋：重要度が標準的な橋 B種の橋：特に重要度が高い橋		A種およびB種の橋	B種の橋	A種の橋
橋の機能		通行は可能	通行は限定的に可能	通行は困難
耐震設計上の安全性		上部構造および通行車両を確実に支持し，落橋に対する安全性を確保する（上部構造の落橋などの致命的な被害を生じさせない）	上部構造を確実に支持し，落橋に対する安全性を確保する（上部構造の落橋などの致命的な被害を生じさせない）	落橋に対する安全性を確保する（上部構造の落橋などの致命的な被害を生じさせない）
耐震設計上の供用性		地震前と同じ橋としての機能を確保する（すべての車両の通行が可能）	地震後橋としての機能をすみやかに回復できる（限定的な橋の機能確保）	―

橋）の2種類に区分している。橋の耐震性能は，橋全体系の挙動を踏まえ，耐震性能1～3について，耐震設計上の安全性，耐震設計上の供用性，耐震設計上の修復性の観点から**表 3-3**に示すように定めている。

3.4 コンクリート橋の設計

3.4.1 コンクリート橋の設計フロー

コンクリート橋の設計では，基本的な設計条件に基づいて構造諸元を決定し，設計荷重作用時，および終了荷重作用時の安全性を照査する。標準的なPCT桁（**図 3-7** 参照）の設計フローを**図 3-8**に示す。

(1) 設計の考え方

(a) 形状寸法の仮定と断面力の計算

まず，構造規格，立地条件，材料の品質などから定められる基本的な設計条件の確認を行い，計画段階で検討して定まった構造寸法に基づいて部材断面形状および断面寸法を仮定し，部材の設計に必要な断面力の計算を行う。道路橋は，JIS橋桁と標準設計（建設省）があるので，断面形状・断面寸法を仮定する上で参考になる。

(b) 設計荷重時の応力度の照査

部材の設計は，現在では主として許容応力度によっており，荷重の組合せによる曲げモーメント，軸方向力，せん断力，ねじりモーメントの部材断面力のうち最も不利な影響を与える場合について，鉄筋，PC鋼材およびコンクリート応力度がそれぞれ所定の許容応力度以下になるように設計する。このように

図 3-7　PCT 桁の構造

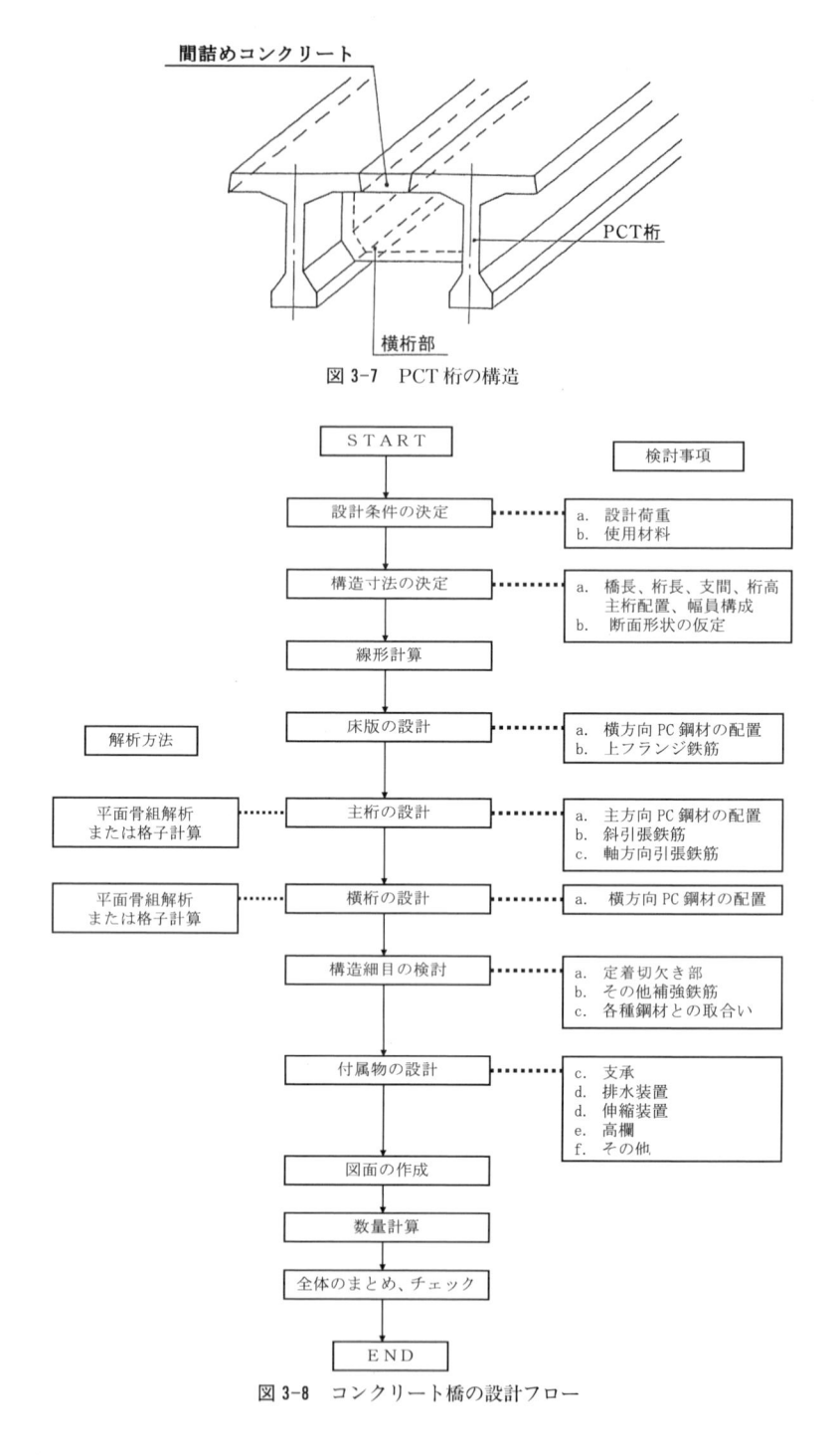

図 3-8　コンクリート橋の設計フロー

部材断面に生じる応力度を許容応力度以下とすることにより，鉄筋コンクリート構造においては過大なひびわれを防ぎ，プレストレストコンクリート構造においてはひびわれが発生しないように設計することができる。

(c)　破壊に対する安全性の照査

橋梁構造の破壊に対する安全性を確保するために，設計荷重よりも大きな終局荷重に対する照査を行う必要がある。照査は終局荷重によって橋の各部材に生じる断面力よりも，部材の破壊に対する耐力の方が大きいことを確認するこ

とにより行う。このように終局荷重時の照査を行うことによって，部材の曲げ破壊，せん断破壊，コンクリートの圧壊を防ぎ，橋梁構造の安全性を照査する。

以上の計算手順を繰り返し行い，またあわせて経済性，施工性，構造特性などを考慮し，部材断面形状・鉄筋・PC鋼材の本数，配置を決定する。

3.4.2 曲げモーメントおよび軸力が作用する部材の検討
(1) 検討フロー

曲げモーメントおよび軸力が作用する部材の検討は図 3-9 のフローに従って，設計荷重作用時および終局荷重作用時の設計を行う。

(2) 設計荷重作用時の検討

　(a) 設計荷重作用時の応力度の算定

設計荷重作用時の PC 鋼材・鉄筋およびコンクリートの応力度の算定は，許容応力度設計法による RC 断面の応力度の算定と同様に，以下の仮定に基づいて行う。この仮定に基づくひずみ分布および応力度分布図を図 3-10 に示す。

　① 繊ひずみは，中立軸からの距離に比例する。
　② コンクリートの引張応力度は無視する。

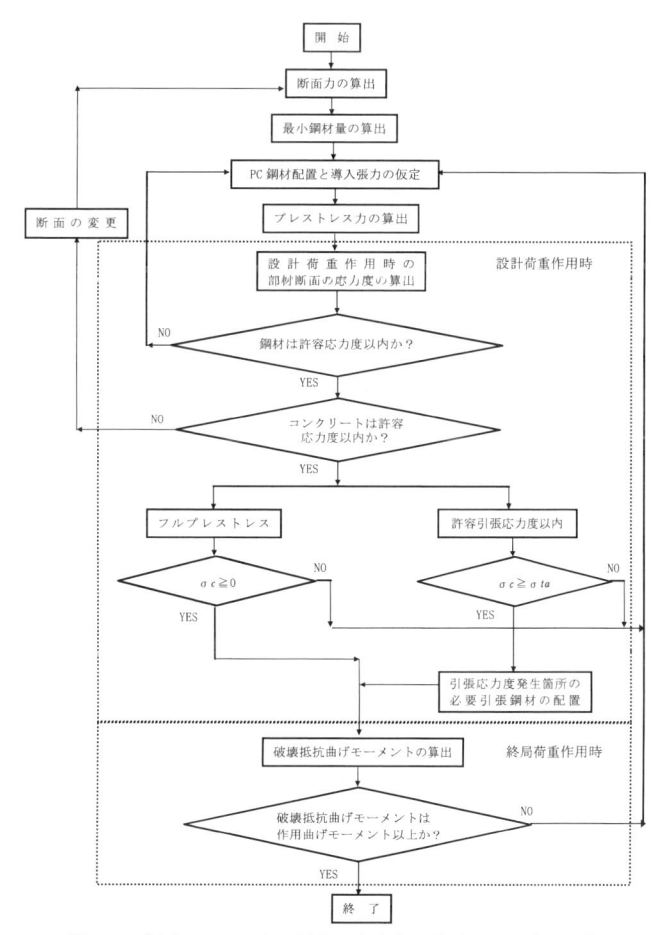

図 3-9　曲げモーメントに対する安全性の検討フローチャート

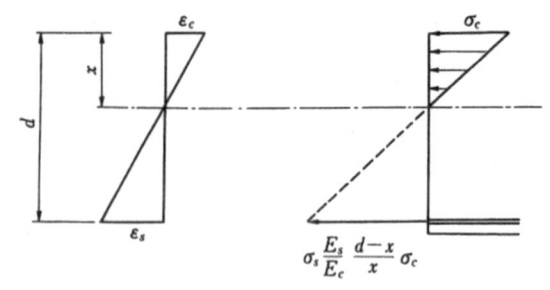

図 3-10 使用限界状態のひずみ分布および応力度分布

③ 鋼材およびコンクリートは，弾性体とする。
④ 鋼材およびコンクリートのヤング係数は**表 3-4**，**表 3-5** による。

(b) 設計荷重作用時の設計

設計荷重作用時の安全性の検討は以下のとおりである。

① 鋼材およびコンクリートの応力度が許容応力度以下であることを確認する。
② 許容引張応力度以内とした場合でもコンクリートに引張応力度が発生する場合は，引張応力度が生ずるコンクリート部分に，次式で求められる引張鋼材断面積以上の引張鋼材を配置する。

$$A_s = T_c / \sigma_{sa}$$

ここに A_s：引張鋼材の断面積
　　　T_c：コンクリートに生じている全引張力 ($1/2 \cdot \sigma_c \cdot b \cdot h$)
　　　σ_c：コンクリートの引張縁応力度
　　　b：引張域の幅，h：引張域の高さ
　　　σ_{sa}：鉄筋の場合は許容引張応力度で，PC 鋼材でコンクリートの付着がある場合は 180 N/mm² とする。

(3) 終局荷重作用時の設計

終局荷重作用時の安全性の検討は，材料の非線形性を考慮した以下の仮定に基づいて算出される部材断面の破壊抵抗曲げモーメントが，終局荷重作用時に部材断面に作用する曲げモーメント以上であることを確認する。

① 維ひずみは，中立軸からの距離に比例する。
② コンクリートの引張応力は無視する。
③ 鋼材の応力-ひずみ曲線は，**図 3-12** によるものとする。

表 3-4　設計計算に用いる鋼材の物理定数

機　種	物理定数の値
鋼および鋳鋼のヤング係数	2.0×10^5 N/mm²
PC 鋼線，PC 鋼より線，PC 鋼棒のヤング係数	2.0×10^5 N/mm²
鋳鉄のヤング係数	1.0×10^5 N/mm²
鋼のせん断弾性係数	7.7×10^5 N/mm²
鋼および鋳鋼のポアソン比	0.30
鋳鉄のポアソン比	0.25

表 3-5　コンクリートのヤング係数

(N/mm²)

設計基準強度	21	24	27	30	40	50	60
ヤング係数	2.35×10^4	2.5×10^4	2.65×10^4	2.8×10^4	3.1×10^4	3.3×10^4	3.5×10^4

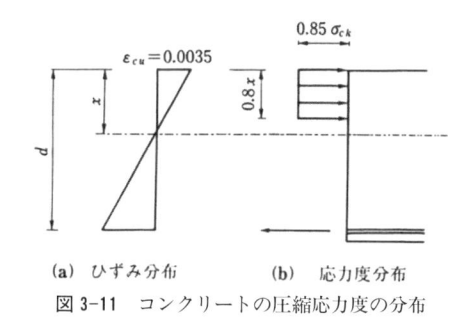

図3-11 コンクリートの圧縮応力度の分布

(a) ひずみ分布　(b) 応力度分布

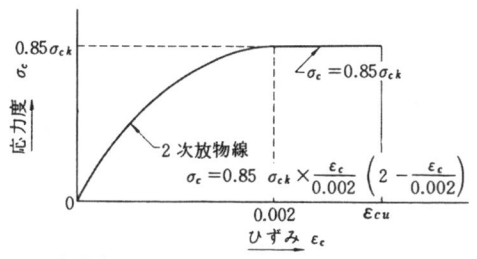

ここに,
- σ_{ck}：コンクリートの設計基準強度 (N/mm^2)
- σ_c：コンクリートの応力度 (N/mm^2)
- ε_c：コンクリートのひずみ
- ε_{cu}：コンクリートの終局ひずみ

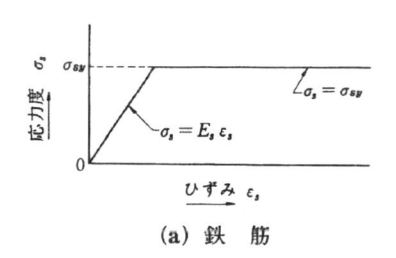

$$\sigma_c = 0.85\,\sigma_{ck} \times \frac{\varepsilon_c}{0.002}\left(2-\frac{\varepsilon_c}{0.002}\right)$$

(a) 鉄筋 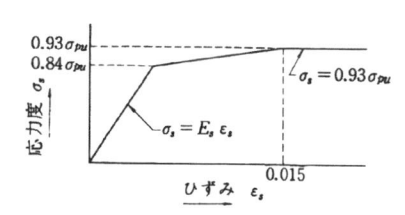　　(b) PC鋼線, PC鋼より線およびPC鋼棒1号　　(c) PC鋼棒2号

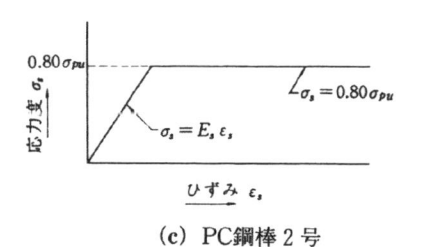

ここに,
- σ_{sy}：鉄筋の降伏点 (N/mm^2)
- σ_{pu}：PC鋼材の引張強さ (N/mm^2)
- σ_s：鋼材の応力度 (N/mm^2)
- E_s：鋼材のヤング係数 (N/mm^2)
- ε_s：鋼材のひずみ

図3-12 破壊抵抗曲げモーメントを算出する場合のコンクリートおよび鋼材の応力度-ひずみ曲線

④　コンクリートの圧縮応力度の分布は，一般に図3-11に示す長方形圧縮応力度の分布（等価応力ブロック）とする。ただし，断面形状が特殊な場合等については，図3-12に示したコンクリートの応力-ひずみ曲線により圧縮応力度を算出する。

3.4.3 せん断力が作用する部材の検討

(1) 検討フロー

せん断力が作用する部材の検討は，図3-13のフローに従って，設計荷重作用時および終局荷重作用時の設計を行う。

(2) せん断力に対する設計

(a) 部材断面の応力度の算定

① コンクリートの平均せん断応力度 τ_m は，次式により算定する。

$$\tau_m = \frac{S_h - S_P}{b_w d} \tag{3.1}$$

ここに，S_h：部材の有効高の変化の影響を考慮したせん断力
　　　　S_P：PC鋼材の有効緊張力のせん断作用方向の分力
　　　　b_w：部材断面のウェブ厚
　　　　d：部材断面の有効高

② コンクリートの斜引張応力度 σ_I は，次式により算定する。

$$\sigma_I = \frac{1}{2}\left[(\sigma_x + \sigma_y) - \sqrt{(\sigma_x + \sigma_y)^2 + 4\tau^2}\right] \tag{3.2}$$

$$\tau = \frac{(S - S_P)Q}{b_w I} \tag{3.3}$$

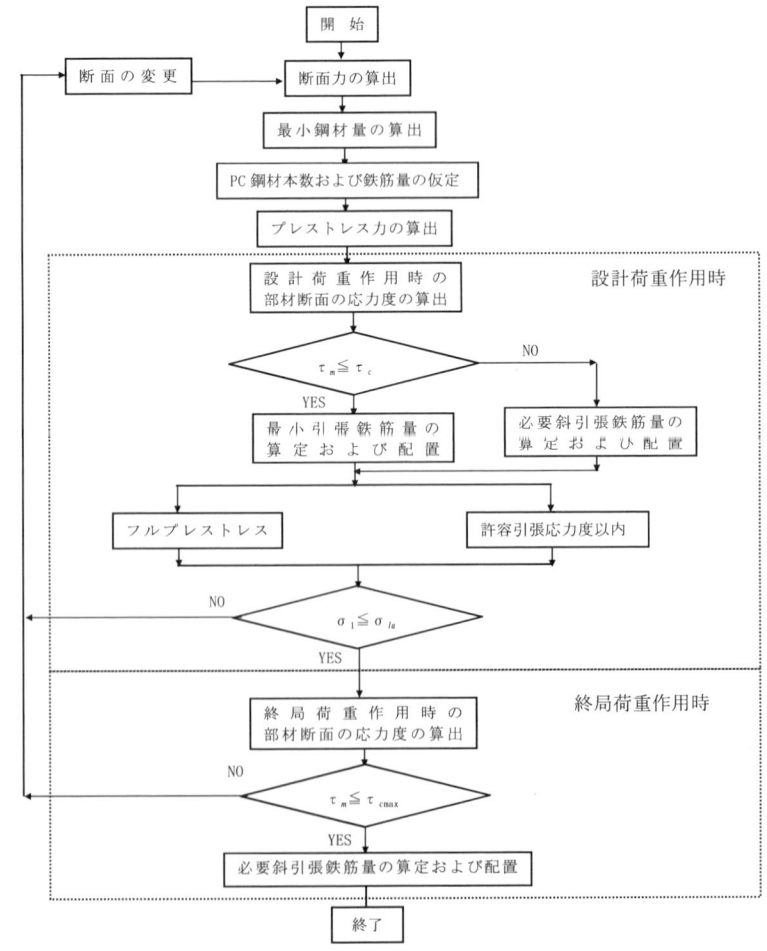

図3-13 せん断に対する安全性の検討フローチャート

ここに，τ：コンクリートのせん断応力度
　　　　σ_x：部材軸水平方向圧縮力
　　　　σ_y：部材軸直角方向圧縮力
　　　　S：部材断面に作用するせん断力
　　　　Q：せん断応力度を算出する位置より外側部分の図心軸に関する断面一次モーメント
　　　　I：部材断面の図心軸に関する断面二次モーメント

(b) 設計荷重作用時の設計

設計荷重作用時の安全性の検討は，以下のとおり行う（**図 3-14** 参照）。

① コンクリートの平均せん断応力度が**表 3-6** の値以下の場合は，式 (3.4) に示す最小鉄筋量以上の斜引張鉄筋を配置する。また**表 3-6** の値を超える場合は，式 (3.5) に示す斜引張鉄筋を配置する。

$$A_w \geq 0.002 b_w a \cdot \sin\theta \tag{3.4}$$

ここに，a：斜引張鉄筋の部材軸方向の間隔
　　　　θ：斜引張鉄筋が部材軸となす角度

$$A_w = \frac{1.15 S_h' a}{\sigma_s d (\sin\theta - \cos\theta)} \tag{3.5}$$

$$S_h' = S_h - S_p - S_c$$

ここに，S_c：コンクートが負担できるせん断力

$$S_c = k \tau_c b_w d$$

ただし，$k = 1 + M_0/M_d \leq 2$

　　　　τ_c：コンクリートが負担できる平均せん断応力度（**表 3-6** による）
　　　　M_0：プレストレス力および軸長島によるコンクリートの応力度が部材引張縁で 0 となる曲げモーメント
　　　　M_d：部材断面に作用する曲げモーメント
　　　　σ_s：斜引張鉄筋の応力度

② コンクリートの斜引張応力度は，せん断力によるひびわれの発生を制御するため，許容斜引張応力度以下とする。ただし，斜引張鉄筋量の決定にあたっては，施工性等を十分に配慮する必要がある。

(c) 終局荷重作用時の設計

終局荷重作用時の安全性の検討は，以下のとおり行う。

① コンクリートの平均せん断応力度は，腹部コンクリートの圧縮破壊を生じさせないため，**表 3-7** に示す値以下とする。

② 式 (3.5) により算定される値以上の斜引張鉄筋を配置する。ただし，

表 3-6 コンクリートが負担できる平均せん断応力度

(N/mm²)

設 計 基 準 強 度	30	40	50	60
コンクリートが負担できる平均せん断応力度	0.45	0.55	0.65	0.70

表 3-7 コンクリートのせん断応力度の最大値 τ_{cmax}

(N/mm²)

設 計 基 準 強 度	30	40	50	60
コンクリートの平均せん断応力度の最大値	4.0	5.3	6.0	6.0

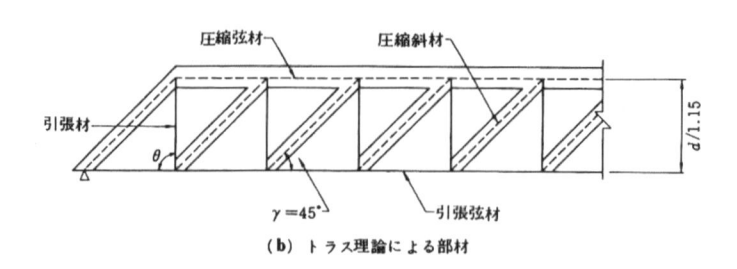

ここに, h：部材高(cm)
d：部材断面の有効高 (cm)
θ：斜引張鋼材が部材軸となす角度
γ：ひびわれが部材軸となす角度

図 3-14　トラス理論におけるモデル

斜引張鉄筋の応力度 σ_s は，降伏点応力度とする。

3.4.4　ねじりモーメントが作用する部材の検討

(1) 検討フロー

ねじりモーメントが作用する部材の検討は，図 3-15 のフローに従って設計荷重作用時および終局荷重作用時の設計を行う。

(2) 設計荷重作用時の設計

　(a) 部材断面の応力度の算定

　① ねじりモーメントにより生じるコンクリートのせん断応力度は，次式により算定する。

$$\tau_t = \frac{M_t}{K_t} \tag{3.6}$$

ここに, M_t：部材断面に作用するねじりモーメント
　　　　K_t：ねじりモーメントによるせん断応力度に関する係数で「道示」表-解 2.4.1 により算定する。

　② ねじりモーメントまたはねじりモーメントとせん断力により生じるコンクリートの斜引張応力度 σ_I は，次式により算定する。

ねじりモーメントのみの場合

$$\sigma_I = \frac{1}{2}\left[(\sigma_x+\sigma_y)-\sqrt{(\sigma_x-\sigma_y)^2+4\tau_t^2}\right] \tag{3.7}$$

ねじりモーメントとせん断力

$$\sigma_I = \frac{1}{2}\left[(\sigma_x+\sigma_y)-\sqrt{(\sigma_x-\sigma_y)^2+4(\tau_t+\tau)^2}\right] \tag{3.8}$$

3.4 コンクリート橋の設計

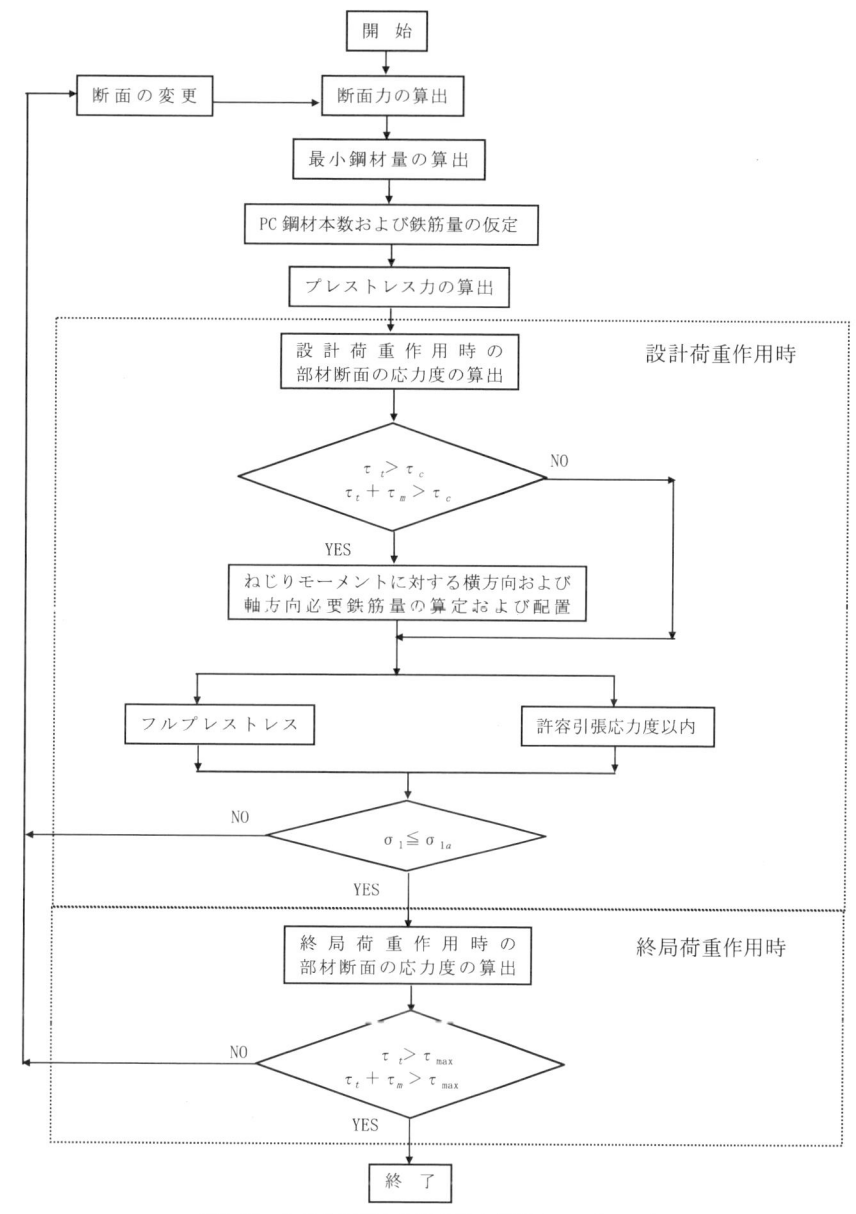

図 3-15 ねじりに対する安全性の検討フローチャート

(b) 設計荷重作用時の設計

設計荷重作用時の安全性の検討は，以下のとおり行う。

① ねじりモーメントによるコンクリートのせん断応力度，またはねじりモーメントによるせん断応力度とせん断力による平均せん断応力度の和が**表3-6**の値以下の場合は，ねじりモーメントに対する鉄筋は配置しなくてよい。**表3-6**の値を超える場合は，次式に示す断面積以上の横方向鉄筋および軸方向鉄筋を配置する。

ねじりモーメントに対する横方向鉄筋 A_{wt}

$$A_{wt} = \frac{M_t a}{1.6 b_t h_t \sigma_s} \tag{3.9}$$

ねじりモーメントに対する軸方向鉄筋 A_{lt}

表 3-8　コンクリートのせん断応力度の最大値 τ_{max}

(N/mm²)

応力度の種類 \ コンクリートの設計基準強度	30	40	50	60
ねじりモーメントによるせん断応力度	4.0	5.3	6.0	6.0
ねじりモーメントによるせん断応力度とせん断力による平均せん断応力度の和	4.8	6.1	6.8	6.8

$$A_{lt} = \frac{2A_{wt}(b_t + h_t)}{a} \qquad (3.10)$$

② ねじりモーメントによるコンクリートのせん断応力度,またはねじりモーメントによるせん断応力度とせん断力による平均せん断応力度の和を用いて算定したコンクリートの斜引張応力度は,曲げモーメントおよび軸方向力によるひびわれの制限方法をフルプレストレスおよび許容引張応力度以内とした場合は,斜めひびわれの発生を制御するため,**表 3-8** に示した許容斜引張応力度以下とする。コンクリートの斜引張応力度が許容斜引張応力度を超える場合は,5.6.5 と同様に斜引張鉄筋量を決定する。ただし,斜引張鉄筋量の決定にあたっては,施工性等を十分に配慮する必要がある。

(c) 終局荷重作用時の設計

ねじりモーメントによるコンクリートのせん断応力度,またはねじりモーメントによるせん断応力度とせん断力による平均せん断応力度の和は,それぞれ**表 3-8** の値以下とする。

3.5 鋼橋の設計

3.5.1 鋼橋の設計フロー[7]

鋼橋の設計は,架設計画に基づき構造形式の選定,構造各部材の寸法・形状などの基本計画や概略予備設計の後に,実施詳細設計に取り組む。以下に,鋼橋の設計手順を示す。

まず"基本計画"では,架橋位置,活荷重,構造規格,基本配置などの条件を決定する。

次に"予備設計"では,その場所に最も適当な橋の形式,支間割り,主要な構造寸法を決定する。はじめに,適当と思われる数種類の構造形式と支間割りを立案し,橋の構造特性,経済性,施工性,走行性,美観などを比較検討して,総合的な判断のもとに最良案を選出する。

その次のステップである"実施詳細設計"の概要は以下のとおりである。

「線形計算」では,橋梁の計画路線の平面線形,縦断線形,路面横断勾配を確認する。さらに橋梁の基本寸法(橋長,幅員構成,橋脚の角度,縦横断勾配,計画路面高,桁配置)を決定する。

「構造解析」では,各設計荷重が橋梁に作用したときの構造部材に生じる断面力と変形を求め,これらの挙動を把握する。かつては手計算であったため,単純桁やゲルバー桁などの静定構造物を採用していたが,現在ではこの構造解析および部材断面の設計にはコンピュータが利用されている。構造解析手法としては,梁理論,格子計算等による平面もしくは立体のモデル化をした線形構造解析が用いられている。さらに最近では有限要素解析,幾何学的非線形性を

図 3-16 鋼橋の詳細設計の手順

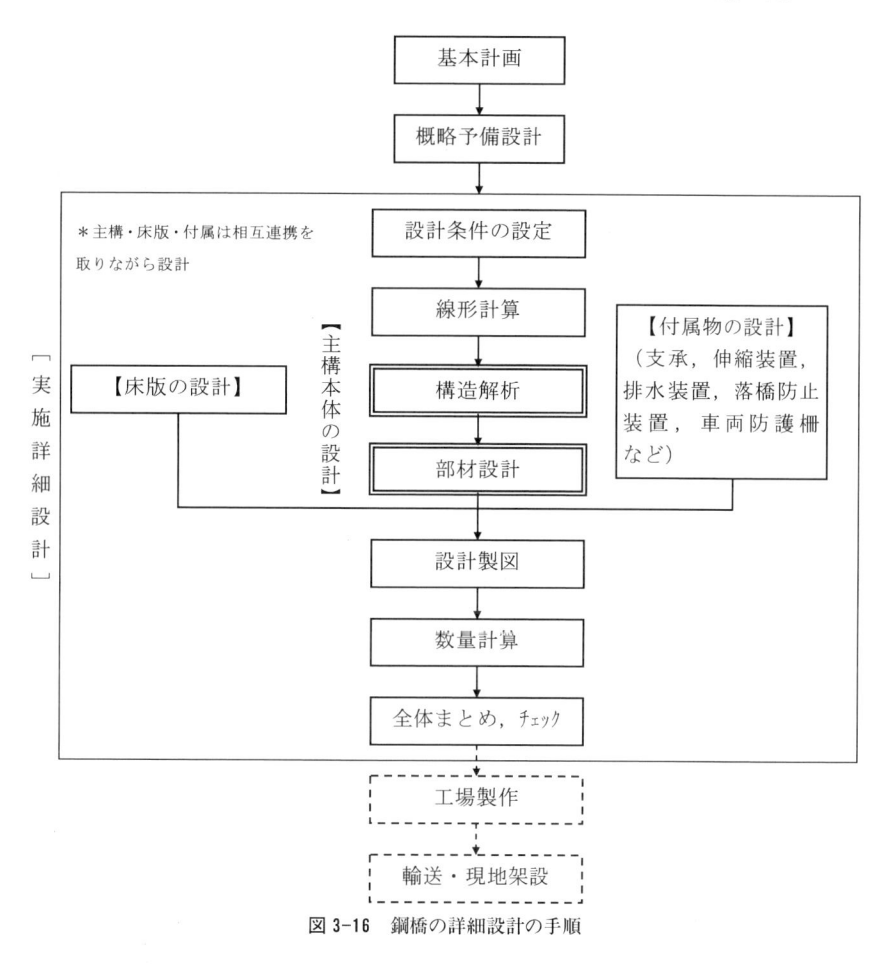

考慮した有限変位解析，動的解析なども一般的に用いられている。

「部材設計」では，構造解析によって算出した部材の断面力から，架設や輸送条件を考慮した工場製作寸法となるブロック割りを決め，許容応力度法により部材の材質や断面寸法を決定する。この部分に関しては，以下に詳細に述べる。

3.5.2 鋼橋の部材設計概要

鋼橋の構造設計とは，安全性を確保するために，強度，変形および安定性を照査することである。また，必要に応じて懸念される損傷形態とそれらに対する補修等の方法についても検討する（鋼橋における主たる損傷形態は，鋼材の腐食・疲労，RC床版の損傷，支承や伸縮装置の破損などがいままでの調査で明らかになっている）。

わが国の現行の道路橋設計（道路橋示方書・同解説[8]）では許容応力度設計法を用いている。許容応力度設計法とは，荷重の最も不利な載荷状態に対して部材の応力を計算し，この応力が材料の強度に対してある安全率を考慮した許容値を超えないように部材断面を設計する方法である。

鋼橋の設計では，経済性（鋼材の使用量と製作・建設費）や周囲環境との調和を考慮することになる。また架設時の安全性や，供用時の維持・管理を考慮した構造や設計を行うことも必要である。

3.5.3 鋼桁の設計[8),9),10)]

曲げモーメントとせん断力を受ける鋼桁（I形断面，π形断面，箱形断面）を主とする上部工の設計（部材断面の決定，細部設計）について説明する。

(1) 鋼桁（プレートガーダー）の構成

構造解析で算出した断面力図をもとに，現場添接位置（工場製作のブロック長），断面変化位置を決定する。かつては鋼重の軽減を目指した断面変化（工場での突合せ溶接を有する）で構成される設計を行っていた。現在では，鋼道路橋設計ガイドライン（案）[11)]発行以降，鋼橋の構造を簡素化・統一化することにより製作の省力化を図るため，1部材1断面，連結板の一体化，水平補剛材の段数減などの構造形式とする設計がなされている。

曲げモーメントに対しては上下フランジの断面構成と腹板高と水平補剛材で抵抗させる。せん断力に対しては腹板構成と垂直補剛材で抵抗させる。このようにこれらの部材構成を決定する（構成される部材の詳細は第5章を参照のこと）。

(2) 鋼桁主桁断面の設計

一般に主桁断面は，各点での最大曲げモーメントと最大せん断力に対して，応力照査を行って断面構成（材質，寸法）を決定する。鋼桁の部材設計においては，その部材に作用する曲げモーメント，せん断力，ねじりモーメントによる各応力度およびこの組合せに対して安全になるように照査して設計を行う。

① 曲げモーメントによる垂直応力度は次式で算出する。

$$\sigma_b = \frac{M}{I} y$$

ここに，σ_b：曲げモーメントによる垂直応力度（N/mm²）
　　　　M：曲げモーメント（N・mm）
　　　　I：総断面の中立軸まわりの断面二次モーメント（mm⁴）
　　　　y：中立軸から着目点までの距離（mm）

② 曲げに伴う腹板のせん断応力度は次式で算出する。

$$\tau_b = \frac{S}{A_w}$$

ここに，τ_b：曲げに伴うせん断応力度（N/mm²）
　　　　S：曲げに伴うせん断力（N）
　　　　A_w：腹板の総断面積（mm²）

(3) 鋼桁の作用断面力と設計

鋼桁主桁断面には，場所によっていろいろな組合せ断面力が作用する。腹板の座屈に対しては，曲げ，せん断，曲げとせん断の組合せを受ける場合を考えて設計を行う。

曲げモーメント卓越領域では，圧縮フランジの横ねじれ座屈，ねじり座屈，垂直座屈が生じないよう設計を行う。また，腹板の曲げ座屈が生じないよう水平補剛材を設ける。以前は薄い腹板に対して複数段の水平補剛材を設けていたが，現在では腹板高の1/5の位置に1段配置が標準であり，さらに最近の少数主桁橋では厚い腹板とPC床版との構成から水平補剛材なしの設計も採用されている。

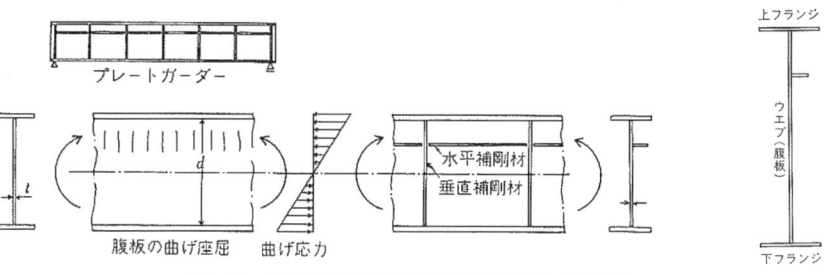

図 3-17 鋼桁の主桁断面に作用する断面力と補剛材

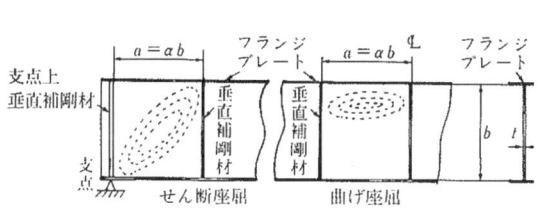

図 3-18 鋼桁腹板の座屈

支点付近のせん断力卓越領域では垂直補剛材を配置して，この垂直補剛材と上下フランジで囲まれた腹板パネルを狭くすることで，せん断座屈を防ぐ設計を行う（第9章の9.3.1(1)(b)点検上の留意点を参照のこと）。

(4) 鋼部材の設計

圧縮力が働く部材では，その力に抵抗できずに部材が横にはらみ出し変形する座屈という現象が生じる（第16章16.2 鋼部材の破壊 を参照）。これを防ぐために設計において部材ごとの対処を行う。

この圧縮力を受ける部材がどこまで耐えられるのかということを表した耐荷力が基準となり，この耐荷力を細長比との関係で表したものが耐荷力曲線とよばれるものである。図 3-19 に耐荷力曲線および設計曲線を示す。この場合，安全率は細長比の大きさによって異なる値を用いるのが一般的である。細長比 $l/r=0$ のときには安全率 $\nu=1.5 \sim 1.7$，そして細長比が大きくなると安全率

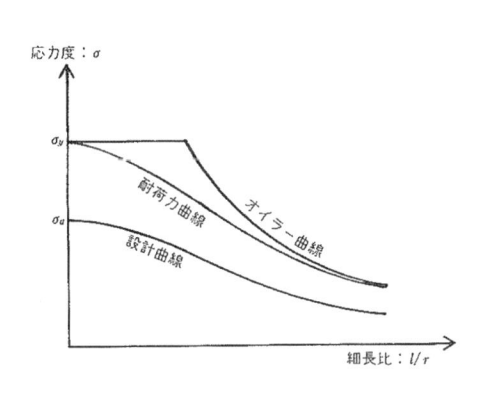

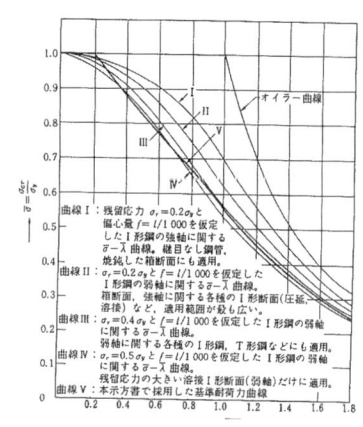

耐荷力曲線（道路橋示方書 図-解 3.2.1 より）

図 3-19 耐荷力曲線と設計曲線

も大きくとり，$\nu \fallingdotseq 2.0$ としている。これは，柱部材が細くなるほど座屈に対する初期不整などの不確定要素による影響が大きくなるために，それだけ安全率を大きくとる必要があるからである。

　いろいろな柱部材に対して耐荷力曲線が求められているが，設計曲線を求める段階でこのような経験的な安全率を導入することで，現在では設計曲線は1本にまとめられている。道路橋示方書・同解説Ⅱ鋼橋編[8]では，設計曲線を次の三つの部分に分けている。一つは完全に材料の強度だけで決まる部分，二つ目に塑性座屈の部分，三つ目は弾性座屈の部分からなっている。これらの式は次のとおりである。

① $\quad \sigma_{ca} = \sigma_a \qquad\qquad\qquad \dfrac{1}{r} \leq \lambda_1$ のとき

② $\quad \sigma_{ca} = \sigma_a - a\left(\dfrac{1}{r} - b\right) \qquad \lambda_1 < \dfrac{1}{r} \leq \lambda_2$ のとき

③ $\quad \sigma_{ca} = \dfrac{1\,200\,000}{c + \left(\dfrac{1}{r}\right)^2} \qquad \lambda_2 < \dfrac{1}{r}$ のとき

　a, b, c は材料の強度によって決まる定数であり，λ_1, λ_2 は設計式の適用範囲を示す限界細長比である。これらの定数や限界細長比の値のとり方を道路橋示方書で規定している。

〔棒部材の設計〕 部材全体の座屈を防ぐためには，部材の細長比をもとに設計を行う。トラス橋およびアーチ橋などの弦材や，対傾構・横構などの細長比が大きい部材については全対座屈を，箱桁の上下フランジや鋼製橋脚などの圧縮力が作用する面部材については局部座屈を主に考慮する。

〔補剛板の設計〕 部材全体が座屈する前に薄い鋼板が局部的に座屈するのを防ぐためには，補剛材（縦リブ）を設置して，厚い鋼板と同等の剛性をもつように設計する。

3.5.4　部材の連結[8],[12]

(1) 溶接継手

　溶接継手は，他の接合方法に比べて設計上の自由度が大きく，十分な継手強度が得られる。ただし，溶接部は材質的に不均質で，熱影響部の強度は母材や熱履歴などに影響され，溶接金属に近い部分では著しく強度が上昇し延性が低下することがある。形状の不連続から応力集中を招き強度低下の原因となるため，設計・施工ではこれらを考慮した対処をする。また，溶接作業による局部的な膨張・収縮に伴う熱発生によって残留応力および溶接変形が生じる。

〔溶接継手の強度計算〕 溶接継手部に作用する応力が許容応力を超えないよう設計を行う。

$\qquad\qquad \sigma = P/$（のど断面積の総和）　；引張もしくは圧縮力

$\qquad\qquad \tau = P/$（のど断面積の総和）　；せん断力

　　ここに，P：溶接継手に作用する荷重

　　　　（のど断面積の総和）：のど厚 $a \times$ 有効溶接長さ l

　　　　　理論のど厚；完全溶込み；部材の厚さ。部分溶込み；開先深さ。

　　　　　　すみ肉：$S/\sqrt{2}$（等サイズ S のとき）

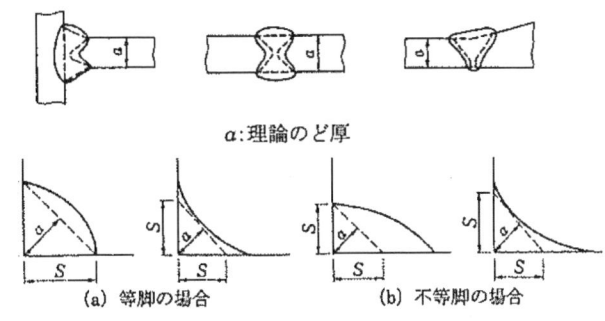

図 3-20 溶接継手の強度計算

(2) 高力ボルト継手

わが国では，1950年代に60kg級の高力ボルトの使用が始まったが，当初はリベット施工がしにくい箇所など部分的な使用にとどまっていた．1956年には80kg級，1960年代には100kg級，130kg級のものが使用されてきた．1964年頃にF13Tボルトにおいて，締付け完了後，相当時間が経過して遅れ破壊が多発した．この使用されたボルトは同一成分系の鋼種であったが，その後は昭和48年以降の道路橋示方書では，F13T：130kg級（ボルトの引張強さ130kgf/mm²以上）のボルトの実用は禁止され現在に至っている．その後，F11Tボルトにも遅れ破壊現象が生じており，昭和55年の道路橋示方書からはF8T，F10Tのみを規定したものになっている．

〔高力ボルト継手の強度計算〕 道路橋示方書では高力ボルト継手は，①摩擦接合，②支圧接合，③引張接合（平成14年3月版より）としている．以下にそれぞれの方法による設計概要を述べる．

(a) 摩擦接合

鋼橋で使用されるのは，摩擦接合が主なものとなる．これは，母材に連結板を重ねて高力ボルトで締め付け，材片間の接触面の摩擦抵抗によって応力伝達を行うものである．ボルトの締付け力が高いほど摩擦力も増大するが，ねじり応力やねじ部の応力集中などボルト自体の破損に対する安全性から，ボルト軸力に制限がある．

(b) 支圧接合

支圧接合では，ボルトのせん断とボルト幹部の支圧によって力を伝達する．

設計部ボルト軸力は，$P = \alpha\, \sigma_y\, A_e$
摩擦接合の許容力は，$\rho_a = 1/\nu \cdot \mu N$

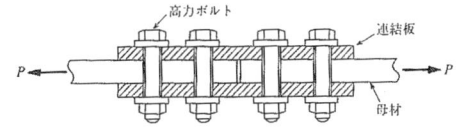

ここに，α：降伏点に対する安全率 0.85 (F8T)，0.75 (F10T)
σ_y：ボルトの耐力 (N/mm²)
A_e：ねじ部の有効断面積 (mm²)
ν：継手のすべりに対する安全率 = 1.7
μ：すべり係数 = 0.4

図 3-21 高力ボルト（摩擦接合）の強度計算

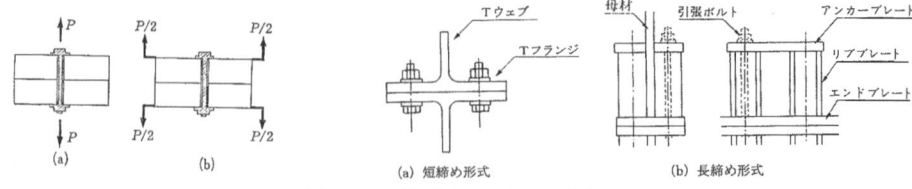

図 3-22 引張接合の力伝達と接合例

道路橋示方書では，支圧接合に用いるのは，支圧接合用打込み式高力ボルト（六角ナット，平座金のセット）とされている。これにより継手のすべり変形が小さくなり，支圧耐力の増加を期待するものである。

(c) 引張接合

引張接合は，ボルトの軸方向引張力によって力を伝達するほか，ボルトで締め付けた継手接触面圧力を介して応力を伝達するものである。

(3) リベット継手

昭和30年以前の橋では，プレートやアングルをリベット接合で組み合わせて断面を形成していた。しかし，溶接技術の進歩とともに，労力や材料がかかり騒音を発生するリベット接合は消え，工場組立てには溶接が，現場組立てには高力ボルトもしくは溶接が用いられるようになった。現行の道路橋示方書ではリベットに関する記載は削除されている。

リベット継手は若干のすべりが生じることにより，荷重の再配分が可能になるため，応力集中が避けられるというメリットがある。端部のリベットがすべりを生じることで中央部のリベットが働き始める。適当な荷重配分状態に落ち着くと，腐食による酸化鉄と水酸化鉄は膨張して継手を固定し，繰返し荷重が作用したとき，前後にすべるのを防ぐ。錆は接着剤のように板の間のせん断力を伝達する。このため，リベットの重ね継手の耐力は一般に経年とともに増大する。

リベット継手とは，リベット軸のせん断および支圧によって力を伝えるものである。多列リベット継手では，各リベットが分担する伝達力は端部のリベットほど大きく，中央部分のものほど小さくなる。

リベット継手に生じる可能性のある破壊性状は大きく三つに分類できる。

① リベット自体のせん断破壊
② リベットを受ける板のずれ（支圧あるいは孔の拡大）
③ 板の引張破壊

である。

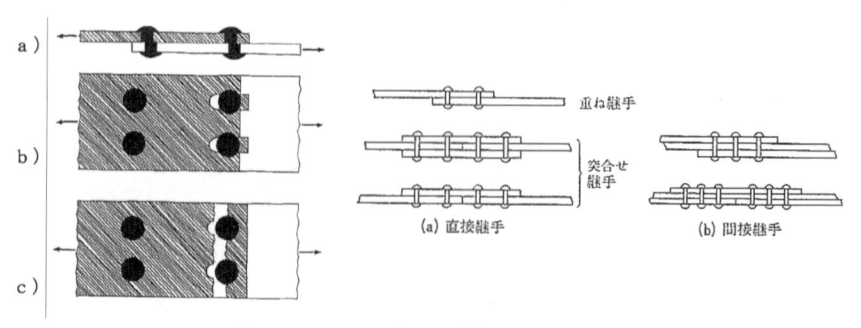

図 3-23 リベット継手の破壊性状と継手形式

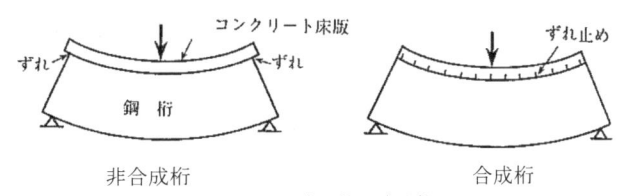

図 3-24 非合成桁と合成桁

また，リベット継手の種類には，重ね継手，突合せ継手がある。これらは，部材力伝達が注目材片間で直接行われるか，あるいは第三者の板を介して行われるかにより，直接継手と間接継手とに分類される。

3.5.5 鋼桁のたわみ[8]

活荷重の安全な走行の保障，変形に伴う二次応力の影響などに対する安全性の確保，および振動が通行者に与える不快感の影響などを考慮して，活荷重に対するたわみの制限 δa も規定されている。

供用性を害するような過大な変形を生じないこと，および通行者に不快感を与えるような振動を生じないことが要求される。

例えば，構造各部の応力が許容応力度以内であっても，橋全体としての剛性が低い場合には，二次応力による予期せぬ損傷が生じたり，過大なたわみや振動によって走行安全性に問題が生じるなど，橋に要求される性能が満たされなくなることがあるので，橋全体としての剛性がある程度以上であることを規定している。

3.5.6 非合成桁と合成桁

荷重に対して鋼桁のみで抵抗するものとして設計を行うものを非合成桁という。この場合，鋼桁とコンクリート床版は，独自に変形して接触面にずれが生じる。これを連結しているのが棒鋼を用いたスラブアンカーである。

これに対して，コンクリート床版と鋼桁を上フランジ上面に設置したずれ止めによって結合して一体化し，床版にも主桁作用に見込んだ設計をするのが合成桁である。合成桁の場合，この合成断面で荷重に抵抗するため，曲げ変形と曲げ応力が小さくなり，鋼桁は上フランジ断面が小さい上下非対称断面となる。現在では，ずれ止めには頭付きスタッドが一般的に用いられている。

3.5.7 鋼橋の床版

鋼橋の床版には，主に RC 床版が用いられてきた。RC 床版の設計法については，2 章に述べているのでそちらを参照のこと。

床版の種類には，RC 床版や I 形格子床版（グレーチング床版）のほか，鋼床版がある。さらに現在では，高耐久性を有する PC 床版や鋼・コンクリート合成床版も用いられている。

3.6 下部工の設計

3.6.1 設計の基本的考え方

下部構造は，使用目的との適合性および構造物の安全性を確保するために，上部構造からの荷重ならびに下部構造自体に作用する荷重を安全に地盤に伝え

るように，また，上部構造より与えられた設計条件を満足するように設計する。

すなわち，下部構造において使用目的との適合性および構造物の安全性を確保するためには，下部構造全体の安定性および部材の安全性を照査することとなる。

部材の照査

常時、暴風時
レベル1地震時
- 弾性理論による断面力算出
- 部材に発生する応力度が許容応力度以下

↓

レベル2地震時
（塑性化を考慮しない部材）
- 部材の塑性化を考慮した解析による断面力算出
- 部材に発生する曲げモーメントが最大抵抗曲げモーメント以下

レベル2地震時
（塑性化を考慮する部材）
- 部材の塑性化を考慮した解析による断面力算出
- 部材の限界状態を超えない（設計で考慮する変形量まで所要の耐力を保持できる）

↓

基礎の安定性の照査

常時、暴風時
レベル1地震時
- 支持、転倒、滑動に対して安定である
- 変位は許容変位以下

↓

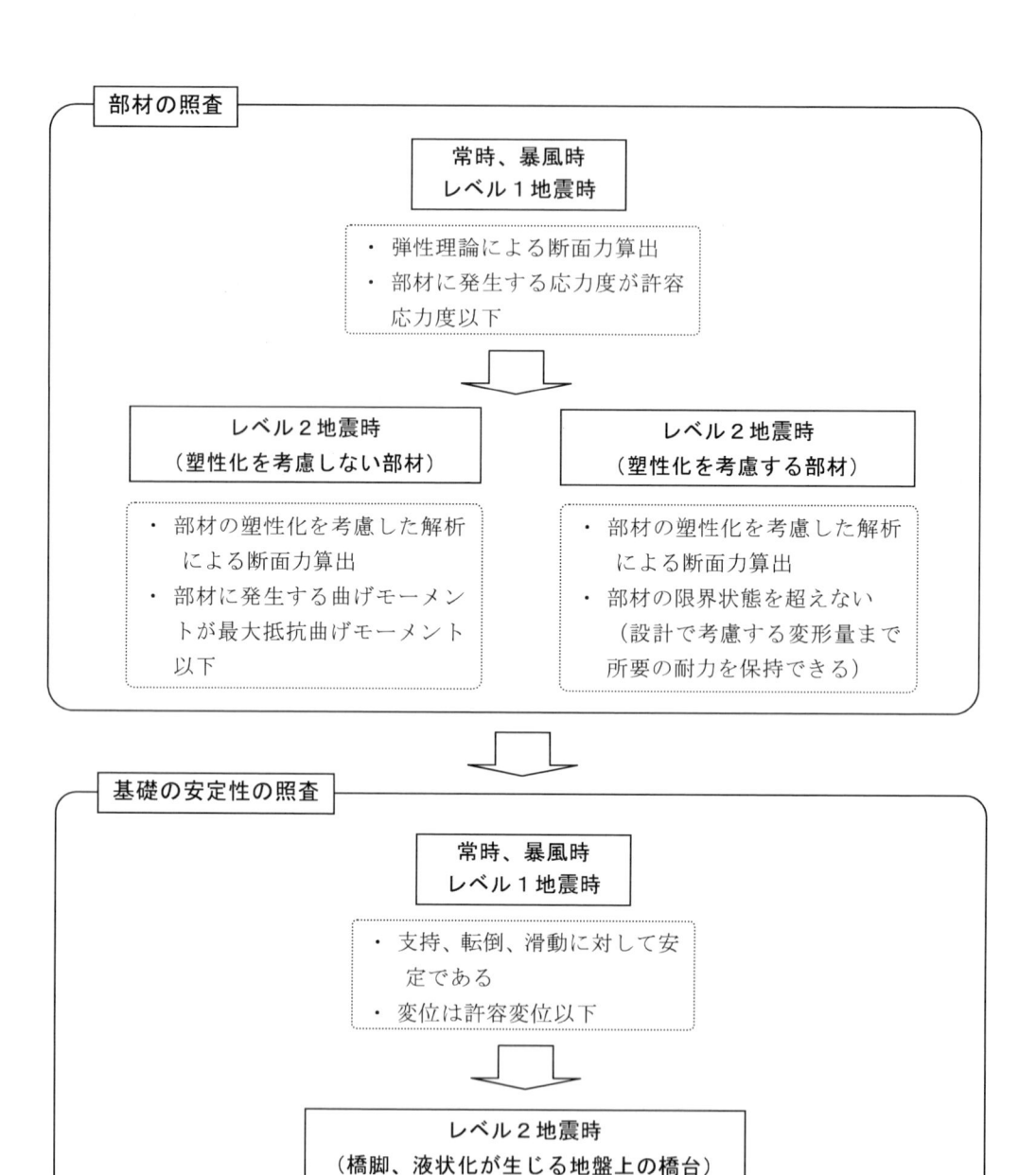

レベル2地震時
（橋脚、液状化が生じる地盤上の橋台）
- 地震時保有水平耐力法による照査

図3-25 下部工の設計フロー

3.6.2 荷重の組合せ

(1) 一般的な荷重の組合せ

下部構造の設計における，部材の安全性照査および基礎の安定性照査において考慮する荷重の組合せは，**表3-9**に示すものが一般的と考えてよい。ただし，架橋条件，地形，地盤条件，構造形式等によっては，雪荷重，衝突荷重，地盤変動の影響等の荷重を付加して照査する必要がある。

橋台基礎の安定性の照査は，**表3-9**の組合せのうち，常時の支持に対しては①，常時の滑動および転倒に対しては②について行えばよい場合が多い。

橋脚基礎の安定性の照査は，**表3-9**の荷重の組合せのうち，常時に対しては①について行えばよい場合が多い。ただし，橋梁の維持管理上や耐震性の観点から多径間連続橋を用いる場合には②および③の温度変化の影響を組み合わせた場合に対しても設計しておく必要がある。なお，温度変化の影響によって基礎は不安定にはならないと考えられることから，基礎本体部材の安全性の照査のみ行えばよい場合が多い。

橋脚高の高い場合や遮音壁を取り付けた場合等では，風荷重により下部構造の安全性に影響を及ぼす場合があるので，このような場合は，⑤の暴風時として部材の安全性の照査および基礎の安定性の照査を行う必要がある。なお，部材の安全性の照査において，風荷重による水平方向の荷重を考慮する場合には，活荷重を組み合わせる場合についても検討する必要がある。

(2) フーチング上載土砂の影響

一般に，基礎の安定性の照査においてはフーチング上載土砂の影響は，鉛直力は考慮するが，地震時における水平方向の慣性力は考慮しなくてもよい。なお，地下水位の位置によってその重量が変わる場合，あるいは将来洗掘のおそれが考えられるような場合等には，その影響を考慮しなければならない。

ただし，橋台基礎の後ろのフーチングの上載土砂は水平方向の慣性力も考慮する必要がある。

(3) 浮力または揚圧力の影響

浮力または揚圧力の影響は，水位の変動が大きく高水位と低水位の差が相当ある場合に，構造物の安定性に不利にならないように考慮する。

(4) 検討する方向

一般に，橋台の設計においては橋軸方向のみ照査しておけばよい場合が多い。橋脚の設計は橋台と異なり，橋軸および橋軸直角の2方向について照査する。

表 3-9 一般的な荷重の組合せ

橋台の設計	橋脚の設計	荷重状態
①死荷重＋活荷重＋土圧 ②死荷重＋土圧	①死荷重＋活荷重 ②死荷重＋温度変化の影響 ③死荷重＋活荷重＋温度変化の影響	常　時
③死荷重＋土圧＋地震の影響	④死荷重＋地震の影響	地震時
	⑤死荷重＋風荷重	暴風時

3.6.3 橋脚，橋台の基礎底面に働く作用力

(1) 橋　　脚

　橋脚基礎の底面に働く鉛直力　V (kN)，水平力　H (kN)，モーメント　M (kN·m) の計算式の一例を図 3-26 に示す。

(2) 橋　　台

　橋台基礎の底面に働く鉛直力　V (kN)，水平力　H (kN)，モーメント　M (kN·m) の計算式の一例を図 3-27 に示す。

3.6.4 下部工の設計に用いる活荷重

　下部構造の設計に用いる活荷重は，一般に上部構造の主桁の設計に適用するL荷重を用いる。その場合，上部構造の設計支点反力の値をそのまま用いると過大になることがある。

　なぜならば，主載荷荷重の載荷幅（5.5 m）は幅員に関係なく一定であり，

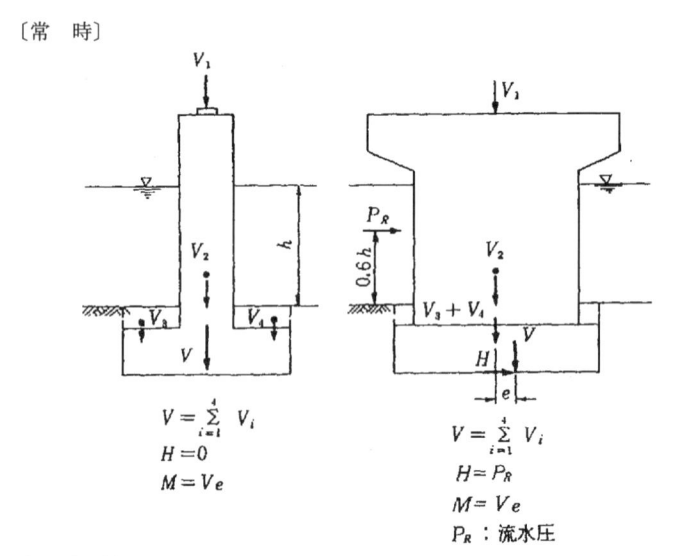

〔常　時〕

$$V = \sum_{i=1}^{4} V_i$$
$$H = 0$$
$$M = Ve$$

$$V = \sum_{i=1}^{4} V_i$$
$$H = P_R$$
$$M = Ve$$
P_R：流水圧

〔地震時〕

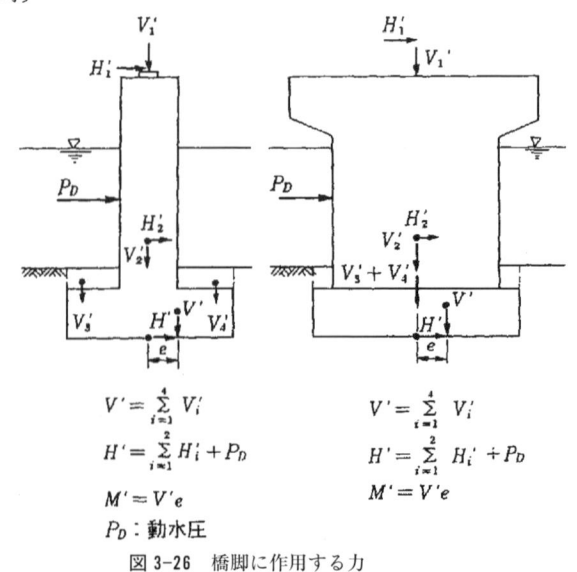

$$V' = \sum_{i=1}^{4} V_i'$$
$$H' = \sum_{i=1}^{2} H_i' + P_D$$
$$M' = V'e$$
P_D：動水圧

$$V' = \sum_{i=1}^{4} V_i'$$
$$H' = \sum_{i=1}^{2} H_i' + P_D$$
$$M' = V'e$$

図 3-26　橋脚に作用する力

〔常 時〕

$$P_{A1} = K_A q h$$

$$P_{A2} = \frac{1}{2} K_A \gamma h^2$$

$$V = \sum_{i=1}^{4} V_i + \sum_{i=1}^{2} P_{Ai} \sin \delta$$

$$H = \sum_{i=1}^{2} P_{Ai} \cos \delta$$

$$M = V e$$

ここに,

K_A：主働土圧係数

q：地表載荷荷重（kN/m²）

γ：土の単位重量（kN/m³）

δ：壁背面と土との間の壁面摩擦角（°）

h：橋台の高さ（m）

e：荷重の偏心量（m）

〔地 震 時〕

$$P_{EA} = \frac{1}{2} K_{EA} \gamma h^2$$

$$V' = \sum_{i=1}^{4} V_i' + P_{EA} \sin \delta_E$$

$$H' = \sum_{i=1}^{3} H_i' + P_{EA} \cos \delta_E$$

$$M' = V' e$$

ここに,

P_{EA}：地震時主働土圧

K_{EA}：地震時主働土圧係数

δ_E：地震時の壁面摩擦角（°）

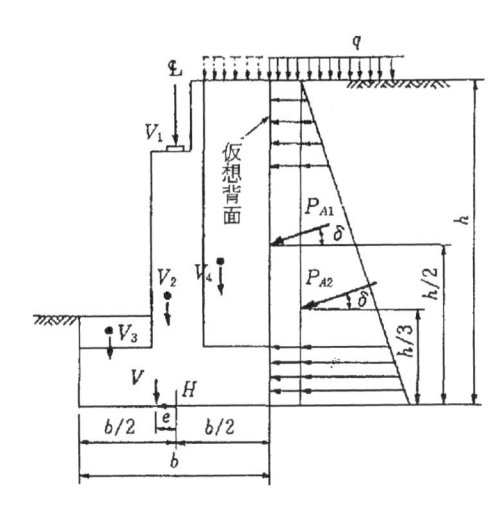

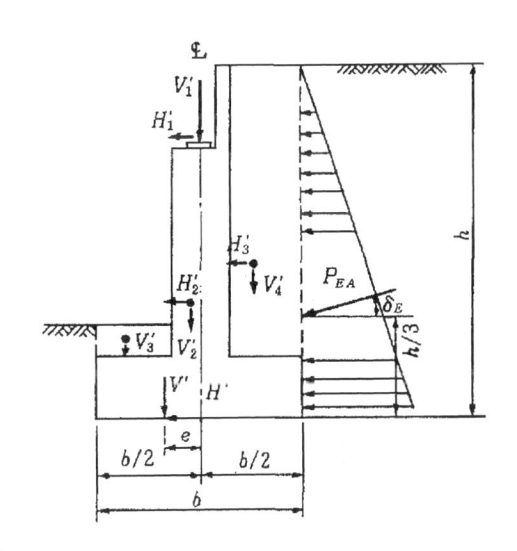

図 3-27　橋台に作用する力

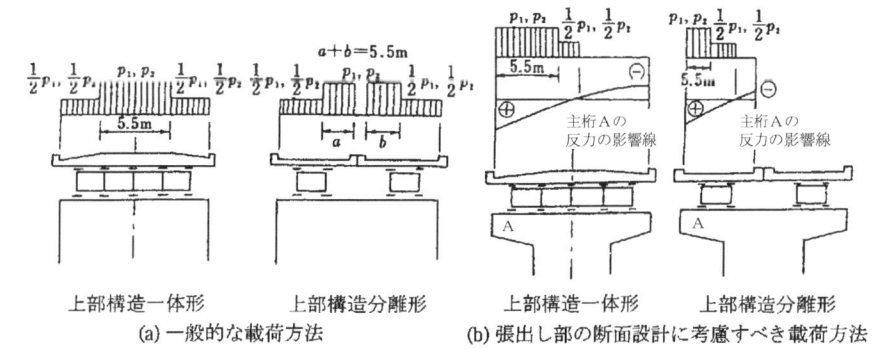

図 3-28　活荷重の載荷方法（幅員方向）

(a) 一般的な載荷方法　　(b) 張出し部の断面設計に考慮すべき載荷方法

上部構造一体形　　上部構造分離形　　上部構造一体形　　上部構造分離形

個々の支点の最大反力の集計を下部構造の設計活荷重とすると過大になる場合があるからである。

　活荷重は下部構造軀体の形状に従って，考えている部材断面に最大応力を生じさせるように幅員方向に載荷しなければならない（**図 3-28** 参照）。また，橋軸方向については等分布荷重 p_l は1橋につき1組を考えればよい。なお，スパンが小さい（通常 15 m 以下）場合には，T荷重の影響の方が大きいことがあるので注意を要する。

3.6.5　常時，暴風時および地震時における下部構造の設計方針

　常時，暴風時および地震時における下部構造の設計方針を示す。

① 通行者が安全かつ快適に橋を使用できる供用性を確保するために，常時および暴風時においては，橋全体系の限界状態としては，橋の力学特性が弾性域を超えないこととする必要があり，そのためには，下部構造は上部構造を確実に支持し，健全でなければならない。したがって，下部構造に生じる応力度，地盤反力度，変位等が許容応力度，許容支持力，許容変位等以下となることを照査する。

② レベル1地震時に対し，橋は耐震性能1（地震によって橋としての健全性を損なわない性能）を確保するように設計しなければならない。したがって，下部構造は，橋が耐震性能1を確保するように設定された下部構造の限界状態に達しないことを照査する。

③ レベル2地震動に対し，橋はその重要度に応じて耐震性能2（地震による損傷が限定的なものにとどまり，橋としての機能の回復がすみやかに行い得る性能）あるいは耐震性能3（地震による損傷が橋として致命的とならない性能）を確保するように設計しなければならない。

　下部構造は，橋が耐震性能2あるいは耐震性能3を確保するように設定された下部構造の限界状態に達しないことを照査する。

参考文献
1) 町田篤彦，関　博，丸山武彦，桧貝勇，「鉄筋コンクリート工学」，オーム社，H 14. 2
2) 青木徹彦，「構造力学」，コロナ社，H 8.11
3) ㈳日本道路協会，「道路橋示方書・同解説　Ⅴ耐震設計編」，H 14. 3
4) ㈳日本道路協会，「道路橋示方書・同解説　Ⅰ共通編　Ⅲコンクリート橋編」
5) ㈳プレストレスト・コンクリート建設業協会，「やさしい PC 橋の設計」，2002. 7
6) 西澤他，「PRC 橋の設計」，技報堂，1993
7) 日本橋梁建設協会，「講習会用テキスト No.1 鋼橋の概要」，pp. 53-56，H 6. 4
8) 日本道路協会，「道路橋示方書・同解説　Ⅱ鋼橋編」，pp. 123-150, pp. 186-226，H 14. 3
9) 土木学会，「鋼構造物設計指針 PART A 一般構造物」，pp. 53-67，H 9. 5
10) 中井　博，北田俊行，「橋梁工学［上・下］」，森北出版，pp. 263-269，H 11. 9
11) 建設省，「鋼道路橋設計ガイドライン（案）」，H 7.10
12) 小西一郎編，「鋼橋基礎編Ⅰ」，丸善，pp. 205-212，S 52. 7

第4章　橋梁材料の特性と劣化

4.1 コンクリートの特性と劣化[1]

　コンクリートが木材や鋼材などの他の構造材料と本質的に異なる大きな特徴は，大小の骨材粒をセメントペーストで結合させた複合材料であること，さらに結合材料であるペーストはセメントの水和反応により漸次強度が発現していくことである。したがって，コンクリートの品質は，セメントペースト（混和材料，空気を含んで考える），骨材などの個々の構成材料の特性によって左右されるだけでなく，それらの複合性状にも左右される。また，その複合性状には，施工や養生などの条件，材齢の影響が大きいことを，常に考慮しなければならない。

4.1.1 特　　性

　コンクリートの特性は，硬化する前のフレッシュコンクリートの特性と，硬化コンクリートの特性に，大きく二つに分けられるが，ここでは硬化コンクリートの特性について述べる。

(1)　強度特性[2]

　コンクリートの強度の中には，圧縮，引張り，曲げ，せん断，支圧などの強度，鉄筋との付着強度，繰返し荷重下の疲労強度などが含まれる。しかし，単にコンクリートの強度といえば一般に圧縮強度を指す。その理由は，次のとおりである。

　① 　圧縮強度が他の強度に比較して著しく大きく，また，鉄筋コンクリート部材の設計でもこれが有効に利用されているため。
　② 　圧縮強度から他の強度や強度以外の硬化したコンクリートの性質を概略推定できるため。
　③ 　試験方法が簡単であるため。

(a)　圧縮強度[2]

ⅰ)　水セメント比法則

　コンクリートの強度については，次に示すような水セメント比法則が成り立つ。

　「清浄で強硬な骨材を用いる場合，材料分離等がなく，施工性が良いコンクリートであれば，強度はセメントペーストの水セメント比によって支配される」

　この法則は一般には，次に示すような関係式で表されている。

$$\sigma = A + B \cdot (C/W)$$

ただし，C/W は水セメント重量比の逆数，A および B は実験によって求められる定数である。

ⅱ) 圧縮強度に影響を及ぼす因子

以下にコンクリートの圧縮強度に影響を及ぼす因子を示す。

① セメント：コンクリートの圧縮強度はセメントの水和度と密接な関係をもつものであり，圧縮強度の発現はセメントの種類によって著しく異なる。

② 骨　材：コンクリートの圧縮強度は骨材強度，骨材粒とセメントペースト硬化体との付着強度，両者の弾性係数の差，両者の境界面における応力集中の程度などによって異なるが，一般には他の因子に比べて影響は小さい。

③ 空気量：空気量が1％増加するごとに，圧縮強度は4〜6％低下する。

④ 養生条件：セメントの水和反応は養生温度が高いほど促進されるため，早期材齢の強度は大きい。しかし，打込み温度，養生温度が低いほど水和の進行が継続しやすいことから，長期材齢での強度発現は大きくなる。

(b) 引張強度[2]

引張強度は圧縮強度のほぼ1/10〜1/13であるが，高強度になるとその比は小さくなる。

コンクリートの引張強度は，基本的に割裂試験で間接的に求める。これは，円柱形供試体を横に寝かせて上下より圧縮荷重を加えて供試体の中心軸を含む鉛直面に一様な引張応力が生じることを利用した試験方法である。

(c) 曲げ強度[2]

曲げ強度は圧縮強度のほぼ1/5〜1/8程度である。

曲げ強度試験法はJIS A 1106に規定されており，角柱供試体を用い，3等分点載荷で行う。この試験によって最大曲げモーメント（破壊モーメント）を求め，これより曲げ強度を計算する。

(d) せん断強度[2]

コンクリート供試体の断面に一面せん断，あるいは二面せん断が起こるようにして求めた直接せん断強度は圧縮強度の1/4〜1/6程度である。コンクリートのせん断強度が直接的に問題となることは少ない。直接せん断強度を実験により求めることは少なく，間接的にせん断強度を求める方法として，モールの応力円が用いられる。すなわち，コンクリートの圧縮強度および引張強度より，せん断強度を求める方法である[2]。

(e) 付着強度[1),2)]

鉄筋とコンクリートの付着力を構成する要素は，鉄筋とセメントペーストとの純付着力，鉄筋とコンクリートとの間の側圧力に基づく摩擦力，鉄筋表面の凹凸による機械的抵抗力である。付着強度は鉄筋の配置方向によって相当異なる。これは，ブリーディングにより鉄筋の周囲のコンクリートの品質が悪影響を受ける程度が相違するためである。また，付着強度は鉄筋の表面状態によって著しく異なる。これは上記の機械的抵抗力が，付着強度の相当部分を占めているからである。

(f) 支圧強度[1]

橋脚の支承部やプレストレストコンクリートの緊張材定着部などでは，部材

面の一部分だけに圧縮力が作用する。このような局部荷重を受ける場合のコンクリートの圧縮強度を支圧強度という。

(2) **弾塑性的性質**

(a) 応力-ひずみ曲線[2]

コンクリートの応力-ひずみ線図は，応力の小さい初期の段階から曲線をなし，厳密に直線部分はない。しかし初期の段階で繰り返して載荷すると，直線に近くなる。応力-ひずみ曲線は，①直線とみなしうる部分，②曲率を増して最大応力度に達するまでの曲線部分，③ひずみの増加に伴って応力度が徐々に減少し，続いて急激に破壊に至るまでの曲線部分の3部分に分けて扱われることが多い。図4-1にコンクリートおよび各材料の応力-ひずみ曲線を示す。

コンクリートは荷重を取り除くと残留ひずみを生じるが，全ひずみに対する比は応力度が低いほど小さく，破壊強度の50％程度の応力では10％程度である。

(b) クリープ[2]

コンクリートに持続して載荷した場合，長期間にわたってひずみが増大する現象をクリープという。持続荷重が過大な場合にはひずみが急増して破壊を起こす。これをクリープ破壊といい，クリープ破壊を生じない限界荷重をクリープ限界とよぶ。クリープ限界を超えない持続荷重のもとでは，ひずみは一定値に収束し，これをクリープひずみという。圧縮強度の30～40％以下程度の応力の持続荷重に対するクリープひずみ ε_c は弾性ひずみ σ/E_c に正比例して増大し，この場合の比例定数をクリープ係数とよぶ。

一般にクリープひずみは，水セメント比が大きいほど，載荷開始材齢の早いほど，乾燥作用が著しいほど，高温度ほど，また部材の断面寸法が小さいほど大きい。

一方，クリープは鉄筋コンクリート部材のコンクリートの応力を緩和する作用を果たし，ひびわれを起こす恐れを少なくする効果がある。しかし，クリープはプレストレストコンクリートにおいては，プレストレスの減少，たわみの著しい増大など，有害な影響を及ぼす傾向をもつ。

(3) **体積変化**

(a) 乾燥収縮[1]

モルタルやコンクリートは，吸水によって膨張し，乾燥すれば収縮する。このとき，乾燥収縮が周囲の拘束によって妨げられると，ひびわれが発生する。

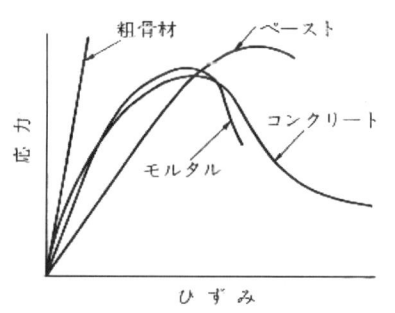

図4-1 コンクリートおよび各材料の応力-ひずみ曲線[1]

乾燥収縮は単位セメント量および単位水量が多いほど大きくなる傾向があるが，単位水量の影響が大きい。

　(b)　自己収縮[1]

　セメントの水和により凝結始発以降に巨視的に生じる体積減少を自己収縮という。自己収縮には物質の侵入や逸散，温度変化，外力や外部拘束に起因する体積変化は含まれない。

　自己収縮の考慮が必要なコンクリートには，高流動コンクリート，高強度コンクリート，マスコンクリート，硬練りコンクリートなどがある。

　コンクリートの自己収縮に及ぼす配合要因の中では，結合材料，水結合材比，鉱物質混和材の種類とその置換率，および化学混和剤の種類とその添加率などが重要となる。

(4)　質　　量[2]

　コンクリートの単位容積質量は骨材の種類，コンクリートの配合，乾湿の程度などによって異なり，特に骨材の比重によって相当に変化する。単位容積質量は普通骨材を用いた場合には 2.3 t/m³ 程度であるが，鉄片，磁鉄鉱，重晶石，褐鉄鉱などの重量骨材を用いた場合には 6 t/m³ 程度とすることが可能であり，また人工軽量骨材を用いた場合には 1.5～1.7 t/m³ 程度である。気泡コンクリートの単位容積質量は 0.5～1.2 t/m³ 程度である。表4-1 に各種コンクリートの質量を示す。

(5)　熱的性質

　(a)　比熱，熱拡散率，熱伝導率[2]

　コンクリートの比熱，熱拡散率および熱伝導率は主として，骨材の石質およびコンクリート中の単位量によって相違する。一般に，比熱は 0.22 kcal/kg・℃程度，熱拡散率は 25×10^{-4}～40×10^{-4}/h 程度，また熱伝導率は 1.3 kcal/m・h・℃程度である。

　(b)　熱膨張係数[2]

　コンクリートの熱膨張係数は骨材の石質によって著しい影響を受け，砂岩，花こう岩，玄武岩，石灰岩の順に小さくなる。また，水セメント比，材齢などによっても相違するが，おおむね 7×10^{-6}～10×10^{-6}/deg の範囲にあり，鉄筋と大差はない。コンクリート部材の設計計算では 10×10^{-6}/deg としている。

表4-1　各種コンクリートの質量[1]

コンクリートの種類	骨材の種類		密度 (g/cm³)
	細骨材	粗骨材	
重量コンクリート	重晶石	重晶石	3.40～3.62
	赤鉄鉱	赤鉄鉱	3.03～3.86
	磁鉄鉱	磁鉄鉱	3.40～4.04
	磁鉄鉱	鉄片	3.80～5.12
普通コンクリート	(川砂 / 砕砂)	(川砂利 / 砕石)	2.30～2.55
軽量コンクリート	川砂	(人工軽量骨材 / 天然軽量骨材)	1.60～2.00
	天然軽量骨材	天然軽量骨材	0.90～1.60
	人工軽量骨材	人工軽量骨材	1.40～1.70
気泡コンクリート			0.55～1.00

(6) 水密性[2]

セメントペースト硬化体には多くの毛細間隙があり，また大粒の骨材粒の下側にはブリーディングによって形成された多孔質の部分があるほか，載荷されない段階でも微細ひびわれが存在することなどにより，コンクリートは本質的には多孔質なものである。コンクリートの水密性は，凍結融解作用あるいは化学的侵食作用に対する抵抗性と密接な関連性をもつ。

水密性に影響を及ぼす因子について以下に示す。

① 水セメント比：水セメント比を55％程度以上とすると，水密性は著しく低下する。
② 粗骨材最大寸法：最大寸法が大きいほど水密性は小さい。
③ 混和材料：減水剤，フライアッシュ，高炉スラグ微粉末などは水密性を向上させる。
④ 養生方法：湿潤養生の期間が長いほど水密性は増大する。早期材齢で乾燥状態に放置されれば，水密性は相当に低下する。

4.1.2 劣 化

コンクリートの変状としては建設初期から存在するものとして，ジャンカ，コールドジョイント，内部欠陥等がある。また，経年変化により確認できる変状としては，ひびわれ・うき・剥落，錆汁，エフロレッセンス，汚れ（変色）等があり，構造的な変状としてはたわみ，変形などが挙げられる。

ここでは上記変状を起こさせるコンクリートの劣化要因について述べる。

(1) 中性化[3]

中性化は，大気中の二酸化炭素がコンクリート内に侵入し炭酸化反応を起こすことによって細孔溶液のpHが低下する現象である。これにより，コンクリート内部の鋼材に腐食が生じる。鋼材腐食に伴う腐食生成物の体積膨張により，ひびわれの発生，かぶりコンクリートの剥離・剥落，鋼材の断面欠損による耐荷力の低下等，構造物あるいは部材の性能低下が生じる。また中性化は，水和物の変質と細孔構造の変化を伴うため，鋼材の腐食だけでなくコンクリートの強度変化などを引き起こす可能性もある。このため，中性化の進行はコンクリート構造物の耐久性にとって重要である。

なお，中性化は酸性物質がコンクリートに作用することによって進行するが，特殊な環境を除けば原因となる物質は大気中の二酸化炭素であるため，ここでは二酸化炭素による中性化のみを扱うこととする。

コンクリートの中性化とそれに伴う構造物の劣化は，以下のようなメカニズムで進行する。

① 細孔中の水分が逸散した空隙に，二酸化炭素が侵入する。
② 細孔内に侵入した二酸化炭素が細孔溶液中に溶解し，炭酸イオン（炭酸水素イオン）となる。
③ 炭酸イオンと水酸化カルシウムから供給されるカルシウムイオンが反応し，炭酸カルシウムが生成される。また，他の水和物や未水和セメントも炭酸化する。
④ 炭酸化により，細孔溶液のpH低下および細孔構造の変化が起きる。

⑤ pHの低下に伴い，鉄筋表面の不動態被膜が消失し，水分と酸素の供給により腐食が生じる。

⑥ 腐食が進行すると，コンクリートにひびわれが生じる。ひびわれが生じる腐食量は，コンクリートの強度，かぶり，鉄筋径等に依存する。

⑦ ひびわれを通して酸素等の供給量が増加し，さらなる腐食の進展により，ひびわれの拡大やかぶり部分の剥離が生じる。また，鉄筋の断面欠損により耐荷力の低下等が生じる。

(2) 塩　害[3]

1980年頃から海岸付近の鉄筋コンクリートやプレストレストコンクリートの構造物に錆汁を伴う著しいひびわれがみられるようになった。

コンクリート構造物の塩害とは，コンクリート中の鋼材の腐食が塩化物イオンの存在により促進され，腐食生成物の体積膨張がコンクリートにひびわれや剥離を発生させたり，鋼材の断面減少などを伴うことにより，構造物の性能が低下し構造物が所定の機能を果たすことができなくなる現象である。

写真 4-1　塩害による橋脚の損傷[4]

塩害のメカニズムは次のとおりである。セメント水和物中の水分は，主として飽和水酸化カルシウム溶液として存在しているため，コンクリートはpH 12〜13の強アルカリ性を示す。このような強アルカリ性環境のもとでは，鋼材の表面には，不動態被膜とよばれる被膜が形成されるため，一般にコンクリート中の鋼材は腐食しない。しかし，塩化物イオンが鋼材表面にある一定以上作用すると，不動態被膜は破壊され，鋼材が腐食し体積膨張してコンクリートにひびわれや剥離を生じさせる。

このような劣化を促進する塩化物イオンは，海水や凍結防止剤のように構造物の外部環境から供給される場合と，海砂中や化学混和剤中の塩分のようにコンクリート製造時に材料から供給される場合とがある。近年，凍結防止剤の使用量が増しているため，外部環境からの塩分に対する防止対策が重要になっている。

コンクリート構造物の塩害は，一般に，鋼材の腐食が開始するまでの潜伏期，腐食開始から腐食ひびわれ発生までの進展期，腐食ひびわれの影響で腐食速度が大幅に増加する加速期，および鋼材の大幅な断面減少などが起こる劣化期という過程に分けて考えるとわかりやすい。

写真 4-1に塩害による橋脚の損傷状況を示す。

(3) アルカリ骨材反応

(a) 概　要[3]

セメントに含有されるアルカリ（Na_2SO_4 および K_2SO_4）は，セメントの水和反応の過程でコンクリートの空隙内の水溶液に溶け出し，水酸化アルカリ（NaOH および KOH）を主成分とする強アルカリ性（pH＝13）を呈する。アルカリ反応性鉱物を含有する骨材（反応性骨材）は，コンクリート中の高いア

ルカリ性を示す水溶液と反応して,コンクリートに異常な膨張およびそれに伴うひびわれを発生させることがある。これがアルカリ骨材反応とよばれる現象である。アルカリ骨材反応には,アルカリシリカ反応(以下,ASRと記す)とアルカリ炭酸塩岩反応との2種類があり,わが国で主に被害が報告されているのはASRである。

  (b) わが国におけるアルカリ骨材反応問題[3]

岩石中のシリカ鉱物で水酸化アルカリの水溶液と反応するものは,無定形またはガラス質(オパール,クリストバライト,トリディマイト,火山ガラスなど)か,結晶質(石英)であっても,微細な結晶粒や歪んだ結晶格子をもつものである。ASRは1940年にアメリカのStantonにより最初の報告がなされているが,わが国では昭和50年代に近畿,中国および北陸の各地域にて,主として安山岩砕石を使用したコンクリート構造物でASRによる損傷が発見された。その後,建設省の総合技術開発プロジェクトおよび㈳日本コンクリート工学協会の研究委員会の調査により,ASRによる損傷を受けたコンクリート構造物は全国の幅広い地域に分布し,反応性骨材も火山岩系,変成岩系および堆積岩系など多種多様なものが存在することがわかってきた。

一方,わが国でのASRに対する対策は,ASTMの基準を参考にして検討され,1989年,JIS A 5308-1989「レディーミクストコンクリート」に,アルカリ骨材反応に関する骨材の試験方法および判定基準,ならびにアルカリ骨材反応抑制対策の方法が規定された。それ以後,ASRによるコンクリート構造物の損傷は少なくなっている。しかし,骨材のアルカリシリカ反応性は化学法およびモルタルバー法によって試験することが決められているが,両試験法は必ずしもすべての骨材のアルカリシリカ反応性の判定に適しているのではなく,適切に判定することができない種類の骨材もあることがわかってきた。また,モルタルバー法による判定は3カ月または6カ月と時間がかかるとともに,微細な結晶粒,または歪んだ結晶格子をもつ石英を反応性鉱物とする骨材では,反応が非常に緩やかに進行するので,現行のモルタルバー法の基準値(6カ月における膨張量が0.1%)によっては適切に判定できないことが問題になっている。

  (c) アルカリ骨材反応のメカニズム[3]

ASRによるコンクリートの異常膨張は,化学反応によって生成するアルカリシリカゲルの吸水膨張に起因するものである。**写真4-2**は反応性骨材粒子の

写真4-2 コンクリートのアルカリシリカゲルの生成状況[3]

周囲に生成した白色不透明のアルカリシリカゲルを示したものである。この写真に見られるように，反応性骨材粒子にアルカリシリカゲルが生成すると，それが骨材周囲のセメントペーストより水を吸収し，反応性骨材粒子が膨張する。反応性骨材粒子の膨張によってコンクリート内の組織に内部応力が発生し，骨材粒子内部にひびわれが発生するだけでなく，それらの周囲のセメントペーストをも破壊する。時間の経過に伴って ASR が進行すると，反応性骨材の周囲に発生した微視的なひびわれが進展し，やがてコンクリート構造物の表面に巨視的なひびわれが発生する。ASR が発生しているコンクリート構造物において，構造物の表面と内部とでは温度および湿度が異なるので，両者間の膨張量にも差が生じる。そのような構造物の膨張量の差および鋼材や外部から受ける拘束によってコンクリートに発生する応力，また局部的な ASR の進行度合いが異なるために生じる部材間の変形差に起因する応力によっても巨視的なひびわれが発生する。

　(d)　アルカリ骨材反応によるコンクリート構造物の劣化[3]

　ASR が発生したコンクリート構造物では，コンクリート内部での ASR の進行およびそれに伴う微視的なひびわれの進展と，コンクリート表面での巨視的なひびわれの発生の両者の挙動について理解することが重要である。コンクリート構造物に生じる ASR によるひびわれは一様ではなく，構造物の置かれた環境条件（温度，湿度，日射，水掛かりなど），鋼材量や外部拘束の有無による拘束条件の影響を大きく受けたものになる。すなわち，無筋のコンクリートまたは鉄筋量の少ないコンクリート構造物では，**写真 4-3** に示すように，網の目状または亀甲状のひびわれがコンクリートの内部にまで発達するが，軸方向鋼材や PC 鋼材により ASR による膨張が拘束されている鉄筋コンクリートおよびプレストレストコンクリート構造物では，拘束方向に直交する方向のひびわれは発生しにくいので，**写真 4-4** に示すように，軸方向鋼材や PC 鋼材に沿った方向性のあるひびわれが亀甲状のひびわれとともに発生することが多い。

写真 4-3　アルカリシリカ反応による下部工のひびわれ

写真 4-4　アルカリシリカ反応による主桁のひびわれ

⑷ 凍　　害

　(a)　概　　要[3]

　凍害とは，コンクリート中の水分が0℃以下になったときの凍結膨張によって発生するものであり，長年にわたる凍結と融解の繰返しによってコンクリートが徐々に劣化する現象である。凍害を受けたコンクリート構造物では，コンクリート表面にスケーリング，微細ひびわれおよびポップアウトなどの形で劣化が顕在化するのが一般的である。

写真 4-5　凍害による橋脚の損傷

　凍害による損傷の程度は，コンクリートの配合（単位セメント量，水セメント比など），骨材の品質，空気量などのコンクリートに関する要因，部材の断面形状，鉄筋量などのコンクリート構造体に関する要因，および水の供給程度，日射の影響，外気温（最低温度や凍結融解回数）などのコンクリート構造物の置かれた環境条件に関するものなど多くの要因によって決まることが知られている。凍害は，ＡＥコンクリートを使用するようになってからは，構造物の耐力に影響する損傷は減少したが，美観上好ましくないことが多く，維持管理上の大きな問題となっている。

　写真 4-5 に凍害による橋脚の損傷を示す。

　(b)　凍害劣化のメカニズム[3]

　水は，凍結するときに自由に膨張できるものとすると9％の体積膨張を生ずる。セメントペースト内部では，温度降下に伴い，まず大きい空隙中の水が凍結し，続いて小さい空隙中の水が凍結する。小さい空隙中の水が凍結する過程では，大きい空隙中にできた氷晶により膨張が拘束される。この膨張を緩和するだけの自由空隙が存在しない場合は，大きい静水圧が空隙の壁に作用し，これが引張強度に達したときにひびわれが生ずるものと考えられる。この繰返しによりコンクリート表面から徐々に劣化していく。

　この空隙に作用する静水圧は，最低温度，凍結速度，飽水程度，および気泡と気泡の間隔などによって異なっている。また，コンクリート中の水分は，細孔の径が大きいほど氷点が降下し，凍結の過程ではこれに過冷却現象も加わる。

　(c)　凍害劣化の形態と進行[3]

　凍害による劣化の主な形態は，次に示すものが代表的である。

　　①　ポップアウト（表層下の骨材粒子などの膨張による破壊でできた表面の円錐状の剥離）
　　②　微細ひびわれ（紋様や地図状が多い）
　　③　スケーリング（表面が薄片状に剥離・剥落）
　　④　崩壊（小さな塊か，粒子になる組織の崩壊）

　一般に，微細ひびわれ，スケーリングは，コンクリートのペースト部分が劣化するものであり，コンクリートの品質が劣る場合や，適切な空気泡が連行されていない場合に多く発生する。

一方，ポップアウトは骨材の品質が悪い場合によく観察される。

　(d)　凍害の発生要因[3]

　コンクリートの凍害は，使用材料の種類，品質，コンクリートの配合，打込み，締固め，養生方法，構造物が供用される期間，それらが置かれる環境条件，水の供給程度など多くの要因に影響される。そして，これらの複雑な組合せによって凍害の程度，範囲，形態が異なるのが普通であり，それぞれの構造物で劣化状況が違うといっても過言ではない。すなわち，凍害に影響する要因は，環境要因，水の供給要因，コンクリートの品質要因の三つに分けることができる。また，塩害，中性化およびアルカリ骨材反応などの他の劣化要因と複合し，劣化が促進されることもある。

　環境要因とは，コンクリート構造物が建設された場所の気象などの環境条件のことで，最低温度，日射，凍結融解繰返し回数などがある。

　水の供給要因には，水の供給源や供給形態がある。すなわち，各々のコンクリート構造物は，雨，雪，川水，海水，湧水などの水の供給源をもち，供給形態として水の供給を直接受ける場合，コンクリート表面を伝わってくる場合，ひびわれなどの欠陥部を経由してくる場合，飛来によって供給される場合などがある。水の供給程度は，供給源と供給形態によって異なる。

　また，コンクリートの品質要因とは，使用材料の種類やその品質，配合によって左右されるコンクリートの品質と，コンクリートの打込み，締固め，養生方法およびその期間などが影響する施工品質と，力学的な力や乾燥収縮などによって発生するひびわれなどの欠陥を含み，広い意味でのコンクリートの品質のことである。これらの要因がそれぞれ影響して凍害が発生する。例えば，コンクリートの品質が十分良好なものであれば，過酷な環境下で水の供給があっても凍害は発生することはないし，また，コンクリートの品質が悪くても，環境が穏やか，あるいは水の供給がなければ凍害の程度は小さい。

(5)　化学的腐食[3]

　コンクリートが外部からの化学的作用を受け，その結果として，セメント硬化体を構成する水和生成物が変質あるいは分解して結合能力を失っていく劣化現象を，総称して化学的腐食という。化学的腐食を及ぼす要因は，酸類，アルカリ類，塩類，油類，腐食性ガス

写真 4-6　化学的腐食による損傷

など多岐にわたり，その結果として生じる劣化状況も一様ではない。一般的な環境においてこれらの化学的腐食が問題となることは少なく，温泉地や酸性河川流域に建設された構造物等がその代表例となる。ただし，下水道関連施設や化学工場・食品工場等の特殊環境下にある構造物では，しばしば化学的腐食が問題となる。**写真 4-6** に化学的腐食による損傷例を示す。

(6)　疲　　労[3]

　材料の静的強度に比較して，小さいレベルの荷重作用を繰返し受けることにより破壊に至る現象を「疲労」あるいは「疲労破壊」とよんでいる。コンクリ

ート構造物における疲労破壊現象は，その構成材料である鉄筋やPC鋼線あるいはコンクリートにひびわれが繰返し荷重により発生し，それが進展することにより最終的には常時の荷重下において部材が破壊に至るものであると考えられている。

鉄道，道路，港湾構造物などの土木構造物では，列車，自動車，波

写真 4-7 疲労による道路橋床版ひびわれ

力，風力などにより繰返し荷重作用を受けるため，設計において耐用期間中に疲労破壊が生じないよう応力や繰返し回数に関する検討が行われている。作用する荷重やそれを受ける部材の特性から，鉄道橋桁などでは一般に異形鉄筋などの補強鋼材の疲労が主な検討の対象となり，道路橋床版や海洋構造物などではコンクリートの疲労が対象となっている。診断においてもこれらに着目し，また，発生断面力や応力変動（局部的なものを含む）が大きいと考えられる箇所について評価を行うこととなる。

写真 4-7 に疲労による道路橋床版ひびわれを示す。

(7) 火　害[3]

コンクリートは，火熱を受けるとセメント硬化物と骨材とは，それぞれ異なった膨張収縮挙動をし，それによってコンクリートの組織は緩み，かつ端部の拘束などによって生じた熱応力とによってひびわれを生じ，コンクリートが劣化，剥落する。これが火災によ

写真 4-8 鉄筋コンクリート床部材の爆裂[3]

る劣化現象である。写真 4-8 にその状況を示す。加熱温度の上昇につれてコンクリート中のセメント水和物が化学的に変質し，約 600℃まではセメントペースト部は収縮するが，骨材は膨張するという相反する挙動を示す。さらに，コンクリート中の自由水などが水分膨張する結果，内部応力が次第に増大し，内部組織が破壊されていくため，強度および弾性などの力学的性質が低下する。強度の低下は 300℃までは影響は少ないが，500℃を超えると 50％以下になり，弾性係数も加熱により低下し，500℃でほぼ半減する。

加熱により低下した強度は，被災後ある期間を経ると回復し，受熱温度が 500℃以内であれば，再使用に耐えられる状態にまで復元する。一方，弾性係数もある程度復元するが，その度合は小さく，総じてもろさは残る。

しかし，火災を受けたコンクリート部材の全断面が，このような高温度に一様に達することはほとんどなく，通常は表面が最も高く，深さ方向に徐々に低下する温度勾配をもつ。この温度勾配は，火災の規模，コンクリートの種類，断面の形状・寸法，部位などによってそれぞれ異なるため，部材の深さ方向に対して強度低下やひびわれなどの被害の程度は異なってくる。

ここで，火災によって新しく生じたひびわれには，すすが付着しないことに

より，ひびわれが火災によるものか否かは，目視により容易に判断できる。

火災を受けたコンクリートの表面には，大小無数のひびわれを生ずるのが一般的である。セメントの硬化物は遊離水のほかに多量の結晶水をもっているので，100℃以上ではこれらの分離・消失によって収縮し，約700℃で完全に脱水すると不可逆変化となる。

コンクリート中のセメント部分は上記に示す変化を生ずるが，コンクリートのおよそ75％は骨材で占められているので，コンクリートの高温時の性質は骨材の性質に強く依存する場合がある。コンクリートはおよそ1 200℃以上で長時間加熱すると表面から漸次溶融する。

一方，コンクリートは500～580℃の加熱でコンクリート中の遊離アルカリ分である水酸化カルシウム（$Ca(OH)_2$）が熱分解し，アルカリ性を減ずる化学的被害を被る。これによって鉄筋の腐食を防止する能力は低減し，鉄筋コンクリート建造物の耐久性が著しく損なわれる。

コンクリート部材は火災初期に，表面層のコンクリートの剥落を生じて鉄筋を露出してしまうという，特異な破壊現象が起こる場合がある。これがコンクリートの爆裂とよばれるものである。この主な原因は，①温度上昇によるコンクリート中の骨材自体の化学的性質の変化，②コンクリート中の毛細間隙内の自由水の水蒸気圧の増大，③コンクリート中のセメントペースト部と骨材の加熱による相反する挙動，④コンクリートと鉄筋の異なる膨張のために生ずる拘束応力の増大，⑤コンクリート内部における昇温速度の違いなどによって生ずる内部熱応力の増大，などである。特に，骨材自体の性質に起因する場合が大きい。

4.2 鋼の特性と劣化

4.2.1 特　性[4),5),6)]

鋼材は，十分な強さを有し，長期においても性質が変わらず，かつ安価で多量に生産可能なため，橋梁の主要な材料となっている。また鋼材の進化・発展により橋梁形式の多様化，大型化が可能になったといえる。

鋼材は，単位体積重量が大きく，引張強度が高くかつ延性に富み，一般に部材厚を薄くし，形鋼などに加工して，軽量化して使用される。

また鋼は製鋼時，他の元素を加えたり，熱処理を行うことにより欠点を補い，硬さ，強さ，ねばりを調整することができる。

以下に橋梁で使用されるJIS鋼材の代表的な機械的および化学的特性を示す。

(1) 引張強さ・物性[7)]

鋼の最も基本的な機械的特性に応力があるが，一般にひずみと関連させて示す。応力（$\sigma=P/A$）は引張試験における荷重Pを鋼材の断面積Aで割った値であり，ひずみ（$\varepsilon=\Delta L/L$）は伸び量ΔLをもとの部材長Lで割った無次元量である。その関係は$\sigma=E\cdot\varepsilon$という一次式で表示される。

一般的な鋼の応力とひずみの関係を模式図で示す。荷重を増大させると，初期の応力とひずみは比例関係（直線）にある。この関係が成立する限界点がP点であり比例限度という。さらに荷重を増加させると除荷しても元の状態に戻

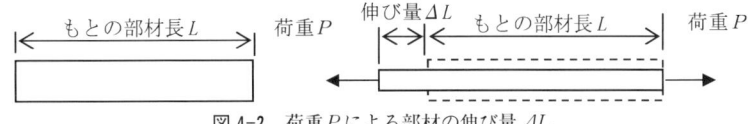

図4-2 荷重Pによる部材の伸び量 ΔL

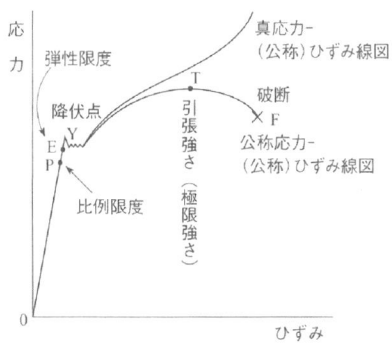

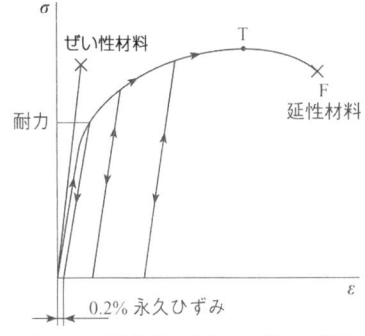

図4-3 軟鋼の応力とひずみの関係

図4-4 高張力鋼の応力とひずみの関係

らない永久ひずみが残る。この限界がE点で弾性限度といい，弾性限度以降を塑性域という。弾性域における直線の傾きをヤング係数といい，鋼の場合，おおよそ $2.0×10^5$ N/mm^2 である。さらに引張変形を続けると，Y点から応力の値は変化せずにひずみだけ増加する降伏とよばれる現象が生じるため，Y点を降伏点という。さらに引張変形を続けるとT点で引張荷重が最大となり，その後F点で破断する。このT点を引張強さという。

ジュラルミンなどの合金や軟鋼は，破断するまでに大きな塑性変形を伴う。このような性質を延性という。一方，引張強さの高い高張力鋼は，上述の降伏点が明確に現れない。この場合，0.2％永久ひずみを耐力といい，降伏点に対応させることが多い。

(2) じん性 (toughness)[8]

材料のねばり強さをいい，その破壊が十分な変形を伴って生じる場合をじん性が高いという。鋼材は常温においてじん性は高いが，低温域で衝撃的な荷重（静的強さより小さい）を受けると，塑性変形をほとんど伴わずに突然破壊を生じることがある。鋼構造の予期しない事故につながる危険な破壊形態の一つである。注意すべき点は，じん性が高い材料を選定した場合，溶接材料も母材に見合った材料を選定する点である。

(3) 遅れ破壊 (delayed failure)[9]

静的強さが 1 000 N/mm^2 を超える高強度の鋼材に一定の応力を持続させると，ある時間の経過後に突然ぜい性破壊する現象を遅れ破壊という。高力ボルト，高張力タイロッドなど引張強度の大きな高張力鋼に生じやすい。内在する水素によるぜい化われが主たる原因とされている。応力集中の程度や周囲の環境にも左右され，水中や海岸工業地帯などではこの傾向が促進される。

(4) 座 屈 (buckling)[10]

断面が部材長に比して小さい直線部材の軸方向に圧縮力が作用すると，ある荷重で突然側方に湾曲し，ついには耐荷力の急激な減少により破壊する。この現象を座屈という。座屈は，柱の座屈と板の座屈に大別できる。柱の座屈は長柱座屈とよばれ，構造物全体の崩壊につながる原因となる。一方，板の座屈に

は補剛材をつけた状態で全体に座屈する全体座屈と，補剛した補剛材にはさまれた板要素が座屈する局部座屈がある。

(5) 熱処理による組成の変化[11]

製鋼過程において加熱，冷却することにより，鋼の金属組織を変え，力学的性質や加工性を改善したり，圧延あるいは冷却に起因する残留応力を除去することができる。

 (a) 焼きならし（焼準：normalizing）

900℃前後に非常に高温のオーステナイトとよばれる組織になるまで加熱し，冷却して，ひずみのない均質な組織を得る操作で，鋼のじん性を増す。

 (b) 焼きなまし（焼鈍：annealing）

オーステナイト領域まで加熱し，炉中で徐冷する操作で，これにより鋼は軟化し，機械加工がしやすくなる。加熱温度を変態温度以下の 500～600℃程度にとどめ徐冷すると，内部応力の除去ができる。

 (c) 焼入れ（quenching, hardening）

オーステナイト領域まで加熱した後，水中で急冷して極めて硬いマルテンサイトとよばれる金属組織を得る操作。

 (d) 焼戻し（tempering）

焼入れした鋼を再び加熱し，ねばりを与える操作。この焼戻し温度を調節することにより，鋼に使用目的に応じた強度と延性を与えることができる。焼入れ・焼戻しの組合せにより強度，じん性を向上させた鋼材を調質鋼といい，強度 570 N/mm^2 以上の溶接性のよい構造用高張力鋼となる。

(6) 鋼材の種類[12]

 (a) 一般構造用圧延鋼材（JIS G 3101）

一般構造用圧延鋼材は SS（Steel-Structure）材とよばれ，強度レベルごとに SS 330，SS 400，SS 490，SS 540 がある。数字は保証している引張強さ（N/mm^2）の下限値を表す。

 (b) 溶接構造用圧延鋼材（JIS G 3106）

溶接構造用圧延鋼材は SM（Steel-Marine）とよばれ，溶接性を特に考慮し，成分を調整して製造された鋼材。引張強さ（N/mm^2）により，SM 400，SM 490，SM 490 Y，SM 520，SM 570 の五つに分類される。

SM 材が SS 材と大きく異なるのは，溶接性，化学成分のみでなく，炭素当量や溶接われ感受性組織が規定されているためである。機械的性質も強さだけでなく，ねばりを示すシャルピー衝撃値の規定も追加されている。

また，SM 400 から SM 520 の 4 種類については，記号の末尾に ABC が付記される。これは低温ぜい性の目安となるシャルピー吸収エネルギーの要求値によるランク分け（3 種類）を示す。

 (c) 溶接構造用耐候性熱間圧延鋼材（JIS G 3114）

溶接構造用耐候性熱間圧延鋼材は SMA 材（Steel-Marine-Atmospheric）とよばれ，溶接構造用鋼材に Cu，Cr，Ni などの合金成分を加えることにより，耐候性を高めた鋼材。この鋼材には P（Paint），W（Weather）の 2 種類があり，P 種は塗装することを前提とし，W 種は無塗装用である。無塗装といっても錆が発生しないということではなく，初期に発生した錆が緻密な安定錆

層を形成し，それ以上の錆の進行を防止するという意味である。W種は全くの裸で使用する場合と，安定錆層の形成を目的とする表面処理剤を塗る場合とがある。安定錆の形成には，大気中の塩分および亜硫酸ガスの量が少ないこと，継続的に湿潤でないことが条件となる。

(d) その他の鋼材

ⅰ) 降伏点一定鋼

板厚が 40 mm を超える鋼材について，降伏点または耐力の下限値が板厚により変化しないことを保証した鋼材。この鋼材を適用することにより，鋼重低減および設計計算上の煩雑さを回避することができる。規格記号としては「-H」で表示する。

ⅱ) TMCP鋼（Thermo-Mechanical Control Process）

TMCPとは制御圧延と制御冷却の組合せを基本とした厚板の製造プロセスをいい，この方法により鋼板を製造した場合，制御冷却による強度確保により炭素当量の大幅な低減が可能となり，また，制御圧延との組合せにより，板厚方向のより均一な硬さと安定した品質を得ることができる。

ⅲ) 耐ラメラテア鋼

ラメラテアとは，十字継手，T継手，角継手などの板厚方向に引張応力を受ける溶接継手で鋼板表面に平行なわれが発生する現象をいうが，耐ラメラテア鋼を使用することによりこれを防止することができる。

4.2.2 劣 化[13]

(1) 腐 食

(a) 水分，空気による腐食

鋼は水と空気（酸素）にふれると腐食する。鉄が最も安定した状態は，錆（酸化鉄）の状態であり，鋼に含まれる炭素（C），珪素（Si），りん（P），硫黄（S）などの化学成分により腐食を促進したり，抑制したりしている。例えば，ステンレス鋼は，ニッケル（Ni），クロム（Cr）を多量に含んでいるので鉄より錆びにくい。腐食機構を**図 4-5** に示す。

(b) 異種金属による腐食

電位が異なる金属材料を組み合わせた場合，異種金属間に働く電池作用のため接触腐食が生じ，鋼や場合によっては錆びにくいアルミの腐食が促進する。この腐食を異種金属間腐食という。異種金属間腐食は，金属間の電位差が 100 mV を超えた場合に生じやすくなる。各金属の電位を**表 4-2** に示す。表からもわかるとおり，鋼は電位差が大きなステンレス鋼や銅合金と接触すると腐食が促進する。

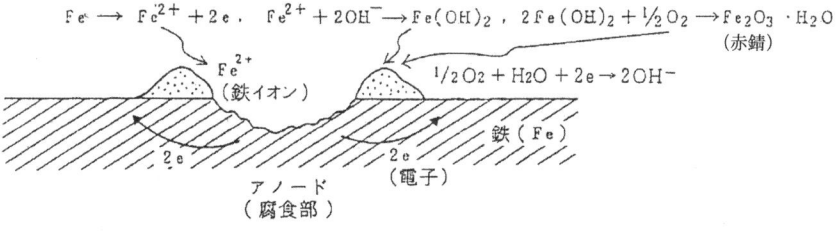

$Fe \rightarrow Fe^{2+} + 2e$, $Fe^{2+} + 2OH^- \rightarrow Fe(OH)_2$, $2Fe(OH)_2 + 1/2 O_2 \rightarrow Fe_2O_3 \cdot H_2O$ （赤錆）

$1/2 O_2 + H_2O + 2e \rightarrow 2OH^-$

（鉄イオン） Fe^{2+}　　鉄（Fe）　　2e（電子）　　アノード（腐食部）

図 4-5 腐食機構

表 4-2 各金属の電位

(単位：V)

材　質	電位	材　質	電位	材　質	電位
亜　　　　　鉛	$-1.03 \sim -0.79$	ステンレス，ニレジスト（四種）	-0.48	ニ　ッ　ケ　ル	-0.20
ア　ル　ミ　ニ　ウ　ム	~ -0.74	ステンレス，ニレジスト（一種）	-0.46	ステンレス 316（受働態）	-0.18
2　%　Ni　鋳　鉄	-0.68	ト　ー　ビ　ン　青　銅	-0.40	イ　ン　コ　ネ　ル	-0.17
鋳　　　　　鉄	-0.61	黄　　　　　銅	-0.36	ステンレス 410	-0.15
炭　　素　　鋼	-0.61	銅	-0.36	銀	-0.13
Cor　Ten　鋼	-0.60	赤　　　　　銅	-0.33	チ　タ　ニ　ウ　ム	-0.10
ステンレス 430（活性）	-0.57	Admiralty	-0.29	ステンレス 304（受働態）	-0.084
ステンレス，ニレジスト（二種）	-0.54	90・10 Cu・Ni + 0.82 Fe	-0.28	ハ　ス　テ　ロ　イ　C	-0.079
ステンレス 304（活性）	-0.53	70・30 Cu・Ni + 0.66 Fe	-0.27	モ　　ネ　　ル	-0.075
ステンレス 410（活性）	-0.52	70・30 Cu・Ni + 0.37 Fe	-0.25	ステンレス 316（受働態）	-0.05
ステンレス，ニレジスト（三種）	-0.49	ステンレス 430（受働態）	-0.22		

（c） 塩分による腐食

塩分（塩素イオンが因子）の存在は，それ自体が水に溶けやすい性質（潮解性）であること，水溶液は電解質のため腐食電流の流れを大きくし，かつ広範囲になるため，鋼材面の腐食は大きくなる。したがって，特に海上，海岸に架かる橋梁や凍結防止剤散布，薬剤散布された鋼橋において問題となる。

(2) 疲労・亀裂

繰返し応力を受ける鋼材は，静的強さより低い応力度で破壊することがある。これを疲労破壊という。繰返し応力を受けると，鋼材に微細な亀裂が発生し，その部分に応力が集中して亀裂が進展拡大し，ついにはぜい性破壊や断面減少による破壊を招く。疲労強さは多くの要因が影響するが，特に負荷応力の性質，材片の形状，素材の性質等が考えられる。

(3) その他の損傷

その他，鋼に関する損傷として，ゆるみ，脱落，破断，火災によるもの，異常音，異常振動，変形等がある。

4.3 ケーブルの特性と劣化

ケーブルは PC 鋼線，PC 鋼より線，より線 3 種（ストランド，スパイラル，ロックドコイル）（**写真 4-9～4-11 参照**）が構造用ケーブルとして使用されている。[14]

ケーブルの特性は用途に応じて要求される特性が異なり，プレストレス方式のケーブルに要求される特性と構造用ワイヤーロープに要求される特性に分けられる。プレストレス方式のケーブルとは PC 構造物などに使用される緊張材を指し，内ケーブルと外ケーブルに分類される。内ケーブルとは桁内に配置する付着のあるケーブル，外ケーブルとは桁外に配置する付着のないケーブルで

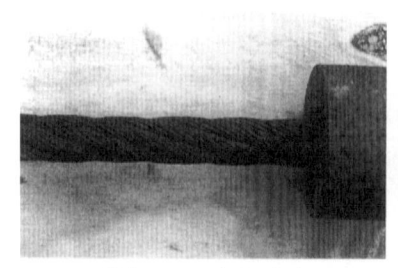

写真 4-9　ストランド[15] 　　**写真 4-10　スパイラル**[15] 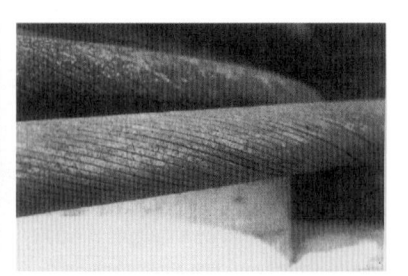　　**写真 4-11　ロックドコイル**[15]

ある。外ケーブルは桁の補強のために後付けケーブルとして配置されることもある。構造用ワイヤーロープに関する明確な定義はないが，ここでは比較的重量の軽い床版などを吊り下げるワイヤーとして扱い，特性および劣化はプレストレス方式のケーブルについて述べる。

4.3.1 特　性

(1) 強度特性[16]

引張試験より**図 4-6** に示すような応力-ひずみ曲線が得られる。この応力-ひずみ曲線より，比例限，弾性限，上降伏点，下降伏点，耐力，引張強さおよび延性を求める。

(a) 比例限[16]

応力（σ）とひずみ（ε）が直線関係を示す限界点を比例限界という。$\sigma = E \cdot \varepsilon$ で表され，E を弾性係数（ヤング係数）という。

(b) 弾性限[16]

鋼材に引張力を加えて伸びを生じさせた後に引張力を取り除いたとき，もとの長さに戻る応力の範囲を弾性範囲という。この限界点が弾性限である。

(c) 永久ひずみ[16]

鋼材に生じる応力が弾性範囲を超えると，引張力を除いても，もとの長さに戻らなくなる。このときのひずみを永久ひずみという。

(d) 上降伏点[16]

鋼材が降伏し始める以前の最大荷重を，原断面積で除した商をいう。

(e) 下降伏点[16]

上降伏点を過ぎた後のほぼ一定の状態における最小荷重を原断面積で除した商をいう。

(f) 耐　力[16]

永久ひずみが 0.2％ に達したときの最大荷重を原断面積で除した商をいい，降伏点が明確に現れない PC 鋼材などの場合，下降伏点と同義に用いている。

(g) 引張強さ[16]

鋼材が耐えた最大荷重を，原断面積で除した商をいう。

(h) 延　性[16]

引張りにより破壊が生じるまでの延びを示し，試験片により，決められた各種点間距離の延びの百分率で表す。

(i) 疲　労[17]

疲労とは応力が繰り返されることにより生じる破壊現象である。鋼材料では

(a) 鉄筋および構造用鋼材の応力-ひずみ曲線　$\sigma = f_{yd}$，$\sigma = E_s \cdot \varepsilon$

(b) PC鋼線、PC鋼より線およびPC鋼棒1号の応力-ひずみ曲線　$0.93 f_{ud}$，$0.84 f_{ud}$，$\sigma = 0.93 f_{ud}$，$\sigma = E_p \cdot \varepsilon$，0.015

(c) PC鋼棒2号の応力-ひずみ曲線　$0.8 f_{ud}$，$\sigma = 0.8 f_{ud}$，$\sigma = E_p \cdot \varepsilon$

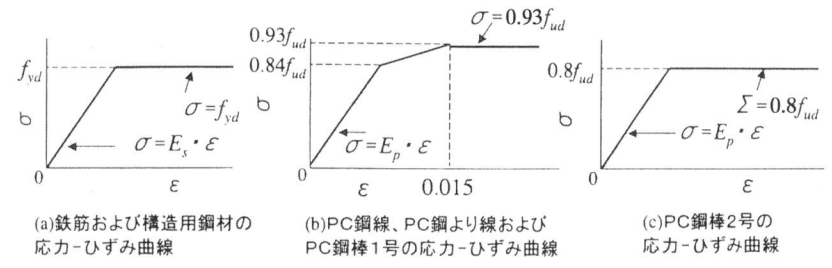

図 4-6　鋼材のモデル化された応力-ひずみ曲線[18]

応力集中部や欠陥部などの応力条件が厳しい位置から疲労亀裂が発生する。疲労に最も影響する因子は、繰返される応力の振幅と繰返し回数である。いくら繰返しても疲労破壊しない限界の応力範囲を疲労限界と呼ぶ。

PC鋼線およびPC鋼より線の疲労強度は、疲労試験によるデータが得られない場合、次に示すような式で求めることができるが、一般的に母材よりも定着部の方が疲労強度は小さくなる傾向にある。このため、外ケーブル方式の場合には定着部に対する疲労も検討する。

$$f_{prd} = 280 \frac{10^{a_r}}{N^k}\left(1 - \frac{\sigma_{pp}}{f_{pud}}\right) / \gamma_s \quad (\text{N/mm}^2)$$

ここに、f_{prd}：PC鋼線およびPCより線の設計疲労強度
N：疲労寿命
σ_{pp}：永久荷重によるPC鋼線およびPC鋼より線の応力度
f_{pud}：PC鋼線およびPCより線の設計引張強度
a_r：1.14
k：0.19
γ_s：PC鋼線およびPC鋼より線の材料係数で、一般に1.05

(j) フレッチング疲労強度

フレッチング疲労強度とは曲げ配置されたケーブルの疲労強度のことであり、直線配置されたケーブルの疲労強度とは区別される。フレッチング疲労は曲げ配置されたケーブルの偏向部において、偏向具とケーブルの摩耗などにより生じるため、ケーブルに生じる支圧応力度および付加曲げ応力度が大きくなるほど耐力は低下する傾向にある。

(k) リラクセーション[17]

プレストレストコンクリートの緊張材として用いられるPC鋼材は、コンクリートの弾性変形、乾燥収縮およびクリープなどによるプレストレスの損失があっても、できるだけ大きい残留プレストレスが得られるよう、応力弛緩の小さいものが要求される。この応力弛緩をリラクセーションといい、ひずみ一定のもとで起こる引張応力度に対する百分率で表したリラクセーション率で示される。リラクセーション率は、JIS G 3536「PC鋼線およびPC鋼より線」に規定されている1 000時間試験で載荷後の元の荷重（保持荷重）に対する減少した荷重の百分率で表す。

(2) 付着性

ケーブルの用途に応じては、コンクリートとの高い付着性が求められる。付着強度はケーブルとコンクリートとの界面の摩擦抵抗や凹凸部分のかみ合いによる機械的な抵抗が主体となる。

(3) 耐食性

ケーブルは腐食促進物質の侵入、化学物質による作用、紫外線による作用、偏向部における摩擦作用などにより侵食される。これらの侵食に抵抗する能力を耐食性とすると、耐食性を高める目的で保護管、防錆材、摩擦プレートなどが配置されている。

4.3.2 劣 化

ケーブルに生じる主な変状は，断面の減少と鋼線のひびわれがある。これらの変状は，どちらも腐食およびフレッチングという2種類の原因が考えられる。ここでは，この2種類の劣化原因について述べる。

(1) 腐 食

ケーブルの腐食は化学的，物理的および力学的要因が複雑に関与して生じる。腐食形態は，溶解腐食，空洞腐食，粒間腐食および応力ひびわれ腐食などがあるが，ケーブルの場合には溶解腐食および応力腐食ひびわれ以外は一般的に確認されていない。

(a) 溶解腐食

溶解腐食とは周囲環境の異質性により腐食電池が形成されるものである。つまり，鋼材に接している電解質の液間濃度差により電気化学的反応を起こしているのである。この電気化学的反応領域により面的な腐食面積が決定され，液間濃度差の程度により腐食速度が決定される。

(b) 応力腐食ひびわれ

生じている応力がぜい性破壊や延性破壊レベルよりも小さく，疲労亀裂を発生させる時間変動分よりも小さいのに，突然破壊が生じる環境誘起破壊という現象がある。これは溶解腐食，水素脆化，異種金属腐食および応力腐食ひびわれなどが複雑に寄与する現象であり，そのモデルは非常に多くのものが提案されている。この中で，応力腐食ひびわれについて以下に述べる[16]。

応力腐食ひびわれは陽極溶解を伴う割れである。鋼表面の材料的な欠陥部で局部電池が形成され，陽極側の金属は陽イオンとなって溶解し，陰極側では水素が発生する。この部分にピットが形成され，亀裂の発生点となる。粒界で生じる応力腐食ひびわれを最もよく説明するモデルとして被膜破壊モデルが挙げられる。これは亀裂先端部近傍の金属表面の保護膜が載荷により生じる塑性流動により破られ，そのために新たにさらされた金属表面が陽極溶解を受けて，亀裂に進展するというものである。保護膜は不動態であるため，亀裂の拡大は不動態被膜が再形成される不動態化速度に依存する[18]。

(2) フレッチング

フレッチングとは，振幅が極めて小さいすべりのことであり，これが繰返されると摩耗，表面ひびわれが生じる。フレッチングによる摩耗は，摩耗の破片

写真 4-12 フレッチング腐食[15]

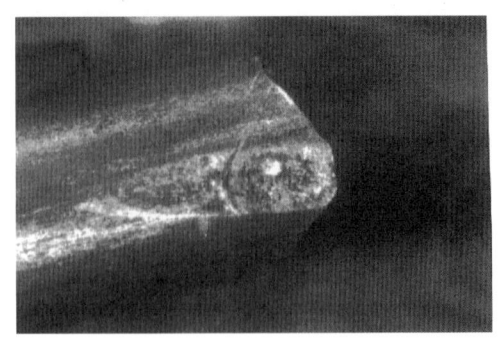

写真 4-13 フレッチング疲労[15]

が急速に赤茶色の粉状になって酸化することから，フレッチング腐食（**写真4-12**）とよばれることもある。表面ひびわれは，摩耗と応力度（二つの物質の接触面における疲労断面力）が組合わされ，疲労ひびわれが生じることから，フレッチング疲労によるひびわれ（**写真4-13**）とよばれる。

4.4 塗装材料の特性と劣化

塗装は，鋼材の発錆防止，鋼材の着色，またこれらを長期間維持する目的を有している。コンクリート部材では，劣化因子の浸入防止と長期間維持する目的を有している。ここでは，鋼材の塗装について詳述し，コンクリート部材の塗装は，「4.5 補修材料の特性と劣化」を参照されたい。

主たる目的である塗膜による防錆効果は，腐食反応の進行を防止する次のような性能より得られる[19]。

① 塗膜が腐食の原因になる酸素，水，塩類を遮断する。

この遮断効果は主として塗料のビヒクルによって得られる。

② 塗膜が電気抵抗体になってアノードとカソードの間の腐食電流の流れを阻止する。

③ 鋼材面をアルカリ性にしたり，不動態化させる。

この効果は塗料に配合された鉛系の防錆顔料によって得られる。

④ 鉄よりイオン化傾向の大きい金属亜鉛で鋼材表面を被覆し，金属亜鉛が腐食電池のアノードとなることによって，鉄がイオン化して溶出するのを防止する（犠牲陽極作用）。

この作用は塗料に配合された亜鉛末によって得られる。

4.4.1 塗装材料の構成[19]

塗料は，一般に固体粉末の顔料，液体のビヒクル（展色材），添加剤および溶剤から構成される。これらの組合せによりさまざまな性能の塗料がつくられる。

(1) 顔　料

顔料はビヒクルとともに塗膜を形成する主要成分であり，その機能は塗膜の着色（着色顔料）と，防錆効果の付与（防錆顔料）を主なものとしている。そのほか，顔料は塗膜厚を増加させたり流動特性を変えて作業性を向上させる目的（体質顔料）でも用いられる。

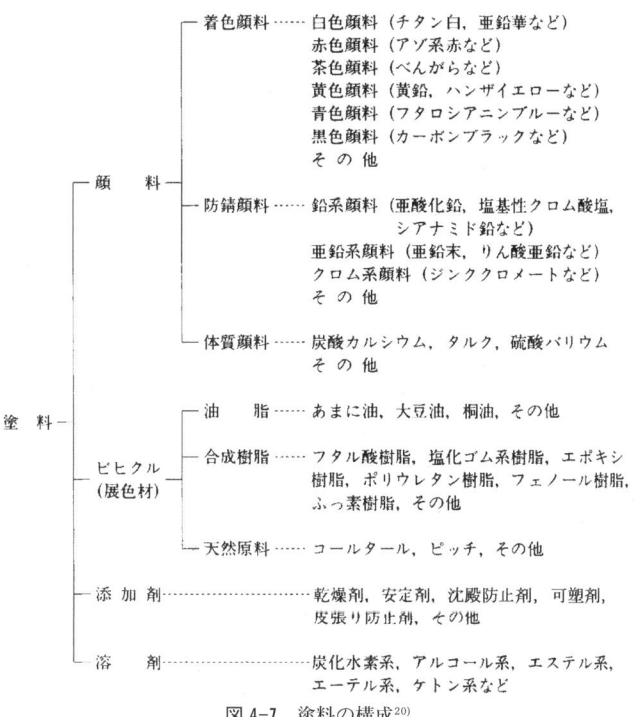

```
                    ┌ 着色顔料 …… 白色顔料（チタン白，亜鉛華など）
                    │            赤色顔料（アゾ系赤など）
                    │            茶色顔料（べんがらなど）
                    │            黄色顔料（黄鉛，ハンザイエローなど）
                    │            青色顔料（フタロシアニンブルーなど）
                    │            黒色顔料（カーボンブラックなど）
                    │            その他
              ┌ 顔料┤
              │     │ 防錆顔料 …… 鉛系顔料（亜酸化鉛，塩基性クロム酸塩，
              │     │                      シアナミド鉛など）
              │     │            亜鉛系顔料（亜鉛末，りん酸亜鉛など）
              │     │            クロム系顔料（ジンククロメートなど）
              │     │            その他
              │     │
              │     └ 体質顔料 …… 炭酸カルシウム，タルク，硫酸バリウム
              │                    その他
              │
              │     ┌ 油  脂 …… あまに油，大豆油，桐油，その他
      塗料 ───┤ ビヒクル
              │(展色材)├ 合成樹脂 …… フタル酸樹脂，塩化ゴム系樹脂，エポキシ
              │        │            樹脂，ポリウレタン樹脂，フェノール樹脂，
              │        │            ふっ素樹脂，その他
              │        │
              │        └ 天然原料 …… コールタール，ピッチ，その他
              │
              ├ 添加剤 …………… 乾燥剤，安定剤，沈殿防止剤，可塑剤，
              │                  皮張り防止剤，その他
              │
              └ 溶  剤 …………… 炭化水素系，アルコール系，エステル系，
                                  エーテル系，ケトン系など
```

図 4-7　塗料の構成[20]

(2) ビヒクル

ビヒクルは顔料と練合わされ，塗布後乾燥して塗膜を形成する。ビヒクルに乾性油を用いた塗料は油性塗料，合成樹脂を用いたものは合成樹脂塗料とよばれる。合成樹脂塗料は使用した合成樹脂の名称をとり，フタル酸樹脂塗料，塩化ゴム系塗料，ポリウレタン樹脂塗料などと呼ばれている。また，タールエポキシ樹脂塗料のように複数のビヒクル名称のものもある。ビヒクルは塗膜性能に与える影響が大きいので，腐食環境の厳しさや使用目的に応じて選定される。

(3) 添加剤

添加剤は塗料の乾燥を促進させたり，顔料の沈殿を防いだり，塗布時の発泡やながれを防いだり，塗膜に平滑性を付与したりする働きをする。

(4) 溶　剤

溶剤はビヒクルを溶解して流動性を与えるためのものであり，塗布後は蒸発して塗膜を形成しない成分であるが，塗布時の作業性や塗膜の仕上がりに影響するところが大きい。溶剤としては一般に有機溶剤が用いられる。また，箱桁内面のような内面部の塗装には無溶剤系塗料が使用されることもある。

4.4.2　塗装の構成[19]

1層の塗膜で防錆，着色等の機能を満足することは一般に困難なため，何層か塗料を塗重ねて塗膜全体として必要な機能を確保する。したがって，塗装仕様も塗料の塗重ね内容（塗料の種類，目標膜厚，塗重ね順序）を規定する塗装系として示される。塗装系は，基本的には，プライマー，下塗り，中塗り，上塗りで構成されている。

(1) プライマー

プライマーは橋梁工場における部材製作時の発錆を防止するもので，溶接や溶断作業への影響が比較的少なく薄く塗布できる塗料が用いられる。防錆効果が有効に持続する期間は3～6カ月程度である。一般には，製鋼工場で原板の黒皮をブラストで除去して塗布する。

(2) 下塗り

鋼材に接する下塗りは，鋼材面で生じる腐食反応を抑制する性能と鋼材面に密着する性能とが必要であり，防錆顔料を多く含み密着性に優れた塗料が用いられる。防錆機能を強めるため，2回以上塗重ねて膜厚を大きくするのが一般的である。

(3) 中塗り

下塗り塗料と上塗り塗料は性質が異なるため，直接塗重ねると十分に密着しないことが多く，また，下塗りの色が十分隠ぺいできず，上塗りの色が指定されたものにならないことも多い。このため，上塗りと下塗りの間に中塗りを配して，これらの障害が発生することを防止している。

(4) 上塗り

外部環境に接する上塗りは，水や空気を通しにくく，日射や大気などの気象因子により劣化しにくいことが必要であり，耐水性や耐候性に優れ着色顔料を含有する塗料が用いられる。

4.4.3 種類と特性[19]

(1) プライマー

鋼材は塗装前にブラスト処理により表面の素地調整を行うが，ブラスト処理後の表面は発錆しやすいので，できるだけ早く一時的防錆を目的とした速乾性の塗料を塗る必要がある。この塗料を一般に一次プライマーまたはショッププライマーとよび，長ばく形エッチングプライマーや無機ジンクリッチプライマーが使用される。また，塗替えの局部補修用のプライマーとしてエポキシ樹脂プライマーが使用される。

(a) 長ばく形エッチングプライマー（JIS K 5633 2種）

長ばく形エッチングプライマーは二液形塗料で，主剤はポリビニルブチラール樹脂，フェノール樹脂，クロム酸塩顔料などを主成分とし，添加剤はりん酸，水，アルコールを主成分としており，使用直前に両者を混合して使用する。

塗料の特徴は次のとおりである。
① 速乾性で鋼材面に密着する。
② 3カ月程度の屋外暴露に耐える。
③ 鋼材の溶接・溶断への影響が比較的少ない。
④ 種々の塗料を塗重ねることができる。ただし，無機ジンクリッチペイントを塗重ねることはできない。

(b) 無機ジンクリッチプライマー

金属亜鉛末を主成分とする粉末と，けい酸塩を主成分とする液とからなる二液形塗料である。乾燥塗膜中に70～90％程度の金属亜鉛が含まれ，亜鉛の犠

性陽極作用による強い防錆力を有し，防錆効果の持続期間は長ばく形エッチングプライマーより長い。

無機ジンクリッチプライマーは次のような特徴を有している。
① 速乾性で鋼材面に密着する。
② 6カ月程度の屋外暴露に耐える。
③ 鋼材の溶接，溶断への影響は比較的少ないが，厚塗りされた場合は鋼材の溶接溶断性能が低下しガスの発生も多くなる。なお，耐熱性がよいので塗膜の焼け幅は小さい。
④ 鉛系錆止めペイントやフタル酸樹脂塗料とは密着しないので，これらの塗料を塗重ねることができない。
⑤ 錆面とは密着しないので，必ずブラスト処理を行った鋼板に塗布する。

(c) エポキシ樹脂プライマー

エポキシ樹脂の主剤と硬化剤とからなる二液型塗料で，超厚膜型エポキシ樹脂塗料を塗布するためのプライマーとして使用する。超厚膜型エポキシ樹脂塗料は粘度が大きく，錆面や細かい凹凸のある面には密着しにくいので，素地調整後の塗布面に低粘度のエポキシ樹脂プライマーを塗布して，その上に塗布することが必要である。

(2) 下塗り塗料

下塗り塗料には次のような性能が必要である。
① 鋼材面や一次プライマーと密着する。
② 水，酸素，塩類等の腐食性物質を遮断する。
③ 鋼材の腐食反応を抑制する。
④ 厚膜に塗布することができる。

下塗り塗料は一般に2層以上塗重ねるので，層ごとに塗料の種類を変え，下塗り塗膜全体として上記の性能を満たすようにすることもある。

(a) 鉛系錆止めペイント

次の3種類の塗料を総称して鉛系錆止めペイントという。
① 亜酸化鉛錆止めペイント（JIS K 5623）
② 塩基性クロム酸鉛錆止めペイント（JIS K 5624）
③ シアナミド鉛錆止めペイント（JIS K 5625）

これらの塗料はいずれも鉛化合物を防錆顔料とし，乾性油を主なビヒクルとする1種と，合成樹脂を主なビヒクルとする2種とに分類されている。1種は不揮発分が多く乾燥が遅いので，低温時に塗布したり目標膜厚より厚く塗布すると塗重ね間隔が長くなる。2種は不揮発分が少なく1種より乾燥が早い。防錆効果は1種の方が優れており，鋼材面に直接塗布する場合は1種が用いられる。

塩基性クロム酸鉛錆止めペイントとシアナミド鉛錆止めペイントは一液型塗料で，亜酸化鉛錆止めペイントは鉛粉と塗料液とからなる二液型塗料である。

(b) 無機ジンクリッチペイント

無機ジンクリッチペイントは無機ジンクリッチプライマーと同様に，金属亜鉛末を主成分とする粉末とけい酸塩を主成分とする液とからなる二液型塗料で，亜鉛の犠牲陽極作用による強い防錆力を有しており鋼材と接する下塗り第

一層に使用される。塗膜厚が大きいほど防錆効果の持続期間は長くなるが、塗膜が厚すぎると塗膜がわれたりはがれたりするので、一般には75 μm 程度の厚さに塗布される。錆や一般の塗膜とは密着しないため、ブラスト処理した鋼材面か無機ジンクリッチプライマーの上に塗布しなければならず、塗替え塗装に適用するのは難しい。また、塗膜表面が多孔質なため一般の塗料を直接塗り重ねると発泡するので、ミストコートを塗布して穴を埋めた後に一般の塗料を塗布する。ミストコートとしては、低粘度のエポキシ樹脂塗料などが使用される。

空気中の水分により縮合重合乾燥を行って硬化するので、相対湿度が50％以下の場合には塗布作業を避ける必要がある。

(c) 有機ジンクリッチペイント

金属亜鉛末とエポキシ樹脂からなる主剤と硬化剤を用いる多液型塗料で、金属亜鉛末とエポキシ樹脂を練合わせてある二液型のものと、金属亜鉛末とエポキシ樹脂を別にした三液型のものがある。エポキシ樹脂を主剤としていることから、エポキシジンクリッチペイントということもある。

無機ジンクリッチペイントに比べて防錆効果は劣るが、密着性がよく動力工具により素地調整を行った鋼材面にも塗布できるので、2種ケレンにより塗膜を除去する塗替え塗装に用いることができる。

(d) エポキシ樹脂塗料下塗

エポキシ樹脂の密着性、耐水性、耐薬品性の良さを利用した塗料で、防錆力の強いジンクリッチペイントと組合わせて、厳しい腐食環境に適応する塗装系の下塗りとして用いられる。主剤と硬化剤とからなる二液型塗料で付加重合反応により乾燥する。温度が低くなると粘度が大きくなり、作業性が悪化し乾燥に要する時間も長くなるので、気温が10℃以上で塗布する常温用と、5～20℃で塗布する低温用とがある。長期間暴露されると表面が硬化し、上に塗り重ねる塗料との密着性が低下しやすい。

(e) 変性エポキシ樹脂塗料下塗

エポキシ樹脂塗料を変性して密着性を向上させた塗料である。このため、十分に乾燥した塗膜であれば、フタル酸樹脂塗料や鉛系錆止めペイント、塩化ゴム系塗料の塗膜の上にも塗重ねることができる。また、除錆が完全には行えない現場継手部の下塗りや塗替え塗装の下塗りにも、エポキシ樹脂塗料に代えて変性エポキシ樹脂塗料が用いられる。気温が10℃以上で塗布する常温用と5～20℃で塗布する低温用とがある（この塗料は補修用エポキシ樹脂塗料とよばれることもある）。

(f) タールエポキシ樹脂塗料（JIS K 5664）

エポキシ樹脂、ポリオール樹脂、コールタール、ビチューメンとポリアミンまたはイソシアネート系硬化剤等からなる二液型の塗料で、耐水性に優れていることから、箱桁内面等の水や湿気で著しく腐食する恐れのある部分に適用される。気温が10℃以上で塗布する常温用と5～20℃で塗布する低温用とがある。

JISでは常温用のタールエポキシ樹脂塗料について規定し、次の3種類に分類している。

1種……特に耐油性，耐薬品性が優れている。
2種……耐油性，耐薬品性をもっている。
3種……耐油性，耐薬品性を必要としない箇所に用いる。

1種は耐油性や耐薬品性だけでなく耐水性や密着性についても2種や3種よりも優れており，塗替えが容易でない橋梁部材の内面塗装では，塗替え間隔をできるだけ長くするため，一般に1種を使用している。

タールエポキシ樹脂塗料には次のような特徴がある。
① エポキシ樹脂塗料より耐水性，耐薬品性がよい。
② 厚膜に塗布できる。
③ 色が暗色（黒，茶）に限定される。
④ 紫外線により表面が劣化するので部材外面には適用できない。
⑤ 耐熱性が小さいので，鋼床版裏面には適用できない。

(g) 無溶剤型タールエポキシ樹脂塗料

溶剤を含まないタールエポキシ樹脂塗料で，箱桁や橋脚等の閉断面部材の内面の塗替えに用いる。閉断面部材の内側は作業条件が悪く塗布回数を少なくすることが望ましいので，塗料粘度を大きくして厚膜に塗布できるようにしている。塗料粘度が大きいため塗布作業が難しく，また，厚膜に塗布するため，無溶剤ではあるが換気を行わないと乾燥が遅くなる。

主剤と硬化剤とからなる二液型塗料で，可使時間は1時間程度と短い。気温が10℃以上で塗布する常温用と，5～20℃で塗布する低温用とがある。

(h) 変性エポキシ樹脂塗料内面用

エポキシ樹脂塗料を他の樹脂で変性して耐水性を向上させ，部材内面に適用できるようにした塗料である。耐熱性がよく鋼床版裏面にも適用でき，色も明色にすることができる。

主剤と硬化剤とからなる二液型塗料で，気温が10℃以上で塗布する常温用と，5～20℃で塗布する低温用とがある（この塗料は，ノンブリードタールエポキシ樹脂塗料あるいは変性エポキシ樹脂塗料とよばれることもある）。

(i) 無溶剤型変性エポキシ樹脂塗料

溶剤を含まない変性エポキシ樹脂塗料で，箱桁や橋脚等の閉断面部材の内面の塗替えに用い，耐熱性がよく鋼床版裏面にも適用でき，色も明色にすることができる。

無溶剤型タールエポキシ樹脂塗料と同様に塗料粘度が大きいため塗布作業が難しく，換気を行わないと乾燥が遅くなる。

主剤と硬化剤とからなる二液型の塗料で，可便時間は1時間程度と短い。気温が10℃以上で塗布する常温用と5～20℃で塗布する低温用とがある。

(j) 超厚膜型エポキシ樹脂塗料

エポキシ樹脂と硬化剤とからなる二液型塗料で，1回の塗布で300 μm 以上の厚さに塗布できるように粘度や乾燥性を調整したものである。1回の塗布で厚膜に塗布できるので防錆効果は大きいが，粘度が高く作業性が良くないので局部補修に適用される。

(k) フェノール樹脂MIO塗料

フェノール樹脂MIO塗料はMIO顔料を多量に含有する塗料で，塗膜の表

面粗度が大きく耐候性もよいので，長期間暴露した後も上に塗重ねる塗料との密着性が低下しにくい。MIO顔料は天然の雲母状黒色酸化鉄で粒度が大きい。このため，MIO顔料を塗料中に含有させると塗膜の表面粗度が適度に大きくなる。塗膜は溶剤に侵されにくいので，乾燥を十分に行えば塩化ゴム系塗料を塗重ねることができる。

(1) エポキシ樹脂MIO塗料

MIO顔料を多量に配合したエポキシ樹脂と硬化剤とからなる二液型の塗料である。塗膜の性能はエポキシ樹脂塗料と同様であるが，塗膜の表面粗度が大きいので，長期間暴露した後でも上に塗重ねる塗料とよく密着する。気温が10℃以上で塗布する常温用と5～20℃で塗布する低温用とがある。

(3) 中塗り塗料

下塗り塗膜の上に直接上塗り塗料を塗布すると，下塗り塗膜の色が十分に隠ぺいされず，上塗り塗膜の色がきれいに出ないことが多い。また，下塗り塗膜の硬化が進んでいると上塗り塗料が密着せず，後日，上塗り塗膜が剥離することがある。このような障害の発生を防止するため，上塗り塗料に近い色をつけた密着性のよい塗料を，中塗り塗料として塗布することが必要である。

中塗り塗料のビヒクルには，硬化塗膜への密着に優れ，下塗りおよび上塗りに用いる塗料との塗重ねに支障のないものが用いられる。上塗り塗料の種類による中塗り塗料のビヒクルの分類を**表4-3**に示す。上塗り塗料のビヒクルと異なるビヒクルを用いることも可能である。

上塗りの色が隠ぺい力の小さい赤や黄の場合，中塗りの色や塗布量が適切でないと上塗りの色調が所要のものとならず，上塗り塗料の使用量が増えることがある。塗り板見本等で中塗りの色や塗布量を確認することが必要である。

(4) 上塗り塗料

上塗り塗料の主たる機能は着色と水や空気の塗膜内への浸透を防止することであり，着色顔料と緻密な被膜を形成するビヒクルが用いられている。上塗り塗膜は水，空気，紫外線等に直接さらされることから，耐水性や耐候性に優れていることが必要であり，環境によっては酸やアルカリによる腐食作用に抵抗する性能（耐薬品性）も必要となる。塗膜の色や光沢の耐久性は着色顔料とビヒクルの性質に支配されるので，景観上の配慮から塗膜の色相や光沢を長期間保持しようとする場合は，耐候性の良いビヒクルを選定するとともに，着色顔料の性質についても十分検討を行うことが必要である。

(a) 長油性フタル酸樹脂塗料（JIS K 5516 合成樹脂調合ペイント2種上塗り用）

表4-3 中塗り塗料のビヒクル[21]

上塗り塗料の種類	中塗り塗料のビヒクル
長油性フタル酸樹脂塗料	上塗り塗料と同じ長油性フタル酸樹脂が用いられる。下塗り塗膜との密着をよくするため油性分の含有量が上塗り塗料より多い。
シリコンアルキド樹脂塗料	シリコンアルキド樹脂や長油性フタル酸樹脂が用いられる。
塩化ゴム系塗料	上塗り塗料と同じ塩化ゴム系樹脂が用いられる。
ポリウレタン樹脂塗料	ポリウレタン樹脂やエポキシ樹脂が用いられる。
ふっ素樹脂塗料	ふっ素樹脂やポリウレタン樹脂，エポキシ樹脂が用いられる。

フタル酸と乾性油などを重合反応させて作った樹脂をビヒクルとする塗料で，その性質は乾性油の含有量によって異なる。乾性油の含有量の多い樹脂を用いた塗料を長油性フタル酸樹脂塗料といい，常温下ではけを用いて塗布でき密着性もよい。

長油性フタル酸樹脂塗料は一液型塗料で，はけ塗り作業が容易に行え密着性も良いので，鋼橋塗装に最も多く使用されている。耐水性や耐アルカリ性が弱いので，湿度の高い箇所や結露の多い箇所では塗膜が剥離することがあり，コンクリート床版からの漏水のようにアルカリ分を含む水にふれると塗膜にふくれが生じる。

(b) シリコンアルキド樹脂塗料

アルキド樹脂をシリコン樹脂で変性してつくった樹脂をビヒクルとする一液型の塗料で，長油性フタル酸樹脂塗料と比較して，作業性や耐水性，耐薬品性は同程度であるが，耐候性に優れている。鉛系錆止めペイントの上に塗重ねることができるので，通常の環境下で塗膜の色や光沢を長期間保持する場合に，長油性フタル酸樹脂塗料に代えて用いられる。

(c) 塩化ゴム系塗料

塩化ゴム系塗料は蒸発乾燥型塗料で低温時にもよく乾燥する。塗膜上に塗重ねると下の塗膜がわずかに溶解するので，塗膜間の密着は良好であるが，はけ塗り作業は難しい。

耐水性や耐薬品性は長油性フタル酸樹脂塗料より優れているので，やや厳しい腐食環境に適用される。

(d) ポリウレタン樹脂塗料

ポリオール系樹脂を主剤とし非黄変性イソシアネートを硬化剤とする二液型塗料である。耐候性，耐水性，耐薬品性に優れているので，厳しい腐食環境に適用される。また，低温時でもよく乾燥し，耐熱性が良く塗膜の硬度も高い。

(e) ふっ素樹脂塗料

ふっ素樹脂を主剤とし非黄変性イソシアネートを硬化剤とする二液型塗料である。耐候性，耐水性，耐薬品性，耐熱性に優れ塗膜の硬度も高い。ポリウレタン樹脂塗料と同様に，厳しい腐食環境に適用される。耐候性はポリウレタン樹脂塗料より優れており，厳しい腐食環境下で塗膜の色や光沢を長期間保持する場合に，ポリウレタン樹脂塗料に代えて用いられる。

4.4.4 劣 化[20],[21]

塗膜の劣化に伴って塗装の防錆効果は低下する。その劣化する速度は塗膜の防錆機能の強さと，環境による腐食因子の強さとの関係から決まる。

(1) 環境による腐食因子

塗膜の環境による腐食因子には，次のようなものがある。

(a) 塩 分

塩分は塗膜劣化に重大な影響を及ぼす。塩分の影響は，海上，海岸地域など海塩粒子の著しい地域で被害が多くみられることからよく知られている。河口が季節風の吹いてくる方向に向いている河川では，内陸部まで海塩粒子の影響がある。

したがって，このような条件下にある橋梁では，飛来塩分の調査をすることが必要である。また，凍結防止剤の散布（寒冷地，山間部に見られる）により，その排水が鋼材に直接当たる場合には海塩粒子と同様な影響を与える場合もある。

(b) 紫外線

紫外線は，塗膜の耐食性を大きく低下させることは少ないが，塗膜表面を分解して粉状になることによる白亜化と塗膜中の顔料の艶やかさを低下させる。

海上，海岸地域は他の地域に比べ紫外線量が多い。また，空気のきれいな環境（山間部，田園部など）でも紫外線が多い。

(c) 油煙による汚れ

油煙は塗膜の耐食性を大きく低下させることは少ないが，塗膜表面に付着し黒ずんだ汚れを生じさせる。また，油煙は有機化合物を含むので，比較的塗膜に馴染みやすく，水洗いしても落ちないために除去は容易ではない。

(d) 砂　塵

砂塵は塗膜の汚れの大きな原因である。砂塵による汚れは，水洗いによって除去できるので，油煙に比べると維持管理が容易であるが，砂塵は，塗膜面を傷つける。特に，海岸地域では，飛砂により塗膜面が著しく傷つけられる。

(e) 水滴による結露

水滴は塗膜を繰返し透過し，鋼面にマクロセルを形成し，アノード部に塗膜下錆を発生させる。河川上での桁下の低い橋梁および山間部では，結露や霧の発生によって水滴ができやすい。

(f) 腐食性ガス

腐食性ガスは表面に付着したり塗膜内に浸透して劣化を進行させる。発生する箇所は化学工場付近に多く，一般にこれらの工場は海岸地域に面しているため，海岸地域での劣化要因（飛来塩分，紫外線など）が加味されると著しく劣化する。

(2) 劣　化

(a) 錆

錆は塗膜劣化の中で最も重要な劣化指標となるものである。錆にはふくれを伴わない錆と，ふくれが破れて発生するふくれ錆がある。分布状態も全面的に均等に分布する場合と部分的に密集している場合，糸状に密集している場合などいろいろある。

(b) はがれ（剥離）

写真 4-14　錆劣化状況(1)[22]

写真 4-15　錆劣化状況(2)[22]

写真 4-16　はがれ劣化状況

　はがれは塗膜と鋼材面あるいは塗膜と塗膜間の付着力が低下した場合に生じ，塗膜が消失している状態である。通常，結露の生じやすい下フランジ下面などに多く見られるが，塩分の付着が原因となることもある。

(c) わ　れ

　塗膜のわれ（チェッキング，クラッキング）は塗膜内部のひずみによって生じる。チェッキングは塗膜の表層に生じる比較的軽度のわれで，最初は目視でやっとわかる程度のものであり，クラッキングは塗膜内部深くまたは鋼材面まで達するわれで目視で容易に判断できる。

(d) ふくれ

　ふくれは塗膜の層間や鋼材面と塗膜との間に発生する気体または液体による圧力が，塗膜の付着力や凝集力より大きくなった場合に発生し，浸水または高温度条件で起きやすい。

(e) 変退色

　塗膜中の着色顔料が紫外線などにより変質したり，塗膜中の特定顔料の脱落などにより着色度合いのバランスが崩れるなどして，塗膜の色調が変化することを変色といい，紫外線などにより塗膜表面が分解して粉状になるチョーキングを起こしたり，塗膜中の顔料の性能が低下するなどして，塗膜の色が薄れることを退色という。変退色は主として顔料の安定性に起因し，使用する顔料の日光，熱，酸やアルカリなどに対する耐久性によって左右されるが，ビヒクルの種類によっても異なる。

(f) 光　沢

　塗膜劣化に伴って光沢は次第に減少する。チョーキングによる光沢の減少が最も一般的であるが，塗膜表面の凹凸，しわ，亀裂汚れなどによっても光沢は減少する。

(g) チョーキング（白亜化）

チョーキングは塗膜の表面が粉化して次第に消耗していく現象で，塗膜の変退色と密接な関係がある。

(h) 汚　れ

汚れは塗膜の耐久性の低下を直接示すものではないが，美観面での重要な項目の一つである。塗膜の汚れには，車両の排気ガスなど油煙の付着による汚れと砂塵による一般的な汚れがある。油煙の付着による汚れは，塗膜に黒ずんだ汚れを生じさせ，有機化合物を含み塗膜と馴染みやすく除去が困難である場合が多い。砂塵による汚れは，橋梁周辺のちりやほこりの付着によるもので，油煙の汚れに比べて白っぽい。砂塵は塗膜との付着力も比較的小さく，水洗いによって除去できる場合が多い。

4.5 補修材料の特性と劣化

4.5.1 概　要

本章では，コンクリートの劣化によるひびわれ，欠損を対象とし構造補強に関する材料は取扱わない。

ひびわれ，欠損に対する補修方法のフローを図4-8に示す。ひびわれは，漏水，挙動の有無，ひびわれ幅により，欠損は漏水の有無により補修方法が異なる。

4.5.2 種類と特性[23),24)]

補修材料と補修工法および性能の一覧を表4-4に，ひびわれ補修工法の特徴を表4-5に示す。補修工法ごとに用いられる材料の種類と特性を以下に詳述する。

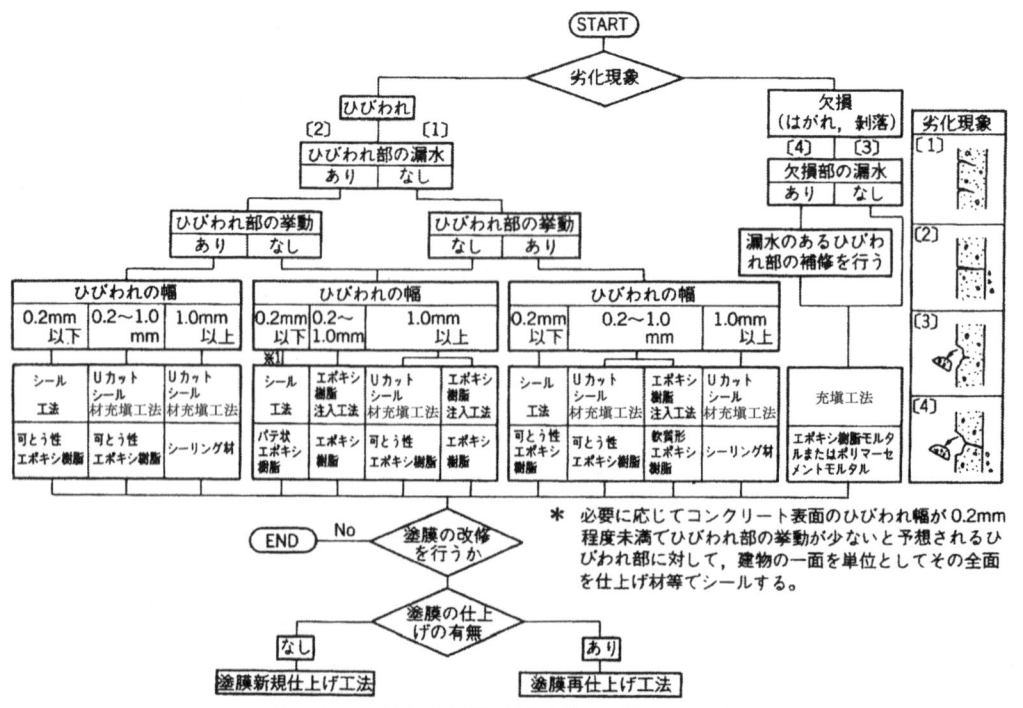

図4-8 ひびわれと欠損に対する補修方法のフロー[24)]

4.5 補修材料の特性と劣化

表 4-4 補修材料と補修工法および性能の一覧

補修材料の種別	材料	適用できる補修工法				性能						収縮性	作業性
		注入工法	表面被覆工法	充填工法	塗布工法	乾燥面への接着性	湿潤面への接着性	可とう性	耐久性	耐水性	耐アルカリ性		
樹脂系	エポキシ樹脂	◎	○	◎	○	◎	△	○	◎	◎	◎	無	○
	水中硬化型エポキシ樹脂	◎	○	◎	○	◎	◎	○	◎	◎	◎	無	○
	アクリル樹脂	◎	○	◎	△	○	△	○	◎	◎	○	大	△
	ポリウレタン樹脂	◎	△	△	×	○	△	◎	○	○	○	小	○
	ポリエステル樹脂	◎	△	△	×	○	△	○	○	○	×	大	○
セメント系	超微粒子セメント	◎	△	△	×	○	◎	△	○	◎	◎	小	○
	ポリマーセメント	◎	◎	◎	×	○	◎	△	○	◎	◎	小	○

◎：優，○：良，△：可，×：不可

表 4-5 ひびわれ補修工法の特徴

補修工法	小分類	適用範囲			
		ひびわれ幅の変動		ひびわれ深さ	
		大	小	深い	浅い
注入工法	高圧注入工法（機械注入工法）	△（充填工法と組み合わせることで○）	○	○（ひびわれ深さの3分の2程度まで削孔して注入）	○（ひびわれの表面部はコーキング処理）
	低圧注入工法	△（充填工法と組み合わせることで○）	○	×	○
表面被覆工法	ひびわれ部の被覆	×	○	×	○
	全面被覆	○	○	△（注入工法との併用で○）	○
充填工法	Vカット	○	○	△（注入工法との併用で○）	○
	Uカット	○	○	△（注入工法との併用で○）	○
塗布工法	浸透性防水剤	△	○（ひびわれ幅が0.2 mm 以下）	×	○
	塗布含浸剤	△	○（ひびわれ幅が0.3 mm 以下）	△	○

○：適用できる，△：ほかの工法との併用で適用できる，×：適用できない

(1) ひびわれ注入・充填材料

(a) 注入材料（高圧注入，低圧注入）

ひびわれへ補修材を注入し，ひびわれからの雨水や CO_2 などの浸入を防ぎ，コンクリートの一体性を回復させる。注入工法はひびわれの挙動が小さい場合に適用し，温度変動等によりひびわれ幅が変動する可能性のある場合は，(b)の

Uカット，Vカット充填工法を適用する。

注入材料としては，次のように大きく，樹脂系とセメント系に分かれる。

ⅰ) 樹脂系注入材

エポキシ樹脂系が最も多く使用される。エポキシ樹脂は低粘度で細かいひびわれに注入可能なこと，硬化時の収縮が小さく接着力が大きいこと，耐アルカリ性があることから注入材として優れた材料である。注入可能なひびわれは幅 0.2 mm 程度以上である。

ⅱ) 超微粒子セメント系スラリー

セメントの粒子を細かくすることにより，小さなひびわれにも注入可能としたもので，コンクリートと同様な無機材料で，湿潤面への注入が可能であるが，接着力が弱い。注入可能なひびわれ幅は 0.1 mm 程度以上である。

注入方法には，手動ポンプまたは機械式ポンプを用いた高圧注入工法と，ゴムの復元力を利用した低圧注入があるが，幅 1 mm 程度以下の小さなひびわれに対しては，0.4 MPa 以下の低圧低速で注入する低圧注入工法を用いることが多い。高圧注入工法では高粘度型，低圧注入工法では低粘度型が使用される。

ひびわれ内部が湿潤状態の場合はエポキシ樹脂はコンクリートと接着不良を起こすので，湿潤硬化型のエポキシ樹脂を使用する。あるいはセメント系注入材を使用する。また，いずれの材料についても低温下では硬化が遅れるので，最低 5°C のコンクリート温度を保つ必要がある。

使用材料によって特性が異なるので，材料の選定にあたっては，補修目的が

図 4-9 ひびわれ注入材の種類

```
                    ┌─ エポキシ樹脂
          ┌─ 樹脂系 ─┼─ ポリエステル樹脂
          │         ├─ ウレタン樹脂
注入材料 ─┤         └─ アクリル樹脂
          │         ┌─ ポリマーセメント系スラリー
          └─ セメント系 ┤
                       └─ 超微粒子セメント系スラリー
```

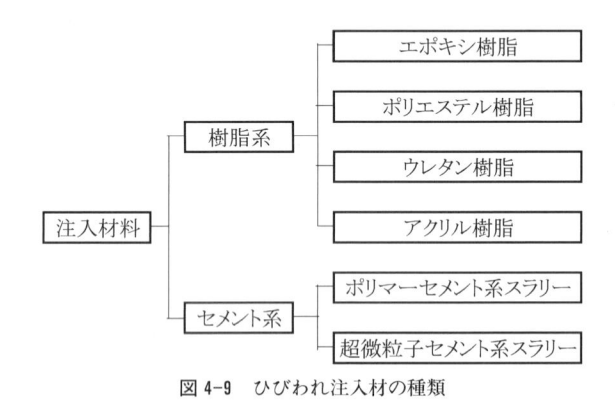

表 4-6 ひびわれ注入材の特徴

種類	特徴
エポキシ樹脂系注入材	○コンクリートとの接着性に優れている ○粘度，ひびわれ追従性，伸び率などの種類が豊富 ○品質が JIS A 6024「建築補修用注入エポキシ樹脂」に規定されている ○使用実績が豊富 ×ひびわれが湿潤状態にあると接着不良を起こすので，湿潤硬化型を使用する
セメント系注入材	○熱膨張率がコンクリートに近い ○湿潤箇所に適用できる ○鉄筋に対する防錆効果がある ○超微粒子ポリマーセメントスラリーでは，ひびわれ幅 0.1 mm 以下でも注入できる ×ひびわれが乾燥していると目詰まりを起こしやすい

図 4-10 高圧注入[23]

図 4-11 低圧注入工法

図 4-12 充填工法

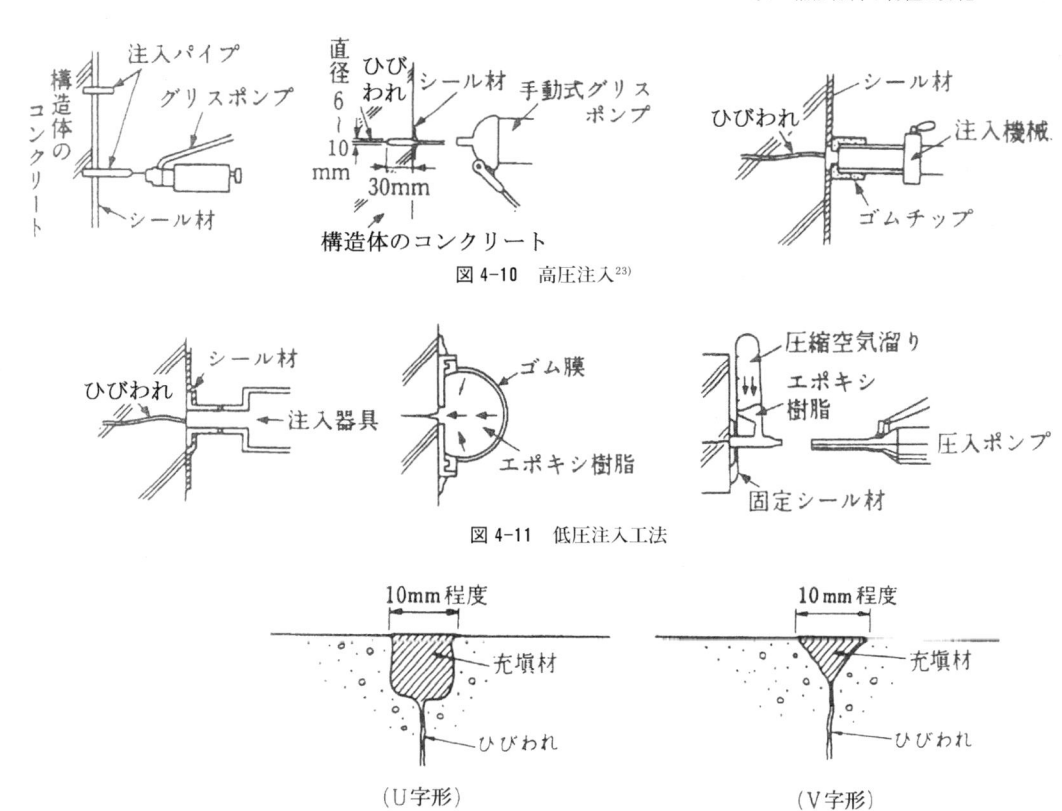

ひびわれを生じたコンクリートの一体化の回復か，ひびわれの充填による劣化因子の浸入防止かを明確にすることが必要である。

(b) Uカット，Vカット充填材料

ひびわれ幅 0.5 mm 程度以上の比較的大きなひびわれに適用し，挙動が大きい場合にはシーリング材，挙動がない場合にはポリマーセメントモルタルを使用する。シーリング材には，ウレタン系やシリコン系シーリング材，ポリサルファイド系シーリング材，可とう性エポキシ樹脂などの変形追従性の良い材料を使用する。

施工は，まずひびわれに沿って，断面がU字形またはV字形になるように，幅 10 mm 程度で切削し，切削溝を清掃し，プライマーを塗布した上で補修材を充填する。Vカットにする方法は簡便であるが，ポリマーセメントモルタルを充填する場合には充填したモルタルの剝離・剝落を生じやすいのでUカットを採用するのが望ましい。

充填工法は補修跡が明瞭に残るため，美観を問題とする部位に適用する場合には，全体に塗装を施すなどの措置が必要となる。

(c) 表面塗布材料

ひびわれがごく微細な場合や，ひびわれがなくてもコンクリート表面からの水分の浸透を防止する目的でシリコン系やシラン系の浸透性吸水防止材塗布を行う場合がある。

水がかり部位においては予防的に使用することが望ましい。

表 4-7 断面修復材の種類と施工方法

結合材	材料	適用対象		施工方法	型枠の有無
		大断面	小断面	充填工法	
セメント	ポルトランドセメントモルタル		○	こて塗り，ドライパッキング法	無
	ポルトランドセメントコンクリート	○		ポンプ圧入	有
				吹付け	無
	無収縮モルタル		○	こて塗り，ドライパッキング法	無
		○		ポンプ圧入	有
				吹付け	無
	無収縮コンクリート	○		ポンプ圧入	有
				吹付け	無
ポリマーセメント	ポリマーセメントモルタル	○	○	こて塗り，ドライパッキング法	無
		○（範囲が広い）		吹付け	無
	ポリマーセメントコンクリート	○		ポンプ圧入	有
				吹付け	無
エポキシ樹脂	エポキシ樹脂		○	注入	無
				注入（プレパックドコンクリート）	有
	エポキシ樹脂モルタル		○	こて塗り	無
				注入（プレパックドコンクリート）	有
アクリル樹脂	メチルメタクリレートモルタル		○	こて塗り	無

(2) 断面修復材料

断面修復材は，塩害や中性化による鉄筋腐食，凍害，化学的腐食などによってコンクリートの断面の一部が失われたり，変状が現れたコンクリートおよび劣化因子（塩分など）を含むコンクリートを除去した後に断面復旧を目的として使用される。

これらの断面修復工事は従来から行われている一般的なものであるが，作業が困難な場合があることや再劣化するケースもみられることから，目的や使用実績を十分検討して使用材料と工法を選定する必要がある。

断面修復材料としては，表 4-7 に示すセメント系，ポリマーセメント系，エポキシ樹脂系，アクリル樹脂系が一般的に用いられる。表 4-8 に，各断面修復材料の特性を示す。

(a) 打替え材料

修復断面が大きい場合に適用する。図 4-13 に示すように，劣化コンクリートをはつり落とした後，型枠を設置し，コンクリートまたはモルタルを打設する。打設断面の形状により，流し込み打設する場合と，ポンプにより圧入する場合がある。打替え材料としては，普通コンクリート，無収縮モルタル（コンクリート），ポリマーセメントモルタル（コンクリート）などが用いられる。

(b) 吹付け材料

修復断面が比較的薄く広範囲な場合に適用される。図 4-14 に示すように，劣化コンクリートを除去した後，ポンプによりコンクリートまたはモルタルを吹き付ける。吹付け材料としては，ポリマーセメントモルタル，短繊維補強モルタル（コンクリート），鋼繊維補強モルタル（コンクリート）などが用いら

表 4-8 断面修復材の特性

一般名		軽量エポキシ樹脂モルタル	エポキシ樹脂パテ	ポリマーセメントモルタル	軽量タイプのポリマーセメントモルタル	ポリマーセメントコンクリート	特殊セメントモルタル	無収縮モルタル
構成素材		エポキシ樹脂,軽量骨材	エポキシ樹脂,細骨材,微粒子	特殊セメント,エマルジョン	特殊セメント,エマルジョン,プラスチック繊維	特殊セメント,エマルジョン,乾燥砂利	特殊セメント,プラスチック繊維,細骨材	セメント,膨張材,細骨材
施工法		こて充填	へら充填	注入	こて充填	砂利充填・注入	吹付け・充填	注入
型枠の要否		不要	不要	必要	不要	必要	不要	必要
1回の施工可能厚さ (mm)	天井面	30	10	10以上	0〜30	50以上	0〜20	10以上
	側面	50	15	10以上	0〜50	50以上	0〜40	10以上
単位容積重量 (kg)		700	1 700	2 050	1 450	2 300	2 200	2 200
圧縮強度 (N/mm²)		34	60	40	25	30	65	60
弾性係数 (N/mm²)		3 000	4 000	25 000	8 000	25 000	30 000	30 000
付着強度 (N/mm²)		3.0	3.0	2.5	2.5	2.5	2.0	2.0
長さ変化 (28日, %)		−0.06	−0.08	−0.035	−0.04	−0.02	−0.04	−0.03
熱膨張係数 (×10^{-6}/℃)		35	35	16	13	14	12	12
適用箇所		小断面	小断面(凹凸の修正)	大断面	小断面	大断面	小〜大断面	大断面

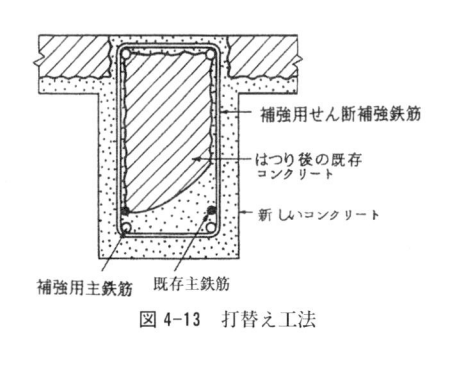

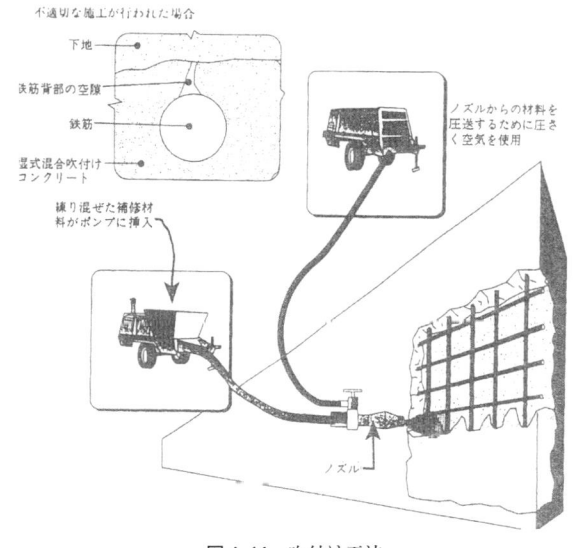

図 4-13 打替え工法

図 4-14 吹付け工法

れ,吹付け材の一体性を確保するため,鋼繊維やビニロン,ポリプロピレン等の短繊維を混入することも多い。

(c) 充填材料

修復断面が小さい場合に適用する。図 4-15,図 4-16 に示すように,劣化部の除去や錆鉄筋処理等を行った後,こてなどで補修材を充填する。充填材料としては,無収縮モルタル,ポリマーセメントモルタル,ポリマーモルタルなどが用いられる。

コンクリートの中性化が進行している場合には,アルカリ回復材を塗布したり,充填材に防錆材を混入するなどの措置を講ずる必要がある。

はつり部分との付着性を重視する場合には,ポリマーモルタルを使用する。

図 4-15　充填工法の種類

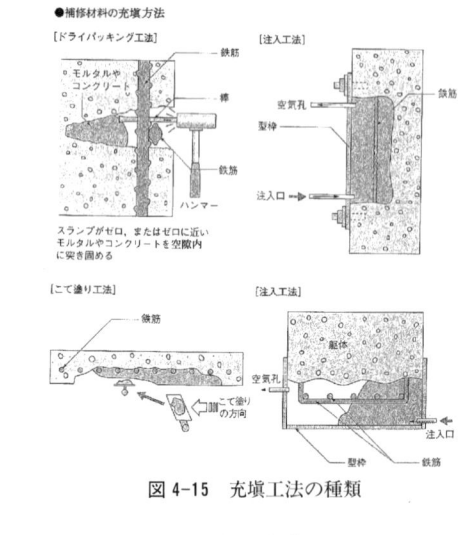

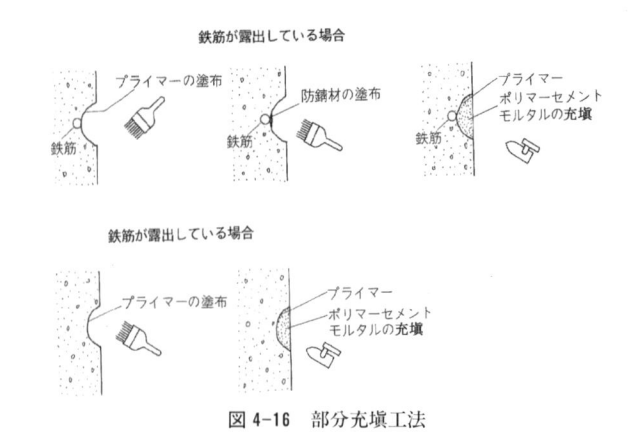

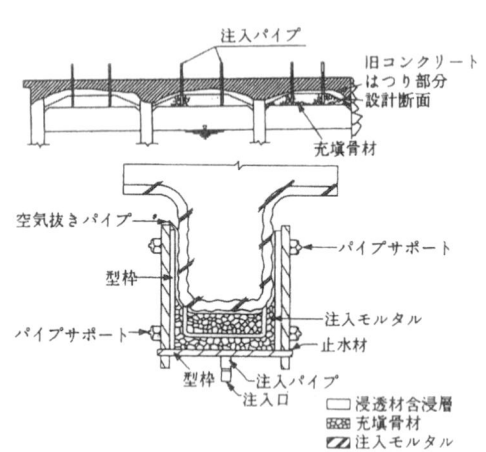

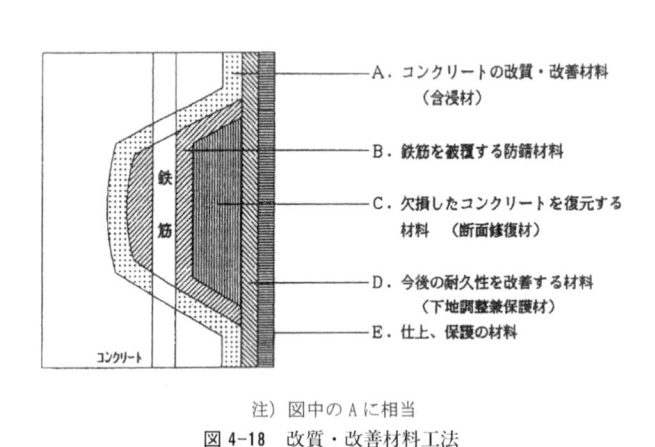

図 4-16　部分充填工法

図 4-17　プレパックド工法

図 4-18　改質・改善材料工法
注) 図中のAに相当

また，万一補修部分が落下し，第三者への被害が予想される場合には，ピンニング等の剥落防止措置を併用することも検討すべきである。

(d) プレパックドコンクリート

比較的補修断面が大きく，粗骨材を必要とする場合で，梁下面のように通常の方法では打設できない部位において適用する。図 4-17 に示すように，打設部に設置した型枠内にあらかじめ粗骨材を充填しておき，ポンプによりモルタルを圧入する。

(3) 表面保護材料

表面保護材料はコンクリートの表面を被覆したり，含浸層を形成してコンクリート表面を保護したり，劣化因子の浸入を遮断する目的で使用される。

(a) 改質改善材料

図 4-18 に示すように，コンクリートに含浸して組織を緻密化したり，含浸して撥水機能を付与する。微細なひびわれであれば，ひびわれから雨水等が浸入することを防止する効果がある。防水材料としては，浸透性吸水防止材，浸透性防水材，浸透性固化材などがある。

また，中性化したコンクリートに含浸してアルカリ性を付与し，中性化や鉄筋腐食に対する耐久性を高める。品質改善を行った後，表面被覆材により劣化

図 4-19　表面被覆工法

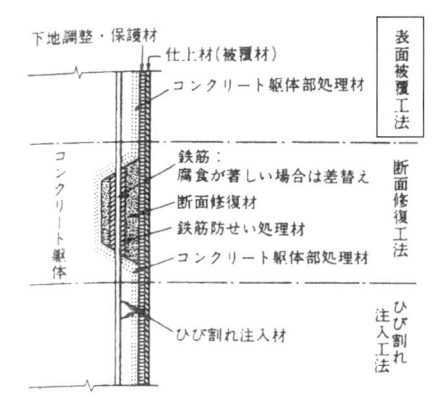

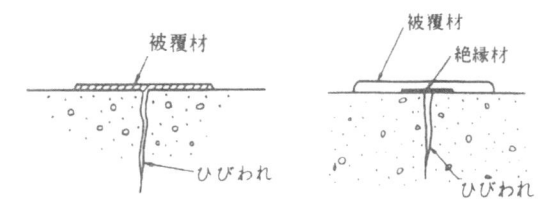

ひびわれの挙動が小さい場合　　ひびわれの挙動が大きい場合
図 4-20　ひびわれの表面被覆工法

因子を遮断すると効果が大きい。品質改良材料としては，アルカリ性付与材，塗布型防錆材などがある。

　(b)　表面被覆材料

　表面被覆材は，コンクリートに浸入する劣化因子に対して優れた遮断性能を有する材料である。

　図 4-19 に示すように，コーティング，ライニング，吹付けなどによりコンクリート表面に塗膜や保護層を形成し，劣化因子の浸入を防ぐ。一般的な雨がかかる程度の環境であれば遮断性の高い塗装に保護効果を期待することができるが，頻繁に水がかかったり上面に水が溜まるような使用環境では，専用の防水材を使用する。また，ひびわれからの劣化因子の浸入を遮断する目的で，図4-20 に示すように，微細なひびわれの上に塗膜を構成させ，防水性，耐久性を向上させることもある。表面被覆材料としては，浸透性吸水防止材，塗料，塗膜防水材などがある。表 4-9 に一般的な材料特性を示す。

　(c)　美観改善材料

　コンクリート表面に撥水性をもたせ，塵埃が付着しにくいようにする。基本的には撥水材と同類の材料である。

(4)　防錆材料

　防錆材を鋼材に塗布したり，防錆材を混入したモルタルで被覆することにより，鋼材の腐食抑制効果を得る。錆鉄筋を露出させ，発錆が著しい場合にはケレンした後に防錆材を表面塗布し酸素や水分との接触を断つ。ただし，この処理を行うことにより隣接部が腐食する，いわゆるマクロセル腐食を起こすことがあるので補修範囲や補修材料の設定には注意が必要である。防錆材料としては，ポリマーセメント系，合成樹脂塗料系，錆転換塗料系などがある。

(5)　その他

　(a)　剥落防止材料

　鉄筋の腐食膨張等により生じる表層コンクリートの剥落防止を目的として，表面を面状の材料で覆う。アンカーピンを用いて機械的に抑える方法と，接着による方法がある。躯体の品質を改善するわけではないので補修とはいえないが，最近のコンクリート片の剥落事故の多発により，実施例が多くなっている。剥落防止材料としては，アンカーピン＋樹脂ネットや連続繊維シートなど

表 4-9 表面被覆工法の材料特性

項目 \ 工程	プライマー エポキシ樹脂系	プライマー ウレタン樹脂系	パテ エポキシ樹脂系	パテ ポリエステル樹脂系	パテ ポリマーセメント系	中塗り エポキシ樹脂系	中塗り 柔軟型エポキシ樹脂系	中塗り ウレタン樹脂系	中塗り ポリエステル樹脂系	中塗り ビニルエステル樹脂系	中塗り アクリルゴム系	中塗り ポリマーセメント系	上塗り ウレタン樹脂系	上塗り アクリルウレタン樹脂系	上塗り アクリルシリコーン樹脂系	上塗り ふっ素樹脂系	上塗り ポリマーセメント系
接着性	◎	○	◎	△	△												
寸法安定性			◎	×	○												
ひびわれ追従性						×	○	◎	×	○	◎	×					
中性化阻止性						◎	○	○	◎	○	◎	△					
遮塩性						◎	○	○	◎	○	◎	△					
酸素透過阻止性						◎	△	○	◎	△	◎	×					
耐水性						◎	○	△	◎	○	△						
耐酸性						◎	○	○	◎	△	×						
耐アルカリ性	◎	△				◎	○	○	△	○	△						
耐候性													△	○	○	◎	○

◎:非常によい，○:よい，△:普通，×:あまりよくない。空欄はそれぞれの工程で要求されない性能のため，評価を省略した

表 4-10 主な連続繊維シートの物性

項目	炭素繊維（PAN 系） 高強度品	炭素繊維（PAN 系） 高弾性品	ガラス繊維（E-ガラス）	アラミド繊維	ビニロン繊維
密度（g/cm³）	1.7〜1.9	1.8〜1.9	2.6	1.45	1.26〜1.30
引張強度（N/mm²）	2 600〜4 500	2 000〜2 800	3 500〜3 600	2 800	700〜1 500
弾性係数（×10³ N/mm²）	200〜240	350〜450	74〜75	130	11〜37
伸び（％）	1.3〜1.8	0.4〜0.8	4.8	2.3	7.0

注）炭素繊維は PAN 系（原料がポリアクリルニトリル）のほかに，石油や石炭を原料とするピッチ系がある。ガラス繊維は E-ガラスのほかに，アルカリに強い耐アルカリガラスがある。連続繊維シートの物性を表 4-10 に示す。

方法としては，格子状の樹脂ネットや連続繊維シートを接着する方法や，樹脂ネットとアンカーピンを併用する方法，乾式ボード類でカバーリングする方法がある。

(b) 止水材料

ひびわれや打継ぎ部について，内部に注入したり表面を被覆することにより水分の浸入を防止する。

ひびわれや打継ぎなど，水分の浸入口が既知の場合には，注入や防水材による表面被覆を行う。浸入口が未知の場合には，面的に防水材で被覆する。

止水が難しいのは，地下壁やトンネルのように背面側が水分の浸入口になっているが，浸入側からの施工ができない場合である。その場合，背面側地盤とコンクリート壁の間に止水材をグラウトしたり，浸入口となっているひびわれや打継ぎ面に丹念に止水材を注入する。背面空洞への充填材としては，吸水性ポリマー，セメント，ベントナイト，急結材で構成される充填材や，セメント，ベントナイトに混和剤を加えた充填材がある。表 4-11 に主な樹脂の特徴

4.5 補修材料の特性と劣化　135

表 4-11　主な樹脂の特徴と用途

樹脂名	長所	短所	用途
エポキシ樹脂	・コンクリート，金属，ガラス，木材，プラスチックなど広範囲の材料に対する接着性に優れている ・硬化収縮が少なく，内部応力の要因となるゲル化後の収縮が少ない ・低粘度からパテ状まで，作業にあわせて粘性を変えることができる ・用途にあわせた硬化物（柔軟～硬質）をつくることができる ・耐水性，耐アルカリ性，耐弱酸性，耐溶剤性に優れている ・電気特性に優れている ・硬化中に揮発物を放出しない	・耐候性に劣る ・耐酸性はビニルエステル樹脂より劣る	・コンクリートに発生したひびわれの補修材料 ・ひびわれの注入材と充填材 ・断面修復材（樹脂モルタル・コンクリート）の結合材 ・防食ライニングのプライマー，パテ，中塗り ・FRP 接着工法（炭素繊維やアラミド繊維に含浸する接着剤） ・鋼板接着工法（鋼板とコンクリートの間隙に注入する接着剤）や，剥落防止工法（ガラス繊維やビニロン繊維に含浸する接着剤） ・接着剤（コンクリートの打継ぎ，かさ上げ，アンカーボルトの固定，床版防水）
不飽和ポリエステル樹脂	・粘度が低く，取り扱いやすい ・連鎖的に反応するため硬化速度が速い ・低温（0℃以下）での硬化性がよい ・促進剤の添加量を調節することによって硬化時間の調整が容易にできる ・硬化物は硬く，良好な物理的性質を示す ・耐水性，耐酸性に優れている	・主剤に対する硬化剤，促進剤の配合比が小さいので計量，混合，撹拌に注意が必要 ・エポキシ樹脂に比べ硬化収縮が大きい ・高温時の可使時間が短い ・空気中の酸素により，硬化が阻害される場合がある	・耐酸ライニング（FRP ライニング，フレークライニング） ・樹脂モルタル・コンクリートの結合材
ビニルエステル樹脂	・コンクリート，金属，プラスチックなどに対する接着性が良好である ・粘度が低く，取り扱いやすい ・連鎖的に反応するため硬化速度が速い ・低温（0℃以下）での硬化性がよい ・促進剤の添加量を調節することによって硬化時間の調整が容易にできる ・硬化物は硬く，良好な物理的性質を示す ・耐酸性はエポキシ樹脂より優れている	・主剤に対する硬化剤，促進剤の配合比が小さいので計量，混合，撹拌に注意が必要 ・エポキシ樹脂に比べ硬化収縮が大きい ・高温時の可使時間が短い ・空気中の酸素により，硬化が阻害される場合がある	・耐酸ライニング（FRP ライニング，フレークライニング） ・耐酸ライニングのプライマー，パテ ・接着剤（アンカーボルトの固定）
ポリウレタン樹脂	・弾性をもち，耐摩耗性に優れている ・低温特性に優れている ・接着性が良好である ・耐食性，耐油性に優れている	・耐酸性はビニルエステル樹脂より，耐アルカリ性はエポキシ樹脂より劣る ・シーリング材として用いる場合，耐熱性や耐候性がシリコーン樹脂より劣る	・ひびわれ追従性を重視した表面被覆材（プライマー，中塗り） ・シーリング材（目地材），止水材，床材，防水材
アクリルウレタン樹脂	・長期間，屋外に暴露されても，ほとんど黄変しない ・長期間，屋外に暴露されても，光沢の低下が小さい ・可使時間が長いわりに乾燥時間が早い	・反応性が低く，完全硬化までの期間が長い ・下地が湿潤していると，艶落ちや剥離を起こすことがある ・価格が比較的高い	・表面被覆材（耐候性を必要とする場合の上塗り）
ふっ素樹脂	・ほかの樹脂に比べ耐候性が非常に優れている ・耐薬品性，耐熱性に優れ，摩擦係数が小さい ・撥水性がある	・摩擦係数が小さく，接着しにくい ・高価である	・表面被覆材（超耐候性を必要とする場合の上塗り）
シリコーン樹脂	・伸び特性に優れている ・耐熱性，耐寒性，耐候性に優れている ・電気絶縁性に優れている ・表面張力が小さいため，撥水性，消泡性，離型性をもっている	・硬化した表面に塗料（仕上げ材）が付着しにくい ・周辺部が汚れやすく，表面にほこりがつきやすい ・表面から硬化するため，硬化日数を要する（一成分系）	・目地材（弾性シーリング材）
アクリルゴム	・弾性をもち，コンクリートのひびわれに対する追従性に優れている ・耐候性が良好である ・耐オゾン性が良好である ・液型のため，取扱いが容易である	・水分の蒸発によって硬化が進むため，硬化速度は温度と湿度に大きく影響される	・ひびわれ追従性を重視した表面被覆材（パテ，中塗り） ・目地材（弾性シーリング材），防水材
液状ポリブタジエン	・ウレタンゴムに比較して耐水安定性に優れる ・伸び特性に優れている ・接着性に優れている	・エポキシ樹脂やビニルエステル樹脂に比べて耐薬品性に劣る ・耐候性に劣る	・ひびわれ追従性を重視した表面被覆材（中塗り） ・目地材（弾性シーリング材），弾性接着剤
ポリマーセメントモルタル（ポリマーセメントコンクリート）	セメントモルタル（コンクリート）に比べて ・乾燥収縮が小さく接着性に優れる ・引張強度，曲げ強度が向上する ・防水性，耐衝撃性，耐摩耗性が向上する ・中性化阻止性，遮塩性，耐凍害性が向上する 合成樹脂に比べて ・安価で，線膨張係数が小さい（セメントモルタル・コンクリートに近い）	合成樹脂に比べて ・硬化が遅い ・耐薬品性が劣る ・塩化物イオン，酸素，水蒸気などに対する遮断性が劣る	・断面修復材 ・ひびわれの注入材，充填材 ・表面被覆工法（防錆材，下地調整材，塗装材）

とその用途について示す。

4.5.3 劣　　化[23),24),25)]

補修材料の耐久性能についてはデータが少なく，一般的な評価をできる段階にまでは至っていないため，ここでは定性的な傾向について述べる。

また，補修材料の耐久性については材料自体の物性よりも，下地処理や養生などの施工の良否が大きく影響するので，施工上の留意点についてもふれる。

(1) ひびわれ注入・充填材料

　(a) 注入材料（高圧注入，低圧注入）

　ⅰ) 劣　化

エポキシ樹脂系注入材は，紫外線にさらされる状態では急速に劣化（紫外線劣化）するが，ひびわれ内に注入されたものについては劣化はなく，すでに30年以上の実績を有する。

また，高温下では変質（熱劣化）するので，高温にさらされる構造物への使用は避ける。

注入材に限定したことではないが，温度変動等により繰返されるひびわれ挙動により，接着面がぜい弱化することが考えられる。

　ⅱ) 施工上の留意点

・注入確認

ひびわれの隅々まで注入されたことを確認する必要がある。注入側の反対面から注入材があふれることを確認しながらひびわれの一方向から注入を進めていかなければならない。低圧式注入では，注入量を確認した上で注入を終了する。

・湿潤ひびわれ，汚れひびわれへの注入

一般のエポキシ樹脂は湿潤面では接着不良を起こすことから，湿潤状態のひびわれに対しては湿潤硬化型のエポキシ樹脂かセメントスラリーを使用する。また，ひびわれ内部が汚れている場合も接着力が低下するので，注入に先立って清水を送るなどしてひびわれ内部を清掃する。

・低温下の施工

低温下ではエポキシ樹脂の硬化が遅く，粘度が大きくなるため充填性が低下するので，コンクリート温度を最低5℃以上とするとともに，低温用の低粘度型を使用する。

・可使時間

夏期の高温下では硬化が早いので，材料の可使時間が短くなる。注入時間を考慮の上，一度に注入する注入材の量を設定する。

　(b) Uカット，Vカット充填材料

　ⅰ) 劣　化

・シーリング材の劣化（**写真4-17**参照）

シーリング材は，紫外線劣化や熱劣化しやすい材料であり，種類により差はあるが，日射にさらされる状態では5～10年でひびわれ，はがれ，切れ，硬化などの劣化を生じる。短い周期で更新することを前提として使用する必要がある。日射があたらない環境では耐用年数は上記年数よりも大幅に長くなる。

写真 4-17 シーリング材の劣化

・セメント系材料の劣化

セメント系充填材はシーリング材に比べ耐候性が大きいが，小断面の箇所へ充填するため施工時のドライアウトによる剥離やひびわれの挙動による肌分かれを生じやすい。

ⅱ）施工上の留意点

U字形またはV字形にひびわれ部を切削した後，十分に清掃を行わないと切削粉による接着不良を生じる。充填前にプライマーを塗布する。

(2) 断面修復材料

(a) 打替え材料

ⅰ）劣　　化

躯体との挙動（弾性係数や線膨張係数）の違いにより，打継面に繰返し応力が作用し，接着力が低下する。

ⅱ）施工上の留意点

① 劣化部の除去が不十分でぜい弱部が残っていると，打継面がぜい弱になる。

② 下地処理方法が不適切（既存躯体の吸水によるドライアウト，清掃不良など）であると，十分な付着力を確保できない。

③ 修復材料の充填が不完全で，既存部分との間に空隙が残る。節部分の大きさや向きに応じて打設方法（通常打設，圧入）や，流動化剤の使用を検討する必要がある。

(b) 吹付け材料

ⅰ）劣　　化

・付着力低下，肌分かれ，剥離

既存コンクリートと吹付け材の付着力低下により，肌分かれや剥離を生ずる。付着力低下の原因としては，既存コンクリートと吹付け材料との挙動（弾性係数や線膨張係数）の違いによる接着面に生じる繰返し応力が考えられる。

・鋼繊維の腐食

吹付け材に鋼繊維を混入する場合，鋼繊維の腐食により吹付け材の表層が劣化した際の落下防止効果は低下する。

ⅱ）施工上の留意点

① 既存コンクリートの劣化部の除去が不完全であったり，吹付け面の清掃が不十分であると，付着力不足となるため，十分な劣化部の除去，清掃が必要である。

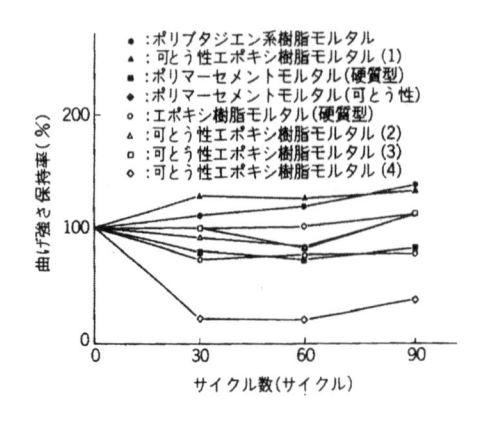

乾湿繰返し試験における補修用
モルタルの曲げ強度の変化

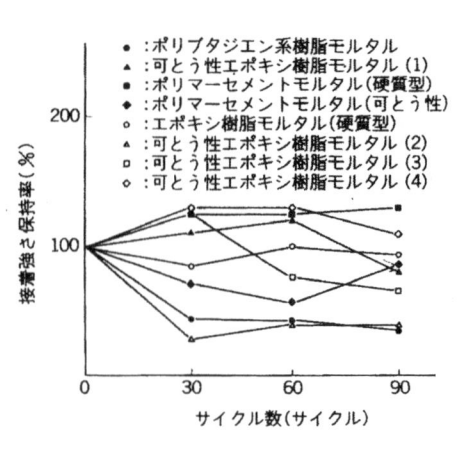

乾湿繰返し試験による補修用モルタルの
セメントモルタルに対する接着強度の変化

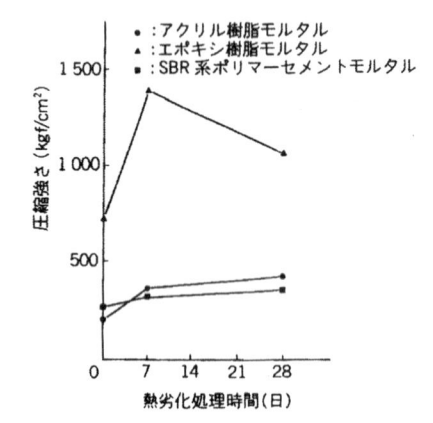

熱劣化試験における補修用モルタル
の圧縮強度の変化

図 4-21　補修用モルタルの繰返し試験および熱劣化試験の結果

　② 吹付け面の形状が複雑であったり，吹付け速度が過大な場合，内部空隙を生じる恐れがあるため，丁寧な施工が必要である。

　(c)　充填材料
　　i)　劣　　化

　躯体との挙動（弾性係数や線膨張係数）の違いにより，打継面に繰返し応力が作用し，接着力が低下する。図 4-21 に，補修用モルタルの乾湿繰返し試験および熱劣化試験による強度変化を示す。エポキシ樹脂を多く含む材料は，初期強度は大きいが，繰り返し作用を受けると強度低下が大きいことがわかる。

(3)　表面保護材料
　　i)　劣　　化

　表面保護材料には，有機系・無機系のさまざまな材料がそれぞれの目的に応じてある。したがって，使用する部位の目的，耐候性，耐アルカリ性（耐水性），温冷繰返し特性，コンクリートとの付着性，ひびわれ追従性などについて，各方面の指針・規格により細かく規定されている。基本的にはそれに沿った材料を選択することで，材料自体の劣化が問題となることは少ないといえる。

しかし，有機系材料を選定する場合には，ひびわれ注入材料などと同様に，紫外線劣化，熱劣化，繰返し応力による劣化などが考えられる。

ⅱ） 施工上の留意点

・下地処理

付着や含浸の面から，施工する下地に不陸や接合部の目地違い，突起などはできる限り少なくし，材料の種類により許容できる範囲とする必要がある。ごみ，油脂，錆など，また補修部などへの施工の場合は，はつりかすなどの付着物を完全に除去する。

・低温下の施工

材料によっては低温下での硬化が遅いことと，粘度が大きくなるため可使時間などに影響するため，コンクリート温度を最低5℃以上とすることが望ましい。

(4) 防錆材料

錆鉄筋をはつり出し，防錆材で被覆した上で，充填材料で埋め戻す場合には，防錆材に加わる劣化因子がほとんどないため，構造体内部では劣化しないものと考えられる。

参考文献

1) ㈳日本コンクリート工学協会，「コンクリート技術の要点 '01」，pp. 58-71，2001. 9
2) 久保慶三郎他編集，「土木工学事典」，朝倉書店，pp. 414-424，1980. 8
3) ㈳日本コンクリート工学協会，「コンクリート診断技術 '01（基礎編）」，pp. 32-66，2001. 1
4) ㈱山海堂，「図解，橋梁用語辞典」，pp. 37-47，1986.11
5) ㈱建設図書，「橋梁と基礎」，pp. 45-49，1995. 4
6) ㈱技術評論社，「図解でわかるはじめての材料力学」，pp. 25-27，H 11. 3
7) 伊藤　學，「鋼構造学」，コロナ社，pp. 32-33，1985.11
8) 伊藤　學，「鋼構造学」，コロナ社，pp. 35，1985.11
9) 伊藤　學，「鋼構造学」，コロナ社，pp. 37，1985.11
10) 大田孝二，深沢　誠，「橋と鋼」，建設図書，pp. 232-238，2000. 2
11) 伊藤　學，「鋼構造学」，コロナ社，pp. 28，1985.11
12) 大田孝二，深沢　誠，「橋と鋼」，建設図書，pp. 25-29，2000. 2
13) ㈳日本橋梁建設協会，「橋梁技術者のための塗装ガイドブック」，pp. 6 - 8，2000. 3
14) ㈳日本道路協会，「道路橋示方書・同解説Ⅰ共通編」，pp. 73-74，H 14. 3
15) Jean-Armand Calgaro・Roger Lacroix，「橋の診断と補修」，山海堂，pp. 522-523，2002
16) 技報堂，「土木工学ハンドブック　土木学会編」，pp. 131，平成元年
17) ㈳土木学会，「コンクリート標準示方書」，pp. 41，2002
18) Hertzberg, R. W., Deformation and Fracture Mechanics of Engineering Materials Second Edition. Jhon Wiley & Sons, 1983
19) ㈳日本道路協会，「鋼道路橋塗装便覧」，pp. 8 -52，H 2. 6
20) 片岡清士，「橋と塗装　橋を美しくまもる」，山海堂，pp. 109-111，H 8. 6
21) ㈳日本道路協会，「鋼道路橋塗装便覧」，pp. 101-103，H 2. 6
22) ㈳日本道路協会，「塗膜劣化程度標準写真帳」，pp. 4，pp 6，H 2. 6
23) 日経コンストラクション，「これから始めるコンクリート補修講座」，日経BP社，pp. 40-105，H 14. 4
24) ㈳日本コンクリート工学協会，「コンクリートのひびわれ調査，補修・補強指針」，pp. 89-104，S 62. 2
25) ㈱テクノシステム，「鉄筋コンクリート構造物の劣化対策技術」，pp. 165-279，H 6.10

第5章　橋梁の構成部材と機能

5.1 上部工

自動車等の荷重を直接支持する部分（一般的に桁と称している部分）を上部構造といい，上部構造を支え支持地盤に荷重を伝達する部分（橋脚および橋台）を下部構造という。橋を構成する要素を図 5-1 に示す。

ここでは上部工として，コンクリート橋および鋼橋に関する構成部材と機能について説明する。

5.1.1 コンクリート橋

(1) コンクリート橋の種類[2]

コンクリート橋には，鉄筋コンクリート（RC）橋とプレストレストコンクリート（PC）橋がある。

(a) 鉄筋コンクリート（RC）橋

鉄筋で補強したコンクリート橋で，外力に対して鉄筋とコンクリートが一体となって抵抗する橋。

(b) プレストレストコンクリート（PC）橋

コンクリートに発生する引張応力の一部または全部を打ち消すように，PC鋼材によってプレストレスを導入したコンクリート橋。

コンクリートは，圧縮する力には強いが引張る力には弱い材料である。その

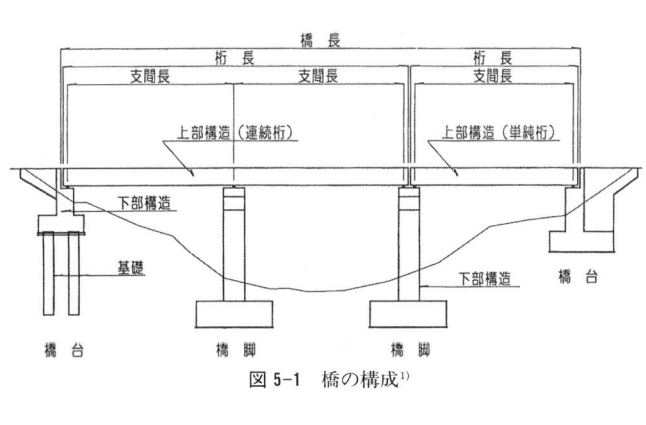

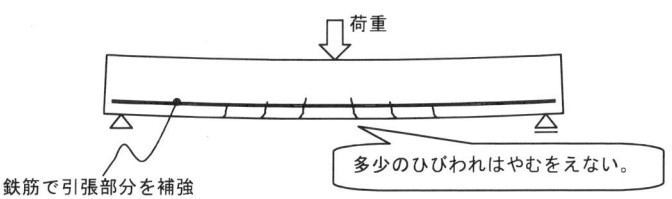

図 5-1　橋の構成[1]

図 5-2　鉄筋コンクリート橋[2]

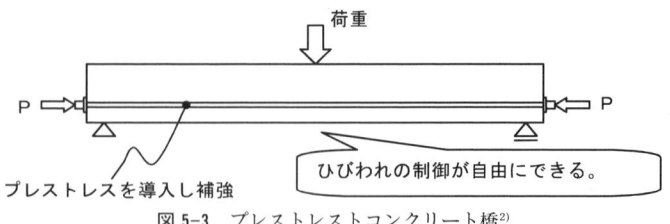

図 5-3 プレストレストコンクリート橋[2]

ため，引張部分を他の材料に置き換えることが考えられ，引張力に強い鉄筋で補強するいわゆる鉄筋コンクリートが発案された。鉄筋コンクリートは，圧縮力はコンクリートで引張力は鉄筋で受け持つような構造となっている。ただし，鉄筋コンクリート部材は，荷重を受けたわむことによって鉄筋に引張応力が働き，その荷重が大きければコンクリート引張部分にひびわれが発生する。

そこで，ひびわれの発生を防ぐために，プレストレストコンクリートが発案された。プレストレストコンクリート部材は，コンクリートに前もって圧縮力を与えておき，荷重を受けたときコンクリートに引張応力を生じさせないようにすれば，ひびわれも生じないだろうと考えられたものである。

(2) 構成部材と機能[3),4),5)]

コンクリート橋（上部構造）を構成する主要部材には，床版，主桁，横桁がある。部材の役割は以下のとおりである。

(a) 床　版

床版は，自動車，歩行者等の荷重を直接支持する部材であり，主桁にその力を伝達する機能を有する。一般的には，図 5-4 に示すように，間詰めコンクリートと桁の上フランジとで構成される。

(b) 主　桁

主桁は，床版を支持し荷重を下部構造物へ伝達させる部材である。コンクリート橋では，主桁の一部が床版を兼ねる構造形式が一般的である。コンクリート橋の代表的な主桁断面形状による分類を表 5-1 に示す。また近年，鋼とコンクリートの材料特性を生かした複合橋の建設が増加する傾向にある。複合橋の構造形式は多岐にわたるが，表 5-2 にその代表的な構造形式を示す。

(c) 横　桁

主桁に交差するように配置する桁で，主桁を相互に連結することで，荷重の横方向分配をよくする目的がある。

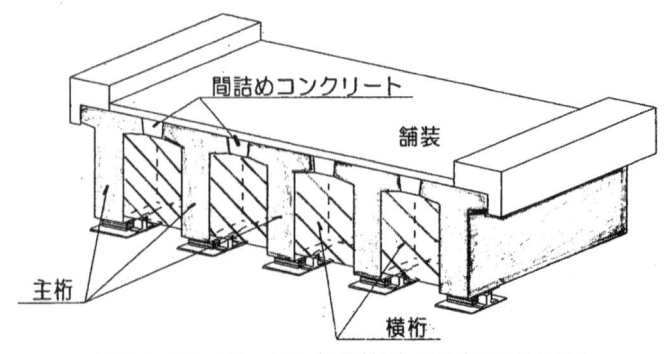

図 5-4 コンクリート橋（上部構造）の代表的な部位名[1]

表 5-1　コンクリート橋の主桁断面形状による分類[3),4)]

断面形状	概念図	概要
床版橋		2方向に広がりをもち，相対する2辺が支持され，他の2辺が自由な版構造 適用：RC橋，PC橋
T桁橋		T型断面形状をした，主桁2本以上からなる構造 適用：RC橋，PC橋
合成桁橋 (PCコンポ橋)		床版は工場で製作されたPC板を主桁上面に設置し，その上に場所打ちコンクリートを打設し合成床版とする構造 適用：PC橋
中空床版橋		橋体の重量を軽減するため，橋体の内部を空洞にした床版橋 適用：RC橋，PC橋
箱桁橋		上フランジ，下フランジおよび2本以上のウェブから構成される構造 適用：PC橋

表 5-2　鋼・コンクリート複合橋の主桁断面形状による分類[5)]

断面形状	概念図	概要
波形ウェブ橋		PC箱桁のウェブを波形鋼板に置き換え，内ケーブルあるいは外ケーブルによりプレストレスを与えた合成構造
複合トラス橋		PC箱桁のウェブを鋼トラス構造に置き換え，内ケーブルあるいは外ケーブルによりプレストレスを与えた合成構造

(3) プレストレストコンクリート橋におけるPC鋼材の配置

コンクリート部材にプレストレスを与える方法は，従来PC鋼材を部材断面内部に配置する内ケーブル構造が一般的に用いられていたが，最近では外部に配置する外ケーブル構造が採用される例が増えつつある。プレストレストコンクリート橋におけるPC鋼材の配置を以下に示す。

(a) 内ケーブル構造[6)]

PC鋼材をコンクリート内部に配置し，プレテンション方式またはポストテンション方式によりコンクリート部材にプレストレスを与える構造。

プレテンション方式は，設備のあるPC工場のみ製作が可能なもので，PC鋼材をあらかじめ所定の力，位置に緊張しておき，これにコンクリートを打ち込み，これが硬化した後に緊張力を解放してプレストレスが与えられる。一方，ポストテンション方式は，コンクリート部材が硬化した後に，その内部に設けられたダクトに配置されたPC鋼材を緊張するもので，緊張力の確保は主としてPC定着具を使って行われる。

(b) 外ケーブル構造[6]

防錆処理を施したPC鋼材を，直接コンクリート内部に配置せず，コンクリート外側に配置し，定着具あるいは偏向具によりプレストレスを与える構造。

外ケーブル構造は，PC鋼材，定着具，緊張材の位置を保持するために偏向部，PC鋼材の防錆に用いる保護管や充塡材などにより構成される。ケーブルの偏心量により桁の有効高さ以内にある場合を狭い意味の外ケーブル（一般的に外ケーブル構造といわれ，「コンクリート標準示方書　構造性能照査編」や「道路橋示方書・同解説　IIIコンクリート橋編」で規定されている方式）といい，それより偏心量が大きくなるに従って，大偏心外ケーブル（エクストラドーズド橋等の場合），斜張ケーブル（斜張橋の場合）という。

(a) 内ケーブル方式　　　　　　(b) 外ケーブル方式

(c) 大偏心外ケーブル方式　　　(d) 斜張ケーブル方式

図 5-5　プレストレッシング方式の分類[6]

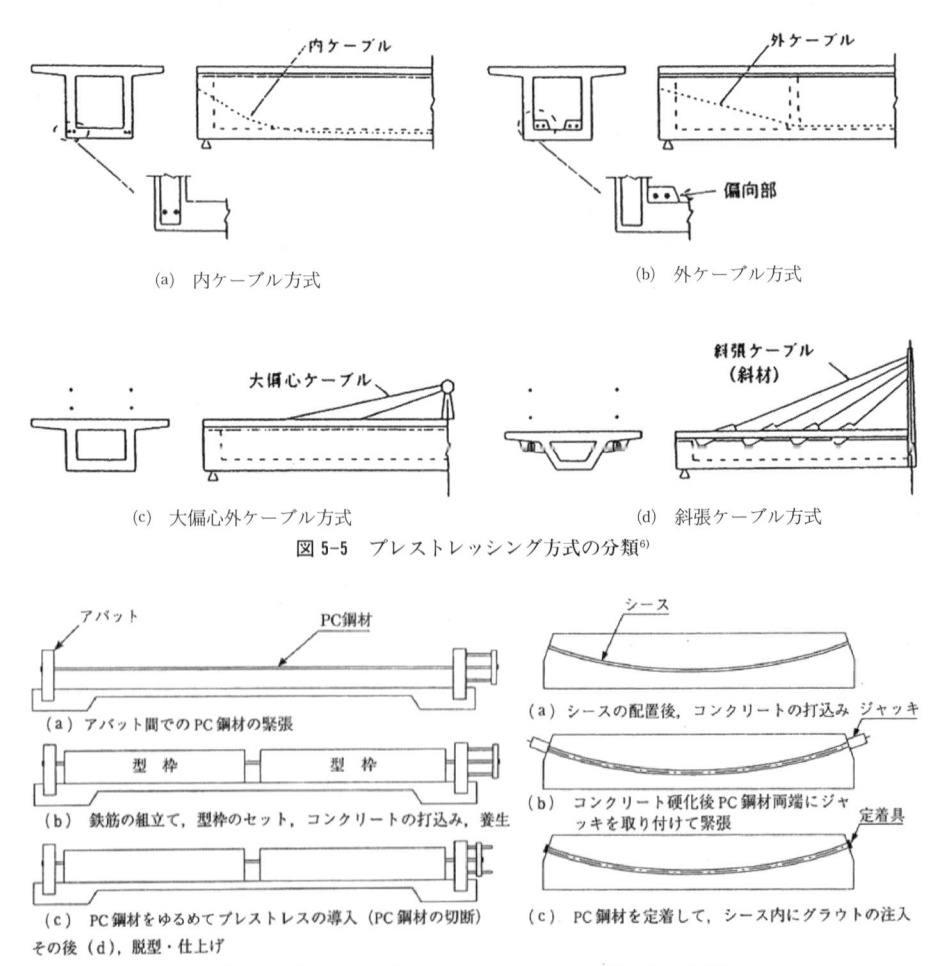

(a) アバット間でのPC鋼材の緊張
(b) 鉄筋の組立て，型枠のセット，コンクリートの打込み，養生
(c) PC鋼材をゆるめてプレストレスの導入（PC鋼材の切断）
その後 (d)，脱型・仕上げ

(a) シースの配置後，コンクリートの打込み
(b) コンクリート硬化後PC鋼材両端にジャッキを取り付けて緊張
(c) PC鋼材を定着して，シース内にグラウトの注入

図 5-6　内ケーブル構造のプレストレッシング方式の分類[7]

5.1.2 鋼　　橋
(1) 鋼橋形式と特徴
　(a) プレートガーダー橋

　橋梁形式として最も基本的な形式であり，梁の曲げモーメントを主として受けもつ上下フランジとせん断力を受けもつ腹板を組み合わせた薄肉構造である。

　(b) トラス橋

　軸引張材および軸圧縮材のみを組み合わせて，全体として荷重に抵抗させる構造であって，比較的少ない鋼材で大きな耐力を有する。

　(c) アーチ橋

　アーチ橋は形式，部材の特性により，さらに下記のように大別できる。

　ⅰ) アーチ橋

　アーチ部材を曲げ，せん断，軸力部材として設計する。

　ⅱ) ランガー桁橋

　アーチ部材は軸力，補剛桁を曲げ，せん断，軸力部材として設計する。

　ⅲ) ローゼ桁

　アーチ部材，補剛桁を曲げ，せん断，軸力部材として設計する。

　(d) ラーメン橋

　連続桁橋の変形と考えられ，曲げ，せん断，軸力が同時に働く部材により構成されている。

　(e) 斜張橋

　プレートガーダー橋の支間の途中を数カ所において，ケーブルによって斜め方向に支持したものであって，その構造系は一種の連続桁と考えられる。

　(f) 吊　　橋

　ワイヤーロープが用いられるようになって，支間長 500 m 以上の大支間のものにはほとんどこの形式が採用される。他の橋梁形式と比較すると極めてたわみやすい構造であることから，風に対する安定性の検討が必要となる。

(2) 構成部材と機能
　(a) 床　　版

　輪荷重や舗装荷重などの荷重を主桁に伝達することを目的に設けられる。床版には大きく分けて，RC 床版，鋼床版，合成床版等がある。

　(b) 主　　桁

　上載荷重に対し，桁として橋軸方向の曲げやせん断で抵抗して力を橋台や橋脚に伝える主要な桁。

　(c) 横　　桁

　主桁間に配置され，その荷重分配作用を主目的として設けられている。

　(d) 縦　　桁

　主桁間の床版支間中央に配置し，輪荷重を床組に伝達する。

　(e) 対傾構・横構

　横荷重（風荷重・地震荷重）に対して，橋梁全体の横方向の剛性を保持し，横荷重を円滑に支承に伝達させると同時に偏心荷重による主桁のねじれを防止する。

(f) ダイヤフラム

箱桁断面部材に曲げモーメントやねじりモーメントが作用する場合，箱桁断面は変形を生じる。これらの断面変形に伴い断面剛性が低下し，ある断面力に対し抵抗能力がなくなる。このため，形状保持の目的でダイヤフラムを設ける。

以下に各部材の機能を示すとともに，プレートガーダー，トラス，アーチ，ラーメン，斜張橋，吊橋の各部位の名称を図に示す。

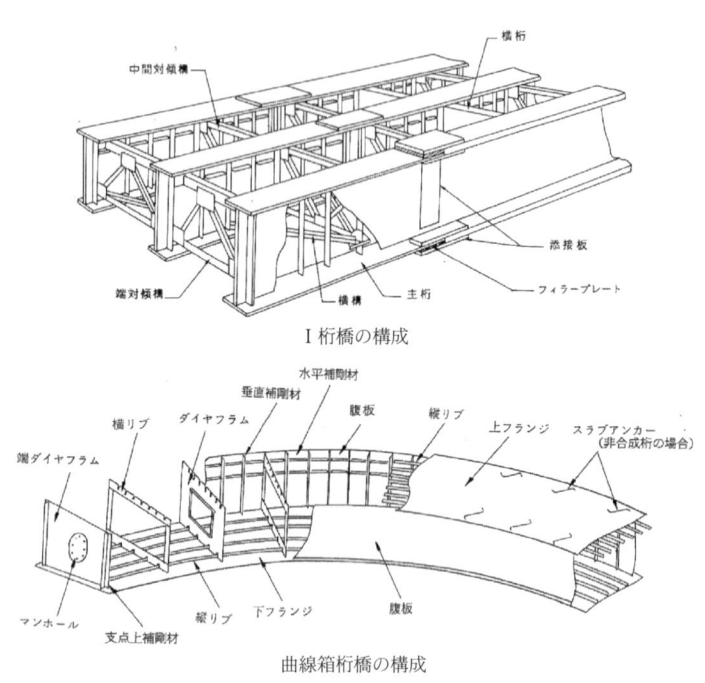

I 桁橋の構成

曲線箱桁橋の構成

図 5-7　プレートガーダー[10),11)]

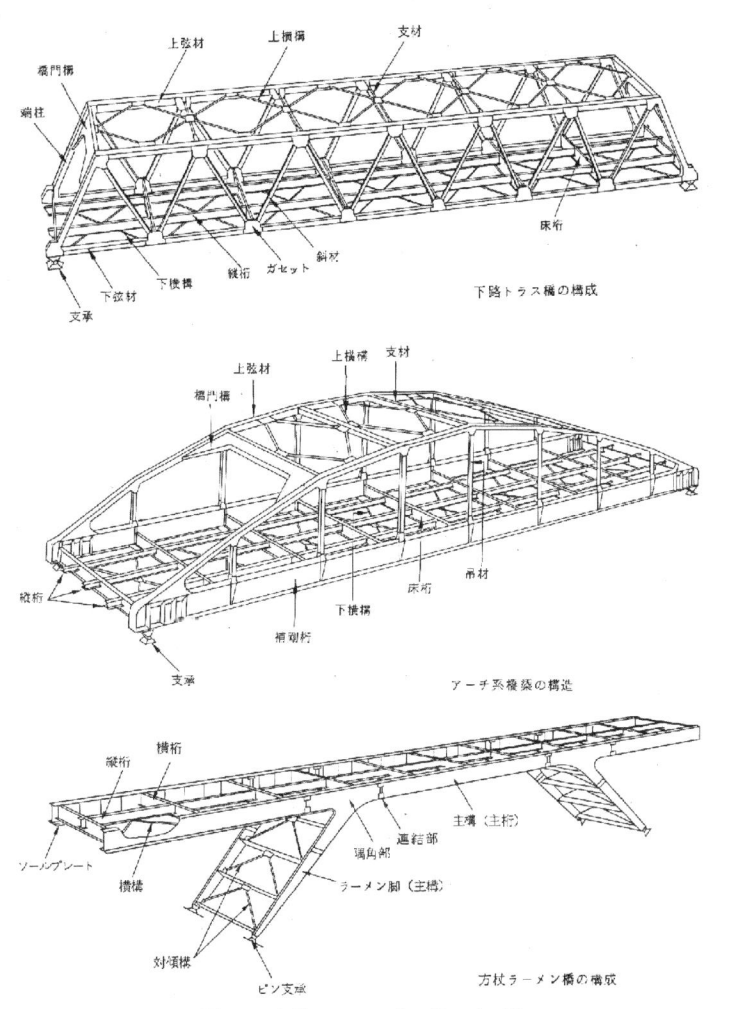

図 5-8 トラス・アーチ・ラーメン[12]

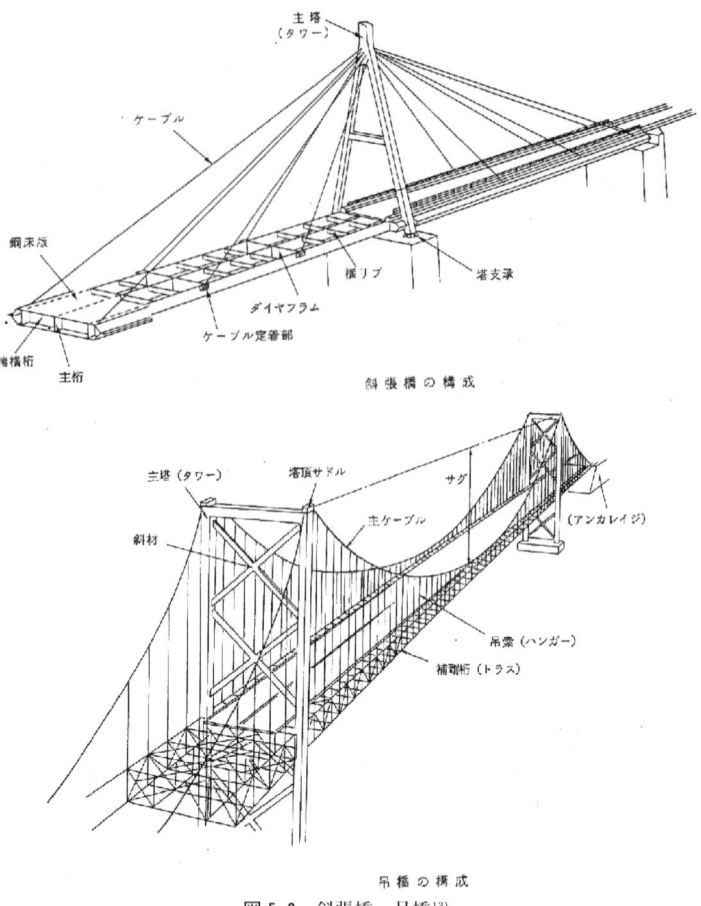

図 5-9 斜張橋, 吊橋[13]

5.2 下部工

5.2.1 下部工の主な構成

下部構造は, 上部工の荷重を支える橋台, 橋脚およびそれらの荷重を地盤に伝える基礎から構成される。それぞれ複数の構造形式があるが, 地形, 地質, 上部構造との結合条件, 交差条件などを考慮して選定される。

(1) 橋　　台

橋台は, 橋梁の端部に配置される。橋台は背面の土圧に抵抗することが重要である。その機能を果たすには, 軀体の重量を大きくする方法 (重力式) と橋台底版上の裏込め土砂の重量を利用して壁体重量を補い安定させる方法 (逆T式, 控え壁式) がある。

橋台には図 5-10 に示す, フーチング, 竪壁, 胸壁 (パラペット), 翼壁 (ウイング), 橋座などの部位から構成される。

(a) フーチング

橋台の最下部に位置し, 上部工の荷重を地盤に伝え, 橋台の沈下や転倒, 滑動などの安定を図る機能を有する。

(b) 竪　　壁

背面土圧を抑える機能を有する。

(c) 胸　　壁 (パラペット)

橋座と路面間の背面土圧および輪荷重を抑える機能を有する。

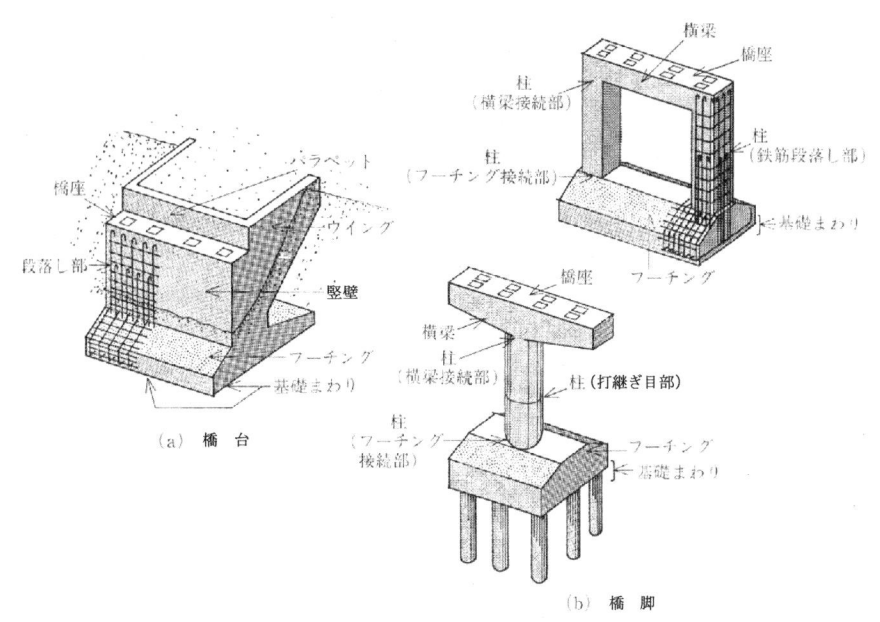

図 5-10 下部工の部位の名称[14]

(d) 翼　壁（ウイング）

橋台の背面土砂の崩壊などから保護する機能を有する。

(e) 橋　　座

上部工の荷重を支承を介して受ける機能を有する。

(2) 橋　脚

橋脚は，橋梁の中間部に配置され，上部工の鉛直荷重と水平荷重を支持する機能を有する。その形態には，柱または壁で支える方法，杭で支える方法などがある。また，橋台にはない鋼製品もある。

橋脚には図 5-10 に示す，フーチング，柱（または壁），横梁，橋座などの部位から構成される。

(a) フーチング

橋脚の最下部に位置し，上部工の荷重を地盤に伝え，橋脚の沈下や転倒，滑動などの安定を図る機能を有する。

(b) 柱または壁

上部構造の鉛直方向および水平方向の力を支持する機能を有する。

(c) 横　　梁

橋軸直角方向の荷重を支持し，柱または壁へ伝達する機能を有する。

(d) 橋　　座

上部工の荷重を支承を介して受ける機能を有する。

(3) 基　礎

基礎は，主に地中に構築され，上部構造から作用する荷重を信頼される地盤に伝え安定した支持機能を負担する部分である[14]。

良好な地盤に伝達し，安定した支持機能を有する。その形態には，信頼される地盤の深度によって，浅い場合と深い基礎とに大別される。

5.2.2 種類と形状

橋台，橋脚および基礎の代表的な種類と形状を示す。

(1) 橋　　台

橋台には図 5-11 のような種類があるが，一般的には以下のような形式に分類される。

(a) 重力式橋台[15]

本体の重量を大きくし，背面土圧に抵抗する構造である。躯体中に引張応力の発生を許さない。構造は簡単で施工も容易であるが，躯体重量が大きいため基礎や地盤に与える影響も大きい。

(b) 半重力式橋台[15]

重力式と類似の構造形式だが，躯体断面の一部に引張応力の発生を許す。したがって，引張応力が発生する部分には鉄筋を配して断面を補強する。

(c) 逆 T 型橋台[15]

橋台底版上の裏込め土の重量を利用して安定を図る構造である。立地条件によっては L 型を採用することもある。片持ち形式で背面土圧に対抗するため，鉄筋コンクリート構造となる。

(d) 扶壁式（控え式）橋台[15]

壁体背面に控え壁を設けて補強を図ったものである。扶壁の補強により主筋方向が水平方向となる。

(e) ラーメン橋台[15]

背面土圧にラーメン構造で抵抗する。背後に通路などの空間を設けることができるほか，大きな水平力に抵抗することができる。また，躯体高が大きく土圧の軽減を図る場合にも有効となる。

(2) 橋　　脚

橋台は，図 5-12 に示される種類があり，一般的には以下のような形式に分類される。

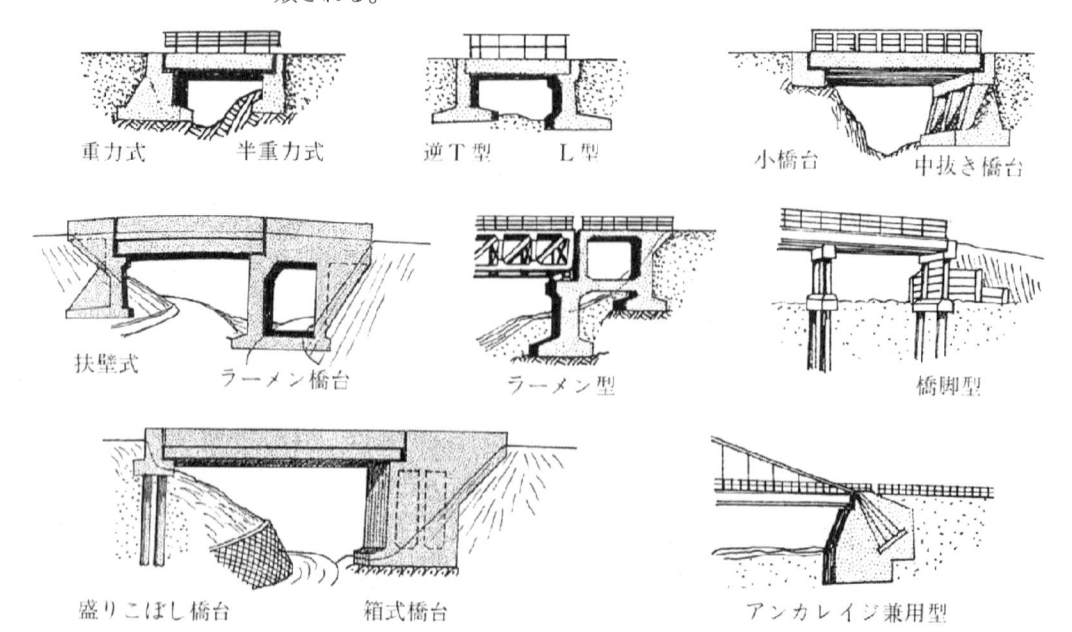

図 5-11 橋台の種類と形状[14]

図 5-12 橋脚の種類と形状[14]

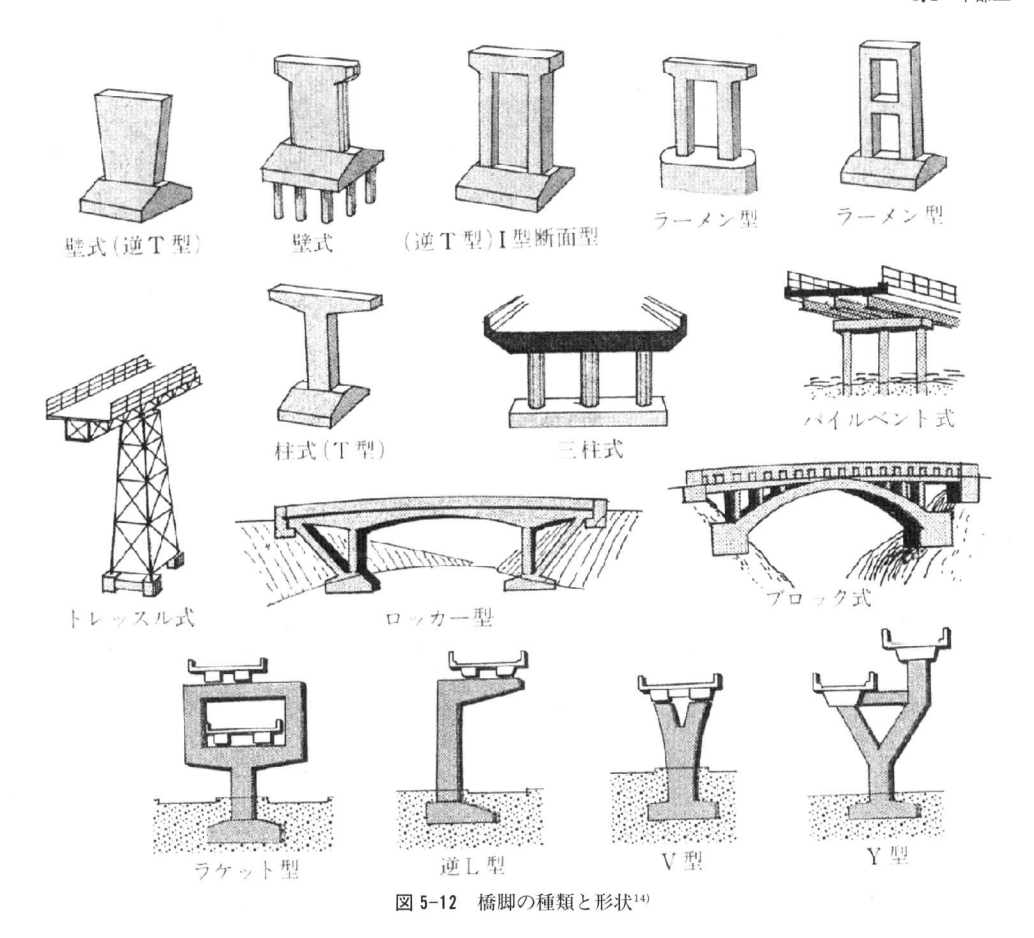

(a) 壁式橋脚

最も普遍的な形式である逆T型橋脚である。柱部分が壁式や小判型になっているものが多い。特に横梁部が張出し形式のものを張出し式とよぶこともある。

(b) ラーメン式橋脚[15]

ラーメン構造を採用した橋脚で，構造寸法をスレンダーにすることが可能である。また，交通車両の視界を大幅に遮らず，また，桁下空間を有効に利用できる。部材としては，鉄筋コンクリート，鉄骨コンクリート，鋼構造などがある。

(c) 柱式橋脚[15]

橋脚の上下端をヒンジ構造としたロッカー式と横桁を主桁相互に連結した固定式がある。ロッカー式では柱が軸力だけを受けるため非常に細くすることができる。柱の形態には鉄筋コンクリートや鋼柱のほかに合成柱，鋼コンクリート柱などがある。

(3) 基　礎

基礎は，信頼される地盤の深度により，図5-14 に示すように浅い場合は直接基礎，深い場合は杭基礎あるいはケーソン基礎となる。基礎工法を大別すると以下のように分類される。また，それぞれの基礎工法には数多くの工法があるが，その一部の代表的なものを図5-15 に示す。

```
                ┌─ 浅い基礎 ──── 直接基礎（原則として原地盤を対象）
                │           ┌─ 杭基礎 ────┬─ 既製杭
                │           │            └─ 場所打ち杭
                │           ├─ ケーソン基礎 ┬─ オープンケーソン
                └─ 深い基礎 ─┤            ├─ ニューマチックケーソン
                            │            └─ 設置ケーソン
                            ├─ 鋼管矢板基礎
                            ├─ 地下連続壁基礎
                            └─ 特殊な基礎
```

図 5-13　基礎工法の分類[15]

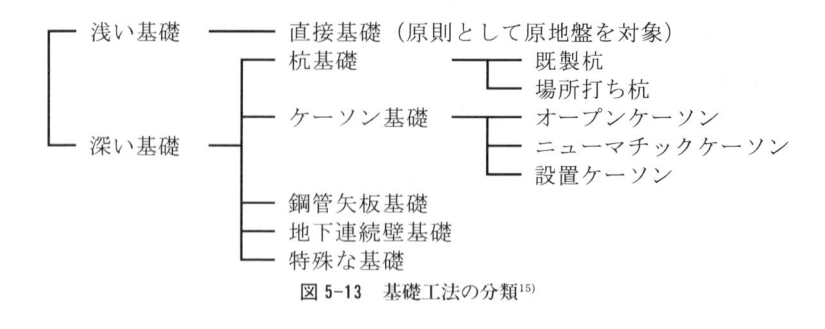

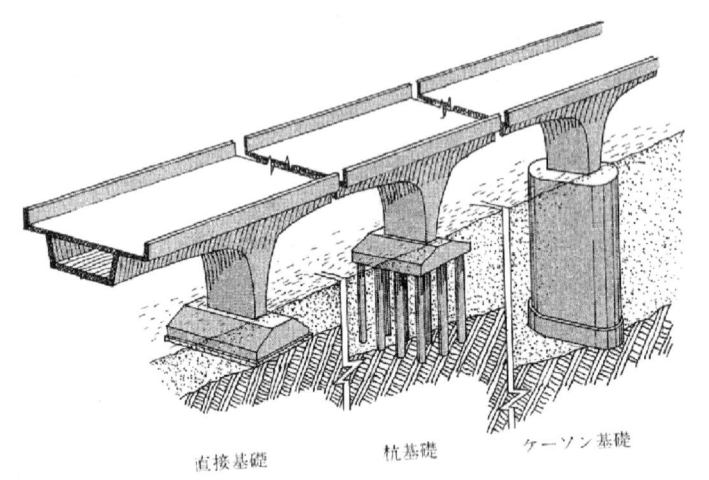

直接基礎　　杭基礎　　ケーソン基礎

図 5-14　基礎の種類と形状[14]

5.2 下部工

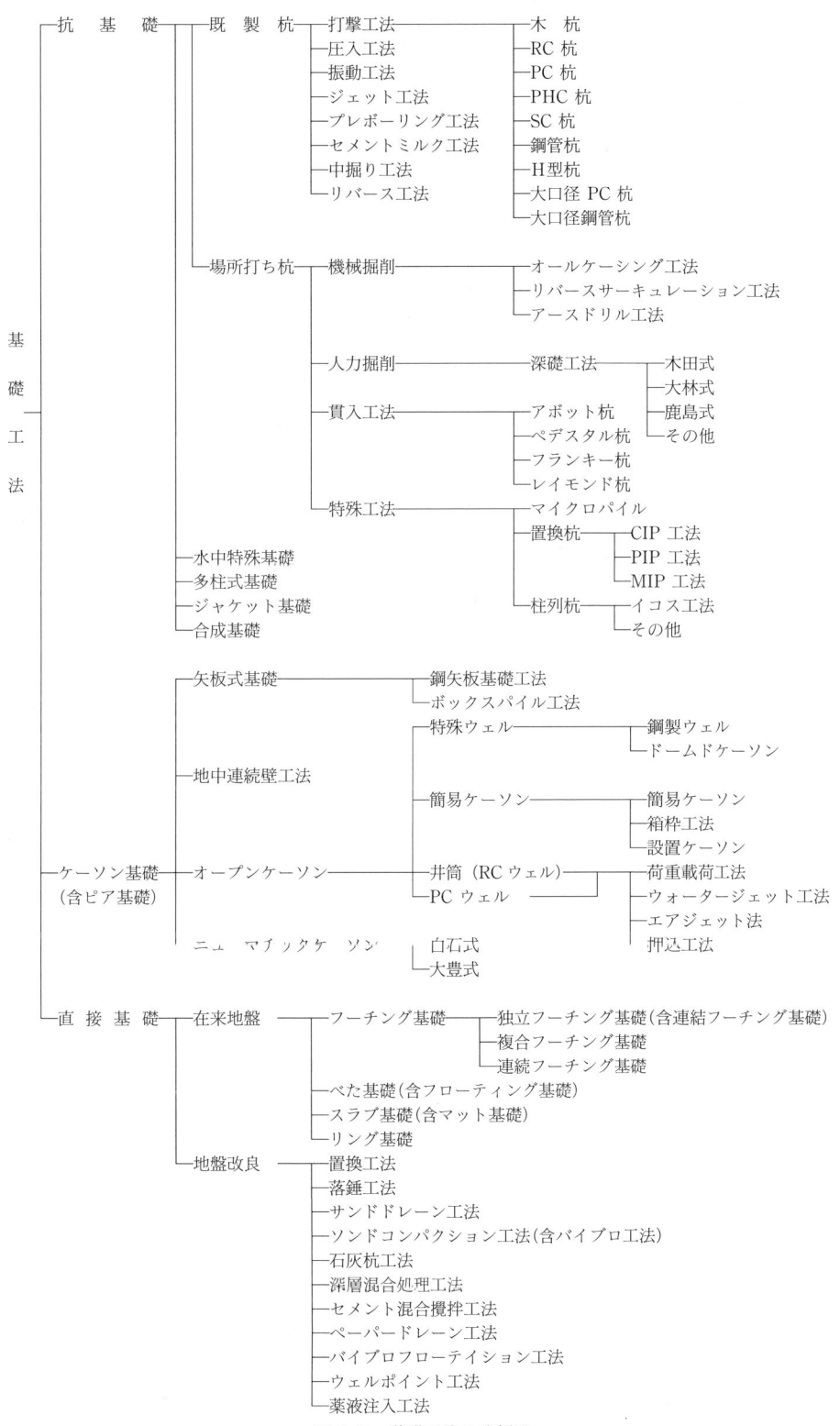

```
                ┌─既製杭──┬─打撃工法──────┬─木　杭
                │         ├─圧入工法      ├─RC 杭
                │         ├─振動工法      ├─PC 杭
                │         ├─ジェット工法  ├─PHC 杭
                │         ├─プレボーリング工法 ├─SC 杭
                │         ├─セメントミルク工法 ├─鋼管杭
                │         ├─中掘り工法    ├─H 型杭
                │         └─リバース工法  ├─大口径 PC 杭
                │                          └─大口径鋼管杭
                │
                │         ┌─機械掘削──────┬─オールケーシング工法
                │         │               ├─リバースサーキュレーション工法
                │         │               └─アースドリル工法
     ┌─杭基礎──┤         │                                  ┌─木田式
     │          │         ├─人力掘削──────┬─深礎工法────┼─大林式
     │          ├─場所打ち杭               │               ├─鹿島式
     │          │         │               │               └─その他
     │          │         ├─貫入工法──────┬─アボット杭
     │          │         │               ├─ペデスタル杭
     │          │         │               ├─フランキー杭
     │          │         │               └─レイモンド杭
     │          │         │               ┌─マイクロパイル
     │          │         └─特殊工法──────┤              ┌─CIP 工法
     │          │                         ├─置換杭──────┼─PIP 工法
     │          │                         │              └─MIP 工法
     │          │                         └─柱列杭──────┬─イコス工法
     │          │                                        └─その他
     │          ├─水中特殊基礎
     │          ├─多柱式基礎
     │          ├─ジャケット基礎
     │          └─合成基礎
     │
     │                    ┌─矢板式基礎──────┬─鋼矢板基礎工法
     │                    │                  └─ボックスパイル工法
     │                    │                  ┌─特殊ウェル──────┬─鋼製ウェル
     │                    │                  │                  └─ドームケーソン
     │                    ├─地中連続壁工法
基礎 │                    │                  ├─簡易ケーソン────┬─簡易ケーソン
工法─┤                    │                  │                  ├─箱枠工法
     │ ケーソン基礎       │                  │                  └─設置ケーソン
     ├─(含ピア基礎)──────┤                  ├─井筒（RC ウェル）┬─荷重載荷工法
     │                    ├─オープンケーソン │                    ├─ウォータージェット工法
     │                    │                  ├─PC ウェル         ├─エアジェット法
     │                    │                                       └─押込工法
     │                    │                  ┌─白石式
     │                    └─ニューマチックケーソン
     │                                       └─大豊式
     │
     │                    ┌─フーチング基礎──┬─独立フーチング基礎(含連結フーチング基礎)
     │          ┌─在来地盤┤                  ├─複合フーチング基礎
     │          │         │                  └─連続フーチング基礎
     │          │         ├─べた基礎(含フローティング基礎)
     │          │         ├─スラブ基礎(含マット基礎)
     │          │         └─リング基礎
     └─直接基礎─┤
                │         ┌─置換工法
                │         ├─落錘工法
                │         ├─サンドドレーン工法
                │         ├─ソンドコンパクション工法(含バイブロ工法)
                │         ├─石灰杭工法
                └─地盤改良┤─深層混合処理工法
                          ├─セメント混合攪拌工法
                          ├─ペーパードレーン工法
                          ├─バイブロフローテイション工法
                          ├─ウェルポイント工法
                          └─薬液注入工法
```

図 5-15　基礎工法の分類[14]

5.3 支承部

5.3.1 構成と機能

支承部とは，支承本体，アンカーボルト，セットボルト等の上下部構造との取付け部材，沓座モルタル，アンカーバー等，支承の性能を確保するための部分をいう。

支承部の機能には上部構造に作用する荷重を確実に支持して下部構造に伝達する荷重伝達機能と，活荷重，温度変化等による上部構造の伸縮や回転に追随し，上部構造と下部構造の相対的な変位を吸収する変位吸収機能がある。このほかに，地震時に生じる振動に対する減衰機能をもったものもある[16]。

5.3.2 支承の種類と材料

支承は橋梁の形式，構造に応じて要求される機能と耐久性を満足するように

表 5-3 支承の種類と機構[17]

支承の名称		可動,固定の区別	形状	支持機構	移動機構	移動方向	回転機構	回転方向
鋼製支承	線支承	可動および固定		平面と円柱面の線接触	すべり	1方向	ころがり	1方向
	支承板支承	可動および固定		平面，円柱面と球面の面接触	すべり	1方向または全方向	すべり	1方向または全方向
				平面と平面の面接触	すべり	1方向または全方向	ゴムプレートの弾性変形	全方向
	ピン支承	固定		凹凸円柱面の面接触	—	—	すべり	1方向
	ピボット支承	固定		凹凸球面の面接触			すべり	全方向
				半径の異なる凹凸面の点接触			ころがり	
	ローラー支承	1本ローラー支承	1本ローラー支承		平面と円柱面の線接触	ころがり	1方向	ころがり	1方向
		ピン複数ローラー支承	ピン複数ローラー支承		ピン支承＋複数の円柱面と平面の線接触	ころがり	1方向	すべり	1方向
		ピボット複数ローラー支承	可動		ピボット支承＋複数の円柱面と平面の線接触	ころがり	1方向	すべり	全方向
	ロッキングピアピボット支承	可動		凹凸球面の面接触	柱の傾斜	全方向	ピボットのすべり	全方向
				半径の異なる凹凸球面の点接触				
	ロッカー支承	可動		平面と欠円柱面の線接触	ころがり	1方向	ころがり	1方向
ゴム支承		可動,固定および反力分散		平面と平面の面接触	せん断弾性変形	全方向	弾性変形	全方向
コンクリートヒンジ支承		固定		線接触	—	—	曲げ変形	1方向
コンクリートロッカー支承		可動		面接触または線接触	すべりころがり	1方向	ころがり	1方向

選定する。**表5-3**に支承の種類と機構を示す。**表5-4**に支承に使用される材料を示す。

表5-4 支承の主な材料と適用[17]

材料の種類		適用規格	該当材料記号	主な用途
鉄鋼材料	構造用圧延鋼材	JIS G 3101 一般構造用圧延鋼材	SS400	支承本体, アンカーボルト, アンカーバー
		JIS G 3106 溶接構造用圧延鋼材	SM400, SM490	付属部品
	鋳鋼品	JIS G 5101 炭素鋼鋳鋼品	SC450	支承本体
		JIS G 5102 溶接構造用鋳鋼品	SCW410, SCW480	
		JIS G 5111 構造用高張力炭素鋼および低合金鋼鋳鋼品	SCMn1A, SCMn2A	
	構造用合金鋼	JIS G 4051 機械構造用炭素鋼鋼材	S35CN, S45CN	ピン, アンカーボルト, アンカーバー
		JIS G 4105 クロムモリブデン鋼鋼材	SCM435	高強度ボルト
		JIS G 4103 ニッケルクロムモリブデン鋼鋼材	SNCM439	高硬度ローラー支承のローラーおよび支圧板
			SNCM447	
	鍛鋼品	JIS G 3201 炭素鋼鍛鋼品	SF490A, SF540A	極太径のピン
	ステンレス鋼	JIS G 4303 ステンレス鋼棒	SUS430, 431 ほか	アンカーボルト 付属部品
		JIS G 4304 熱間圧延ステンレス鋼板	SUS304, 316 ほか	上沓のすべり面の防食張付け板, ゴム支承の補強材
		JIS G 4305 冷間圧延ステンレス鋼板	SUS304, 316 ほか	
	特殊ステンレス鋼		C-13B	高硬度ローラー支承のローラーおよび支圧板
			CWA	
	高力黄銅鋳物	JIS H 5102 高力黄銅鋳物	HBsC4	高力黄銅支承板
非金属材料	合成ゴム	「JIS K 6386 防振ゴムのゴム材料」ほか	C08, C10	ゴム支承, 支承板
	天然ゴム	「JIS K 6386 防振ゴムのゴム材料」ほか	A08, A10	ゴム支承
	ふっ素樹脂	JIS K 6888 四ふっ化エチレン樹脂板	PTFE	支承板, すべりゴム支承

注) 非金属材料のふっ素樹脂は, 商品名の「テフロン」とよばれることが多い。

5.3.3 支承の構造

表5-3の代表的な支承の構造図を次に示す。

図 5-16 線支承[17]

図 5-17 高力黄銅支承[17]

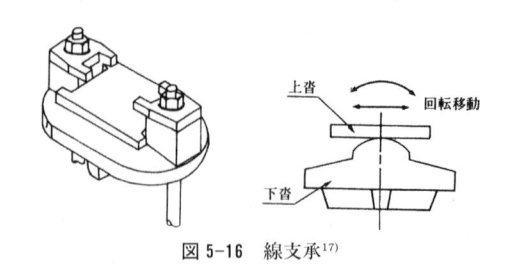

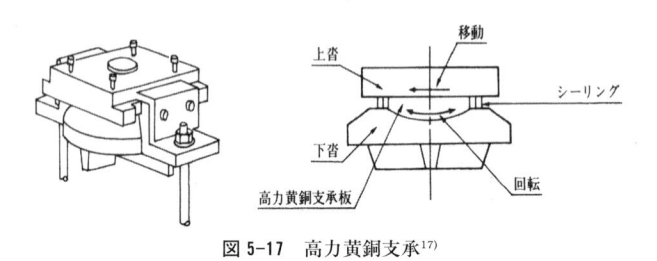

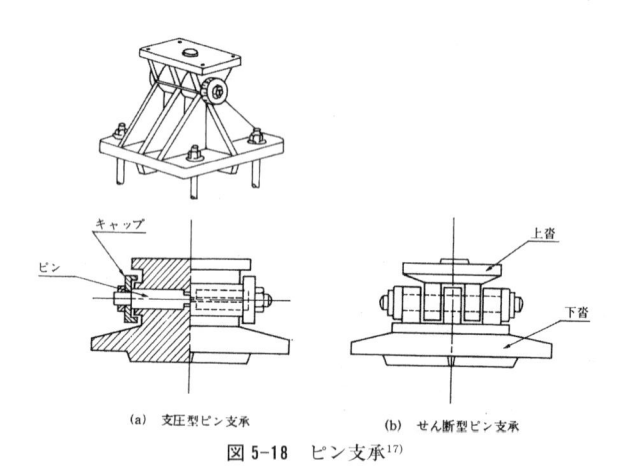

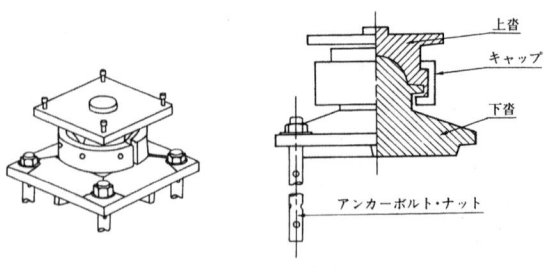

(a) 支圧型ピン支承　　(b) せん断型ピン支承

図 5-18 ピン支承[17]

図 5-19 ピボット支承[17]

(a) ピンローラー支承

(b) ピボットローラー支承

図 5-20 ローラー支承[17]

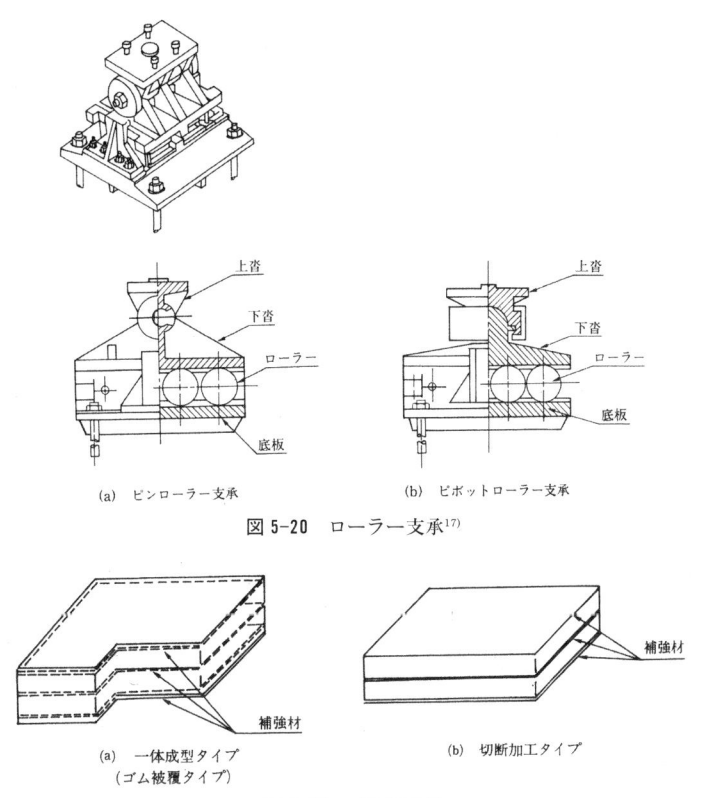

(a) 一体成型タイプ
　　（ゴム被覆タイプ）

(b) 切断加工タイプ

図 5-21 ゴム支承[17]

参考文献

1) ㈶道路保全技術センター,「橋梁点検・補修の手引き［近畿地方整備局版］」, pp. 12, H 13. 7
2) ㈳PC建設業協会,「やさしいPC橋の設計」, pp. 17-18, H 14. 7
3) ㈳日本道路協会,「コンクリート道路橋設計便覧」, pp. 17-18, H 6. 2
4) ㈳PC建設業協会,「PC道路橋計画マニュアル」, pp. 7-9, H 9. 3
5) ㈳PC技術協会,「複合橋設計施工規準（案）」, pp. 31, pp. 89, H 11. 2
6) ㈳PC技術協会,「プレストレストコンクリート技士試験　講習会資料」, pp. 19, H 14. 7
7) ㈳日本コンクリート工学協会,「コンクリート技術の要点 '02」, pp. 242-243, 2002. 9
8) ㈳土木学会,「コンクリート標準示方書　構造性能照査編」, pp. 148-172, 2002. 3
9) ㈳日本道路協会,「道路橋示方書・同解説Ⅲコンクリート橋編」, pp. 231-313, H 14. 3
10) ㈳日本橋梁建設協会,「鋼橋へのアプローチ」, pp. 16, H 10. 1
11) ㈳日本橋梁建設協会,「鋼橋の概要」, pp. 38, H 6. 4
12) ㈳日本橋梁建設協会,「鋼橋へのアプローチ」, pp. 17-19, H 10. 1
13) ㈳日本橋梁建設協会,「鋼橋へのアプローチ」, pp. 21, H 10. 1
14) 多田宏行,「橋梁技術の変遷」, pp. 11-12, 2000. 12
15) 土木学会編,「土木工学ハンドブック」, 技報堂, p. 1271-1273, H 1
16) ㈳日本道路協会,「道路橋示方書・同解説Ⅰ共通偏」, pp. 86, H 14. 3
17) ㈳日本道路協会,「道路橋支承便覧」, pp. 18-20, pp. 22-24, pp. 27, pp. 28, H 3. 7

第6章　点検の基礎

6.1 点検の意義と目的

橋梁点検は管理する橋梁の現状を把握し，損傷・変状を早期に発見することにより，安全，円滑な交通を確保し，橋梁に係る維持管理を効率的に行うために必要な情報を得ることを目的としている。

大規模な更新時代の入口にさしかかった今日，更新時期の平準化，補修費用の最小化等，長期的な視点から維持管理の総合的なマネジメントシステムの構築が始まっているが，その第一歩は点検による構造物の的確な現状把握であり，具体的には構造物の安全性あるいは道路交通の快適性や第三者に被害を及ぼす可能性のある損傷・変状の有無を的確に発見，把握し，記録，報告することである。

次にその発生原因より構造物の損傷度を適切に評価し，発見された変状が構造物の将来の経時的な性能低下にどのように影響していくのかを考察することである。

蓄積された点検結果を継続的に分析し，その分析結果に基づく対策の要否，その種類の選択，対策の実施時期などの判定に関する問題点や改善点を検討し，更新，フィードバックしていくことが重要である。

「道路構造物の今後の管理・更新等のあり方　提言」（国土交通省：道路構造物の今後の管理・更新等のあり方に関する検討委員会　平成15年4月）では，「構造物の点検は構造物の健全度評価や劣化予測から対策工事に至る一連のアクションに結びつけることを前提として行う必要がある。その場合，膨大な道路ストックを効率的に点検するために，環境条件，交通特性，構造物の劣化度等に対応して，適切な点検項目や点検頻度を定めることが重要である」としている。

また，構造物の誕生から寿命を全うするまでのライフサイクルコストを最小にすることが重要である。この観点から，点検に「時間」の概念を認識しなければならない。

すなわち，点検結果は点検時の構造物の状態を把握したものではあるが，検出された構造物の変状の原因や発生時期を推定することで，変状の発生から点検時までの変化を推測することができる。これによって次回の点検時までの変状の進行を正確に予測できれば，点検が重要な情報源として認識され，その記録の蓄積が情報の活用に繋がっていくものと考えられる。

橋梁の点検はよく，人間ドックにおける検査と診断の関係にたとえられる。人間ドックでの担当者は，検査技師と医師である。検査技師の役割はさまざまな損傷が示す兆候を正確に把握し，医師に報告することにある。橋梁点検担当

者の役割もまさにこの検査技師の役割と同様である。点検者は患者に相当する橋梁の特性を事前に把握し，適切な箇所の検査を適切な方法で効率よく正確に行うことが望まれる。橋梁の特徴を把握するためには，使用材料特性，橋梁形式・構造特性，各部材の役割等を把握することが求められる。点検担当者の質の高さを求められるゆえんがここにある。

例えば鋼橋の材料に関わる特性と損傷をみると，第一に鋼材の腐食があげられる。鋼材の腐食は水分，塩分，塵の堆積などが深く関与している。また，構造に関わる特性でみると薄肉軽量構造物である鋼橋は繰り返し載荷される荷重による振動から疲労亀裂，破断，ゆるみ，脱落等の損傷を生む要因を含んでいる。また，工場製作，現地架設での組立てにはリベット接合，溶接接合，高力ボルト接合と発展し，使い分けて今日に至っている。これらの異なる接合方式を有する既設鋼橋の点検に際しても，それぞれの接合方式の長所，短所を把握した点検者により対応することが望まれる。

コンクリート橋も同様に，材料の特性，構造特性，技術的経緯を経て現状に至っていることをよく理解する必要がある。

このように考えると，点検者には検査技師の領域にとどまらず材料，構造，技術的な経緯をよく理解することが求められている。

今後は，目視点検による事後対応型に加えて，劣化度合いを定量的に把握し，工学的，統計的な知見からの劣化予測により損傷状態が構造物のライフサイクルにおいてどの劣化段階にあるかを診断し，計画的な維持管理マネジメントシステムに従った点検が行われることが必要である。

6.2 点検の種別

「橋梁の維持管理の体系と橋梁管理カルテ作成要領（案）国土交通省　道路局　国道・防災課（平成16年3月）」では点検等および補修等の標準を次の10種類としている。①通常点検，②定期点検，③中間点検，④特定点検，⑤異常時点検，⑥詳細点検，⑦追跡調査，⑧維持，⑨補修，⑩補強である。なお，異常時点検を緊急事態が発生した場合に行う臨時点検と定義している自治体もある。

① 通常点検：損傷の早期発見を図るために，道路の通常巡回として実施するもので，道路パトロールカー内からの目視を主体とした点検をいう。

② 定期点検：橋梁の損傷状況を把握し損傷の判定を行うために，頻度を定めて定期的に実施するもので，近接目視を基本としながら目的に応じて必要な点検機械・器具を用いて実施する詳細な点検をいう。

③ 中間点検：定期点検を補うために，定期点検の中間年に実施するもので，既設の点検設備や路上，路下からの目視を基本とした点検をいう。

④ 特定点検：塩害等の特定の事象を対象に，あらかじめ頻度を定めて実施する点検をいう。

⑤ 異常時点検：地震，台風，集中豪雨，豪雪等の災害や大きな事故が発生した場合，橋梁に予期していなかった異常が発見された場合などに行う点検をいう。

⑥ 詳細調査：補修等の必要性の判定や補修等の方法を決定するに際して，損傷原因や損傷の程度をより詳細に把握するために実施する調査をいう。

⑦ 追跡調査：詳細調査などにより把握した損傷に対してその進行状況を把握するために，損傷に応じて頻度を定めて継続的に実施する調査をいう。

⑧ 維　　持：既設橋の機能を保持するために，一般に日常計画的に反復して行われる措置をいう。

⑨ 補　　修：既設橋に生じた損傷を直し，もとの機能を回復させることを目的とした措置をいう。

⑩ 補　　強：既設橋に生じた損傷の補修にあたってもとの機能以上の機能向上を図ること，または，特に損傷がなくても積極的に既設橋の機能向上を図ることを目的とした措置をいう。

6.3 点検の流れ

「橋梁定期点検要領（案）国土交通省　道路局　国道・防災課（平成 16 年 3 月）」に示されている，点検業務の標準的な進め方の流れを図 6-1 に示す。

定期点検は，安全で円滑な交通の確保，沿道や第三者への被害の防止を図るための橋梁に係る維持管理を効率的に行うために必要な情報を得ることを目的に実施し，損傷状況の把握，対策区分の判定，点検結果の記録を行うこととする。また，長期的な視点で系統的かつ計画的な維持管理を行うためには点検・調査・補修などに至る経緯や結果を適切に記録したデータベースを整備することが必要である。

また，データベースと地理情報システム（GIS）をリンクさせることにより合理的で使いやすい情報管理が可能となる。

点検記録，点検データの利用については第 13 章「橋梁点検要領と記録」を参照されたい。点検作業の事前準備から報告までの流れは図 6-2 のとおりである。

第6章 点検の基礎

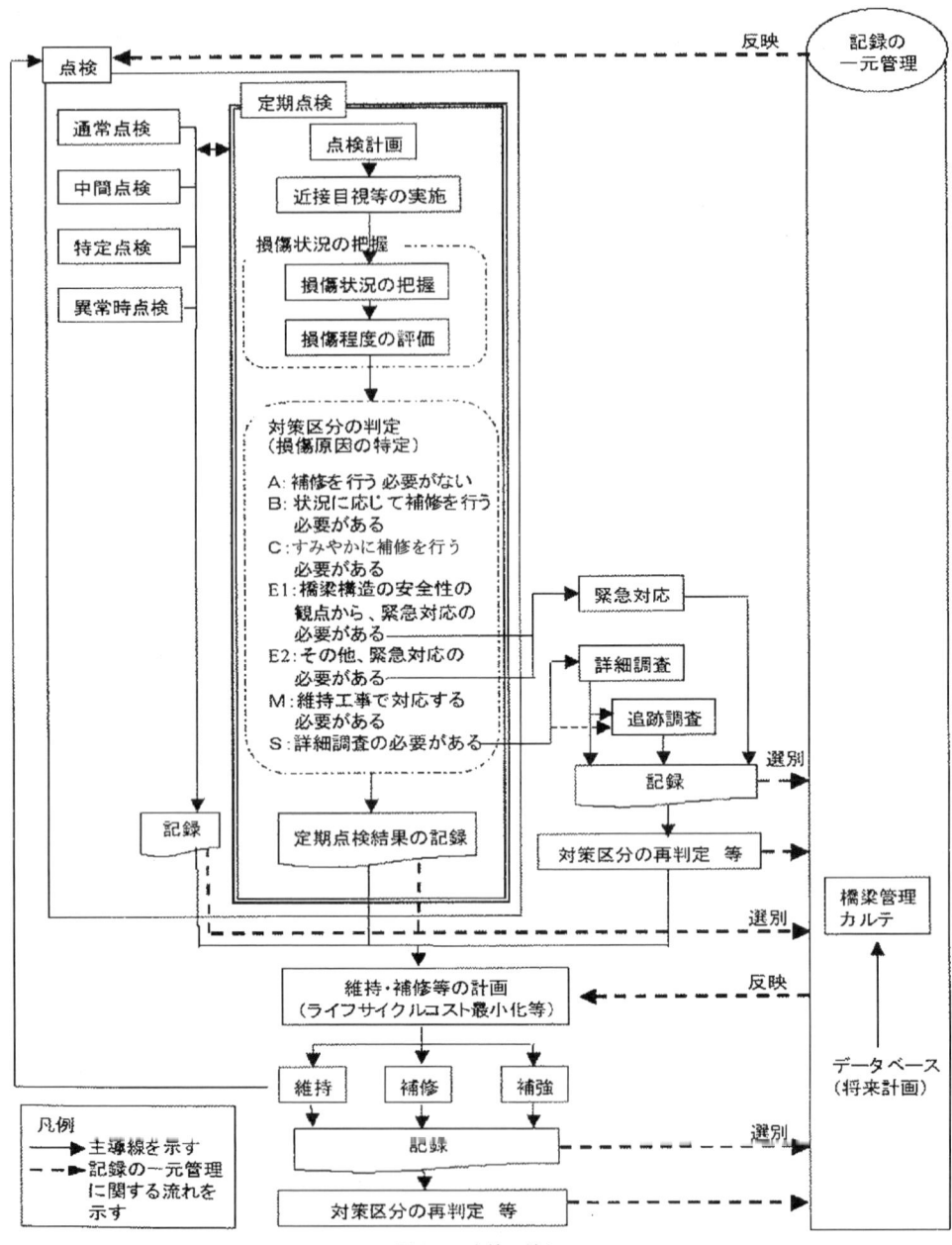

図 6-1 点検の流れ

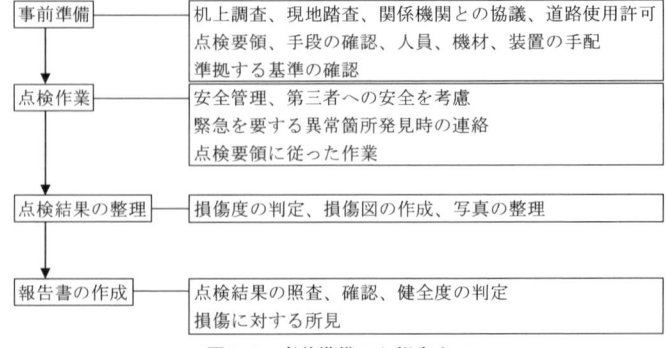

図 6-2 事前準備から報告まで

6.4 机上調査

机上調査には，橋梁点検を適切に実施するための資料調査と点検計画がある。この資料調査や点検計画に不備があると実際の点検業務に支障をきたすことが多く，事前の資料調査と点検計画の検討は重要である。

(1) 資料調査

資料調査の目的は，点検対象の構造形式，架橋位置，架橋環境を事前に知ることで，これにより，点検の方法（アプローチの方法）を予測することができるほか，構造形式や架橋環境，入手した過年度の点検結果などから損傷の発生位置や進行をある程度推測することができる。

(a) 橋梁台帳

橋梁の基本情報のほか，補修履歴や塗装歴などが書かれている。

(b) 点検調書

過去に実施された点検結果（写真，損傷図）が書かれている。

(c) 設計図書

一般図や構造図，設計計算書など。

(d) 路線図

橋梁の位置や規制図（警察協議）を書くときに利用できる。

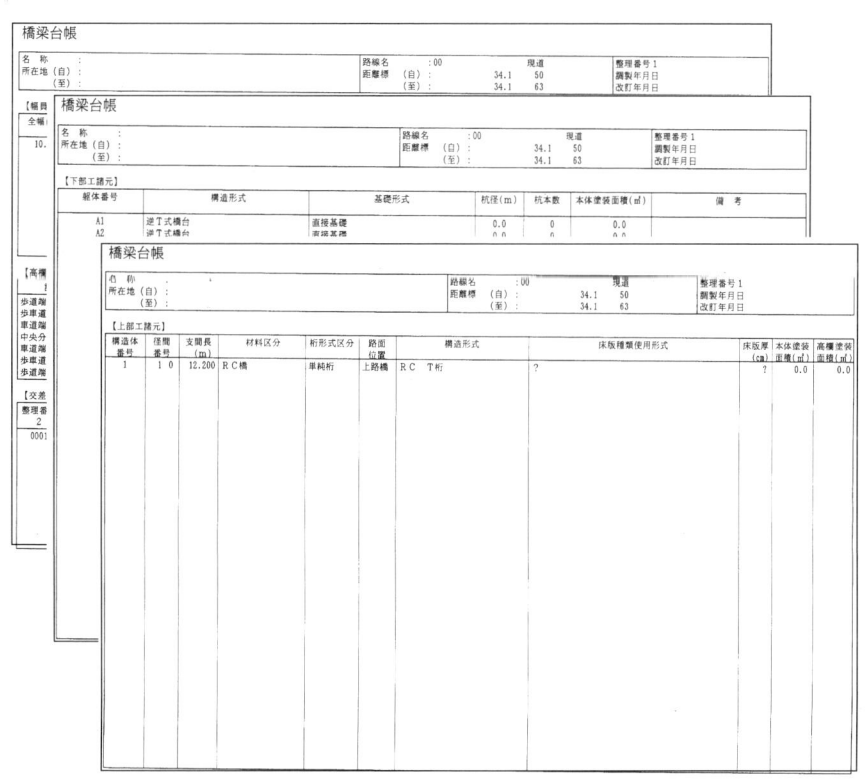

図 6-3 橋梁台帳・サンプル（国土交通省タイプ）

164　第6章　点検の基礎

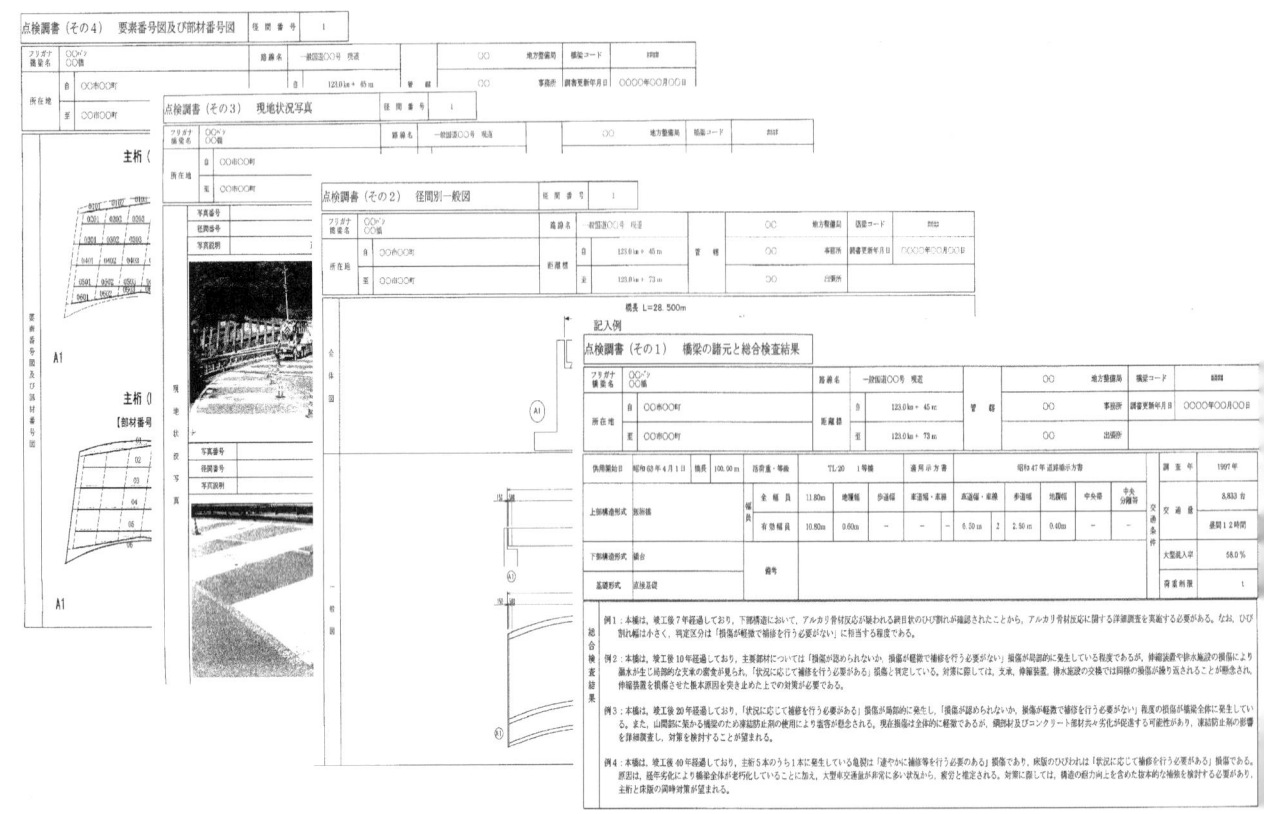

図6-4　点検調書・サンプル（国土交通省タイプ）

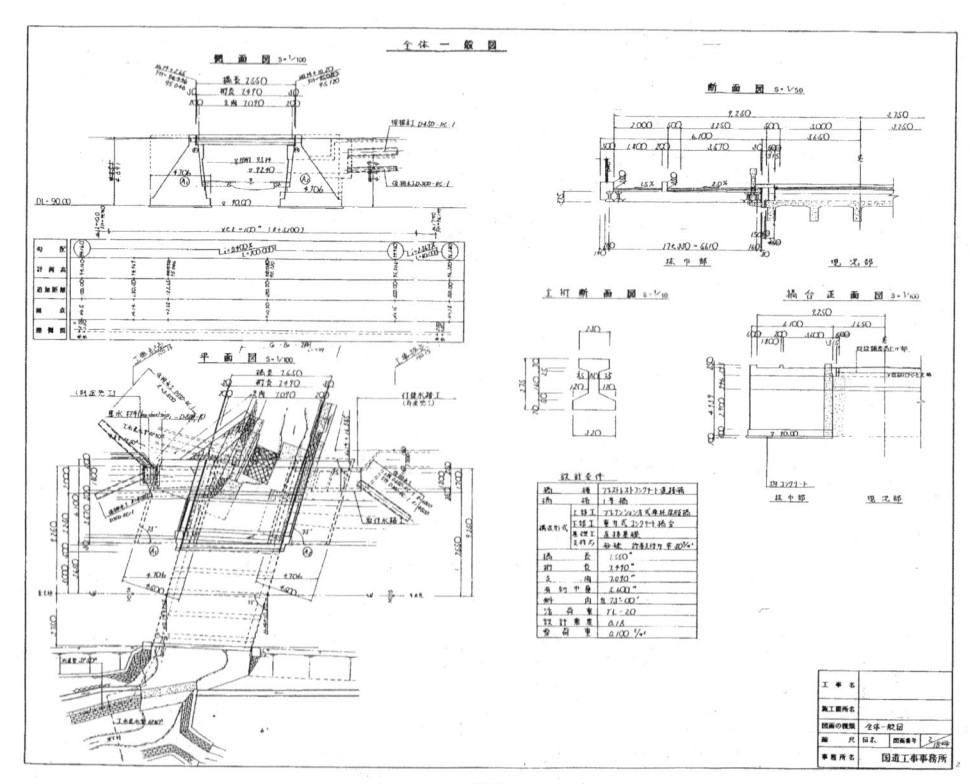

図6-5　一般図・サンプル

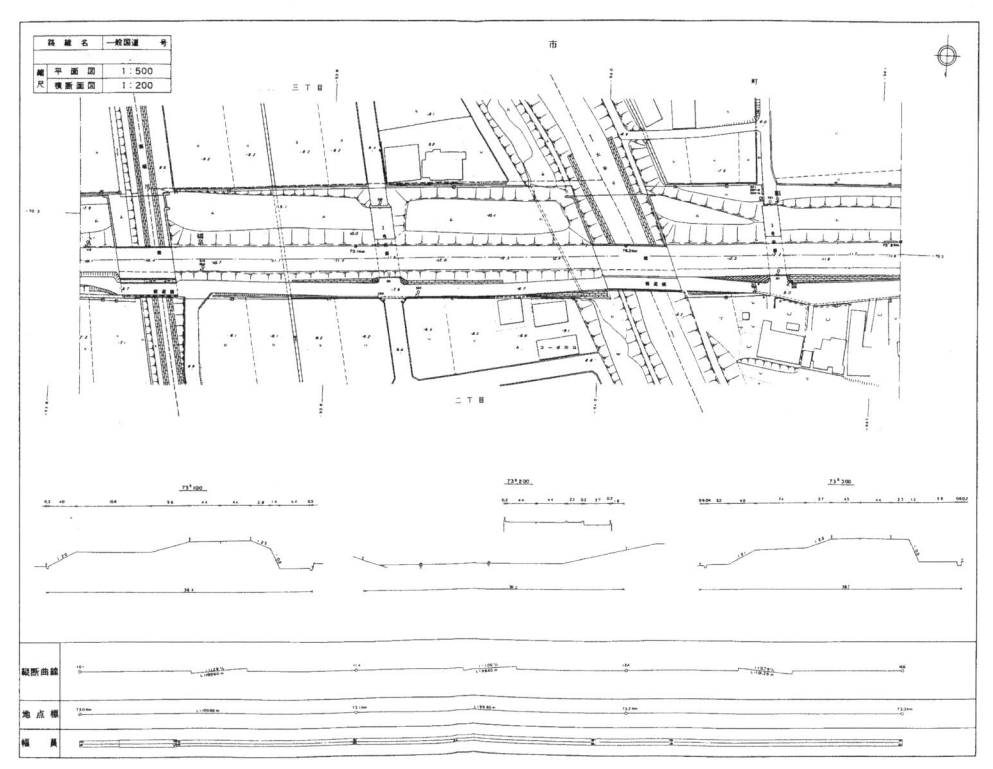

図 6-6 街路平面図・サンプル

(2) 点検計画

点検計画には，点検方法，点検の実施体制，現地踏査，安全対策，緊急連絡体制，工程など点検に関わるすべての項目が含まれる。最終的に，具体的な点検計画の内容が点検計画書として作成されるが，特に国や地方自治体の管理する橋梁の定期点検（5～10年に1度）は，その年度で実施する点検橋梁数も多いため，現地踏査後に点検方法などの変更が生じる。このため，業務計画書（現地踏査前）および実施計画書（現地踏査後）を作成するのが通常である。以下に計画書の一般的な内容を示す。

　(a) 業務内容
業務目的，業務概要，点検対象橋梁一覧などについて記述する。
　(b) 点検項目と方法
点検の範囲や項目，点検の流れ（フローチャート），点検方法などについて記述する。
　(c) 点検体制（実施体制）
点検組織や連絡体制などについて記述する。
　(d) 管理者協議
鉄道や警察など協議が必要となる点検橋梁の対応などについて記述する。
　(e) 安全対策
点検方法（地上，はしご，高所作業車，足場）について記述する。
　(f) 緊急連絡体制
事故発生時の連絡体制，連絡先を記述する。
　(g) 緊急対応

緊急対応が必要な橋梁が確認された場合の連絡体制を記述する。
(h) 工　程
点検順序，必要日数などを記述する。

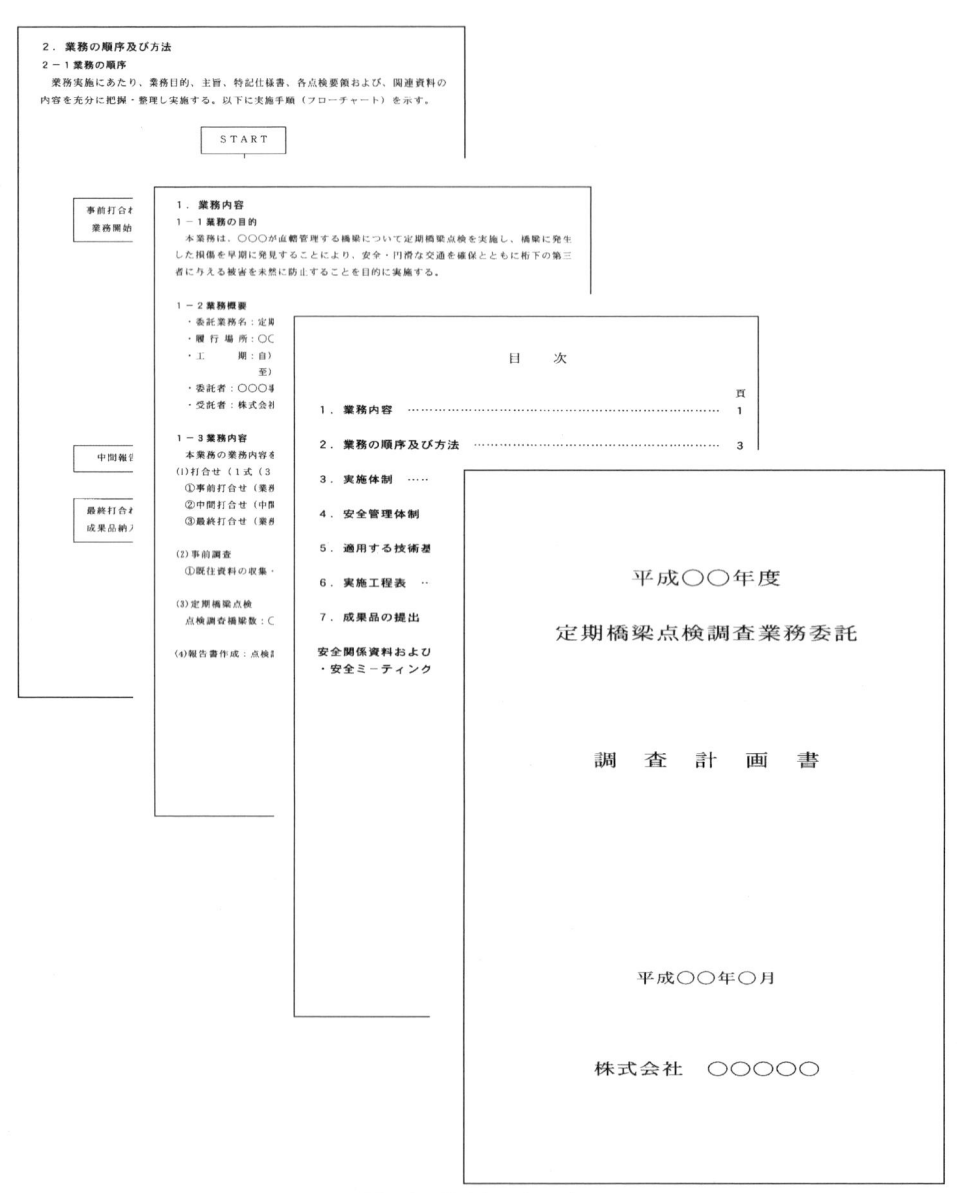

図6-7　計画書・サンプル

6.5 現地踏査

点検に先立ち，橋梁本体および周辺の状況を確認し，効果的な点検方法を選定することが一番の目的である。また，橋梁台帳との整合性や補修・補強の有無，交通規制の有無などを確認することも含まれるほか，現地踏査時に緊急対応が必要となる損傷が確認されることもある。

(1) 点検方法

現地踏査時に確認することとして，効果的な点検が実施できる方法であるかどうかを確認するとともに，安全に点検できるかも重要である。特に機械足場（高所作業車や橋梁点検車）を使用する場合は，機械の使用限界，地盤の状況，架空線の位置を確認するとともに，大型の橋梁点検車などは点検開始までの待機場所についても確認する必要がある。足場を架設する場合も，資材の搬入経路や資材置場など安全に作業が実施できるよう検討が必要となる。

(2) 現橋の状況

入手した資料との整合性について確認する必要がある。特に橋梁台帳については入力データを更新する必要から，幅員（地覆，高欄の補修により違うときがある），塗装歴，補修の有無などを確認する必要がある。また，点検時に必要となる野帳などを作成するため床組に部材が増設されていないか確認が必要となる。

(3) 他機関との協議

点検方法に応じて他機関との協議の有無を確認する。最も多いのは道路使用による警察協議のほか，鉄道，河川協議（点検で船を使用する場合など）などがある。また，点検橋梁の架橋位置や点検方法によっては付近住民への対応が必要となる場合がある。

(4) 現地踏査時に確認された損傷

現地踏査時において，どの程度の損傷が発生しているか確認する。これは点検工程に影響するほか，著しい損傷が発見された場合には詳細調査や緊急対応が必要と判断される場合がある。

写真 6-1 橋梁点検車

写真 6-2 高所作業車

6.6 点検の準備

現地踏査により点検計画がほぼ確定すると点検の準備となる。点検の準備には，必要となる点検機材の手配や購入，点検用野帳の作成や機械足場の手配，道路使用に伴う道路使用許可申請書類の作成（警察協議）などがある。

(1) 点検計画の変更

現地踏査により点検方法や点検工程の変更，関係機関への協議などが生じた場合は，当初作成した計画書を修正する必要がある。

(2) 関係機関との協議

関係機関との協議が必要な場合は，点検の要点をまとめた計画書を作成（協議書類）することが多い。6.5「現地踏査」の項で述べたように，橋梁点検による関係機関協議で一番多いのは道路使用による警察協議で，協議用書類として必ず交通管理図を添付しなければならない。また，他の関係機関との協議においても，点検状況のイメージ図などを作成して橋梁点検への理解を求める場合がある。

なお，交通管理図の作成は公的機関で監修した「道路占用工事共通指示書」や「道路工事保安施設設置基準」などを参考に作成する。

(3) 点検用野帳の作成

点検用の野帳作成は一般図や現地踏査を参考に，上部構造（橋面と下面），

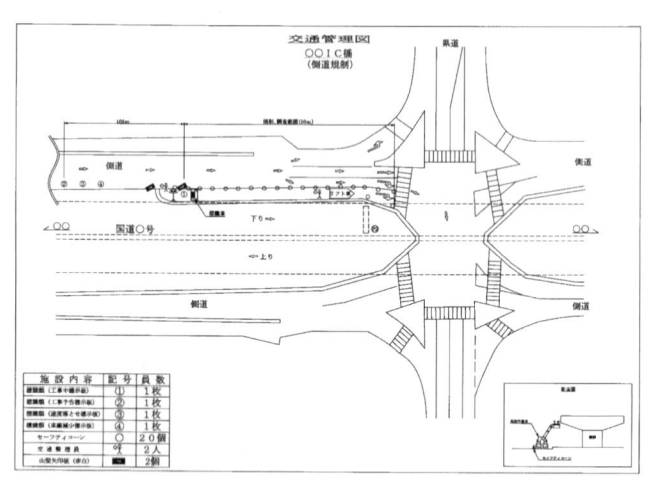

図 6-8　道路使用許可申請書，交通管理図・サンプル

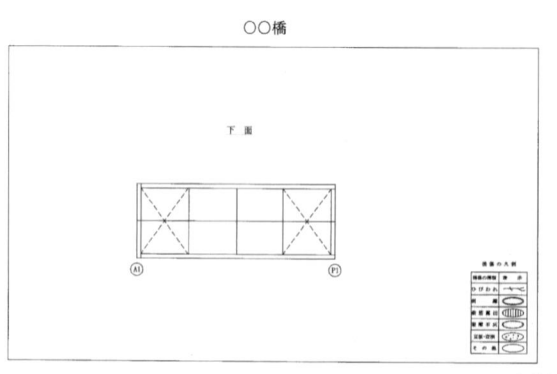

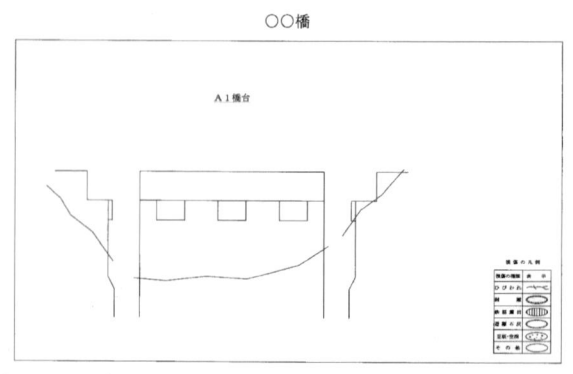

図 6-9　点検用野帳・サンプル

下部構造の形状図を作成し，点検時に確認した損傷のスケッチを書き入れる。

(4) その他の準備

点検時に必要となる個人装備（ヘルメット，安全靴，安全帯など），点検道具（テストハンマー，クラックスケールなど）の準備がある。また，機械足場（高所作業車や橋梁点検車）を使用する場合は点検橋梁に適した大きさを手配するほか，非破壊機器などの点検機器を使用する場合は，必ず作動確認を行う。

6.7 点検の心構え

橋梁点検員の役割としては，大きく三つある。

① 構造物の損傷・変状の有無を的確に発見，把握し，記録，報告することで，これは6.1「点検の意義と目的」の項で述べたことである。

② 確認した損傷・変状の原因を予測し，損傷の程度に応じては詳細調査の実施もしくは提案を行う場合がある。また，構造物への影響が大きいと判断される損傷や第三者に被害を及ぼすおそれがある損傷が確認された場合は，関係機関への緊急連絡を忘れてはならない。

③ 実際の橋梁点検では点検作業班を統括，管理して安全に点検作業が進むように努めなければならない。

最初の①②は点検員に求められる技術で，どの橋梁点検要領にも橋梁点検員の資格として「橋梁に関して十分な知識と実務経験を有する者」と書かれている。知識については，橋梁の設計・施工に関すること，橋梁に発生する損傷の種類，発生箇所，原因などであり，本マニュアルにも必要とされる知識の部分は詳しく書かれている。ただし実務経験については，実際の構造物を点検すること以外に方法がなく，知識と実務経験は並行して積み上げていくことが望まれる。

③は安全管理に関することであり，この安全管理抜きで点検を進めることはできない。なお，安全管理については次項の6.8「安全管理」に記述する。

6.8 安全管理

人命尊重を基本とし点検員はもとより，一般通行などの第三者への安全を十分に確保して，無事故，無災害で点検作業を実施することが必要である。

労働基準法，労働安全衛生法および，関連法令を遵守し，点検要領，基準に基づき安全に点検作業を実施する。

点検作業中に事故などの発生によって負傷者が出た場合は緊急処置を行い，緊急連絡系統への連絡をすみやかに行わなければならない。

また，始業時には点検員に危険予知訓練（KYT活動）の手法を取り入れた安全教育を実施することも大切である。

特に，以下の事項には注意が必要である。

① ヘルメット，安全帯，安全チョッキを着用する。始業前にはこれらの点検を行う。

② 高さ2m以上の作業は，必ず安全帯を使用する。

③ はしごを昇降する場合は，下端を補助者に保持させ，物をもたない。

④ 道路，通路上での作業は必ず安全チョッキを着用し，必要に応じて交通

誘導員を配置し，作業区域へ第三者が進入しないように配慮する。
⑤ 高所作業では工具・器具等の取扱いに注意するとともに，高所では工具・器具を放置しない。
⑥ 高所からの物の投げ下ろしはしない。
⑦ 密閉場所での作業では酸欠状態を事前調査する。
⑧ リフト車においては始業時点検を行い，アウトリガーの設置位置に注意し，安定した状態で作業する。
⑨ 鉄道線路内への立入りは工事管理者の指示に従う。

6.9 服装と持ち物

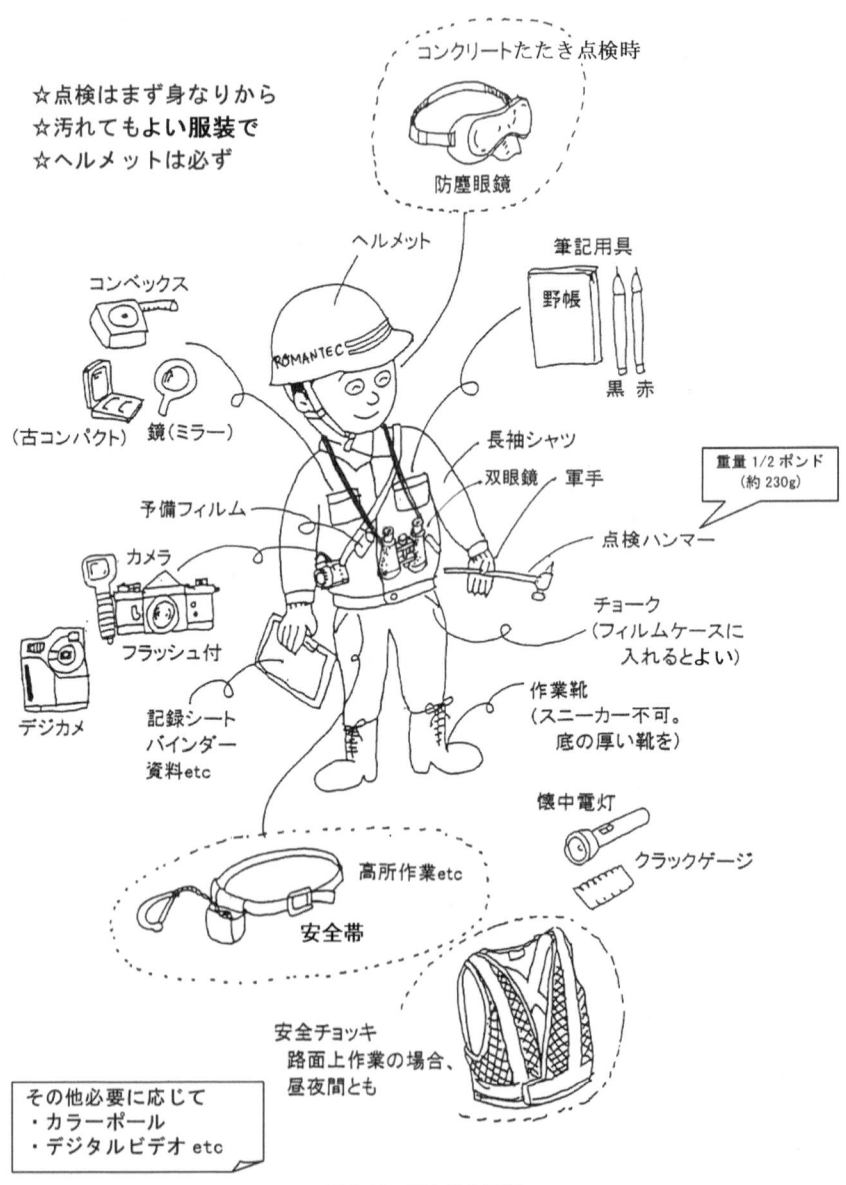

☆点検はまず身なりから
☆汚れてもよい服装で
☆ヘルメットは必ず

図6-10 持ち物と服装

6.10 基準と参考図書

点検を実施する上での基準および参考図書を**表6-1**に示す。

表6-1 基準および参考図書

分類	基準と参考図書	発行・制定	機関
基準	橋梁定期点検要領（案）	平成16年3月	国土交通省道路局国道・防災課
	橋梁の維持管理の体系と橋梁管理カルテ作成要領（案）	平成16年3月	国土交通省道路局国道・防災課
	損傷程度の評価例	平成16年	（財）海洋架橋・橋梁調査会
	橋梁における第三者被害予防措置（案）	平成16年3月	国土交通省道路局国道・防災課
	コンクリート橋の塩害に関する特定点検要領（案）	平成16年3月	国土交通省道路局国道・防災課
示方書	道路橋示方書・同解説	平成14年3月	（社）日本道路協会
	2001年制定コンクリート標準示方書	平成13年	土木学会
参考（評価，補修・補強，その他）	鋼橋の疲労	平成9年5月	（社）日本道路協会
	鋼橋における劣化現象と損傷の評価	平成8年10月	土木学会
	非破壊検査を用いたコンクリート構造物の健全度診断マニュアル	平成15年	独立行政法人土木研究所 日本構造物診断技術協会
	道路橋補修便覧	昭和54年2月	（社）日本道路協会
	コンクリート構造物の劣化および補修事例集	平成8年10月	（社）日本コンクリート工学協会
	コンクリートのひび割れ調査，補修・補強指針-2003-	平成15年	（社）日本コンクリート工学協会
	鋼構造物補修・補強改造の手引き	平成4年7月	（財）鉄道総合技術研究所
	保全技術者のための橋梁構造の基礎知識	平成17年1月	多田宏行編著　鹿島出版会
	橋梁技術の変遷	平成12年	多田宏行編著　鹿島出版会
	実例でみるPC橋の耐久性向上技術	平成4年11月	中部セメントコンクリート研究会 プレストレストコンクリート建設業協会
	コンクリート橋　点検のポイント	平成12年3月	（財）道路保全技術センター 道路構造物保全研究会
	鋼橋　点検のポイント	平成12年3月	（財）道路保全技術センター 道路構造物保全研究会
	コンクリート構造物点検マニュアル（案）	平成13年3月	（財）道路保全技術センター 道路構造物保全研究会
	下部工　点検のポイント（案）	平成14年3月	（財）道路保全技術センター 道路構造物保全研究会

6.11 記録と保存

(1) 記録と保存

点検結果の記録は，対象橋梁の現況を客観的に把握し，効率的・効果的な維持管理を行う上で貴重な資料となることから，点検を実施した際は必ず記録することとする。そのためには，点検者は，損傷箇所や損傷程度等の客観的な点検結果が，管理者や次の点検実施者へ正確に伝わるようにする必要があり，そのためにはどのような項目を記録しておくべきか理解しておく必要がある。なお，このような記録は，情報の共有および相互比較ができるデータベースとして活用されるように，記録様式は統一されたものが望ましい。

(2) 記録事項

記録事項は，構造形式，架橋位置等の橋梁の基本的な諸元に関するものおよび以下に示すような損傷に関するものを基本とする。

① 損傷部位あるいは箇所
② 損傷の種類

③ 損傷の大きさおよび範囲（必要に応じてスケッチ，写真記録）
④ 損傷の判定
⑤ 過去に実施された補修，補強履歴等

なお，以下に示すような状況は緊急に対策を実施する必要があるので，至急関係機関へ報告を行い，状況を具体的に記録する必要がある。
① 上部工，下部工の著しい損傷により，落橋のおそれがある場合。
② 高欄の欠損，破断により歩行者あるいは通行車両が橋から落下するおそれがある場合。
③ 伸縮装置の著しい変形により通行車両がパンク等により運転を誤るおそれがある場合。
④ 伸縮装置の欠損，舗装の著しい凹凸により通行車両がハンドルを取られるおそれがある場合。
⑤ 地覆，高欄，床版等からコンクリート塊が落下し，路下の通行人，通行車両に危害を与えるおそれが高い場合。
⑥ 落橋防止装置の損傷，桁の異常な移動により落橋のおそれがある場合。
⑦ 床版の著しい損傷により，路面の陥没のおそれがある場合。
⑧ 桁あるいは点検路等から異常音が発生しており，周辺住民に悪影響を与えていると考えられる場合。

(3) 記録方法

記録には写真，スケッチ，採寸等の方法があるため，それらの長所短所を理解し損傷に応じた的確な方法で行う必要がある。以下にこれらの記録方法の概要を示す。

　(a) 写　真

損傷は色彩によっても判断される場合が多いので，カラー写真とするのがよい。損傷箇所は一般的に光線が入りにくく，フィルムに感光する光量が不足する場合が多いので，フィルム感度の高いものを選び，ストロボが設けられているカメラが望ましい。なお，最近はデジタルカメラの普及に伴い，これによる記録が一般的となりつつあるが，できるだけ画素数の多い高解像度のものを使用することが望ましい。

写真で記録する場合，損傷箇所の拡大写真のみでは損傷原因の推定を誤る場合があるので，損傷の周囲状況も確認できるように記録することが大切である。例えばひびわれがある場合，単に乾燥収縮によるものか，鉄筋腐食によるものか，損傷周囲の状況から判断可能な場合もあるため，できるだけ客観的な判断ができるような近接および遠望の記録を残すことが大切である。

また損傷によっては，その箇所を特定するのが困難になることが多いため，損傷箇所を特定するような符号や文字，寸法等をチョークで直接部材に書き込み，記録するのがよい。黒板等を使用して記録する方法もあるが，レンズの被写界深度などにも考慮しておかないと不鮮明になるので注意を要する。

　(b) スケッチ

写真による記録では表現の難しい損傷の広がりや，損傷の特徴等の補足説明

のためには，スケッチによる記録を残すのがよい。そのため，スケッチは損傷の広がりや特徴が客観的に把握できるようにする必要がある。

　(c) 採　寸

　損傷の程度を表すには，その大きさを数値で記録することが有効である。例えばひびわれについては，ひびわれ幅や長さを記録し，剥離や鉄筋露出等は概略の寸法を記録する。なお，これらの情報は，詳細調査や補修・補強の必要性を判断する上での基礎資料となるとともに，次回点検実施時に損傷の進行の有無を判断する上での基準値となる。

(4) 記録様式

　点検結果の記録様式は，管理者側で様式が定められていることが多いので，それに従うのがよい。特に様式が定められていない場合は，橋梁の基本的な諸元および損傷状況を客観的に伝えることが可能な様式に記録する必要がある。

　「橋梁の維持管理の体系と橋梁管理カルテ作成要領（案）」国土交通省 道路局 国道・防災課（平成16年3月），および「橋梁定期点検要領（案）」国土交通省 道路局 国道・防災課（平成16年3月）では，図6-11に示すように橋梁台帳，点検調書，橋梁管理カルテの様式を定めている。

　橋梁点検要領（案）による点検結果の記入様式例を図6-12に示す。

(5) 記録の保存

　点検結果の記録は，対象橋梁の現況を客観的に把握し，効率的・効果的な維持管理を行う上で貴重な資料となることから，その保存には細心の注意を払う必要がある。また，記録は，情報の共有および相互比較ができるデータベースとして活用されるように，記録様式は統一されたものが望ましく，また，検索が容易であることが必要である。

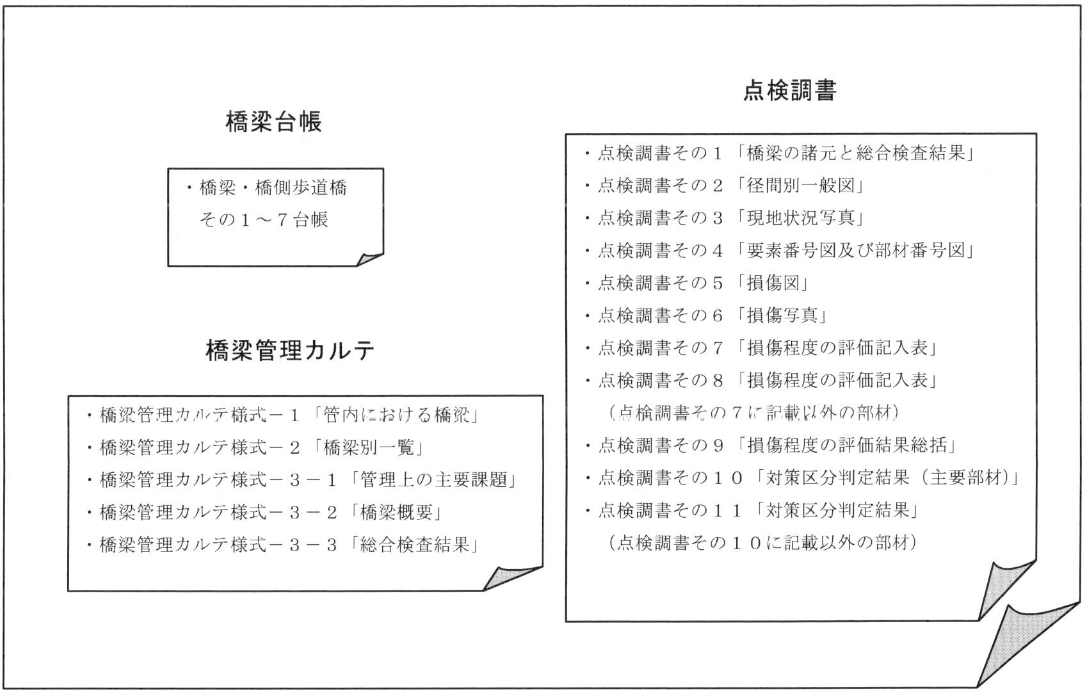

橋梁台帳
- 橋梁・橋側歩道橋その1～7台帳

橋梁管理カルテ
- 橋梁管理カルテ様式－1「管内における橋梁」
- 橋梁管理カルテ様式－2「橋梁別一覧」
- 橋梁管理カルテ様式－3－1「管理上の主要課題」
- 橋梁管理カルテ様式－3－2「橋梁概要」
- 橋梁管理カルテ様式－3－3「総合検査結果」

点検調書
- 点検調書その1「橋梁の諸元と総合検査結果」
- 点検調書その2「径間別一般図」
- 点検調書その3「現地状況写真」
- 点検調書その4「要素番号図及び部材番号図」
- 点検調書その5「損傷図」
- 点検調書その6「損傷写真」
- 点検調書その7「損傷程度の評価記入表」
- 点検調書その8「損傷程度の評価記入表」
　（点検調書その7に記載以外の部材）
- 点検調書その9「損傷程度の評価結果総括」
- 点検調書その10「対策区分判定結果（主要部材）」
- 点検調書その11「対策区分判定結果」
　（点検調書その10に記載以外の部材）

図6-11　橋梁点検要領（案）の点検結果の記入様式

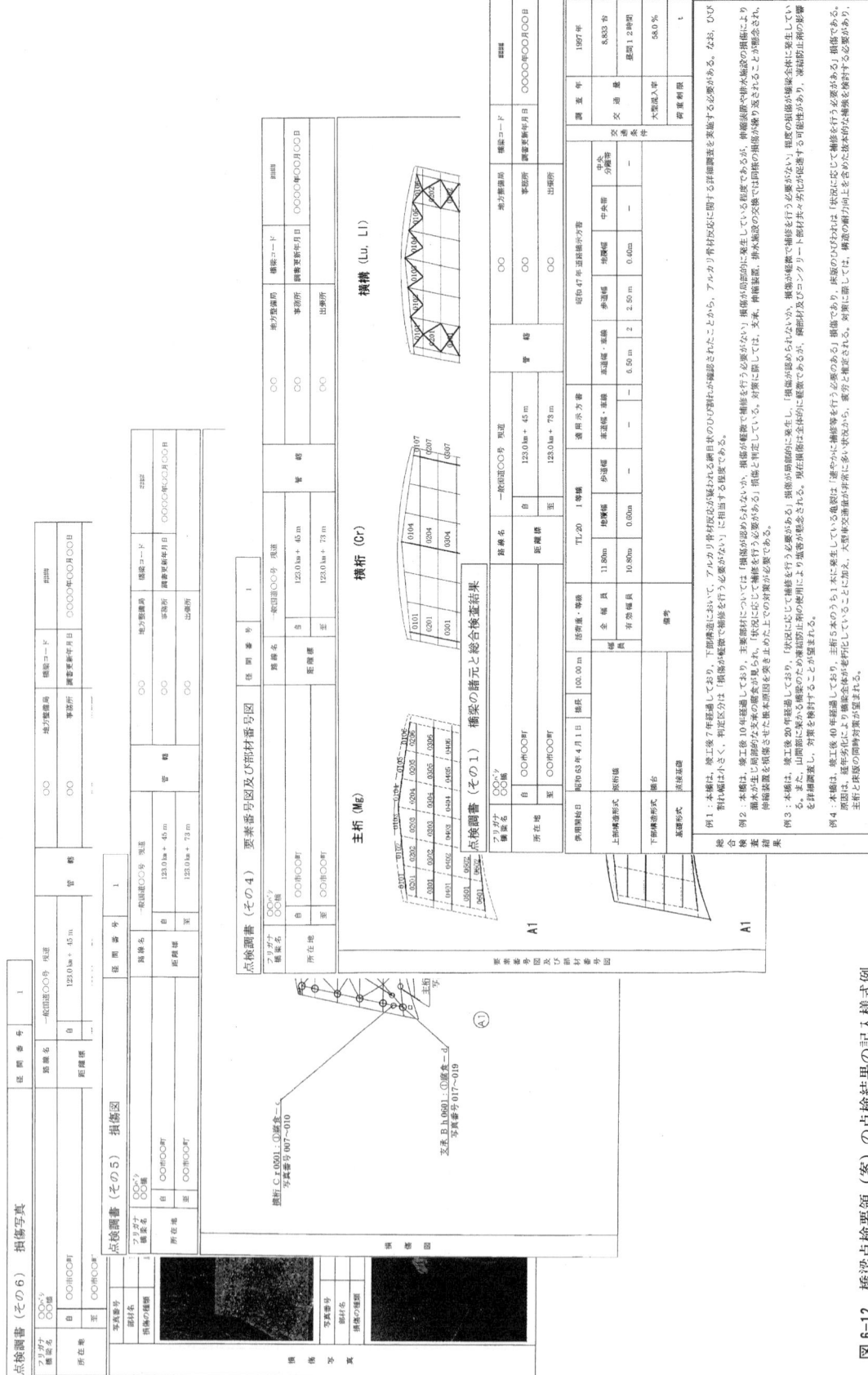

図 6-12 橋梁点検要領（案）の点検結果の記入様式例

点検結果の記録の保存には，直接紙データとして残す方法と，電子データとして光ディスクなどの情報メディアの形にして残す方法とがあるが，最近はデータの共有や効率的な保存を目的として，後者の方法へと移行する傾向にある。ただし，電子データとした場合，データをみるには何らかのハードウエアを必要とするため，保存形式等の選定は，そのあたりも視野に入れて行う必要がある。また，電子データは本体に傷が生じたりすると，再生できなくなることも考えられるので，バックアップを確実にとる必要がある。

　記録は，後日有効に活用されて初めて価値のあるものとなるので，記録がどのような形でどこに保管されているかを簡単に検索できることも重要である。

6.12 関連法規

　点検を行うにあたっての関連諸法令等を**表 6-2** に示す。なお，日付は関連法規の施行日を示す。

表 6-2　関連諸法令等

関連諸法令等	施 行	
労働安全衛生法	S 47. 6. 8	法律第57号
労働安全衛生法施行令	S 47. 8. 19	政令第318号
労働安全衛生規則	S 47. 9. 30	労働省令第32号
クレーン等安全規則	S 47. 9. 30	同上第34号
ゴンドラ安全規則	S 47. 9. 30	同上第35号
有機溶剤中毒予防規則	S 47. 9. 30	同上第36号
酸素欠乏症等防止規則	S 47. 9. 30	同上第42号
道路法	S 27. 6. 10	法律第180号
道路法施行令	S 27. 12. 4	政令第479号
道路法施行規則	S 27. 8. 1	建設省令第25号
道路交通法	S 35. 6. 25	法律第105号
道路交通法施行令	S 35. 10. 11	政令第270号
道路交通法施行規則	S 35. 12. 3	総理府令第60号
建設工事公衆災害防止対策要綱	H 5. 1. 12	建設省経建第1号
営業線工事保安関係標準示方書	H 13. 9	（社）日本鉄道施設協会
海上交通安全法	S 47. 7. 3	法律第115号
土木工事安全施工技術指針	H 13. 6	国土交通省大臣官房技術調査課監修
その他関係法令および規則		鉄道，電力，ガス，NTT 等

参考文献
1) 国土交通省 道路局 国道・防災課，「橋梁の維持管理の体系と橋梁管理カルテ作成要領（案）」，H 16. 3
2) 国土交通省 道路局 国道・防災課，「橋梁定期点検要領（案）」，H 16. 3

第7章　床版と舗装の点検

7.1　床版の点検

7.1.1　床版の種類と特徴

(1)　概　　要

　橋床は，交通車両を直接支持する部分であり，荷重を主桁に伝える機能をもっている。道路橋の橋床は，床版とその上に施された厚さ5〜8 cm程度の舗装とからなり，橋面には排水を目的とした横断勾配（通常1.5〜2.0％）が付いている[1]。

(a)　鋼橋の床版

　鋼橋の床版として最も一般的に使用されているのは鉄筋コンクリート床版で，長支間の橋梁では軽量の鋼床版が用いられることが多い。鉄筋コンクリート床版は，Ⅰ桁橋では床版は直接主桁に支持されるが，主桁間隔の大きい箱桁橋などでは主桁の中間に縦桁・床桁の床組を設けて床版を支持する構造となる。鋼床版は，デッキプレートとよばれる鋼板の下面に，橋軸方向および橋軸直角方向にリブを溶接して補剛し，上面に舗装を施した床版である[1]（図7-1参照）。

　鋼橋の床版には，使用材料，構造，施工方法などにより数多くの種類が存在する。床版の種類を大別すると，①コンクリート系床版，②鋼床版，③鋼・コンクリート合成床版とに分けられる。**表7-1**に床版の種類と特徴を示す。

(b)　コンクリート橋の床版

　コンクリート橋は，床版と主桁を一体で製作する場合が多く，主桁構造（断面形状）によって，床版橋と桁橋に大別できる。主桁と床版を別途製作する例としては，Ⅰ桁合成床版，PCコンポ橋などがある。

　床版橋には，①コンクリートを現場で打設する場所打ち中空床版（または充実床版）橋と，②工場製作のプレキャスト部材を架設するプレテンション方式中空床版橋がある。桁橋には，主桁の形状によって③箱桁橋（単一箱桁橋・多

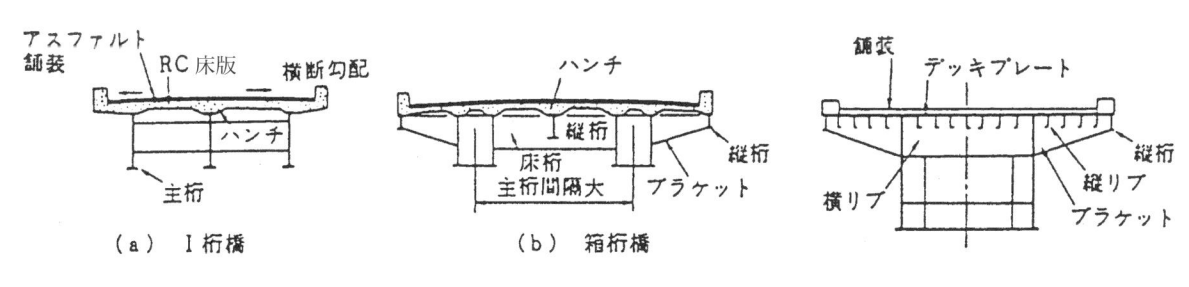

図7-1　鋼橋の床版の構造[1]

表 7-1 床版の種類と特徴[2]

	コンクリート系床版	鋼床版	合成床版
重量	大	小	中
たわみ	小	大	中
品質	場所打ちは，現場作業が主体となるため，品質が一定ではない。プレキャストは，大部分を工場製作するので品質は安定する。	ほとんどを工場製作するので品質は安定する。	鋼部材を工場製作するため品質は安定する。
耐久性	RCは，床版厚や鉄筋量によっては耐久性が問題となる場合がある。PCは，高い耐久性を有する。	疲労損傷および，腐食に対する耐久性が問題となる場合がある。	鋼板外面の腐食の問題があるが，高い耐久性を有している。
備考	RCは，経済性に優れている。PCの場所打ちは，施工時のひびわれに注意が必要。	軽量であることのメリットは大きいが，疲労損傷や腐食に留意する必要がある。	コンクリート系床版と比較して床版厚を薄くできる。ずれ止めの疲労損傷に留意する必要がある。

コンクリート系床版は，構造によって鉄筋コンクリート（RC）床版とプレストレストコンクリート（PC）床版があり，製作方法によって場所打ち床版とプレキャスト床版がある。

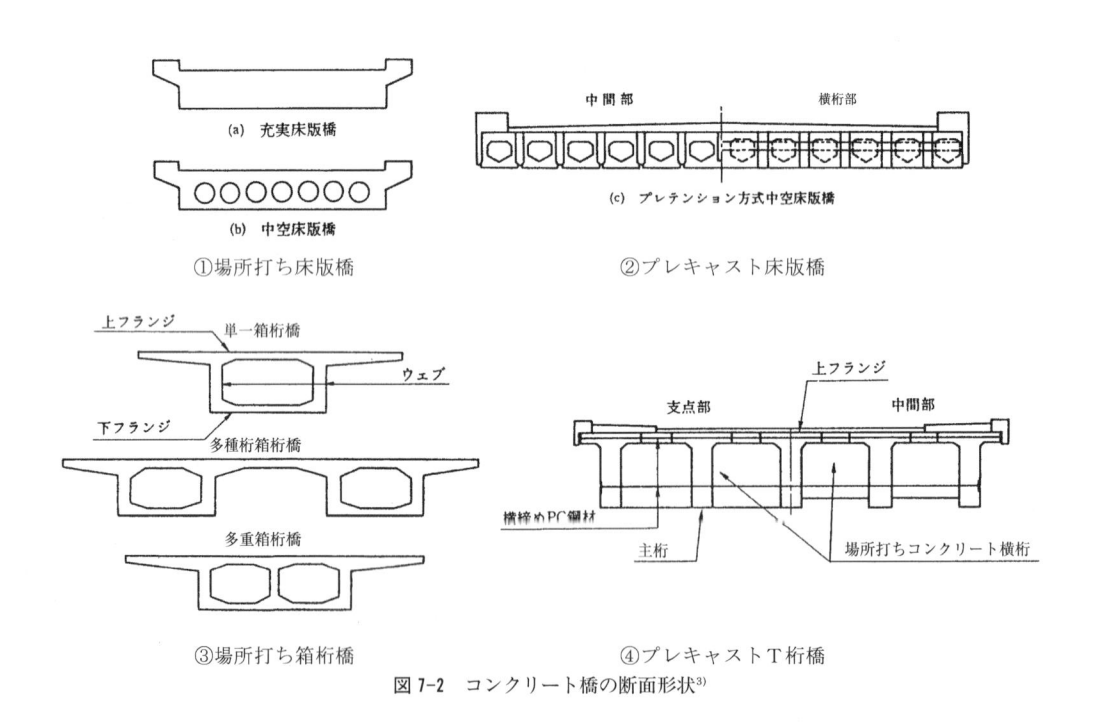

①場所打ち床版橋
(a) 充実床版橋
(b) 中空床版橋

②プレキャスト床版橋
(c) プレテンション方式中空床版橋
中間部　横桁部

③場所打ち箱桁橋
上フランジ　単一箱桁橋
ウェブ
下フランジ　多種桁箱桁橋
多重箱桁橋

④プレキャストT桁橋
支点部　上フランジ　中間部
横締めPC鋼材　主桁　場所打ちコンクリート横桁

図 7-2 コンクリート橋の断面形状[3]

主桁箱桁橋・多重箱桁橋など）と④プレキャストT桁橋（プレテンションT桁橋とポストテンションT桁橋）がある（図 7-2 参照）。

鋼橋の床版には①コンクリート系床版，②鋼床版，③鋼・コンクリート合成床版があるが，コンクリート橋の床版は，基本的に①コンクリート系床版である。I桁合成床版は，主桁と鉄筋コンクリート床版の合成構造，PCコンポ橋は，PC板型枠と鉄筋コンクリート床版の合成構造なので，①コンクリート系床版に含める。

また，床版橋は，床版と主桁が一体化した構造で，床版として点検できる張

出し床版の下面部は，箱桁橋の点検と同様なので本資料では特に記述しない。なお，場所打ち中空床版に関しては，橋体コンクリートを打設する際に円筒型枠（ボイド）が浮き上がると，所要の床版厚を確保できず，疲労損傷の進行が早まるので，舗装面を点検する際に配慮しておく必要がある。

(2) 鋼橋床版

(a) コンクリート系床版

コンクリート系床版は，床版の構造により，鉄筋コンクリート床版（RC床版）とプレストレストコンクリート床版（PC床版）に大別できる。一方，製作方法により，現場でコンクリートを打設する場所打ちコンクリート床版と，工場で製作するプレキャスト床版がある。また，製作方法は場所打ちコンクリート床版に分類されるが，型枠や鉄筋をプレハブ化した工法が数タイプ提案されている。

ⅰ）鉄筋コンクリート床版[4]（RC床版）

RC床版は，床版に作用する引張力を鉄筋で，圧縮力をコンクリートで支持する構造であり，新設橋の場合，最も一般的に採用されている（図7-3参照）。場所打ち鉄筋コンクリート床版は，すべての作業（支保工・型枠組立て，配筋，コンクリート打設，養生）が現場施工であり，曲線橋や斜橋にも対応できる反面，乾燥収縮等によるひびわれに対して十分留意して施工する必要がある。

ⅱ）プレストレストコンクリート床版[6]（PC床版）

PC床版は，床版支間（橋軸直角）方向にPC鋼材を配置し，引張りに弱いコンクリートにプレストレスを導入することで，ひびわれの発生を抑えるとともに，RC床版と比較して床版支間を長くすることが可能である。

プレストレスの導入方法により，JIS工場でプレテンション方式によって張力を導入するプレキャスト床版（図7-4参照）と，現場でコンクリートを打設してポストテンション方式で張力を導入する場所打ち床版の2種類がある。プレキャスト床版どうしの接合方法（橋軸方向）には，ループ鉄筋継手と間詰めコンクリートを用いたRC構造や，目地部にモルタルを充填して橋軸方向を緊張したPC構造などの方法がある。

工場で製作するプレキャスト床版は，良好な環境の工場内で確実な品質管理のもとで製造されるため，高品質な部材が得られるとともに，現場施工の急速

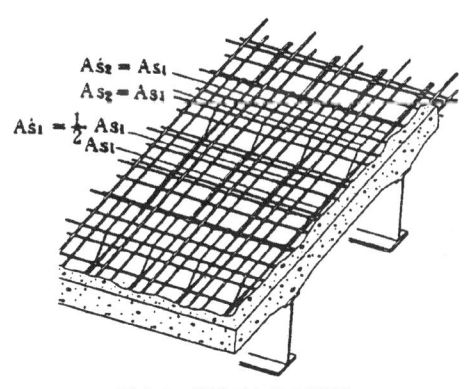

図7-3 場所打ちRC床版[5]

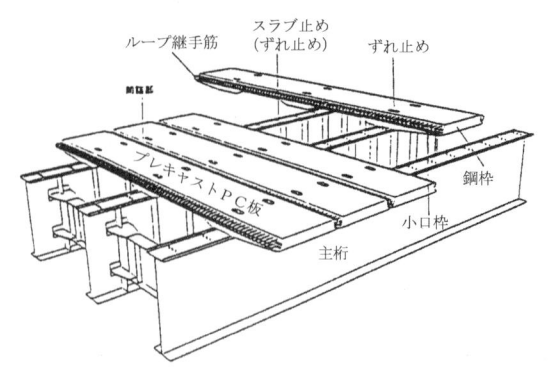

図 7-4 プレキャスト PC 床版[6]

化と省力化が図れる。一方、場所打ちの場合は、コンクリートの打継ぎ目にひびわれが発生している事例が報告されているので留意しなければならない。

iii) プレハブ化床版[4]

プレハブ化床版には、ユニットスラブ、I 形鋼格子床版、PC 合成床版などがある。

ユニットスラブは、型枠代わりの鋼板（亜鉛めっき鋼板＝Zn 鋼板）に主筋作用の一部を負担する溝型鋼と上下鉄筋を溶接した構造で、場所打ちコンクリートで一体化する（図 7-5 参照）。RC 床版に比べ、軽量で耐久性があるが、塩害地域で使用する場合には、防錆対策が必要である。

I 形鋼格子床版は、I 形鋼を主筋とし配力鉄筋を格子状に組み込み、I 形鋼を型枠代わりの鋼板（亜鉛めっき鋼板＝Zn 鋼板）に溶接した構造で、場所打

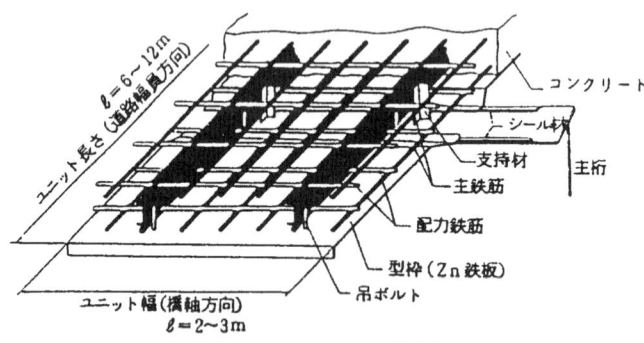

図 7-5 ユニットスラブ[5]

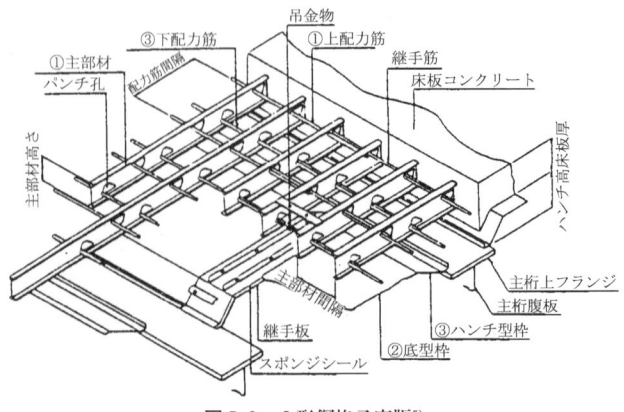

図 7-6 I 形鋼格子床版[5]

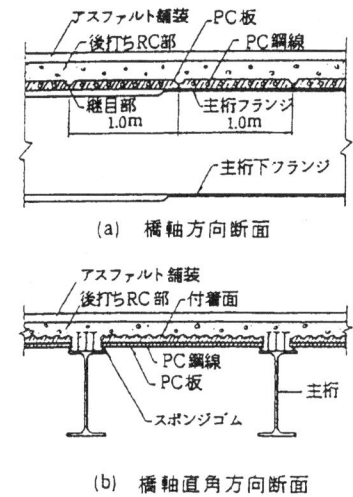

図 7-7 PC 合成床版[5]

ちコンクリートで一体化する（**図 7-6** 参照）。RC 床版に比べ，現場工期の短縮が図れるが，塩害地域で使用する場合には，防錆対策が必要である。

また，I 形鋼下辺付近にはコンクリートが充填されないため，滞水する可能性がある。

PC 合成床版は，PC 板を埋設型枠として用いる方法で，敷設された PC 板上に上筋を配筋してコンクリートを打設する（**図 7-7** 参照）。主筋方向にプレストレスを導入しているために耐ひびわれ性の向上と，型枠支保工の省略による現場工期の短縮が図れる。

(b) 鋼床版

鋼床版は，デッキプレート下面に橋軸方向および橋軸直角方向にリブを溶接して補剛し，上面に舗装を施した床版である。鋼床版は，自重が RC 床版のほぼ 1/2 と軽く，主桁や横桁の一部として効果的に利用でき，終局耐力も高いため，長支間の橋梁や，空間的制約条件から桁高が制限される橋梁に採用される場合が多い[7]。

また，死荷重の低減には大きな効果を発揮するため，損傷を受けた RC 床版の取替えに用いられている場合もある。

鋼床版は，直接輪荷重を支持するため輪荷重による局部的な変形や応力変動が大きく，道路橋の中では最も疲労損傷を受けやすい構造である。デッキプレートとリブの溶接部，縦リブと横リブの交差部等から疲労亀裂が発生した事例が報告されているため，鋼床版の点検ではそれらの箇所を最も注意して行う必要がある。

鋼床版を寒冷地で用いた場合，構造体が薄いため夜間における上下面からの放熱が大きいことから，路面が結露凍結や圧雪になりやすく，車両のスリップ事故が少なくないといわれている[14]。そのために，蓄熱材の封入や，ロードヒーティングを施すなどの対策を行う場合がある。

鋼床版の事例を**図 7-8** に示す。

(c) 鋼・コンクリート合成床版

鋼板や型鋼で構成された鋼部材とコンクリートを一体化し，合成構造とした

図 7-8　鋼床版の事例[8]

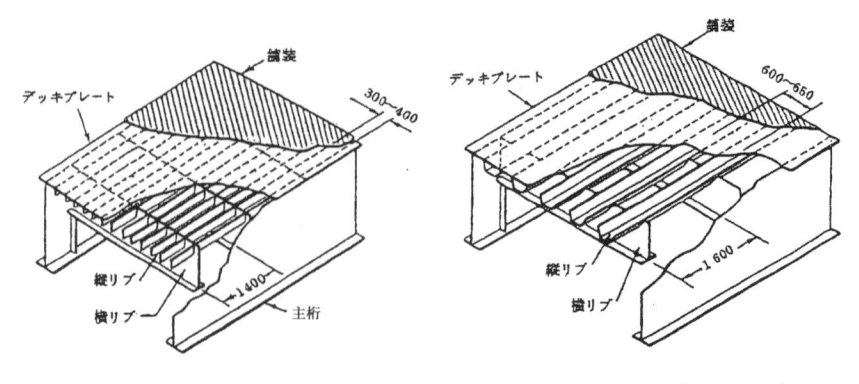

(a) ねじりに弱い開断面の縦リブを用いた鋼床版

(b) ねじりに強い閉断面の縦リブを用いた鋼床版

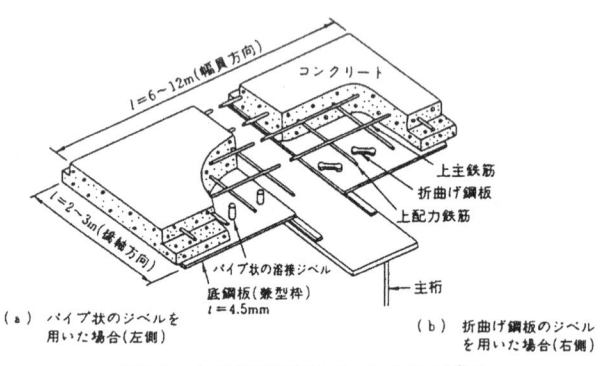

図 7-9　合成床版の事例（コンポスラブ）[9]

(a) パイプ状のジベルを用いた場合（左側）

(b) 折曲げ鋼板のジベルを用いた場合（右側）

床版を，鋼・コンクリート合成床版と称している。

合成床版の代表的な事例として，スタッドを用いたコンポスラブを図 7-9 に示す。

最近では，比較的長い床版支間（おおむね 4 m 以上）に耐えられ，少数主桁の合理化橋に適用できる鋼・コンクリート合成床版が注目されており，商品化され，実工事に採用されている。合成床版には基本的に次の特徴がある。

ⅰ）使用材料

鋼とコンクリートにより構成される。

ⅱ）構　造

合成床版底鋼板は，リブ等の適切なジベル材によりコンクリートと一体化され，終局状態に至るまで分離しない構造である。

合成床版と鋼桁を強固なジベルにより結合することにより合成桁として挙動する。

ⅲ）強度・耐久性

解析により静的挙動が確認でき，実験との整合がとれている。

移動輪荷重による繰返し走行試験により耐久性が確認されており，PC 床版と同程度以上の耐久性を有していることが証明されている。

ⅳ）剛　性

下面鋼板は型枠として十分な剛性を有す。6 m 程度の床版支間であれば，コンクリート打設時の床版支間の死荷重たわみは 1/500 以下である。

v) 設計・施工

設計・施工要領は，(社)日本橋梁建設協会で整備しており[15]，施工実績が増えてきている。

高流動等の特殊コンクリートが必要な場合には，実工事での十分な実績デー

① トラス型ジベル合成床版
② ＳＣデッキ
③ パワースラブ
④ ＴＲＣ床版
⑤ ＭＥＳＬＡＢ
⑥ Ｕリブ合成床版
⑦ ＱＳ Slab
⑧ チャンネルビーム合成床版

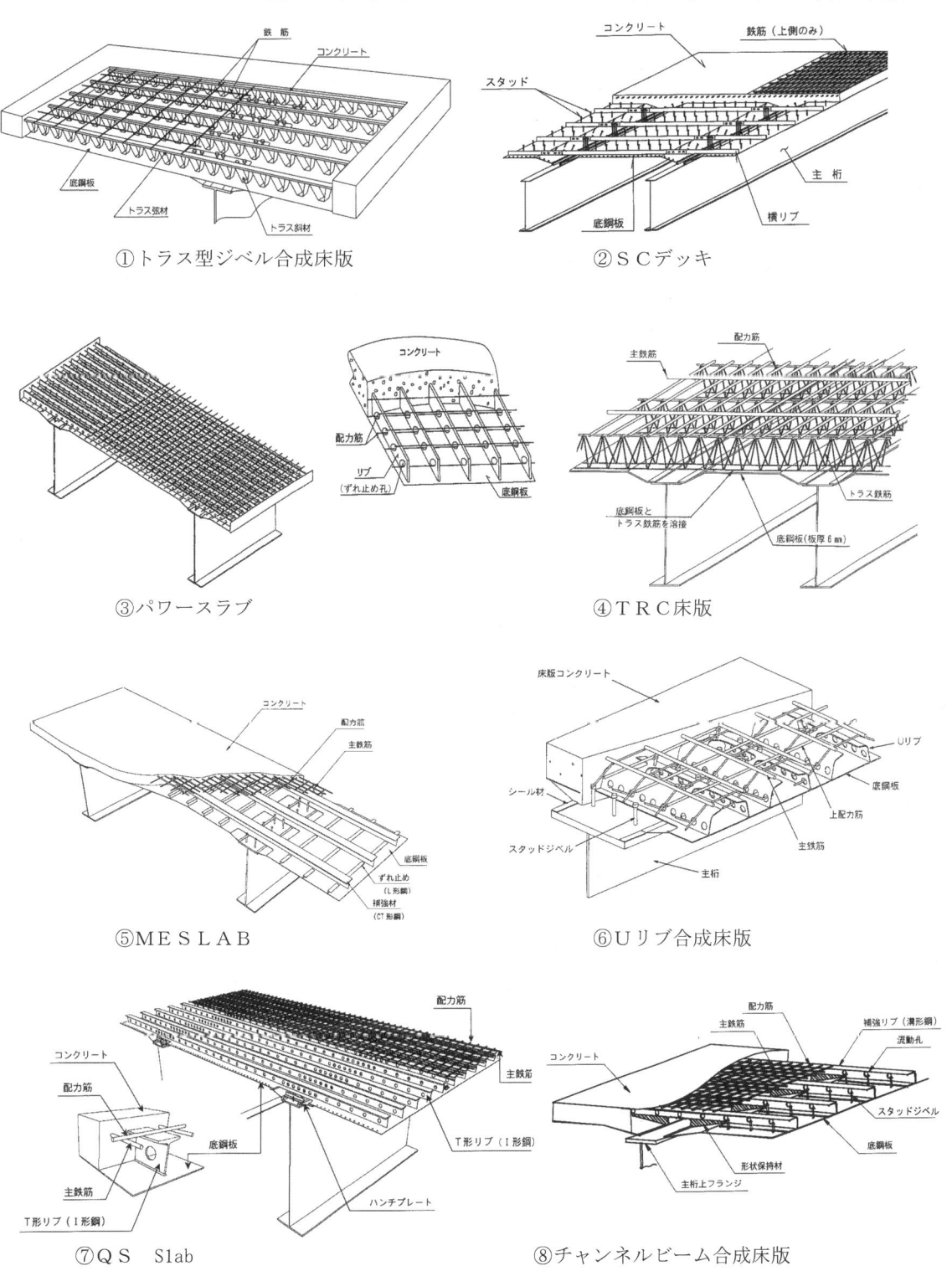

図 7-10(1)　橋建協標準合成床版（登録済み）[10]

タを有している。

平成15年時点で、㈳日本橋梁建設協会の「橋建協標準合成床版」[10]として登録済みまたは登録申請中の合成床版は、次のとおりである。それぞれの床版を図 7-10 に示す。

［登録済みの合成床版］
①トラス型ジベル合成床版　②SCデッキ　③パワースラブ

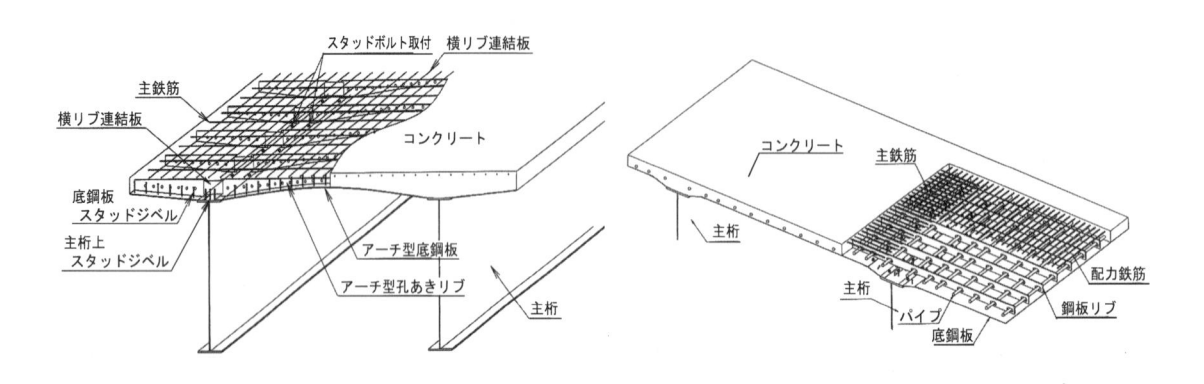

⑨アーチデッキスラブ　　　　　⑩パイプスラブ

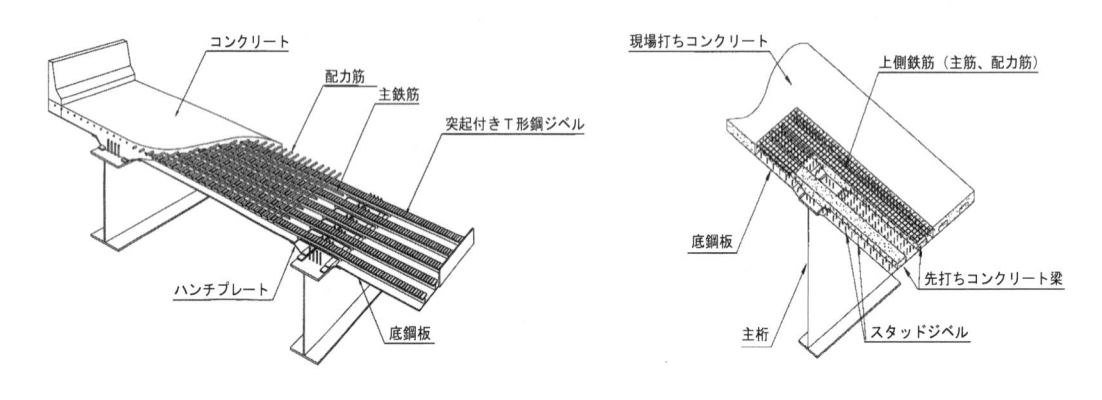

⑪リバーデッキ　　　　　　⑫ダイヤスラブ

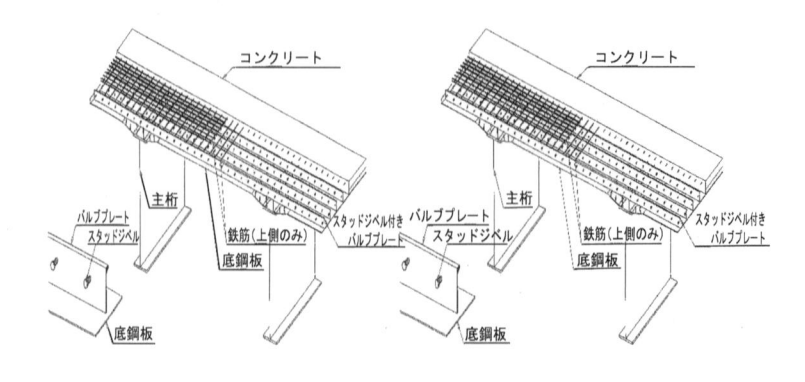

⑬Hit スラブ

図 7-10(2)　橋建協標準合成床版（登録申請中）[10]

④ TRC 床版　　　　　⑤ MESLAB　　　⑥ Uリブ合成床版
　　　⑦ QS Slab　　　　　⑧ チャンネルビーム合成床版
［登録申請中の合成床版］
　　　⑨アーチデッキスラブ　　⑩パイプスラブ　　⑪リバーデッキ
　　　⑫ダイヤスラブ　　　　　⑬Hit スラブ

(3) コンクリート橋床版
 (a) コンクリート系床版
 ⅰ) 箱桁橋床版

　箱桁橋の床版構造は，RC 構造と PC 構造の 2 タイプがある。道路橋示方書では，それぞれ床版支間の適用範囲が示されており，RC 床版は 4.0 m 以下，PC 床版は 6.0 m 以下に規定されている。

 ⅱ) T桁橋床版

　T桁橋には，製作方法（プレストレスの導入方法）によって，プレテンションT桁とポストテンションT桁がある。なお，昭和 50 年代以前には鉄筋コンクリートT桁橋が製造されていた。

　床版部は，横締め PC 鋼材で緊張した PC 構造であるが，間詰め幅によって，鉄筋が連続している場合と不連続の場合がある。

　また，上フランジ側面と間詰め部の打継ぎ目には，付着効果を高める目的でテーパーが設けられている[11]が，旧建設省で標準設計が制定される昭和 44 年以前のT桁橋には，その処理が施されていないためにコンクリート片が落下するおそれがあるので，入念に点検する必要がある。

 ⅲ) PC 合成床版

　PC 合成床版には，I 桁合成床版のように，型枠を使用して場所打ちコンクリート床版と主桁を合成させる構造と，PC コンポ橋のように，PC 板を埋設型枠として合成させる構造がある。平成 2 年頃から，日本道路公団等での採用が多くなった構造である。

図 7-11　箱桁橋の床版[3]

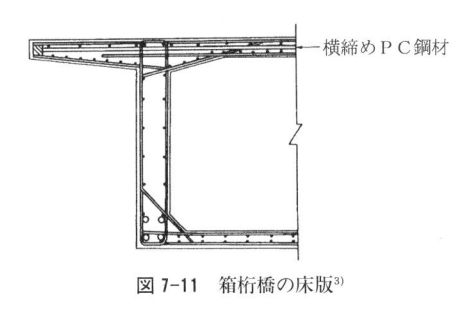

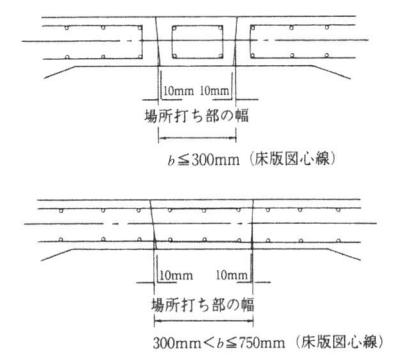

図 7-12　T桁橋の床版[3]

表 7-2　T桁の種類と基準値[12]

T桁の種類	主桁支間	間詰め幅	床版構造	鉄筋の連続性
プレテンションT桁	18〜24 m	20〜28 cm	PC 床版	不連続
ポストテンションT桁	20〜45 m	30 cm 以下	PC 床版	不連続
		30〜75 cm	PC 床版	連続

支間・間詰め幅等は，最新の基準値である。

(a) ＲＣ床版タイプ　　　　(b) ＰＣコンポ橋（ＰＣ合成床版タイプ）

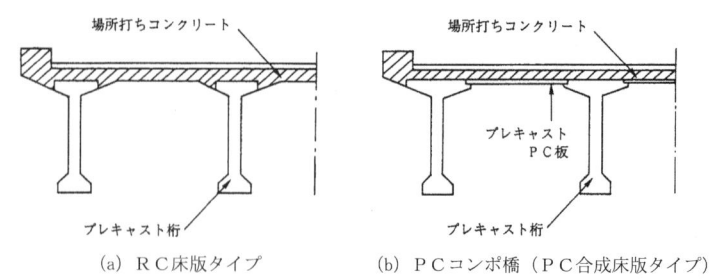

図 7-13　PC 合成床版[13]

　　PC板を埋設型枠として用いる方法は，鋼橋にも適用でき，主筋方向にプレストレスを導入しているために耐ひびわれ性の向上と，型枠支保工の省略による現場工期の短縮が図れる。

7.1.2　損傷の種類と原因

(1) 概　要

　　床版を構造形式ごとに分けると鋼床版とコンクリート床版の二つに分類できる。

　　鋼床版は，直接輪荷重を支持するため応力度の変動が大きく，疲労被害を受けやすい構造であり，デッキプレートとリブの溶接部，縦リブと横リブの交差部等の連結部において，疲労損傷が発生しやすい。

　　コンクリート床版については，その適用部位として床版の中間支間，および張出し床版を対象とする。鋼床版と同様コンクリート床版も，直接輪荷重を支える重要な部材であり，大型車の通行が増加した場合には，損傷の進行速度が早まる可能性があり，最終的には押抜きせん断破壊により抜け落ちることもある。

　　また，近年，コンクリート床版では，凍結防止剤の散布に起因する損傷がみられる。従来，交通荷重の繰返し作用による損傷程度を床版下面のみ点検し把握していたが，凍結防止材を使用する路線や重交通路線には床版上面に上側鉄筋の発錆を伴う損傷が生じることもある。そのために，床版下面の点検だけでなく，舗装路面の点検によって床版上面の変状を察知するように心がけることが大切である。

　　その他の形式として，近年プレキャスト床版の採用が増加してきているが，まだ新しい床版形式であり損傷が顕在化していないのが現状である。しかし，橋軸方向の連続性が損なわれる場合，床版目地部で漏水・遊離石灰・錆汁等の損傷がみられる可能性がある。また，鋼部材とコンクリートにより構成されるプレキャスト合成床版において路面水が床版内に浸入した場合，下面鋼板があることにより浸入水が床版底面に滞留しやすく，下面鋼板の発錆を引き起こす可能性もある。

　　国土交通省「橋梁定期点検（案）」（国土交通省　道路局　国道・防災課：平成16年3月）では，床版の定期点検項目として，26に分類した損傷のうち①腐食，②亀裂，③ゆるみ・脱落，④破断，⑤防食機能の劣化，⑦剥離・鉄筋露出，⑧漏水・遊離石灰，⑨抜け落ち，⑩コンクリート補強材の損傷，⑪床版ひびわれ，⑲変色・劣化，⑳漏水・滞水，㉓変形・欠損の各損傷について点検す

ることを定めている。損傷事例については，7.1.4「損傷程度の評価と対策区分の判定」を参照のこと。

(2) 鋼床版
　① 腐　　食
　　状態：鋼材に集中的に錆が発生している状態または錆が極度に進行し断面減少や腐食を生じている状態。錆が進行すると，鋼材断面が欠損し，耐荷力が低下する。
　　原因：鋼材の塗装がはがれ，水分や塩分が直接鋼材とふれることが直接の原因である。鋼材腐食は，電荷（電子やイオン）の移動を伴う電気化学的反応で，腐食を起こしている箇所の鉄原子は電子を失い鉄イオンとして溶け出す。その鉄イオンと水分および塩分が反応して鉄の水酸化物となり，これが錆となる。
　② 亀　　裂
　　状態：応力の繰返しにより部材の断面急変部や溶接接合部などの応力集中部に生じた鋼材または溶接のわれ（疲労亀裂）。
　　原因：部材の断面急変部や溶接接合部に発生することが多く，応力が繰り返し作用したり，溶接時の残留応力，溶接形状や構造ディテールの問題により応力集中することが直接的な原因である。また，地震や車両の衝突など，過度の外力によって生じる場合もある。
　③ ゆるみ・脱落
　　状態：部材連結部において，何らかの理由によりボルトやリベットにゆるみを生じた状態（ゆるみ）。
　　　　　締付け用のボルトやリベット，あるいはその他の部材が外れて落ちた状態をいう（脱落）。
　　原因：活荷重や風荷重などの振動が長期にわたって作用することが主な原因である（ゆるみ）。
　　　　　ボルト，リベットの腐食や亀裂が進行して破断することが主な原因である。F11Tなどの高力ボルトは，遅れ破壊により突然ぜい性的に破断することが多い（脱落）。
　④ 破　　断
　　状態：亀裂および腐食等が進行して，一つの部材だったものが二つ以上に分かれてしまった状態を破断という。
　　原因：何らかの原因により腐食や亀裂が進行したことが原因である。
　⑤ 防食機能の劣化
　　状態：塗装の劣化によりひびわれ，ふくれ，はがれ等が生じている状態およびそれにより表面錆が発生している状態。
　　原因：大気中の化学成分や水分の作用，温寒・湿乾の繰返しによって界面が剝離することが主な要因である。また，日光に含まれる紫外線成分も一つの要因である。
　㉓ 変形・欠損
　　状態：部材形状が，横倒れ座屈や面外座屈によって大きくゆがんだ状態。
　　原因：地震や車両の衝突など，過度の外力が作用したことが主要因であ

る。
- (3) コンクリート床版
  - ⑦ 剝離・鉄筋露出
    - 状態：コンクリート内部の鉄筋が腐食膨張し，かぶりコンクリートが剝落し鉄筋が露出した状態，あるいはコンクリートの未充塡など施工不良などにより内部の鉄筋が露出している状態。
    - 原因：コンクリートの中性化の進行により鉄筋の不導体被膜が破壊され，そこへ浸透した水分や塩分により鉄筋が腐食し，腐食に伴う膨張圧でかぶりコンクリートが剝落する。
  - ⑧ 漏水・遊離石灰
    - 状態：床版下面に沈着する。貫通ひびわれに水が浸入すると，雨水浸透が生じ，抜け落ちが生じる。また，薄い浸透が長期にわたる場合，鉄筋が発錆し，遊離石灰が錆汁で変色する。抜け落ち直前では泥水が流下するので注意が必要である。
    - 原因：雨水等がコンクリートのひびわれを通過して，腐食生成物をコンクリートの表面に運ぶと錆汁となる。同時にコンクリートの可溶性成分も運ぶことがあるので遊離石灰の析出を伴うことがある。
  - ⑨ 抜け落ち
    - 状態：床版のひびわれが進行して格子状（2方向）となり，床版コンクリート塊が落下した状態をいう。
    - 原因：貫通ひびわれに雨水が浸入すると，すりへり現象が生じ，鉄筋の腐食とともにコンクリート塊が抜け落ちる原因となる。雨水などの浸入があると急激に生じる損傷なので早めの対策が必要である。
  - ⑩ コンクリート補強材の損傷
    - 状態：コンクリートの表面に接着剤で貼り付けた補修用鋼板がはがれ，浮き上がった状態をいう。
    - 原因：直射日光・降雨など，温冷・乾湿によるコンクリートと鋼板の挙動の差によって生じる応力や，活荷重による変形・振動などによって接着界面に発生する応力が原因である。床版下面に鋼板を貼り付けている場合には，雨水などが浸入し，滞水し損傷しやすい。
  - ⑪ 床版ひびわれ
    - 状態：交通荷重の繰返し作用による床版の疲労損傷は，まず，床版下面のひびわれとなって表れる。ひびわれは，疲労損傷の進行とともに，橋軸直角方向から橋軸方向のひびわれに進展していき，ひびわれ間隔が小さくなり，やがて格子状に進展する。
    - 原因：活荷重が繰り返し作用する疲労や，過積載車両の通行が原因である。古い基準で設計された床版は，設計用の活荷重値が小さく，また，床版厚が薄いためより疲労の影響を大きく受け，甚大な損傷となる場合がある。
  - ⑲ 変色・劣化
    - 状態：コンクリート部材が，主に化学反応により，コンクリートの品質が低下する。それによってコンクリート表面の色が変化する現象が変

色である。
　　原因：コンクリート自体の変色は，中性化・塩害・アルカリシリカ反応などによって，セメント水和物が変質することで生じたり，火災の影響を受けた場合に生じる。
⑳　漏水・滞水
　　状態：漏水とは，伸縮装置や排水施設等から雨水などが本来の排水機構によらず漏出している場合で，滞水とは雨水などがコンクリート表面の凹部に溜まった状態である。
　　原因：伸縮装置や排水装置の排水機構が損なわれた場合に起こる。

7.1.3　床版の点検方法
(1)　概　　要

　床版は路面の一部を構成する部材であり，通行車両の輪荷重の影響を直接受けるとともに，風雨にさらされ，応力的・環境的に大変厳しい状況にあることから，損傷の発生事例が多い部材である。特に近年，大型車の交通量が増大していること，冬季の凍結防止剤の散布量が増加していることから，これらに起因する重大な損傷が数多く発生している。床版の損傷は，通行車両の事故の原因になるばかりではなく，大規模な補修・補強を行うことは交通に重大な影響を及ぼすことは避けられず，社会的な損失は計り知れない。そこで，点検においては床版特有の損傷を的確に把握し，重大な事故を未然に防ぐとともに，交通に影響の少ない方法で補修・補強を実施できるような，予防保全的な見地からも点検を行うことが必要である。

　一方，橋梁を構成する床版は，鋼床版と鉄筋コンクリート床版の2種類に大別される。鋼床版とコンクリート床版では，損傷やその発生メカニズムが大きく異なるため点検で注目すべき部位は異なる。したがって点検においては，床版形式特有の損傷の発生メカニズムにより発現する特徴的な現象を確認することが特に重要であり，これを目視により確認することが点検の基本となる。

　近年，点検技術に関する技術開発が進み，これらをデジタル画像処理する手法や，可視光と波長の異なる赤外線やレーザー光で検査する手法が，一部の点検において用いられるようになってきている。しかしながら，これらの技術はまだ実証実験レベルの域を出ておらず，コストや信頼性を勘案すると，現在目視に代わる最適な点検手法が見当たらない。

　そこで，点検の方法は目視によることを基本とする。特に，損傷の程度を詳しく把握するためには近接目視で点検を行うことが望ましい。

(2)　鋼橋床版
　(a)　鉄筋コンクリート床版

　鋼橋においては最も一般的な床版形式で実績も多い。したがって，損傷の状況に応じた補修・補強方法も確立されており，損傷の原因と程度を的確に把握し補修・補強につなげることが，維持管理においては最も重要である。

　ただし，近年の大型車の交通量増大により床版の疲労が顕在化していることや，設計に用いた示方書により大きく耐久性が異なること，また現場で施工するためコンクリートの品質や施工の状態によっても大きく耐久性が異なること

から，点検においては注意が必要である。

その一方，床版からのコンクリート片の落下による第三者被害が問題になっている。都市内高架橋等の路下が道路，歩道，公園，駐車場などに利用されている実情を考えると，点検においては第三者被害防止の観点からもコンクリート片の落下を未然に防ぐことへの留意が必要である。

  i) 着目すべき損傷

「橋梁定期点検要領（案）」（国土交通省：平成 16 年 3 月）[16]によれば，定期点検における点検項目は以下のとおりである。

⑥ひびわれ，⑦剥離・鉄筋露出，⑧漏水・遊離石灰，⑨抜け落ち，⑩コンクリート補強材の損傷，⑪床版ひびわれ，⑫うき，⑬遊間の異常，⑱定着部の異常，⑲変色・劣化，⑳漏水・滞水，㉑異常な音・振動，㉒異常なたわみ，㉓変形・欠損

このうち，床版の耐荷力や耐久性に重大な影響を及ぼす可能性のある，⑦剥離・鉄筋露出，⑧漏水・遊離石灰，⑨抜け落ち，⑪床版ひびわれ，⑳漏水・滞水については特に注意を要し，点検においては見逃さないように注意が必要である。

  ii) 注目すべきポイント

近年顕在化している鉄筋コンクリート床版の疲労については，その発生と進行メカニズムの解明に関する研究が進み，一定の知見が得られている[17]。

疲労による床版の損傷については一定のひびわれパターンを伴っていることが多く，**表 7-3** のように，床版の支間中央部に 2 方向のひびわれが発生してい

表 7-3　既設 RC 床版の損傷程度の評価区分[21]

区分	ひびわれ幅に着目した程度	ひびわれ間隔に着目した程度
a	〔ひびわれ間隔と性状〕 　ひびわれは主として 1 方向のみで，最小ひびわれ間隔がおおむね 1.0 m 以上 〔ひびわれ幅〕 　最大ひびわれ幅が 0.05 mm 以下（ヘアークラック程度）	
b	〔ひびわれ間隔と性状〕 　1.0～0.5 m，1 方向が主で直交方向は従，かつ格子状でない 〔ひびわれ幅〕 　0.1 mm 以下が主であるが，一部に 0.1 mm 以上も存在する	
c	〔ひびわれ間隔と性状〕 　0.5 m 程度，格子状直前のもの 〔ひびわれ幅〕 　0.2 mm 以下が主であるが，一部に 0.2 mm 以上も存在する	
d	〔ひびわれ間隔と性状〕 　0.5～0.2 m，格子状に発生 〔ひびわれ幅〕 　0.2 mm 以下が目立ち部分的な角落ちもみられる	
e	〔ひびわれ間隔と性状〕 　0.2 m 以下，格子状に発生 〔ひびわれ幅〕 　0.2 mm 以上がかなり目立ち連続的な角落ちが生じている	

る場合は注意が必要である。

特に**写真 7-1** および**写真 7-2** に示すような，ひびわれが密なもの，漏水や遊離石灰を伴うものは損傷が進行している可能性が極めて高く，コンクリート片の落下事故などを起こす可能性が高いため注意を要する。

一方，床版に関する研究成果から，疲労による損傷を起こす可能性の高いものがある程度予想できることから，それらを以下に示す。

① 大型車の交通量が極めて多い路線にかかるもの
② 昭和 39 年以前の道路橋示方書によって設計されているもの

なお，床版の疲労損傷以外にも以下のような損傷に留意すべきである。

・桁端部

桁端部においては伸縮装置の排水不良などにより滞水し，内部の鉄筋が腐食している事例が多くみられる（**写真 7-3** 参照）。

・張出し床版部

張出し床版先端付近に設けられる水切り付近では，水切りの部分から浸透し

写真 7-1 疲労による床版のひびわれ[18]

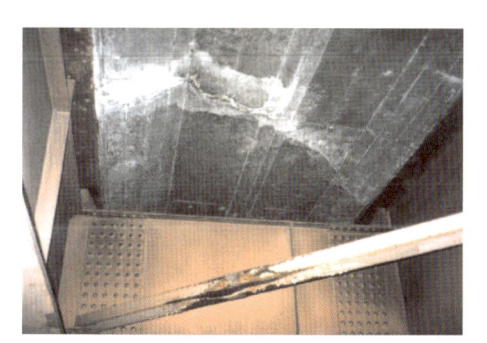

写真 7-2 遊離石灰を伴うひびわれ[18]

写真 7-3 桁端部の損傷事例[18]

た水分により内部の鉄筋が腐食している事例が多くみられる。

・主桁上フランジ上面

鋼主桁と鉄筋コンクリート床版のたわみ性状の違いにより，主桁上フランジと床版の付着が切れている事例がみられる。中には床版のひびわれを通じて漏水し，主桁上フランジが腐食しているものや，床版コンクリートが剥落している事例がみられる。

・鋼板接着部

この形式の床版については，過去に鋼板が接着補強されているものも多くみられる。鋼板接着補強後の床版はその性状が確認できないため，一見健全にみられるが，接着した鋼板がグラウト不良により浮いているもの，路面からの滞水により腐食が発生しているものも確認されている。

(b) 鋼床版

鋼床版については溶接部などの疲労損傷を発生する可能性のある部位が多いこと，また床版自体取替えが困難な形式であることから入念な点検を要する。

ⅰ) 着目すべき損傷

「橋梁定期点検要領（案）」（国土交通省：平成16年3月）[16]によれば，定期点検における点検項目は以下のとおりである。

　①腐食，②亀裂，③ゆるみ・脱落，④破断，⑤防食機能の劣化，⑬遊間の異常，⑱定着部の異常，㉑異常な音・振動，㉒異常なたわみ，㉓変形・欠損

このうち，床版の耐荷力や耐久性に重大な影響を及ぼす可能性のある，①腐食，②亀裂，④破断，㉓変形・欠損については特に注意を要し，点検においては見逃さないように注意が必要である。

ⅱ) 注目すべきポイント

鋼床版は鋼板を横リブと縦リブで補剛した床版構造であり，比較的薄い鋼板を溶接により組み立てた構造である。

したがって，大型車交通量の多い路線のように疲労環境の厳しい床版については，溶接部を中心に疲労亀裂が発生しやすい傾向にあり，点検においてはこれらを意識する必要がある。

図7-14に，鋼床版における主な疲労亀裂発生の可能性の高い箇所を示す。

なお，疲労亀裂以外にも以下のような損傷に留意すべきである。

・桁端部

桁端部では伸縮装置の排水不良などにより，腐食が発生している可能性がある。

・デッキプレート

鋼床版はデッキプレートの上に直接舗装を施し荷重を支持する構造であるので，重量物の落下等によりデッキプレートに変形が生じている事例がみられる。

(c) その他の形式の床版

鋼橋床版においては，近年PC床版や合成床版の採用が増加してきているが，鉄筋コンクリート床版や鋼床版と比較すると実績が圧倒的に少ないこと，まだ新しい床版形式であり損傷が顕在化していないことから，点検においては

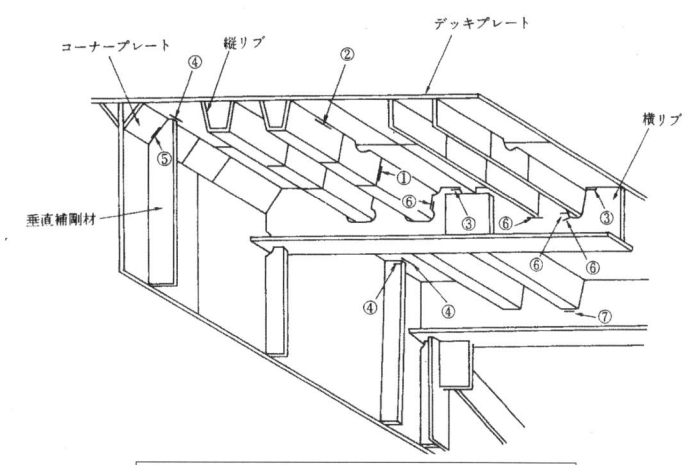

図中ラベル：コーナープレート、縦リブ、デッキプレート、横リブ、垂直補剛材

① 縦リブの現場突合せ溶接
② デッキプレートと縦リブのすみ肉溶接（ルート部）
③ デッキプレートと横リブのすみ肉溶接
④ デッキプレートと垂直補剛材のすみ肉溶接（デッキプレート側止端部，垂直補剛材側止端部）
⑤ コーナープレートの溶接
⑥ 縦リブと横リブの交差点
⑦ 縦リブと端横桁との溶接部

図 7-14　鋼床版における疲労亀裂の発生しやすい箇所[19]

床版構造の特徴を把握した上で，上記2形式を参考に行うのが望ましい。

(3) コンクリート橋床版

コンクリート橋の床版については，主桁と一体の構造となっていること，床版厚が厚いこと，横締めにより PC 構造としているものが多いことから，鋼橋のコンクリート床版に比べて比較的損傷の少ない傾向にある。

しかし近年，凍結防止剤の散布に起因するとみられる損傷がみられるため，これらに注意が必要である。

ⅰ) 着目すべき損傷

「橋梁定期点検要領（案）」（国土交通省：平成 16 年 3 月）[16]によれば，定期点検における点検項目は以下のとおりである。

⑥ひびわれ，⑦剥離・鉄筋露出，⑧漏水・遊離石灰，⑨抜け落ち，⑩コンクリート補強材の損傷，⑪床版ひびわれ，⑫うき，⑬遊間の異常，⑱定着部の異常，⑲変色・劣化，⑳漏水・滞水，㉑異常な音・振動，㉒異常なたわみ，㉓変形・欠損

このうち，床版の耐荷力や耐久性に重大な影響を及ぼす可能性のある，⑥ひびわれ，⑦剥離・鉄筋露出，⑧漏水・遊離石灰，⑨抜け落ち，⑪床版ひびわれ，⑳漏水・滞水については特に注意を要し，点検においては見逃さないように注意が必要である。

ⅱ) 注目すべきポイント

この形式の床版については，主桁と一体で工場製作される部分に損傷が発生している事例はほとんどみられず，損傷の多くは現場で打設される間詰め部分に集中している。

特に間詰め部と工場製作部の境界部に漏水や遊離石灰が発生している事例が多いため注意を要する。

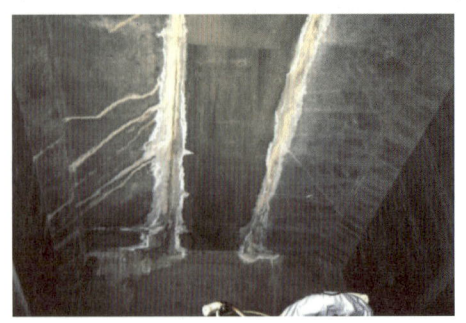

写真 7-4　間詰め部の境界に発生した遊離石灰[3]

一方，床版横締めのグラウト不良によりシース内部に滞水し，横締め鋼材が腐食し破断に至っている事例がみられる。寒冷地などの凍結防止剤を散布する場合には，特にこの傾向が強いと考えられる。

なお，桁端部においては伸縮装置の排水不良などにより滞水し，内部の鉄筋が腐食している事例が多くみられるため注意が必要である。

(4) 新しい点検手法

現在，点検の手法は目視が中心であるが，「非破壊検査手法による診断技術の現状と今後」（小野，橋梁と基礎，2001 年 8 月）[20]には，新しい点検技術として以下のような技術が紹介されている。

(a) 弾性波法

弾性波を利用して内部の欠陥を検査する技術。検査装置は弾性波を発生させるインパルスハンマー，弾性波を測定するセンサー，センサーからの信号を周波数分析する FFT アナライザーおよび解析用パソコンからなる。構造物内部の空洞部の調査においては有効な方法であるが，内部に鉄筋等の材質の異なるものが多く存在する場合は測定精度に欠ける傾向がある。

現在では計測装置を一体化させた検査装置も開発されており，現場での作業性も向上している（**写真 7-5** 参照）。

(b) 写真撮影法

CCD カメラなどで撮影した画像を処理し，ひびわれ等を図化する技術。

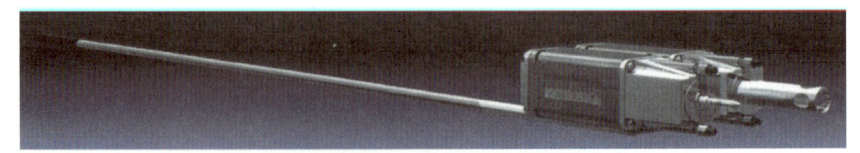

写真 7-5　自動打音検査機

写真 7-6　ひびわれの検出装置

CCDカメラやデジタルカメラで撮影した画像をデジタル処理することで，ひびわれを検出し展開図を作成することが可能である。

現在では，**写真7-6**のようにCCDカメラを積載した車両を低速走行させ，ひびわれを検出させる技術も確立されてきている。

(c) 赤外線法

コンクリート表面を赤外線カメラで撮影し，表面温度の差により内部の欠陥を検査する技術。

図7-15のようにコンクリートの表面近くに空洞が存在すると，日射や気温の日変化に伴うコンクリート温度の上昇または下降の様子が健全部と異なる。よって，特定の時間帯を除いては健全部と欠陥部のコンクリート表面には温度差が生じている。

赤外線法は，この温度差を**写真7-7**のような専用の赤外線カメラで撮影し画像化することで，欠陥部を特定する方法である。

赤外線法では，足場や高所作業車等を用いて部材に接近する必要がなく，大

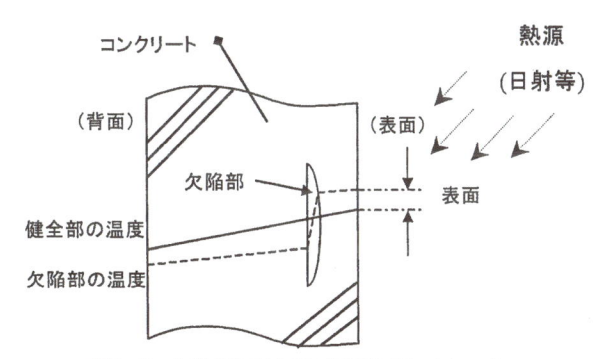

図 7-15 欠陥部と健全部の温度差発生メカニズム

写真 7-7 ポータブル式赤外線カメラ

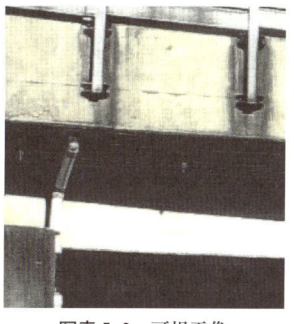

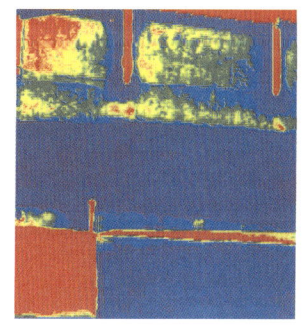

写真 7-8 可視画像　　写真 7-9 赤外線カメラによる画像

きな構造物を短時間に測定できるという特徴を有し，その結果は客観的な数値データとして記録することが可能である。

図7-8～7-9に，可視画像と赤外線カメラで撮影した画像の比較を示す。可視画像では損傷を確認できないが，赤外線カメラによる画像では欠陥部が温度の差で識別できる。

　(d)　レーザー法

レーザー光を構造物表面に照射し，その反射光の強弱を検出することで，ひびわれの位置や幅を測定する技術である。

近年開発された方法で，非常に詳細な検査が可能であるが，床版の点検についてはまだ実証実験の段階である。

7.1.4　損傷程度の評価と対策区分の判定

(1)　評価の基本

損傷の程度については，「橋梁定期点検要領（案）」（国土交通省：平成16年3月）[21]の付録-1「損傷評価基準」に基づいて要素（部位，部材の最小評価単位）ごと，損傷種類ごとに評価する。また，対策区分については付録-2「対策区分判定要領」を参考にしながら，表7-4の判定区分による判定を行う。

判定区分E1，E2は周囲の状況を総合的に判断して決定しなければならない。ただし，床版ひびわれ，コンクリートの塩害に関する判定区分E1，E2は客観的な判定が可能であるため，迅速かつ適切な対応を行うものとする。

緊急対応が必要な判定区分E1，E2の一般事例を以下に示す。

① 上部工，下部工の著しい損傷により，落橋の恐れがある場合。
② 高欄の欠損，破断により歩行者あるいは通行車両が橋から落下する恐れがある場合。
③ 伸縮装置の著しい変形により通行車両がパンク等により運転を誤る恐れがある場合。
④ 伸縮装置の欠損，舗装の著しい凹凸により通行車両がハンドルをとられる恐れがある場合。
⑤ 地覆，高欄，床版等からコンクリート塊が落下し，路下の通行人，通行車両に危害を与える恐れが高い場合。
⑥ 落橋防止装置の損傷，桁の異常な移動により落橋の恐れがある場合。
⑦ 床版の著しい損傷により，路面の陥没の恐れがある場合。
⑧ 桁あるいは点検路等から異常音が発生しており，周辺住民に悪影響を与

表7-4　対策区分の判定区分[21]

判定区分	判定の内容
A	損傷が認められないか，損傷が軽微で補修を行う必要がない。
B	状況に応じて補修を行う必要がある。
C	すみやかに補修等を行う必要がある。
E1	橋梁構造の安全性の観点から，緊急対応の必要がある。
E2	その他，緊急対応の必要がある。
M	維持工事で対応する必要がある。
S	詳細調査の必要がある。

えていると考えられる場合。
⑨ 塩害によるコンクリート部材内部のPC鋼材の破断,広範囲な断面欠損により,橋梁の耐荷力・耐久性に重大な影響を及ぼしている恐れがある場合。

なお,評価の基本とした「橋梁定期点検要領（案）」（国土交通省：平成16年3月）は,各損傷に対する評価,すなわち個別（パネル別；主桁と横桁あるいは対傾構で囲まれた部分をパネルという）評価にとどまっている。そのため,本マニュアルでは点検後の対処決定に重要な全体的（橋梁あるいは径間単位）な評価についても,他の道路管理機関の点検要領等を参考に記述するものとする。

(2) 個別（パネル別）評価

パネル別の評価は,前記の「橋梁定期点検要領（案）」（国土交通省：平成16年3月）[10]の付録－1の損傷度評価基準により個々の損傷について機械的に判定した後,損傷ごとに判定された損傷度ランクで最も高位のランクをそのパネルの損傷度とする。鋼床版およびコンクリート床版の損傷判定事例を**写真7-10～7-20**に示す。

(3) 全体評価

床版の点検後の対処（補修,補強等）を検討していく上で重要と考えられる径間あるいは橋梁単位での評価については,本マニュアルで基本とする「橋梁定期点検要領（案）」（国土交通省：平成16年3月）に明示されていない。そのため,下記に示す他の道路管理機関で作成された資料を参考とし,基本的な考え方についてまとめるものとする。

〔参考資料〕
① 維持修繕要領　橋梁編（日本道路公団：昭和63年5月）
② 道路橋床版補修要領（東京都建設局：昭和63年4月）
③ 橋梁点検・補修マニュアル（RC床版編）（大阪府土木部道路課：昭和60年3月）

全体的な評価は,補修,補強および全面改築（打替え他）等の損傷への対応策選定に必要であり,対策の緊急性については前項で記述した個別の評価によるものとする。

また,補修,補強および全面改築の決定については,損傷以外の要因である適用基準（設計活荷重,最小床版厚,配筋量等）,大型車交通量,供用年数等のデータを検討する必要もある。

点検後の対処方法を判断する考え方について,一事例を記述する。

対処方法の基本的な考え方は,
① 部分的欠陥から局所的な損傷がごくわずか発生している場合は,その部分のみ打ち替える等の対策を施せばよい。
② 上記の部分的な損傷が一つの橋梁,あるいは橋脚間の1スパン内で数多く発生している場合は,そこに施工された床版が全体として構造的に問題があることになり,抜本的な対策が必要となる。

損傷判定事例

| 写真番号 | 10 | 部材名 | 鋼床版 |

写真 7-10　①腐食[22]

| 写真番号 | 39 | 部材名 | 鋼床版 |

写真 7-11　②亀裂[22]

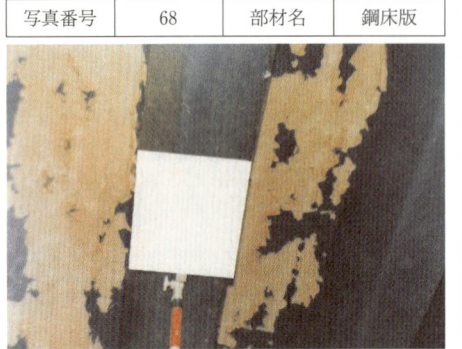

| 写真番号 | 68 | 部材名 | 鋼床版 |

写真 7-12　⑥防食機能の劣化[22]

| 写真番号 | 112 | 部材名 | コンクリート床版 |

写真 7-13　⑦剥離・鉄筋露出[22]

| 写真番号 | 126 | 部材名 | コンクリート床版 |

写真 7-14　⑧漏水・遊離石灰[22]

| 写真番号 | 134 | 部材名 | コンクリート床版 |

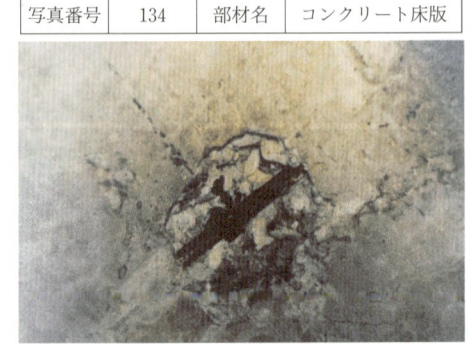

写真 7-15　⑦剥離・鉄筋露出[22]

| 写真番号 | 145 | 部材名 | コンクリート床版 |

写真 7-16　⑨抜け落ち[22]

| 写真番号 | 149 | 部材名 | コンクリート床版 |

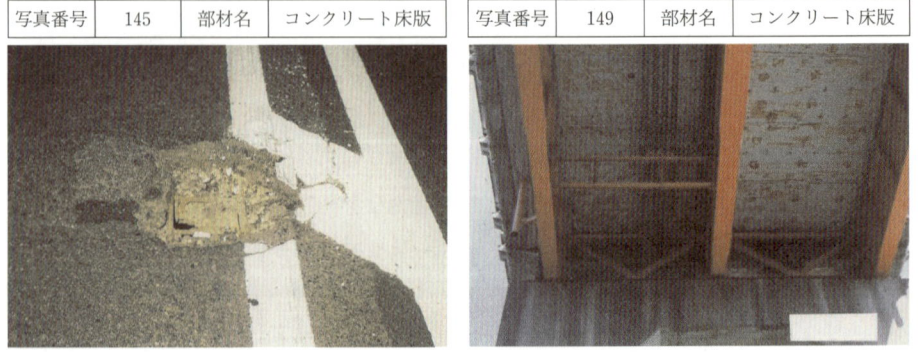

写真 7-17　⑩コンクリート補強材の損傷[22]

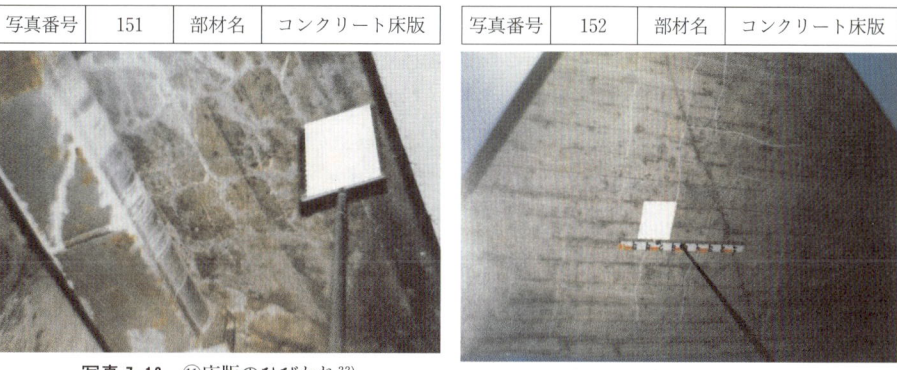

写真 7-18 ⑪床版のひびわれ[22)]

写真 7-19 ⑪床版のひびわれ[22)]

写真 7-20 ⑳漏水・滞水[22)]

である。

したがって，全体的な評価はパネル別の評価に基づいて実施し，その損傷発生頻度で評価するのが妥当と考えられる。

全体的な評価基準を**表 7-5** に示すように 5 段階に分ける。

損傷度の最大のランク 1 では，1 スパン内にある全床版パネル数のうち，判定区分 C 以上の損傷パネル数が 40 % 以上存在する場合とする。このような床版は著しく損傷が進行しているわけであり，判定の標準として緊急な全面的対策が必要である。

損傷度ランク 2 では，判定区分 C 以上の損傷の発生頻度を 30 % 以上 40 % 未満とし，早急な全面的対策を必要とする。

表 7-5　全体評価の基準

損傷度	床版の損傷状況	判定の標準
1	Cランク以上のパネルが40%以上	緊急な全面的対策が必要
2	Cランク以上のパネルが30%以上40%未満	早急な全面的対策が必要
3	Bランク以上のパネルが40%以上	適時な全面的対策が必要
4	Bランク以上のパネルが30%以上40%未満	適時な全面的対策が必要
5	Bランク以上のパネルが30%未満	部分的対策が必要

損傷度ランク3，4，5では，対象とするパネル別損傷を判定区分b以上とする。これは判定区分bが，現状では損傷は小さいが将来重度の損傷につながる可能性ありとみなし，予防措置的な対策の実施が検討されるべきと判断する。この判定区分b以上のパネルの発生頻度の大きさで，40％以上を3，30％以上40％未満を4，30％未満を5として，ランク5では損傷がごく部分的に生じているとみなし，損傷パネルのみ部分的対策を実施するものとする。

以上の全体的評価は，主に「維持修繕要領　橋梁編」（日本道路公団）を参考に損傷度判定標準を設定した。対策決定に際しては，上記損傷度とあわせて「道路橋床版補修要領（案）」（東京都建設局）で示されている大型車交通量による交通条件，迂回路・立体交差などによる交通環境，桁下種別・構造種別等による施工難易度，橋梁の立地条件による気象条件，適用基準および供用年数などを考慮するものとする。

7.2 舗装の点検

7.2.1 舗装の種類と特徴

(1) 舗装の種類

一般の車道に用いられている道路舗装を大別すれば，アスファルト系の表層をもつ舗装とコンクリート版を表層にもつ舗装とに分けられる。以下に，アスファルト系およびコンクリート系の舗装種類について記述する。

なお，コンクリート版は剛性をもっており輪荷重等による曲げ応力に抵抗するので，セメントコンクリート舗装を剛性舗装ともいう。これは，アスファルト舗装をたわみ性舗装ということに対応する呼称である[26]。

(a) アスファルト系の舗装[27]
① アスファルト舗装　→　橋面舗装に採用
② グースアスファルト舗装　→　〃
③ 排水性舗装　→　〃
④ 半たわみ性舗装
⑤ ロールドアスファルト舗装
⑥ 明色舗装
⑦ 着色舗装
⑧ すべり止め舗装

(b) コンクリート系の舗装[28]
① コンクリート舗装　→　橋面舗装に採用
② セメントコンクリート舗装
③ 連続鉄筋コンクリート舗装
④ プレストレストコンクリート舗装
⑤ ホワイトベース

橋梁区間に使用される舗装（橋面舗装）は，交通荷重，雨水その他の気象条件などから橋梁の床版を保護し，同時に交通車両の快適な走行性を確保することを目的として設置する。

橋面舗装は，一般部と比べ車両の走行位置が比較的限定される場合が多く，特に荷重が集中することが多いことから，流動などの破損が生じやすい傾向にある。そのために，アスファルト系の舗装では，一般に加熱アスファルト混合

物やグースアスファルト混合物が用いられる[29]。また，最近では，雨天時の安全走行性を向上するために，排水性舗装が使用されることが多くなっている。

一方，コンクリート系舗装のうち，コンクリート舗装以外は土工部に用いられるコンクリート版舗装で，橋面舗装には使用されない。また，最近は取付道路の舗装がアスファルト舗装となったことにより，コンクリート舗装の採用もほとんどなくなった。

(2) 舗装の構成

舗装の構成は，基層および表層の2層を原則とし，床版と基層の間には接着層や必要に応じて防水層が設けられている。舗装の厚さは6～8 cmが標準で，標準的な舗装構成は，図7-16に示すとおりである[30]。

(a) 表層および基層

表層には，密粒度アスファルト混合物，密粒度ギャップアスファルト混合物，細粒度ギャップアスファルト混合物などを用いる。

コンクリート床版の場合の基層には，粗粒度アスファルト混合物や密粒度アスファルト混合物などを，鋼床版の場合の基層には，グースアスファルト混合物を用いることが多い。

(b) 接着層

接着層は，床版と防水層または舗装とを付着させ，一体化させるために設ける。

コンクリート床版では，一般のアスファルト乳剤のほかに，用途に応じてゴム入りアスファルト乳剤や接着力を高めた溶剤型のアスファルト系接着剤，ゴム系接着剤などを用いる。また，鋼床版では，溶剤型のゴムアスファルト系接着剤を用いる。

(c) 防水層

防水層は，床版の耐久性を向上させるために設ける。

防水層には，シート系，塗膜系および舗装系がある。シート系防水層には一般に不織布に瀝青系材料を含浸させたもの，塗布系には瀝青系材料や樹脂系材料等がある。また，舗装系にはシートアスファルト混合物，マスチックアスファルト混合物やグースアスファルト混合物がある。

(d) タックコート

タックコートは，基層と表層の接着性を高めるために施す。

タックコートには，一般にはアスファルト乳剤を用いるが，特に強い接着力を必要とする場合はゴム入りアスファルト乳剤を用いる。

(3) 舗装の特徴

(a) アスファルト系舗装

以下に，アスファルト系舗装の種類と特徴を記す。

i) アスファルト舗装[31]

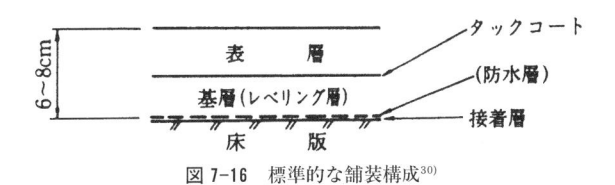

図7-16 標準的な舗装構成[30]

アスファルト舗装は，加熱アスファルト混合物によって表層・基層を構成した舗装である。表層には，交通車両による流動，摩耗ならびにひびわれに抵抗し，平坦ですべりにくく，かつ快適な走行が可能な路面を確保する役割があり，基層には，路盤の不陸を整正し，表層に加わる荷重を路盤に均一に伝達する役割がある。

ⅱ）グースアスファルト舗装[27]

グースアスファルト舗装は，グースアスファルト混合物を用いて行う舗装で，不透水性でたわみに対する追従性が高いことから，一般に鋼床版舗装などの橋面舗装に用いられる。

ⅲ）排水性舗装[27]

排水性舗装は，路面より雨水をすみやかに排水することを目的として，排水性舗装用アスファルト混合物を表層に用い，路盤以下へ水が浸透しない構造としたものである。供用開始後，ごみ，土砂などが侵入して目詰まりするとその機能が低下するので，定期的に機能を回復させる維持管理が必要である。

ⅳ）半たわみ性舗装[27]

半たわみ性舗装は，空隙率の大きな開粒度タイプの半たわみ性舗装用アスファルト混合物に，浸透用セメントミルクを浸透させたものである。半たわみ性舗装は，アスファルト舗装のたわみ性とコンクリート舗装の剛性を複合的に活用して，耐久性のある舗装をつくろうとするもので，交差点部，バスターミナル，料金所付近など，耐流動，耐油性および明色性や景観などの機能が求められる場所に適用される。

ⅴ）ロールドアスファルト舗装[27]

ロールドアスファルト舗装は，ロールドアスファルト混合物を用いて行う舗装で，すべり抵抗性，耐ひびわれ性，水密性および耐摩耗性などに優れており，積雪寒冷地域や山岳部の道路に使用されることが多い。

ⅵ）明色舗装[27]

明色舗装は，通常のアスファルト舗装の表層部分に，光線反射率の大きい明色骨材を使用することによって路面の明るさや，光の再帰性を向上させたもので，トンネル内や，交差点付近，路肩および側帯部，橋面などに用いられる。

ⅶ）着色舗装[27]

着色舗装は，主としてアスファルト混合物系の舗装に各種の色彩を付加したもので，通学路やバスレーン等，安全で円滑な交通に寄与する箇所などに使用する。

ⅷ）すべり止め舗装[27]

すべり止め舗装は，路面のすべり抵抗を高めた舗装で，急坂路，曲線部，踏切などの近接区間で，特にすべり抵抗性を高める必要のある場合に用いられる。すべり抵抗性を高める工法として，すべり抵抗性の高い骨材を用いる方法，路面に硬質骨材を接着する方法，舗装表面を粗面仕上げする方法などがある。

(b) コンクリート系舗装

以下に，コンクリート系舗装の種類と特徴を記す。

ⅰ）コンクリート舗装

コンクリート舗装は，材料をアスファルトからコンクリートに置き換えたもので，橋梁の床版コンクリートを打設した後に，5 cm 程度敷き均した舗装である。鉄筋は配置せず，また目地も特に設けない。昭和50年代以前には，取付道路が砂利道等の場合や小規模橋梁でよく採用されていたが，最近はほとんど採用されなくなってきている。

ⅱ）セメントコンクリート舗装[32]

セメントコンクリート舗装は，コンクリート版を表層とする舗装で，コンクリート版は直接交通の用に供され，その荷重を直接支持する最も重要な層である。コンクリート版は，温度変化や乾燥収縮等による応力を軽減するために，適当な間隔に目地を設けた等厚断面になっており，通常の版厚は15〜30 cmである。

ⅲ）連続鉄筋コンクリート舗装[28]

連続鉄筋コンクリート舗装は，コンクリート版の横目地を全く省いたもので，このために生じるコンクリート版の横ひびわれを縦方向鉄筋で分散させるものである。個々のひびわれ幅は狭く，鉄筋とひびわれ面での骨材のかみ合わせにより連続性が保たれる。

ⅳ）プレストレストコンクリート舗装[28]

プレストレストコンクリート舗装は，コンクリート版にあらかじめプレストレスを導入することによって版厚を増さずに構造的に強い版とするものである。また，横目地を少なくすることができる。

ⅴ）ホワイトベース[28]

ホワイトベースは，アスファルト舗装の基層として用いられるコンクリート版で，その施工方法は，通常のコンクリート舗装版と同様の施工方法となる。ホワイトベースと通常のコンクリート版との違いは，交通車両によるすりへりやすべりの問題がない，気象作用の影響を受ける度合いが小さいことである。

7.2.2 損傷の種類と原因

(1) 橋面舗装と土工部の舗装との違い

(a) 橋面舗装に求められる条件

以下の条件から，土工部の舗装と区別して扱われる[33]。

① 活荷重による変形挙動に追随するために，大きい変形に耐えなければならない。

② 夏季に軟化しやすく，冬季に凍結が生じやすい。鋼床版舗装はこの傾向がより強い。

③ グースアスファルトなどが高温で舗装される際の多量の発熱により橋梁部材の変形，損傷が生じやすいため，施工においては影響を少なくするような配慮が必要。

④ 異種材料との接触面（排水装置，伸縮装置，地覆等）の水密性確保が求められる。

⑤ 鉄筋コンクリート床版は，雨水を含むと疲労耐荷力が低下するため，防水層が必要。

⑥ 鋼床版は，水潤されると錆を発生，体積膨張により舗装を破損に至らし

めるため，防水層が必要。
　(b)　コンクリート舗装について

　以下の理由により，コンクリート舗装が用いられることはほとんどない[34]。

　橋面舗装の厚みは数 cm しかなく，コンクリートの乾燥収縮が拘束される舗装下面と，これを受けない表面との間で収縮ひずみ変化の勾配が急激となるため，ひびわれ発生が避け難い。

　活荷重による変位によりひびわれが発生しやすい。

　ただし，短支間の鉄筋コンクリートＴ桁，石造，鉄筋コンクリートアーチ等，橋体の剛性が高く，かつ床版コンクリート打設の同時期に舗装のコンクリートが施工される場合には，コンクリート舗装が用いられることもある。コンクリート舗装の損傷はコンクリート床版に準じるものとし，以降の項(2)(3)(4)(5)ではアスファルト舗装について示すものとする。

(2)　橋梁特有の舗装の損傷

　橋梁構造の特性により生じる橋面舗装の損傷の主な要因は変位である。変位が大きい構造として鋼床版をあげることができる。輪荷重による鋼床版の局部変位により鋼床版上の橋面舗装にひびわれが生じる。鋼床版に比べ，コンクリート床版の変位はかなり小さく，変位による橋面舗装の損傷は，鋼床版上の損傷が主なものである。したがって，以降の項では鋼床版上の橋面舗装の損傷について主に示す。鋼床版上の橋面舗装の損傷発生機構を(3)の(a)に示し，橋面舗装の着目すべき点を(3)の(b)に示した。鋼床版の変位による舗装の損傷について(3)の(c)に示し，変位の限界値の大きさについても(3)の(c)に示した。また，橋面舗装の損傷には細部構造が原因である損傷もあるため，(3)の(d)に示した。(4)では鉄筋コンクリート床版の着目点，細部構造による損傷について示した。

(3)　鋼床版における損傷

　(a)　鋼床版上の橋面舗装の損傷発生機構

　鋼床版の変位よる橋面舗装の損傷発生（ひびわれ破壊）は以下のようなものと考えられる[35]。

①　デッキプレートの過大なたわみ変形に伴って舗装体に加わる限界値を超えた曲げ引張応力度とせん断応力度によるひびわれ破壊。

②　橋梁相互部材間の相対的な鉛直・水平・回転変位によって，舗装体に大きい曲率とせん断変形が加わり，これに伴う過大な応力度によるひびわれ破壊。

③　施工不良，接着剤の不適などから，鋼床版のデッキプレートと舗装下面との接着が失われ，舗装の局部的曲げ変形とせん断変形が増大して発生するひびわれ破壊。

④　①～③の複合ひびわれ破壊。

　これらは，鋼床版のいずれかの箇所に限度を超えた変位に随伴して生じるものであり，舗装下面とデッキプレートの接着不良や剥離による損傷の加速も過大なたわみが原因である。

　(b)　着目すべき損傷

　「橋梁定期点検要領（案）」（国土交通省：平成16年3月）では，舗装の定期点検項目として，⑭路面の凹凸，⑮舗装の異常が示されている。鋼床版の変位

はこれらの損傷の原因となる。それぞれの損傷の内容を以下に示す。なお，舗装の一般的な損傷名は(5)「舗装の損傷」において示す。

⑭ 路面の凹凸：走行車両の衝撃力を増加させる要因となる路面に生じる橋軸方向の凹凸や段差をいう。

⑮ 舗装の異常：コンクリート床版の上面損傷（床版上面のコンクリートの土砂化，泥状化）や鋼床版の損傷（デッキプレートの亀裂，ボルト接合部）が舗装のうきやポットホール等として現出する状態をいう。

(c) 構造特性による舗装の損傷

ⅰ) 大きい曲率の変位が生じる部位

鋼床版において大きい曲率の発生が予想される部位として，次の箇所があげられる[36]。

① 主桁の腹板直上で，縦リブ支間中央の近傍
② 縦リブの腹板直上で，縦リブ支間中央付近
③ たわみやすいブラケットと主桁との交差箇所

以上の箇所に大きい曲率の発生が予想され，この変位により舗装にひびわれが生じる。特に損傷位置①の舗装ひびわれは橋軸方向に連続して生じることが多い。「道路橋示方書」では，旧建設省土木研究所，本州四国連絡橋公団の研究結果を受けて，活荷重によって生じる主桁腹板上と縦リブ上の局率半径を20 m以上とすることを推奨している。示方書の該当部を次に示す。

車道部の鋼床版については，舗装に悪影響を及ぼさないように，輪荷重によるたわみ制限値としてデッキプレートの最小板厚を規定している。このほか，車道部に主桁や縦桁が配置される場合には，腹板直上の橋軸方向の舗装のひびわれの抑制に配慮する必要がある。この舗装のひびわれを抑制するためには，まず輪荷重の常時走行位置が腹板直上と一致しないよう設計時に配慮するのが望ましい。あるいは主桁等と縦リブとの間隔，縦リブの支間および剛性について，腹板上の舗装の変形が大きくならないように設計するのがよい。この場合の鋼床版の構造設計の目安としては，本州四国連絡橋公団の橋面舗装の基準を参考に，活荷重によって生じる腹板上のデッキプレートの曲率半径を20 m以上（舗装の剛性を，ヤング係数 2×10^3 N/mm^2 とし，舗装と鋼床版との合成効果を考慮）とするのが望ましい[38]。

ⅱ) デッキプレートの支間中央に生ずる橋軸方向のひびわれ

舗装上面から発生し，次第に下方に発展する。

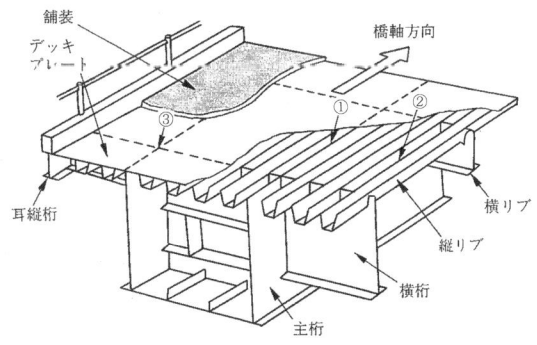

図7-17 鋼床版の構造の例[37]

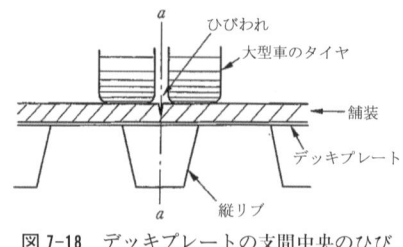

図7-18 デッキプレートの支間中央のひびわれ[39]

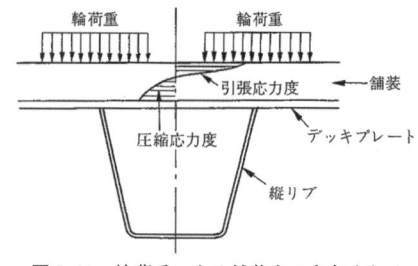

図7-19 輪荷重による舗装内の応力分布[40]

このひびわれは，輪荷重強度が著しく大きい車両のダブルタイヤ中央にある非載荷部分の舗装表面に派生する集中的な引張応力度[41),42)]の累積によって発生し進展すると考えられる。この引張応力度は，デッキプレートの鉛直変位に応じ，デッキプレートの支間長が大きくなると増加する[43]。この位置の舗装表面には，通常の設計で扱っている版作用による曲げ圧縮応力度が加わり，引張応力度を緩和するが，局部的で集中度の高い引張応力度を打ち消すまでには至らない[44]。

iii) 箱桁間の鋼床版に生じるひびわれ

橋軸方向に，ほぼ連続した直線状に発生する。その位置は縦リブの腹板位置とは一致しない。発生原因は，横桁もしくは対傾構の合成が主桁のねじり剛性に比し不足していることにあり，その結果，活荷重の分配が効果的に行われず，主桁間の鋼床版に変形が生じる[45]。

(d) 細部構造による舗装の損傷

i) デッキプレートの平坦性

鋼床版舗装の厚さ変化位置での鋼板の傾斜・段差は，デッキプレートの表面処理にむらを生じやすく[47]，舗装とデッキプレートの接着不良，局部変形によるひびわれの原因となる。また，デッキプレートの高力ボルト接合部は表面処理が困難であり，舗装の下層厚さが少なくなるため，変形が生じやすくなる。

ii) 路面勾配

鋼床版舗装の下層には，デッキプレートの変形に追従でき，かつ水密性の高いグースアスファルトが適用されることが多い。グースアスファルト混合物の舗装作業は，200℃を超える高温の粘性流体を扱うことになるから，合成勾配が10％を超えると，流れ出しにより，施工は著しく困難となる[48]。

iii) 防 錆

デッキプレートに錆が生じると，舗装とデッキプレートとの接着が失われて舗装破損につながったり，ブリスタリング（blistering：舗装のふくれ上がり）発生の原因となる[49]。また，デッキプレート下面の塗装が熱影響で劣化することもあるので注意が必要である。

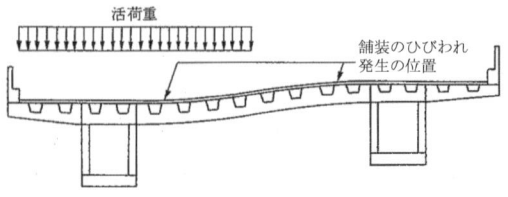

図7-20 鋼床版2箱桁橋における舗装のひびわれ[46]

図 7-21　ブリスタリング現象[50]

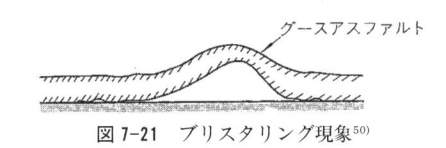

(4) 鉄筋コンクリート床版における損傷
　(a) 着目すべき損傷
　鋼床版における損傷(3)の(b)に準じる。
　(b) 細部構造による舗装の損傷
　ⅰ) 防　　水
　アスファルト混合物からなる舗装は，必ずしも水密ではない。水密とされるグースアスファルトは舗設時の高温によるコンクリート中の水分の蒸発から，ブリスタリングを発生させるため，RC 床版には用いられない[51]。
　ⅱ) 排水不良
　舗装を通過した雨水の滞留が防水層と舗装の剥離の原因となる。
　ⅲ) 異種材料部材の配置
　排水桝，伸縮装置，地覆に接する部分では，舗装の転圧が難しく，不陸を生じる事例が多い[52]。

(5) 舗装の損傷
　アスファルト舗装一般における損傷の種類および原因について以下に示す[53],[54]。
　(a) 段差・コルゲーション
　・コルゲーションとは，道路延長方向に規則的に生じる周期の比較的短い波状の凹凸をいう。
　・段差コルゲーションによって生じる衝撃はそれらの高さがある程度以上になると無視できないものとなる。段差が 20 mm になると，設計上考慮している衝撃を上回る衝撃が発生することが土研で実験的に確認されている。
　・車両が頻繁にブレーキをかける箇所などに発生しやすい。
　(b) ポットホール
　・舗装表面の局部的な小穴をいう。
　・アスファルト混合物の量不足，アスファルトの過加熱，混合不良，水の浸透，締固め不足，あるいは通行荷重の衝撃が原因。
　(c) 舗装ひびわれ
　・5 mm を超す場合は床版の損傷の疑いがある。
　・主に，橋体の変形により生じる。
　(d) わだち掘れ
　・橋軸直角方向の凹凸をいう。降水の滞水を招き，すべり抵抗を低下させる。
　・交通荷重と温度，もしくは摩耗により生じる。
　(e) 漏水・滞水
　・橋面上の滞水。
　・舗装の変形，排水不良により生じる。

(f) 寄　　り
- アスファルト舗装表面の局部的な盛り上がりをいい，これを「こぶ」ということもある。
- 破損の原因は主にプライムコート，タックコートの過多，散布不均一である。

(g) くぼみ
- アスファルト舗装の表面の局部的なくぼみをいう。
- 破損の原因は，主に路盤の不均一，アスファルト混合物の締固め不足，およびプライムコート，タックコートの施工不良である。

(h) フラッシュ
- アスファルト舗装表面にアスファルトがにじみ出した状態をいう。
- アスファルト混合物のアスファルト量の過剰，粒度の不良，軟質アスファルトなどの使用等が原因であり，タックコートの過剰な散布も原因となる。

(i) ラベリング
- アスファルト舗装表面の骨材粒子が離脱した状態で，表面のモルタル分が剝脱し，表面がガサガサに荒れた状態をいう。
- 破損の原因は，主に除雪後のタイヤチェーン，スパイクタイヤの使用によるもので，現在の日本では避けられないものである。

(j) ポリッシング
- アスファルト舗装表面がすりへり作用を比較的受けにくく，モルタル分と骨材が同じように平滑にすり磨かれて，すべりやすくなった状態をいう。
- 原因は主にアスファルト混合物中の骨材の品質不良である。

(k) はがれ
- 車輪によりアスファルト舗装表面がはがされた状態をいう。
- 破損の原因は主にアスファルト混合物のアスファルト量不足，アスファルトの過加熱，車両のオイル滴下，混合不良あるいは締固め不足である。

(l) 剝　　離
- アスファルト混合物の骨材とアスファルトとの接着性が消滅し，アスファルトと骨材がはがれる状態をいう。
- 破損の原因は主に骨材とアスファルトの親和力不足，あるいはアスファルト混合物中で抜けなかった水分によるアスファルトの乳化の結果である。

(m) 老　　化
- アスファルト混合物の締まりがゆるんだ状態をいう。
- 原因はアスファルト混合物中のアスファルトの紫外線，気象などによる劣化，あるいはアスファルトの過加熱による劣化ぜい弱，またはアスファルト量の不足，吸収性骨材の使用等によるものである。アスファルトの劣化は混合直後から進行していくものであり，現在では避けられないものである。

(n) タイヤ跡
- 静止しているタイヤあるいは重量物によって軟らかいアスファルト舗装面上で生じる局部的な跡をいう。

・アスファルト混合物の高温安定性，いわゆる変形に対する抵抗性に関連するもので，アスファルト混合物の使用材料（アスファルト，骨材，石粉）の質と量，アスファルト混合物の締固め度（空隙率）に原因がある。

(o) 表面ぶくれ
・表層の局部的なふくらみをいい，「ブリスタリング」ともいう。
・表面ぶくれは，表層の混合物の内部からふくらむ場合と，表層と基層の間からふくらむ場合がある。前者の原因は，混合物中に水分などが閉じ込められ，気温の上昇下降の繰返しによって，発生する蒸気圧が逃げず成長するものであり，後者は基層アスファルト混合物やコンクリート床版などに含まれる水分などが同様にして作用するものである。一般にグースアスファルトのようなアスファルトの多い流込み式混合物や細粒度アスファルト混合物などの空隙の少ない混合物に多く発生する。

(p) 温度応力クラック
・一般的に寒冷地において，冬隙にアスファルト層の温度収縮が拘束される（温度応力が緩和されない）ために生じる横断方向のひびわれである。通常，初期は10 mのほぼ一定間隔ごとに発生し，次第に細かい間隔で発生して，最終的には5 m間隔程度に発生するものである。わが国では，冬季マイナス20℃になる北海道や本州の一部山岳地帯などに多く発生するが，これら以外の地域においてもアスファルトの劣化や気象条件により発生するひびわれもある。

(q) ヘアクラック
・アスファルト混合物の品質不良，締固め不足，あるいは温度管理の不適などの施工不良から発生するアスファルトコンクリート層の小さなひびわれである。

(r) リフレクションクラック
・セメントコンクリートや転圧コンクリート舗装あるいはセメント安定処理やスラグ路盤上にアスファルト混合物を舗設した場合に，コンクリート版の目地やひびわれ位置の表層に発生するひびわれである。

(s) 施工ジョイントクラック
・ジョイント，特にコールドショイントで施工した箇所の一体性ほか，接着の不良等により生じる線状のひびわれである。きれいに直線状に発達した縦断・横断両方向のひびわれがあるが，施工上縦断方向に発生するものが多い。

(t) 虫食い状ひびわれ
・虫食い状ひびわれは通常，車線幅の中央付近もしくはフィニッシャの敷均し幅の中央付近に発生する。
・発生の形態としては混合物の細粒分が虫食い状に飛んでひびわれのようになり，これが縦方向につながっているものである。

7.2.3 舗装の点検方法

(1) アスファルト舗装

アスファルト舗装や簡易舗装では供用後，交通条件，気象条件，環境条件，

排水条件，使用材料条件，および施工条件などの要因が相互に関連しあって路面性状が変化し破損に至り，走行性，安全性，快適性などが損なわれる。したがって，舗装の特質をよく理解して点検する必要がある。

(a) 着目すべき損傷

「橋梁点検要領（案）」（旧建設省土木研究所資料：昭和63年7月）によれば，定期点検における点検項目は以下のとおりであった。

　　段差・コルゲーション，ポットホール，舗装ひびわれ，わだち掘れ，漏水・滞水

「橋梁定期点検要領（案）（国土交通省：平成16年3月）」では，舗装本体の損傷は対象とせず，床版等橋梁部材の健全性を判断するための点検項目として以下の項目を定めている。

　　⑭路面の凹凸，⑮舗装の異常

路面の凹凸については，コルゲーション，ポットホールや陥没など，舗装の異常については，ひびわれやうき，ポットホール，わだち掘れに着目して点検する必要がある。

(b) 注目すべきポイント

ⅰ） 段差・コルゲーション

段差は走行車に大きな衝撃を与える。その衝撃力は，舗装の損傷を招き，騒音振動の発生源となる。したがって，点検に際しては，以下のことに注意する必要がある。

① 段差量の測定は，水糸，定規など適切な測定器具を用いて測定する。
② 車両走行中の乗り心地や振動に注意を払う。
③ 必要に応じて路肩に停車し，他の車両の通過時の振動音に注意する。
④ 大型車の積荷のおどり方やバスなどの垂直方向の動きに注意する。

ⅱ） ポットホール

目視により判定を行う。一般的な判定基準として，「深さ20 mm以上，径20 cm以上」などの表現を用いている場合が多いが，この数値は，破損のおおよその目安を示しているもので，点検においては，深さが20 mmで径が20 cm（「道路構造物点検要領（案）」：日本道路公団，平成13年4月参照）の大きさを念頭におき，それ以上損傷の進んでいるものを対象とする。

ⅲ） 舗装ひびわれ

ひびわれは，舗装体への水の浸入を容易にし舗装の耐久性に直接影響する。点検は，路肩を低速走行するか，または停止して点検する。降雨後の路面が半乾き時に観察すると，ひびわれがある箇所は，ひびわれのない箇所に比べ乾きが遅いので，ひびわれの確認がしやすい。

ひびわれ箇所において簡単なスケッチや写真をとる場合，ひびわれ率（「道路維持修繕要領舗装編」：日本道路協会，昭和54年4月）を求めやすいように極力平面的に撮影し，車線幅員，レーンマーク幅（15 cm，20 cm）や長さ間隔（8 m，12 m）などを評価スケールとして一緒にスケッチおよび撮影するのがよい。また，数kmの延長にわたって，カメラまたはビデオなどにより路面のひびわれを連続的に，高速かつ多量に測定したい場合は，路面性状測定車を用いる方法もある。

iv）わだち掘れ

　わだち掘れは降雨による滞水を招き，水はね，高速走行時のすべり抵抗低下の原因となる。一般に凹凸の量が 25 mm 以上のくぼみを対象とし，以下のことに注意する必要がある。

　① わだち掘れの測定は，直線定規および水糸による簡易的方法，詳細な調査が必要な場合は横断プロフィルメータによる方法，数 km の延長にわたって高速かつ多量の測定を行う場合は路面性状測定車による方法などがあり，測定目的に応じた測定方法を選択する。
　② 走行時のハンドルの取られ，および車線変更の際の操舵性を把握する。
　③ 降雨時に滞水による水はね現象を把握する。
　④ 走行時，路面の滞水による反射状況を把握する。
　⑤ 路肩部の骨材の飛散状況を把握する。

(2) コンクリート舗装

　コンクリート舗装の破損とアスファルト舗装の破損には，ひびわれ，段差，わだち掘れなど同様な分類をするものもあるが，同じように分類されるものであっても，その発生形態や分類は異なることが多いため注意が必要である。

(a) 着目すべき損傷

　点検項目を示すと以下のとおりである。

　　段差，摩耗（わだち掘れ），ひびわれ，穴あき・陥没

(b) 注目すべきポイント

　i）段　　差

　段差の発生は，コンクリート舗装版の目地部で発生しやすい。コンクリート舗装の段差はアスファルト舗装の段差と異なり，すり付け部がほとんどないため注意が必要となる。測定は，水糸，定規を使用した方法により行い，段差の目安値は 20 mm 程度以上を対象とする。目地付近は入念に観測を行う。

　ii）摩耗（わだち掘れ）

　コンクリート舗装のわだち掘れは，表面のモルタルが剝脱し，粗骨材が露出あるいは摩耗した路面となった状態をいう。測定方法等はアスファルト舗装と同様とする。

　iii）ひびわれ

　コンクリート舗装のひびわれは，供用後の大型車の増加に伴い発生し進展していく。また，施工時からの小さいひびわれは，荷重の繰返しにより増加するものであるから注意して点検し，次回の点検と対比できるようにしておくとよい。

　・ひびわれ長さ，ひびわれ位置

　ひびわれ長さおよび位置の測定は，アスファルト舗装同様，スケッチおよび写真撮影による方法，路面性状測定車による方法がある。

　・ひびわれ深さ

　ひびわれ深さの測定は，コアを採取する方法により行う。超音波によるひびわれ深さ測定器も市販されている。

　・ひびわれ幅

　ひびわれ幅の測定は，カード式クラックスケール，ひびわれ幅測定器を用い

て行う。

　　iv）　穴あき・陥没

　コンクリートに異物が混入していて，供用後コンクリート表面から異物が剥脱し，版表面に穴があいたものの事例が多い。点検においては，深さが20 mm で径が20 cm の大きさ（「道路構造物点検要領（案）」：日本道路公団，平成13年4月参照）を念頭におき，それ以上損傷の進んでいるものを対象とし，目視により測定を行う。

7.2.4　点検結果の評価

(1)　評価の基本

　評価の基本は，国土交通省「橋梁定期点検要領（案）」（平成16年3月）に準拠するものとする。

　旧建設省土木研究所資料「橋梁点検要領（案）」（昭和63年7月）では，舗装本体の損傷も対象としており，参考として同要領の舗装の評価および点検資料を**表7-6**に示す。

(2)　損傷別評価[56]

　損傷別の評価は，前記の「橋梁点検要領（案）」の損傷度判定標準により個々の損傷について機械的に判定した後，損傷ごとに判定された損傷度ランクで最も高位のランクをその損傷度とする。**写真7-21～7-26**に，舗装の損傷判定事例を示す。

表7-6　損傷項目と判定標準[55]

損傷項目	損傷度判定標準	
・段差・コルゲーション ・ポットホール ・舗装ひびわれ ・わだち掘れ ・漏水・滞水	判定区分	一般的状況
	I	損傷が著しく，交通の安全確保のため，状況に応じて応急措置を講じた上で，早急な補修・補強検討を行う必要がある。
	II	明らかに耐荷力・耐久性に影響を及ぼす損傷が認められ，補修・補強を前提とした検討を行う必要がある。
	III	外観上損傷は認められるが，当面補修・補強の必要はない。ただし，損傷の進行を継続的に観察する必要がある。
	IV	外観上軽微な損傷が認められ，その程度を記録する必要がある。
	OK	点検の結果から，損傷とは認められない。

損傷判定事例

	写真番号	165	部材名	舗装
パターン位置	—			
深さ	大			
拡がり	—			
判定区分	II			

写真 7-21　⑯段差[56]

	写真番号		部材名	舗装
パターン位置	—			
深さ				
拡がり				
判定区分				

写真 7-22　⑯コルゲーション[11]

	写真番号	168	部材名	舗装
パターン位置	—			
深さ	大			
拡がり	小			
判定区分	II			

写真 7-23　⑰ポットホール[56]

	写真番号	170	部材名	舗装
パターン位置	—			
深さ	大			
拡がり	—			
判定区分	II			

写真 7-24　⑱舗装ひびわれ[56]

	写真番号	165	部材名	舗装
パターン位置	—			
深さ	大			
拡がり	—			
判定区分	II			

写真 7-25　⑲わだち掘れ[56]

	写真番号		部材名	
パターン位置	—			
深さ	大			
拡がり	—			
判定区分	II			

写真 7-26　㉒漏水・滞水

(3) 舗装の評価

舗装の評価は，舗装の使用材料（アスファルト系とコンクリート系）によって異なるほか，基盤部構造（橋梁区間と一般土工部）によっても差異がある。そこで，橋面舗装と一般土工部について，「道路維持修繕要綱」（㈳日本道路協会：昭和53年7月）の評価を示す。

(a) 橋面舗装[57]

橋面舗装については，一つ一つの損傷が橋梁本体の構造に重大な影響を与えることが多いので，個々の破損に対して，維持修繕を行う必要がある。維持修繕を必要とする目標値を**表7-7**に示すが，橋構造に悪影響を与えないよう一般道路より厳しくしてある。これを参考にして道路種別ごとに維持修繕の目安を

表 7-7 維持修繕要否判断の目標値[57]

	わだち掘れ (mm)	段差 (mm)	すべり摩擦係数	ひびわれ, ひらき 率 (%)	ひびわれ, ひらき 幅 (mm)	ポットホール径 (cm)
自動車専用道路	15	10	0.25	20	3	10
交通量の多い一般道路	20〜30	15〜20	0.25	20	3	10〜20
交通量の少ない一般道路	30〜35	20〜30	—	20	3	20

注) 段差は, 伸縮装置付近に生じるものを対象としている。

定めるとよい。

また, 破損の種類 (ひびわれ, ポットホール等) によっては, その原因が橋梁構造に起因するものがあるので, 評価のときには十分注意しなければならない。

(b) 一般土工部

路面の評価方法である総合評価指標には, (社)日本道路協会の「道路維持修繕要綱」に定められている PSI (Present Serviceability Index) と, 建設省 (現在の国土交通省) で定めている MCI (Maintenance Control Index) がある。維持修繕工法の選定にあたっては, 国内では一般的に MCI による方法, 維持修繕要否判定の目標を参考にし, 破損の分類別維持修繕工法ならびに経験などを総合的に判断して行っている[58]。

ⅰ) PSI による方法[59]

PSI は, 一定の計画のもとに長期的観点から維持修繕を行うための供用性指数で, 次式によって求める。

$$PSI = 4.53 - 0.518 \log \sigma - 0.371 \sqrt{C} - 0.174 D^2$$

ここに, σ：縦断方向の凹凸の標準偏差 (mm)
C：ひびわれ率 (%)
D：わだち掘れ深さの平均 (cm)

$C =$ (ひびわれ面積の和 + パッチング面積) / 調査対象区間面積 × 100 (%)

PSI の評価 (おおよその対応工法) は, 表 7-8 のとおりである。なお, 舗装の寿命をより長く保つためには, この値以上であっても措置するとよい場合がある。

ⅱ) MCI による方法[60]

MCI は, 破損の各要因を総合化して求めた維持修繕の判断に用いる維持管理指数で, 次式によって求める。やむをえない場合は, $MCI_0 \sim MCI_2$ の最小値を採用するものとする。

$$MCI = 10 - 1.48 C^{0.3} - 0.29 D^{0.7} - 0.47 \sigma^{0.2}$$
$$MCI_0 = = 10 - 0.51 C^{0.3} - 0.30 D^{0.7}$$

表 7-8 PSI の評価[59]

供用性指数	おおよその対応方法
3〜2.1	表面処理
2〜1.1	オーバーレイ
1〜0	打換え

表 7-9　MCI の評価[60]

維持管理指数	評　価
3 以下	早急に修繕が必要
4〜3	修繕が必要
5 以上	望ましい管理水準

$$MCI_1 = 10 - 2.23 C^{0.3}$$
$$MCI_2 = 10 - 0.54 D^{0.7}$$

ここに，σ：縦断凹凸量（mm）
　　　　C：ひびわれ率（%）
　　　　D：わだち掘れ量（mm）

　MCI の評価は，**表 7-9** のとおりである．なお，MCI は，供用開始直後に 8〜9 の値をとり，以後交通荷重などの影響を受けて時間とともに低下し，およそ 10 年程度で 4〜5 以下となる．

(4)　維持修繕[61]

　個々の破損についての維持修繕の要否を判断する場合には，破損の種類と大きさによっては，供用性指数の値に無関係に維持修繕を必要とすることがあり（例えば，段差，ポットホール等），この場合には道路の種類ごとに**表 7-10** および**表 7-11** に示す目標値を参考にして維持修繕の目安を定めるとよい．

表 7-10　アスファルト舗装における維持修繕要否判断の目標値[61]

	わだち掘れ (mm)	段差 (mm)	すべり摩擦係数	縦断方向の凹凸 (mm)	ひびわれ率 (%)	ポットホール径 (cm)
自動車専用道路	25	20	0.25	8 m プロフィル 90(PrI) 3 m プロフィル 3.5(σ)	20	20
交通量の多い一般道路	30〜40	30	0.25	3 m プロフィル 4.0〜5.0(σ)	30〜40	20
交通量の少ない一般道路	40	30	—	—	40〜50	20

表 7-11　コンクリート舗装における維持修繕要否判断の目標値[62]

	わだち掘れ (mm)	段差 (mm)	すべり摩擦係数	縦断方向の凹凸 (mm)	ひびわれ度 (cm/m²)	目地の破損
自動車専用道路	25	10	0.25	8 m プロフィル 90(PrI) 3 m プロフィル 3.5(σ)	20	異常が認められたとき
交通量の多い一般道路	30〜40	15	0.25	3 m プロフィル 5.0(σ)	30	
交通量の少ない一般道路	40〜50	—	—	—	50	

注 1）　段差は，自動車専用道路の場合は 15 m の水糸，一般道路の場合は 10 m の水糸で測定する．

注 2）　すべり摩擦係数は，自動車専用道路の場合は 80 km/h，一般道路の場合は 60 km/h で，路面を湿潤状態にして測定する．

注 3）　PrI は，プロフィルメータで記録した凹凸の波の中央に ±3 mm の帯を設け，この帯の外にはみだす部分の波の高さの総和を測定距離で除した値である．

注 4）　走行速度の高い道路では，ここに示す値よりも高い水準に目標値を定めるとよい．

(5) 計算例

ひびわれの程度を示す指標として、アスファルト舗装ではひびわれ率を、セメントコンクリート舗装ではひびわれ度を用いている。それぞれの算出方法は、次式のとおりである[63]。

　　ひびわれ率＝（ひびわれ面積の和＋パッチング面積）／調査対象区間面積×100（％）

　　ひびわれ度＝ひびわれ長さの累計（cm）／調査対象区間面積（m²）

図7-22に、ひびわれ率の計算例[64]を示す。

調査対象範囲が8×3.3mの例

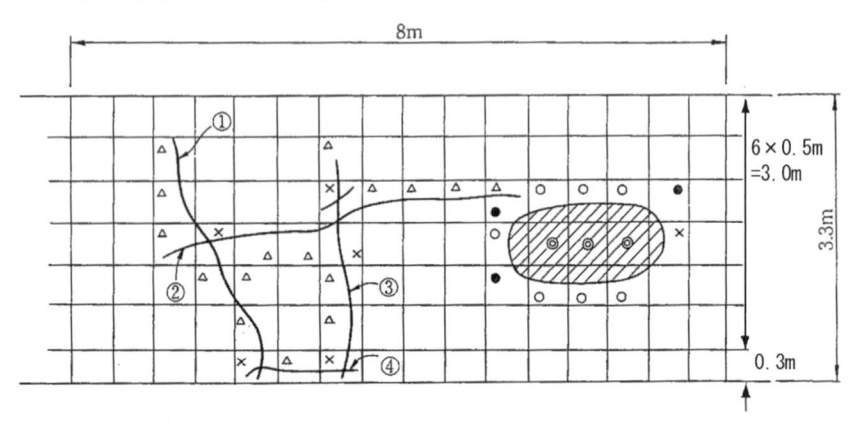

アルファルト舗装
　ひびわれ面積　　ひびわれ2本以上（×印）　　　　　　　0.25 m² × 3桝＝0.75 m²
　　　　　　　　　　　　　　　　　　　　　　　　　　　　0.15 m² × 2桝＝0.30 m²
　　　　　　　　　ひびわれ1本（△印）：60％相当　　　　0.15 m² × 15桝＝2.25 m²
　　　　　　　　　　　　　　　　　　　　　　　　　　　　0.09 m² × 1桝＝0.09 m²
　パッチング面積　ひびわれ0％以上25％未満（●印）　　　0 m² × 2桝＝0 m²
　　　　　　　　　ひびわれ25％以上75％未満（○印）　　 0.125 m² × 7桝＝0.875 m²
　　　　　　　　　ひびわれ75％以上（◎印）　　　　　　　0.25 m² × 3桝＝0.75 m²
ひびわれ率＝（5.015／26.4）×100＝19.0％

図7-22　ひびわれ率の計算例[64]

参考文献

1) 泉満明, 近藤明雅,「橋梁工学」, コロナ社, p.104, S 62.10
2) NCB研究会,「新しい合成構造と橋」, 山海堂, p.32, H 8.2
3) ㈳PC建設業協会,「やさしいPC橋の設計」p.63, H 14.7
4) ㈳日本橋梁建設協会,「床版工法選定マニュアル（案）」, p.3, H 4.2
5) ㈳日本橋梁建設協会,「床版工法選定マニュアル（案）」, p.13, H 4.2
6) ㈳PC建設業協会,「プレキャストPC床版設計・施工マニュアル」, p.2, H 11.5
7) 泉満明, 近藤明雅,「橋梁工学」, コロナ社, p.108, S 62.10
8) ㈳日本橋梁建設協会,「床版工法選定マニュアル（案）」, p.29, H 4.2
9) NCB研究会,「新しい合成構造と橋」, 山海堂, p.44, H 8.2
10) ㈳日本橋梁建設協会,「橋建協標準合成床版」, p.12, H 15.11
11) ㈳日本道路協会,「コンクリート道路橋設計便覧」, p.249, H 6.2
12) ㈳PC建設業協会,「PC道路橋計画マニュアル」, p.16, H 9.3
13) ㈳PC建設業協会,「PC道路橋計画マニュアル」, p.35, H 9.3
14) 宮本重信, 室田正雄,「鋼床版橋の路面凍結と蓄熱材封入による抑制」, 橋梁と基礎 98-6, H 10.6
15) ㈳日本橋梁建設協会,「合成床版設計・施工マニュアル」, H 15.2
16) 国土交通省 道路局 国道・防災課,「橋梁定期点検要領（案）」, pp.7-10, H 16.3
17) 西川ら,「既設鉄筋コンクリート床版の補修・補強に関する検討」, 橋梁と基礎, ㈱建設図

書，pp. 25-32，2000.11
18) 国土交通省　道路局国道課，「(仮称)第三者被害を予防するための橋梁点検要領(案)」，pp. 32, pp. 34, pp. 36, H 13.3
19) ㈳日本道路協会，「鋼橋の疲労」，pp. 184, H 9.5
20) 小野，「非破壊検査手法による診断技術の現状と今後」，橋梁と基礎，㈱建設図書, pp. 105-108, 2001.8
21) 国土交通省　道路局　国道・防災課，「橋梁定期点検要領(案)」，pp. 19-22, H 16.3
22) 建設省土木研究所，「土木研究所資料　橋梁損傷事例写真集」，pp. 7-102, S 63.7
23) 日本道路公団，「維持修繕要領　橋梁編」，S 63.5
24) 東京都建設局，「道路橋床版補修要領」，S 63.4
25) 大阪府土木部道路課，「橋梁点検・補修マニュアル(RC床版編)」，S 60.3
26) ㈳日本道路協会，「セメントコンクリート舗装要綱」，p. 1, S 59.2
27) ㈳日本道路協会，「アスファルト舗装要綱」，p. 192, H 4.12
28) ㈳日本道路協会，「セメントコンクリート舗装要綱」，p. 202, H 4.12
29) ㈳日本道路協会，「アスファルト舗装要綱」，p. 181, H 4.12
30) ㈳日本道路協会，「アスファルト舗装要綱」，p. 182, H 4.12
31) ㈳日本道路協会，「アスファルト舗装要綱」，p. 4, H 4.12
32) ㈳日本道路協会，「セメントコンクリート舗装要綱」，p. 5, S 59.2
33) 多田宏行編著，「語り継ぐ舗装技術」，鹿島出版会，p. 156, 2000.11
34) 多田宏行編著，「語り継ぐ舗装技術」，鹿島出版会，p. 156, 2000.11
35) 多田宏行編著，「語り継ぐ舗装技術」，鹿島出版会，p. 180, 2000.11
36) 多田宏行編著，「語り継ぐ舗装技術」，鹿島出版会，p. 169, 2000.11
37) 多田宏行編著，「語り継ぐ舗装技術」，鹿島出版会，p. 170, 2000.11
38) ㈳日本道路協会，「道路橋示方書・同解説Ⅱ鋼橋編」，p. 273, 2002.3
39) 多田宏行編著，「語り継ぐ舗装技術」，鹿島出版会，p. 171, 2000.11
40) 多田宏行編著，「語り継ぐ舗装技術」，鹿島出版会，p. 171, 2000.11
41) H. bay,「: Wandartige Trager und Bogenscheibe, Stuttgart, Konrad Wittwer」, 1960
42) K. Girkmann,「Flachentragwerke, Wien, Springer」, 1963
43) 大崎順彦，「建築基礎構造」，技報堂, 1991.1
44) 多田宏行編著，「語り継ぐ舗装技術」，鹿島出版会，p. 171, 2000.11
45) 多田宏行編著，「語り継ぐ舗装技術」，鹿島出版会，p. 172, 2000.11
46) 多田宏行編著，「語り継ぐ舗装技術」，鹿島出版会，p. 173, 2000.11
47) 多田宏行編著，「語り継ぐ舗装技術」，鹿島出版会，p. 175, 2000.11
48) 多田宏行編著，「語り継ぐ舗装技術」，鹿島出版会，p. 175, 2000.11
49) 多田宏行編著，「語り継ぐ舗装技術」，鹿島出版会，p. 176, 2000.11
50) 森永教夫監修，「舗装技術の質疑応答」第7巻(上)，建設図書, p. 191, 1997.11
51) 多田宏行編著，「語り継ぐ舗装技術」，鹿島出版会，p. 173, 2000.11
52) 多田宏行編著，「語り継ぐ舗装技術」，鹿島出版会，p. 174, 2000.11
53) 佐藤信彦監修，「舗装の維持修繕」，建設図書, pp. 45-58, 1992.5
54) 建設省土木研究所，「橋梁点検要領(案)」，pp. 48-51, 1988.7
55) 建設省土木研究所，「橋梁点検要領(案)」，p. 20　S 63.7
56) 建設省土木研究所，「橋梁損傷事例写真集」，p. 84　S 63.7
57) ㈳日本道路協会，「道路維持修繕要綱」，p. 116　S 53.7
58) 佐藤信彦，小坂寛巳，奥平真誠，「舗装の維持修繕」，建設図書, p. 69　H 4.5
59) ㈳日本道路協会，「道路維持修繕要綱」，p. 67　S 53.7
60) 佐藤信彦，小坂寛巳，奥平真誠，舗装の維持修繕」，建設図書, p. 70　H 4.5
61) ㈳日本道路協会，「道路維持修繕要綱」，p. 68　S 53.7
62) ㈳日本道路協会，「道路維持修繕要綱」，p. 93　S 53.7
63) ㈳日本道路協会，「道路維持修繕要綱」，p. 59　S 53.7
64) 佐藤信彦，小坂寛巳，奥平真誠，「舗装の維持修繕」，建設図書, p. 64　H 4.5

第8章　コンクリート橋（PC橋を含む）の点検

8.1 概説

　平成16年3月に国土交通省道路局国道・防災課から出された「橋梁定期点検要領（案）」によれば，定期点検は，安全で円滑な交通の確保，沿道や第三者への被害の防止を図るための橋梁に関わる維持管理を効率的に行うために必要な情報を得ることを目的に実施し，損傷状況の把握，対策区分の判定，点検結果の記録を行うことと規定されている。いいかえれば，適切な維持管理を実施していく上で，構造物の状況を的確に把握するとともに，損傷の進行を予測できるデータを収集蓄積することが橋梁点検の目的であるといえよう。ここでいう定期点検は日常的に行われる通常点検や特定の事象を対象に行われる特定点検などと互いの情報を共有しながら行われるべきものであるが，その方法は主として近接しての目視，点検ハンマー・クラックスケールなどの簡易な点検器具を用いるものである。

　このため定期点検では，把握できる損傷の状況には限界があり，損傷原因や規模，進行の可能性などが不明なこともある。このような場合には詳細調査を行って橋梁の損傷状況を明確にし，部位ごとあるいは損傷の種類ごとに対策区分を判定しなければならない。詳細調査については，コンクリートの損傷状況の把握を行うのに必要な能力と実務経験を有する技術者に項目や方法，数量などの計画を依頼することが必要である。特に非破壊検査や化学分析などを調査項目とする場合には，コンクリート橋梁に関する学識経験者であって点検結果を照査できる専門家の指導を仰ぐことも必要となる。

　コンクリート橋梁点検者に望まれる第一の資質は，構造物の損傷の有無を的確に把握できるとともに，その発生原因を推定できることおよびコンクリート橋梁の損傷度を適切に評価できることである。さらに発見された損傷が，使用環境を考慮して構造物の経時的な性能低下に将来どのように影響していくのかを考察できる知識をもつことである。

　一方，効率的な維持修繕を実施していくことの重要性が認識されながらも，現状の技術水準では残念ながら完全な維持管理体制を組み上げられていないのも現実である。効率的な維持管理体制を確立するためには，蓄積された点検結果を継続的に分析して点検方法や損傷と対策区分との関係を見直していく必要がある。そのためには分析結果に基づく対策の要否，その対策の種類の選択，対策の実施時期などの判定に関する問題点や改善点を次回以降の点検結果から検討できるようにしなければならない。万が一，改善点がみつかった場合にはすみやかに更新していく姿勢が重要である。

　このような観点から点検者の教育にあたっては，点検対象である損傷に「時

間」の概念を導入した評価や判断ができるようにすることが重要ではないかと考えられる。すなわち，点検結果は点検時の構造物の状態を把握したものではあるが，前回の点検結果と比較することで，検出された構造物の損傷の原因や発生時期を推定することができ，また損傷の発生から点検時までの変化を推測することができる。これによって次回の定期点検時まで損傷の進行を正確に予測できれば，橋梁構造物を適切に維持管理していく上で，点検が重要な情報源として認識され，その記録の蓄積や活用から効率的な維持管理体制が確立できるようになっていくものと考えられる。

本章では，点検対象をコンクリート橋としており，構造種別を次の8種類に分類して，それぞれの点検項目と点検上の留意点を取りまとめている。

(1) RC 桁橋
(2) RC 床版橋
(3) RC ラーメン橋
(4) RC アーチ橋
(5) PCT・I 桁橋
(6) PC 中空床版橋
(7) PC 箱桁橋
(8) PC 斜張橋

点検項目は，構造種別ごとに着目すべき部材とそれぞれの点検箇所，そこでよくみられる損傷の種類，損傷事例の写真や図を整理したものとなっている。点検上の留意点では点検対象となる構造種別や部材ごとに発生しやすい損傷の特徴や位置，重大欠陥となりやすい損傷などについて整理している。特に写真を掲載した損傷については対策の選定に有効となるコメントも示している。

8.2 損傷の種類と原因

一般にひびわれに代表されるコンクリート構造物の損傷は，「時間」の概念を導入することによって発生原因を推定しやすいという利点がある。例えば土木学会では，橋梁の施工段階で発生している損傷と，事故や地震などの一時的な過大な外力の作用で発生する損傷，構造物の使用環境の影響を受ける損傷の3種類に分類することで損傷の進行についての検討がしやすくなると提案している。このうち初期欠陥とよばれる損傷は，コンクリート構造物の施工段階で発生するもので，施工方法や使用材料が原因となっている。損傷とよばれる変状は衝突や地震，火災などの一時的な外力の影響で発生するものである。これらのいずれにも属さない劣化とよばれる損傷は，コンクリート構造物が建設されてから，その周辺環境や供用条件が原因となって発生するものであり，時間の経過とともに進行していく。初期欠陥や損傷は，それ自体が発生後の時間経過に伴って進行していくことはまれであるが，環境に影響される劣化の進行速度に影響する場合があるので，損傷の程度を的確に把握する必要がある。

ひびわれやうきや剥離となって現れる損傷を，その発生位置や供用後の経緯，橋梁の使用環境から上記の3種類に分類することはコンクリートや橋梁に関する基礎的な知識を習得することである程度可能となることから，このような考え方は損傷の原因や損傷の進行をおおよそ推定する上で有効な方法といえよう。

表 8-1 損傷の種類

材料	番号	損傷の種類	材料	番号	損傷の種類
コンクリート	⑥	ひびわれ	共通	⑬	遊間の異常
	⑦	剝離・鉄筋露出		⑭	路面の凹凸
	⑧	漏水・遊離石灰		⑮	舗装の異常
	⑨	抜け落ち		⑯	支承の機能障害
	⑩	コンクリート補強材の損傷		⑰	その他
	⑪	床版ひびわれ		⑱	定着部の異常
	⑫	うき		⑲	変色・劣化
				⑳	漏水・滞水
				㉑	異常な音・振動
				㉒	異常なたわみ
				㉓	変形・欠損
				㉔	土砂詰まり
				㉕	沈下・移動・傾斜
				㉖	洗掘

　平成16年3月の「橋梁定期点検要領（案）」に従えば，コンクリート橋の点検で検出される損傷の種類は**表 8-1**のように整理される。ここではコンクリート構造物に特有の損傷として，ひびわれからうきまでの7種類を，鋼橋とも共通する損傷として遊間の異常から洗掘までの13種類をあげている。

　以下に参考として，初期欠陥，損傷，劣化についての解説を記載する。

(1) 初期欠陥

　(a) ひびわれ

　一般に外観点検だけで，その原因を特定したり劣化や損傷と区別するためには相当な知識と経験が必要である。特に施工時に発生しやすいひびわれに関しては，ひびわれの規則性や網状の形態の有無などから，発生原因を推定することもあるが，日本コンクリート工学協会「コンクリートのひびわれ調査，補修・補強指針」などを参考にするとよいと思われる。ここでは初期欠陥として生じやすい代表的なひびわれとして，水和熱，乾燥収縮，沈降収縮，型枠の変形によるものなどをあげておくこととする。

　(b) 豆板，コールドジョイント

　コンクリートの施工が不適切な場合に発生するもので，基礎的な知識でも判別できるが，これが直ちに構造物の安全性能に影響することはほとんどないと考えられることから，これも簡単に取り扱うこととする。ただし，発生位置や大きさによっては劣化の進行に影響を与えることから，注意が必要である。

(2) 劣　化

　(a) 塩　害

　早期劣化の一因であり，放置すると構造物の性能低下に直結することから，その見分け方，劣化過程を示すとともに，対策も記述する。

　(b) アルカリ骨材反応

　早期劣化の一因であり，放置すると構造物の性能低下に直結することもあることから，その見分け方，劣化過程を示すとともに，対策も記述する。

　(c) 中性化

　供用年数が長い構造物，初期欠陥がある場合，他の劣化と組み合わさって作

用する場合には注意が必要である。

このほかは，凍害と化学的侵食を環境によっては考慮すべき劣化機構として，記述する。

(3) 損　傷

(a) ひびわれ

地震や衝突のように過大な外力が構造物に作用したときに生じる位置や方向を示す。

(b) 剝　離

地震や衝突のように過大な外力が構造物に作用したときに生じる位置や方向を示す。

8.3 点　検

8.3.1 点検の着目点と留意点

RC構造物に共通していえることは，点検時に確認される損傷の多くがひびわれで，このひびわれを点検で発見することはそれほど難しくないが，ひびわれの評価・判断は難しい。

これは，コンクリート打設後の温度降下や乾燥収縮ひずみなどの理由から，ほとんどの構造物にひびわれが発生しており，点検時に発見したひびわれが悪性なのか，良性なのかを判断することを求められるからである。また，コンクリートに発生するひびわれの原因には物理的要因，化学的要因，人為的要因，気象の影響など多岐にわたることも判断を難しくしている。

実際の点検では，ひびわれの発生位置や幅，範囲，方向のほか，関連する損傷として遊離石灰や漏水，鉄筋露出が発生していないか確認するとともに，予備知識として，このマニュアルに示された点検箇所や過去の損傷事例，実際点検する橋梁の架橋環境や構造形式，架設年次などを確認することでより正確な点検ができると考える。

(1) RC桁橋

(a) 点検項目

表8-2　RC桁橋の点検項目

着目位置	点検箇所	主な変状の種類	事例（写真，図）
主　桁	端支点部	⑥ひびわれ，⑧遊離石灰，⑦剝離・鉄筋露出，⑫うき	図8-1 写真8-3
	1/4支間部	⑥ひびわれ，⑧遊離石灰	図8-1
	支間中央部	⑥ひびわれ，⑧遊離石灰，⑦剝離・鉄筋露出，⑫うき	図8-1 写真8-1，8-4
	打継ぎ目部	⑥ひびわれ，⑧遊離石灰，⑦剝離・鉄筋露出	写真8-2
横桁	端横桁	⑥ひびわれ，⑦剝離・鉄筋露出，⑧遊離石灰	
	中間横桁	⑥ひびわれ，⑧遊離石灰	
床版	張出し床版	⑥ひびわれ，⑧遊離石灰，⑦剝離・鉄筋露出，⑫うき	写真8-6
	中間床版	⑥ひびわれ，⑧遊離石灰，⑦剝離・鉄筋露出，⑫うき	写真8-5
	打継ぎ目部	⑥ひびわれ，⑧遊離石灰，⑦剝離・鉄筋露出	

(b) 点検上の留意点

RC桁橋に限らず，RC構造に共通していえることであるが，近年に架設されたコンクリート橋の構造形式の多くはPC構造であるため，RC構造の橋梁を点検する場合，その橋梁の供用年数が30年を超えていることが多い。このため，点検時にみる橋梁には汚れや苔がコンクリート表面に付着して，目視点検の障害になることがある。したがって，RC構造の橋梁を点検する場合は，橋体に十分近接するとともに，あわせて打音点検を行うことが重要である。

RC桁橋の点検においては，特に下記の事項について注意する必要がある。

① 主桁に発生したひびわれを確認する。支間中央，1/4支間部，支点部を入念に点検する。特に支点から支間中央に向かうひびわれ（せん断）は要注意である。
② かぶり不足による剝離・鉄筋露出など施工の状態に注意する。
③ 雨水の影響を受ける支承部や床版張出し部には注意する。
④ 中間床版に発生しているひびわれの状態を点検する。遊離石灰や漏水を伴う二方向ひびわれや亀甲状ひびわれがみられるときは要注意である。
⑤ 連続桁の場合，ひびわれの発生形態が単純桁と違うので注意する。
⑥ ゲルバー構造になっているときは，切欠き部を注意深く点検する。特に切欠き部にひびわれがある場合は，発生位置に注意する。

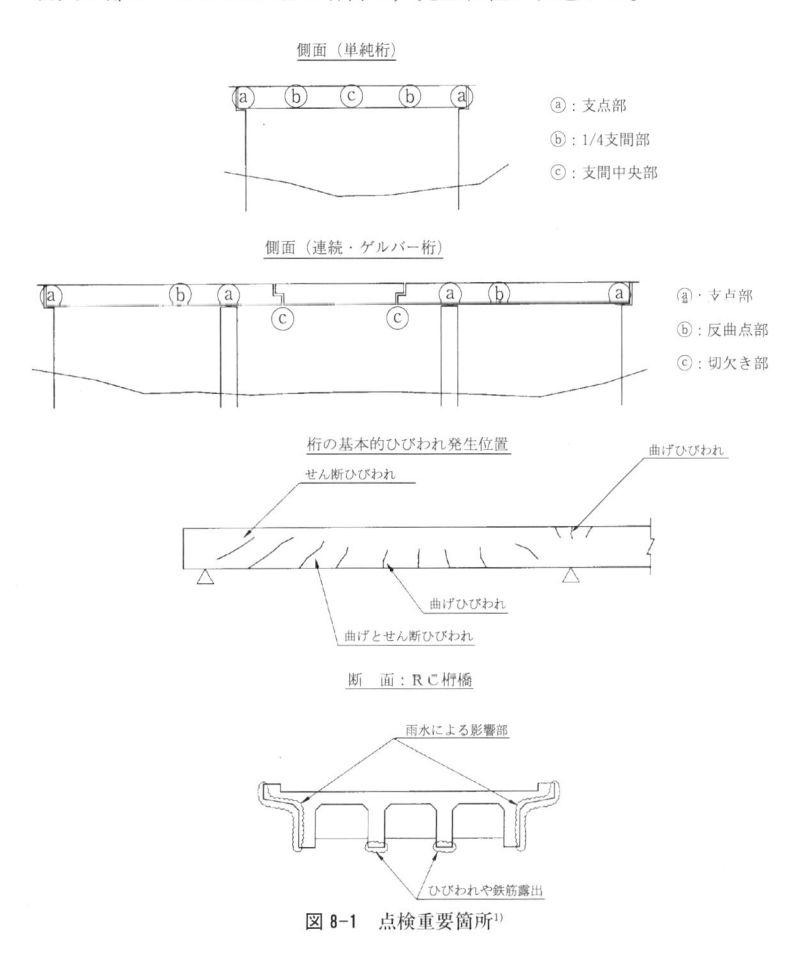

図 8-1 点検重要箇所[1]

写真8-1は，主桁下フランジに発生した遊離石灰を伴うひびわれ（橋軸方向）である。写真にみられる張出し床版の状況から，地覆側面を伝わってきた雨水の影響により内部鉄筋を腐食させている可能性がある。

写真8-1　ひびわれ

写真8-2は，主桁側面に広範囲に発生した剥離・鉄筋露出である。主桁側面に「砂しま」がみられることから，施工不良，中性化に問題があったと予測される。

写真8-2　剥離・鉄筋露出

写真8-3は，支点部の主桁に生じた剥離・鉄筋露出である。脚上に滞水がみられることから伸縮装置からの漏水の影響も考えられる。

写真8-3　剥離・鉄筋露出（支点部）

写真8-4は，主桁下フランジに生じた剥離・鉄筋露出である。帯筋（スターラップ）がみられることからかぶり不足が損傷の発生原因と考えられる。たたき点検により範囲の確認が必要である。

写真8-4　剥離・鉄筋露出（かぶり不足）

写真 8-5 は，床版下面に生じた二方向ひびわれ，漏水・遊離石灰である。損傷としては進展した状態にあり，詳細調査や補修検討が必要である。

写真 8-5　ひびわれ，漏水・遊離石灰

写真 8-6 は，張出し床版（地覆下面）に生じた剥離・鉄筋露出である。寒冷地に架設された橋梁では凍結・融解作用により損傷が著しく進展することがある。

写真 8-6　剥離・鉄筋露出（床版張出し部）

(2) RC 床版橋（中空・中実断面）

(a) 点検項目

表 8-3　RC 床版橋の点検項目

着目位置	点検箇所	主な変状の種類	事例（写真，図）
床版桁	端支点部	⑥ひびわれ，⑧遊離石灰，⑦剥離・鉄筋露出，⑫うき	図 8-2
	1/4支間部	⑥ひびわれ，⑧遊離石灰	図 0 2
	支間中央部	⑥ひびわれ，⑧遊離石灰，⑦剥離・鉄筋露出，⑫うき	図 8-2　写真 8-7
	打継ぎ目部	⑥ひびわれ，⑧遊離石灰，⑦剥離・鉄筋露出	
	縦目地部	⑥ひびわれ，⑧遊離石灰，⑦剥離・鉄筋露出，⑫うき	写真 8-10
	床版桁側面	⑥ひびわれ，⑧遊離石灰，⑦剥離・鉄筋露出，⑫うき	図 8-2　写真 8-9
	円筒型枠直上・直下	円筒型枠上の⑮舗装の異常　円筒型枠直下の⑲変色，⑥ひびわれ，⑧遊離石灰	図 8-2　写真 8-11，8-12

(b) 点検上の留意点

中実断面の RC 床版橋は一般にスパンが短く，橋長が 2〜3 m であることも珍しくない。このような短いスパンの橋梁を点検する場合，意外に橋梁下面へアプローチすることが厄介なときがある。これは橋梁の上・下流側が暗渠となっていることや，桁から河床までの空間がなくて点検員が入り込めないためである。事前に橋梁周辺の状況を確認して点検手法を考慮する必要がある。

中空断面の桁は，最近，円筒型枠（ボイド管）の内部に雨水が浸入して損傷が拡大している事例が多くなっており，路面上の状態にも注意して点検することが望まれる。

RC床版橋の点検においては，特に下記の事項について注意する必要がある。

① 床版桁に発生したひびわれの発生位置に注意して点検する。ひびわれとして多くみられるのは，支間中央部付近に発生する橋軸直角方向のひびわれで，漏水・遊離石灰が伴っていないか注意する。

② 床版桁端支点部付近に，伸縮装置からの漏水が影響した剥離・鉄筋露出やうきがないか注意する。

③ 床版桁の表面が，一部分だけ異常に変色・劣化しているときがある。打音検査によりコンクリートの状態を確認する。

④ 打継ぎ目部にひびわれ，漏水・遊離石灰がないか注意する。

⑤ 中空床版桁の円筒型枠（ボイド管）上の舗装に損傷（ひびわれ，ポットホールなど）がないか，直下のコンクリート表面に変色・劣化，ひびわれ，漏水・遊離石灰がないか注意する。

⑥ 中実床版橋には古い橋梁が多く，幅員拡幅による縦目地（既設部と拡幅部の間）が設けられている。この縦目地からの漏水の影響で剥離・鉄筋露出やうきが確認されることが度々あるため，必ず縦目地付近は打音検査する。

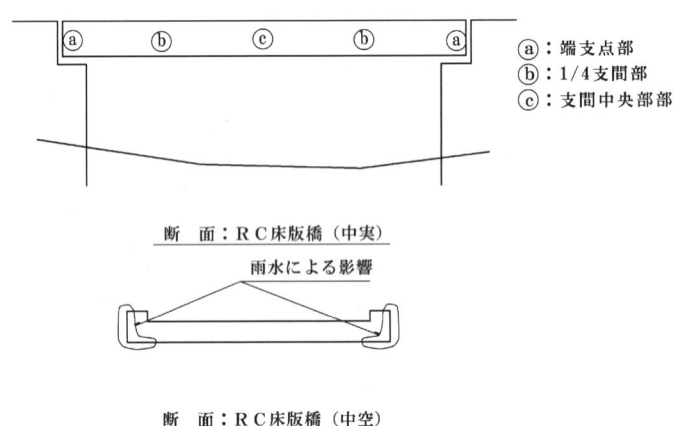

ⓐ：端支点部
ⓑ：1/4支間部
ⓒ：支間中央部部

断　面：ＲＣ床版橋（中実）

雨水による影響

断　面：ＲＣ床版橋（中空）

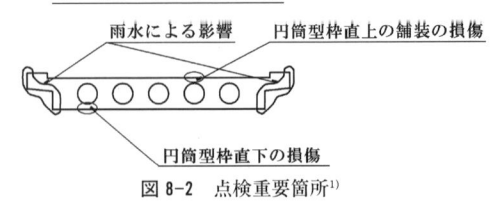

雨水による影響　円筒型枠直上の舗装の損傷

円筒型枠直下の損傷

図 8-2　点検重要箇所[1]

8.3 点　検　　227

　写真 8-7 は，床版桁下面に発生した橋軸直角方向のひびわれである。ひびわれ間隔や方向に注意し，ひびわれに角落ちがないか確認する。

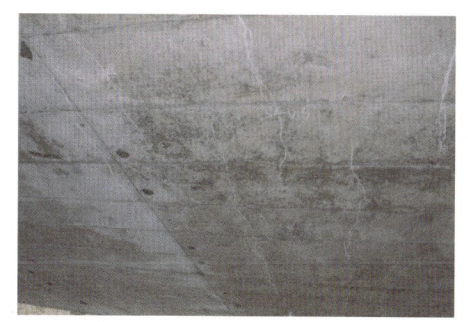

写真 8-7　ひびわれ

　写真 8-8 は，床版桁下面に生じた変色・劣化，ひびわれ，漏水である。写真のような損傷がみられる場合は，必ず打音検査を行い，剥離・うきがないか確認する必要がある。

写真 8-8　変色・劣化，剥離・鉄筋露出

　写真 8-9 は，床版桁下面および側面に広範囲に生じた剥離・鉄筋露出，うきである。写真でもわかるように，地覆側面を伝わってきた雨水の影響により，内部鉄筋を腐食させて剥離・うきに至ったものである。

写真 8-9　剥離・鉄筋露出（うき）

　写真 8-10 は，写真 8-9 と同様の位置に発生した剥離・鉄筋露出，うきである。拡幅部との縦目地から漏水した雨水の影響で損傷が進展したものである。

写真 8-10　剥離・鉄筋露出（縦目地直下）

写真 8-11 は，円筒型枠の下に生じた変色・劣化，ひびわれ，漏水・遊離石灰である。円筒型枠内の滞水が予測される。このような損傷がみられる場合は路面の損傷についても注意が必要である。

写真 8-11　変色，ひびわれ，遊離石灰

写真 8-12 は，円筒型枠内に生じた腐食，漏水・遊離石灰の堆積物である。ボアホールカメラなどを使用して調査することができる。

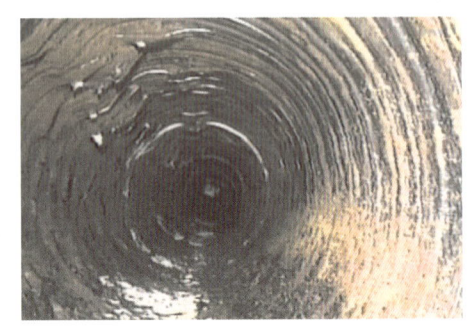

写真 8-12　円筒型枠内部の状況

(3) RC ラーメン橋
 (a) 点検項目

表 8-4　RC ラーメン橋の点検項目

着目位置	点検箇所	主な変状の種類	事例（写真，図）
主桁	隅角部	⑥ひびわれ，⑧遊離石灰	図 8-3 写真 8-14
	支間中央部	⑥ひびわれ，⑧遊離石灰	図 8-3
	打継ぎ目部	⑥ひびわれ，⑧遊離石灰，⑦剥離・鉄筋露出	
横桁	端横桁	⑥ひびわれ，⑧遊離石灰	
	中間横桁	⑥ひびわれ，⑧遊離石灰	
床版	張出し床版	⑥ひびわれ，⑧遊離石灰，⑦剥離・鉄筋露出，⑫うき	
	中間床版	⑥ひびわれ，⑧遊離石灰，⑦剥離・鉄筋露出，⑫うき	
	打継ぎ目部	⑥ひびわれ，⑧遊離石灰	
脚部		⑥ひびわれ，⑦剥離・鉄筋露出，⑫うき	図 8-3

(b) 点検上の留意点

RC ラーメン橋は都市部の橋梁（道路や鉄道の高架橋）としてはよくみかけるが，ほかの地域ではあまりみかけない構造形式である。ほかの桁形式構造と大きく違うのは，上部工と下部工（橋脚）が支点部で剛結構造となっているところで，伸縮装置が少なくなるため走行性がよく，維持管理が軽減されるなどの長所を有する反面，温度変化やコンクリートの乾燥収縮，基礎の不等沈下などによる水平力の影響を受けやすい。

RC ラーメン橋は点検する機会の少ない橋梁であるが上記のような短所があり，水平力の影響により，阪神・淡路大震災（平成 7 年 1 月 17 日）では RC

RCラーメン橋の点検においては，特に下記の事項について注意する必要がある。

① 活荷重，温度変化等の影響が脚部に作用する。脚部の損傷については，他の損傷との関連性を含め，注意深く点検する必要がある。

② 主桁隅角部や支間中央に発生しているひびわれの位置や方向に注意する。

③ 主桁打継ぎ目部の施工状態を観察し，ひびわれや豆板・空洞等の損傷がないか注意する。

④ 中間床版，張出し床版にひびわれ，遊離石灰等の損傷がないか注意する。

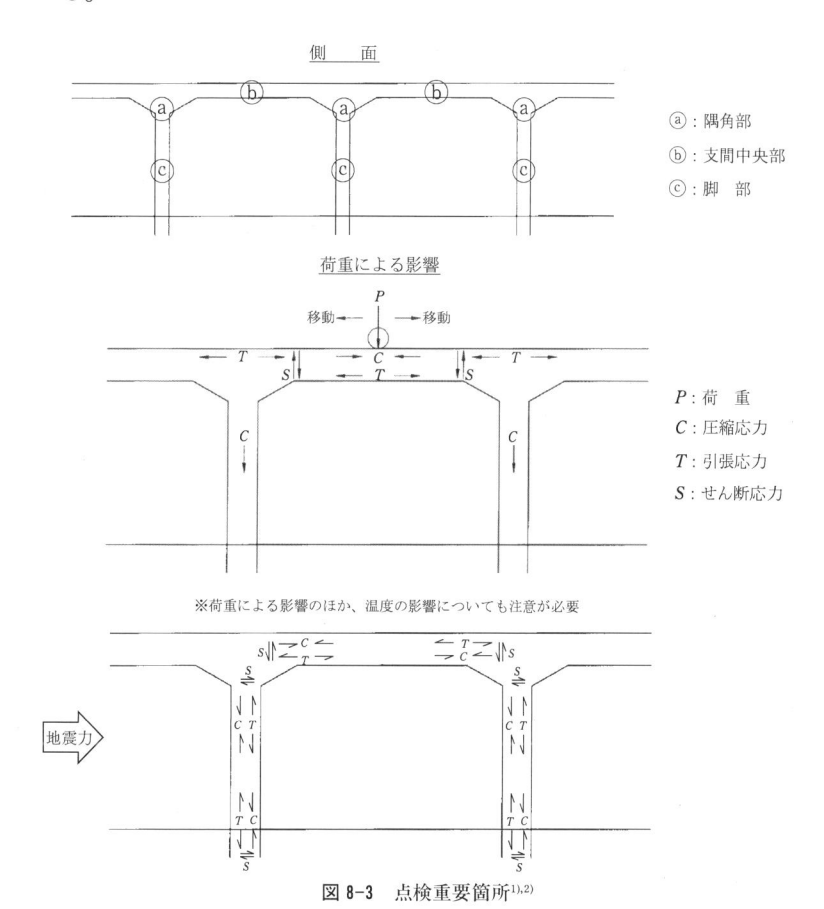

側 面

ⓐ：隅角部
ⓑ：支間中央部
ⓒ：脚 部

荷重による影響

P：荷 重
C：圧縮応力
T：引張応力
S：せん断応力

※荷重による影響のほか、温度の影響についても注意が必要

図 8-3 点検重要箇所[1),2)]

写真 8-13 は RC ラーメン橋（道路橋）である。RC ラーメン橋は道路橋ではあまりみられない構造形式である。

写真 8-13　RC ラーメン橋（道路橋）

写真 8-14 は隅角部付近に発生したひびわれである。点検時には，ひびわれ発生位置，方向に注意するとともに，同様な損傷が他の位置に発生していないか注意する必要がある。

写真 8-14　ひびわれ（隅角部）

(4) RC アーチ橋
　(a) 点検項目

表 8-5　RC アーチ橋の点検項目

着目位置	点検箇所	主な変状の種類	事例（写真，図）
アーチリブ	リブ本体	⑥ひびわれ，⑧遊離石灰，⑦剥離・鉄筋露出，⑫うき	図 8-4　写真 8-17
	スプリンキング部	⑥ひびわれ，⑧遊離石灰，⑦剥離・鉄筋露出，⑫うき	図 8-4　写真 8-18
	打継ぎ目部	⑥ひびわれ，⑧遊離石灰，⑦剥離・鉄筋露出	
垂直材	本体	⑥ひびわれ，⑦剥離・鉄筋露出，⑫うき	図 8-4
	打継ぎ目部	⑥ひびわれ，⑧遊離石灰，⑦剥離・鉄筋露出	
床版	張出し床版	⑥ひびわれ，⑧遊離石灰，⑦剥離・鉄筋露出，⑫うき	
	中間床版	⑥ひびわれ，⑧遊離石灰，⑦剥離・鉄筋露出，⑫うき	
	打継ぎ目部	⑥ひびわれ，⑧遊離石灰	

　(b) 点検上の留意点
　RC アーチ橋には参考の写真にも示したように，開腹アーチ（オープンスパンドレルアーチ）と充腹アーチがある。
　特に開腹アーチは設計上最も注意することとして，アーチアバットの位置の選定がある。これは，支点の不等沈下，水平変位，回転が構造に与える影響が大きいためである。また，架設のときアーチリブ斜面にコンクリートを打設するため，ほかの構造形式に比べて材料分離が生じやすいなどの短所がある。どちらの形式の橋梁も数は少なく，あまり点検する機会のない橋梁であるが，このような短所を考慮して点検に臨むべきである。

RC アーチ橋の点検においては，特に下記の事項について注意する必要がある。

① アーチアバットの沈下・移動・傾斜は，アーチリブや垂直材に及ぼす影響が大きい。このためアーチアバットを含め，スプリンキング部は入念に点検する必要がある。
② アーチリブや垂直材に発生しているひびわれの位置，方向に注意する。
③ アーチリブ下面で確認されるコンクリートの施工状態。剝離・鉄筋露出が発生していないか注意する。
④ 中間床版，張出し床版にひびわれ，漏水・遊離石灰等の損傷がないか注意する。

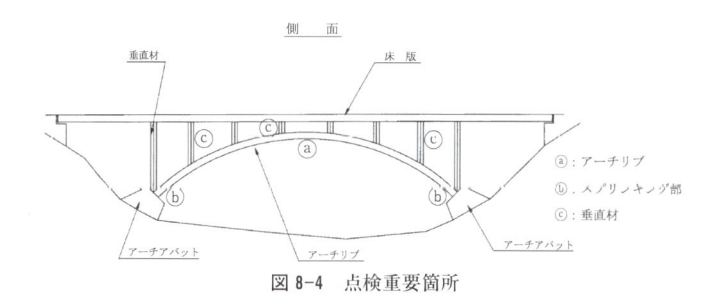

図 8-4 点検重要箇所

写真 8-15，8-16 は RC アーチ橋（開腹アーチおよび充腹アーチ）である。

写真 8-15 開腹アーチ

写真 8-16 充腹アーチ

写真8-17は，アーチリブ（スプリンキング付近）に生じた漏水・遊離石灰を伴うひびわれである。点検時はひびわれ幅，方向，位置に注意が必要である。

写真 8-17　ひびわれ

写真8-18は，アーチリブ下面に発生した剥離・鉄筋露出である。点検時はコンクリートの状態をよく観察するとともに，たたき点検を実施して異常がないか確認する必要がある。

写真 8-18　剥離・鉄筋露出

(5) PCT・I 桁橋
 (a) 点検項目

表 8-6　PCT・I 桁橋の点検項目

着目位置	点検箇所	主な変状の種類	事例（写真，図）
主　桁	端支点部	⑥ひびわれ，⑧遊離石灰，⑦剥離・鉄筋露出，⑫うき	
	1/4支間部	⑥ひびわれ	
	支間中央部	⑥ひびわれ，⑧遊離石灰，⑦剥離・鉄筋露出，⑫うき	写真 8-19
	打継ぎ目部	⑥ひびわれ，⑧遊離石灰	
	定着部	⑧遊離石灰，⑱定着部の異常	
横　桁	端横桁	⑥ひびわれ，⑦剥離・鉄筋露出，⑫うき，⑱定着部の異常	
	中間横桁	⑥ひびわれ，⑦剥離・鉄筋露出，⑫うき，⑱定着部の異常	
床　版	張出し床版	⑧遊離石灰，⑦剥離・鉄筋露出，⑫うき，⑱定着部の異常	写真 8-21
	中間床版	⑥ひびわれ，⑧遊離石灰，⑦剥離・鉄筋露出，⑫うき	
	打継ぎ目部	⑧遊離石灰，⑦剥離・鉄筋露出，⑫うき	写真 8-20

(b) 点検上の留意点

PCT・I 桁橋の点検においては，特に下記の事項について注意する必要がある。

　① 主桁支間中央部の底面および側面の曲げひびわれは，プレストレス不足や過載荷の影響と考えられるため，特に注意が必要。

　② 主ケーブルに沿ったひびわれ，漏水・遊離石灰は内部鋼材の腐食が懸念

されるため注意が必要。
③ 主桁連続部打継ぎ目（施工目地）およびセグメント目地部のひびわれもプレストレス不足の可能性がある。
④ 間詰め床版の打継ぎ目（施工目地）のひびわれ，漏水・遊離石灰は床版横締め鋼材の腐食が懸念される。降雨後の点検が有効。
⑤ 横桁および床版横締め定着部付近のひびわれ，剥離・鉄筋露出，うきも横締め鋼材の腐食が懸念される。降雨後の点検，打音検査が有効。
⑥ 外桁張出し床版地覆下（水切り）部のひびわれ，剥離・鉄筋露出，うき。

写真 8-19 は，主桁底面に発生した錆汁，遊離石灰の浸出である。原因としては，グラウトが不十分でシース内部に空洞がある箇所に雨水，路面水等が長期間にわたり透水したものがシース内に溜まり，凍結して発生する。

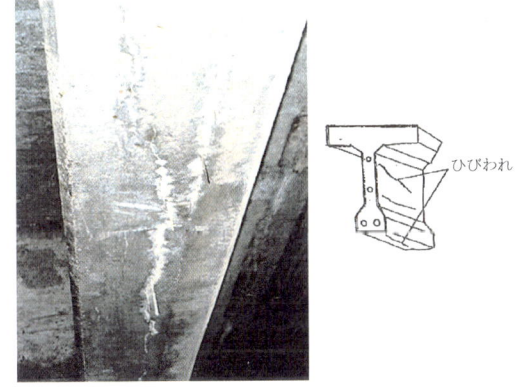

写真 8-19 シースに沿ったひびわれ

写真 8-20 は，主桁と間詰めコンクリートの境界に生じた遊離石灰である。主桁と間詰めコンクリートおよび横桁によく発生する損傷で，橋面水等による漏水では，遊離石灰，錆汁等が発生する。

写真 8-20 床版打継ぎ目部の損傷

写真 8-21 は，横締め PC 鋼材が破断し突出した状況である。

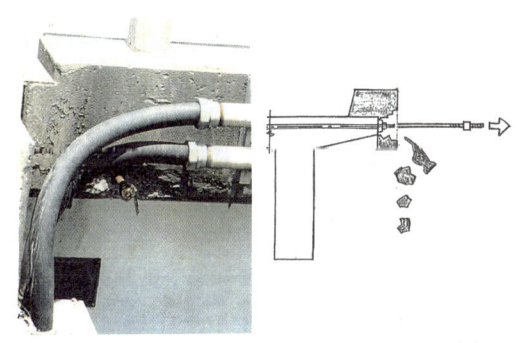

写真 8-21 横締め PC 鋼材の突出（定着部の異常）

(6) PC中空床版橋

(a) 点検項目

表8-7 PC中空床版橋の点検項目

着目位置	点検箇所	主な変状の種類	事例（写真，図）
主桁	端支点部	⑥ひびわれ，⑧遊離石灰，水抜き穴詰まり	
	中間支点部	⑥ひびわれ	
	1/4支間部	⑥ひびわれ，	
	支間中央部	⑥ひびわれ，⑧遊離石灰，⑦剥離・鉄筋露出，⑫うき	
	打継ぎ目部	⑥ひびわれ，⑧遊離石灰	
	定着部	⑥ひびわれ，⑧遊離石灰	
	円筒型枠直上・直下	円筒型枠上の⑮舗装の異常 円筒型枠直下の⑲変色，⑥ひびわれ，⑧遊離石灰	図8-6
床版	張出し床版下面	⑧遊離石灰，⑦剥離・鉄筋露出，⑫うき	
	水切り部	⑥ひびわれ，⑧遊離石灰，⑦剥離・鉄筋露出，⑫うき	

(b) 点検上の留意点

PC中空床版橋の点検においては，特に下記の事項について注意する必要がある。

① 支間中央部の橋軸直角方向ひびわれは，プレストレス不足や過載荷重の影響と考えられ注意が必要。

② 主ケーブル方向に沿った漏水・遊離石灰は内部鋼材の腐食が懸念される。

③ 中間支点部上縁側の鉛直方向ひびわれや打継ぎ目（施工目地）部のひびわれはプレストレスの不足や不適切なPC鋼材配置が原因となる場合がある。

④ 支点部付近の斜めひびわれはせん断ひびわれの可能性がある。

⑤ 円筒型枠上部の舗装の異常は床版が損傷している場合もある。

⑥ 円筒型枠下部の水抜き穴部の開孔確認。

Ⓐ：端支点部
Ⓑ：中間支点部
Ⓒ：1/4支間部
Ⓓ：支間中央部
Ⓔ：打継ぎ目部
Ⓕ：定着部
Ⓖ：張出し床版下面
Ⓗ：水切り部
Ⓡ：円筒型枠直上・直下

図8-5 PC中空床版橋の構造図

円筒型枠上部のひびわれ　　円筒型枠下部の水抜き穴

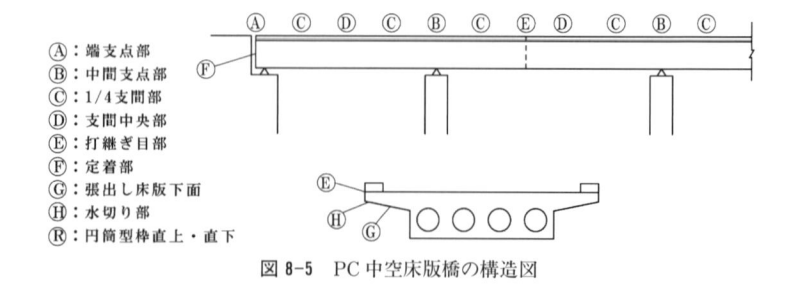

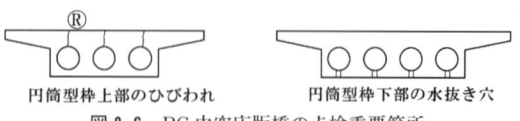

図8-6 PC中空床版橋の点検重要箇所

(7) PC箱桁橋
 (a) 点検項目

表 8-8 PC箱桁橋の点検項目

着目位置	点検箇所	主な変状の種類	事例（写真，図）
主　桁	端支点部	⑥ひびわれ，⑧遊離石灰，⑦剥離・鉄筋露出，⑫うき	
	中間支点部	⑥ひびわれ，⑧遊離石灰	
	1/4支間部	⑥ひびわれ，⑧遊離石灰	
	支間中央部	⑥ひびわれ，⑧遊離石灰，⑦剥離・鉄筋露出，⑫うき	
	打継ぎ目部	⑥ひびわれ，⑧遊離石灰	図 8-8
	定着部	⑥ひびわれ，⑧遊離石灰，錆汁	図 8-9
横　桁	端横桁	⑥ひびわれ，⑦剥離・鉄筋露出，⑫うき，⑱定着部の異常	図 8-10
	中間横桁	⑥ひびわれ，⑦剥離・鉄筋露出，⑫うき，⑱定着部の異常	図 8-10
床　版	張出し床版下面	⑥ひびわれ，⑧遊離石灰，⑦剥離・鉄筋露出，⑫うき	
	水切り部	⑥ひびわれ，⑧遊離石灰，⑦剥離・鉄筋露出，⑫うき	
	定着部	⑥ひびわれ，⑧遊離石灰，⑦剥離・鉄筋露出，⑫うき，⑱定着部の異常	

 (b) 点検上の留意点

PC箱桁橋の点検においては，特に下記の事項について注意する必要がある。

 ① 打継ぎ（施工）目地部のひびわれまたはセグメント目地部の開閉。
 ② 張出し床版の橋軸直角方向ひびわれ。
 ③ 張出し床版地覆下（水切り）部のひびわれ，錆汁，剥離・うきは降雨後の点検が有効。
 ④ 横桁および床版横締め定着部付近のひびわれ，うきは打音検査が有効。
 ⑤ 箱桁内部の定着突起部付近のひびわれ。

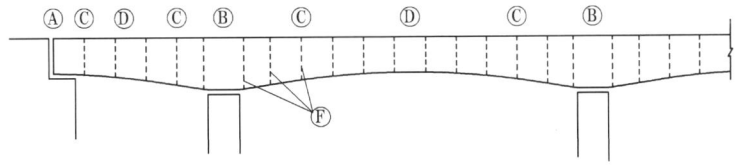

Ⓐ：端支点部
Ⓑ：中間支点部
Ⓒ：1/4支間部
Ⓓ：支間中央部
Ⓔ：打ち継目部
Ⓕ：定着部
Ⓗ：中間横桁
Ⓘ：桁端部
Ⓙ：張出し床版下面
Ⓚ：定着部
Ⓛ：水切り部

図 8-7 PC箱桁橋の構造

Ⓐ：端支点部
Ⓑ：中間支点部
Ⓒ：1/4支間部
Ⓓ：支間中央部
Ⓔ：打ち継目部
Ⓕ：定着部
Ⓗ：中間横桁
Ⓘ：桁端部
Ⓙ：張出し床版下面
Ⓚ：定着部
Ⓛ：水切り部

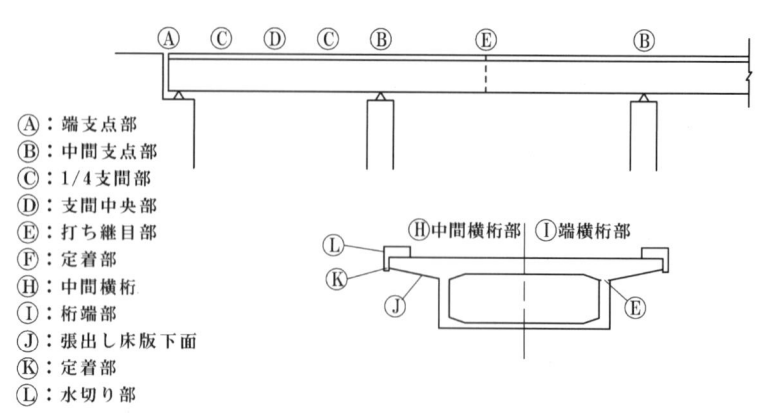

図 8-8　打継ぎ（施工）目地部のひびわれ，セグメント目地部の開閉

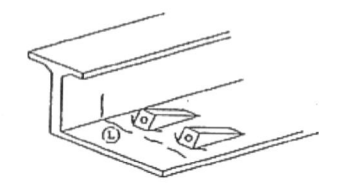

図 8-9　箱桁内部の定着突起部付近のひびわれ

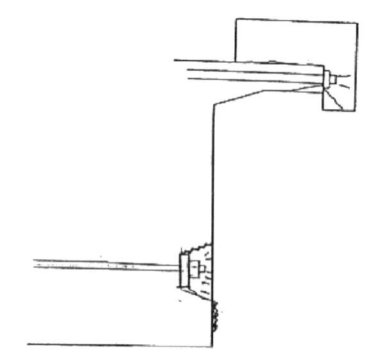

図 8-10　横桁および床版横締め PC 定着部付近のひびわれ，剥離・鉄筋露出，うき

(8) PC斜張橋
　(a) 点検項目

表8-9　PC斜張橋の点検項目

着目位置	点検箇所	主な変状の種類
主　桁	端支点部	⑥ひびわれ，⑧遊離石灰，⑦剥離，⑫うき
	中間支点部	⑥ひびわれ，⑧遊離石灰
	1/4支間部	⑥ひびわれ，⑧遊離石灰
	支間中央部	⑥ひびわれ，⑧遊離石灰，⑦剥離，⑫うき
	打継ぎ目部	⑥ひびわれ，⑧遊離石灰
	定着部	⑥ひびわれ，⑧遊離石灰
横　桁	端横桁	⑥ひびわれ，⑦剥離，⑧遊離石灰，⑫うき，⑱定着部の異常
	中間支点横桁	⑥ひびわれ，⑦剥離，⑧遊離石灰，⑫うき，⑱定着部の異常
	定着横桁	⑥ひびわれ，⑦剥離，⑧遊離石灰，⑫うき，⑱定着部の異常
床　版	張出し床版下面	⑥ひびわれ，⑧遊離石灰，⑦剥離，⑫うき
	水切り部	⑥ひびわれ，⑧遊離石灰，⑦剥離，⑫うき
	定着部	⑥ひびわれ，⑧遊離石灰，⑦剥離，⑫うき，⑱定着部の異常
斜　材	ケーブル部	保護管の⑥ひびわれ，亀裂，⑲変色・劣化
	定着部	後埋め部⑥ひびわれ，⑧遊離石灰
主　塔	柱部	⑥ひびわれ，⑧遊離石灰
	横梁部	⑥ひびわれ，⑧遊離石灰

　(b) 点検上の留意点

PC斜張橋の点検においては，特に下記の事項について注意する必要がある。

　①　主桁の異常なたわみ（路面のたれ下り）。
　②　主塔の水平方向変位の異常。
　③　斜めケーブルの外観変状（劣化・変色）。
　④　斜めケーブル定着部付近のひびわれ，カバー部の錆汁。
　⑤　主塔打継ぎ目地部のひびわれ。
　⑥　主桁のひびわれ等については，その構造により前述の橋梁形式を参照とする。

8.3.2　点検方法

点検は近接目視によることを基本とし，可能な限りたたき点検も併用して行うことが望ましい。なお，点検結果は点検調書等に記録し，損傷の著しい箇所や代表的な損傷については写真撮影等を行い，その状況を記録するものとする。また，点検を効率的・効果的に行うためには，その目的に応じた適切な機器を使用するものとする。以下に主に定期点検で使用する機器を示す。

(1) 点検用具

　双眼鏡，テストハンマー，ノギス，クラックスケール，ポール等。

(2) 記録用具

　カメラ，チョーク，黒板，マジック，スケール，記録用紙等。

(3) 点検用補助機器

はしご，交通規制用具，懐中電灯，点検車，ボート等。

8.4 損傷程度の評価と対策区分の判定

損傷の程度については，「橋梁定期点検要領（案）」（国土交通省：平成16年3月）[3]の付録—1「損傷評価基準」に基づいて要素（部位，部材の最小評価単位）ごと，損傷種類ごとに評価する。また，対策区分については付録—2「対策区分判定要領」を参考にしながら，**表8-10**の判定区分による判定を行う。

表 8-10 対策区分の判定区分

判定区分	判定の内容
A	損傷が認められないか，損傷が軽微で補修を行う必要がない。
B	状況に応じて補修を行う必要がある。
C	すみやかに補修等を行う必要がある。
E1	橋梁構造の安全性の観点から，緊急対応の必要がある。
E2	その他，緊急対応の必要がある。
M	維持工事で対応する必要がある。
S	詳細調査の必要がある。

参考文献
1) 高架構造研究会，「道路橋の点検補修」，p.231，S 53.1
2) ピーター H. エモンズ，「イラストで見るコンクリート構造物の維持と補修」，p.28，H 7
3) 国土交通省，「橋梁定期点検要領（案）」，H 16.3

第9章　鋼橋の点検

9.1 概説

使用材料特性から鋼橋の特性と損傷をみた場合，鋼材の腐食があげられる。鋼材の腐食には水分，塩分，塵の堆積などが深く関与している。また，薄肉軽量構造物である鋼橋は，振動による疲労亀裂・破断，ゆるみ，脱落等の損傷を生む要因を含んでいる。また，製作，組立てにはリベット接合，溶接接合，高力ボルト接合と使い分けて今日に至っている。これらの異なる接合方式を有する既設鋼橋の点検に際しても，それぞれの接合方式が有する長所，短所を把握した担当者が対応することが望まれる。

したがって，本章においては鋼橋の点検担当者の一助となるべき資料として，以下に「鋼橋の損傷の種類と原因」，「点検」，そして終わりに「評価」について述べるものである。

9.2 損傷の種類と原因[1),7)]

鋼橋に関する損傷の種類としては，(1)腐食，(2)亀裂，(3)ゆるみ・脱落，(4)破断，(5)防食機能の劣化等がある。以下に上記損傷の概要を述べるとともに，各損傷の代表事例を，写真または図にて示す。なお，これらの損傷のほかに異常音・振動，変形・欠損等があるが，ここでは割愛する。

(1) 腐　食

腐食は鋼構造物の損傷原因として疲労とともに代表的なもので，鋼橋の部材取替え原因として大きな比率を占めている。腐食は，(5)防食機能の劣化が生じないように維持管理が施された場合ほとんど生じない損傷である。しかしながら実際は施工上発生する塗膜厚，塗装状態のばらつき，構成部材の水はけの悪さ，ごみのたまりやすい場所などに発生する局所的な発錆，および下地処理の悪さなどによる橋全体の全面腐食などがあり，鋼材の腐食は避けられない。

腐食が落橋の直接原因になった例はないといわれているが，応力の集中する部分で腐食が進行し，孔食のような局部的な断面欠損が生じた場合，あるいは全面腐食から一様に部材厚が減少した場合には，構造物にとって致命的な損傷となる。特に，局部腐食は疲労強度にも悪影響を与え，全面腐食は美観上からも好ましくない。

(2) 亀　裂

鋼橋における亀裂損傷は，一般に疲労が原因で部材の溶接による連結部付近や断面急変部などの応力集中部から発生するわれおよびその状態をいう。ただし，従来道路橋においては，一般に疲労は鋼床版を除いて考慮されていなかった。これは設計応力に占める活荷重の割合が小さく，L荷重に相当する活荷重の載荷頻度が小さいと考えられていたためである。

近年，交通量の増大，車両の大型化などのため，こうした応力集中部に作用する荷重やその繰返し数が大幅に増え，疲労による亀裂が報告されるようになっている。ただし，発生初期の亀裂は小さいため発見されにくく，ある程度の大きさまで進展してからみつかることが多い。亀裂は進行性の損傷であり，場合によっては緊急の対応が求められる。

(3) ゆるみ・脱落

ゆるみ・脱落の損傷とは，部材連結部の高力ボルト，普通ボルトにおいて，ナットにゆるみが生じたり，ナットやボルトが脱落している状態である。また，連結材としてはリベットも対象となる。古いリベット橋等においては経年損傷によるゆるみ，腐食による脱落，破断が生じる場合がある。高力ボルトでは交通振動によるゆるみ・脱落ばかりではなく，F11T以上の高力ボルトが使われている場合に遅れ破壊による脱落，破断の危険性もある。これらの損傷のうち，脱落は遠方目視にて確認できるが，ゆるみ，破断は近接調査が必要となる。

(4) 破　　断

破断損傷とは，鋼部材が完全に破断しているか，破断しているとみなせる程度に断裂している状態をいう。本損傷は一般に腐食および疲労亀裂が進行した床組部材や対傾構，横構などの二次部材，あるいは高欄，ガードレール，添架物やその取付け部材などに多くみられる。

また，支承の機能低下などによる主桁部材の破断，または風や交通荷重による疲労，振動によるアーチ橋の吊材，トラス橋の斜材などに破断事例がある。

(5) 防食機能の劣化

鋼橋の防食機能は，「塗装」「メッキ・金属溶射」「耐候性鋼材」に分類される。

損傷とは，「塗装」「メッキ・金属溶射」では，防食被膜の劣化，変色，ひびわれ，ふくれ，はがれ等が生じている状態をいう。また，「耐候性鋼材」の場合は安定錆が形成されていない状態をいう。主な損傷原因としては，床版ひびわれからの漏水，排水装置や伸縮装置部からの漏水，付着塩分などの自然環境などがあげられる。

なお，鋼材に錆が生じている場合には腐食としても評価する。

9.3 点検

9.3.1 点検の着目点と留意点

(1) 桁　橋（I桁・箱桁）

(a) 点検項目

表 9-1　桁橋の点検項目

着目位置 (部材)	点検箇所	主な損傷の種類	事例（写真，図）
橋梁全体	・構造全体の外観状態，変形・欠損	①腐食　⑤防食機能の劣化　⑰その他	写真 9-1
主桁	・支承上ソールプレート溶接部回り ・桁端部の水処理状況 ・車両衝突による下フランジ変形（跨道橋等）	②亀裂 ①腐食 ㉓変形・欠損	写真 9-2
横桁	・主桁と横桁の交差部（仕口） ・主桁垂直補剛材と横桁の連結部	②亀裂 ②亀裂	
縦桁	・横桁と縦桁の交差部（仕口）		
対傾構	・対傾構支材取付けガセット回り	②亀裂	写真 9-4
横構	・横構取付けガセット回り	②亀裂 ㉓変形・欠損	
添接連結部	・連結ボルト回り，特に最遠ボルト回り	③ゆるみ・脱落	写真 9-3
ゲルバー部	・主桁切欠き部回り	②亀裂 ㉓変形・欠損	写真 9-5

(b) 点検上の留意点[5]

各断面力領域，部材に対して以下の点に留意する必要がある。

ⅰ) せん断領域

① 支承付近の腹板に断面欠損がないか調べる。せん断応力は支承付近で最大になる一方，曲げ応力は支承付近で最小になる（ただし連続桁を除く）。したがって腹板はスパンの中央よりもむしろ端部付近でより危険となる。

② 超過荷重による腹板の損傷も調べる。

ⅱ) 曲げ領域

① 桁の曲げ領域は支承間の全長に及ぶ。腐食と断面欠損に対して引張フランジと圧縮フランジを確認する。

② 活荷重による曲げやたわみによって高い応力がかかる領域のフランジの損傷を点検する。

③ 連続桁では，中間支承上の桁には負の曲げモーメントによって高い曲げ応力が生じる。中間支承上で応力が反転し，上フランジに引張力が働く。

ⅲ) 疲労しやすい部材

① ほこりや泥がたまると，水や塩分が入ることによって急激に腐食が進む。この腐食は激しい断面欠損や切欠りができて，疲労や孔食が発生しやすい。

② 塗装構造物では，塗膜割れに錆が出ていると疲労亀裂が生じている可能性がある。

③ 引張側フランジに溶接されているカバープレートの端部周辺を調べる。

④ 亀裂が生じていると思われる部分は洗浄して，亀裂の有無やその大きさを確認する。

⑤ 塗膜に錆の浮いた割れがみられる場合は，疲労亀裂はすでに表面から鋼

材内部へ進展している可能性がある。
　iv）二次部材
　①　横構の接合部では，溶接不良・疲労亀裂・連結部のゆるみを調べる。
　②　補剛材の変形を点検する。
　③　泥や水滴がたまり，腐食や劣化が非常に進みやすい水平に設置されたガセットを調べる。
　v）箱　桁
　①　内側・外側の両側から点検しなければならない。
　②　内側の閉ざされた空間で点検するときには酸欠や有毒ガス・爆発性ガスの流入に十分注意しなければならない。
（c）点検重要箇所図[2]

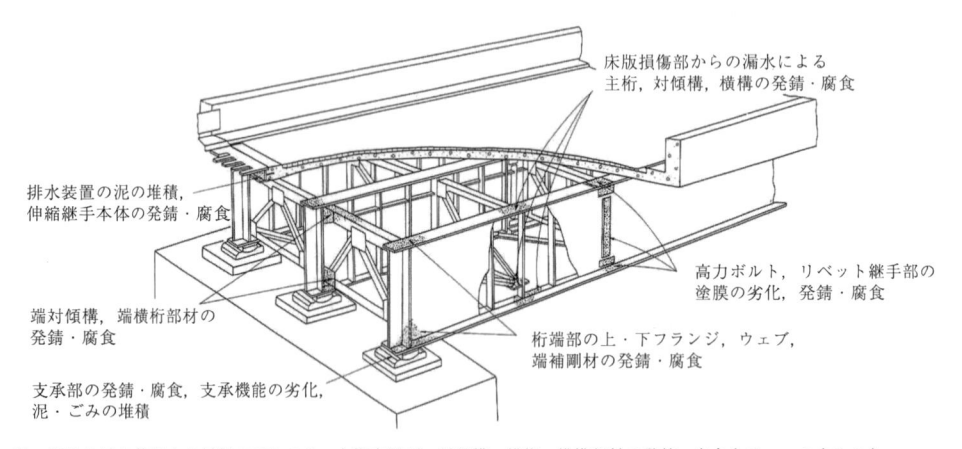

注：海岸地域に位置する橋梁に関しては，主桁内側面，対傾構，横構，横構部材の発錆・腐食をチェックすること

図 9-1　桁橋の腐食マップ

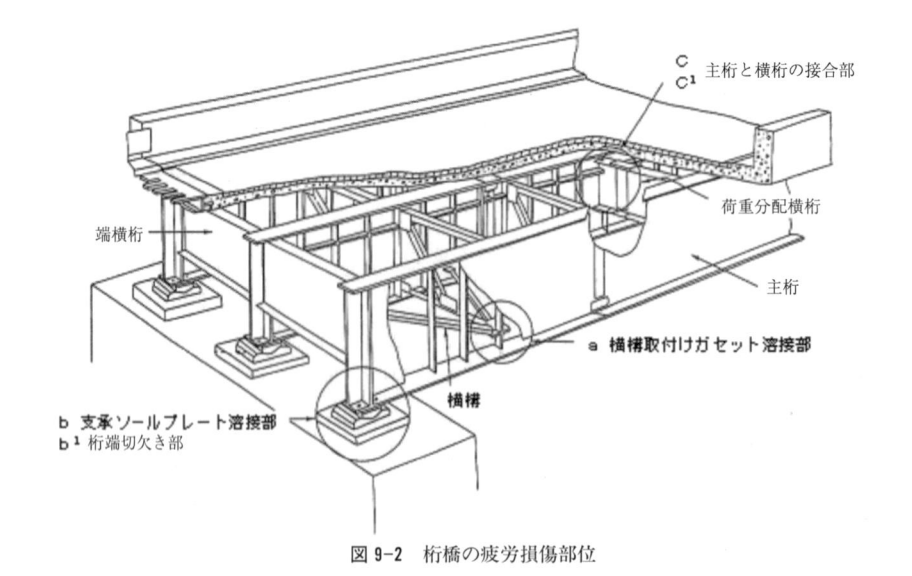

図 9-2　桁橋の疲労損傷部位

9.3 点 検

写真9-1は，火災による橋梁全体の損傷である。写真では，床版コンクリートの剝離，変色，および鋼桁の塗装の焼失，水平補剛材の一部変形，腹板の変形がみうけられる。火災の損傷部位置，程度によっては緊急的な応急処置，対策が必要な場合もあるため，詳細な調査・点検が必要である。

写真9-1 橋梁全体（その他：火災）

写真9-2は，主桁の腐食である。自然環境の中で酸化しやすい鉄を原料とする鋼材では代表的な損傷である。原因としては，塗膜劣化，飛来塩分，漏水が考えられる。塗膜の劣化状況と，表面腐食面積，および下フランジに生じている局部的な錆の程度について点検を行う必要がある。

写真9-2 主桁（腐食）

写真9-3は，高力ボルトの脱落である。脱落状況，箇所から「ボルト破断による脱落」「ナットのゆるみ→ボルトの脱落」なのかを判断する必要がある。脱落の場合，他の添接連結部の箇所での脱落の可能性が高いので全体的な点検が必要である。脱落箇所は，継続的な損傷箇所となる可能性が高いので，早急な応急対策が必要になる場合が多い。

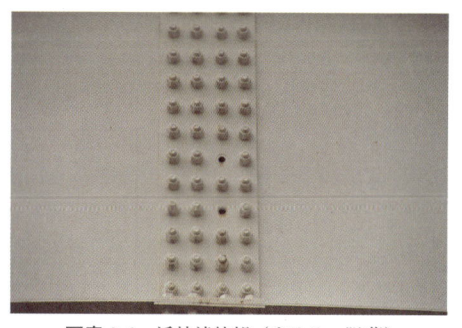

写真9-3 添接連結部（ゆるみ・脱落）

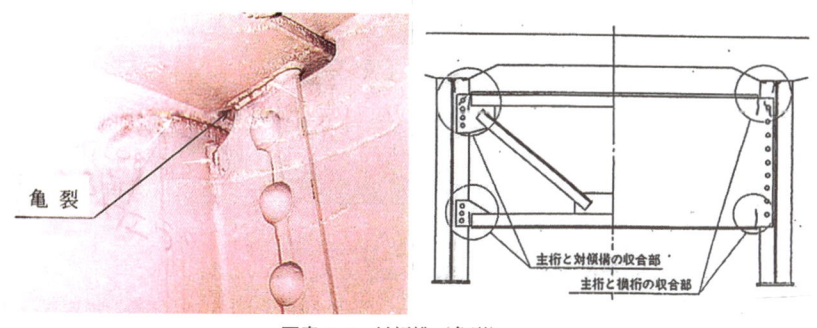

写真9-4 対傾構（亀裂）

写真9-4は対傾構取付け部のガセット，または対傾構腹板部の疲労亀裂損傷

である．主桁間隔が広く，床版厚が薄い橋梁での発生が多い．亀裂の大半は，部材の溶接による接合部付近から発生している．また，リベットやボルト周辺に錆汁が生じている場合には，母材またはガセットに疲労亀裂が生じている場合が多いので注意が必要である．

写真 9-5 は，ゲルバー桁の腹板に生じた疲労亀裂である．発生箇所は，R部の溶接部から発生し，下フランジに達している．同一橋梁内の同一構造で発生している可能性が高いので詳細な点検が必要である．

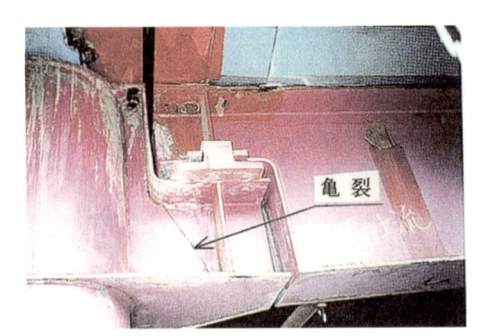

写真 9-5　ゲルバー部（亀裂）

(2) ラーメン橋（π型，V型ほか）
  (a) 点検項目

表 9-2　ラーメン橋の点検項目

着目位置（部材）	点検箇所	主な損傷の種類	事例（写真，図）
橋梁全体	・構造全体の外観状態，変形・欠損	①腐食　⑤防食機能の劣化　⑰その他	
主構（桁）	・支承上ソールプレート溶接部回り ・桁端部の水処理状況	②亀裂 ①腐食	
主構（脚）	・支承上ソールプレート溶接部回り ・脚下端部の水処理状況	②亀裂 ①腐食	
隅角部	・桁部と脚部の隅角部回り ・V脚下端部の隅角部回り	②亀裂　㉓変形・欠損 ②亀裂　㉓変形・欠損	写真 9-6， 写真 9-7， 写真 9-8
床桁	・主構（桁）との取付け部回り	②亀裂	
縦桁	・床桁と縦桁の交差部（仕口）	②亀裂	
脚部横構	・部材端部取付け部（上路橋）	②亀裂	
添接連結部	・連結ボルト回り，特に最端ボルト回り	③ゆるみ・脱落	

  (b) 点検上の留意点[5]
各部材に対して以下の点に留意する必要がある．
  ⅰ) ラーメン部材（隅角部部材）
  ① 腐食による断面欠損に対してせん断や曲げ領域を検査する．
  ② 圧縮領域の桁フランジに座屈の兆候がないか調べる．
  ③ 端部支承の腐食や機能不良を調べる．
  ⅱ) 二次部材
  ① 泥や水滴がたまることによって腐食や劣化が最も進行する水平に設置されたガセットを調べる．
  ② 橋面の排水による腐食がないか排水管やRC床版打継ぎ目あるいはPC床版の継手の下を調べる．
  ⅲ) 交通の影響を受ける領域
  ① 桁下空間が十分でない道路をまたいでいるラーメンの桁部材の衝突損傷

を調べる。
　ⅳ）疲労しやすい部材
① 引張領域での付属品（足場用吊金具，排水管支持金具など）の溶接部に疲労亀裂がないか調べる。
② ラーメン橋脚のヒンジが固定したり摩耗したりしていないか調べる。
　(c) 点検重要箇所図[2]

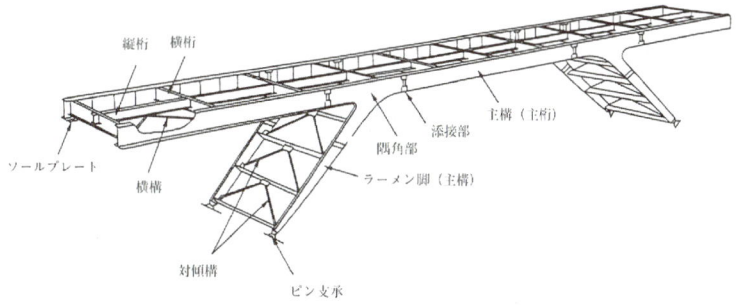

図 9-3　方杖ラーメン橋の構成

　写真 9-6 は，π型ラーメン橋脚支材部の腐食である。H形鋼を支材として用いた損傷例で，水抜き孔の不備によるものである。このような損傷を発見した場合には，同一構造，箇所にも同様の損傷発生が予測されることを前提に，点検を行うものとする。

写真 9-6　脚支材部（腐食）[2]

　写真 9-7 は，橋脚にVレッグを有するラーメン橋の例である。桁と脚の隅角部のほかに，脚下端部の支承設置部も隅角部となる。一般に亀裂，局部座屈に留意した点検が必要である。

写真 9-7　ラーメン橋例（Vレッグラーメン橋）[4]

　写真 9-8 は，主桁・横桁・橋脚を一体構造としたラーメン橋である。それぞれの部材が交差する隅角部においては，貫通材，溶接材，連結材により隅角部をなしている。一般に亀裂，局部座屈に留意した点検が必要である。

写真 9-8　ラーメン橋例（桁脚一体型ラーメン橋）[3]

(3) トラス橋（上路，下路）
  (a) 点検項目

表 9-3 トラス橋の点検項目

着目位置（部材）	点検箇所	主な損傷の種類	事例（写真，図）
橋梁全体	・構造全体の外観状態，変形・欠損	①腐食 ⑤防食機能の劣化 ⑰その他	
橋門構	・車両衝突などによる局部損傷	⑰その他	
上弦材	・端対傾構部の水処理状況（上路橋）	①腐食	
下弦材	・支承上ソールプレート溶接部回り ・桁端部の水処理状況（下路橋）	②亀裂 ①腐食	写真 9-9
斜材	・上弦材，下弦材との連結部回り ・車両衝突などによる局部損傷（下路橋）	②亀裂 ④破断	写真 9-10 写真 9-13
垂直材・アイバー	・上弦材，下弦材との連結部回り ・車両衝突などによる局部損傷（下路橋）	②亀裂 ㉓変形・欠損	
対傾構	・部材端部取付け部（上路橋）	②亀裂	
横構	・部材端部取付け部（上路橋）	②亀裂	
床桁	・弦材との取付け部回り	②亀裂	写真 9-11
縦桁	・床桁と縦桁の交差部（仕口）	②亀裂	
添接連結部	・連結ボルト回り，特に最遠ボルト回り	③ゆるみ・脱落	写真 9-12

(b) 点検上の留意点[5]

各部材に対して以下の点に留意する必要がある。

ⅰ）トラス部材

① トラスは一般的に軸力のみを受ける部材で構成されている。橋梁設計上，部材が引張りと圧縮を受けている場合は，引張り側の部材として点検しなければならない。
② 引張部材では腐食と亀裂を調べる。特に部材端部の水平方向の溶接部分を調べる。
③ 圧縮側の部材では，超過応力による局部座屈を調べる。
④ 端柱と斜材・垂直材は通行車両の衝突による損傷を受けやすい。
⑤ 圧縮部材が変形損傷を受けた場合，部材の耐荷力が著しく低下する。フランジ・腹板・カバープレートの面外変形は座屈の現れである。
⑥ 弦材の腐食を点検し，水がたまる水平面を調べる。
⑦ タイプレート・レーシングバーの腐食や劣化を調べる。これらの部材は，主な部材の荷重許容力に関係がある。しかし一般的にはタイプレート・レーシングバーに隣接する主要部材にも腐食が起きる。
⑧ 組立て時の腐食が塗装によって隠れているかもしれないので，点検・記録しなければならない。

ⅱ）床　組

① トラスの床組には床桁と縦桁がある。これらの部材は桁材として機能するので，曲げ応力を受ける。
② 腐食がないか床桁の端部の接合部を調べる。この部分は漏水や路面からの融雪剤のために腐食しやすい。

③ 塩分の堆積による腐食は橋梁の端部や伸縮装置部で最も深刻な問題である。

④ 車両の通過に伴う部材に生じる振動音を聞く。

iii) 疲労しやすい部材

① ほこりや泥がたまると，そこへ水や塩が入ることによって腐食しやすい。この腐食は激しい断面欠損や切欠きができて，疲労や孔食が生じやすくなる。

② 床桁や縦桁フランジの溶接カバープレートの端部を調べる。

③ トラス部材に取り付けた補修板や補剛板の溶接を調べる。

④ 床桁や縦桁の端部や受け部分のフランジ亀裂を調べる。

⑤ 床桁や縦桁の継手山形鋼の亀裂を調べる。

⑥ 床桁のフランジや腹板に接合した横構の水平ガセットプレートの溶接部を調べる。

⑦ 垂直トラス部材の端部ガセットプレートの亀裂を調べる。

⑧ ガセットプレートと主要部材，および床桁と縦桁接合部での溶接部を調べる。

(c) 点検重要箇所図[1),2)]

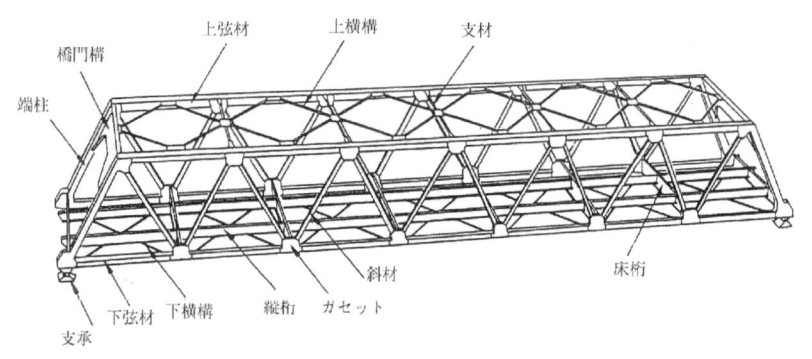

図 9-4 トラス橋の構成

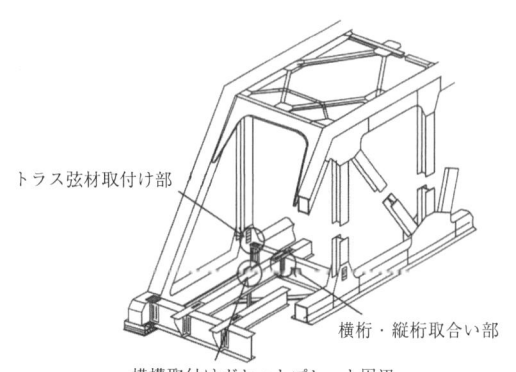

図 9-5 トラス橋の亀裂

写真 9-9 は，トラス橋下弦材下フランジ（上支承部付近）の亀裂である。亀裂は，支承ソールプレートと，下フランジ溶接ラインに沿ったもので，亀裂深さはフランジの全厚に至っている。鋼材の亀裂は一般に発見されにくいが，発見された場合には，必ず専門技術者による詳細調査を実施する必要がある。鋼橋の亀裂は，一般に溶接連結部付近に発生する疲労亀裂が大半であるが，地震時，車両衝突時等の異常荷重，構造物の大変形等により発生することもある。

写真 9-9　下弦材（亀裂）

写真 9-10 は，下路トラス橋斜材の車両衝突事故による破断である。写真は，上端部が破断・大変形し，下端部は大変形している。発見後は，交通規制，応急落橋防止対策等の手配，対応が必要であり，事例でも仮ベントが設置されている。

写真 9-10　斜材（破断）

写真 9-11 は，トラス橋床桁の下フランジ，腹板の亀裂である。亀裂は，下フランジの添接リベット端から発生し，下フランジ全断面および腹板に至っている。このような損傷が発見された場合には，同一構造，近傍に同様の亀裂が生じている可能性が高いため，詳細点検を行うのがよい。

写真 9-11　床桁（亀裂）

写真9-12は，高力ボルトの脱落である。脱落状況からボルト破断による脱落なのか，ナットのゆるみ→ボルトの脱落なのかを，まず判断する必要がある。脱落の場合，他の添接連結部の箇所での脱落の可能性が高いので点検が必要である。脱落箇所は，持続的な損傷箇所となる可能性が高いので，早急な応急対策が必要になる場合が多い。

写真9-12　添接連結部（ゆるみ・脱落）

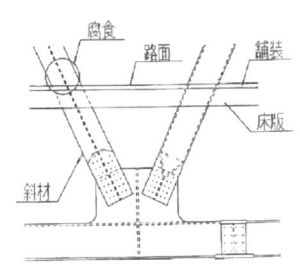

写真9-13　斜材（腐食）

写真9-13は斜材の腐食である。歩道の床版・舗装路面を突き抜けるような構造となっており，結果的に路面水と斜材が常時接する部位に腐食が発生している状況である。同様の損傷が同様な全箇所で生じている可能性があるため詳細な点検を行う必要がある。また，路面下の斜材下端部の状況等もあわせて詳細な点検を行う必要がある。

(4)　アーチ橋（上路，下路）（2ヒンジ，ランガー，ローゼ）
　(a)　点検箇所

表9-4　アーチ橋の点検項目

着目位置 （部材）	点検箇所	主な損傷の種類	事例（写真，図）
橋梁全体	・構造全体の外観状態，変形・欠損	①腐食　⑤防食機能の劣化　⑰その他	写真9-14
橋門構	・車両衝突などによる局部損傷	㉓変形・欠損	
補剛桁	・支承上ソールプレート溶接部回り ・桁端部の水処理状況	②亀裂 ①腐食	
垂直材	・補剛桁またはアーチ部材との連結部回り	②亀裂 ⑪破断	写真9-15, 写真9-16, 図9-8
対傾構	・部材端部取付け部（上路橋）	②亀裂	
横構	・部材端部取付け部（上路橋）	②亀裂	
吊材 （ケーブル）	・補剛桁またはアーチ部材との定着構造回り ・定着部付近の水処理状況	②亀裂 ①腐食	
床桁	・補剛桁との取付け部回り	②亀裂	図9-9
縦桁	・床桁と縦桁の交差部（仕口）	②亀裂	
添接連結部	・連結ボルト回り，特に最遠ボルト回り	③ゆるみ・脱落	

(b) 点検上の留意点

各部材に対して以下の点に留意する必要がある。

ⅰ) アーチリブ

① アーチリブに全体座屈の傾向がないか調べる。
② 全般に腐食や劣化が生じていないか調べ，支点や格点のピンの腐食や摩耗を調べる。
③ アーチリブ添接板の局部変形などを調べる。

ⅱ) 二次部材

① 端部継手の亀裂・腐食・ゆるみを調べ，つなぎ部材に異常がないか調べる。
② 泥や漏水によって腐食や劣化が極度に進行する水平に設置されたガセットを調べる。

ⅲ) 交通の影響を受ける領域

① 衝突による損傷を調べる。

ⅳ) 疲労しやすい部材

① 床組・スパンドレルブレース・リブブレースの溶接部分を調べる。
② ヒンジピン周辺を調べる。
③ 床組部材のカバープレート端部を調べる。
④ 床組とトラスの連結溶接部を調べる。

ⅴ) 破壊に対して重要となる部材

① アーチが主要荷重伝達部材である。一般的にアーチリブは二つなので，構造的な余裕はない。ただしアーチは引張部材ではないので，ぜい性的な破壊原因とはならない。
② 詳細な構造解析の結果によっては，吊材はぜい性的な破壊原因となる可能性がある。

(c) 点検重点箇所図[2]

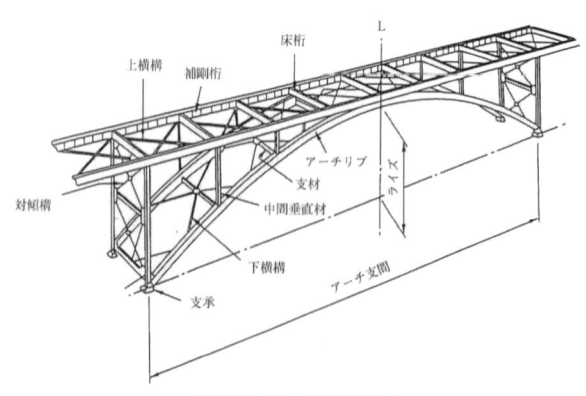

図 9-6 アーチ橋の構成

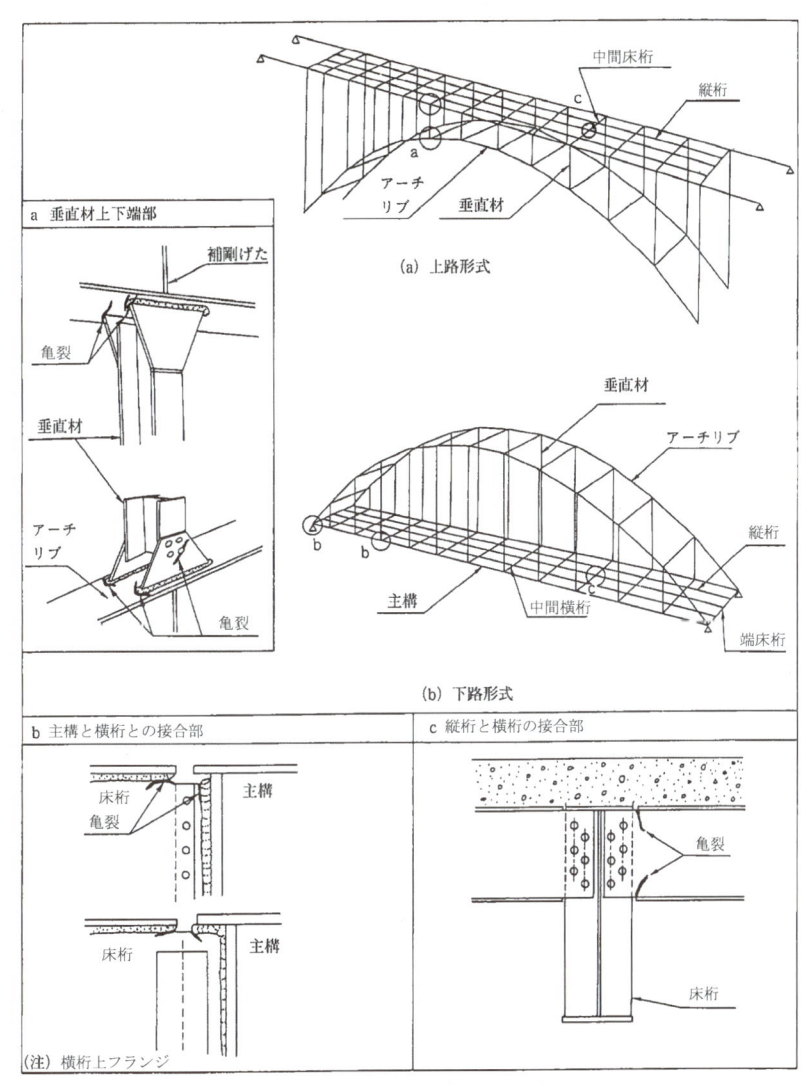

図 9-7 アーチ橋の疲労損傷部位

写真 9-14 は，橋梁全体の腐食である。自然環境の中で酸化しやすい鉄を原料とする鋼材では代表的な損傷である。原因としては，塗膜劣化，飛来塩分，漏水が考えられる。塗膜の劣化状況と，表面腐食面積，および腐食の表面状況等について調べる必要がある。

写真 9-14 橋梁全体（腐食）

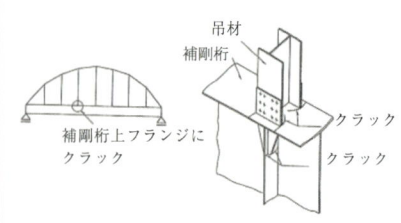

写真 9-15 垂直材（亀裂）

写真 9-15 は，垂直材との連結部付近における疲労亀裂である。亀裂箇所は，補剛桁の上フランジ，垂直補剛材にみうけられる。原因としては，主に風による振動または交通振動による。このような損傷が発見された場合には，近傍の同一箇所，または反対車線側の同一箇所，近傍に同様の損傷を発見する可能性が高いので留意する。

写真 9-16 は，垂直材の亀裂（破断）である。亀裂箇所は路面から 2～3 m の位置で，大型トレーラー等に積載された重機等との衝突等によるものと考えられる。程度によっては応急処置を必要とする。

写真 9-16 垂直材（亀裂：破断）[2]

図 9-8 は，逆ローゼ橋のアーチクラウン付近における垂直材の亀裂である。亀裂は，補剛桁下フランジと垂直材フランジの溶接部付近に生じている。このような損傷が発見された場合には，同一構造，近傍に同様の亀裂が生じている可能性が高いため，詳細な点検を行うのがよい。

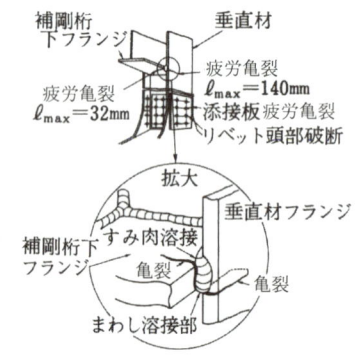

図 9-8 垂直材と補剛桁（亀裂）

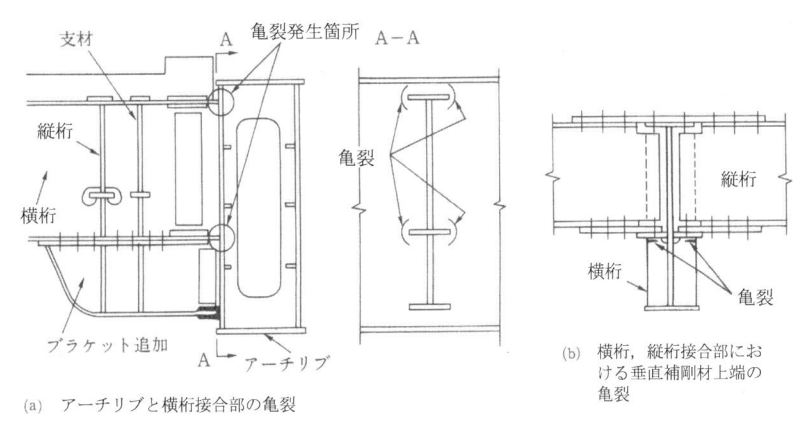

(a) アーチリブと横桁接合部の亀裂

(b) 横桁，縦桁接合部における垂直補剛材上端の亀裂

図 9-9　床桁と補剛桁（亀裂）

図 9-9 は，床桁の亀裂である。亀裂は，床桁とアーチリブの取付け部のうち，アーチリブ腹板に生じている。原因は，構造設計のうち，裏面の補剛設計方法にあると考えられる。損傷原因が，設計方法に起因する可能性がある場合には，本橋の詳細点検のみならず，同様に設計した可能性のある橋梁の追跡調査点検も考慮した対応が必要である。

(5) 斜張橋

(a) 点検項目

表 9-5　斜張橋の点検項目

着目位置（部材）	点検箇所	主な損傷の種類	事例（写真，図）
橋梁全体	・構造全体の外観状態，変形・欠損	①腐食　⑤防食機能の劣化　⑰その他	
主桁	・橋面の凹凸 ・地覆の通り	㉓変形・欠損	
塔	・倒れ	①腐食　㉓変形・欠損	
ケーブル	・サグ形状，ラッピング状況	①腐食　②亀裂	写真 9-17
ケーブルカバー定着部	・シール材の損傷	①腐食　②亀裂（シール材，素線）	写真 9-18 ～9-21
添接連結部	・連結ボルト回り，特に最遠ボルト	③ゆるみ・脱落	

(b) 点検上の留意点

各部材，構造に対して以下の点に留意する必要がある。

ⅰ) 橋梁全体

① 橋梁構造全体の形状，振動性状等を，路面起伏，地覆・高欄の通り，ケーブルのサグ形状，ケーブル振動，および橋上での交通振動体感等で調べる。

ⅱ) ケーブル

① サグによるケーブル形状および風，交通振動等による振動状態を調べる。

② ケーブルの表面被覆材（塗装，テープ，塩ビ管，プラスチック）の損傷を調べる。

ⅲ) ケーブルカバー・定着部

① 防水処理（加工）された，ケーブルバンド部，サドル部，ソケット部などの周辺を点検する。その場合，シール材および止めボルト等の劣化状態について調べるものとする。

(c) 点検重点箇所図[2]

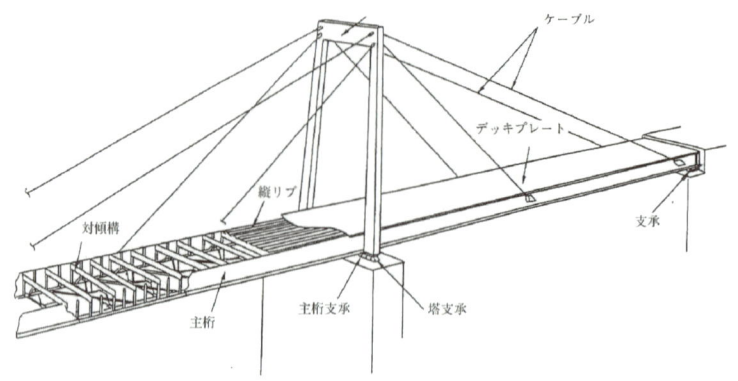

図 9-10 斜張橋（ファン型二面ケーブル）の構成

写真 9-17 は，ケーブルのラッピング材の劣化ひびわれに伴うケーブル材の腐食が懸念される状況である。ケーブル全体の外観点検，および下端ソケット部回りの点検等が必要と考えられる。

写真 9-17 ケーブル（腐食）[2]

写真 9-18 は，塔頂側ケーブル定着部付近の防水用シール材の損傷である。これらの損傷から二次的な損傷としてケーブル腐食が予測される。したがって，同様な構造箇所の点検が必要である。

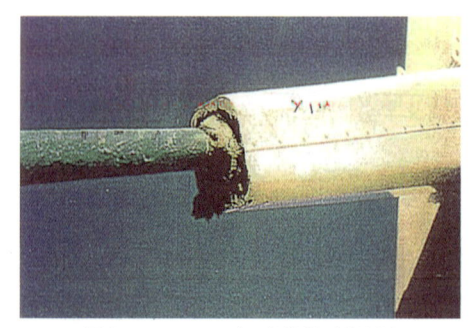

写真 9-18 ケーブル定着部（腐食）[2]

図 9-11 は，ケーブル下端部付近のケーブルバンドと，ケーブルサドルカバー付近の防水用シール材の劣化を示す。

これらの損傷から二次的な損傷としてケーブル，ソケット腐食が予測される。よって，同様な構造箇所の点検が必要である。

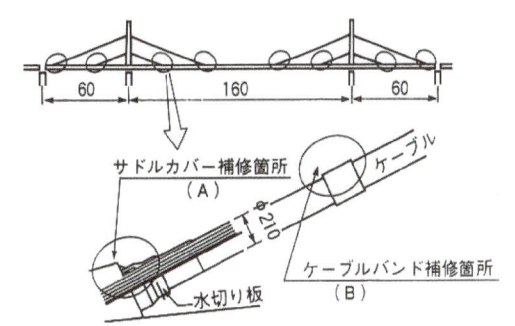

図 9-11 ケーブルカバー（腐食）[6]

写真 9-19 は，塔頂側ケーブルカバーの止めボルト付近に腐食がみうけられる。ゴムパッキン等での防水処理がなされている可能性はあるが，望遠鏡等での点検が必要である。

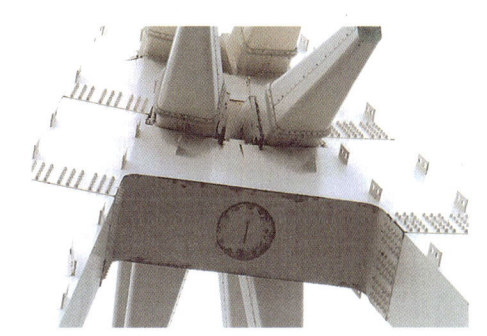

写真 9-19 ケーブルカバー（腐食）

写真 9-20 は，ケーブル下端部のケーブルカバー（チューブ被服部材）の一部にひびわれがみうけられる。これらの損傷から二次的な損傷としてケーブル腐食が予測される。したがって，同様な構造箇所の点検が必要である。

写真 9-20 ケーブルカバー（腐食）

写真 9-21 は，定着部のケーブルカバー溶接部に腐食がみうけられる。雨水などの浸入によるケーブル，ソケットなどの腐食が予測されるため，同様な構造箇所の点検が必要である。

写真 9-21 ケーブルカバー（腐食）

(6) 吊橋
(a) 点検項目

表 9-6 吊橋の点検項目

点検箇所 (部材)	点検箇所	主な損傷の種類	事例(写真,図)
橋梁全体	・構造全体の外観状態,変形・欠損	①腐食 ⑤防食機能の劣化 ⑰その他	
桁	・橋面の凹凸,地覆の通り	㉓変形・欠損	
主塔	・形状・倒れ	㉓変形・欠損	
主塔ケーブルサドル	・サドルの破損,ケーブルの形崩れ	㉓変形・欠損 ②亀裂	
メインケーブル	・サグ形状,ラッピング状況	㉓変形・欠損(防水)	
ケーブルアンカー部	・漏水の有無,ストランド形状	㉓変形・欠損(防水)	写真 9-22
ハンガーロープ	・張力状況	③ゆるみ・脱落	図 9-13
ハンガーロープ定着部	・ケーブルバンド用ボルト・ソケット回り	③ゆるみ・脱落(防水)	写真 9-23
添接連結部	・連結ボルト回り	③ゆるみ・脱落	

(b) 点検上の留意点

各部材,構造に対して以下の点に留意する必要がある。

ⅰ) 橋梁全体
① 橋梁構造全体の形状,振動性状等を,路面起伏,地覆・高欄の通り,ケーブルのサグ形状,ケーブル振動,および橋上での交通振動体感等で調べる。

ⅱ) ケーブル
① ケーブルの表面被覆材(塗装,ラッピング)の損傷を調べる。

ⅲ) ハンガーロープ
① ハンガーロープ間隔,ケーブルバンド間隔などの異状を調べる。
② ケーブルの表面被覆材(塗装,ラッピング)の損傷を調べる。

ⅳ) ケーブルアンカー部・定着部
① 防水処理(加工)されたケーブルバンド部,リドル部,ソケット部などの周辺を調べる。その場合,シール材および止めボルト等の劣化状態についても調べるものとする。

(c) 点検重点箇所図[2)]

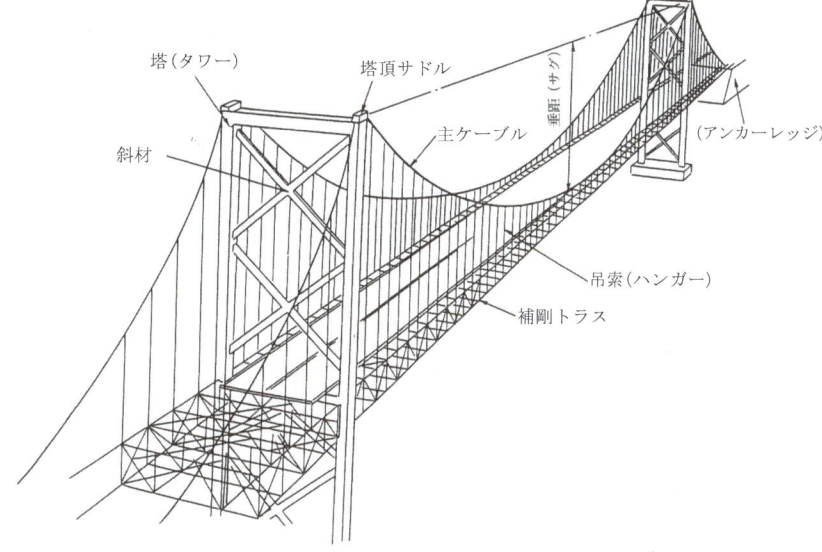

図9-12 吊橋の構成

写真9-22は，ケーブル素線の腐食（錆）がみうけられる。吊橋のケーブルアンカー（アンカーレッジ内）部の点検は，定期点検項目としては，最重要箇所であるので慎重な点検が望まれる。

写真9-22 ケーブルアンカー部（腐食）

写真9-23は，ケーブルバンド，およびケーブルに塗装劣化がみうけられる。

写真9-23 ケーブルバンド部（塗膜劣化）

図9-13は，ネジ切り丸鋼製のハンガーのネジ切り部端部にて疲労亀裂が生じた例である。このような場合，一般には同様の構造箇所の目視点検に加え，別途詳細調査などの対応が必要となる。

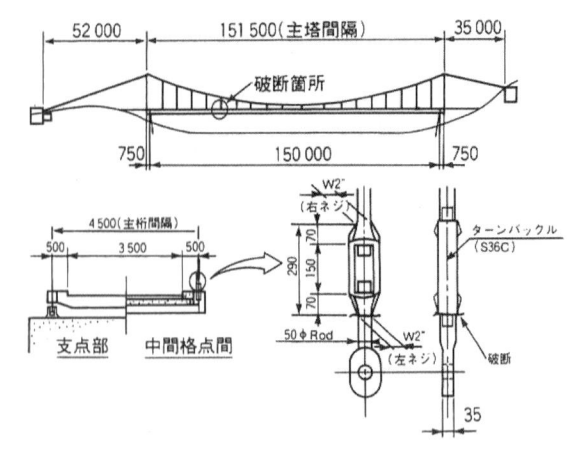

図9-13　ハンガーロープ（亀裂：破断）[6]

9.3.2　点検方法

(1)　点検の対象

定期点検を対象とした場合，近接目視点検が中心となる。点検に先立ち，橋面上や橋下面から橋全体観測を行う。

(2)　目視点検

(a)　目視点検の目的

鋼橋の維持管理点検において，目視点検法は重要な検査方法である。大方の損傷事象は発見することが可能である。しかしながら，欠陥寸法の大きさ，広がりなどについて詳細に測定する場合には，非破壊検査方法を適用する必要がある。このような意味で，目視点検は損傷が存在することをマクロ的に検出し，損傷状況の全体的な把握を行うとともに，次のステップである詳細調査実施の要否を決定することを目的としているといえる。

(b)　点検方法

目視点検は足場や橋梁点検車などを用いて近接で行うのが原則であるが，これらがない場合は，支点上や検査路から点検可能な範囲に絞ることや，望遠鏡等の使用を考える必要がある。

(3)　詳細調査

目視点検により損傷が発見され，損傷程度の正確な判定，損傷原因の特定，補修・補強方法の選定等を行う必要がある場合，詳細調査を実施する。詳細調査には14章に示すような各種検査機器を用いる非破壊検査，コア抜き等による破壊検査および応力測定，応力頻度測定，変位・変形等の測定等の方法がある。

(4)　応力頻度測定

橋梁部材の疲労損傷度の評価，耐荷力の評価等のために適用される応力頻度測定について以下に述べる。

応力頻度測定は，供用荷重により橋梁部材に作用する応力範囲とその頻度を把握するために用いる方法である。測定方法は，部材にひずみゲージを取り付け，専用計測器または頻度解析ソフトを搭載したパソコンにより，一定期間に

おける着目部に生じる応力範囲の累積回数を測定する方法である。測定の期間は1〜7日とするが，平日3日間が一般的である。測定時の交通規制は不要である。

頻度の解析方法にはレインフロー法，ピークバレー法等があり，疲労の検討が目的であればレインフロー法を，耐荷力の検討が目的であればピークバレー法を選定するのが一般的である。

9.4 損傷程度の評価と対策区分の判定

(1) 評価一般

評価は，みつかった損傷の処理方法を決定するもので，鋼橋では，損傷の発生が橋の供用性に直接影響することは少ない。これは，鋼の性質が有利に働いて，部分的な強度の低下が，橋梁全体の耐荷力の低下に直接つながらないためである。このことは，損傷に対して補修・補強を行わなくてよいということではない。損傷を未補修のままにして損傷が進行し将来の耐荷力の低下や，橋梁の寿命の短縮になるので，損傷に対しては，できるだけ早期にしかるべき処置を講ずるか，しかるべき方法でモニタリングを行い，損傷の状態を知ることが必要である。

(2) 損傷程度の評価と対策区分の判定

損傷の程度については，「橋梁定期点検要領（案）」（国土交通省：平成16年3月）[7]の付録—1「損傷評価基準」に基づいた要素（部位，部材の最小評価単位）ごと，損傷種類ごとに評価する。また，対策区分については付録—2「対策区分判定要領」を参考にしながら，**表9-7**の判定区分による判定を行う。

表9-7 対策区分の判定区分

判定区分	判定の内容
A	損傷が認められないか，損傷が軽微で補修を行う必要がない。
B	状況に応じて補修を行う必要がある。
C	すみやかに補修等を行う必要がある。
E1	橋梁構造の安全性の観点から，緊急対応の必要がある。
E2	その他，緊急対応の必要がある。
M	維持工事で対応する必要がある。
S	詳細調査の必要がある。

参考文献
1) ㈳日本鋼構造協会，「JSSC テクニカルレポート No.51 既設鋼橋部材の耐力・耐久性診断と補修・補強に関する資料集」，p. II-2, p. II-4, H 14.1
2) ㈳日本橋梁建設協会，「鋼橋の損傷と点検・診断（点検・診断に関する調査報告書）」，p. 5, p. 13, p. 15, p. 89, p. 102, p. 110, pp. 115 117, II 12.5
3) ㈳日本橋梁建設協会，「橋梁年鑑 平成13年版」，p. 123, H 13.9
4) ㈳日本橋梁建設協会，「橋梁年鑑 平成14年版」，p. 125, H 14.9
5) 鋼橋技術研究会（翻訳，編集），「橋梁検査トレーニング・マニュアル（Bridge Inspector's Training Manual/90）」，第10章，2001.3
6) 名取・浅岡・稲田，「鋼橋の補修・補強」，横河ブリッジ技報 No.21, pp. 63-90, 1992.1
7) 国土交通省道路局 国道・防災課，「橋梁点検要領（案）」，付録-1・2，平成16年3月

第 10 章 支承の点検[1]

10.1 概説

支承は，上部構造と下部構造を接合する部材であり，主な機能を以下に示す。

① 上部構造の死荷重や活荷重などの鉛直荷重，および地震や風などによる水平荷重を確実に下部構造に伝達する。

② 上部構造の死荷重と活荷重によるたわみに起因する桁の回転を拘束しない。

③ 上部構造の温度変化，荷重と活荷重によるたわみに起因する桁の水平移動を拘束しない（可動支承のみ）。

④ コンクリートの乾燥収縮，クリープ，およびプレストレスによる弾性変形に起因する桁の水平移動を拘束しない（コンクリート橋，かつ可動支承のみ）。

支承は，大別して鋼製支承とゴム支承に区分される。阪神・淡路大震災の教訓から，新設される橋梁はゴム支承が多く採用されている。既設の橋梁では鋼製支承からゴム支承への取替えが都市の高速道路などを手始めに順次実施されているが，いまだ鋼製支承が設置されている橋梁も多くあり，腐食による機能障害も多い。また，新設あるいは取替え工事でゴム支承を採用した橋梁において，ゴムパッドが原因となり橋体の振動を引き起こし，その結果，照明柱の疲労損傷が発生するなど新たな問題も報告されている。

支承は，設置される橋台や橋脚上が狭隘である場合が多く，点検・調査のみならず補修・補強も困難な部材の一つである。しかも，点検が困難なだけでなく，外観だけでは機能障害の有無は判断しにくいため，機能障害が発生していても放置される場合が多い[2]。その結果，上・下部工の損傷を招き，強度的に危険な状態となる可能性がある[2]。

したがって，適切な間隔で点検を行うとともに，損傷が発見された場合はすみやかに対策区分の判定を行い，適切な対策（取替え，補修・補強など）を実施する必要がある。

10.2 損傷の種類と原因

支承部は，伸縮装置からの漏水や雨水により湿潤状態となりやすいことや砂塵が堆積するなど腐食，および腐食に伴う機能障害などが発生しやすい劣悪な環境にある。また，上・下部工の損傷（変形，沈下・移動・傾斜等）や施工不良が支承の機能不良や損傷を引き起こしたり，逆に，支承の損傷が上・下部工の損傷を招くおそれもある。

支承の損傷の主原因はさまざまであるが，種類としては①腐食，②亀裂，③

ゆるみ・脱落，④破断，⑬遊間の異常，⑯支承の機能障害，㉑異常な音・振動，㉓変形・欠損，㉔土砂詰り，㉕沈下・移動・傾斜などがある。

以下に上記損傷の概要と原因を述べるとともに，各損傷の代表事例を写真，または図で示す。

(1) 腐　食

腐食は，「第9章　鋼橋の点検」でも述べたとおり鋼構造物の代表的な損傷である。支承部は，伸縮装置からの漏水や雨水により湿潤状態となりやすいことや砂塵が堆積するなど，鋼上部構造に比べ腐食が発生しやすい劣悪な環境にある（**写真10-1，写真10-2**）。支承の腐食は，大きく分けて支承本体（アンカーボルト，セットボルトを含む）外面の腐食と摺動面の腐食に区分できる。

支承外面の腐食は，定期点検時の近接目視などで点検することによって状況把握が可能である。しかし，摺動面など内部の腐食は，外観では判別できないばかりでなく点検も困難である。支承の外観上は全く健全であるのに，回転・すべり機能障害が原因となって上・下部工の損傷を引き起こした事例も多く報告されている。その一例を下記(2)亀裂の項の**写真10-4**に示す。

(2) 亀　裂

鋼製支承，およびゴム支承の鋼部材では，**写真10-3**のようなサイドブロック付根部や上沓切欠き部などに発生事例がある。これらの部材は，通常温度変化や車両荷重による桁の変形に対しては水平力が作用しない設計であるが，設置誤差や想定外の変形により繰返し荷重が作用し，疲労亀裂が発生したものと考えられる。このような亀裂が発見された場合は，早急に詳細調査を実施する必要があ

写真10-1　支承の腐食(1)

写真10-2　支承の腐食(2)

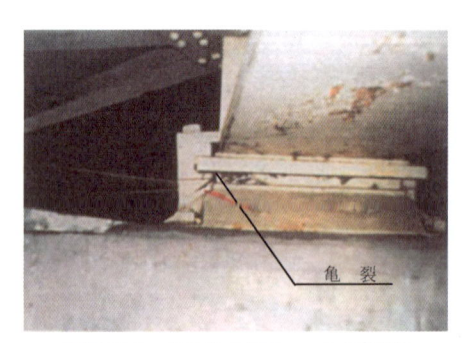

写真10-3　支承サイドブロックの亀裂[3]

写真10-4　主桁下フランジ，腹板の亀裂[4]

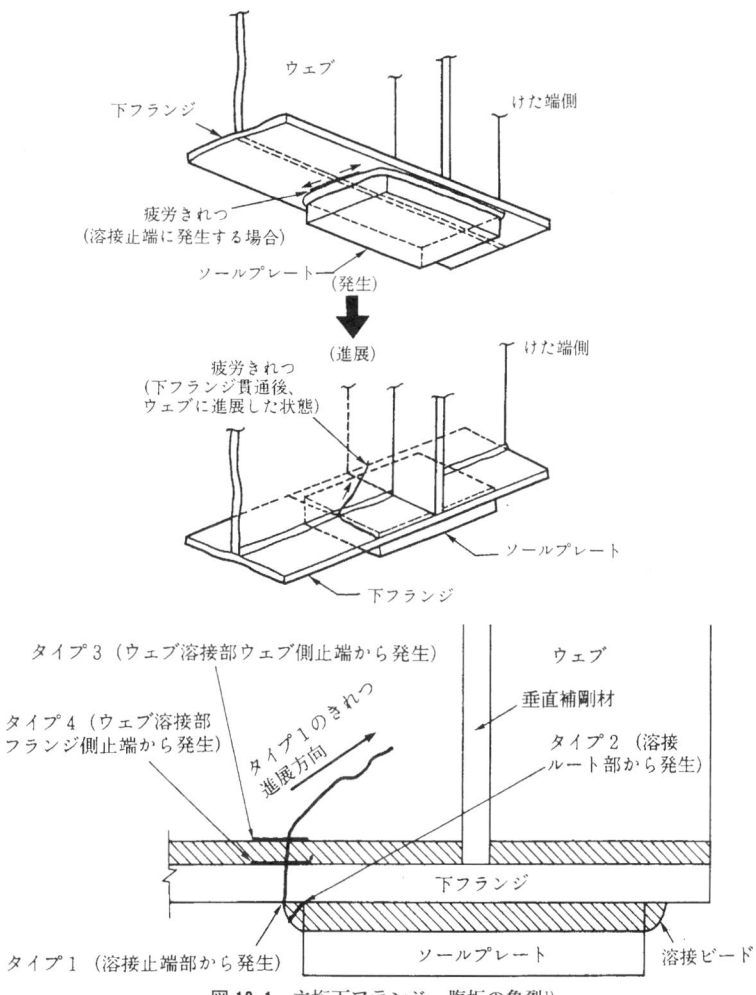

図 10-1 主桁下フランジ，腹板の亀裂[1]

る。

支承部周辺の亀裂損傷として，主桁下フランジのソールプレートとのすみ肉溶接止端部に発生した疲労亀裂がその後下フランジを貫通し腹板へと進展した事例がある（**写真10-4，図10-1**）。これは，支承の回転機能の喪失が発端となり，主桁の回転がソールプレート位置で拘束された結果，剛性の急変するソールプレート端部と下フランジのすみ肉溶接部に高頻度で変動板曲げ応力が作用し，疲労亀裂が発生したものと推定され，緊急対応が必要な損傷である。

(3) ゆるみ・脱落

アンカーボルト・ナット，セットボルト，サイドブロックの取付けボルトのゆるみは，締忘れなどを含む締付け不良，長年にわたる桁や橋脚の振動が原因と考えられる。また，支承の沈下（特に，沓座が普通モルタルで施工されている場合に多い）が原因でアンカー

写真 10-5 アンカーボルトのゆるみ(1)

ボルト・ナットがゆるむ場合もある（**写真10-5，写真10-6**）。ゆるみは接近しないと判別できない。

ボルト・ナットの脱落は，アンカーボルト・ナット，セットボルト，サイドブロックの取付けボルトのゆるみが大きくなり，ついに落下してしまう状態をいい，遠望目視で判別できる。

支承本体の脱落としては，ローラー支承のローラーが所定の位置から脱落する場合がある。1本ローラー支承では，支承の据付け方向と桁の伸縮方向との不一致による横力の作用，下沓の据付け誤差による傾斜，および異物の侵入などによりローラーにずれが生じ押し出されたものと考えられる（**写真10-7**）。また，複数ローラー支承では，鉛直反力が小さく移動量の大きい支点で発生し，鉛直反力が小さいため支圧状態でのころがりが成り立たずローラーが取り残されたものと考えられる（**写真10-8**）。

(4) 破　　断（われ）

破断は，支承のいろいろな部材に発生している。このことは支承がいかに過酷な条件下にあり，しかも橋体の挙動や施工が想定した設計条件と異なっている（または，考慮されていない）ことを物語っている。

破断の発生している部材としては，アンカーボルト，セットボルト，サイドブロックの取付けボルトなどのボルト類，ベアリングプレート，ピン，ローラーなどの回転・水平移動機能部材，サイドブロック，上沓切欠き部などの移動制限装置部，およびゴムパッドなどの事例がある（**写真10-9，写真10-10**）。いずれも緊急対策，または詳細調査が必要な損傷である。

写真10-6　アンカーボルトのゆるみ(2)

写真10-7　1本ローラーの脱落[4]

写真10-8　複数ローラーの脱落[4]

写真10-9　上沓移動制限装置の破断

(5) 遊間の異常

　遊間の異常とは，可動支承部で移動制限装置の隙間が設計上設定された値を確保されていない状態をいう（**写真10-11，図10-2**）。

　従来の可動支承では，サイドブロックが上沓の切欠き部に収められ，左右の隙間で桁の移動をとらせる構造であった。阪神・淡路大震災以降の支承では，支承本体に設置される従来タイプのほかに，支承本体から切り離して変位制限構造，ジョイントプロテクターを別途設置するケースも多いが，いずれも支承とセットで補完しあう構造である。

写真10-10　支承サイドブロックの破断

　下部工の移動や支承設置時の誤差が原因と考えられるが，遊間に異常が発生しても車両走行安全性や橋体の耐荷性に対する緊急性は少ないと考えられる。しかし，橋体の伸縮によって発生する拘束水平力が桁や橋座などへの損傷を誘発する可能性があるので，早めの機能回復対策が望ましい。

写真10-11　上沓移動制限装置の遊間異常 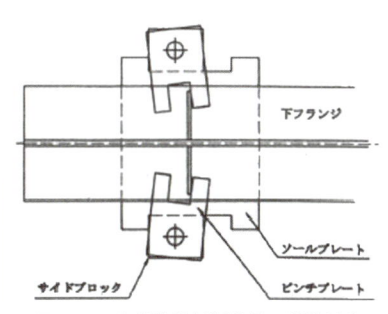　　**図10-2**　上沓移動制限装置の遊間異常

(6) 支承の機能障害

　支承機能障害は，一般には長年にわたるすべり面やころがり面の腐食や損傷の蓄積によって回転・水平移動機能が妨げられる状態をいう。

　しかし，支承によっては建設当初から機能に障害がある場合もあるので，第1回目の定期点検は重要であり，注意深く点検する必要がある。当初から支承機能に障害がある場合の原因としては，支承の回転・水平移動機能構造そのものに問題がある場合，施工時の設置精度に問題がある場合，設計上考慮されている上・下部構造の挙動と実際の挙動に対する支承の対応能力との関係などが考えられる。以下に，可動支承部における主な水平移動機能障害の事例を列挙する。

　(a) 線支承，支承板支承のすべり面
　① 防錆被膜や油膜の欠損，雨水やごみの浸入によるすべり面の腐食。
　② 支承板の潤滑被膜形成不良，劣化。
　③ 据付け不良などに起因する支圧不均等によるPTFE（フッ素系プラスチック）板の剥離，欠損。
　④ 据付け不良などに起因するうき，たたきによる支承板のわれ。

(b) ローラー支承のころがり面
　① 雨水やごみの浸入によるローラーの腐食。
　② 砂塵の侵入によるころがり不良。
　③ ローラーの脱落。
　④ ローラーのわれ。
　　(c) ゴム支承のせん断変形
　① 紫外線による経年劣化（硬化）。
　② 加硫接着不良による水平抵抗力変動（水平力分散機能不良）。
　③ 桁の異常変形によるゴムの亀裂。

(7) 異常な音・振動

　下横溝の吊材が破断し，橋梁の振動によって大きな異常音を生じた例がある（**写真 10-12**）。

(8) 変形・欠損

　コンクリート部材が衝突や地震などの影響でその一部が変形・欠損している場合をいう。支承部周辺の欠損としては，沓座モルタルや沓座付近の下部工に地震による大きな水平力が作用したり，可動支承のすべり・ころがり機能障害によって繰り返し水平力が作用し損傷する事例がある。また，支承の据付け不良（箱抜きへのモルタル充填不良など）や埋殺しライナープレートの腐食により損傷する事例があり，支承の沈下・傾斜・移動を引き起こすこともある。

　写真 10-13，**図 10-3** に示す沓座モルタルの欠損が発見された場合は，詳細調査等により損傷の原因を究明する必要がある。また，**写真 10-14**，**図 10-4**

写真 10-12　下横溝の吊材の破断

写真 10-13　沓座モルタルの欠損 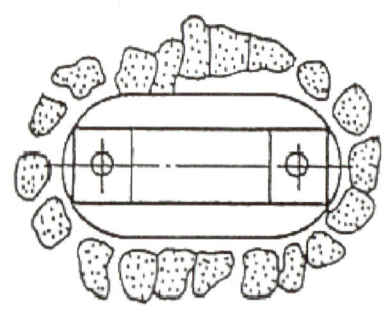　　　　**図 10-3　沓座モルタルの欠損**

写真 10-14　下部工天端の欠損　　　図 10-4　下部工天端の欠損

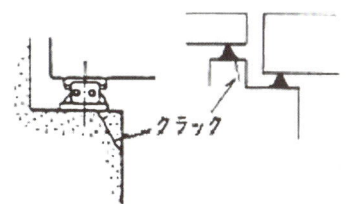

に示す下部工天端の欠損は，支承部での上部工支持機能を損なうため，緊急対応を要する損傷である。

(9) 土砂詰まり

支承回りに土砂がたまっている場合をいう。土砂詰まりは，道路線形や上部工形式（片持ち部長さの大小など）によって異なるが，一般に伸縮装置が設置される可動支点部で，しかも端支点部で著しい。それは，伸縮装置部が非排水構造となっていない場合や非排水構造の不良により橋面や土工部の路面から雨水とともに土砂が流入し堆積するためである。また，砂塵が風により飛散した場合でも湿潤状態の著しい端支点部に堆積しやすい（**写真 10-15**）。

支承回りに堆積する土砂は，支承の機能障害や腐食を進行させるのみならず，支承に発生した重大な損傷を目視で確認できなくなるため，土砂詰まりが発見された場合は維持工事にて清掃する必要がある（**写真 10-16**）。

写真 10-15　支承部の土砂詰まり(1)

写真 10-16　支承部の土砂詰まり(2)

写真 10-17　支承部の沈下

(10) 沈下・移動・傾斜

支承の据付け不良（箱抜き部のモルタル充填不良など）や埋殺しライナープレートの腐食，また地震などの過大な衝撃力を受けた場合に発生する損傷である。本損傷が発生すると，路面の伸縮装置部に段差が生じたり，支点上横桁に損傷（腹板の座屈，亀裂など）を与えるなど，車両の安全走行上および橋体の耐荷力上で緊急対応を要する損傷である。

写真 10-17，**写真 10-18** はピン支承の沈下事例である。**写真 10-18** は支承部の沈下が原因となり，下フランジとソールプレートとの間の応力が不均等になった結果，ソールプレート端部に応力集中が生じ溶接部に疲労亀裂が生じたものと考えられる。また，**写真 10-19** は支承部の沈下により端横桁の腹板が座屈したものである。

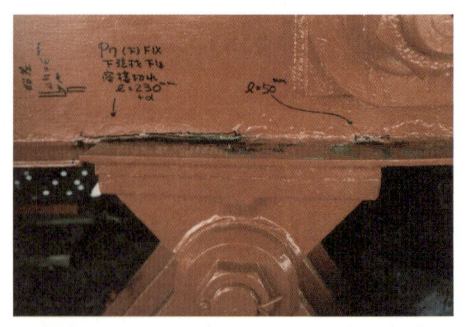

写真 10-18 支承部の沈下による主桁の亀裂

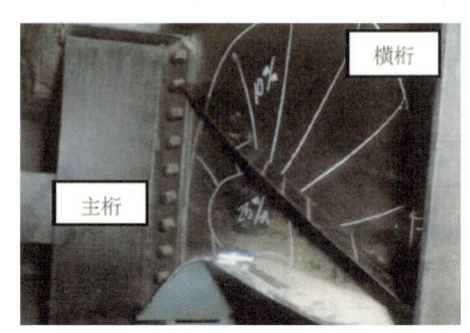

写真 10-19 支承部の沈下による端横桁腹板の座屈[6]

10.3 点検

支承点検時の着目点と主な損傷は以下に示すように，支承部周辺（上部工側，下部工側）および支承本体に区分され，支承部本体は大きく鋼製支承とゴム支承に区分される。

また，点検の流れとしては，支承部近傍を含めた橋梁全体の観察，上・下部工との取合い部の点検，そして支承本体の点検（全体から細部へ）とする。

10.3.1 点検の着目点と留意点

(1) 橋梁全体の観察

表 10-1 橋梁全体系の点検箇所と主な損傷の種類

着目位置	点検箇所	主な損傷の種類	事例（写真，図）
橋梁全体	車両通行時の異常音，車上感覚の異常	・下部工の㉕沈下・移動・傾斜による支承の損傷 ・支承の㉕沈下・移動・傾斜 ・ローラー③脱落	
	高欄の通り（左右，上下）		
	伸縮装置段差		
	桁端，伸縮装置の遊間		
	照明柱基部，標識柱基部	・㉑異常な音・振動による②亀裂	写真 10-12 図 10-3

(2) 支承部周辺（上部工側）の点検

表 10-2 支承部周辺（上部工側）の点検箇所と主な損傷の種類

着目位置	点検箇所	主な損傷の種類	事例（写真，図）
支承部周辺（上部工側）	ソールプレート溶接部	②亀裂	写真 10-4 図 10-1
	主桁下フランジ	②亀裂	写真 10-18
	主桁ウェブ（下端側）	②亀裂，支承の㉕沈下・移動・傾斜による座屈	写真 10-19
	セットボルト	③ゆるみ・脱落，④破断	

(3) 支承部周辺（下部工側）の点検

表 10-3 支承部周辺（下部工側）の点検箇所と主な損傷の種類

着目位置	点検箇所	主な損傷の種類	事例（写真，図）
支承部周辺（下部工側）	沓座モルタル	㉓変形・欠損	写真 10-13 図 10-4
	沓座付近の下部工	㉓変形・欠損，㉔土砂詰まり，㉕沈下・移動・傾斜	写真 10-15 写真 10-10 写真 10-14 図 10-5
	アンカーボルト・ナット	ボルトの①腐食，④破断 ナットの①腐食，③ゆるみ・脱落	写真 10-5 写真 10-6

(4) 支承本体の点検

(a) 線支承

表 10-4 線支承の点検箇所と主な損傷の種類

着目位置	点検箇所	主な損傷の種類	事例（写真，図）
線支承本体	支承本体	①腐食，④破断，㉑異常な音・振動，㉕沈下・移動・傾斜	写真 10-1
	サイドブロック	②亀裂，④破断	写真 10-3 写真 10-10
	ピンチプレート	③ゆるみ・脱落，④破断	写真 10-11 図 10-2
	上沓切欠き部	④破断，⑬遊間の異常	写真 10-9

(b) 支承板支承

表 10-5 支承板支承の点検箇所と主な損傷の種類

着目位置	点検箇所	主な損傷の種類	事例（写真，図）
支承板支承本体	支承本体	①腐食，④破断，㉑異常な音・振動，㉕沈下・移動・傾斜	写真 10-2
	ベアリングプレート	①腐食，④破断，⑯支承の機能障害	
	サイドブロック	④破断	
	上沓切欠き部	④破断，⑬遊間の異常	
	取付けボルト	③ゆるみ・脱落，④破断	

(c) ピン支承

表 10-6　ピン支承の点検箇所と主な損傷の種類

着目位置	点検箇所	主な損傷の種類	事例（写真，図）
ピン支承本体	支承本体	①腐食，④破断，㉑異常な音・振動，㉕沈下・移動・傾斜	写真 10-17
	ピン	④破断，⑯支承の機能障害	
	浮上がり防止キャップ	④破断	
	取付けボルト	③ゆるみ・脱落，④破断	

(d) ローラー支承

表 10-7　ローラー支承の点検箇所と主な損傷の種類

着目位置	点検箇所	主な損傷の種類	事例（写真，図）
ローラー支承本体	支承本体	①腐食，④破断，㉑異常な音・振動，㉕沈下・移動・傾斜	
	ピン	④破断，⑯支承の機能障害	
	浮上がり防止キャップ	④破断	
	ローラー	③ゆるみ・脱落，④破断，⑯支承の機能障害	写真 10-7　写真 10-8
	サイドブロック	④破断	
	上沓切欠き部	④破断，⑬遊間の異常	
	取付けボルト	③ゆるみ，脱落，④破断	

(e) ゴム支承

表 10-8　ゴム支承の点検箇所と主な損傷の種類

着目位置	点検箇所	主な損傷の種類	事例（写真，図）
ゴム支承本体	支承本体（鋼部分）	①腐食，㉕沈下・傾斜・移動	
	ゴムパッド	②亀裂，④破断，⑯支承の機能障害，㉓変形・欠損	
	サイドブロック	④破断	
	上沓切欠き部	⑬遊間の異常	
	取付けボルト	③ゆるみ・脱落，④破断	

10.3.2　点検方法

　点検に先立ち，橋面上や橋梁下面からの全体観察を行う。以下順次，支承部周辺の点検を経て，本体の点検を行う。

　点検は，近接目視を基本とするが，必要に応じ支承部まで行き，工具等を用いて本体やボルトのたたき点検，遊間の計測等を行う。また，鋼製支承の回転・水平移動機能の確認方法としては，摺動面，回転面，ころがり面のこすれ跡や塗膜われを目視で確認することができる。目視が不可能な場合は，支承部の下部工と上部工の間に変位計を設置し，水平，鉛直方向の相対変位を計測するなどの方法がある。計測中は，連続的に気温，桁温度の計測を行うものとする。

10.4 損傷程度の評価と対策区分の判定

損傷の程度については,「橋梁定期点検要領(案)」(国土交通省:平成16年3月)[9]の付録—1「損傷評価基準」に基づいて要素(部位,部材の最小評価単位)ごと,損傷種類ごとに評価する。また,対策区分については付録—2「対策区分判定要領」を参考にしながら,**表10-9**の判定区分による判定を行う。

表10-9 対策区分の判定区分[9]

判定区分	判定の内容
A	損傷が認められないか,損傷が軽微で補修を行う必要がない。
B	状況に応じて補修を行う必要がある。
C	すみやかに補修等を行う必要がある。
E1	橋梁構造の安全性の観点から,緊急対応の必要がある。
E2	その他,緊急対応の必要がある。
M	維持工事で対応する必要がある。
S	詳細調査の必要がある。

参考文献

1) ㈳日本道路協会,「道路橋支承便覧」,pp.254-273,H 3. 7
2) ㈶道路保全技術センター,「橋梁点検のポイント(案)―定期点検編―」,p.30,H 9. 3
3) ㈳日本橋梁建設協会,「鋼橋の損傷と点検・診断(点検・診断に関する調査報告書)」,p.135,H 12. 5
4) ㈶道路保全技術センター,「既設橋梁の破損と対策」,p.47,H 6. 3
5) ㈶道路保全技術センター,「疲労概論」,2002. 8
6) ㈳日本鋼構造協会,「既設鋼橋部材の耐力・耐久性診断と補修・補強に関する資料集」,p.II-17,H 14. 1
7) 国土交通省,「橋梁定期点検要領(案)」,pp.19-22,H 16. 3

第11章　下部工の点検

11.1 概説

　下部工は上部工を支えるすべての構成部位を含んだ橋梁の一部であり，上部工からの荷重を確実に基礎へ伝達する重要な構造部分である。

　本章では一般的な下部構造として，橋台，橋脚および基礎等について記述する。さらに橋台はコンクリート橋台，橋脚はコンクリートT型橋脚，コンクリートラーメン橋脚，コンクリート壁式橋脚，鋼T型橋脚および鋼ラーメン橋脚，基礎は直接基礎，コンクリート杭基礎および鋼管杭基礎，その他に分類しおのおのについて記述する。

　また，基礎については通常完全に地中に埋め込まれており，目視点検ができない状況にある。しかし，基礎の沈下や洗掘等の原因で上部工や下部工に変状をきたす場合が多く，これらを点検することにより基礎の変状を推定することができる。

　「損傷の種類と原因」の項では，下部構造ごとに損傷の種類とその原因と考えられる項目を記述する。

　「点検の着目点と留意点」の項では，下部構造ごとに着目位置と点検部位とともに発生しやすい損傷の種類を示す。さらに，それぞれ写真や図を掲載し点検上の留意点についても記述する。

　「点検方法」の項では，点検箇所，部材および損傷の種類ごとに現場において簡便にできる効率的・具体的な点検方法を記述する。さらに近接目視が容易でない場合における点検方法も記す。

　「評価」の項では，橋梁としての機能性や安全性を損なうような損傷を見逃すことがないように記述する。「緊急対応が必要な損傷」と緊急対応は必要ないと思われるが放置すると重大な事態を招く恐れのある損傷「詳細調査が必要な損傷」等に分け記述する。

11.2 損傷の種類と原因

　下部工についての損傷の種類とその原因は，表11-1に示すようなものが考えられる。下部構造はコンクリート橋台，コンクリート橋脚，鋼橋脚および基礎に分け，それぞれ損傷の種類とその原因を記述する。

　なお，損傷の詳細については，「11.3　点検」の項で記述する。

表 11-1 損傷の種類と原因

下部構造	損傷の種類	損傷の原因
コンクリート橋台・橋脚	⑥ひびわれ	温度収縮や乾燥収縮，塩害や中性化，かぶり不足，アルカリ骨材反応，凍害，基礎の洗掘や沈下，地殻変動が原因。
	⑦剥離・鉄筋露出	コンクリート打設時の締固め不足が原因。 凍害，水の作用等が原因。 かぶり不足，中性化，雨水や塩化物の浸透等が原因。
	⑧漏水・遊離石灰	コンクリート打継目の処理，締固め等の不十分が原因。
	⑫うき	鉄筋腐食部の膨張が原因。
	⑱変色・劣化	セメント水和物の変色，微粒子や生物の付着，セメント成分の溶出が原因。
	⑳漏水・滞水	伸縮部の排水不良等が原因。
	㉖洗掘	橋台・橋脚前面の流水が原因。
鋼 橋 脚	①腐食	伸縮装置からの漏水や塗装劣化，塗装塗替え時のケレン不足，溶接部やマンホールの隙間からの雨水侵入による結露が原因。
	②亀裂	溶接欠陥による疲労強度の低下や舗装，伸縮装置の段差による衝撃荷重が原因。
	③ゆるみ・脱落	締付け不足，車両通過時の振動，マンホール解放後の締め忘れやハイテンションボルト F11T 使用による遅れ破壊が原因。
	⑱防食機能の劣化	素地不良，経年劣化，架橋環境（大気汚染等）が原因。
	⑳漏水・滞水	溶接部やマンホールの隙間からの雨水の浸入，排水装置部の土砂詰まりが原因。
	㉑異常な音・振動	構造的な欠陥により発生。添架物，添接部，支承直下等から発生する。
	㉓変形	大型車両の接触，地震等により発生。
基 礎	㉕沈下・移動・傾斜	直接基礎では基礎底面の支持力不足，不等沈下，洗掘や地震，杭基礎ではネガティブフリクション，側方流動，偏土圧や地震が原因。
	㉖洗掘	流水による基礎周辺の土砂の流出が原因。特に洪水によるケースが大半。

11.3 点検

11.3.1 点検の着目点と留意点

(1) コンクリート橋台

(a) 点検項目

点検項目の標準を**表 11-2** に示す。

表 11-2 コンクリート橋台の点検項目

着目位置	点検箇所	主な損傷の種類	事例（写真，図）
橋台前面	表面全般	⑥ひびわれ	写真 11-1 写真 11-2 写真 11-3 写真 11-4 写真 11-5
		⑧漏水・遊離石灰	写真 11-6
		⑦剥離・鉄筋露出	写真 11-8 写真 11-9 写真 11-11
		⑫うき	写真 11-7
		⑲変色・劣化	写真 11-10
	前面下部	⑦剥離・鉄筋露出	写真 11-12
胸壁	表面全般	⑥ひびわれ	
		⑦剥離・鉄筋露出	
		⑧漏水・遊離石灰	
		⑫うき	
		⑲変色・劣化	
		⑳漏水・滞水	写真 11-13
翼壁	表面全般	⑥ひびわれ	
		⑦剥離・鉄筋露出	
		⑧漏水・遊離石灰	
		⑫うき	
		⑲変色・劣化	
		⑳漏水・滞水	
橋座	支承部	⑥ひびわれ	写真 11-14
	表面全般	⑧漏水・遊離石灰	
		⑳漏水・滞水	写真 11-15

(b) 点検上の留意点

コンクリート橋台の点検においては，特に下記の事項について留意する必要がある。

① 橋台前面，胸壁，翼壁の表面全般に発生する損傷。
② 橋台前面下部の流水と接する付近のすりへり・浸食。
③ 胸壁，翼壁，取付け擁壁等の接続部の漏水・滞水。
④ 橋座支承部の斜めひびわれ，橋座面の漏水・滞水。

なお，ひびわれは発生原因の特定が重要であるため，その方向や規則性，析出物の有無等の状況を入念に点検する必要がある。

(c) 点検重要箇所

一般的な点検重要箇所を**図11-1**に示す。

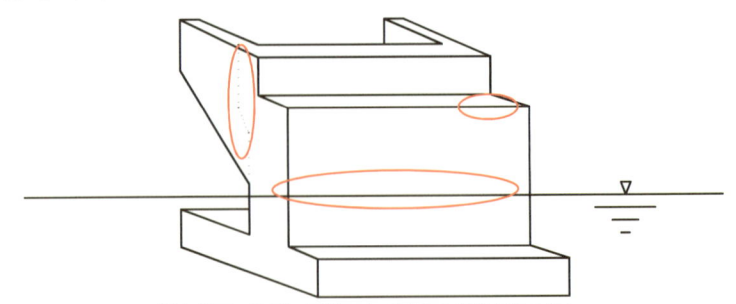

橋台前面，胸壁，翼壁および橋座の表面全般のほか，
①橋台前面下部の流水と接する部分
②胸壁，翼壁，取付け擁壁等の接続部
③橋座面および支承部

図 11-1 点検重要箇所

写真11-1 鉛直方向に等間隔にひびわれが発生した状況であり，温度収縮や乾燥収縮が原因と考えられる。ひびわれが部材を貫通していることがあるために背面からの漏水の原因となり，鉄筋腐食を助長する危険性がある。

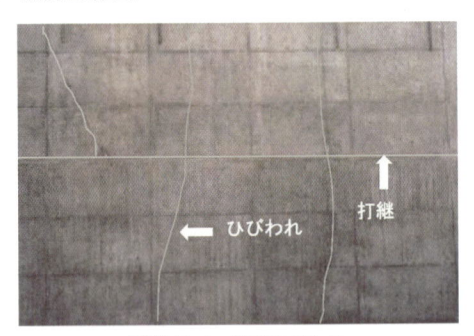

写真 11-1 鉛直ひびわれ

写真11-2 鉄筋に沿ったひびわれであり，錆汁や剝離を伴うことがある。塩害や中性化，コンクリートの品質不良，かぶり不足により鉄筋が腐食する。鉄筋腐食に伴って，ひびわれが開口進展する可能性があり，またコンクリートの剝離・剝落等による耐力低下の危険性がある。

写真 11-2 鉄筋に沿ったひびわれ

写真11-3 鉄筋量の少ない部材では亀甲状に，棒状部材では主筋方向に発生するひびわれであり，白色のゲルを伴う。アルカリ骨材反応によるコンクリートの膨張が原因と考えられる。水分の供給により膨張が促進される。水の供給状況や使用骨材の種類を調べることも重要である。

写真 11-3 亀甲状ひびわれ

写真 11-4 寒冷地において雨水や路面排水の影響を受ける箇所に細かい網目状に発生するひびわれである。特に南面に顕著にみられる。水分の供給や温度変化の繰返しにより劣化が進行し，コンクリートの剝離・剝落に発展する危険性がある。

写真 11-4 網目状ひびわれ

写真 11-5 斜め方向にひびわれが発生した状況であり，段差を生じている場合がある。基礎の洗掘や沈下，地殻変動が原因と考えられる。基礎が損傷している可能性があり，構造体としての耐力を照査する必要がある。

写真 11-5 斜めひびわれ

写真 11-6 沓座を拡幅した鉛直打継面から遊離石灰が発生している状況である。コンクリート打継の施工に際し，接合面の処理や締固め等が不十分であったと考えられる。水の浸透により発生する場合が多く発生箇所，形状，範囲，水の浸透経路を把握することが必要である。

写真 11-6 遊離石灰

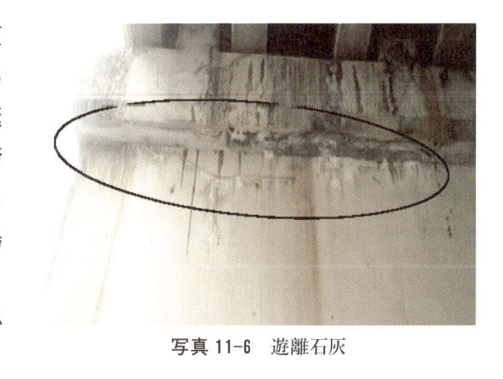

写真 11-7 チョーキング部にコンクリートのうきが生じており，一部コンクリートの剝離がみられる状況である。鉄筋腐食部の膨張が原因と考えられる。うきが生じている範囲を点検ハンマーにより確認することが必要である。

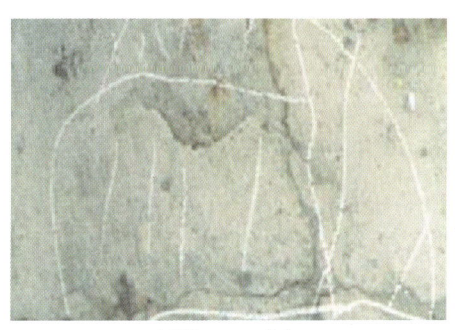

写真 11-7 うき

写真11-8 鉄筋腐食によるかぶりの剥離と鉄筋露出状況である。鉄筋腐食の原因としてかぶり不足，中性化，雨水や塩化物の浸透が考えられる。劣化の原因によっては急激な進行も予想され，伸縮装置や路面排水状況を点検しておくとよい。

写真 11-8　剥離・鉄筋露出

写真11-9　橋台前面のコンクリート表面に豆板がみられる状況である。コンクリート打設時の締固め不足が原因と考えられる。環境条件によっては鉄筋腐食の原因となることもある。たたき点検により近傍に同種の欠陥のないことや鉄筋腐食状況などを確認しておくとよい。

写真 11-9　剥離・鉄筋露出

写真11-10　セメント水和物が変質して灰色が褐色や黄土色に変色している状況である。そのほかに微粒子や生物の付着，セメント成分の溶出等が考えられる。コンクリート自体が変色している場合には，表面のみならず内部まで変色している可能性が高い。

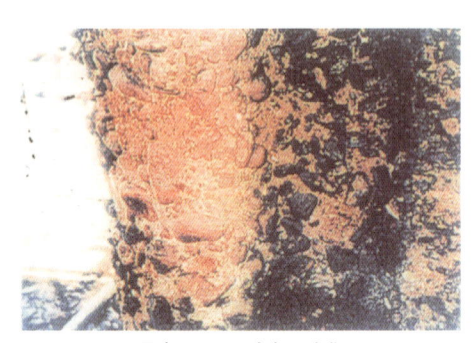

写真 11-10　変色・劣化

写真11-11　凍害，水の作用等によるものと考えられる。劣化原因を究明して今後の進展性の大小を評価しておく必要がある。損傷の程度によっては構造照査を検討するのがよい。

写真 11-11　剥離・鉄筋露出

写真 11-12 橋台前面の水面付近のすりへり・浸食である。橋台前面の流水が原因と考えられるが、基礎部分の洗掘についても調べる必要がある。温泉地等では酸性河川が原因であるため環境条件を調べる必要がある。

写真 11-12　剥離・鉄筋露出

写真 11-13 橋台胸壁部や翼壁部に見られる漏水である。伸縮装置部の排水不良、翼壁のひびわれが原因と考えられる。この場合、外力による変形やひびわれの可能性があり、橋台の移動、沈下等が生じていないか留意する必要がある。

写真 11-13　漏水・滞水

写真 11-14 支承部に斜め方向に発生したひびわれである。橋台前面で段差を生じている場合がある。支承の損傷、機能低下、配筋不足が原因と考えられる。支承の損傷により上部工に設計で考慮していない軸力が作用する可能性がある。

写真 11-14　斜めひびわれ

写真 11-15 橋座面の滞水である。伸縮部の止水不良、沓座面の排水不良が原因と考えられる。上部工からの漏水に留意する必要があり、滞水により支承が腐食していることが多いため、その腐食状況について調べる必要がある。

写真 11-15　漏水・滞水

(2) コンクリートT型橋脚
　(a) 点検項目
　点検項目の標準を**表11-3**に示す。

表11-3　コンクリートT型橋脚の点検項目

着目位置	点検箇所	主な損傷の種類	事例（写真，図）
柱	表面全般	⑥鉛直ひびわれ	写真11-16
		⑦剥離・鉄筋露出	
		⑧漏水・遊離石灰	
		⑫うき	写真11-17
		⑲変色・劣化	
	軀体下部	⑦剥離・鉄筋露出	
横梁	表面全般	⑥ひびわれ	写真11-18
		⑦剥離・鉄筋露出	
		⑧漏水・遊離石灰	写真11-19
		⑫うき	
		⑲変色・劣化	
	梁付け根部上側	⑥ひびわれ	写真11-20
	梁中央部上側		
	梁上部	⑳漏水・滞水	写真11-21
橋座	支承部	⑥ひびわれ	写真11-22
	表面全般	⑧漏水・遊離石灰	
		⑳漏水・滞水	

　(b) 点検上の留意点
　コンクリートT型橋脚の点検においては，特に下記の事項について留意する必要がある。
　① 柱，横梁の表面全般に発生する損傷。
　② 柱軀体下部の流水と接する付近のすりへり・浸食。
　③ 横梁付根部上側および中央部上側に発生する鉛直ひびわれ。
　④ 横梁上部の漏水・滞水。
　⑤ 橋座支承部の斜めひびわれ，橋座面の漏水・滞水。
　なお，ひびわれについては，発生原因の特定が重要であるため，その方向や規則性，析出物の有無等の状況を入念に点検する必要がある。

(c) 点検重要箇所

一般的な点検重要箇所を**図 11-2**に示す。

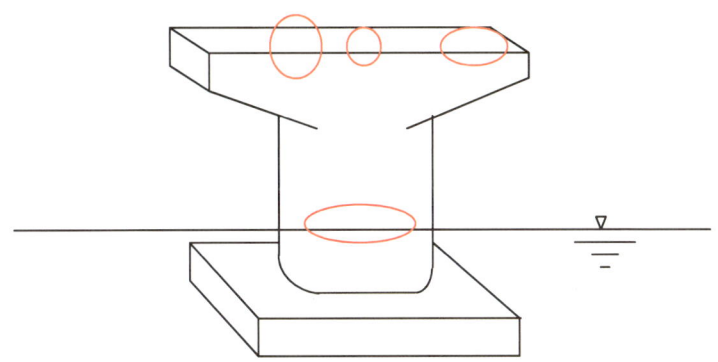

橋脚柱，梁および橋座の表面全般のほか，
①柱下部の流水と接する部分
②梁付根部上側
③梁中央部上側
④橋座面および支承部

図 11-2　点検重要箇所

写真 11-16　橋脚柱の施工打継目に発生した鉛直方向のひびわれである。コンクリート打継目での拘束による温度収縮や乾燥収縮が原因と考えられる。柱基部の打継目に同様のひびわれが発生する可能性がある。

写真 11-16　鉛直ひびわれ

写真 11-17　橋脚柱部にうきが進行し，一部では剥離も確認できる状況である。中性化による鉄筋腐食部の膨張が原因と考えられる。発生当初は表面に微細なひびわれが生じる程度で目視での確認は非常に困難である。打音検査等により規模や範囲等を調べる必要がある。

写真 11-17　うき

写真 11-18　コンクリート表面に亀甲状やくもの巣状のひびわれが発生している状況である。アルカリ骨材反応，乾燥収縮が原因と考えられる。使用材料の不適切等により生じる場合が多い。進行の程度によっては，コンクリートの剥離・剥落に発展する危険性がある。

写真 11-18　亀甲状ひびわれ

写真11-19 梁の広い範囲に白色の析出物が発生している状況である。遊離石灰はひびわれ付近と梁全体に広がっている。上部工の継目等からの漏水が主な原因と考えられる。水分の移動が容易なひびわれ部やその周辺では、遊離石灰が発生しやすいため、その付近にひびわれ等がないか確認する必要がある。

写真11-19　遊離石灰

写真11-20 梁張出部の付根上側にひびわれが発生している状況である。荷重の増大、継続荷重によるクリープ、基礎の沈下や傾斜、施工時の支保工の沈下が原因と考えられる。梁張出し部が長い部材に生じやすい。ひびわれの程度によっては構造上影響を及ぼす恐れもある。

写真11-20　鉛直ひびわれ

写真11-21 上部工から浸水した水が梁上部に滞水し、その後、橋脚梁部に流出している状況である。上部工の継目等からの漏水が主な原因と考えられる。橋脚梁部や柱部に漏水が確認された場合には、上部工の漏水や梁上部の滞水状況、支承の腐食状況についても点検が必要である。

写真11-21　漏水・滞水

写真11-22 橋脚橋座部に斜め方向のひびわれが発生している状況である。荷重の増大、鉄筋量の不足、地震や温度変化による水平力の影響、沓のプレートやアンカーの腐食等が原因と考えられる。ほかの沓もあわせて点検する必要がある。

写真11-22　斜めひびわれ

(3) コンクリートラーメン橋脚

(a) 点検項目

点検項目の標準を**表11-4**に示す。

表11-4 コンクリートラーメン橋脚の点検項目

着目位置	点検箇所	主な損傷の種類	事例（写真，図）
柱	表面全般	⑥鉛直ひびわれ	
		⑦剥離・鉄筋露出	写真11-24
		⑧漏水・遊離石灰	
		⑫うき	
		⑲変色・劣化	写真11-23
		㉓変形・欠損	
	軀体下部	⑦剥離・鉄筋露出	
横梁	表面全般	⑥ひびわれ	
		⑦剥離・鉄筋露出	
		⑧漏水・遊離石灰	
		⑫うき	
		⑲変色・劣化	
	梁中央部下側	⑥ひびわれ	
	柱，梁の隅角部	⑥ひびわれ	写真11-25
	梁上部	⑳漏水・滞水	
橋座	支承部	⑥ひびわれ	
	表面全般	⑧漏水・遊離石灰	
		⑳漏水・滞水	

(b) 点検上の留意点

コンクリートラーメン橋脚の点検においては，特に下記の事項について留意する必要がある。

① 柱，横梁の表面全般に発生する損傷。
② 柱軀体下部の流水と接する付近のすりへり・浸食。
③ 横梁中央部下側に発生する鉛直ひびわれ。
④ 柱，梁の隅角部に発生する斜めひびわれ。
⑤ 横梁上部の漏水・滞水。
⑥ 橋座支承部の斜めひびわれ，橋座面の漏水・滞水。

なお，ひびわれについては，発生原因の特定が重要であるため，その方向や規則性，析出物の有無等の状況を入念に点検する必要がある。

(c) 点検重要箇所

一般的な点検重要箇所を**図11-3**に示す。

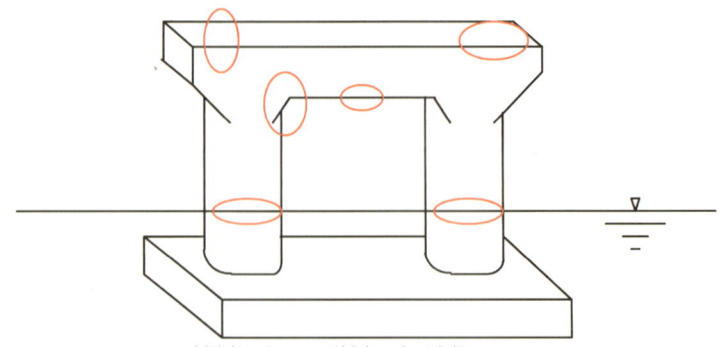

橋脚柱，梁および橋座の表面全般のほか，
① 柱下部の流水と接する部分
② 梁付根部上側
③ 梁中央部下側
④ 柱，梁の隅角部
⑤ 橋座面および支承部

図11-3　点検重要箇所

写真11-23　水中部の骨材露出，変色である。酸性河川内に構築された橋脚であり，化学的腐食によるセメント成分の溶出等が原因と考えられる。浸食の進行とともに，骨材の欠落とセメント成分の溶出現象が繰り返されるため，部材厚が急激に減少することが予想される。

写真11-23　変色・劣化

写真11-24　橋脚柱下部にみられる鉄筋露出を伴う欠損である。施工時の締固め不足等により豆板が発生し，流水作用により欠損に至ったものと考えられる。部材耐力が低下している危険性があるため詳細な調査が必要である。

写真11-24　剥離・鉄筋露出

写真11-25　ラーメン橋脚の隅角部にひびわれが発生している状況である。ハンチ部での応力集中や鉄筋量の不足，あるいは洗掘や圧密沈下等による基礎の沈下・傾斜が原因と考えられる。隅角部や断面変化部は応力が集中し，ひびわれが発生しやすい。特に独立基礎の場合は，基礎の損傷を含め詳細な調査が必要となる。

写真11-25　斜めひびわれ

(4) コンクリート壁式橋脚
  (a) 点検項目
  点検項目の標準を**表11-5**に示す。

表11-5 コンクリート壁式橋脚の点検項目

着目位置	点検箇所	主な損傷の種類	事例（写真，図）
壁	表面全般	⑥ひびわれ	
		⑦剝離・鉄筋露出	写真11-26 写真11-27
		⑧漏水・遊離石灰	
		⑫うき	
		⑲変色・劣化	
	軀体下部	⑦剝離・鉄筋露出	写真11-28
横梁	表面全般	⑥ひびわれ	
		⑦剝離・鉄筋露出	
		⑧漏水・遊離石灰	
		⑫うき	
		⑲変色・劣化	
	梁付け根部上側	⑥鉛直ひびわれ	
	梁上部	⑳漏水・滞水	
橋座	支承部	⑥斜めひびわれ	
	表面全般	⑧漏水・遊離石灰	
		⑳漏水・滞水	

  (b) 点検上の留意点
  コンクリート壁式橋脚の点検においては，特に下記の事項について留意する必要がある。
  ① 壁，横梁の表面全般に発生する損傷。
  ② 壁軀体下部の流水と接する付近の剝離・鉄筋露出。
  ③ 横梁付根部上側に発生する鉛直ひびわれ。
  ④ 横梁上部の漏水・滞水。
  ⑤ 橋座支承部の斜めひびわれ，橋座面の漏水・滞水。
  なお，ひびわれについては，発生原因の特定が重要であるため，その方向や規則性，析出物の有無等の状況を入念に点検する必要がある。

(c) 点検重要箇所

一般的な点検重要箇所を**図11-4**に示す。

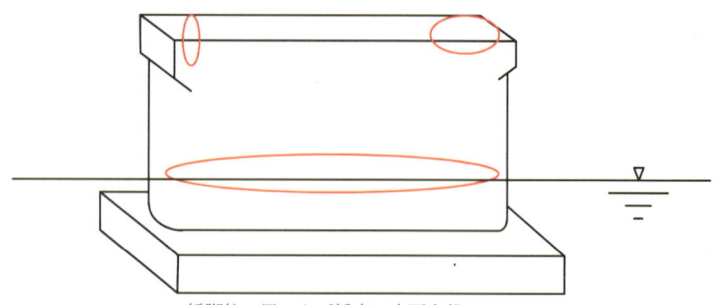

橋脚柱，梁および橋座の表面全般のほか，
①壁下部の流水と接する部分
②梁付根上側
③橋座面および支承部

図11-4 点検重要箇所

写真11-26 鉄筋に沿ってかぶりコンクリートの剥離，鉄筋露出がみられる状況である。中性化や上部工からの漏水の影響による鉄筋腐食の膨張圧によるものと考えられる。かぶり厚が不足している場合もあるため，タタキ点検により近傍のうきを確認する必要がある。

写真 11-26 剥離・鉄筋露出

写真11-27 橋脚部にみられる豆板・空洞である。豆板・空洞は施工時の骨材分離や締固め不足等が原因と考えられる。豆板部のかぶり不足等により鉄筋が露出し，腐食を伴っている可能性がある。豆板部は鉄筋腐食因子が浸入しやすい箇所であるため，近傍をタタキ点検によって確認する必要がある。

写真 11-27 剥離・鉄筋露出

写真11-28 河川内の橋脚が流水によるすりへり，浸食を受けている状況である。粗骨材が露出し，部分的に鉄筋も露出している。速い流水や流水中に石その他，河川内を流れる障害物を含む場合，損傷が飛躍的に増大する。温泉地等の酸性河川では化学浸食を受ける場合がある。

写真 11-28 剥離・鉄筋露出

(5) 鋼T型橋脚
　(a) 点検項目
　点検項目の標準を**表11-6**に示す。

表11-6　鋼T型橋脚の点検項目

着目位置	点検箇所	主な損傷の種類	事例（写真，図）
柱 横梁	全体	①腐食	写真11-29
		②亀裂	写真11-30
		⑤防食機能の劣化	写真11-31
		㉑異常な音・振動	
		㉓変形・欠損	写真11-32
	添接部，マンホール部	③ゆるみ・脱落	写真11-33
		④破断	写真11-34
	内部	⑳漏水・滞水	写真11-35

　(b) 点検上の留意点

　鋼T型橋脚の点検においては，特に下記の事項について注意する必要がある。
　① 柱および横桁全体に発生している腐食，塗装の経年劣化，変形，破断。
　② 柱と梁の接合部や溶接部に発生している亀裂。
　③ 揺れによって発生する異常音。
　④ 添接部やマンホール等のボルトのゆるみ・脱落，破断。
　⑤ 柱および横梁内部の漏水・滞水。

　なお，梁の上面やフランジ部は，特に滞水しやすい箇所であるため，入念に点検する必要がある。また，ボルトの脱落は前兆もなく突然発生するため，特に注意深く点検する必要がある。

　(c) 点検重要箇所

　一般的な点検重要箇所を**図11-5**に示す。

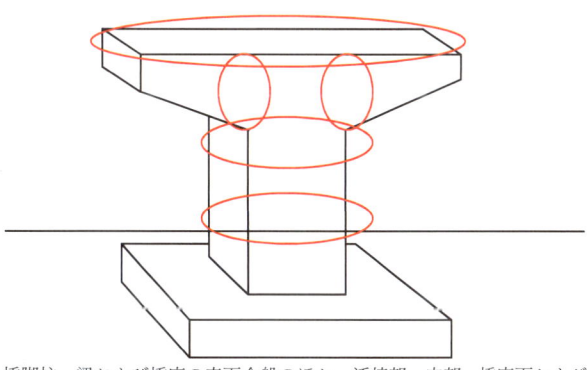

橋脚柱，梁および橋座の表面全般のほか，添接部，内部，橋座面および支承部

図11-5　点検重要箇所

写真11-29 鋼部材では代表的な損傷の腐食である。伸縮装置からの漏水等により損傷が進行する場合と，塗装の損傷，塗装塗替え時のケレン不足により損傷が進行する場合がある。また，部材内部では添接部やマンホールの隙間から橋脚内部に雨水が浸入し，外気温との差により結露して腐食を進行させる。雨水の浸入経路を明らかにすることが必要である。

写真 11-29 腐食

写真11-30 溶接欠陥による疲労強度の低下，大型車両の増大，舗装や伸縮装置の段差による衝撃荷重で発生する亀裂である。亀裂が確認された場合には詳細調査を行うとともに，補修・補強の検討が必要である。

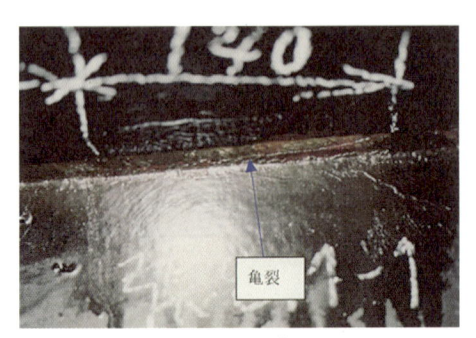

写真 11-30 亀裂

写真11-31 塗装時の素地不良，経年劣化，環境（大気汚染）等により塗装が損傷した状況である。放置すれば鋼材の腐食に至るため，損傷の範囲や程度に注意して点検するとともに，必要に応じて塗装の塗替えを検討する。

写真 11-31 防食機能の劣化

写真11-32 設計・施工上の何らかの原因，大型車両の接触，地震等によって発生する変形・欠損である。構造物の安全上問題となるので早急に対処する必要がある。

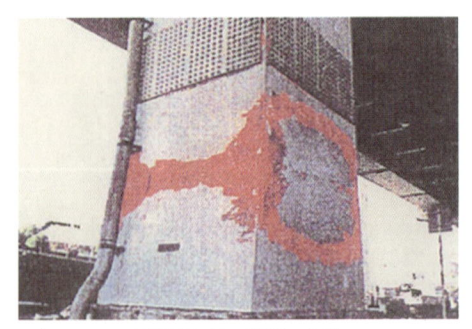

写真 11-32 変形・欠損

図 11-6 何らかの構造的欠陥から生じる異常音・振動である。添架物，添接部から発生することが考えられる。発生箇所の特定と構造的な欠陥への影響を検討する必要がある。

図 11-6　異常な音・振動

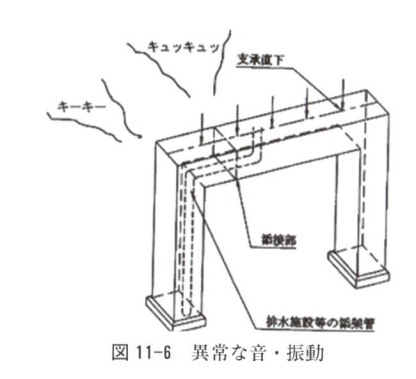

写真 11-33 施工時の締付け不良，車両通過時の振動，マンホール開放後の締め忘れ等により発生するボルトのゆるみ・脱落である。ボルトのゆるみによって雨水が内部に浸入して腐食などの発生原因となるため，点検時に確認された場合は締直しを行う必要がある。

写真 11-33　ゆるみ・脱落

写真 11-34 ハイテンションボルトの破断による脱落で，F 11 T 使用による遅れ破壊が原因で発生する。1980 年以前に設計された橋脚では注意が必要である。点検時には使用されているボルトの種類を確認し，タタキ点検により異常がないか確認するとともに，ボルト交換等の対策が必要である。

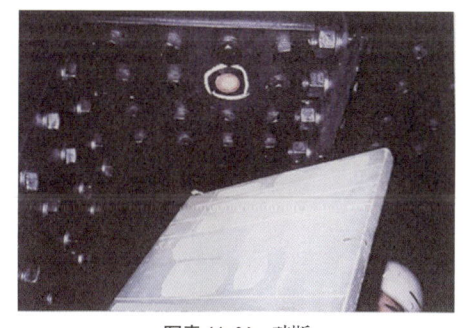

写真 11-34　破断

写真 11-35 添接部やマンホールの隙間からの雨水の浸入，排水装置の土砂詰まりが原因の漏水・滞水である。大量の滞水がある場合には早急に排水を行う必要がある。また，腐食の発生が予想されることから腐食についても併せて点検する必要がある。

写真 11-35　漏水・滞水

(6) 鋼ラーメン橋脚

(a) 点検項目

点検項目の標準を**表11-7**に示す。

表11-7 鋼ラーメン橋脚の点検項目

着目位置	点検箇所	主な損傷の種類	事例写真・図番
柱 横梁	全体	①腐食	写真11-29
		②亀裂	写真11-30
		⑤防食機能の劣化	写真11-31
		㉑異常な音・振動	図11-6
		㉓変形・欠損	写真11-32
	添接部,マンホール部	③ゆるみ・脱落	写真11-33
		④破断	写真11-34
	内部	⑳漏水・滞水	写真11-35

(b) 点検上の留意点

鋼ラーメン橋脚の点検においては，特に下記の事項について注意する必要がある。

① 柱および横桁全体に発生している腐食，塗装劣化，変形，破断。
② 柱と梁の接合部や溶接部に発生している亀裂。
③ 揺れによって発生する異常音。
④ 添接部やマンホール等のボルトのゆるみ・脱落，破断。
⑤ 柱および横梁内部の漏水・滞水。

なお，梁の上面やフランジ部は，特に滞水しやすい箇所であるため，入念に点検する必要がある。また，ボルトの脱落は前兆もなく突然発生するため，特に注意深く点検する必要がある。

(c) 点検重要箇所

一般的な点検重要箇所を**図11-7**に示す。

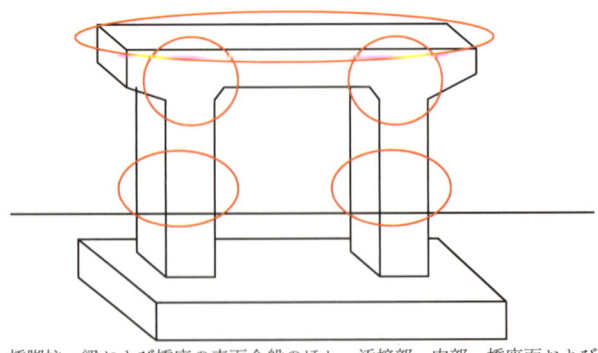

橋脚柱，梁および橋座の表面全般のほか，添接部，内部，橋座面および支承部

図11-7 点検重要箇所

(7) フーチング
  (a) 点検項目
  点検項目の標準を**表 11-8** に示す。

表 11-8 フーチングの点検項目

着目位置	点検箇所	主な損傷の種類	事例（写真，図）
フーチング	全体	⑥ひびわれ	
		⑦剝離・鉄筋露出	
		⑧漏水・遊離石灰	
		⑫うき	
		⑲変色・劣化	

  (b) 点検上の留意点
  フーチングの点検においては，特に下記の事項について注意する必要がある。
  ① コンクリートに発生しているひびわれ，欠損，変色等の損傷。
  なお，ひびわれについては，その発生原因の特定が重要であるため，ひびわれの方向や規則性，析出物の有無等の状況を入念に点検する必要がある。
  (c) 点検重要箇所
  一般的な点検重要箇所を**図 11-8** に示す。

フーチングの表面全般
図 11-8 点検重要箇所

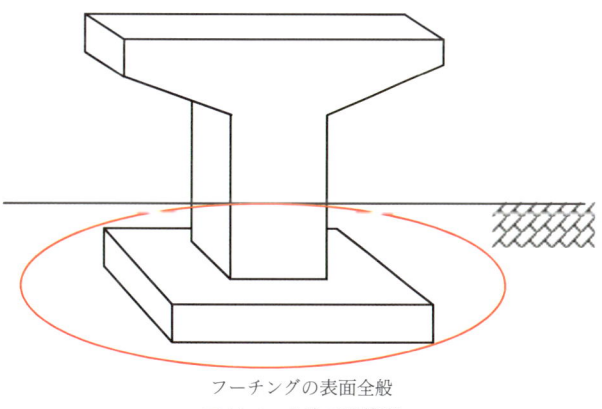

(8) 直接基礎

(a) 点検項目

点検項目の標準を**表11-9**に示す。

表11-9 直接基礎の点検項目

着目位置	点検箇所	主な変状の種類	事例（写真，図）
上部工	高欄・地覆の軸線（ずれ）	㉕沈下，移動傾斜	写真11-36
	伸縮装置（遊間量の異常）		
下部工	パラペットのひびわれ		
	桁端とパラペットの接触		写真11-37
支承	支承のずれ		写真11-38
	可動沓の隙間余裕の異常		
	沓座モルタルのひびわれ，圧壊		
	アンカーボルトの変状		
橋台背面	盛土の沈下，法面の変状		
基礎前面地盤	地盤のはらみだし，ひびわれ		
水抜き孔	水抜き孔の目詰まり		
フーチング下面	フーチング下面の空隙	㉖洗掘	写真11-39
橋脚周辺の河床	河床の低下		
	堆積物		
護岸，袖石積み	変状，裏込め土砂の吸い出し		写真11-40

(b) 点検上の留意点

基礎の変状（沈下・移動・傾斜）は，基礎を目視するだけでは確認できない場合が多い。しかし，これらの変状は一般的に上部構造，伸縮装置，支承，取付け護岸等の変状として現れることが多いので，これらの状況から変状を推測し，点検を進めていくことが望ましい。

なお，軟弱地盤上の基礎については圧密沈下やその影響による側方移動現象により沈下，傾斜移動が生じることが多い。また，地すべり地域や傾斜地に設けられた基礎は地すべりや地盤の滑動により，移動，傾斜を生じていることがある。

(c) 直接基礎点検重要箇所

ⅰ) 直接基礎の沈下と傾斜

支持層下面に軟弱粘性土地盤がある場合の直接基礎では，粘性土層の圧密沈下に伴い，軀体の沈下，傾斜を生じさせることがある（**図11-9**）。

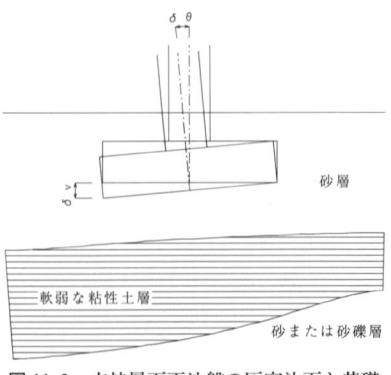

図11-9 支持層下面地盤の圧密沈下と基礎工の沈下，傾斜

ⅱ) 直接基礎の洗掘による変状

　洗掘による変状は洪水により生ずるケースが大半である。洪水後に橋脚周辺に洗掘された部分に土砂が堆積し，あたかも洗掘されなかったようにみうけられることがあるので注意を要する（**図11-10**）。

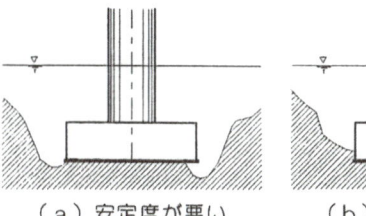

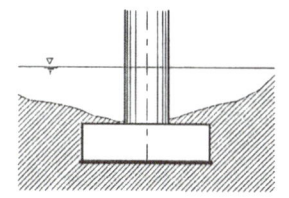

（a）安定度が悪い　　（b）安定度が悪い　　（c）要注意

図11-10　直接基礎と洗掘

写真11-36　路面段差や勾配変化が生じ高欄，地覆の軸線のずれが生じている。また，下部工の傾斜もみられる。原因としては，基礎の沈下，傾斜等が考えられる。

写真11-36　沈下・移動・傾斜[1]

写真11-37　橋台と袖擁壁間の隙間や上部工の構造継目，支承のずれ，沓座モルタルのひびわれ，圧壊等が生じている。原因としては，基礎の沈下，傾斜等が考えられる。進行すると変形量・傾斜角が大きくなり，支承や桁等の遊間不足を生じる可能性がある。

写真11-37　沈下・移動・傾斜[2]

写真11-38　支承部でのずれが生じている。ずれの原因について，基礎を含めて詳細な調査を行う必要がある。

写真11-38　沈下・移動・傾斜

写真11-39 河床低下によりフーチング下面に空洞が生じている。流水による基礎周辺の土砂の流出が原因と考えられる。洪水により生じるケースが大半である。

写真 11-39 洗掘[3]

写真11-40 基礎の洗掘により護岸が崩壊している。洪水時には洗掘により橋台周辺部の護岸の基礎部分に変状を生じる。また，流心の変化や河道の不安定により橋台周辺の護岸や袖石積み等に被害が発生することがある。

写真 11-40 洗掘

(9) 杭基礎（コンクリート杭，鋼管杭）
 (a) 点検項目

表 11-10 杭基礎（コンクリート杭，鋼管杭）の点検項目

着目位置	点検箇所	変状・損傷の種類	事例（写真，図）
上部工	高欄・軸線のずれ	㉕沈下・移動・傾斜	写真 11-41
	伸縮装置（遊間量の異常）		
下部工	パラペットのひびわれ		
	桁端とパラペットの桁触		
支承	支承のずれ		
	可動沓の隙間余裕の異常		
	沓座モルタルのひびわれ，圧壊		
	アンカーボルトの変状		
橋台背面	盛土の沈下，法面の変状		
基礎前面地盤	地盤のはらみだし，クラック		
水抜き孔	水抜き孔の目詰まり		
フーチング下面	フーチング下面の空隙	㉖洗掘	
橋脚周辺の河床	河床の低下		
	堆積物		
護岸，袖石積み	変状，裏込め土砂の吸い出し		
杭本体（鋼管杭）	露出部	①腐食	

 (b) 点検上の留意点
　直接基礎の変状と同様に，基礎を目視するだけでは変状を確認できない場合が多い。上部構造，伸縮装置，支承，取付け護岸等の状況から杭基礎の変状を

推測し，点検を進めていくことが望ましい．

杭基礎の場合，フーチング下面に空隙が生じても，常時で問題となる可能性は少ないが，地震時においては，地盤横抵抗が期待通り発揮されないため，杭体の破損とそれによる下部構造の転倒の可能性が高くなる

鋼管杭の場合，腐食しろを考慮するか，腐食環境下では防食を検討するため，腐食が問題になることは少ない．しかし，想定した以上に腐食速度が速い場合には，杭体の破損が生じる場合がある．

(c) 杭基礎点検重要箇所

① 負の周面摩擦による抗体の破損と沈下：軟弱な圧密層を貫いて支持層に達している杭基礎については，地下水位の低下や周辺の上載荷重増大に伴う圧密沈下により，杭周面にネガティブフリクション（負の摩擦力）が作用し，杭体に破損を生じて，その結果沈下が生じる（図11-11）．

② 周辺地盤による移動，傾斜：周辺地盤の側方流動や偏土圧により，移動，傾斜が生じる．周辺地盤の沈下，橋台背面盛土の変状（路面の沈下，法面の変状），水抜き孔の目詰まり，基礎前面地盤のはらみだしやひびわれなどの変状を伴うため，周辺地盤等の点検も併せて行う必要がある（図11-12）．

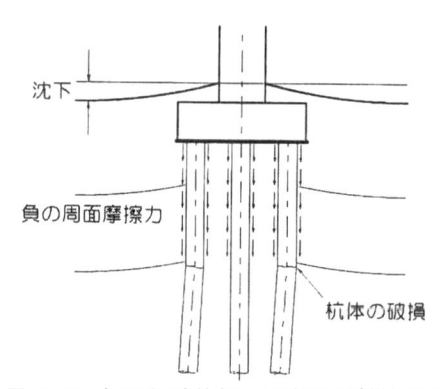

図11-11 負の周面摩擦力による杭体の破損と沈下

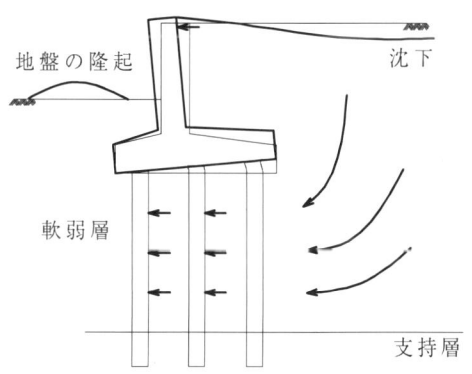

図11-12 周辺地盤による移動，傾斜

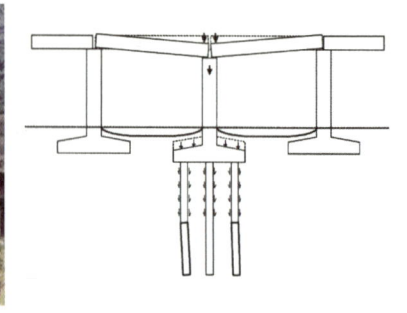

写真 11-41　沈下・移動・傾斜[4]

写真 11-41　上部工に路面段差や勾配変化が生じている。杭基礎の場合，ネガティブフリクションまたは地震による杭体損傷の可能性がある。

11.3.2　点検方法

(1)　点検の対象

定期点検を対象とし，定期点検は目視および簡易な点検機器・器具により行う。

(2)　点検の方法

徒歩を原則とした望遠目視（接近可能なものは極力近づく），および近接目視を組合わせて実施する。近接目視が可能な部位では目視以外にテストハンマー，クラックスケール等の携行可能な器具を用い，より正確な損傷状況を把握するものとする。

近接目視が容易でない箇所においては，遠望目視と非破壊検査（赤外線カメラ，高精度のデジタルカメラ）を組合わせた点検を行って，近接目視に代えてもよい。下部工点検時における点検方法の一例を**表 11-11** に示す。

表 11-11　下部工点検時における点検方法

箇所	部材	損傷の種類	点検の方法
橋脚，橋台	鋼部材	②亀裂	亀裂先端をマーキングし，目視，触診，クラックスケール，必要に応じてビデオカメラ等を利用して点検する。
		③ゆるみ・脱落	目視，たたき，トルクレンチ等により調査する。
橋脚，橋台	コンクリート部材	⑥ひびわれ	ひびわれ先端をマーキング，目視，触診，クラックスケール，必要に応じてビデオカメラ等を利用して点検。ひびわれ幅が大きい場合には，ひびわれをはさんだ2点をマーキングして幅の変化も測定する。
		⑦剥離・鉄筋露出	目視，たたきにより調査し，範囲を測定する。また，赤外線カメラによる非破壊試験を利用した調査も可能である。鉄筋が露出している場合，ノギスにより深さと鉄筋径を測定し，腐食範囲を測定する。
		⑫うき	目視，たたきにより調査し，範囲を測定する。また，赤外線カメラによる非破壊試験を利用した調査も可能である。
上部工，橋脚，橋台	基礎	㉕沈下・移動・傾斜	目視，下げ振りによる鉛直性のチェック，水準測量，コンベックス，ノギスにより伸縮装置遊間量，段差の測定を行う。
		㉖洗掘	目視，ポール・スタッフ等により水面と河床高さの測定を行う。

11.4 損傷程度の評価と対策区分の判定

損傷の程度については,「橋梁定期点検要領（案）」（国土交通省：平成16年3月）の付録－1「損傷評価基準」に基づいて要素（部位,部材の最小評価単位）ごと,損傷種類ごとに評価する。また,対策区分については付録－2「対策区分判定要領」を参考にしながら,表11-12 の判定区分による判定を行う。

表11-12　対策区分の判定区分

判定区分	判定の内容
A	損傷が認められないか,損傷が軽微で補修を行う必要がない。
B	状況に応じて補修を行う必要がある。
C	すみやかに補修等を行う必要がある。
E1	橋梁構造の安全性の観点から,緊急対応の必要がある。
E2	その他,緊急対応の必要がある。
M	維持工事で対応する必要がある。
S	詳細調査の必要がある。

参考文献
1) 建設省土木研究所,「土木研究所資料　第2652号,橋梁損傷事例写真集」, p.114, S 63.7
2) 建設省土木研究所,「土木研究所資料　第2652号,橋梁損傷事例写真集」, p.120, S 63.7
3) 建設省土木研究所,「土木研究所資料　第2652号,橋梁損傷事例写真集」, p.124, S 63.7
4) 建設省土木研究所,「土木研究所資料　第2652号,橋梁損傷事例写真集」, p.114, S 63.7

第12章　橋面構造物の点検

12.1 防護柵

12.1.1 防護柵の種類と特徴

防護柵は，進行方向を誤った車両の路外逸脱の防止，乗員傷害の最小限化，車両の進行方向復元などにより交通事故の防止を図るための重要な施設である。車両用防護柵の構造として，防護柵の高さは，原則として60 cm以上100 cm以下とされている[1]。

歩行者自転車用柵の高さとしては，歩行者等の転落防止を目的とする柵については，110 cmが標準とされ，横断防止を目的とする柵については，70～80 cmが標準とされている[1]。

現在用いられている車両用防護柵の代表的な形式には以下のようなものがある。

(1) たわみ性防護柵

　(a) ビーム型防護柵

　i) ガードレール

適度な剛性とじん性を有する波形断面のビームおよび支柱により構成し，車両衝突時の衝撃に対してビームの引張りと支柱の変形で抵抗する防護柵である。損傷箇所の局部的取替えが容易であり，設置場所によっては視線誘導の効果が大きい。

　ii) ガードパイプ

適度な剛性とじん性を有する複数のパイプのビームおよび適度な剛性とじん性を有する支柱により構成し，車両衝突時の衝撃に対してビームの引張りと支柱の変形で抵抗する防護柵である。ガードレールに比べ展望性において優れているが，視線誘導の効果，施工性は劣る。

　iii) ボックスビーム

高い剛性とじん性を有する1本の角形パイプのビームと比較的強度が弱い支柱により構成し，車両衝突時の衝撃に対して主にビームの曲げ強度で抵抗する防護柵である。表裏がないため，分離帯用として使用するのが有利である。

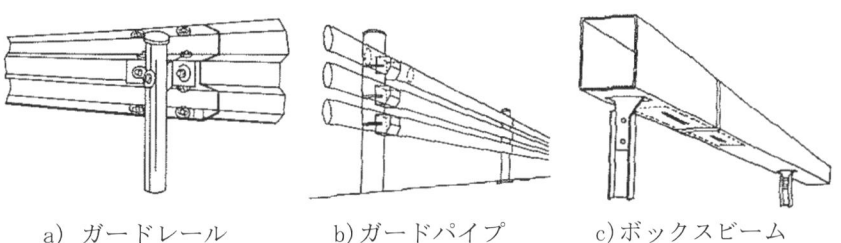

a) ガードレール　　b) ガードパイプ　　c) ボックスビーム

図 12-1　ビーム型防護柵[1]

(b) ケーブル型防護柵（ガードケーブル）

弾性域内で働く複数のケーブルおよび適度な剛性とじん性を有する支柱により構成し，車両衝突時の衝撃に対してケーブルの引張りと支柱の変形で抵抗する防護柵である。ガードケーブルは展望性に優れるものの，視線誘導の効果が低く，高い衝撃度での衝突に対しては，状況によってケーブルが一体として機能しない場合があるため，高規格道路の中央分離帯などでの使用は抑制されている。

(c) 橋梁用ビーム型防護柵

高い剛性とじん性を有する複数の丸形または角形のパイプのビームと支柱により構成し，車両衝突時の衝撃に対してビームの曲げおよび支柱の剛性で抵抗する防護柵であり，橋梁，高架部などの美観が求められる区間での使用例が多い。また車両の接近防止や衝撃荷重が基礎または床版に与える影響を減ずる目的で地覆を設けるのが一般的である。このとき，地覆高さは，一般道路では防護柵の設置のしやすさや基礎構造への配慮から 25 cm 程度とするのが一般的である。車両が高速走行となる高速自動車国道または自動車専用道路では 12 cm 以下とするのが望ましい[2]。

(2) 剛性防護柵

(a) コンクリート製壁型防護柵

ⅰ) フロリダ型

柵前面が下部 55 度，上部 84 度の傾斜をもち，下部スロープの鉛直高さが 18 cm のコンクリート製の防護柵である[1]。

ⅱ) 単スロープ型

柵前面が 80 度の傾斜面でできているコンクリート製の防護柵である[1]。

ⅲ) 直壁型

柵前面が 90 度の垂直面でできているコンクリート製の防護柵であり，車両

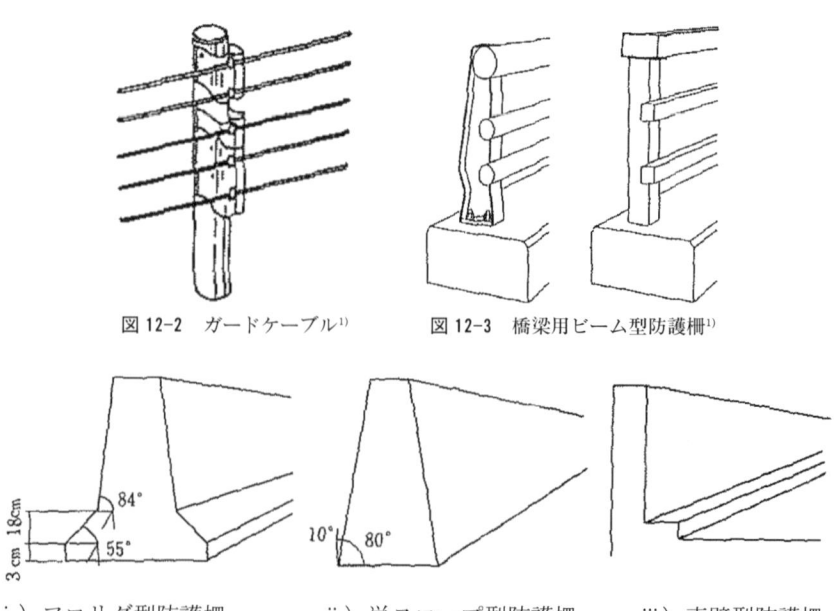

図 12-2　ガードケーブル[1]　　図 12-3　橋梁用ビーム型防護柵[1]

ⅰ) フロリダ型防護柵　　ⅱ) 単スロープ型防護柵　　ⅲ) 直壁型防護柵

図 12-4　コンクリート製壁型防護柵[1]

の接近防止や衝撃荷重が基礎または床版に与える影響を減じる目的で地覆を設けるのが一般的である。地覆の高さは，橋梁用ビーム型防護柵と同様である[1]。

12.1.2　歴史的な変遷[1]

防護柵の設置計画，構造設計などに関する基準は，昭和40年に「防護柵（ガードフェンス）の設置基準について」として，また，昭和42年に「防護柵の設置基準について」，昭和47年に「防護柵の設置基準の改訂について」として建設省道路局長名で通達されている。また，その解説・運用指針については㈳日本道路協会から，昭和40年に「ガードフェンス設置要綱」が発刊されている。さらに，昭和61年には橋梁用防護柵および耐雪型防護柵の技術的指針をとりまとめた「防護柵設置要綱・資料集」が発刊されている。

現在では，国際化に対応した大型化（大型貨物車の最大車両重量：20tから25tへ）など道路交通環境が変化し，また，地域特性や景観に配慮した防護柵の設置，技術開発の成果の活用など防護柵への要請も多様化している。このような背景を踏まえて，防護柵の有するべき性能を規定する性能規定への変更，被害程度に応じた安全性の的確な確保，乗員の安全性や歩行者への配慮の強化などを図ることを中心として，防護柵の設置基準が平成10年に改定された。

12.1.3　計画・設計・施工方法

(1)　計　画

(a)　設置場所と適用種別

車両用防護柵を設置する際は，道路および交通の状況を十分に考慮して，種類および型式を選定する。車両用防護柵は，道路の区分，設計速度および設置区間に応じて，吸収できる衝撃度ごとに下記の種別が適用されている。

歩行者自転車用柵は，設計強度に応じて，以下の種別が用いられている。また，歩行者自転車用柵は，原則として種別Pを適用することとなっており，歩行者の滞留が予想される区間および橋梁，高架の区間に設置される転落防止を目的とした柵は，集団による荷重を想定し，種別SPが適用されている。

(b)　種類・型式

車両用防護柵では，緩衝性に優れているたわみ性防護柵が原則的に用いられている。ただし，橋梁・高架などの構造物上に設置する場合，幅員の狭い分離

表12-1　車両用防護柵の種別の適用[1]

道路の区分	設計速度	一般区間	重大な被害が発生するおそれのある区間	新幹線などと交差または近接する区間
高速自動車国道 自動車専用道路	80 km/h以上	A，Am（130）	SB，SBm（280）	SS（650）
	60 km/h以下		SC，SCm（160）	SA（420）
その他の道路	60 km/h以上	B，Bm，Bp（60）	A，Am，Ap（130）	SB，SBp（280）
	50 km/h以下	C，Cm，Cp（45）	B，Bm，Bp（60）	

注1）　設計速度40 km/h以下での道路では，C，Cm，Cpを使用することができる。
注2）　重大な被害が発生するおそれのある区間とは，大都市近郊鉄道・地方幹線鉄道との交差近接区間，高速自動車国道・自動車専用道路などとの交差近接区間，分離帯に防護柵を設置する区間で走行速度が特に高くかつ交通量が多い区間，その他重大な二次被害の発生するおそれのある区間，または，乗員の人的被害の防止上，路外の危険度が極めて高い区間をいう。
注3）　（　）内は衝撃度（kJ）

表 12-2　歩行者自転車用柵の種別の適用[1]

種別	設計強度	設置目的	備　考
P	垂直荷重　590 N/m 以上 水平荷重　390 N/m 以上	転落防止 横断防止	荷重は，防護柵の最上部に作用するものとする。このとき，種別Pにあたっては部材の耐力を許容限度として設計することができる。
SP	垂直荷重　980 N/m 以上 水平荷重　2 500 N/m 以上	転落防止	

帯など防護柵の変形を許容できない区間などに設置する場合においては，必要に応じて剛性防護柵が用いられている。代表的な形式は，以下のとおりである。

　ⅰ）　たわみ性防護柵
　①　ガードレール
　②　ガードケーブル
　③　ボックスビーム
　④　橋梁用ビーム型防護柵（鋼製高欄）
　ⅱ）　剛性防護柵
　①　フロリダ型コンクリート製防護柵
　②　単スロープ型コンクリート製防護柵
　③　直壁型コンクリート製防護柵

適用型式の選定では，性能，経済性，維持修繕，施工の条件，分離帯の幅員，視線誘導，視認性の確保，走行上の安心感，展望性，周辺環境との調和などの項目によって評価されている。また，防護柵は，性能確認試験または部材の静荷重試験により，種別に応じた性能を満足することを確認されたもののみ使用できる。

　(c)　構造および材料[1),5),6)]

車両用防護柵の路面から防護柵上端までの高さについては，車両用防護柵の視線誘導機能を果すため，防護柵の最低限の高さについては 60 cm としている。また，車両衝突時における乗員の頭部などが防護柵部材に直接衝突することを防ぐため，防護柵の高さが当事者頭部の高さ以上とならないように 100 cm 以下としている。車両用防護柵に用いる材料は，十分な強度をもち，耐久性に優れ維持管理が容易なものが用いられている[1]。

歩行者等の転落防止を目的として設置する柵の高さは，成人男子の視線高さから求めた高さと自転車に成人男子が乗ったときの人の重心高さから求めた高さの双方から歩行者等の転落を確実に防止できる 110 cm を標準としている[1]。歩行者の横断防止を目的として設置する柵の高さは，歩行者が容易に乗り越えられない高さとし，かつ，都市美観上などの観点から 70〜80 cm を標準とされている[1]。また，転落防止を目的とする場合には，児童などのよじ登りを防止するために縦桟構造が採用されている。また，幼児がすり抜けて転落するおそれも考慮して，桟間隔および部材と路面の間隔を 15 cm 以下としている[1]。

　(d)　防錆・防食処理

防護柵に用いる金属材料などに錆または腐食が生じると，強度が著しく低下するなどにより防護柵の機能に大きな問題が生じる。したがって，錆または腐

食を生じる金属材料については，JIS規格または同等以上の効果を有する方法により十分な防錆・防食処理を施す必要がある。また，支柱の埋込み部などにおける鋼材等異種金属材料との接触腐食が生じる可能性がある場合には絶縁処理を施す必要がある。

(2) 設　　　計

「防護柵設置基準・同解説」（平成10年版）では，衝突荷重を路面から1.0 m（防護柵の高さが1.0 m未満の場合は最上部までの高さ）に載荷させ，接続部の応力度照査を行う。標準仕様と異なる形状の場合には，応力度の結果を標準仕様の許容値と比較することによって照査する。なお，「防護柵設置要綱」（昭和46年版）が適用されてきた26年間は，衝突荷重10 kN/m（端部，曲線部では20 kN/m）を路面から1.0 m（防護柵高さが1.0 m未満の場合は最上点までの高さ）に載荷させ，接続部の応力度照査を行うこととなっていた。

(3) 施　　　工

防護柵の施工にあたっては，交通の安全および他の構造物への影響に留意し，安全かつ確実に行うことが必要である。防護柵の施工は，設計図書および仕様書どおりに行うべきことはいうまでもなく，本来の防護柵の機能が発揮できるように，注意を払って，確実に行うことが必要である。供用中の道路における施工では，運転者に注意をうながす措置を講じるとともに，特に一般道路においては歩行者等の安全性に配慮する必要がある。また，地下埋設物など他の構造物への影響にも配慮する必要がある。

12.1.4　主な損傷と原因

防護柵の代表的な損傷原因は，衝突事故や腐食などである。以下に，防護柵の材料種別ごとに現れる，損傷の種類を示す。

(1) たわみ性防護柵

（鋼製防護柵）

損傷の種類：腐食，亀裂，ゆるみ，脱落，破断，塗装劣化，変形

写真 12-1　腐食[8]

写真 12-2　脱落[8]

写真 12-3 破断[8]

写真 12-4 塗装劣化[8]

(2) 剛性防護柵
　　（コンクリート製防護柵）
損傷の種類：ひびわれ，剥離・鉄筋露出，豆板・空洞，欠損

写真 12-5 ひびわれ[8]

写真 12-6 剥離・鉄筋露出[9]

写真 12-7　欠損（衝突荷重）[9]

12.1.5　点検・調査

　防護柵の機能を十分に発揮させるためには，日常の点検と保守が大切である。防護柵に損傷などが生じている場合には，車両衝突の際，本来の防護柵の機能を発揮できない場合もあるために，日常の維持管理を十分に行うことが必要である。点検にあたっては，各型式の特徴を十分に理解し，その留意すべき点をあらかじめよく知ることが必要である。日常のパトロールにおいては，防護柵の破損，防護柵の高さおよび通りが一定であるか確認されている。

　車両衝突時に塑性変形が生じない剛性防護柵は，車両衝突の繰返しなどによる強度の低下が明確になりにくいため，適宜十分な目視点検を行うことが望ましい。

　また，豪雨，地震などのあとには道路の点検とあわせて防護柵の点検を実施することが望ましい。この場合，特に留意すべき点は次のとおりである。損傷の評価については，橋梁点検要領を用いることが多い[10]。

(1)　たわみ性防護柵
　① 支柱と水平材との固定状況。
　② 支柱の沈下，傾斜，わん曲状況，支柱定着部の状況。
　③ 汚染の程度および塗装の状況。
　④ ガードレール，ガードパイプおよび橋梁用ビーム型防護柵などの水平材の変形および破損状況。
　⑤ ボックスビームのビーム継手部およびパドルの破損状況。
　⑥ ケーブルのたわみの程度。

(2)　剛性防護柵
　① 壁面のクラックや欠落状況。

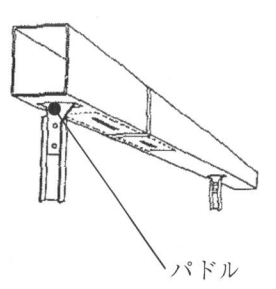

図 12-5　ボックスビームの部材名称

(3) 路肩，法面など
① 路肩および法面などの状況。
② 排水施設の状況。

12.1.6 補修・補強方法[1]

(1) 補　修

防護柵が事故，災害などにより変形または破損するなど防護柵の機能を十分果たせなくなった場合は，直ちに復旧している。

(2) 洗　浄

防護柵は，塵埃や車両の排気ガスなどが付着して汚損され放置すれば腐食の原因となるため洗浄を行っている。

(3) 塗　装

すり傷により塗装が剥離した場合，または錆などにより塗膜の剥離が著しい場合は，再塗装を行っている。

すり傷などの軽微な塗膜の損傷に対する補修は，ごみ，油類その他付着物を除去した上で，塗装面については速乾性補修用ペイント，めっき面については高濃度の亜鉛系塗料（ジンクリッチペイント）などを用いて塗装している。

また，経年変化より塗膜劣化が著しい場合は，塗膜上の付着物をワイヤーブラシなどで洗浄し，十分な下塗りをした上で再塗装を行うものとし，現地での再塗装が困難な場合は，再処理に要する期間，処理期間中の交通の安全確保などを勘案した上で，工場などでの再塗装もしくは取替えが行われている。なお，母材から錆が発生した場合，強度が低下することも考えられるため，必要に応じて取替えが検討されている。

12.2 防音壁・落下物防止柵

12.2.1 設置目的

(1) 防音壁[3]

防音壁は，都市内の高架道路等において沿道に家屋が接近しているために，通行車両の騒音低減を目的に設置している。

防音壁の設置は基本的には環境基準の順守を目標に行っており，その意味では，当然のことながら，住居が連担する地域や学校・病院のある箇所では，特に必要となり，壁の高さ 2 m のものが多い。

橋梁上に設ける防音壁は H 形鋼の支柱を建て，支柱間に吸音板を落とし込む構造のものが一般的である。吸音板はアルミ製または合成樹脂製の多孔板の

写真 12-8　防音壁の例[7]

　　　　　a) 断面図　　　　　　　b) 側面図

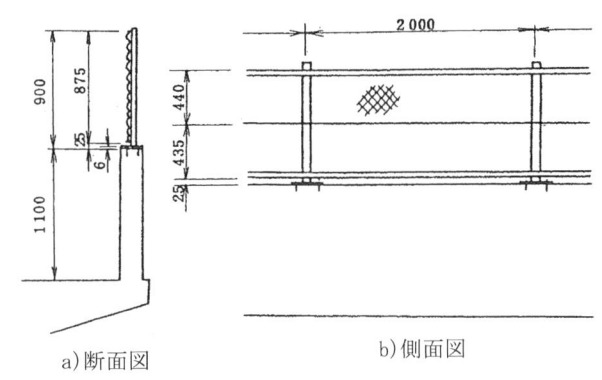

図 12-6　落下物防止柵の例[3]

背面にグラスウールやロックウールの吸音材を入れ背面遮音板を設けたものである。防音壁の構造タイプ種別としては，吸音効果のあるいわゆる吸音板と遮音効果を期待する遮音板（プラスチック板）とに分けられる[7]。

(2) 落下物防止柵[4]

　落下物防止柵は，道路走行中の車両からの積載物や投棄物の橋梁・高架下への落下防止を目的とした施設である。

　落下物防止柵の種類は，その目的により次の2種類に分類できる。

　　跨道橋落下物防止柵：跨道橋から土，石，空き缶類その他の物品等が落下して高速道路等における走行車両の安全を阻害することのないよう，跨道橋に設置するものをいう。

　　本線部落下物防止柵：高速道路等から石，空き缶類その他車載物等が下方の鉄道，道路，民家などへ落下し，被害が及ぶことを阻止するために，高速道路等の路肩に設置するものをいう。

12.2.2　歴史的な変遷

(1) 防音壁

　環境施設帯に設置されるものとしては，防音壁（遮音壁），遮音築堤，植樹帯，歩道，自転車道，通過交通の用に供しない道路（側道）等がある。防音壁，遮音築堤および植樹帯については，従来までは設置例も少なかったことから，一般的に定めた技術基準はなく，各道路管理者が独自の判断に基づいて設計を行ってきたのが実情である。

(2) 落下物防止柵

　一般的に定めた技術基準はなく，各道路管理者が独自の判断に基づいて設計を行ってきたのが実情である。

12.2.3　計画・設計・施工方法

(1) 計　画

　防音壁・落下物防止柵の計画では，所要の目的が達成できるように計画されている。

(2) 設　　計

構造設計においては風荷重が重視されるが，風荷重は延長方向・直角方向に作用する水平荷重とし，設計風速 45 m/sec に対して高架・橋梁部の場合，2.0 kN/m² を設計荷重とし，土工部の場合，1.5 kN/m² を設計荷重としている[3]。ただし，橋梁・高架本体に当初から埋め込むアンカーボルトの設計に関しては本体橋に作用する荷重とし，3.0 kN/m² を設計荷重としている[3,4]。

また，衝突事故によるパネルの脱落を防止するため，パネルと支柱とをワイヤーロープで結び付けるようにしている。橋梁の供用後に防音壁の設置が必要となった場合には橋体の補強を要することも考えられるので，その影響を十分に検討することが必要である。

(3) 施　　工

防音壁・落下物防止柵の施工にあたっては，交通の安全および他の構造物への影響に留意し，安全かつ確実に行うことが必要である。防音壁・落下物防止柵の施工は，設計図書および仕様書どおりに行うべきことはいうまでもなく，本来の防音壁・落下物防止柵の機能が発揮できるように，注意を払って，確実に行うことが必要である。供用中の道路における施工では，運転者に注意をうながす措置を講じるとともに，特に一般道路においては歩行者等の安全性に配慮する必要がある。また，地下埋設物など他の構造物への影響にも配慮する必要がある。

12.2.4　主な損傷と原因

防音壁および落下物防止柵の代表的な損傷原因は，衝突事故や腐食などである。以下に，防音壁および落下物防止柵における損傷の種類を示す。

損傷の種類：腐食，亀裂，ゆるみ，脱落，破断，防食機能の劣化，変形

写真 12-9　腐食[8]

12.2.5　点検・調査

防音壁・落下物防止柵の機能を十分に発揮させるためには，日常の点検と保守が大切である。防音壁・落下物防止柵に損傷などが生じている場合には，本来の防音壁・落下物防止柵の機能を発揮できない場合もあるために，日常の維持管理を十分に行うことが必要である。点検にあたっては，各型式の特徴を十分に理解し，その留意すべき点をあらかじめよく知ることが必要である。日常のパトロールにおいては，防音壁・落下物防止柵の破損，防音壁・落下物防止柵の高さおよび通りが一定であるか確認されている。

また，豪雨，地震などのあとには道路の点検とあわせて防音壁・落下物防止柵の点検を実施することが望ましい。この場合，特に留意すべき点は次のとおりである。損傷の評価については，橋梁点検要領を用いることが多い[10]。

① 柱と水平材との固定状況。
② 支柱の沈下，傾斜，わん曲状況，支柱定着部の状況。
③ 汚染の程度および塗装の状況。
④ パイプの変形および破損状況。
⑤ ケーブルのたわみの程度。

12.2.6　補修・補強方法[1]

(1) 補　修

防音壁および落下物防止柵が事故，災害などにより変形または破損するなど防音壁の機能を十分果たせなくなった場合は，直ちに復旧している。

(2) 洗　浄

防音壁および落下物防止柵は，塵埃や車両の排気ガスなどが付着して汚損され放置すれば腐食の原因となるため洗浄している。

(3) 塗　装

すり傷により塗装が剥離した場合，または錆などにより塗膜の剥離が著しい場合は，塗装する。

すり傷などの軽微な塗膜の損傷に対する補修は，ごみ，油類その他付着物を除去した上で，塗装面については速乾性補修用ペイント，めっき面については高濃度の亜鉛系塗料（ジンクリッチペイント）などを用いて塗装している。

また，経年変化より塗膜劣化が著しい場合は，塗膜上の付着物をワイヤーブラシなどで洗浄し，十分な下塗りをした上で再塗装を行うものとし，現地での再塗装が困難な場合は，再処理に要する期間，処理期間中の交通の安全確保などを勘案した上で，工場などでの再塗装もしくは取替えが行われている。なお，母材から錆が発生した場合，強度が低下することも考えられるため，必要に応じて取替えが検討されている。

12.3　道路照明

12.3.1　設置目的[11]

道路照明は，夜間において，あるいはトンネルのように明るさの急変する場所において，道路状況，交通状況を的確に把握するための良好な視覚環境を確保し，道路交通の安全，円滑化を図ることを目的とする。

現在用いられている道路照明の設置場所にはそれぞれ以下のようなものがある。

(1) 連続照明

トンネル，橋梁等を除く単路部のある区間において，原則として一定の間隔で灯具を配置し，その区間全体を照明する。

(2) 局部照明

交差点，橋梁，休憩施設，インターチェンジ等必要な箇所を局部的に照明する。

(3) トンネル照明

トンネルあるいはアンダーパス等を照明する。

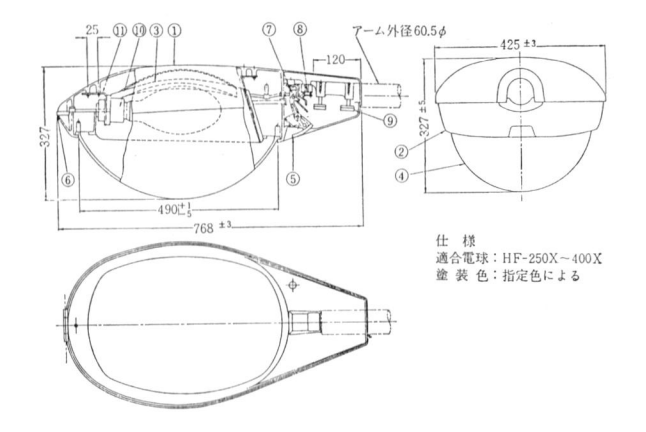

番号	名称	材料	備考	番号	名称	材料	備考
①	本体	ADC 12		⑦	端子盤	磁器製	3P
②	グローブ枠	〃		⑧	電線押え	ファイバー	
③	反射板	A 1080 P	内面電解研磨	⑨	パイプ押え	SPHC	
④	グローブ	硬質ガラス		⑩	ソケット	磁器製	E 39
⑤	ラッチ	ZDC2		⑪	ソケット台	SPCC	
⑥	丁番	SUS・SPCC					

図 12-7 ポール照明方式の照明器具例

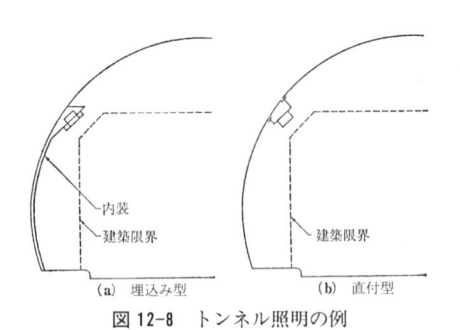

図 12-8 トンネル照明の例

12.3.2 歴史的変遷[12]

道路照明を取り巻く情勢は，昭和48年のオイルショックを契機としてエネルギー消費の削減が強く叫ばれ，道路照明も国の省エネルギー政策の一環として減光等の措置を講ずべきこととされた。昭和42年に道路照明施設設置基準が制定されたが，その後上述の交通状況，社会状況が大きく変化したことに加えて，高効率のランプが近年実用に供されるなど著しい技術の進歩を背景に，建設省（当時）からの委託により昭和54年に設置基準の素案が作成され，翌55年に成案を得，道路照明施設設置基準が改定された。

12.3.3 計画・設計・施工方法[13]

道路照明施設整備計画に基づき，合理的かつ経済的な照明設計，配線設計および施工を行っている。

(1) 照明設計

連続照明においては，道路照明施設設置基準に規定する基準輝度が得られるように，光源，灯具配光，灯具の配置等を決定している。

表12-3では，道路状況，交通状況を考慮して道路分類を3種類とし，沿道

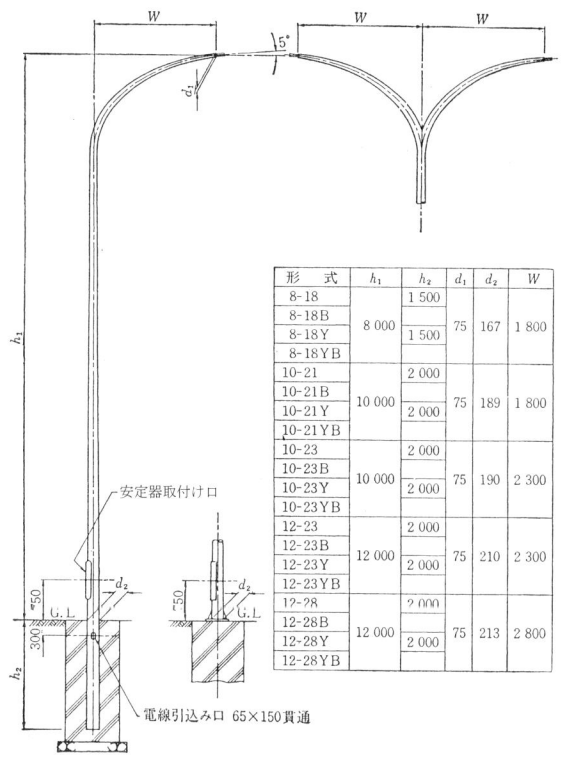

図 12-9 照明用テーパーポール（鋼製）

形式	h_1	h_2	d_1	d_2	W
8-18	8 000	1 500	75	167	1 800
8-18B					
8-18Y		1 500			
8-18YB					
10-21	10 000	2 000	75	189	1 800
10-21B					
10-21Y		2 000			
10-21YB					
10-23	10 000	2 000	75	190	2 300
10-23B					
10-23Y		2 000			
10-23YB					
12-23	12 000	2 000	75	210	2 300
12-23B					
12-23Y		2 000			
12-23YB					
12-28	12 000	2 000	75	213	2 800
12-28B					
12-28Y		2 000			
12-28YB					

表 12-3 道路照明施設設置基準に規定する基準輝度

（単位：cd/m²）

道路分類		外部条件 A	B	C
高速自動車国道等		1.0	1.0	0.7
		—	0.7	0.5
一般国道	主要幹線道路	1.0	0.7	0.5
		0.7	0.5	—
	幹線・補助幹線道路	0.7	0.5	0.5
		0.5	—	—

注）基準輝度は上段の値を標準として用いているが，高速自動車国道などのうち，高速自動車国道以外の自動車専用道路にあっては，必要に応じて下段の値としてもよい。また，一般国道等で，中央帯に対向車前照灯を遮光するための設備がある場合には，下段の値としてもよい。

の光の状態を3種類の外部条件A，B，Cとして平均路面輝度を与え，これを基準輝度としている。

(2) 配線設計

① 灯具に給電する電気方式は給電距離，光源の大きさ（ワット数），灯数，分岐回路の構成等を考慮して最も経済的な方式を用いている。

② 配線による電圧降下は光源が安定に点灯し，かつ，光束および効率が著しく低下しない範囲で設定している。

(3) 施　工

① ポールの基礎は，定められた位置にポールを確実に支持し，有害な沈

下，傾斜などを起こさないよう施工する。
② ポールは定められた方向に鉛直に建柱する。
③ 照明器具は定められた取付け位置，取付け角度で強固に取り付ける。
④ 電線の接続は，長時間にわたって導通および絶縁が確保されるよう施工する。

12.3.4 主な損傷と原因

照明施設のうち特に高架上に設置されているものは，自動車荷重による桁の振動や風荷重などを受けて複雑な挙動を示し，その繰返しによる疲労で弱点部（溶接箇所，リブ補強による断面形状変化箇所，電気設備用支柱開口部など）に損傷がみられる。

損傷例は，照明柱アンカーボルトの損傷，Y形ポールのわれ，照明柱の電気配線用開口部付近のわれ，吊り金具ボルト欠損，衝突による損傷，照度不足などがある。

また，基礎埋込み部のベースプレートとポールとの取合い部は，塵埃がたまりやすく，腐食しやすい。

12.3.5 点検・調査[14]

点検は下記の項目について，定期的に実施するのが望ましい。また，台風，地震等の災害の直後にも点検を実施するのが望ましい。

照明設備，および道路標識の一般的な点検項目を列記すると次のとおりである。

(1) 点検・調査
　(a) 点灯状況
　① 夜間の不点灯，昼間の点灯
　② 照度測定
　(b) 灯　　具
　① 照明カバーと灯具の取付け状況
　② 灯具とポールの取付け状況
　③ 灯具内外面の汚れの程度
　(c) ポールおよび基礎
　① ポールの傾斜およびわん曲の有無
　② ポールと基礎の取付け状況
　③ 塗装の剥離の有無
　④ ポール下端の腐食，疲労亀裂
　(d) 配線および配電機器
　① 絶縁抵抗の測定
　② 配電盤の状況
　③ 安定器の異常の有無
　④ マンホールまたはハンドホールの排水状況

図 12-10 点検部位概略図

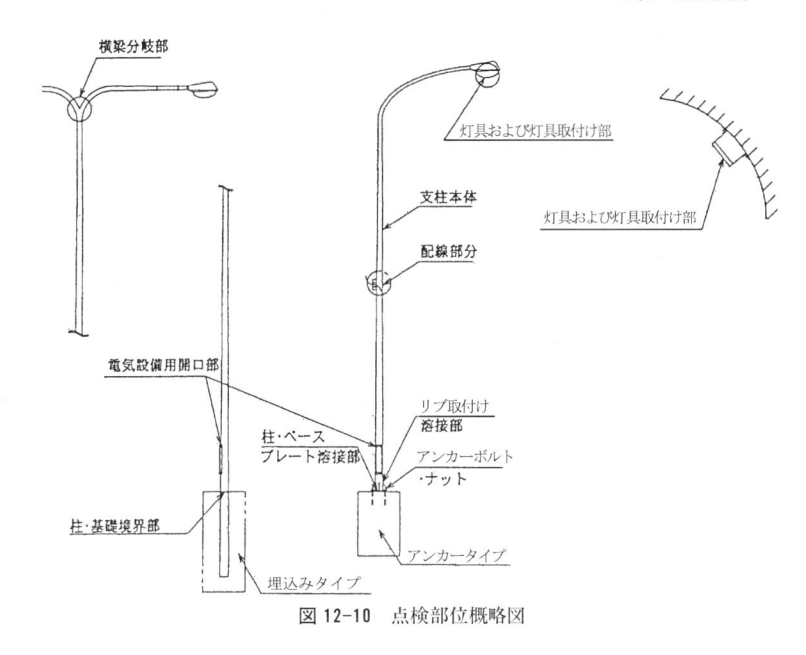

12.3.6 補修・補強方法[15]

(1) 補　修

点検により異常を認めた場合はすみやかに補修する。建築限界を侵している場合は大きな事故につながるおそれもあるので特にすみやかに補修する。

(2) 洗　浄

一般的に道路標識は，設置後は手入れもされずに放置されていることが多い。しかし，道路標識の視認性，耐久性等を考慮すると，清掃や塗装の塗替え等の維持作業は，標識を常時良好な状態に保つためにも重要なことであり，このため十分機動的でかつ能率的な維持管理体制を確立しておくことが望ましい。

12.4 道路標識

12.4.1 設置目的[16]

道路標識は，道路構造を保全し道路交通の安全と円滑化を図り，道路利用者に対して，案内，警戒，規則または指示の情報を伝達することを目的とする。

現在用いられている道路標識の設置方式にはそれぞれ以下のようなものがある。

(1) 路側式

標示板を単一または複数の柱に取り付り，道路の路端，道路の中央，歩道または中央分離帯等に設置する方式で，片持ち式，門型式以外のものをいう。なお，自動車道等において支柱をその建築限界（$h=2.5$ m）の上方に張り出させこれに標示板を取り付けたものもあるが，これも路側式に分類する。

(2) 片持ち式（オーバーハング式）

道路の路端，歩道または中央分離帯等に設置された支柱を車道部の上方に張り出させ，標示板をこの張出し部に設置する方式。

(3) 門型式（オーバーヘッド式）
車道をまたぐ門型支柱により車道部の上方に標示板を設置する方式。
(4) 添架式
他の目的で設置された施設を利用して標示板を設置する方式。

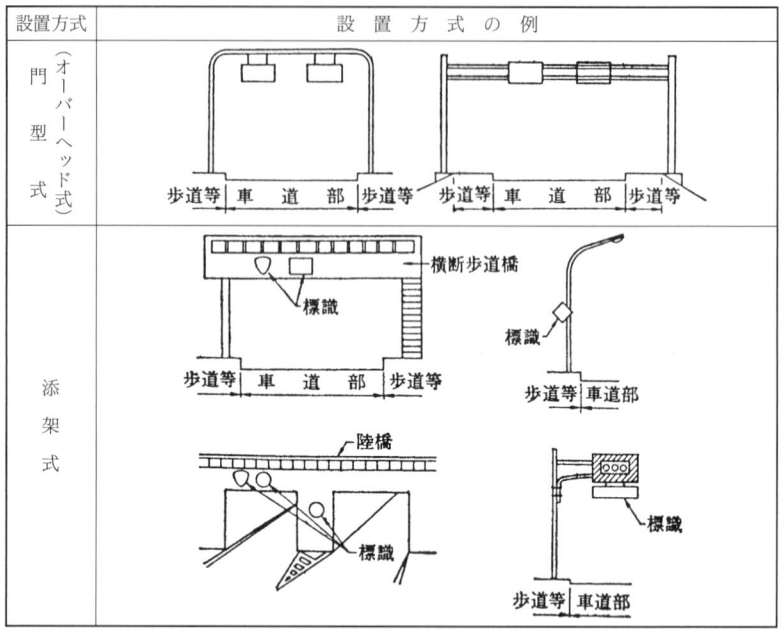

図 12-11　道路標識の設置方式
（門型式，添架式）

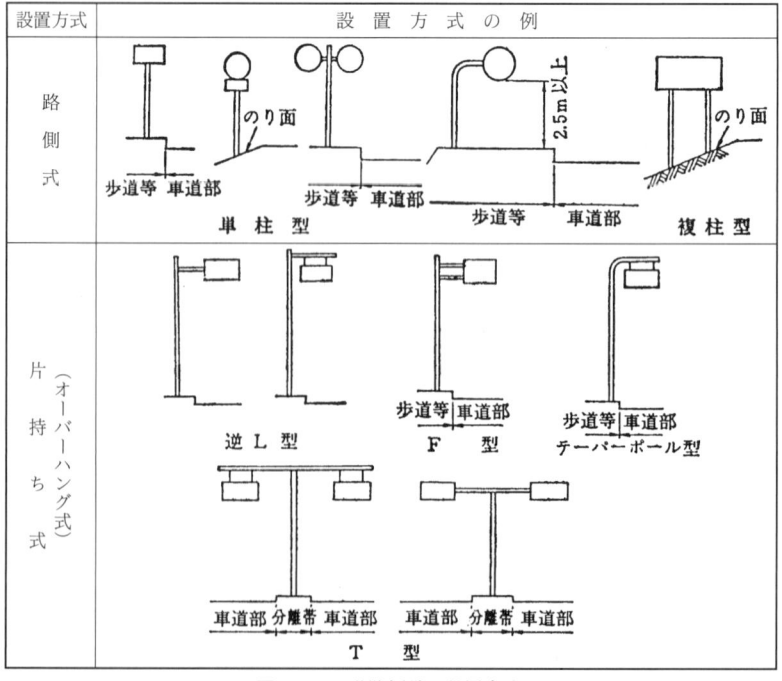

図 12-12　道路標識の設置方式
（路側式，片持ち式）

12.4.2 歴史的変遷[17]

道路標識は，その種類，様式，設置場所等が「道路標識，区画線および道路標示に関する命令」（標識令）に規定され，道路常識を整備する際に考慮すべき整備水準，設置方式などについての技術的基準が，「道路標識設置基準」に定められている。昭和61年10月25日の標識令の改正に伴い，この「道路標識設置基準」も昭和61年11月1日に改訂された。その主な改訂点は，次のとおりである。

① わが国の国際化に対応するために，ローマ字併用表示に関する規定を設けた。

② 歩行者用の案内標識である「著名地点（114-B）」に関する規定を設けた。

③ シンボルマークに関する規定を設けた。

④ その他，標識令の改正等を踏まえて，経由路線番号に関する規定，「方面，方向，および道路の通称など名の予告（108の3）」，「方面，方向および道路の通称名（108の4）」，「登坂車線（117の2-A，B）」および「踏切あり（207-B）」に関する規定，標示板の設置高さに関する規定等の改正・追加を行った。

図 12-13 著名地点（114-B）

図 12-14 登坂車線（117の2-A）

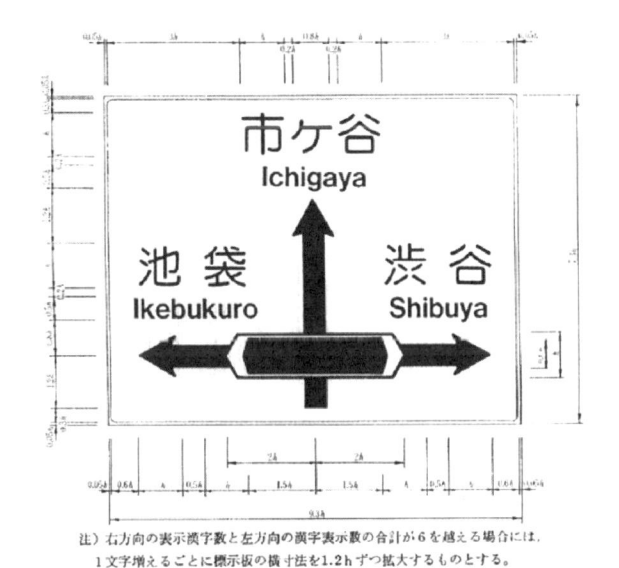

図 12-15 方面，方向および道路の通称名（108の4）

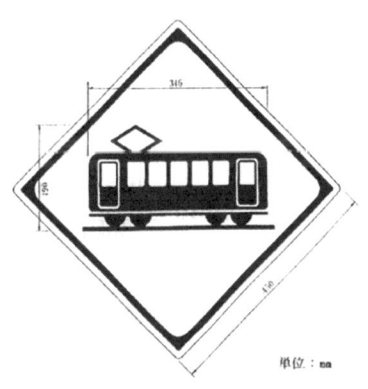

図 12-16 踏切あり（207-B）

12.4.3　計画・設計・施工方法[18]

(1)　設置場所の選定

道路標識の設置場所の選定に際しては，次の各項に留意の上決定する。
① 道路利用者の行動特性に配慮すること。
② 標識の視認性が妨げられないこと。
③ 沿道からの道路利用にとって障害にならないこと。
④ 必ずしも交差点付近に設置する必要のない標識は，極力交差点付近を避けること。
⑤ その他，道路管理上支障とならないこと。

(2)　材　　料

(a)　標示板の基板および支柱

標示板の基板および支柱に使用される材料については，十分な強度をもち，耐久性に優れ，維持管理が容易で，しかも付近の状況に調和した材質および形状のものとする。一般には鋼管ポールあるいはアルミポールが用いられている。

(b)　反射材料

反射材料は，視認上適切な反射性能をもち，耐久性があり，維持管理が容易なものとする。一般的には，反射シートを標示板に貼付したものなどが用いられており，反射シートには，ガラスビーズをプラスチックの中に封入している封入レンズ型反射シートと空気層の中にガラスビーズをプラスチックで覆ったカプセルレンズ型反射シートの2種類がある。

(c)　照明装置

照明装置は視認上適切な照度を有し，耐久性があり，維持管理が容易なものが用いられており，外照式と内照式がある。内照式は，外観がスマートであるが，形状が大きくなる。

(3)　構　　造

(a)　標示板の基板

標示板の基板は標識令で定める大きさとし，十分な強度をもった構造が用いられている。

(b)　標識の支柱

道路標識の支柱は，板の大きさおよび設置場所の状況を勘案して，十分な強度をもった構造が用いられている。

(4)　設　　計[19]

設計荷重は風荷重（風速 50 m/s）が用いられているが，疲労設計は行われていない。また許容応力度設計法が一般に用いられているが，鋼管 STK 400 クラスの場合の許容応力度は長期許容応力度 $1\,600\text{ kgf/cm}^2$ の50％増としている。

標識装置が橋梁本体に取付け設置されている場合には，橋体の活荷重振動により励振させられることもあり，設置箇所によっては疲労を考慮するか，補強などの対策を施す必要がある。

(5)　基礎および施工

道路標識の基礎は，標示板・支柱の自重および風荷重を考慮して設計されて

いる。道路標識の施工は，他の構造物および交通に影響することなく，安全かつ確実に行われる必要がある。

12.4.4 主な損傷と原因[20]

標識のうち特に高架上に設置されているものは，自動車荷重による桁の振動や風荷重などを受けて複雑な挙動を示し，その繰返しによる疲労で弱点部（溶接箇所，リブ補強による断面形状変化箇所，電気設備用支柱開口部など）に損傷がみられる。

ベースプレートとリブで構成される支柱下端は塵埃がたまりやすく，腐食していることが多い。標識や支柱に劣化がなくても強風時に倒壊する危険性も出てくるので注意を要する。

ピンに使われているボルトおよびボルト孔は繰返し荷重による摩耗が激しく，また，標識板を支柱に取り付ける金具の溶接部にもわれが発生しているものもある。

標識構造物の損傷例は，標識柱アンカーボルトの損傷，Y型ポールのわれ，標識柱の電気配線用開口部付近のわれ，吊り金具ボルト欠損，衝突による損傷，案内標識板文字（特に内照式）判読不能などがある。

12.4.5 点検・調査[21]

(1) 点検・調査

点検は下記の項目について，定期的に実施するのが望ましい。また，台風，地震等の災害の直後にも点検を実施するのが望ましい。

道路標識の一般的な点検項目を列記すれば次のとおりである。

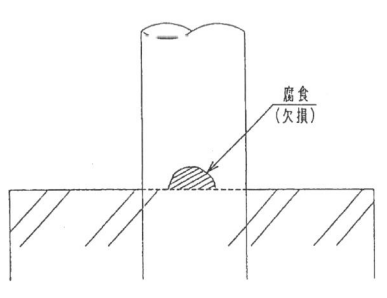

写真 12-10　柱・基礎境界部の断面欠損を伴う錆

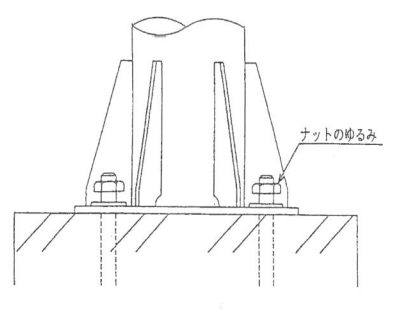

写真 12-11　ナットのゆるみ

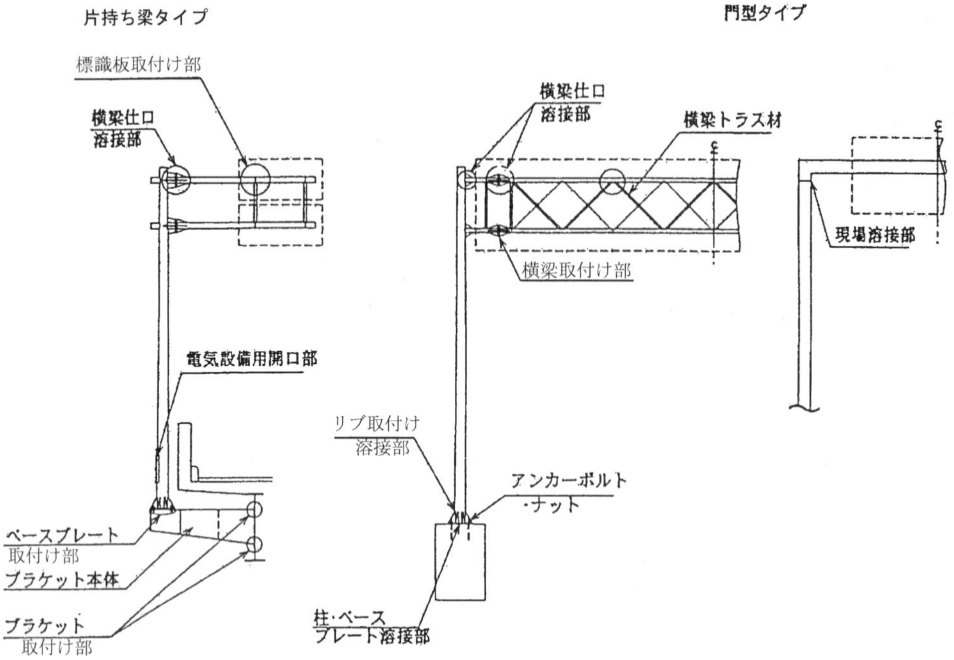

図 12-17 点検部位概略図

① 標示板の汚れ
② 標示板の塗装の状況
③ 標示板の折れ曲がり・ねじれ
④ 標示板取付け部のゆるみ，破損
⑤ 支柱の曲がり，倒れ
⑥ 支柱地際部の腐食の有無
⑦ 支柱の塗装の状況
⑧ 埋込み部のぐらつき
⑨ 照明の点灯状況
⑩ 隠蔽物の有無

12.4.6 補修・補強方法[21]

(1) 補　修

点検により異常を認めた場合はすみやかに補修しなければならない。建築限界を侵している場合は大きな事故につながるおそれもあるので特にすみやかに補修しなければならない。

(2) 洗　浄

一般的に道路標識は，設置後は手入れもされずに放置されている場合が多い。しかし，道路標識の視認性，耐久性等を考慮すると，清掃や塗装の塗替え等の維持作業は，標識を常時良好な状態に保つためにも重要なことであり，このため十分機動的でかつ能率的な維持管理体制を確立しておくことが望ましい。

12.5 伸縮装置

12.5.1 設置目的[22]

伸縮装置は，道路と橋梁との境界部や橋桁端相互の継目部に設けられるものであり，温度変化や荷重作用による桁の伸縮や変形に対応するとともに，橋面を通行する車両などを円滑に走行させるためのものである。道路整備が進み，路面の平坦性や線形がよくなって車両の高速走行が可能となってきたことや，道路輸送への依存が高まり大型車の交通の増加と車両の大型化・重量化が進んだことから，車両の走行が伸縮装置に与える影響は近年特に激しさを増している。このため段差などの路面の欠陥が伸縮装置に大きな衝撃を与え，その耐久性を著しく低下させる要因となっている。

しかし，このような要因を的確に設計に反映させることは難しく，伸縮装置の各部材に働く力も必ずしも明らかでない。このため伸縮装置の設計は，従来から経験的なものに依存し，多分に試行錯誤的な感があった。これらを解明する研究開発も盛んに行われ，各種の形式の製品が使用されているものの交通量の多い路線では橋体と同程度の耐久性をもたせることは難しく，数年から十数年で破損し，取替えを余儀なくされているのが現状である。

12.5.2 歴史的な変遷[25]

昭和30年頃までのコンクリート橋の伸縮装置は，アスファルト注入目地材などを目地遊間に充填した簡単な形式や角を山形鋼で補強した形式のものなどが多く使われていた。しかし，交通量と重車両が多くなるにつれて伸縮装置が破壊してしまうことが多くなった。昭和30年頃から重要道路の整備が盛んになり，橋梁の建設が多くなるに従い，伸縮装置の耐久性，走行性および防水性が重要視され始めた。現在までの各形式についての発展過程を以下に述べる。

(1) 突合せ先付け形式

昭和30年頃までのコンクリート橋は比較的支間の短いものが多く，したがって伸縮量も小さいのでコンクリート橋のほとんどに突合せ形式の伸縮装置が使われてきた。この形式は最も需要が多かったので**図12-18**に示すように昔から種々工夫されてきたが，交通量が多くなり車両荷重が大きくなるに従い破損することが多くなったため，昭和40年代に入るとあまり使用されなくなった。

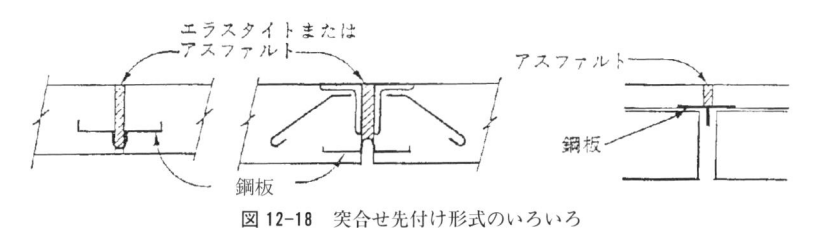

(2) 突合せ後付け形式

高速道路の建設に伴って自動車の走行性が重要視され始め，伸縮装置の平坦性をよくするために昭和30年頃より後付け工法の研究が始められた。その結果，昭和40年代前半に種々の方法が実用化され，改善されながら現在に至っている。その一例を**図12-19**に示す。

(3) ゴムジョイント形式

昭和30年代中頃に試作されるとともに，昭和30年代後半には種々の方法が

図12-18　突合せ先付け形式のいろいろ

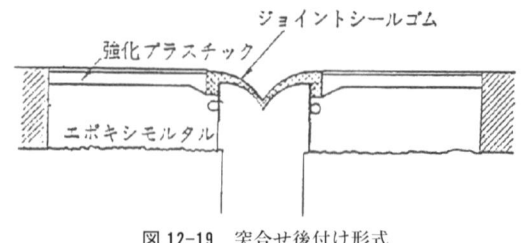

図 12-19 突合せ後付け形式

実用化され，改良を加えながら現在に至っている。施工方法には先付けと後付けの工法がある。その一例を図12-20に示す。突合せ形式との相違は，設置時にゴムに圧縮力を与えて遊間で車輪荷重を支持できることである。

(4) 鋼製形式

昭和40年代以後に鋼橋やプレストレストコンクリート橋は，長支間化や連続化が次第に増え，それに伴い伸縮量の大きな伸縮装置として図12-21に示すように鋼製フィンガージョイントが利用された例が多い。当初は排水型のものが多かったが，支承の腐食などの問題が発生し，非排水型の伸縮装置に改善されてきている。

(5) アルミ合金形式

最近では耐久性，止水性，施工性，補修性，低騒音性などにより図12-22に示すような伸縮装置の本体がアルミ合金鋳物製のものを，PC鋼棒を用いてプレストレス力によりコンクリートに定着させるような伸縮装置なども海外から導入されている。

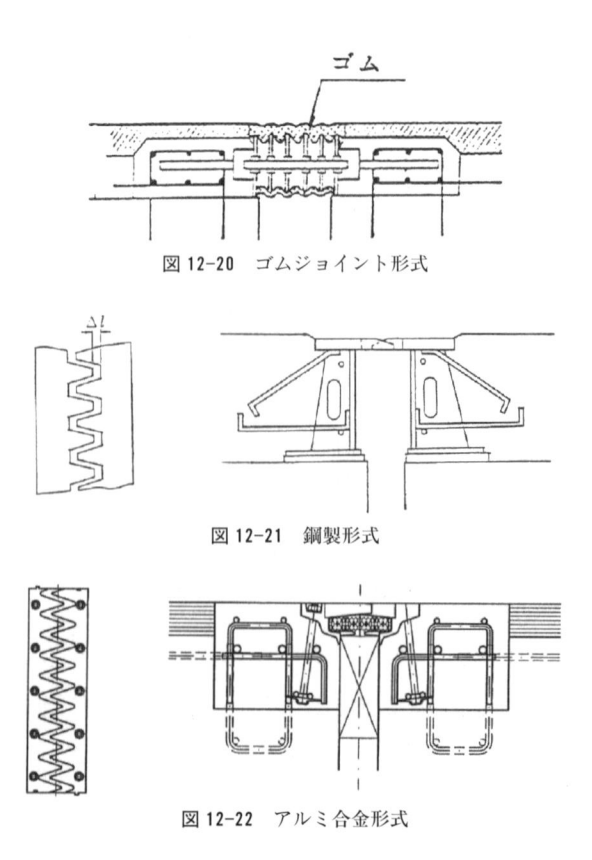

図 12-20 ゴムジョイント形式

図 12-21 鋼製形式

図 12-22 アルミ合金形式

12.5.3 計画・設計・施工方法[23]

現在，一般的に使用されている突合せ後付け形式と支持形式におけるゴムジョイントおよび鋼製フィンガージョイントを対象にして，計画から施工に至る一連の流れを図 12-23 に示す。

上部構造の形式により伸縮量の算定が行われ，その結果と過去における耐久性，止水性，施工性，補修性，平坦性，経済性などを総合的に判断して，伸縮装置の選定が行われる。

設計基準は，1970 年（昭和 45 年）に日本道路協会から設計施工に関する手引書として「道路橋伸縮装置便覧」が発刊されている。現在の設計荷重が $P=100$ kN，衝撃が $i=1.0$ である。

床版遊間量や伸縮装置が決定されれば，床版の寸法や装置定着部の箱抜き形状などの床版に関する詳細設計が可能になる。桁の架設後に床版コンクリートの打設を行うが，死荷重キャンバーによる床版遊間量の施工誤差を吸収する目的から，床版端部は打ち残すことが好ましい。次に床版妻型枠あるいは鋼製フィンガージョイントを正規の遊間量になるようにセットしたあと，残った端部コンクリートを打設する。供用後の損傷により取替えを行う場合には，損傷原因の検討とともに床版遊間量の測定を再度行う必要がある。

12.5.4 主な損傷と原因[24]

伸縮装置の損傷は，写真 12-12～写真 12-15 に示すように構造形式や使用されている環境によりいくつかの複合作用により起こる場合が多い。損傷の種類，原因，点検方法，補修方法をまとめると表 12-4 のとおりである。

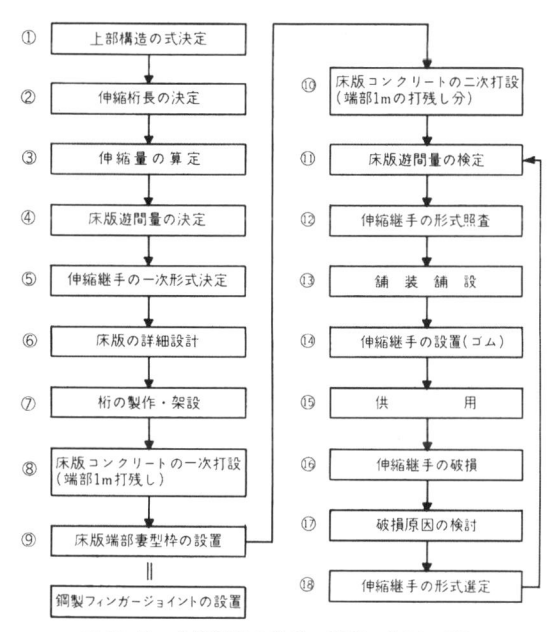

図 12-23 伸縮装置の計画・設計・施工の流れ

表12-4 主な損傷の種類と原因，点検・調査，補修・補強方法

損傷の種類	原因	点検・調査方法	補修・補強方法
段差，異常音	・アンカーの破損 ・桁との取付け不良（ボルト破損） ・沓座モルタル破損による桁沈下 ・伸縮装置前後の路面の凹凸 ・ゴムの破損	・まず目視により点検する。 ・スケールなどを用いて段差量を測定する。 ・桁下空間において異常音を確認する。 ・騒音計による騒音レベルを測定する。 ・カメラや記録用紙を用いて記録する。	・舗装を部分補修するなどして段差をなくす。 ・伸縮装置を取り替える。 ・損傷部材の部分補修や取替え。
遊間異常	・設計時の移動量算定不足 ・下部工の移動（移動，倒れ）	・まず目視により点検する。 ・スケールなどを用いて遊間量を測定する。 ・カメラや記録用紙を用いて記録する。	・下部工の移動であれば挙動を確認する。 ・パラペットを打ち替える。 ・伸縮装置を取り替える。
フィンガーの破損および溶接部破損	・繰返し荷重による疲労 ・交通による摩耗 ・強度不足 ・桁の沈下	・近接目視，ルーペ，テストハンマーなどにより亀裂を発見する。 ・カメラや記録用紙を用いて記録する。 ・浸透探傷試験や磁粉探傷試験などにより亀裂を発見する。	・原因を明確にしてから補修方法を選定する。 ・フィンガーを部分的に補修する。 ・伸縮装置を取り替える。
漏水	・排水装置の排水樋の土砂詰まり ・ゴムの破損 ・非排水装置の劣化破損	・目視，双眼鏡，点検ハンマーなどを用いて漏水箇所を発見する。 ・赤外線カメラによる調査を行う。 ・カメラや記録用紙を用いて記録する。	・漏水箇所を明確にしてから補修方法を選定する。 ・損傷部材を取り替える。 ・床版防水を行う。

12.5.5 点検・調査

伸縮装置は，最も破損しやすく補修しにくい箇所であるため，道路の維持管理上最も問題が多い。小さな損傷を放置しておくと大きな損傷に進行し走行上危険である。したがって，点検により損傷を発見し早期に補修することが大切である。次に点検の項目[30]を示す。また，主な損傷に対する点検・調査方法の例を表12-4に示す。

① 伸縮装置の亀裂，腐食，ゆるみ，脱落，破断，防食機能の劣化，遊間異常，変形，変色，欠損の有無。

② 伸縮装置の前後における舗装の凹凸の程度。

写真12-12 伸縮装置の損傷：段差[28]

写真12-13 伸縮装置の損傷：遊間異常[28]

③ 伸縮装置の前後における路面にひびわれがみられるか。また，異常音や異常振動が発生している場合には桁下空間において床版の状況，伸縮装置および支承の設置状況，音響，振動などを調査して損傷箇所を確認する。
④ フィンガープレート間の土砂詰まり状況。
⑤ 簡単な突合せ構造の隅角部のひびわれや破損の有無。

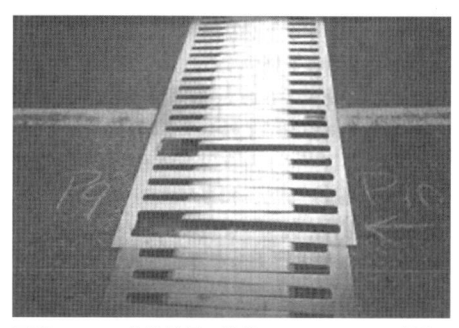

写真 12-14 伸縮装置の損傷：フィンガーの破損[24]

伸縮装置の損傷は，走行性や騒音に大きな影響を与える可能性が高い。そこで，伸縮装置の性能を評価するためには，補修前後の伸縮装置部における舗装などの段差を計測するとともに，走行性を確認するために自動車に加速度計を

写真 12-15 伸縮装置の損傷：漏水[27]

設置して乗り心地[28]を，周囲の環境への影響を確認するために騒音計を用いて騒音を測定するのも一つの方法である。

12.5.6 補修・補強方法

伸縮装置を補修・補強する場合には，まずその損傷原因について調査し，その結果や利用状況，作業空間などを総合的に判断して補修・補強方法を選定することが大切である。損傷に対する補修・補強方法の例を **表 12-4** に示す。

12.6 排水装置

12.6.1 設置目的

排水装置は，路面における雨水などの滞水が道路機能を阻害するとともに，ひいては橋梁の耐久性を損なう腐食の原因になるため，これをすみやかに排水するために取り付けられるものである。

12.6.2 歴史的な変遷

排水装置は，時代的にはあまり変化がない構造物である。

隅田川などに架かる古い橋梁においては，透水性のある木レンガ床版を使用しているため，雨水を桁間に設けたバックルプレートで集水して，そのまま下へ流すようになっていた。また，歩道橋などでみられるように，歩道部などにおいては，鋼製のパイプを橋の下側へ通し，床版表面の勾配を利用して水を流すような構造になっていた。

昭和に入ってから床版がコンクリートに代わり，床版に入ったひびわれなどから浸透してきた雨水などによって，横構などに腐食や断面欠損が発生している場合もあるので，古い橋梁には注意が必要である。

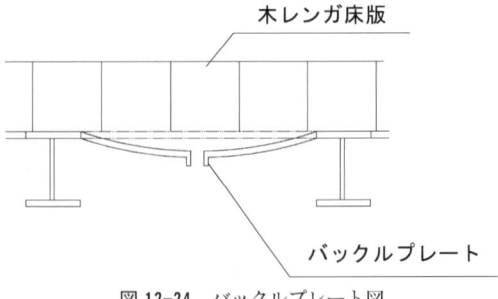

図 12-24　バックルプレート図

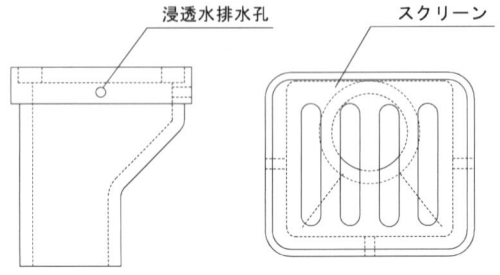

図 12-25　排水桝概念図

　また，昭和に入ってから排水桝を使用して集水を効率よく行うようになったと考えられている。排水桝は鋳鉄製が一般的であるが，一部ではFRPも用いられるようになっている。最近では，舗装下側の浸透水を排水するための小穴が設けられる場合が多い。

　橋梁の多くが河川や海の上に架けられているため，現在でも橋面から直接桁下へ水を落とすようになっている。しかし，都市内高架橋が建設された昭和30年代頃からは，桁下へそのまま水を落とすことは，雨水処理や環境問題から避けられるようになり，横引き管が設けられるようになっていった。

　当初，排水管は鋼管が用いられていたが，現在では塩化ビニル管が一般的である。排水管合流部については，直線合流が多かったが，20年前頃から曲線合流も設けられるようになってきている。

12.6.3　計画・設計・施工方法

　橋面の排水は，道路に横断勾配を設け，路側部分に集水した水を排水桝に集水し，排出するのが一般的である。横断勾配は，車道部分で通常2％が用いられており，一般的にはセンターラインを頂点とした山形勾配や，片勾配にするかを，道路線形から決定している。なお，路面が放物線を描くようにした，放物線勾配も一時期用いられていた。

　排水桝の配置は，降雨強度や縦断勾配などから求められ，およそ20m以下の間隔で配置するよう定められている。

　また，伸縮装置付近や下り勾配から上り勾配に変化するような水のたまりやすい場所，連続するカーブなどの横断勾配が0％となるような場所については，特別に排水桝間隔を小さくして配置する設計基準が多い[30]～[32]。

　降雨強度から排水桝配置を決定する場合，3年確率の単位面積当りの降水量を算出し，路肩部に流せる流水量と比較して，排水桝間隔を決定する。縦断勾

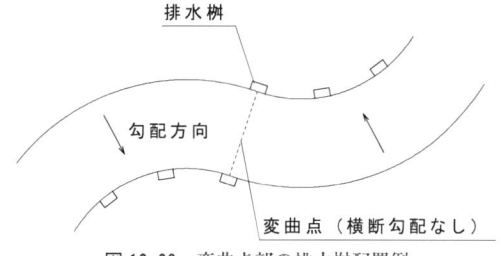

図 12-26 変曲点部の排水桝配置例

配が小さい場所などでは，排水桝間隔が小さくなってしまう場合があり，そのときは，鋼製排水溝の使用を検討している。

排水桝は，鋳鉄製が一般的である。塗装は，鋳鉄製の場合には内面部分をタールもしくは変性エポキシ塗装，コンクリート床版などに接する面をプライマー塗装，外部に露出する部分は，桁と同じ外面塗装とする。形状は，上が角形，断面を絞りながらパイプ状になって排水管に接続されるものが多く，上面にスクリーンとよばれる異物の落下防止板が設けられている。詳細な形状については，図 12-25 に示すように標準図集などで規定されている。

また，床版に穴をあけることから，周辺に補強鉄筋を配するように定められている場合が多い。

最近，舗装内に浸透水が存在し，これが舗装や床版の寿命に大きな影響を与えていると考えられるようになったことから，図 12-27 に示すように①排水桝側面に小穴を設ける，②排水パイプなどを舗装に埋め込む（流末は，排水桝内とすることが推奨されている），③床版に水抜き装置を設けるなどの方法を単独，あるいは組み合わせて，浸透水をすみやかに排出するような対策をとる場合が増えてきている。

橋面から排水された雨水は，河川上などではそのまま下の川に落とす場合が一般的だが，都市内の高架橋梁ではそのようなことができないため，横引き管とよばれる水平方向に配置した排水管で，橋脚部にまで移動させて最終的な処理を行う。

この横引き管は，傾斜 3 ％以上とすることが望ましいとされている。しかしながら，それに沿えない場合も多く，その場合には流水量を計算して能力に不足がないことを実証しなければならない。このときには，堆積する土砂などで管が部分的にふさがれていることを想定する。

横引き管は内径 200 mm 程度の塩化ビニール管を使用するのが一般的であ

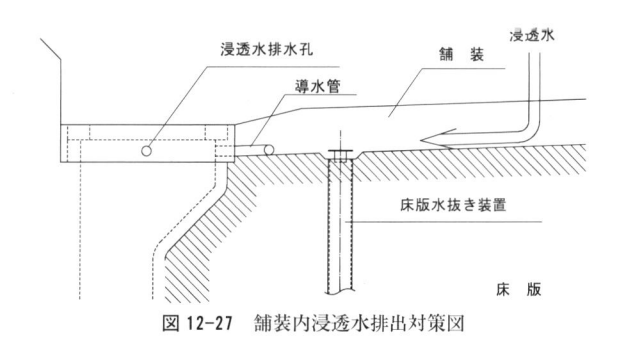

図 12-27 舗装内浸透水排出対策図

り（桝と横引き管を結ぶ縦引き管については，150 mm が一般的），当初は鋼製が用いられることが多かった。なお，直接河川に雨水を落とす場合や，大直径のものなどにはいまでも鋼製のものが用いられる。コンクリート桁，鋼製桁，どちらの構造であっても線膨張係数が違うので，横引き管の途中には，**図 12-28** に示すように，伸縮装置を設けるように定めた基準がある。

縦に落とす排水管と，横引き管との接続は**図 12-29** に示すように，直線的に接続する場合とカーブをもたせる場合がある。しかし，高圧水による洗浄が行われる場合には，過大な力が合流部に作用するため，維持管理の面からは曲線接続の方が望ましいと考えられる。また，同じ理由から，塩ビ管よりも強度に優れる，金属管を使用する場合がある。

横引き管は桁に添架するが，特に鋼橋の場合には景観上の関係から，外からみえないところに添架するよう求められる場合がある。景観上の問題で横引きができない場合に，鋼製排水溝を使用するよう定めている例もある[37]。

添架間隔などは，日本道路公団の設計要領[32]に定められているので参考にするとよい。また，各種標準図集で添架方法が定められているのでこれも参考に

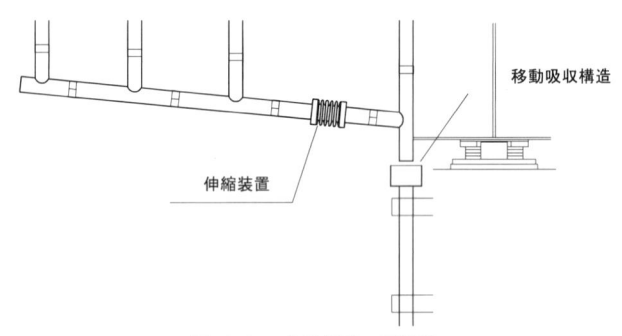

図 12-28　伸縮装置の配置例

a）直線合流　　　　b）曲線合流
図 12-29　排水管の合流形状例

a）コンクリート桁　　　　b）鋼　桁
図 12-30　添架方法例

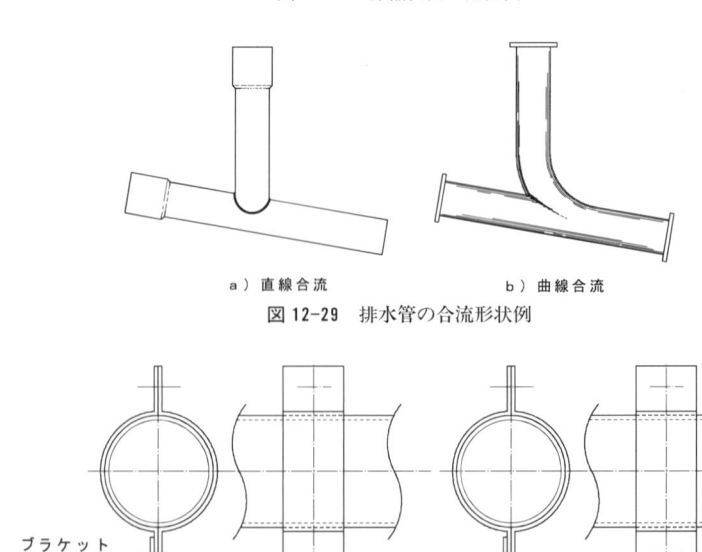

する。一般的には，図12-30に示すように金属製のバンドで固定したのち，溶接したピース（鋼橋）やアンカーで取り付けたブラケット（コンクリート橋）に普通ボルトで固定する。

添架間隔などを計算する場合には，管内の土砂の堆積を考慮しなければならない。

12.6.4 主な損傷と原因

土砂詰まりなどの排水装置の損傷は，表12-5に示すように他の損傷の原因となる場合が多いため，その評価には注意しなければならない。

12.6.5 点検・調査

通常点検として定期的に行う調査では，目視により以下の項目について点検を行う。
① 漏水・滞水（土砂詰まりが原因による滞水を含む）
② 欠損
③ 破断
④ 腐食

目視点検には，水の流れる降雨時もしくは降雨直後が望ましい。特に，滞水の場合には降雨がないと実態がわからないため，担当者もしくはそれ以外，点検業務中もしくはそれ以外を問わず，機会を逃さずに写真などで状況を記録しておくことが必要である。このときに，水たまりの形状も記録しておいた方がよい。

晴天時の点検にあたっては，水の流れた跡，石灰質の汁，塗装の損傷，錆汁の流れなどに着目して点検を行う。路面にわだち掘れが生じている場合には，滞水が生じている可能性が高いので，排水だけに着目していては，見落とす項目もあることに留意する。

遠望による定期点検の場合，主として破断・欠損を点検項目とする。それ以外の損傷をみいだす場合があるが，この場合，みいだされた損傷は，かなり進展していると判定される。

近接による定期点検では以下の項目について，目視により点検を行う。
① 破断
② 変色・劣化
③ 漏水・滞水
④ 土砂詰まり
⑤ 床版損傷
⑥ 欠損

排水桝周辺の床版損傷については，目視による遊離石灰の有無やテストハンマーなどによる打撃などで点検する。排水装置の損傷は，それだけでみればあまり大きな問題として受け取られない場合が多いが，スムーズに排水されなかった水が，最終的に構造物の他の部分に損傷を発生させる原因となる場合が多いので，評価に際しては留意する必要がある。

表 12-5 排水装置の損傷と対策

番号	名称	原因	対策	写真等
1	土砂詰まり	飛来して橋面上にたまっていた土砂や木葉などのごみが排水管内に付着し、それを押し流すだけの流量がない場合、土砂が蓄積し、ついには排水管や桝を閉塞させてしまう。地面が露出した場所（河川敷、耕作地など）の近傍においては、飛来する土砂の量が多く、このような環境に対する配慮が行われるように定めた規定などはないため、発生しやすい。	清掃により機能を復旧するが、同じことを繰り返す可能性が高い。排水桝の交換・追加などが比較的有効であるが、これも完全な解決策ではないので、点検を継続して問題が軽微なうちに対策を講じることが望ましい。なお、清掃に高圧洗浄水が用いられる場合、排水管に過大な力が作用することが予想されるため、設計・施工には注意が必要である。	
2	腐食	湿潤状態の環境では、排水桝、排水管、添架装置などに腐食が発生しやすい。また、海岸などの飛来塩分の多い場所や、凍結防止剤の散布により腐食が促進される場合もある。	腐食部分の損傷の大きさで判断するが、部材の取替えや補修材の溶接を行う。	
3	漏水	排水桝据付高さのミスにより、舗装の変形などにより、水が桝上にたまった状態になる。排水桝へ水が流れ込まない状態になる。原因として、まれに線形計算のミスによる場合があるので、施工時の確認などが必要である。	排水桝据付高さのミスが原因の場合は、排水桝周辺をはつって高さを修正する。舗装の変形などによる場合には再舗装、オーバーレイが必要である。舗装の範囲をどうするかは、水たまりの大きさなどを考慮して実施する。その際には、交通によるわだち掘れによる溝が生じている場合は、舗装の強度を上げるよう考慮することが必要になる。	
4	床版損傷	鋼床版の腐食、あるいは、鋼製排水桝に舗装の流動や、排水管の移動などで力がかかることによる亀裂の発生、コンクリート床版との接触面が、温度変化などによって剥離することによっても生じる。	樹脂注入などにより補修を行う。	
5	欠損	活荷重によって生じる振動、土砂の堆積、伸縮継手設計の不適当などにより、排水管あるいはその添架金物に異常な力がかかることによって、損傷が生じる。また、車両が、排水桝上を通過することで、スクリーンを壊したり、移動させてしまう場合がある。特に、除雪車両の通行する場所では注意が必要である。	形状の復旧が可能な場合には、溶接による補修、そうでない場合は、部材の取替えが必要になる。添架金物の復旧には、損傷場所によって溶接あるいはボルト接合による行う。	

12.6.6 補修・補強工法

　排水装置の損傷の場合，損傷箇所がはっきりと確認できないため，対策への着手を遅らせられる場合が多い．しかし，漏れた水が他の損傷の原因となることを考えると，決しておろそかにできる項目ではない．漏れた水が，最終的にどこへ流れ，構造物にどのような影響を与えるかを予測して，重要度を評価し，**表12-5**に示すような対策を実施することが必要である．

参考文献

1) 日本道路協会，「防護柵の設置基準，同解説」，pp. 1-62，H 10. 11
2) 日本道路公団，「設計要領　第五集　第 12-1 編（防護柵設置要領）」，H 11. 4
3) 日本道路公団，「設計要領　第五集　第 12-10 編（遮音壁設計要領）」，H 6. 4
4) 日本道路公団，「設計要領　第五集　第 12-5 編（落下物防止柵設計要領）」，S 53. 10
5) 篠原，「道路橋の付属物」，橋梁と基礎 86-8，㈱建設図書，pp. 9-11，S 62. 8
6) 小川，「橋梁用防護柵の種類と設計」，橋梁と基礎 86-8，㈱建設図書，pp. 83-88，S 62. 8
7) 江見，北沢，「道路の防音壁」橋梁と基礎 86-8，㈱建設図書，pp. 110-112，S 62. 8
8) 建設省土木研究所，「土木研究所資料第 2652 号橋梁損傷事例写真集」，pp. 8-26，S 63. 7
9) ㈳日本コンクリート工学協会，「コンクリート構造物の劣化および補修事例集」，pp. 392-406，H 8. 10
10) 建設省土木研究所，「土木研究所資料第 2652 号橋梁点検要領（案）」，pp. 29-52，S 63. 7
11) ㈳日本道路協会，「道路標識設置基準・同解説」，p. 11，S 61. 1
12) ㈳日本道路協会，「道路標識設置基準・同解説」，まえがき，S 61. 1
13) ㈳日本道路協会，「道路標識設置基準・同解説」，pp. 89-97，p. 25，S 61. 1
14) ㈳日本道路協会，「道路標識設置基準・同解説」，p. 100，S 61. 1
15) ㈳日本道路協会，「道路標識設置基準・同解説」，pp. 102-103，S 61. 1
16) ㈳日本道路協会，「道路照明施設設置基準・同解説」，p. 5，pp. 50-52，S 56. 4
17) ㈳日本道路協会，「道路照明施設設置基準・同解説」，まえがき，S 56. 4
18) ㈳日本道路協会，「道路照明施設設置基準・同解説」，pp. 47-216，S 56. 4
19) ㈳日本道路協会，「道路標識設置基準・同解説」，pp. 225-226，S 61. 1
20) ㈶道路保全技術センター，「道路附属物の損傷・対策事例集」，p. 9，p. 12，H 13. 1
21) ㈳日本道路協会，「道路照明施設設置基準・同解説」，p. 217，S 56. 4
22) 篠原洋司，「道路橋の付属物，橋梁付属物特集」，橋梁と基礎，VOL 20，No. 8，㈱建設図書，pp. 9-11，1986. 8
23) 中島　拓，「伸縮装置，橋梁付属物特集」，橋梁と基礎，VOL 20，No. 8，㈱建設図書，pp. 61-80，1986. 8
24) 妹尾義隆，「伸縮装置の損傷と補修事例，補修・補強の新技術特集」，橋梁と基礎，VOL 208，No. 8，㈱建設図書，pp. 149-150，1994. 8
25) ㈶道路保全技術センター，「保全技術者のための橋梁技術の変遷」，pp. 104-105，H 11. 7
26) 岡田　清・今井宏典，「損傷と補修事例にみる道路橋のメンテナンス」，阪神高速道路管理技術センター，pp. 252-271，H 5. 3
27) 建設省土木研究所，「土木研究所資料　橋梁損傷事例写真集」，構造橋梁部橋梁研究室，pp. 83-98，S 63. 7
28) ㈳日本道路協会，「道路橋伸縮装置便覧」，pp. 148-155，S 45. 4
29) 国土交通省道路局国道防災課，「橋梁定期点検要領（案）」，pp. 7-14，H 16. 3
30) 建設省北陸地方建設局，「設計要領」，pp. 257-259，H 7. 11
31) 阪神高速道路公団，「設計基準　第 4 部　構造物設計基準（付属構造編）」，pp. 23-34，H 1. 12
32) 千葉県，「橋梁計画設計マニュアル」，p. 321，H 10. 10

第13章　橋梁点検要領と記録

13.1 点検要領

13.1.1 国土交通省の点検要領

(1) 経緯と背景

現在，国土交通省において維持管理の対象となっている橋梁の多くは，昭和29年度を初年度とする道路整備五カ年計画以降に，整備され蓄積されてきたものである。このうちの約4割が高度経済成長期に建設されており，これらの多くは今後20年から30年後に更新の時期を迎えることが予想されている。しかしながら，今後急速に進行する少子高齢化や，景気低迷に伴い税収が落ち込む現在の状況では，多くの老朽橋を架け替えるための事業費の確保はもはや困難であることが予想される。

そこで，国土交通省では，点検によって既設橋梁の延命化を図るとともに，そこから得られた知見をもとに，限られた予算を効率的に執行するためのツールである"ブリッジマネジメントシステム"に関する調査研究が鋭意進められている状況であり，橋梁の維持管理において，点検の実施が今後の重要な施策であることは間違いないと考えられる。

(2) 橋梁点検の目的

安全で円滑な交通の確保，沿道や第三者への被害の防止を図るための橋梁に関わる維持管理を効率的に行うために必要な情報を得ること。

(3) 橋梁点検の現状

いままで，橋梁点検の法制度上の位置づけは明確ではなく，維持管理の根拠となる道路法においても，第42条第2項で「道路の維持又は修繕に関する技術的基準その他必要な事項は，政令で定める」とされていたが，この政令は制定されていなかった。また，道路橋の管理に関する技術的な基準も特に定められたものはなく，「道路維持修繕要綱」(㈳日本道路協会：昭和53年8月改訂)の一部，「道路橋補修便覧」(㈳日本道路協会：昭和54年2月)，「橋梁点検要領(案)」(土木研究所：昭和63年7月)などが参考として用いられてきた。

旧建設省は，それまで地方建設局ごとに行われていた橋梁点検を，平成5年度から車両の大型化対策を開始したのをきっかけにして，橋長15m以上の橋梁(全数約8500橋)を10年間で点検する計画をスタートさせた。

点検の内容は，「橋梁点検要領(案)」(土木研究所：昭和63年7月)に準拠したもので，頻度を10年に1回，方法を接近手段を用いた近接目視とし，現在までその計画を遂行してきた。

しかしながら，新たに顕在化した，コンクリートの剝落による第三者被害，塩害やアルカリ骨材反応などの損傷への対応が必要になったことや，データベ

ースによる道路施設全般のアセットマネジメントへの対応といった観点から，「橋梁定期点検要領（案）」（国土交通省：平成16年3月）が発刊された。

(4) 橋梁点検要領の概要

橋梁定期点検要領（案）（国土交通省：平成16年3月）[1]の概要を**表13-1**に示す。

13.1.2 国内外機関の点検要領

国内他機関ならびに海外における点検要領を調査し，国土交通省の橋梁点検要領との比較を行った。

(1) 国内他機関との比較

国内の機関として，日本道路公団およびJRの点検要領を比較し，**表13-2**にまとめた。

(2) 諸外国との比較

諸外国の橋梁点検の事例として，アメリカ，ドイツ，イギリスおよびフランスの現状を調査した。

(a) アメリカ合衆国の橋梁点検

ⅰ) 背　景

1967年のオハイオ州Silver橋の落橋事故を契機に橋梁の点検・検査制度が制度化され，1971年に全国橋梁点検基準（NBIS）が制定された。これにより資格のある検査官による2年に一度の検査と，橋梁台帳の整備が義務づけられるようになった。橋梁点検の実務は各州の交通局（DOT）が行い，連邦政府運輸局（FHWA）が統括している。

ⅱ) 橋梁検査基準の法的位置づけ

陸上輸送統一再配置支援法（STURAA，1987）に基づき，全国橋梁検査計画（NBIP）が制定されている。

ⅲ) 全国橋梁検査基準（NBIS）の内容

全国橋梁検査基準（NBIS）は1971年に制定されているが1988年に上記法律の整備により改訂されている。内容については以下に記す。

・適用範囲

公的道路上の橋長20 ft以上の橋梁。総数約577 000橋。

・技術的な基準

橋梁維持検査マニュアル　AASHTO（1978）による。

・点検頻度

2年に一度，政府の許可により4年に一度まで延長可能。

・検査内容

橋梁の安全耐荷重の検査を行い，州法で定められている最大荷重を許容しない場合には，当該橋梁名を公表すること。

橋梁検査記録，橋梁台帳を整備すること。また，これらには以下の内容を含むこと。

① 部材に欠陥，欠損を有する橋梁について，その位置・状態および検査要領と頻度。

② 目視困難な水中部材について5年を超えない範囲での検査頻度と要領。

表 13-1 橋梁点検要領の概要

項目	概　　　要
名称	橋梁定期点検要領（案）（国土交通省：平成16年3月）
適用の範囲	国土交通省および内閣府沖縄総合事務局が管理する一般国道の橋梁
点検の範囲	点検による損傷度判定と対策区分判定を実施
点検の種別 （　）は 名称と定義 のみ	・定期点検 ・（通常点検） ・（中間点検） ・（特定点検） ・（異常時点検）
点検の頻度	定期点検 供用後2年以内に初回を実施し、2回目以降は原則として5年以内に行う。
点検の流れ	（フロー図：定期点検　点検計画→近接目視等の実施→損傷状況の把握→損傷程度の評価→対策区分の判定（損傷原因の特定）　A：補修を行う必要がない　B：状況に応じて補修を行う必要がある　C：すみやかに補修を行う必要がある　E1：橋梁構造の安全性の観点から、緊急対応の必要がある　E2：その他、緊急対応の必要がある　M：維持工事で対応する必要がある　S：詳細調査の必要がある→定期点検結果の記録→維持・補修等の計画（ライフサイクルコスト最小化等）→維持・補修・補強→記録→対策区分の再判定 等）
資格要件	橋梁に関して十分な知識と実務経験を有する者
記録すべき 損傷の種類	26項目の損傷と、点検対象部材と発見すべき部材別の点検項目を表示。
損傷度判定	a, b, c, d, e の5段階判定。
対策区分判定	A, B, C, E1, E2, M, S の7区分判定
点検記録保管	統合型 MICHI

表 13-2 国内他機関との点検要領比較

	国土交通省	日本道路公団	JR
要領	橋梁定期点検要領（案） 平成16年3月 国土交通省国道・防災課	維持管理要領（点検編） 昭和60年6月 点検の手引き　昭和60年3月	建造物保守管理標準（案）・同解説 昭和63年2月 日本国有鉄道施設局土木課
上記の運用	全地整，上記要領（案）による		各JRで独自の管理標準を制定 （ただし，上記管理標準による）
要領の対象	橋梁	構造物	建造物
点検の種別	定期点検 （通常点検） （中間点検） （特定点検） （異常時点検）	日常点検 定期点検A 定期点検B	定期点検 災害時点検 不定期点検
定期点検の種類	定期点検—1回／5年 橋梁点検 → 判定 → 調査（詳細，追跡）→ 判定 → 措置	定期点検B—1回／年 定期点検 → 判定 → 調査・臨時点検（再点検）→ 判定 → 措置	全般検査—1回／2年 個別検査—適宜 全般検査 → 判定 → 個別検査 → 判定 → 措置
実施体制	定期点検 　点検車や足場等を利用し，比較的部材に接近して目視することにより行う。 点検員の構成 　近接手段に応じて，点検員，点検補助員，保安要員。 点検員の資格 　橋梁に関して十分な知識と実務経験を有する者。	定期点検A 　徒歩で構造物に可能な限り接近し，管理区間全体の状況を全般的に点検する。 定期点検B 　徒歩で可能な限り接近し，個々の構造物の状況を細部にわたって点検する。 臨時点検 　日常点検または定期点検を補完するため，必要に応じて臨時的に点検する。 点検員の資格 　なし	全般検査 　構造物の変状もしくは既変状の進行の有無および路線周辺の環境の変化を把握して，機能低下しているものまたはそのおそれのあるものを抽出するために主として徒歩巡回により検査する。 個別検査 　機能低下もしくはそのおそれのある構造物に対して変状の原因やその程度を把握し，精度の高い健全度判定を行い，措置の方法，時期等を判定するために行う検査とする。 点検員の資格 　なし
実施状況	通常点検—職員 定期点検—業務委託	日常点検—職員 定期点検—業務委託	全般検査—保線区 個別検査—検査センター
判定の標準	7区分 A：損傷が認められないか，損傷が軽微で補修を行う必要がない。 B：状況に応じて補修を行う必要がある。 C：すみやかに補修等を行う必要がある。 E1：橋梁構造の安全性の観点から，緊急対応の必要がある。 E2：その他，緊急対応の必要がある。 M：維持工事で対応する必要がある。 S：詳細調査の必要がある。	4段階 AA：損傷が著しく，交通の安全確保，または第三者に対して支障となっているか，もしくはそのおそれがあり，緊急補修の必要がある場合。 A：損傷が大きく，補修するかどうかの検討が必要な場合。 B：損傷は小さいが，補修するかどうかの検討が必要な場合。 OK：損傷がないか，あっても軽微で補修する必要がない場合。	6段階 AA：危険，重大，直ちに措置。 A1：早晩脅かす，変状が進行し機能低下も進行，早急に措置。 A2：将来脅かす，変状が進行し機能低下のおそれ，必要な時期に措置。 B：進行すればAランクになる，監視（必要に応じて措置）。 C：現状では影響なし，軽微，重点的に検査。 S：影響なし，なし。

③　検査において特別な注意を必要とする固有または特殊な特徴を有する橋梁の検査要領と頻度。
④　上記に関する直前の調査日時，その際の所見，検査の結果，対策を講じた場合はその内容。

・橋梁検査を行う者の資格

検査責任者と検査チームの責任者について以下のように規定されている。

[検査責任者]：以下のいずれかに該当すること。
①　登録された技術士（PE）。
②　当該州の法律に基づく資格を有する者。
③　責任ある立場で橋梁検査の実務を10年以上経験し，「橋梁検査官トレーニングマニュアル」の訓練コースを修了した者。

[検査チームの責任者]：以下のいずれかに該当すること。
①　検査責任者に規定されている資格を有する者。
②　実務経験5年以上で，「橋梁検査官トレーニングマニュアル」の訓練コースを修了した者。
③　橋梁安全性検査官のレベルⅢ，もしくはレベルⅣの資格を有する者。

iv)　公認橋梁点検員制度

連邦政府運輸局 FHWA（NHI）では，各地で公認橋梁点検員養成を目的とした講習を行っている。この講習を終了し試験に合格した者が FHWA の公認橋梁点検員として認定される。

v)　点検結果

点検結果は損傷度に応じて以下のようにランク分けされる。

　　　簡易ランク（GOOD～CRITICAL）

　　　詳細ランク（N～0）

表 13-3　損傷ランク

簡易ランク	詳細ランク	健　全　度
GOOD	N	損傷なし。
	9	最上の状態。
	8	最高の状態—注意すべき問題なし。
	7	良好な状態—いくつかの軽微な問題あり。
FAIR	6	十分な状態—構造部材にいくつかの軽微な劣化が発生。
	5	よい状態—すべての一次部材は健全であるが，軽微な断面欠損，ひびわれ，抜け落ち，洗掘が存在する可能性がある。
POOR	4	粗末な状態—進行した断面欠損，劣化，抜け落ち，洗掘。
	3	重大な状態——一次部材に重大な影響を及ぼす断面欠損，劣化，抜け落ち，洗掘。部分的な破壊の可能性あり。鋼部材の疲労亀裂，コンクリートのせん断ひびわれが起こりうる。
	2	危機的状態——一次部材に進行した劣化。鋼部材の疲労亀裂，コンクリートのせん断ひびわれが起こりうる，もしくは洗掘により基礎構造物が移動。詳細な監視がされなければ，調整措置が実行されるまで橋梁を閉鎖すべきである。
CRITICAL	1	緊迫した状態—危機的な構造部材に多数の劣化もしくは断面欠損が発生している，または顕著な垂直あるいは水平移動により構造安定性に影響がある。橋梁を通行止めにし，軽微な修理点検のような調整措置によりもとに戻すことが可能である。
	0	破壊状態—供用不可能。調整措置の範囲外。

(b) ドイツ連邦の橋梁点検

ⅰ) 技術的基準

「道路および付属構造物の監視と検査」DIN 1076（1988）

ⅱ) 橋梁点検制度の概要

・点検種類

以下による。

① 通常維持業務（日常巡回）：4回/年，見回り程度で損傷の記録を行う。
② 〃 （定期巡回）：1回/年，マニュアルに基づく，遠望目視程度の点検。
③ 橋梁点検業務（簡易点検）：1回/3年，近接目視。主要部材，損傷部材に実施。
④ 〃 （主要点検）：1回/6年，近接目視。全部材対象で，評点づけを行う。
⑤ 〃 （異常時点検）：随時，程度に応じ簡易もしくは主要点検いずれか。

・点検技術者の資格

構造物の静力学状態および構造的状態をも判定しうる専門技術者。

・健全度の判定

専門技術者が以下の要領で行う。

① 部材の損傷状況に応じて1〜4の4段階で評価。
② 橋梁全体として1.0〜4.0の31段階で評価。

・橋梁点検員訓練制度

なし。ただし，所見，処方の統一性を維持するためにつねに意見交換を行っている。

(c) イギリスの橋梁点検

ⅰ) 技術的基準

「構造物の点検に関する技術覚書」 運輸省道路管理局

ⅱ) 橋梁点検制度の概要

・対　象

幹線道路の上下部にある橋長3m以上のすべての橋梁。

・点検種類

以下による。

① 表面検査：通常の維持業務における点検。
② 一般検査：1回/2年，遠望目視程度の点検。
③ 主要検査：1回/6年，近接点検相当。近年では簡易な検査等も行われる。
④ 特別検査：特定の部位，損傷を近接して調査・試験を行う。災害時など。

・橋梁点検員訓練制度

なし

(d) フランスの橋梁点検

ⅰ） 技術的基準

「構造物の点検・維持に関する技術指針」 道路交通局

ⅱ） 橋梁点検の概要

・対　象

2m以上の橋梁。約220 000橋。

・点検種類

1979年に政令により定められている。内容は以下による。

① 定期点検

　通常点検：1回/1年，通常の維持補修業務の一環として行う。

　IQOA　　：1回/3年，目視による点検。"調査員"とよばれる専門の技術者が行う。

　IDP　　　：1回/6年，機械を用い大規模構造物を対象とする。

② 異常時点検

③ 詳細調査

④ モニタリング（継続的な監視）

⑤ 追跡点検

　点検結果の評価はSETRAの土木構造物点検マニュアル（IQOA）に定められている。

表13-4　海外の橋梁点検制度

		アメリカ	ドイツ	イギリス	フランス
技術的基準		「橋梁維持検査マニュアル」AASHTO（1978）	「道路および付属構造物の監視と検査」DIN 1076（1988）	「構造物の点検に関する技術覚書」運輸省道路管理局	「構造物の点検・維持に関する技術指針」道路交通局
定期点検の概要	対象	公的道路上の橋長20ft以上の橋梁で総数約577 000橋		幹線道路の上下部にある橋長3m以上のすべての橋梁	橋長2m以上の約220 000橋
	点検種類と頻度	定期点検：点検頻度は2年に一度だが，政府の許可により4年に一度まで延長可能。	簡易点検：1回/3年，近接目視で主要部材，損傷部材に実施。主要点検：1回/5年，近接目視で全部材対象で，評点づけを行う。	一般検査：1回/2年，遠望目視程度の点検。主要検査：1回/5年，近接点検相当。近年では簡易な検査等も行われる。	通常点検：1回/1年，通常の維持補修業務の一環として行う。IQOA：1回/3年，目視による点検。"調査員"とよばれる専門の技術者が行う。IDP：1回/6年，機械を用い大規模構造物を対象とする。
	点検技術者の資格	登録された技術士（PE）他，詳細な規定あり。	構造物の静力学状態および構造的状態をも判定しうる専門技術者。		
	健全度の判定	4種類の簡易ランクと11種類の詳細ランク。	専門技術者が以下の要領で行う。・部材の損傷状況に応じて1〜4の4段階で評価。・橋梁全体として1.0〜4.0の31段階で評価。		
	点検員の訓練制度	FHWA（NHI）主催で，公認橋梁点検員の養成講座が実施されている。	なし。ただし，所見，処方の統一性を維持するためにつねに意見交換を行っている。	なし。	「保守管理技術者研修」が政府と民間によって行われており，研修後には能力を証明する証書が発行される。

・橋梁点検員訓練制度

「保守管理技術者研修」が政府と民間によって行われており，研修後には能力を証明する証書が発行される。

(e)　海外（アメリカ，ドイツ，イギリスおよびフランス）の橋梁点検比較

アメリカ，ドイツ，イギリスおよびフランスの橋梁点検について，その制度に関わるものを整理し**表 13-4** にまとめて示した。

13.2 点検記録

点検記録には，点検方法，各部位の劣化および損傷状態を記すとともに，構造概要，交通量，交差物件，地盤情報等，当該橋梁の周辺状況を記録することが望ましい。これは，橋梁の劣化原因，第三者被害の有無等を判断するための材料とするためである。劣化および損傷箇所はその位置，内容を部材番号や図，写真等を用いて示す必要がある。部材番号は，そのルールを決める必要がある。

橋梁の状態を判定するためには，施工に関する情報が必要になることもある。過去の点検記録を参照することも必要である。必要な情報をすべて含めることは難しいため，点検データの利用目的，利用手法に合致した記録項目を定める必要がある。記録は統一された表現を用いることで，個人の差異が少なくなり，集計処理も容易になる。

この項では**図 13-1～13-9** に点検記録の例を示す。これは，「橋梁定期点検要領（案）」（国土交通省：平成16年3月）に従った点検記録である。また，全国的に整備されているデータベースの例として，国土交通省が整備している道路管理データベース MICHI，財団法人道路保全技術センターが所有する橋梁保全支援システム（平成17年3月時点では橋梁データベース管理システムに移行）を取り上げ，その概要を示す。

点検調書（その１）　橋梁の諸元と総合検査結果

フリガナ 橋梁名	○○ﾊﾞｼ ○○橋	路線名		一般国道○○号　現道	管轄	○○　地方整備局	橋梁コード	====
所在地	自　○○市○○町	距離標	自	123.0 km + 45 m		○○　事務所	調書更新年月日	○○○○年○○月○○日
	至　○○市○○町		至	123.0 km + 73 m		○○　出張所		

供用開始日	昭和63年4月1日	橋長	100.00 m	活荷重・等級	TL-20　1等橋	適用示方書	昭和47年道路橋示方書
上部構造形式	鈑桁橋						
下部構造形式	橋台	備考					
基礎形式	直接基礎						

幅員												
全幅員	11.80m	地覆幅	歩道幅	車道幅・車線		車道幅・車線		歩道幅	地覆幅	中央帯	中央分離帯
有効幅員	10.80m	0.60m	–	–	–	6.50 m	2	2.50 m	0.40m	–	–

交通条件		
調査年	1997年	
交通量	8.833 台	昼間12時間
大型混入率	58.0 %	
荷重制限	t	

総合検査結果

例1：本橋は，竣工後7年経過しており，下部構造において，アルカリ骨材反応が疑われる網目状のひび割れが確認されたことから，アルカリ骨材反応に関する詳細調査を実施する必要がある。なお，ひび割れ幅は小さく，判定区分は「損傷が軽微で補修を行う必要がない」に相当する程度である。

例2：本橋は，竣工後10年経過しており，主要部材については「損傷が認められないか，損傷が軽微で補修を行う必要がない」損傷が局部的に発生している程度であるが，伸縮装置や排水施設の損傷により漏水が生じ局部的な支承の腐食が見られ，「状況に応じて補修を行う必要がある」損傷と判定している。対策に際しては，支承，伸縮装置，排水施設の交換では同様の損傷が繰り返されることが懸念され，伸縮装置を損傷させた根本原因を突き止めた上での対策が必要である。

例3：本橋は，竣工後20年経過しており，「状況に応じて補修を行う必要がある」損傷が局部的に発生し，「損傷が認められないか，損傷が軽微で補修を行う必要がない」程度の損傷が橋梁全体に発生している。また，山間部に架かる橋梁のため凍結防止剤の使用により塩害が懸念される。現在損傷は全体的に軽微であるが，鋼部材及びコンクリート部材共々劣化が促進する可能性があり，凍結防止剤の影響を詳細調査し，対策を検討することが望まれる。

例4：本橋は，竣工後40年経過しており，主桁5本のうち1本に発生している亀裂は「速やかに補修等を行う必要のある」損傷であり，床版のひびわれは「状況に応じて補修を行う必要がある」損傷である。原因は，経年劣化により橋梁全体が老朽化していることに加え，大型車交通量が非常に多い状況から，疲労と推定される。対策に際しては，構造の耐力向上を含めた抜本的な補強を検討する必要があり，主桁と床版の同時対策が望まれる。

図 13-1　点検記録の例（1/9：橋梁の諸元と総合検査結果）

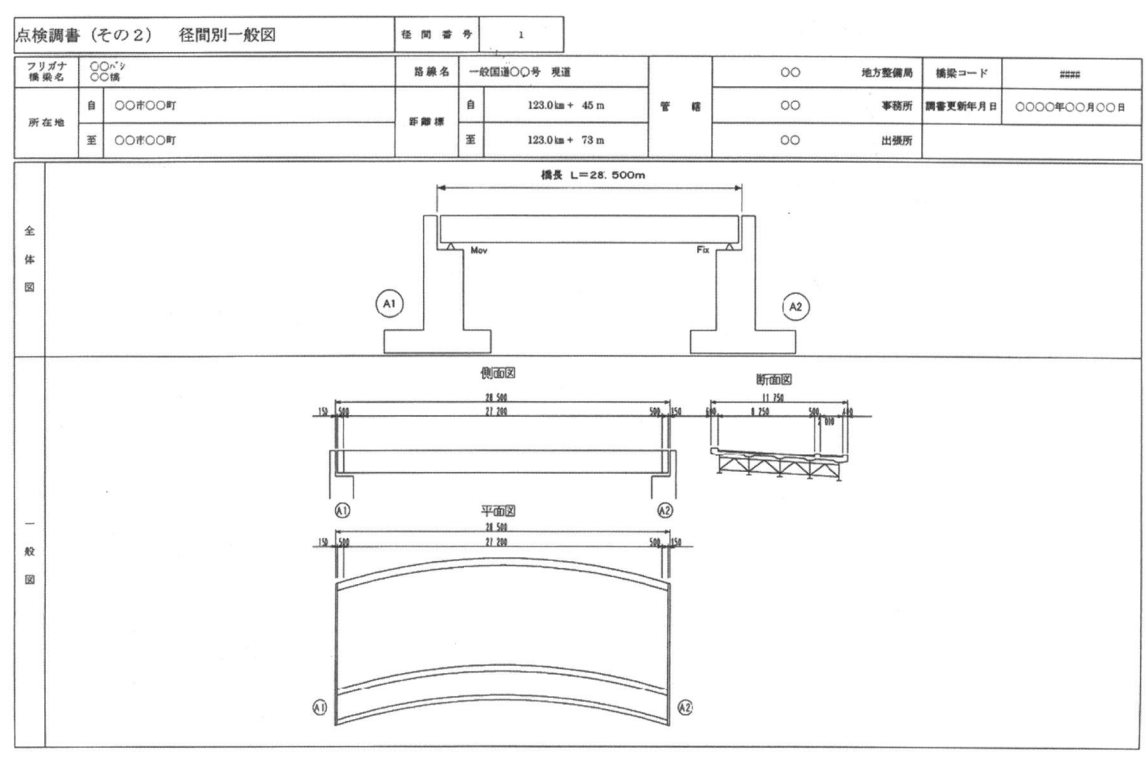

図 13-2　点検記録の例（2/9：径間別一般図）

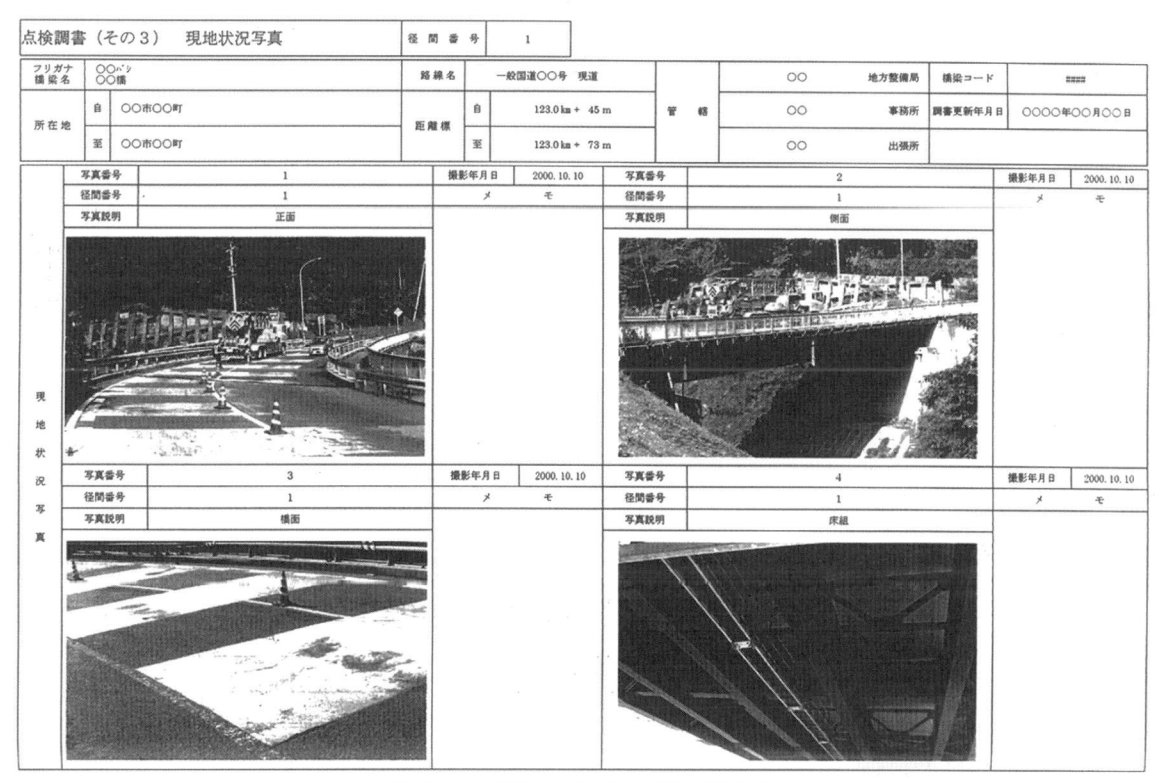

図 13-3　点検記録の例（3/9：現況状況写真）

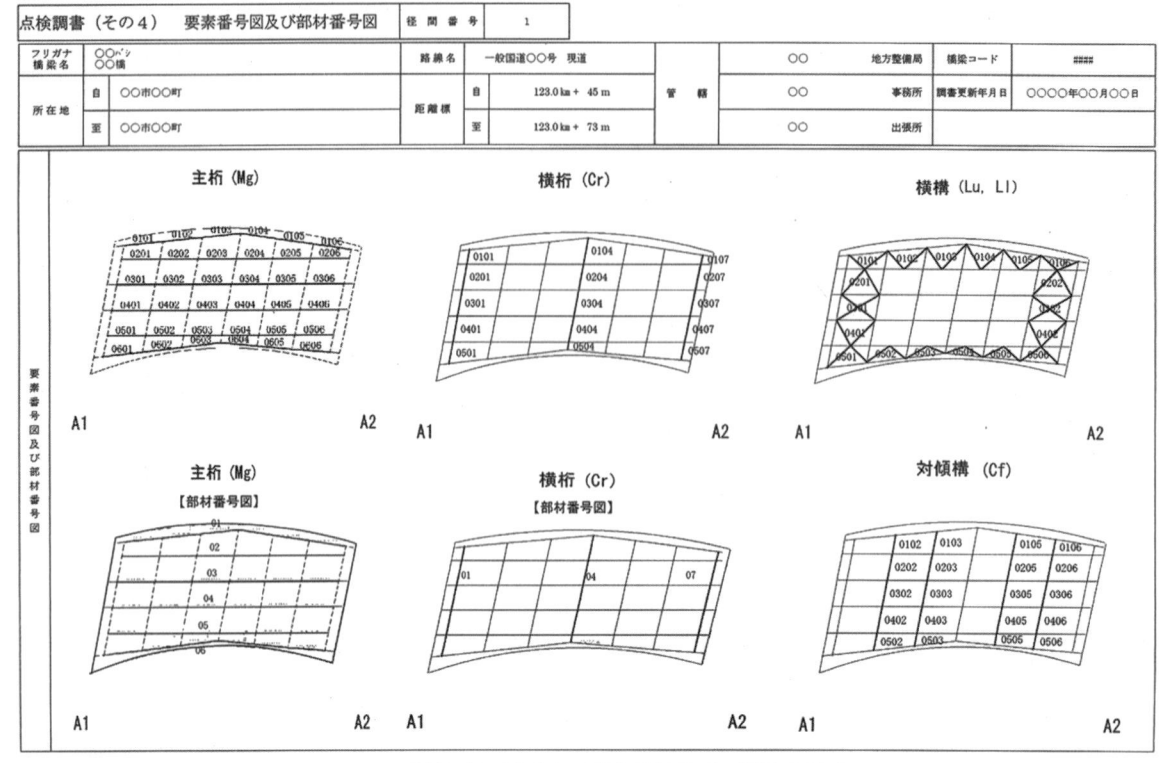

340   第13章　橋梁点検要領と記録

図13-4　点検記録の例（4/9：要素番号図および部材番号図）

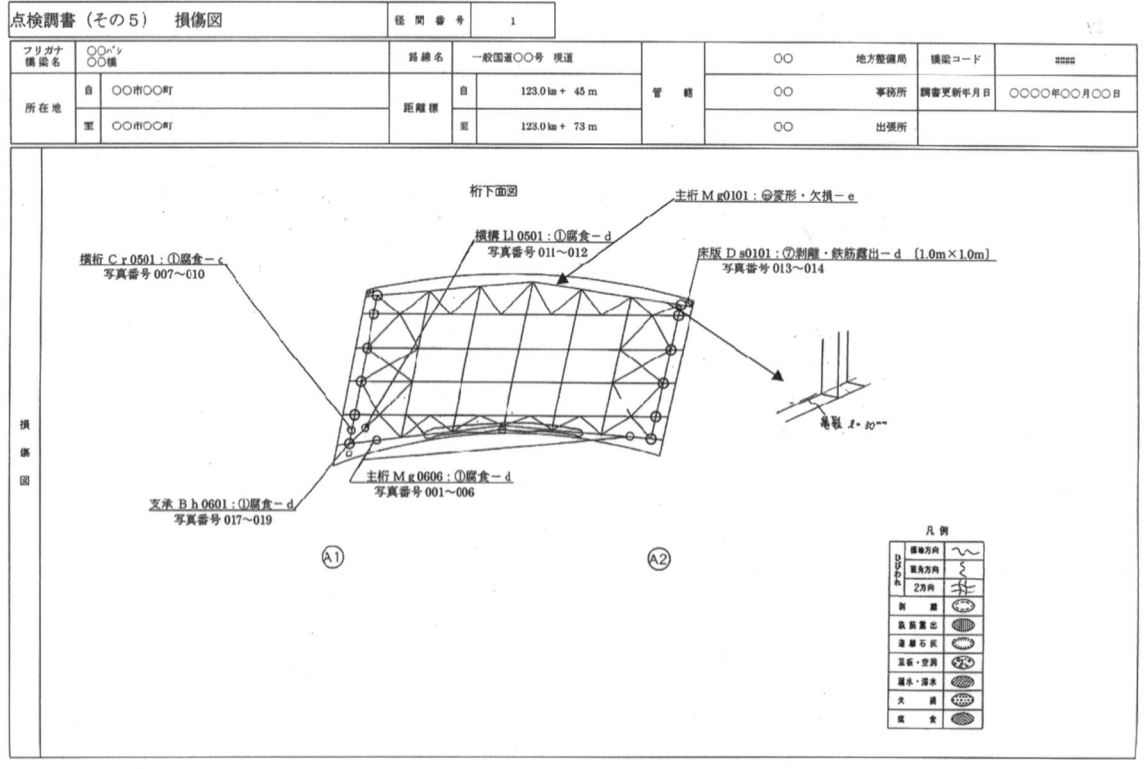

図13-5　点検記録の例（5/9：損傷図）

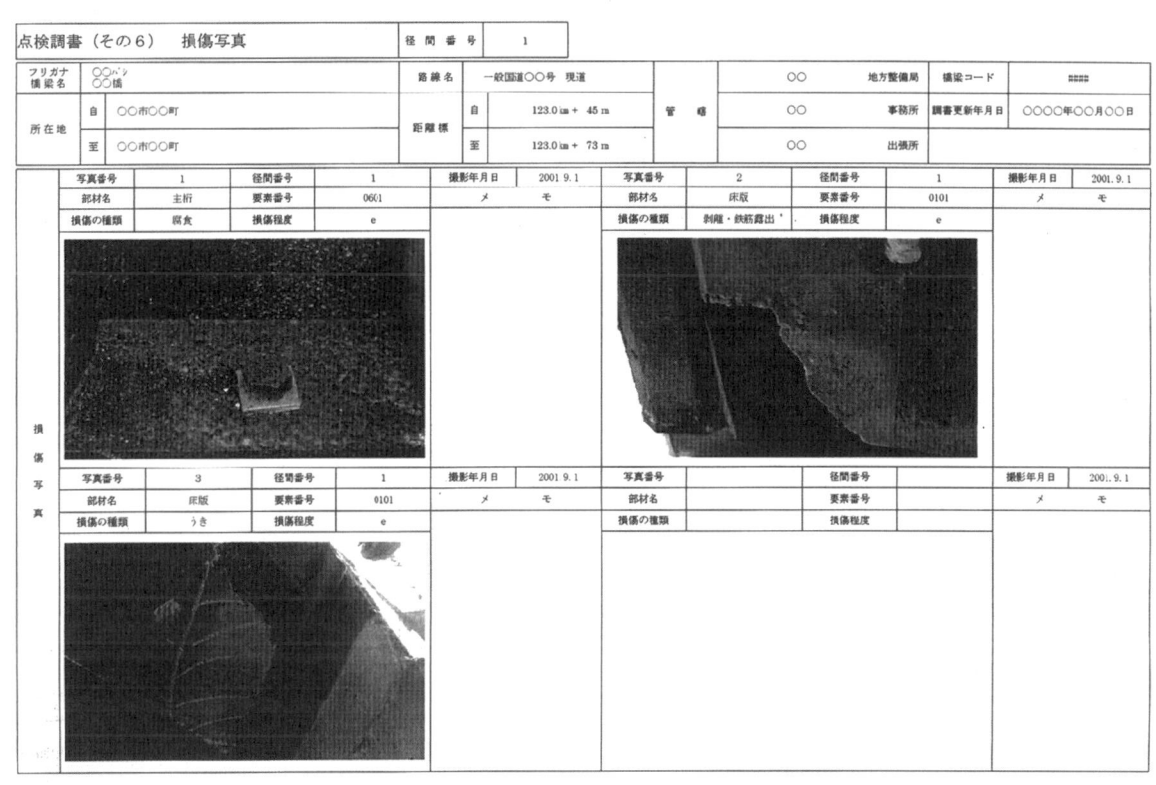

図 13-6　点検記録の例（6/9：損傷写真）

図 13-7　点検記録の例（7/9：損傷程度の評価記入表）

点検調書（その9）　損傷程度の評価結果総括

径間番号	1						
フリガナ 橋梁名	○○バシ ○○橋	路線名	一般国道○○号 現道		○○	地方整備局	橋梁コード ####
所在地	自 ○○市○○町 至 ○○市○○町	距離標	自 123.0km + 45 m 至 123.0km + 73 m	管轄	○○ ○○	事務所 出張所	調書更新年月日 ○○○○年○○月○○日

| 工種 | 材料 | 部材種別 | | | 今回定期点検 | 点検日 | ○○○○年○月○日 | 前回定期点検 | 点検日 | ○○○○年○月○日 |
		名称	記号	部材番号	損傷の種類（程度）			損傷の種類（程度）		
S	S	主桁	Mg	01	防食機能の劣化（e）, 腐食（c）, 亀裂（e）, 変形・欠損（e）			防食機能の劣化（d）		
S	S	主桁	Mg	02	防食機能の劣化（e）, 腐食（c）, 亀裂（e）			―		
S	S	横桁	Cr	01	防食機能の劣化（e）			防食機能の劣化（c）		
S	S	横桁	Cr	02	防食機能の劣化（b）			―		
S	C	床版	Ds	00	床版ひびわれ（c）, 剥離・鉄筋露出（d）, 抜け落ち（e）			床版ひびわれ（b）		
B	S	支承	Bh	00	腐食（d）			腐食（c）		
D	V	排水施設	Dr	00	土砂詰り（e）					

図 13-8　点検記録の例（8/9：損傷程度の評価結果総括）

点検調書（その10）　対策区分判定結果（主要部材）

径間番号	1						
フリガナ 橋梁名	○○バシ ○○橋	路線名	一般国道○○号 現道		○○	地方整備局	橋梁コード ####
所在地	自 ○○市○○町 至 ○○市○○町	距離標	自 123.0km + 45 m 至 123.0km + 73 m	管轄	○○ ○○	事務所 出張所	調書更新年月日 ○○○○年○○月○○日

工種	材料	部材種別			損傷の程度		対策区分						詳細調査の必要性	原因		検査結果
		名称	記号	部材番号	最大	最小	補修等の必要性			維持工事で対応する必要性	緊急対応の必要性			確定	推定	所見
							区分Bの損傷	区分Cの損傷		区分Mの損傷	区分E1の損傷	区分E2の損傷	区分Sの損傷			
									更新			更新				
S	S	主桁	Mg	01	e	c					亀裂				①疲労	疲労による亀裂と推定される。亀裂は下フランジ溶接部に生じており、進行は速く、主桁の破断に至ると橋の耐久性に影響大である。詳細調査により亀裂の延長や内部欠損などの確認を行う。
S	S	主桁	Mg	01	e	d					腐食				⑦その他（化学的腐食）	付着塩分による腐食と推定される。腐食は主桁全体に生じており、進行は速く、主桁の断面欠損に至ると橋の耐久性に影響大である。詳細調査により付着塩分量や残存板厚などの確認を行う。
S	S	主桁	Mg	01	e	e					ゆるみ・脱落				⑦その他（製作・施工不良）	製作・施工不良によるボルトのゆるみ・脱落と推定される。ゆるみ・脱落本数が少ないため、現時点での緊急性は少ない。進行状況が不明であり、年1回程度の追跡調査を実施し、進行状況を把握した上で、必要に応じて対策措置を実施する。
S	S	主桁	Mg	01	d	c	防食機能の劣化								④材料劣化	排水施設の不良、凍結防止剤によって錆が安定しないと推定される。排水の影響により錆の進行が速い。排水施設の補修による錆の安定状況に応じて補修を実施する必要がある。
S	S	主桁	Mg	01	c	c				変形・欠損					⑦その他（衝突）	衝突による変形であることが状況より確認できる。損傷は、進行の懸念はない。局所的であり橋への影響はないと考えられるため、状況に応じて補修を実施する必要がある。
S	C	床版	Ds	00	d	c					床版ひびわれ				⑦その他（設計耐力不足）	設計耐力不足による床版ひびわれと推定される。ひびわれは床版全体に生じており、進行は速く、上部構造全体の剛性の低下に至ると橋の耐久性に影響大である。詳細調査により損傷原因の確認を行う。
S	C	床版	Ds	00	c	c			床版ひびわれ						⑦その他	平均的な劣化による損傷であると推定される。損傷の進行は遅く、状況に応じて補修を実施する必要がある。
S	C	床版	Ds	00	e	a					抜け落ち	○			①疲労	応力鉄筋量が少なく、他の箇所においても損傷がかなり進行しており、このまま放置すると抜け落ちにつながり、床版の耐荷力喪失により構造安全性を著しく損なう可能性があるため、緊急に部材更新（床版打ち替え等の対策）を実施する必要がある。輪荷重による疲労と推定される。
S	S	横桁	Cr	01	e	e	防食機能の劣化								④材料劣化	排水施設の不良、凍結防止剤によって錆が安定しないと推定される。排水の影響により錆の進行が速い。排水施設の補修による錆の安定状況に応じて補修を実施する必要がある。

図 13-9　点検記録の例（9/9：対策区分判定結果）

13.2.1 道路管理データベースシステム（通称，MICHI）

道路管理データベースシステムは国土交通省の道路施設に関する情報を一元管理するためのデータベースシステムである。昭和60年から検討が始まり，平成2年度から本運用されている。当初は汎用計算機を使用していたが，平成8年度からクライアントサーバー方式に変更され，改良型道路管理データベースシステムとなっている。扱うことのできるデータは約4 000項目で，周辺状況（管轄，敷地等），道路状況（規制区間，交通規制等），道路構造（線形，幅員交差点等），道路構造物（橋梁，トンネル等），付属物・付帯施設（防護柵，標識等）に分類される。

平成17年現在，道路管理データベースシステムはGIS（地理情報システム）を使った統合型道路管理データベースシステムに移行しており，橋梁，舗装等，これまで個別に運用されていたシステムが統合されて搭載されている。道路管理データベースシステムの起動画面を**図13-10**に，システムイメージを**図13-11**に示す。

橋梁のデータ項目一覧表を**表13-5**に示す。

道路管理データベースシステムに収められている橋梁データには，点検要領に定められた形式で，橋梁諸元，橋梁点検，補修データが含まれている。

表13-5　道路管理データベースシステムデータ内容（橋梁）

工種		代表的項目
橋　梁	基本諸元	名称，橋梁種別，橋梁区分，総径間数，橋長，橋面積，平面形状
	幅員構成	幅員（車道，地覆，歩道，路肩，中央帯，中央分離帯），車線数
	高欄防護柵	設置場所，高欄，防護柵の別，材質，形式，高さ
	交差状況	架橋状況，交差物名称
	添架物	添架物（種別，寸法，重量，管理者名，本数）
	上部工	平面形状，斜角，伸縮装置形式，構造形式，桁形式，床版，架設年月日，塗装（塗料，面積，年月日）
	下部工	完成年月日，構造造形，高さ，縁端距離，基礎形式，形状寸法
	径　間	支間長，支承構造，落橋防止
	塗装歴	塗装年月日，塗料（プライマー，中塗り，上塗り），塗装面積，塗装色
	点検歴	径間番号，点検種別，点検者，処置，結果
	点検詳細歴	点検種別，部材区分，部材番号
	点検補修	部材区分，部材番号，補修補強内容
橋側歩道橋	基本諸元	名称，橋梁種別，総径間数，橋長，橋面積，平面形状
	幅員構成	幅員（地覆，歩道）
	高欄防護柵	設置場所，高欄，防護柵の別，材質，高さ
	交差状況	架橋状況，交差物名称
	添架物	添架物（種別，寸法，重量，管理者名，本数）
	上部工	平面形状，斜角，伸縮装置形式，構造形式，桁形式，床版，架設年月日，塗装（塗料，面積，年月日）
	下部工	完成年月日，構造造形，高さ，縁端距離，基礎形式，形状寸法
	径　間	支間長，支承構造，落橋防止
	塗装歴	塗装年月日，塗料（プライマー，中塗り，上塗り），塗装面積，塗装色
	点検歴	径間番号，点検種別，点検者，処置，結果
	点検詳細歴	点検種別，部材区分，部材番号
	点検補修	部材区分，部材番号，補修補強内容

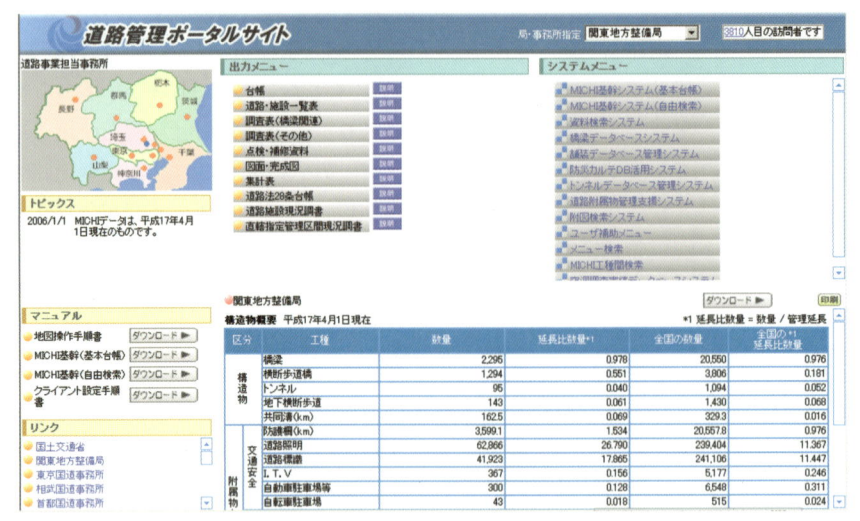

図 13-10　道路管理データベースシステムの起動画面

図 13-11　道路管理データベースシステムのイメージ

13.2.2 橋梁管理データベースシステム

現在，直轄国道の橋梁点検は民間に委託されているが，点検データの入力および報告書作成の支援システムとして「橋梁点検結果等入力システム」が運用されている。

「橋梁点検結果等入力システム」は，国土交通省が管理する橋梁について，点検結果から得られた損傷情報や，実施した補修・補強工事等の情報をデータ化して保有し，維持管理業務の企画運営に資する目的で開発されたシステムであり，以下の5種類の情報をデータベースに入力し，管理する機能を有している。

① 橋梁定期点検結果データの入力
② コンクリート橋の塩害に関する特定点検結果データの入力
③ 橋梁における第三者被害予防措置結果データの入力
④ 補修・補強工事結果データの入力
⑤ 対策区分判定結果データの入力（定期点検以外で行う場合）

このシステムにより作成されたデータは，橋梁管理データベースシステムに取り込まれ，橋梁の点検結果参照システムとして運用されている。

両システムが扱っているデータは，橋梁諸元，点検結果，検査結果，補修・補強工事結果等であり，橋梁諸元は MICHI システムから取り込み，点検結果や検査結果などのデータ入力後，橋梁管理データベースシステム用にデータを出力している。

13.3 点検データの利用

点検データは，補修補強を施すべき橋梁の抽出，補修補強計画策定の資料として利用されてきた。橋梁の老朽化が進み，維持管理費用の増大が予想される現在，より効率的な維持管理，資産としての有効活用が求められており，点検データの重要性は増している。

効率的な維持管理を行うためには，管理橋梁の健全度評価，劣化予測，補修補強判断，補修補強効果の評価，最適補修時期，補修優先順位等を決定する必要がある。これらの決定に必要となるデータは，その利用形態を考慮した仕様を定める必要がある。

資産としてその価値を評価するためには，交通ネットワーク上での価値や，地域経済への効果等考慮すべき便益を決める必要がある。

効率的な維持管理および資産評価を行うためには，多数の管理橋梁に対して検討，試算を行う必要がある。このため，検討，評価手法のシステム化が望まれる。システム化は多数の機関で取り組まれていて，そのすべてを取り上げることはできないが，参考としてそのいくつかの例を表13-6に示し，ここでは，ライフサイクルコストを補修効果の指標とした国土交通省のBMS（ブリッジマネジメントシステム），劣化予測を統計処理したPONTIS，劣化曲線を補修前，補修後，工法別に設定しているJ-BMSを取り上げ，その概要を示す。

表 13-6　維持管理計画および資産評価システム化への取組み例（参考）

検討名	検討機関・検討者・論文名
道路構造物の今後の管理・更新等のあり方　提言	道路構造物の今後の管理・更新等のあり方に関する検討委員会，国土交通省，岡村甫ほか，2003.4
アセットマネジメント	土木学会建設マネジメント委員会アセットマネジメント小委員会
RIMS（道路保全情報システム）	日本道路公団
JH-BMS（日本道路公団）	第25回日本道路会議一般論文集 2003.11，上東泰ほか
コンクリート構造物の劣化診断プログラムの開発	東京大学生産技術研究所_生産研究第55巻第4号，魚本健人ほか
橋梁の補修履歴データによる補修率曲線の同定	土木学会論文集 NO. 735 VI-59 2003.6 原田隆郎
コンクリート橋の維持管理支援システムの研究と開発	コンクリート工学 VOL. 40 NO8 2002.8 江本幸雄ほか
塩害を受ける RC 構造物のライフサイクルコスト算定手法に関する基礎的研究	土木学会論文集 NO. 704 V-55 2002.5 松島学ほか
橋梁部材の資産的評価と橋梁健全度指数の解析	土木学会論文集 NO. 703 I-59 2002.4 大島俊之ほか
塩害劣化環境下にある RC 構造物の維持管理支援システムの開発	コンクリート工学 VOL. 40 NO3 2002.3 安田登ほか
ライフサイクルコスト評価システム	日本材料学会講習会資料，2001.10 前田敏也
北海道の橋梁のユーザーコストの定量化の試みとその利用について	土木学会論文集 NO. 682 I-56 2001.7 杉本博之ほか

13.3.1　橋梁のマネジメントサイクル

　我が国の直轄国道の管理においては，橋梁の諸元データ（架設年，橋長，構造形式，床版厚さなど），環境データ（塩害地域区分，大型車交通量など），補修履歴データ（橋梁の部材毎の補修時期，工法）などについて道路管理データベースが整備されている。また，橋梁については，昭和63年から定期的な点検が実施され，平成16年度以降は5年間隔で詳細な点検が実施されることとなり，橋梁の部材・要素毎の損傷程度，部材毎の対策区分などのデータベース化が進められている。さらに，橋梁補修履歴についても，平成18年から工事成果の電子納品の一部に含まれデータベース化が進められることとなっている。

　これらのデータベースを活用すれば，我が国の道路橋で早急な対策が必要である進行性の損傷（塩害，床版疲労など）について，予防的な対策の実施が可能と考えられる。

　このような効率的な維持管理を実現し，安全な道路交通を確保するためには，定期的な点検の実施，点検結果の記録，補修補強対策の実施，補修履歴の記録のマネジメントサイクルを確立することが重要である。

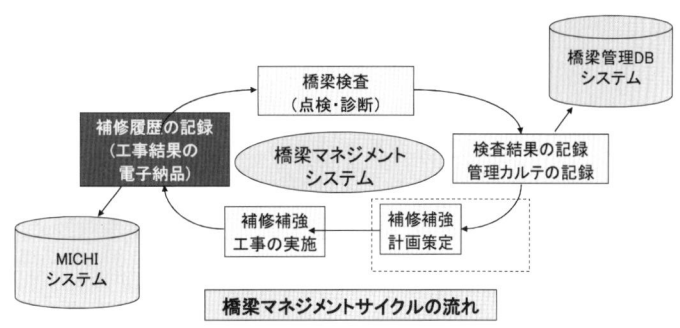

図 13-12 橋梁マネジメントサイクルの流れ

13.3.2 橋梁マネジメントシステム

橋梁の点検結果，諸元，環境，補修履歴データを用いて，橋梁の補修計画の短期計画を策定を支援するツール及び橋梁群に対する中長期のシミュレーションを行うシステムとして，橋梁マネジメントシステムの開発が進められている。

国土交通省では，平成17年度から国道事務所における短期的な橋梁管理計画策定の支援に活用することを目指し試行的に運用している。これは過去の実験や理論に基づいた予測式による劣化予測及び点検結果などから損傷の進行している橋梁を確実に抽出し，進行性の損傷についての予防的な対策を判断するための情報を提供し，さらに構造物保全率などのマネジメント指標を計算することで補修計画策定の意志決定の支援を行うものである。今後，点検結果や対策工法等のデータの蓄積により，システムの向上が図られることが期待される。

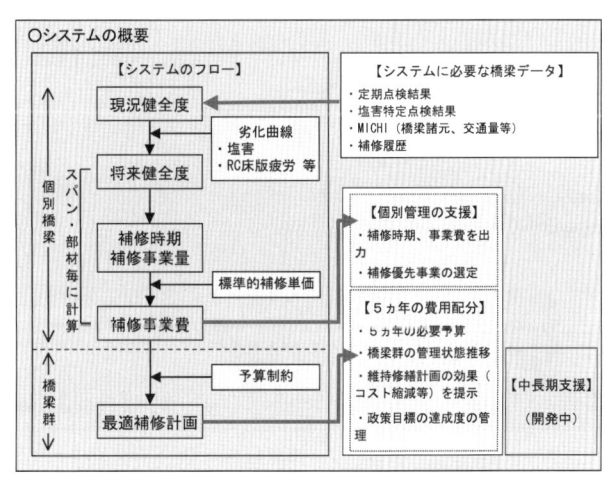

図 13-13 橋梁マネジメントシステムの概要

13.3.3 PONTIS

(1) 概　要

　アメリカ合衆国においては，橋梁点検の結果は各州政府の橋梁台帳等に記録，管理されるとともに，連邦政府への報告が義務づけられている。

　ほとんどの州政府では，この報告の省力化と，維持管理予算の効率的運用，最適な橋梁維持修繕計画の立案を目的に，橋梁マネジメントシステムを利用している。

　その中でも連邦政府運輸局（FHWA），カリフォルニア州等の交通局，米国州有高速道路管理者協会（AASHTO）を中心に開発された"PONTIS"が現在全米約50機関で稼働中であり，日本の北海道もユーザの一つとなっている。調査時（平成15年3月）におけるユーザを**図13-14**に示す。

　"PONTIS"のライセンスはAASHTOware（AASHTOのソフトウエア販売部門）が保有しており，毎年機能向上の開発が進められ，バージョンアップを行っている。なお，調査時における最新版はVer 4.2である。

　また，ユーザに対するサポートとしては，技術的なドキュメントの配布や年1回程度の講習会の実施などを行っている。

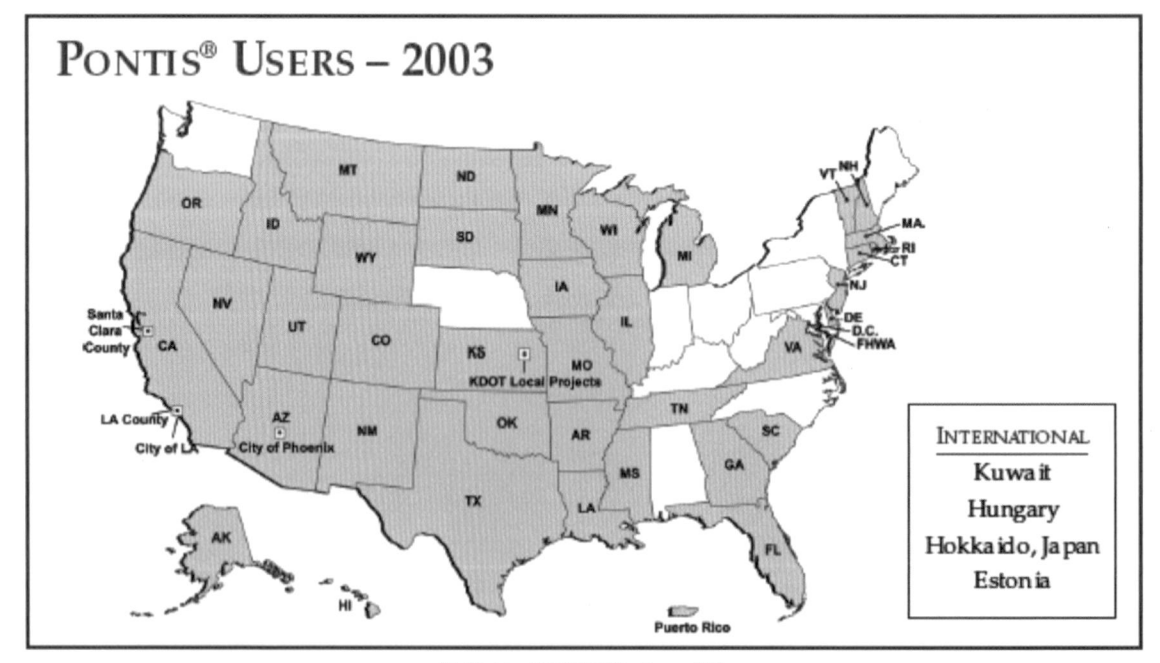

図13-14　"PONTIS"のユーザ[2]

(2) 機能上の特徴

"PONTIS" の機能上の特徴は以下のとおりとなる。

① Windows 上で動作する BMS。
② システマティックな，点検データの橋梁台帳への登録手続きを提供。
③ 将来のメンテナンス必要性を予測。
④ 予算の最適運用計画を決定。
⑤ 維持管理計画の改善。
⑥ 橋梁改良の計画作成。
⑦ 維持管理活動の予測には，損傷劣化予測の手法を利用。
⑧ 予算のシミュレーションには統計的手法を用いた将来予測を利用。
⑨ 維持補修復旧工事の最適化，工事の優先順位のランクづけ。
⑩ マルチメディアファイルの取込み。

"PONTIS" 内部のデータ処理の流れを，図 13-15 に示す。

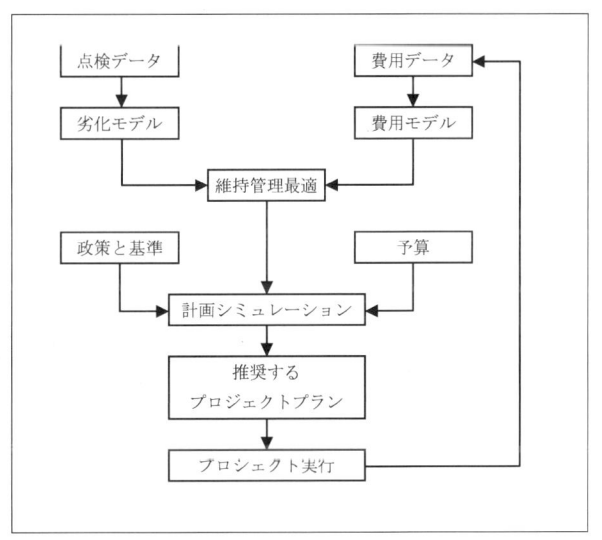

図 13-15 "PONTIS" のモデル化フロー

(3) 操作画面イメージ（※ Ver 3.4.1 のもの）[2]
　(a) 基本画面

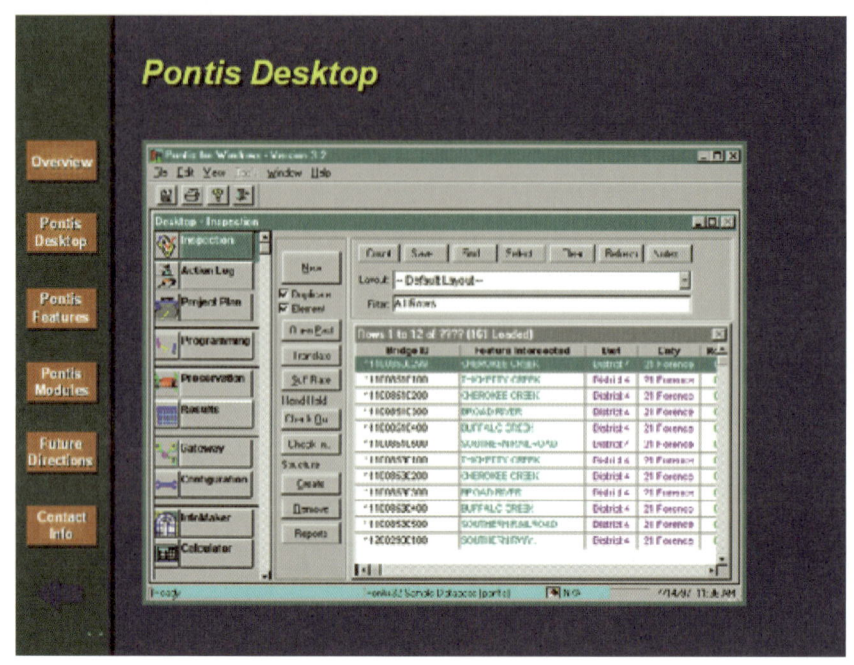

図 13-16

(b) 点検結果入力

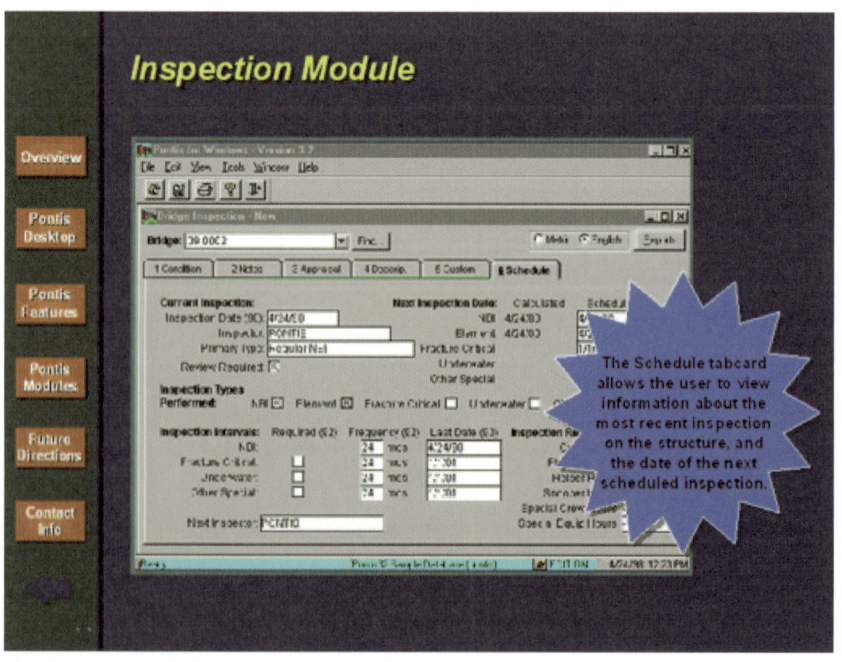

図 13-17

(c) 維持管理計画立案

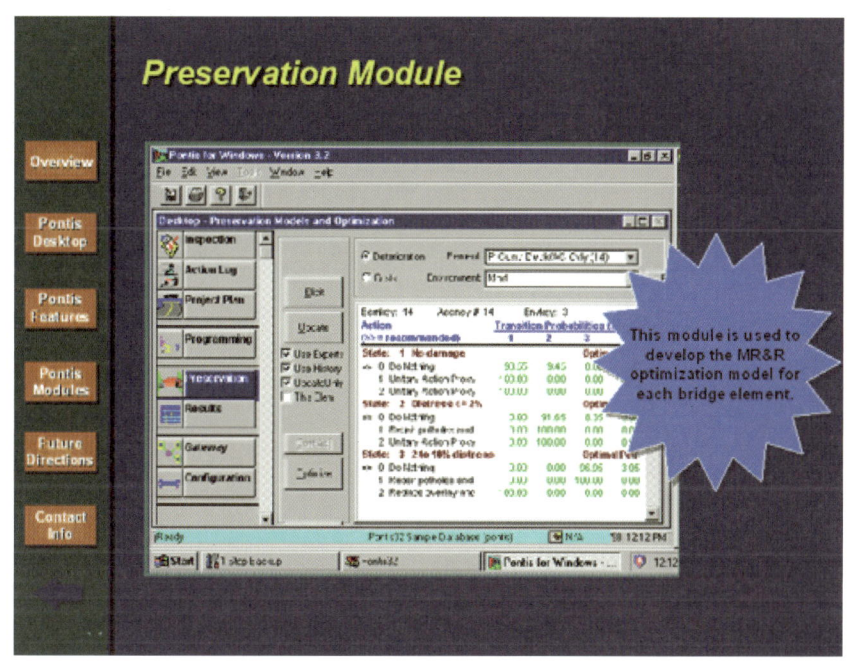

図 13-18

(d) 費用シミュレーション結果

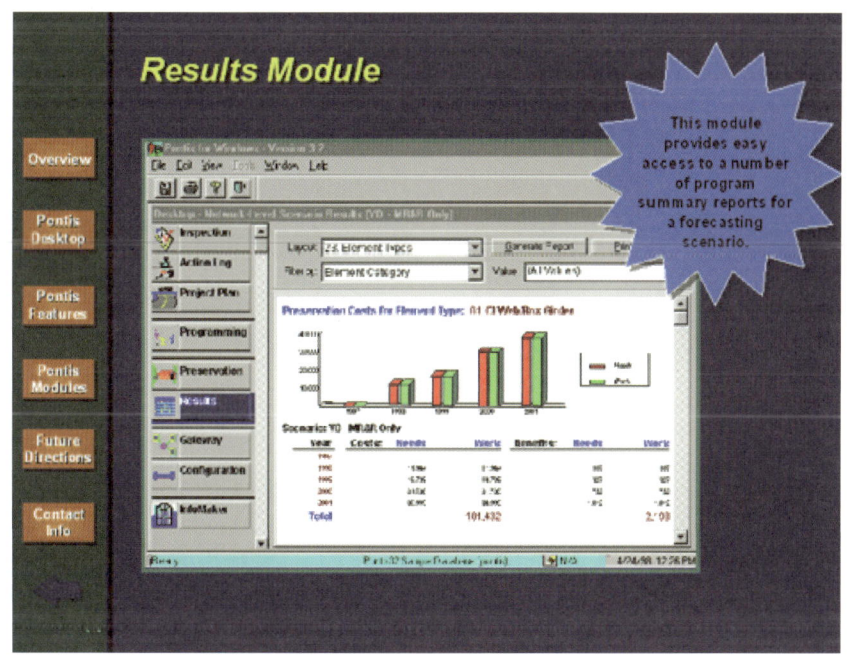

図 13-19

参考文献
1) 国土交通省　国道・防災課,「橋梁定期点検要領（案）」, pp. 1-31, 2004. 3
2) AASHOTO volume 9 "PONTIS Newsletter", p. 8, Spring 2003
3) FHWA, Slideshow Presentation "Pontis for Windows 3.4.1", p. 5, p. 8, p. 20, p. 30

第 14 章　点検に有効な機器

14.1 各種非破壊検査機器の特徴

　検査は維持管理において必要不可欠である。構造物の検査は，目的により経年変化を把握するための日常・定期点検と，補修補強の必要性を検討するための詳細調査に分けられる。日常・定期点検は構造物の外観調査を中心とした手軽に行えるものであるが，一般的に調査面積が広く調査に労力を要するため，機械化・自動化による調査の合理化（調査時間の短縮や省人化）が求められている。一方，詳細調査は破壊検査や非破壊検査によって定量的データを得ることを目的として実施するが，コア抜きなどの破壊検査は精度の高い検査であるものの構造物をきずつけることから追跡的・継続的な実施には不向きである。

　非破壊検査は医療や金属などの分野で進んでおり，レントゲン撮影や鋼構造における超音波探傷はよく知られている。コンクリート分野における非破壊検査の歴史は浅く，そのほとんどが他分野で利用されている技術の応用であり，他分野に比べて利用率が低い。橋梁などの土木構造物における非破壊検査の難しさは，他分野の対象物と異なり，検査対象の面積が広いことと，検査場所が屋外であることが広く普及しない原因となっている。しかし維持管理対象の増加と追跡調査の必要性から，今後，非破壊検査の利用率が増えるものと予想される。

　本章では，今後コンクリート橋や鋼橋の点検および調査で不可欠となる非破壊検査技術を中心に紹介する。

14.1.1　測定項目に対する非破壊検査

　コンクリート橋および鋼橋で利用されている非破壊検査技術を測定項目（目的別）について分類した（**表14-1**および**表14-2**）。

(1)　コンクリート橋

　表14-1，**14-2**の中で特に代表的な非破壊検査手法である超音波やサーモグラフィ，レーダー法等については，次節でさらに詳細に紹介する。

(2)　鋼　　橋

　鋼橋の損傷としては，腐食，亀裂，ゆるみ，脱落，破断，塗装劣化，漏水・滞水，異常音，異常振動，異常たわみ，変形などに分類される。こうした損傷の中で，特に事例が多いものとして，腐食，亀裂，ゆるみ，脱落，破断，塗膜劣化の検査・計測手法を取り上げる。

　また，超音波探傷試験，磁粉探傷試験，浸透探傷試験，渦流探傷試験，超音波厚さ測定，インピーダンス測定については，次節でさらに詳細に紹介する。

表 14-1 コンクリート橋を対象とした非破壊検査技術の一覧[1]

検査対象		検査手法	検査概要
表層部	ひびわれ分布	可視画像	写真などの可視画像からコンピュータでひびわれを抽出する手法。
		レーザースキャン法	壁面から反射したレーザービームの輝度の強弱からひびわれを抽出する手法。
		サーモグラフィ（赤外線）法[2]	壁面の放射熱分布を赤外線カメラで記録し，温度差からひびわれを抽出する手法。
	漏水	サーモグラフィ（赤外線）法[2]	上記のサーモグラフィと同様。
		中性子法	水の水素原子に接触した熱中性子の数の差から滞水場所を抽出する手法。
	うき	サーモグラフィ（赤外線）法[2]	上記のサーモグラフィと同様。
		打音法	ハンマーの打撃音を人の耳で判定する手法。
	圧縮強度	反発硬度法[5]	テストハンマーで表面を打撃した反発硬度から圧縮強度を推定する手法。
		コア抜き法	ボーリングマシンで採取したコアコンクリートの圧縮強度で判定する手法。
コンクリート内部	ひびわれ深さ	超音波法[1]	伝播時間の差および位相変化から幾何学的にひびわれ深さを検知する手法。
		コア抜き法	コア抜きで直接ひびわれ深さを測定する手法。
	空洞ジャンカ	レーダー（電磁波）法[3]	電磁波を内部に発信し，その反射波を信号処理して欠陥を検出する。主に空洞と配筋調査に利用される。
		打音法[6]	コンクリート表面をハンマーなどで打撃した際の音から欠陥の有無を判断する手法。信号処理により定量的に分析する場合もある。
		放射線（X線，γ線）法[8]	放射線を物体に透過させ，投射面の反対側のフィルムに透過画像を映し出し，欠陥を検出する方法。
		超音波法[1]	物体中を伝播し，欠陥など不連続部で反射する超音波を利用して物体内部の欠陥を検出する方法。
		衝撃弾性波法	ハンマーなどでコンクリート表面を打撃して弾性波を発生させ，これを受振子で測定する手法。
	鉄筋位置	レーダー（電磁波）法[3]	上記の電磁波法と同様。
		電磁誘導法[4]	金属は磁束に影響する。この性質を利用して電気的に磁界を発生させ調査する方法。
		放射線（X線，γ線）法[8]	コンクリート中を透過させたX線やγ線をフィルムに投射し，その濃淡から欠陥を検出する方法。
	鉄筋径	電磁誘導法[4]	上記の電磁誘導法と同様。
	鉄筋腐食	自然電位法[7]	コンクリート中の鉄筋表面の電位をコンクリート表面から測定し，鉄筋の腐食程度を推定する方法。
		分極抵抗法[7]	コンクリート中の鉄筋表面の電位を強制的に電気的に変化させ，その変化量から腐食速度を推定する方法。
	PCグラウト	衝撃弾性波法	上記の衝撃弾性波法と同様。
		放射線（X線，γ線）法[8]	上記の放射線法と同様。
		中性子法[10]	中性子は水素原子と接触することで熱中性子に変化する。この熱中性子の量を測定する手法。
	杭の損傷	衝撃弾性波法	上記の衝撃弾性波法と同様。
化学成分	中性化	フェノールフタレイン法[9]	アルカリに接すると赤色するフェノールフタレインを対象面に吹き付け測定する方法。

14.1 各種非破壊検査機器の特徴　355

表 14-2　鋼橋を対象とした非破壊検査技術の一覧[2]

検査対象		検査手法	検査概要
腐食	平面的な大きさ	ノギスによる測定法	腐食の表面的な大きさを測定する。
		レプリカ法	腐食箇所の形状を正確に測定する必要がある場合は、石膏またはシリコン樹脂で型をとり、その型を顕微鏡で撮影し、その写真から正確に読み取る方法。
	腐食の深さ	ノギスのデプスバー (depth bar)	デプスバーの先端は1mm角なので、これより大きな腐食の計測に用いる。
		マイクロメーター	下フランジのように鋼材の断面が測定できる場所に使用する。
		超音波厚さ測定[15]	ウェブ面など鋼材の断面を測定できない場所で用いる。ただし、測定端子が測定部に密着しないと正確に測れないので、表面凹凸の著しい腐食箇所は測定できない。
亀裂	亀裂深さ	超音波探傷試験（UT）[11]	超音波は物体中を伝播し、亀裂や欠陥などの不連続部で反射する性質があり、この性質を利用して物体内部や裏面の亀裂を検出する。
	亀裂の長さ、形状	磁粉探傷試験（MT）[12]	鋼材を磁化させ、これに磁粉を散布する。亀裂があると亀裂のまわりに磁粉が吸引されて、きず磁粉模様が現れて亀裂を検出する。表層や表層付近の亀裂を高精度に検出する。
		浸透探傷試験（PT）[13]	液体にはわれ目や隙間に浸透する性質（毛細管現象）があり、この性質を利用して表面に開口した亀裂を検出する。
		渦流探傷試験（ET）[14]	導電性のある部材の近くに交流を通じたコイルを接近させて渦電流を発生させ、その渦電流の変化を測定して表層部にある亀裂を検出する。
ゆるみ・脱落・破断	ボルト・リベット・支承アンカーボルトなど	たたき点検	点検ハンマーなどでたたいたときの音で判断する。
塗装劣化	塗装劣化に伴い剥離、われ、変色チョーキングなどの状態	インピーダンス測定[16]	塗膜の絶縁性能を電気的に測定することによって塗膜の劣化状態を定量的に判断する。
		クロスカット法	格子パターンが塗膜に切り込まれ、素地まで貫通するときの素地からの剥離に対して塗膜の耐性を評価する試験方法。

14.1.2　各非破壊検査機器の特徴

コンクリート橋を対象として①～⑩、鋼橋を対象として⑪～⑯について紹介する。

① 超音波探傷法（UT）
② サーモグラフィ（赤外線）法
③ レーダー法（電磁波法）
④ 電磁誘導法
⑤ 反発硬度法
⑥ 打音法
⑦ 自然電位法・分極抵抗法
⑧ 放射線法（ラジオグラフィ）「X線・γ線」
⑨ フェノールフタレイン法
⑩ 中性子法
⑪ 超音波探傷試験（UT）
⑫ 磁粉探傷試験（MT）
⑬ 浸透探傷試験（PT）
⑭ 渦流探傷試験（ET）
⑮ 超音波厚さ測定（UM）
⑯ インピーダンス測定

①	超音波探傷法（UT）
対象	内部空隙，ひびわれ深さ，剥離，厚さ，水セメント比の推定，圧縮強度
概要	(a) 超音波探傷法（UT）の原理 　超音波探傷法は弾性波法の一つで，水晶やチタン酸バリウムなどの圧電素子に電圧を加えると振動子が伸縮し，20 kHz 以上の超音波振動が発生する。圧電素子からは縦波と横波が発信されるが，コンクリートなどの固体中の検査に対しては横波を利用する。 　欠陥部の測定は，構造物の表面から内部へ向けて超音波を斜めあるいは垂直に発信し，欠陥で反射された超音波（エコー）の到達時間，波形，周波数および位相などから欠陥を検出する。 (b) 測定方法の例 超音波探傷法の測定例
特徴	①　データをフーリエ解析することで検出精度を高めることが可能となる。 ②　周波数帯を高くすると精度は高まるが，減衰が大きくなり，深部の欠陥は検出できなくなる。一方，周波数帯を下げると深部まで測定可能となるが，精度は低下する。 ③　弾性波法の特徴として，波長の1/2以下の位置は測定できない。 ④　反発硬度法と超音波法の結果を組み合わせることで，コンクリートの材齢初期の圧縮強度の推定も可能となる。
精度	①　伝播速度の測定の場合，主に時間分解能が影響し弾性波速度4 000 m/secにおいては，おおむね10 mm前後の誤差が生じると思われる。 ②　部材厚は，60 cm程度まで測定可能（ただし，周波数帯による）。
適用部位	床版，桁，地覆，高欄など。
留意点	①　超音波は空気層には透過しないため，端子とコンクリート表面はグリース等を介して密着させる必要がある。 ②　結果の判定には経験を要する。

②	サーモグラフィ（赤外線）法
対　象	内部空隙，ひびわれ幅，剥離，厚さ，滞水
概　要	(a) サーモグラフィ法（赤外線法）の原理 　コンクリート中のひびわれや空洞，剥離および漏水などの欠陥は，コンクリート中の熱の移動を妨げる結果，コンクリート表面の温度分布に影響を及ぼす。サーモグラフィ法は，特殊な素子を用いた検出器（赤外線カメラ）でコンクリート表面の温度分布を画像で表現し，欠陥の判定を行う。 (b) 測定方法の例 サーモグラフィ法のシステム例　　　　サーモグラフィ法の測定例[1]
特　徴	① 非接触で一度に広範囲の測定が可能である。 ② 結果は画像で示されるため，判定しやすい。 ③ 表層付近の剥離は，高い精度で検出できる。 ④ 検出精度は赤外線検出素子の性能に依存する。 ⑤ 温風や冷風を強制的に作用させることで，深部の欠陥も検出可能となる。 ⑥ 赤外線センサー（カメラ）は，高価である。
精　度	① 表面の汚れや光沢が，結果に影響する。 ② 弾性波法のように微小欠陥の検出は困難である。 ③ 温度解析などを併用することにより，精度を高めることができる。
適用部位	床版，桁，地覆，高欄など
留意点	① 放射率が高い光沢のある塗装で被覆してある箇所は，サーモグラフィで調査できない。 ② 対象面の汚れも放射率に影響する。 ③ 曇天下のように対象構造物の温度変化が微小な場合は，測定が困難となる。

③	レーダー法（電磁波法）
対　象	空洞，配筋
概　要	(a) レーダー法の原理 　レーダー法は電磁波をコンクリート表面からコンクリート内部に向かって放射し，コンクリートと電気的性質（比誘電率など）の異なる鉄筋や空隙の境界で反射した電磁波を信号処理することで異物や空隙を検出する手法をいう。 　　　［比誘電率の例］ 　　　　　　空気：1，清水：81，コンクリート（乾燥）：10～40 (b) 測定方法の例 埋設調査の場合、周波数は 800MHz～2GHz が使用される。 電磁波法の装置
特　徴	① 超音波探傷のように密着させず非接触で測定できるため，作業性がよい。 ② 周波数が低いほど減衰が小さく，深部の状況を調査できる。周波数は高いほど減衰が大きく，調査範囲は浅い部分に限られる。
精　度	① 5～200 mm 程度 ② 周波数 1 GHz の場合の分解能は，50～100 mm である。 ③ 平面的位置の精度は，±10 mm または ±1.0 % 以内といわれている。
適用部位	床版，桁，地覆，高欄など。
留意点	・鉄筋が手前に存在する場合，鉄筋より奥の欠陥は検出できない。

④	電 磁 誘 導 法
対　象	鉄筋かぶり，鉄筋径
概　要	(a) 電磁誘導法の原理 　導線を円形に巻いた試験コイルに交流電流を流すと，時間的に変化する磁束が発生する。この磁束の作用により鉄筋に渦電流が発生し，磁束が変化する。この磁束の変化を検出して鉄筋のかぶり厚さや鉄筋径を測定する。 (b) 測定装置の例 プローブ（端子）磁束発生 電磁誘導法の装置例[3]
特　徴	① コンクリート表面に端子を接触させる必要があるが，超音波探傷のような接触媒質は不要。 ② 鉄筋などの金属のみ検知可能（空洞や剥離等の探査には使用できない）。
精　度	① 測定深度は，0～220 mm（ただし，深さに適したプローブに交換する）。 ② 密な配筋の場合，周囲の鉄筋の影響を受け，正確な測定ができない。
適用部位	床版，桁，地覆，高欄など。
留意点	・かぶり測定においては高精度化に伴い結束線も検知し，逆にかぶり測定値の誤差が大きくなる場合がある。

⑤	反 発 硬 度 法		
対　象	表層付近の空洞（剝離），圧縮強度		
概　要	(a) 反発硬度法の原理 　一定のエネルギーでプランジャーとよばれるテストハンマーをコンクリート表面に打撃し，テストハンマーの跳ね返り高さ（反発度）からコンクリートの圧縮強度を推定する手法。 (b) 測定機器の例 	部品番号	部品名
---	---
1	プランジャー
2	コンクリート表面
3	ハウジング(N型)
4	指針(N型)
6	プッシュボタン
7	ハンマーガイドバー
8	ディスク
9	キャップ
10	リング
11	カバー
12	圧縮スプリング
13	ハドメ
14	ハンマー
15	小スプリング
16	インパクトスプリング
17	ガイドスリーブ
18	フェルトワッシャー
19	スケール(N型)
20	調整ねじ
21	ロックナット
22	ピン
23	ハドメスプリング | 反発硬度法の機器例[4]		
特　徴	・コア抜きすることなく間接的にコンクリートの圧縮強度をある程度推定できる。		
精　度	・20 cm 以下の薄い部材厚においては，圧縮強度の推定値と実際の強度値との誤差は大きくなる。		
適用部位	床版，桁，地覆，高欄など。 版は 10 cm 以上，柱，梁部材は 1 辺の長さ 15 cm×15 cm 以上 （JIS A 1155　コンクリートの反発度の測定方法）		
留意点	① 対象とするコンクリート強度により，一般強度用と高強度用がある。 ② 材齢，角度などの補正が必要である。 ③ 健全部コンクリート強度によるキャリブレーションが必要である。 ④ 測定結果は，コンクリートの表面状態や乾湿の影響を受ける。		

⑥	打 音 法
対　象	うき，剥離
概　要	(a)　打音法の原理 　ハンマーでコンクリート表面を打撃し，得られた打撃音を耳で判断する手法。 　本手法の原理は欠陥のない健全部においては，ゆっくり振動する（低周波数）ため低い音で聞こえ，剥離箇所では速く振動（高周波数）するので高い音で聞こえる。 健全部の場合　　　　剥離部の場合 低い音（ゆっくり振動）　　高い音（速く振動） 打音法の原理
特　徴	①　簡便に測定できる。 ②　表層付近の空洞（剥離など）の場合，検査と同時に劣化部をハンマーで除去することができる。 ③　表面から離れた深い位置の空洞に対しては，判定の精度は低下する。
精　度	①　表層近傍の剥離については，高い精度で検出できる。 ②　欠陥面積が小さい場合は，見逃すことがある。
適用部位	床版，桁，地覆，高欄など。
留意点	①　局所的な欠陥を探す場合は，打撃間隔を狭くする必要がある。 ②　耳で判定する場合，測定者により判定結果が異なることがある。

⑦	自 然 電 位 法 ・ 分 極 抵 抗 法		
対　象	鉄筋腐食		
概　要	(a) 自然電位法の原理 　コンクリート中の鉄筋表面の電位をコンクリート表面から測定し，鉄筋の腐食程度を推定する方法。鉄筋が腐食しているアノード部の電位は，卑側（－側）に変化することが多い。 (b) 分極抵抗法の原理 　コンクリート中の鉄筋表面の電位を強制的に電気的に変化させ，その変化量から腐食速度を推定する方法。 (c) 測定方法の例 参考：自然電位≦－0.35 V の場合，90 ％以上の確率で腐食あり 自然電位法および分極抵抗法の装置例[5]		
特　徴	・コンクリート中の鉄筋と装置の結束部分のみの局部的なはつりで，鉄筋の腐食程度を推定することができる。		
精　度	・微妙な腐食の場合，測定者により判定が異なる。		
適用部位	床版，桁，地覆，高欄など。		
留意点	① 健全部でのキャリブレーションが必要である。 ② エポキシ樹脂塗装鉄筋などのように塗装された鉄筋の場合，測定できない。 ③ コンクリートは圧縮強度により吸水性能が異なるため，コンクリートの強度を考慮して湿潤状態にする必要がある。 ④ 測定結果は，コンクリートの表面状態，特に乾湿状態の影響を受ける。 ⑤ 照合電極（銅硫酸銅電極，銀塩化銀電極，鉛電極）の種類により，測定電位は異なる。		

⑧	放射線法（ラジオグラフィ）「X線・γ線」
対　象	配筋，空洞
概　要	(a) 放射線法（ラジオグラフィ）「X線・γ線」の原理 　金属やコンクリートを透過する能力がある放射線（X線，γ線など）を用いて，部材の内部欠陥を検出する手法。一般には健康診断で馴染みのあるX線が使用されることが多いが，X線よりエネルギーが高く透過能力の高いγ線を用いることもある。X線は電子の振動に起因するものであるが，γ線は原子核内部の振動によって発生する。測定は部材を透過した放射線の強弱をコントラストで表現し，視覚的に行う。 (b) 測定方法の例（X線の場合） I_0：透過前のX線の強さ I：空洞部の透過後のX線の強さ t：軀体の厚さ d：空洞の深さ μ：減弱（呼吸）係数（材質およびX線のエネルギーによって決まる定数） $$I = I_0 \cdot \exp\{-\mu(t-d)\}$$ X線の測定例[6]
特　徴	① 部材の透過画像なので，第三者でも結果の判定が容易である。 ② 普通強度のコンクリートの場合，350 mm の部材厚まで測定できる。 ③ 点光源からの投射であるため，フィルムに投影される欠陥部は材厚に応じ拡大される。
精　度	・鉄筋の有無は高い精度で検出できる。しかし配筋までは評価できない。
適用部位	床版，桁，地覆，高欄など。
留意点	① 空洞を判定する場合，空洞の位置と空間の大きさを評価するのは難しい。 ② 放射線の照射面の裏側にフィルムを設置しなければならない。 ③ 人体に有害であるため，装置の操作にはX線作業主任の資格が必要となる。

⑨	フェノールフタレイン法	
対　象	中性化深度	
概　要	(a) フェノールフタレイン法の原理 　施工直後のコンクリートは，強アルカリ（pH 12〜13）を示すが，長期間にわたり空気中の二酸化炭素や酸性雨に触れることにより，コンクリートは中性化（炭酸化）していく。 　フェノールフタレイン溶液は，pH 9〜10以上のアルカリに接触すると赤紫色に変色し，アルカリが低下した中性化部においては無色透明となる。このフェノールフタレイン溶液をはつり部やドリル削孔粉，あるいは採取したコアを割裂し，割裂面に噴霧して，中性化の深度を測定する手法。 (b) 測定方法の例 変色部：赤紫色 中性化部：変色なし フェノールフタレイン法の例[7]	
特　徴	・現地で容易に測定できる。	
精　度	・中性化の進行度合い（pH）までは，測定できない。	
適用部位	床版，桁，地覆，高欄など。	
留意点	・はつり，あるいはコア抜きなどの破壊を伴うため，測定箇所数は多くできない。	

⑩	中性子法
対　象	空洞，滞水，PC グラウトの未充填箇所
概　要	(a) 中性子法の原理 　高エネルギーの中性子は水素原子と衝突すると，低速の熱中性子に変化する。コンクリートは成分ならびに含水により多量の水素原子を含んでいるため，中性子がコンクリート中を透過すると熱中性子に変換する。この熱中性子を計数測定器などで測定し，欠陥の有無を判定する。空洞箇所を透過した場合は，水素原子が少ないため熱中性子は少なくカウントされ，健全部においては熱中性子は多くカウントされる。 　こういった性質を利用して，建築分野では漏水探知機としてすでに用いられている。 (b) 測定方法の例 中性子法の例
特　徴	・空洞の有無は判断できるが，空洞サイズの推定は，困難である。
精　度	・測定時間に比例して精度は高くなる。
適用部位	床版，PC シースなど。
留意点	① コンクリートのように水素原子を含む材料の場合，空洞が大きいか，滞水量が多くないと判定は困難。 ② 含水量の多いコンクリートの場合，空洞による熱中性子の減少分は少なく，欠陥の判定は困難となる。

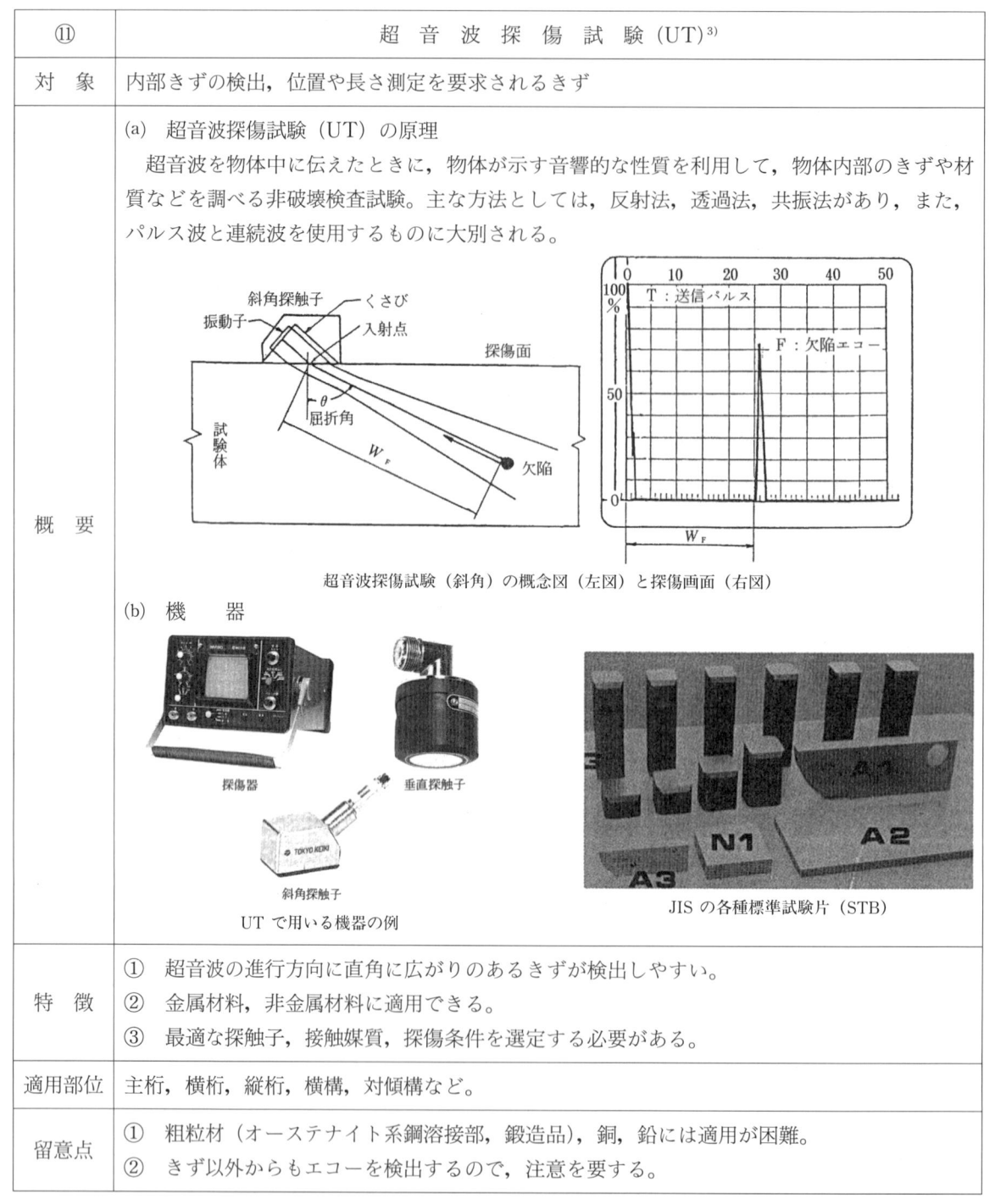

⑪	超 音 波 探 傷 試 験 (UT)[3]
対　象	内部きずの検出，位置や長さ測定を要求されるきず
概　要	(a) 超音波探傷試験（UT）の原理 　超音波を物体中に伝えたときに，物体が示す音響的な性質を利用して，物体内部のきずや材質などを調べる非破壊検査試験。主な方法としては，反射法，透過法，共振法があり，また，パルス波と連続波を使用するものに大別される。 超音波探傷試験（斜角）の概念図（左図）と探傷画面（右図） (b) 機　器 UTで用いる機器の例　　　JISの各種標準試験片（STB）
特　徴	① 超音波の進行方向に直角に広がりのあるきずが検出しやすい。 ② 金属材料，非金属材料に適用できる。 ③ 最適な探触子，接触媒質，探傷条件を選定する必要がある。
適用部位	主桁，横桁，縦桁，横構，対傾構など。
留意点	① 粗粒材（オーステナイト系鋼溶接部，鍛造品），銅，鉛には適用が困難。 ② きず以外からもエコーを検出するので，注意を要する。

注）　上記の「きず」は，鋼構造においては，溶接部の内部きずや亀裂等を表す。

⑫	磁 粉 探 傷 試 験（MT）[4]
対 象	鉄鋼材料を中心とする強磁性体
概 要	(a) 磁粉探傷試験（MT）の原理 　鉄鋼材料などの強磁性体を磁化し，きず部に生じた磁極に磁粉が付着することを利用してきずを検出する非破壊試験方法．試験体に磁束の流れを発生させた場合，表層部に欠陥があると磁束はその部分を迂回して流れ，一部は空気中に漏洩する（図(a)）．このように磁束が空気中に漏洩している部分ではその両側にN極とS極の一組の磁極が生じる．この磁極によってつくられる磁界の中に微細な鉄粉を近づけると，図(b)のように鉄粉は欠陥部両端の磁極に吸着されるとともに相互に吸着しあい，図(c)のように欠陥の幅よりも広い幅の模様を形成する． 磁粉探傷試験の原理図 (b) 機　器 　①探傷試験装置用標準試験片　②磁粉または検査液　③紫外線照射灯（ブラックライト） (a)手動式検査液散布器　(b)ブラックライト：ポータブル型　(c)ブラックライト：据置型 探傷機器例
特 徴	① 表面または表面直下のきずを検出できる． ② 磁粉模様の幅はきずの幅の数倍から数十倍の幅になるので，きずの幅が拡大され，目視で容易にきずの存在を確認できる．
適用部位	主桁，横桁，縦桁，横構，対傾構など．
留意点	① きずの位置，長さ，形状は判別できるが，きずの深さに関する情報は得られない． ② 検査対象は鉄鋼材料を中心とする強磁性体でなければならない． ③ われ状のきずに対して最も有効で，地きずのような線状の表面きずも検出できるが，ピンホールのような点状や丸みを帯びたきずの検出は困難．

⑬	浸透探傷試験（PT）[5]
対　象	表面の開口きず。ただし多孔質は除く
概　要	(a) 浸透探傷試験（PT）の原理 　部材表面に開口しているきずに浸透液を浸透させた後，拡大した像の指示模様としてきずを観察する非破壊試験方法。 (b) 機　器 　①前処理剤　②浸透液　③除去剤　④現像液　⑤ブラックライト (c) 作業手順 　ⅰ) 前処理 あらかじめ試験面の油脂類，水分，錆，ほこりなどの汚れを除去しておく。 　ⅱ) 浸透処理（図(a)） 試験面に浸透液とよばれる液体をしみこませる。 　ⅲ) 除去処理（図(b)） 浸透液が欠陥部に十分浸透したあと，試験面に付着している余分な浸透液を除去する。 　ⅳ) 現像処理（図(c)） 試験面に現像剤を用いて現像処理を行う。 　ⅴ) 観　察（図(d)） 現像処理によってつくられた指示模様を自然光，白色光，または紫外線のもとで観察する。 浸透探傷試験の作業説明図
特　徴	① 表面の開口きずを方向に関係なく1回の操作で検出できる。 ② 多孔質でなければ，金属でも非金属でも適用できる。
精　度	
適用部位	主桁，横桁，縦桁，横構，対傾構など。
留意点	① 前処理，洗浄処理，現像処理に注意する。 ② 15～50℃以外の温度範囲では問題がある。

⑭	渦 流 探 傷 試 験 (ET)[6]	
対　象	導電性材料全般のきずの検出	
概　要	(a) 渦流探傷試験（ET）の原理 　コイルに交流電流を流すと，磁力線が集合して磁束が発生する。この磁束は金属などの導電体に吸収される。その表面には電流が発生する。この現象を電磁誘導作用といっている。導電体の表面にきずがあったり，表面の電気的，磁気的な性質が変化していると，表面に発生している電流が変化する。この現象を利用してきずの試験などを行う非破壊試験方法。 (b) 機　器 　試験コイルを大別すると3種類になる。	渦流探傷試験の原理図 試験コイルの分類
特　徴	① 表層部のきずの検出，材質判別などに適用できる。 ② 導電性の材料に適用できるが，形状が複雑な場合は適さない。	
精　度		
適用部位	主桁，横桁，縦桁，横構，対傾構など。	
留意点	① 探傷試験にあたっては，人工きずを加工した対比試験片が必要である。 ② 対比試験片は試験しようとする試験体と同一ロットのものを用いる。 ③ 試験コイルの指向性ときずを直交させて操作することに注意。 ④ 上置きコイルを用いる場合は，リフトオフの影響に注意。	

⑮	超音波厚さ測定（UM）[7]	
対　象	表面からの板厚計測	
概　要	(a) 超音波厚さ測定（UM）の原理 　測定物の厚さを超音波が往復する時間を測定し，音速で校正して実際の厚さに対応する数値を表示する．超音波厚さ計は，探触子で超音波を送受信する点ではパルス反射式の探傷器と同じだが，音速調整やゼロ点調整を進めやすくした厚さ測定専用器といえる． (b) 機　器 　①超音波厚さ計　②探触子　③接触媒質 　厚さ計用の探触子には2種類ある．保守検査でふつう用いる二振動子探触子は，送信用と受信用の2個の探触子を一つにあわせた構造である．2個の振動子は測定面にわずかに傾いているので，材料中のある深さで反射の強くなるところができる．二振動子探触子は0.1 mm単位で測定する保守検査に使いやすい．特製の一振動子探触子は二振動子探触子が苦手とする薄物や細管の厚さ測定で力を発揮する．	
特　徴	① 片面に探触子を接触させるだけで部材の厚さが測定できる． ② 金属，非金属材の素材や構造物に適用できる．	
精　度	・二振動子探触子は0.1 mm．	
適用部位	主桁，横桁，縦桁，横構，対傾構など．	
留意点	① 腐食部，塗装部，曲面部，高温部では注意が必要． ② デジタル表示の厚さ計では，測定波形に関する情報がないので注意を要する．	

⑯	インピーダンス測定[8]	
対 象	塗装部位全般	
概 要	(a) インピーダンス測定の原理 　塗膜の絶縁性は，塗膜が健全な状態と劣化が進行した状態では変化する。この性質を利用し塗膜の絶縁性能を電気的に測定することで塗膜の劣化状態を定量的に測定する非破壊試験方法。 (b) 機　　器 　①インピーダンス測定器　②アルミホイル　③電解液ペースト，塗布用はけ　④水洗用バケツ，水，ブラシなど (c) 作業手順 　塗膜面上に導電ペーストの付いたアルミ箔を貼り付け，このアルミ箔と金属面を露出させた面とを両極とし，インピーダンス測定器を用いて周波数 0.2, 0.5, 1.0 kHz における抵抗成分と容量成分を測定する。 (d) 評　　価 　ⅰ) $\tan\delta$ による評価 　測定値から $\tan\delta = 1/2\pi fCR$ を計算し，この値が 0.2 以下ならば塗膜の防食性能は保持されると評価する（ただし，π：円周率，f：周波数，C：容量，R：抵抗）。 　ⅱ) 抵抗値による評価 　抵抗値は左肩上がりならば塗膜は健全。 　ⅲ) 容量値による評価 　容量値は，周波数にかかわりなく水平なら塗膜は健全。 インピーダンス測定法の評価	
適用部位	桁，高欄など。	
留意点	・測定時の気温や，温度の影響を受けやすい。	

14.2 新しい非破壊検査機器の紹介

ここでは 14.1 で述べた一般的な非破壊検査以外の新しい非破壊検査技術について概要，特徴等を紹介する。ここで紹介する非破壊検査技術は以下のとおりである。

① 路面点検システム
② 画像処理法（デジタル画像による複合診断法）
③ 赤外線法（デジタルカメラ＋赤外線カメラ）
④ 打撃音法
⑤ 衝撃弾性波法
⑥ コンクリート強度じん性測定法
⑦ 振動測定法
⑧ 地中レーダー法
⑨ デジタルＸ線撮影システム
⑩ 磁歪応力測定法
⑪ 疲労センサー
⑫ 超音波ボルト軸力計
⑬ カラーイメージングソナーによる洗掘調査

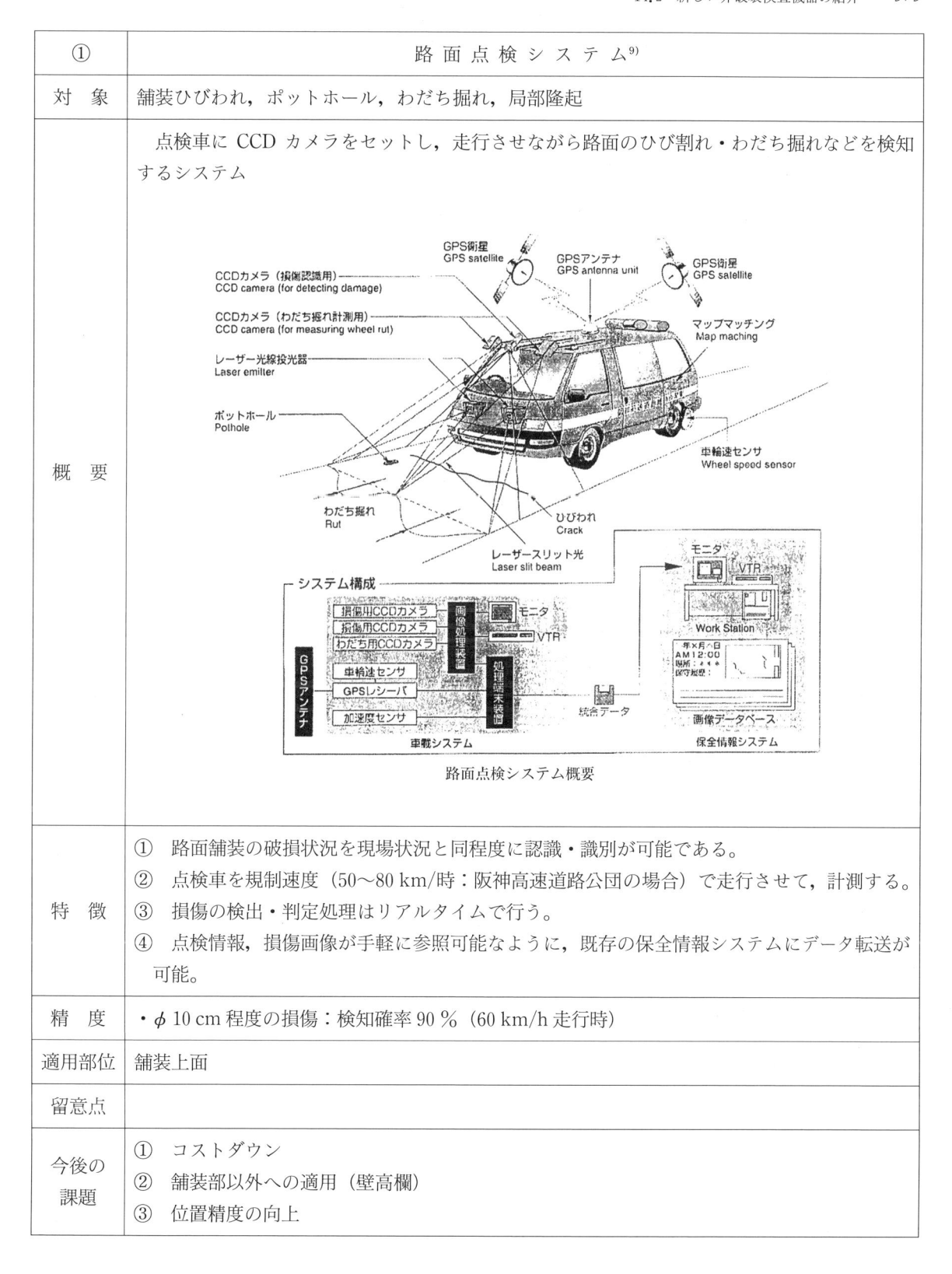

①	路　面　点　検　シ　ス　テ　ム[9]
対　象	舗装ひびわれ，ポットホール，わだち掘れ，局部隆起
概　要	点検車にCCDカメラをセットし，走行させながら路面のひび割れ・わだち掘れなどを検知するシステム 路面点検システム概要
特　徴	①　路面舗装の破損状況を現場状況と同程度に認識・識別が可能である。 ②　点検車を規制速度（50～80 km/時：阪神高速道路公団の場合）で走行させて，計測する。 ③　損傷の検出・判定処理はリアルタイムで行う。 ④　点検情報，損傷画像が手軽に参照可能なように，既存の保全情報システムにデータ転送が可能。
精　度	・ϕ 10 cm程度の損傷：検知確率90 %（60 km/h走行時）
適用部位	舗装上面
留意点	
今後の課題	①　コストダウン ②　舗装部以外への適用（壁高欄） ③　位置精度の向上

②	画像処理法（デジタル画像による複合診断法）[9]
対　象	ひびわれ，剥離，鉄筋露出，遊離石灰，漏水等の表面損傷
概　要	高性能デジタル画像を用いて，コンクリート構造物等の損傷状況を正確かつ効率的に把握する手法である。赤外線法，自然電位法およびレーダー法等といった各種の非破壊検査結果を可視的に統合して，また複合的に診断するものである。 ［作業手順］ ① デジタルカメラで対象物を撮影またはスキャナーで取り込む。 ② 画像処理ソフトで撮影画像を正射投影変換後，損傷部を強制処理。 ③ 損傷部をトレース・計測して，損傷図を作成。 ④ 赤外線画像や他の非破壊検査データを正射投影変換して画像統合。 ⑤ 各種の非破壊検査情報を複合的に解読して劣化レベルを診断。 ⑥ 診断結果をプリントアウトして報告書作成，デジタルデータを保存。 配筋実測結果と 　ひびわれ分布の統合画像 赤外線画像と 　ひびわれ分布の統合画像 実測結果画像例
特　徴	① 正確な損傷図を効率的に作成できる。 ② 足場が不要になり，経費が低減できる。 ③ 現場情報を可視的に共有または再現できる。 ④ データベース化で履歴管理が容易となる。 ⑤ 診断品質が向上する。
精　度	・最小ひびわれ幅は 0.2～0.5 mm 程度。
適用部位	主桁，床版，橋脚，橋台，壁高欄，地覆
留意点	① 対象物までの距離は 2 m 以上 100 m 以下となる。 ② 十分な解像度や画像処理能力をもったデジタルカメラやパソコンを使用する。 ③ 各種の非破壊検査結果とのデータ統合を行うと品質が向上。
今後の課題	・データベースの構築，コストダウン。

③	赤外線法（デジタルカメラ＋赤外線カメラ）[9]
対象	ひびわれ，剥離，うき，空洞，舗装下面の剥離 鋼板接着部，表面被覆の剥離
概要	物体の表面温度を表す赤外線画像からコンクリート構造物の調査・診断を行うシステムである。コンクリートの表層や背面に空隙等の欠陥がある場合，気温や日射等によって加熱・冷却される際の温度差を利用したものである。 ［作業手順］ ① 撮影条件（主として気象条件）を判定，必要に応じて強制加熱処理。 ② 打診や他の方法によって部分検証し，損傷が画像に現れていることを確認。 ③ 赤外線・可視デジタル写真を撮影して記録。 ④ 赤外線画像の差分が必要と判断された場合には，時間を変えて再度撮影。 ⑤ 記録したデータを画像処理（幾何補正・モザイク・合成など）。 ⑥ 画像の判読，損傷の抽出。 ⑦ 結果を出力後，データベースへの記録保存。 使用機器図
特徴	① 対象物に接近する必要がなく，足場等の仮設が不要である。 ② 一度に大面積の撮影ができるため，現場での点検・調査を迅速に行える。 ③ 精度を向上させるため，撮影波長を対象物の赤外線放射特性にあわせられる。 ④ 各種の画像処理によって判断しやすい画像が得られる。 ⑤ 可視デジタル写真との合成によって，温度差の生じない損傷にも適用できる。 ⑥ 鋼板接着，表面被覆部への適用も可能。
精度	① 100 m の距離から 5 cm×5 cm 以上の剥離を検出。 ② 深さ 5 cm までの剥離が対象。
適用部位	主桁，床版，橋脚，橋台，地覆，壁高欄
留意点	① 撮影時にカメラ位置や距離を十分検討する。 ② 損傷部と健全部との温度差が大きくなる時間帯を考えて撮影を行う必要がある。
今後の課題	・データ整理の省力化，検出精度の向上，コストダウン。

④	打 撃 音 法[9]	
対　象	コンクリート構造：ひびわれ，剥離，空洞 鋼構造：ボルトのゆるみ，脱落，ケーブルの緊張不足	
概　要	構造物を打撃して得られる打撃音からその構造物の物性値や形状，欠陥の有無などを検知するものである。音の特性を表す振幅・周波数・位相・減衰といったパラメータに着目して，理論的かつ客観的に分析することが可能である。 ［作業手順］ ①　打撃箇所を清掃し，異物を除去。 ②　打撃箇所のマーキング。 ③　打撃箇所から10 cm程度離れた位置にマイクロホンを設置。 ④　打撃箇所をハンマーで打撃。 ⑤　測定結果をデータレコーダーに収録，FFTアナライザーで分析。 図　使用機器 表　使用機器名称 | マイクロホン （アコー、 7052/4152）	周波数範囲	20Hz～20kHz
	音圧感度	-36dBV/Pa
	ダイナミックレンジ	30～135dB
インパルスハンマー （リオン　PH-51）	電圧感度	3.95pC/N(80Hz)
	ピックアップ静電容量	41.9pF | 打撃音法説明図	
特　徴	①　特殊マイクロホンを利用して，超音波領域での測定も可能である。 ②　作業が簡単で特殊技能を必要としない。 ③　大きなエネルギーを扱うので，等価性が高くなる。 ④　音で測定するため，感覚的に異常や欠陥の有無をある程度は予想できる。 ⑤　一次調査でたたき検査を実施したあとの詳細調査に適している。	
精　度	①　表面から30 cm以内の空洞を検知。 ②　300点／日程度（50 cmメッシュ）。	
適用部位	主桁，床版，橋脚，橋台，壁高欄，地覆，ボルト，ケーブル	
留意点	①　打撃エネルギーが大きい場合，コンクリート表面を破損する恐れがある。 ②　周波数が変化しないように，事前に異物等を拭き取っておく必要がある。 ③　打撃の際，被打撃物とハンマーとの接触時間は可能な限り短くする。	
今後の課題	・ロボット化によるコストダウン。	

⑤	衝 撃 弾 性 波 法[9]
対　象	ひびわれ，空洞，PC グラウト部の空隙
概　要	コンクリート構造物を打撃して発生する衝撃弾性波を深部まで伝播させ，その伝播特性を解析することで形状・損傷の有無を検知するものである。従来のように感覚的ではなく，波形解析を行い理論的かつ客観的に行うことができる。 ［作業手順］ ① 探査機器の運搬・設置および電源の確保。 ② 打撃部を清掃し，測点にセンサーを設置（グリース塗布）。 ③ センサー横を球形ハンマーで打撃。 ④ 波形はオシロスコープを通じてパソコンに記録・保存。 ⑤ 波形解析の実施。 衝撃弾性波法概要図
特　徴	① 複雑な構造物，損傷が深い位置にある場合でも探査が可能である。 ② 打撃エネルギーが大きいため，大寸法の部材測定に適用が可能である。 ③ 作業が簡単であり，熟練工を必要としない。 ④ 使用機器が比較的安価である。
精　度	・打撃点の凹凸によるばらつきがある。
適用部位	主桁，床版，橋脚，橋台，基礎杭
留意点	① 対象構造物の状態，介在する構造物を事前調査によって確認する。 ② 打撃点に凹凸がある場合，測定値にばらつきが生じる。 ③ 反射波の解析には専門的知識を要する。
今後の課題	・精度面の向上，コストダウン，計測データのビジュアル化。

⑥		コンクリート強度じん性測定法[9]
対　象		ひびわれ等によるコンクリート強度不足
概　要		ブレイクオフ法にアコースティックエミッション法を併用したコンクリートの破壊強度ならびに破壊じん性値を評価する試験方法である。ヨーロッパを中心に推奨されていたが，わが国でもコンクリート構造物の物性評価に利用され始めている。 　BO 法と AE 法を組み合わせることにより，より信頼性の高いコンクリート強度を検出することが可能である。 ［作業手順］ ①　コアボーリング（コアビットにより約 7 cm まで掘削）。 ②　BO 試験器，変位計，AE センサーを設置。 ③　BO 試験器による負荷。 ④　破断後のデータ確認・保存。 コンクリート強度じん性測定法概要図
特　徴		①　曲げ強度を直接現場で測定できる。 ②　圧縮強度および弾性係数が評価できる。 ③　AE 特性の評価が可能である。 ④　亀裂に対する破壊抵抗を意味するパラメータ（破壊じん性値等）が測定できる。 ⑤　掘削コアは，通常のコア試験片に比べて小さくなる。
精　度		・適用限界としては最大骨材径は 25 mm 程度。
適用部位		主桁，床版，橋脚，橋台，地覆，壁高欄
留意点		①　骨材径が大きい場合には，データにばらつきがみられる場合もある。 ②　AE データに及ぼすノイズの影響が比較的大きい。
今後の課題		①　低コスト化。 ②　精度の向上。

⑦	振　動　測　定　法[9]
対　象	床版の疲労劣化，耐荷力不足
概　要	車両走行時に道路橋や鉄道橋の床版に生じる振動を床版下面に設置した加速度計によって測定するものである。加速度を計測の対象として，速度および変位は計測した加速度データを数値解析して求める。このようにして得られた波形解析結果から床版の基本的な振動特性を算定する。 ［作業手順］ ①　床版下面への加速度計の取付け。 ②　車両が通過した際の振動をオシロスコープで解読。 ③　振動データをパソコンに記録・保存。 ④　フーリエスペクトル，パワースペクトル解析の実施。 使用機器：加速度計，動ひずみ計，オシロシコープ，パソコン 振動測定法概要図
特　徴	①　加速度計を計測対象とするため，不動点（変位を測定する場合は変位の基準となる不動点が必要となる）を設ける必要がない。 ②　測定のための仮設が比較的簡便である。
精　度	
適用部位	床版
留意点	・床版下面への加速度計を確実に取り付ける。
今後の課題	①　精度面の向上。 ②　客観的な評価手法の確立。

⑧	地 中 レ ー ダ ー 法
対象	コンクリート内の空洞，ジャンカ，剝離（隙間）の探査 鉄筋，PC ケーブル，埋設管の配置状況の探査
概要	本装置は，電磁波を利用した次世代型の地中レーダーであり，コンクリート構造物の内部を三次元的に映像化する装置である。 　従来の地中レーダーでは，一般的に二次元（垂直断面図）の映像までしか提示できなかったが，アンテナ素子をアレイ状に配置し多経路の反射情報を処理することによって，三次元の映像を提示することが可能である。 　鉄筋コンクリート構造物にも適用可能であり，鉄筋以深の空洞，ジャンカ，隙間までも検知可能である。 反射波検知可　　　マルチパス方式模式図　　　　　レーダー部写真
特徴	①　三次元半透明画像で探査結果を表示可能なため，コンクリート内部の認識が容易で，判読に専門的知識，経験を要しない。 ②　1 回の計測で面的な探査が可能となり，従来型レーダーに比べて探査効率の向上が図れる。 ③　従来型レーダーに比べて，分解能に優れ，小さな欠陥や損傷の検知が可能である。 ④　RC 構造物においても，鉄筋以深の探査が可能である。
精度	①　探査深度は，3.5 GHz タイプで 30〜40 cm 程度，5.0 GHz タイプで 20 cm 程度。 ②　5 cm 角程度の空洞，ジャンカ等の欠陥まで検知可能。
適用部位	コンクリート構造物全般（床版，主桁，橋脚，橋台，壁高欄，地覆等）
留意点	①　計測面の表面に鋼板，炭素繊維，水の層がある場合，電磁波が境界面にて全反射されるため，計測不可。 ②　鉄筋間隔が極めて狭い場合，電磁波が撹乱されるため，鉄筋以深の計測が不可。
今後の課題	①　アンテナ装置の軽量化。 ②　壁面や上向き調査に適した機種の開発。

⑨	デジタルX線撮影システム
対　象	コンクリート部材の空洞，ジャンカ，鋼材位置，PCグラウト充填度調査等
概　要	化学反応を利用した従来のX線フィルムに代え，工学分野の応用によりデジタル化したもの。輝尽性蛍光体層からできたIPにX線照射し，専用の読取り装置にて放射線のエネルギーを蛍光として発光させ，これを光ファイバーで集めてコンピュータ画像として合成させる。 入射X線 → 蛍光体($RaFBrI \cdot Fu_2$) → IP保存 → 画像読取り装置 → デジタルデータ システムフロー図　　　読取り装置
特　徴	① 暗室が不要。 ② 現場処理が不要。 ③ 少量のX線で撮影できる（X線フィルムの1/10の照射量）。 ④ 解像度が高い（情報量はフィルムの1 000倍）。 ⑤ 従来と同じ線源を用いる。 ⑥ 半導体レーザービーム径が小さく細かな傷を検出する。 ⑦ 車載型は現場での対応が迅速にできる。 ⑧ 画像はモニター，フィルム，ハードコピー，DVDに写し出すことができる。 ⑨ 報告書作成，保存，検索が電子化できる。
精　度	・情報量はフィルムの1 000倍。
適用部位	桁，床版等
留意点	
今後の課題	① 装置の小型化が必要。 ② 低コストが必要。

⑩	磁 歪 応 力 測 定 法[10]
対　象	鋼部材の応力測定 PC 鋼材の応力測定
概　要	構造物における応力測定はひずみゲージ法によるものが一般的であるが，既設構造物の負荷応力をひずみゲージ法で求めるためには，応力解放作業を伴った破壊検査でないと難しい。本測定法は磁気異方性を利用した応力測定法であり，磁歪センサーを測定対象物上に置いて測定する。 ・透磁率　　　　：$\mu x > \mu y$ ・磁束の大きさ　：$(E1 \to D1 \to D2 \to E2) > (E1 \to D2 \to D1 \to E2)$ 磁歪応力測定法の原理 ウェブ面測定の様子
特　徴	①　非破壊検査手法である。 ②　残留応力を計測することができる。 ③　ひずみゲージのような経年管理が不要。 ④　非接触測定が可能（塗装上測定が可能）。
精　度	・ひずみゲージと同等。
適用部位	鋼橋各部材，PC 外ケーブル
留意点	
今後の課題	・フィールドでの使用，データの蓄積による精度検証。

⑪	疲 労 セ ン サ ー[11),12)]
対　象	鋼橋 繰返し荷重により疲労を受ける部材
概　要	疲労センサーの基本構造はスリット入りの金属箔であり，ある値以上の応力を受けた場合，この金属箔のスリットを起点として亀裂が進展する特性を有しており，この金属箔を接着剤もしくは抵抗溶接にてベース材に貼り付けている。この疲労センサーを繰返し応力を受ける部材にある一定期間貼り付け，センサーの亀裂長さを計測する。亀裂進展長さから疲労センサーの疲労損傷度を求め，続いて間接的に対象部材の疲労損傷度を推定しようとするものである。 疲労センサー概要図
特　徴	①　金属箔の亀裂進展特性を応用。 ②　電源，配線等が不要。 ③　従来のひずみ計測による手法よりも手軽で低コスト。
精　度	・従来のひずみゲージによる応力頻度計測による手法と同等。
適用部位	鋼橋の主桁，横桁，鋼床版等の繰返し応力を受ける部材，鋼製橋脚
留意点	・対象部位に応じた感度レベルのセンサーを選択する。
今後の課題	・センサーの小型化による精度の向上。

⑫	超音波ボルト軸力計[13]	
対　象	鋼橋のハイテンボルトのゆるみ検査	
概　要	ナット対面で超音波の送受信を行い，最短距離の超音波透過パルスを測定することによってボルトの軸力を推定するものである。	
特　徴	① ボルト施工時の初期値を必要としない。 ② 塗装被膜の除去等の特別な前処理不要。 ③ 作業量は400本／日程度。	
精　度		
適用部位	鋼橋接合部	
留意点		
今後の課題	① 精度面の向上。 ② 客観的な評価手法の確立。	

⑬	カラーイメージングソナーによる洗掘調査
対　象	河川，海中の橋脚等の洗掘
概　要	カラーイメージングソナーの構成は，制御／表示装置類と，水中で使用するソナーヘッドの組合せである。橋の高欄にロッドを固定する冶具を設置し，ロッド先端に取り付けたソナーを水中に降ろして計測する。 　ソナーヘッドの計測原理は魚群探知機と同様で水中において超音波を送信し，目標物からの反射を受信するものである。この送受信部がソナーヘッドの端部に取り付けたトランスジューサーであり，一定角度ごと回転走査を繰り返すことによって，河床と橋脚形状を制御／表示装置に，カラー画面で表示する。 洗掘調査の概要図　　　　洗掘調査システム図
特　徴	①　測定作業が橋上で実施でき，作業行動範囲も小さく，安全な測定が行える。 ②　橋梁歩道部を使用することで，交通規制を行わず簡便に測定できる。 ③　河床形状および水中構造物形状がモニタ画面にビジュアルな映像としてリアルタイムに認識でき，最深部の様子が容易に把握できる。 ④　パソコン内に測定データが記録保存されるため，必要に応じて河床形状，洗掘状況等の測定画面の出力が可能。
精　度	
適用部位	河川，海中の橋脚，橋台
留意点	①　調査箇所（対象橋脚）における水深が1m以上あること。 ②　調査時の平均流速は比高差10mにおいて2m/sec以下を目安とする。 ③　高欄天端から水面までの比高差が20m未満であること（範囲外の場合には橋梁点検車，船の応用が考えられる）。
今後の課題	①　機器の操作性向上が必要。 ②　機器の低価格化が必要。

参考文献

1) ㈳日本コンクリート工学協会，「コンクリート診断技術'01 基礎編」，pp. 91-161，2001. 3
2) ㈳日本鋼構造協会，「既設鋼橋部材の耐力・耐久性診断と補修・補強に関する資料集」，㈳日本鋼構造協会，pp. 1-27，2002. 1
3) ㈳日本非破壊検査協会，「非破壊試験入門」，㈳日本非破壊検査協会，p. 32，2002. 6
4) ㈳日本非破壊検査協会，「非破壊試験入門」，㈳日本非破壊検査協会，p. 30，2002. 6
5) ㈳日本非破壊検査協会，「非破壊試験入門」，㈳日本非破壊検査協会，p. 30，2002. 6
6) ㈳日本非破壊検査協会，「非破壊試験入門」，㈳日本非破壊検査協会，p. 31，2002. 6
7) ㈳日本非破壊検査協会，「非破壊試験入門」，㈳日本非破壊検査協会，p. 34，2002. 6
8) 関西鋼構造物塗装研究会，「わかりやすい塗装のはなし」，関西鋼構造物塗装研究会，pp. 253-254，2001. 3
9) ㈶道路保全技術センター，「橋梁点検・補修の手引き［近畿地方整備局版］」，pp. 166-185，2001年
10) ㈳日本非破壊検査協会，「応力・ひずみ測定と強度評価シンポジウム講演論文集（第30回）」，pp. 168-173，平成11年1月
11) 土木学会，第57回年次学術講演会，Ⅰ-295，pp. 589-590，2002年9月
12) 土木学会，第58回年次学術講演会，Ⅰ-441，pp. 881-882，2003年9月
13) ㈳日本非破壊検査協会，「平成10年度秋期大会講演概要集」，pp 119-120，1998.11

第15章　補修・補強

15.1 概説

点検後の評価・判定により補修・補強等の対策が必要と判定された場合には，構造物の現有性能や要求性能のみならず，対策を行ったあとの劣化進行や経済性等を総合的に評価して対策の検討を行い，構造物の性能を維持・向上させる必要がある。対策によって構造物の性能をどの程度向上させるかについては，対策後の劣化による性能低下も考慮して供用期間中は要求性能を満足するように目標水準を設定しなければならない。また，構造物の供用期間中における対策の実施は1回のみとは限らず複数回になることもあるため，施工時の足場等の仮設費用や対策工法の効果・耐久性およびライフサイクルコストについても供用年数に応じて十分考慮する必要がある。

本章は，点検者が補修・補強後の構造物を点検した際，補修・補強を行った目的やその工法，再劣化の原因等についても判定できることを目的としている。そのため，現在実施されている代表的な補修・補強工法の概要を述べるとともに，再劣化を防ぐための施工上の留意点等についても述べている。

15.2 コンクリート橋の補修・補強

15.2.1 補修工法

コンクリート橋の補修は，劣化発生の未然防止や劣化進行の抑制，また，コンクリート片の落下による第三者への影響を排除すること等により，耐久性を回復あるいは向上させることを目的として実施される対策である。

補修においては，事前に設計図書や橋梁の損傷状況を必要に応じて調査し，補修計画を立案するとともに，補修計画に基づいた施工を行い，施工中および施工後に適切な管理と検査を実施しなければならない。材料・施工の管理検査結果から補修計画に従って補修が行われたことを確認するとともに，その結果を記録することが必要である。以下に，現時点における代表的な補修技術の概要と再劣化や施工上の留意点などを述べる。

(1) 補修設計

補修工法は，補修を行う必要がある損傷に対して損傷原因を除去もしくは抑制できる工法を選定しなければならない。代表的な損傷原因に対応した工法は，**表15-1**を参考に選定するとよいが，十分な効果を持続的に発揮できるように計画することが重要である。

コンクリート橋の損傷要因としては，このほかにも凍害や化学的侵食，火害，衝突などもあげられるが，初期欠陥に対するコンクリート表面処理や塩害に対する有害物質除去方法を参考に補修方針とするとよい。

表 15-1 補修方針の選定

損傷原因	補修方針
初期欠陥,施工不良	・ひびわれの補修 ・コンクリートのうき,剥離,鉄筋露出の補修
塩害	・コンクリートの浮き,剥離,鉄筋露出の補修 ・侵入した塩化物イオンの除去 ・補修後の塩化物イオン,水分,酸素の侵入抑制 ・鉄筋の電位制御
中性化	・コンクリートのうき,剥離,鉄筋露出の補修 ・中性化したコンクリートの除去 ・補修後の二酸化炭素,水分の侵入抑制 ・アルカリ供給
アルカリ骨材反応	・ひびわれの補修 ・水分の供給抑制 ・内部水分の散逸促進 ・アルカリ供給抑制

(2) 補修工法

(a) ひびわれ被覆工法

ひびわれ被覆工法は,微細なひびわれ(一般に幅 0.2 mm 以下)の上に塗膜を構成させ,防水性,耐久性を向上させる目的で行われるものである。ひびわれの開閉量が大きい場合やひびわれが進行性でひびわれ幅の変動が大きい場合には,ひびわれの動きに追従できる可とう性のある材料などを用いる必要がある。

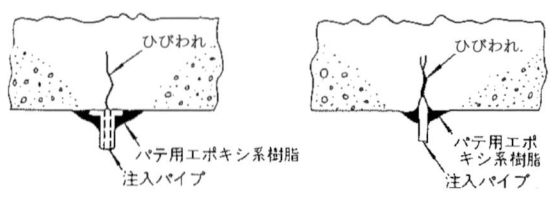

(b) ひびわれ注入工法

ひびわれ注入工法は,ひびわれからコンクリート内部に空気,水,塩化物イオンなどの腐食因子が侵入することを防ぐもので,ひびわれの大きさや深さから評価されるひびわれの規模や,橋梁の使用条件や環境に左右されるひびわれの進展性などに応じた材料や工法を選ぶ必要がある(**図 15-1**)。

ひびわれ注入の材料としては,主にエポキシ樹脂等の有機系,またはセメント系の材料がある。また,エポキシ樹脂注入材等の注入方法としては,注入圧力 0.4 MPa 以下の低圧で,かつ,低速で注入する低圧低速注入工法が主流となっているが,注入箇所が湿潤状態にあると接着不良を起こす可能性があるので,ひびわれが湿潤状態にある場合には,アクリル樹脂系やセメント系の注入材を検討する必要がある。

ひびわれ注入材に要求される性能としては,主に接着強度と付着強度がある。ひびわれ充填の確実性はコア採取などによって確認するのが一般的である。

ひびわれ注入工法における再劣化は,ひびわれに充填した物質の経年劣化というよりは,接着力の低下によるひびわれの再開口あるいは補修部近傍におけ

図 15-1 ひびわれ注入工法[1]

る新たなひびわれの発生という形で再劣化が生じることが多い。したがって，劣化原因を調査によって把握し，適切な計画を立てて再補修を行うことが重要となる。

　(c)　充填工法

　充填工法は，通常，0.5 mm 以上の比較的大きなひびわれ補修に適している工法であり，ひびわれに沿ってコンクリートをV字あるいはU字型にカットし，補修材料を充填する施工法である。なお，ひびわれ注入工法と併用する場合もある（**図15-2**）。

　(d)　表面被覆工法

　表面被覆工法は，コンクリート構造物の表面を樹脂系やポリマーセメント系の材料で被覆することにより，劣化因子（水分，炭酸ガス，酸素および塩分など）を遮断して劣化進行を抑制し，構造物の耐久性を向上させる場合や，美観に配慮する場合などに注目される工法である（**図15-3**）。樹脂系の被覆工法は一般には有機系材料を薄く塗り重ねる工法であり，ポリマーセメント系の被覆工法は前者の下塗りと中塗りにあたる部分を，ある程度の厚みをもった無機系材料の層で置き換えた工法である。表面被覆工では，塗装回数を複数回とし，ピンホールなどの欠陥をなくし，また，膜厚を厚くすることによって，ひびわれ追従性や劣化因子の侵入に対する抵抗性を強化している。塩害を対象にした表面被覆材は，耐塩害性（遮塩性，酸素透過阻止性，水蒸気透過阻止性）や耐候性，耐アルカリ性，コンクリートとの付着性，ひびわれ追従性などに優れた材料を用いる必要がある。また，表面被覆工法は，長期的には塗替えを前提と

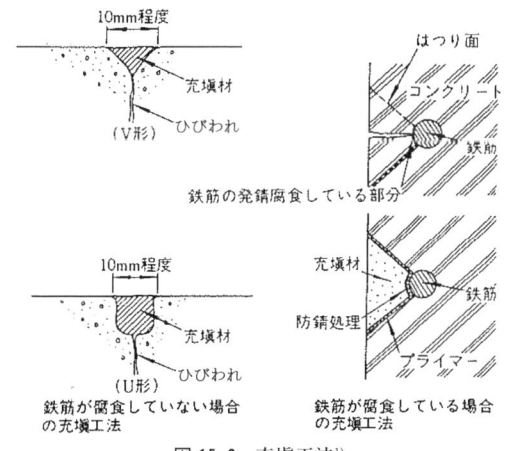

図 15-2　充填工法[1]

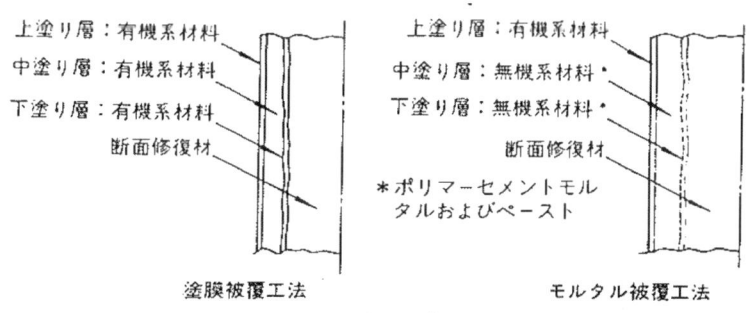

図 15-3　表面被覆工法[1]

するものであるため,再塗装が施工できない部分には採用しないほうがよい。

(e) 断面修復工法（鉄筋防錆工法）

断面修復工法とは,コンクリート構造物が損傷によりもとの断面を喪失した場合や,中性化,塩化物イオンなどの劣化因子を含むコンクリートを撤去した場合の断面修復を目的とした工法である。この工法は,左官もしくは吹付け工法（モルタルパッチング工法）と,プレパックドコンクリート工法に大別される（図15-4）。モルタルパッチング工法は,断面が比較的小さい場合の補修に使われる方法で,断面修復の下地処理後（鉄筋防錆工法の適用後）,修復に適した硬さに練った修復材をへら,こて,手指等で押し付け,断面を修復する工法である。プレパックドコンクリート工法は,欠損断面が大きい場合に用いられる工法であり,断面構造体に型枠を設置し,修復部への粗骨材の充填,注入材の充填,養生脱型の順で行う。鉄筋が腐食している場合の補修では,以下の点に留意しなければならない。

① 腐食した鉄筋の錆を完全に除去する。
② 鉄筋の断面欠損が著しい場合には,新たに鉄筋を追加する。
③ ひびわれが発生していない部分の鉄筋も腐食していることが多いので,その部分も含めて補修する。
④ ひびわれが進行性の場合には,変形追従性が大きい補修材料を用いる。

断面修復材に,ポリマーセメント系補修材のような非導電性の材料で鉄筋の一部を被覆すると,マクロセルが形成されて再劣化（鉄筋の再腐食）が生じる場合があるため,断面修復材にはマクロセル腐食が生じにくい材料を選定することが望ましい。

(f) 電気化学的防食工法

電気化学的防食工法とは,陽極材料からコンクリート中の鋼材（鉄筋,鉄骨,PC鋼材）に向かって,直流の電気を供給することで,直接的あるいは間接的に鋼材の腐食進行を抑制する工法である。表面被覆材に電気的な絶縁性をもつ材料を使用している場合や,断面修復材として樹脂モルタルやポリマー量の多いポリマーセメントモルタルを使用している場合には,電気抵抗性が高いため,その除去が必要となる場合がある。

ⅰ) 電気防食工法

電気防食工法は,主として塩害の補修工法として用いられており,その一般的な方法としては,コンクリート表面に陽極材を設置し,コンクリートを介して鉄筋へ直流電流（$10 \sim 30 \, \text{mV/m}^2$ 程度）を供給することによって,鉄筋の電

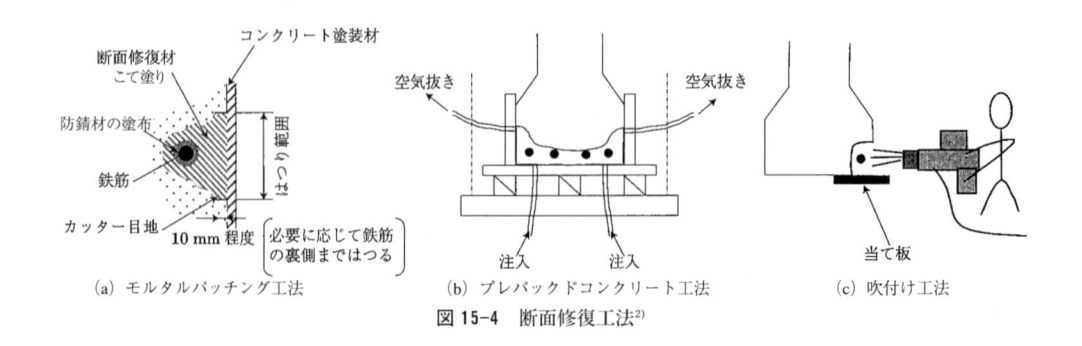

(a) モルタルパッチング工法　　(b) プレパックドコンクリート工法　　(c) 吹付け工法

図15-4　断面修復工法[2]

位を卑方向へ変化させて防食するものである。電流が供給されている限り鋼材の腐食が抑制され，その防食基準は鋼材の電位をマイナス側に 100 mV 以上変化させることが一般的である。維持管理では，陽極材が継続通電により消耗したり，その他の損傷によって破断したりしていないかどうか点検を行うことが望ましいが，直接的な確認が難しいため，定期的に防食電流が適切に流れていることを確認することが最も重要である。

　ii）脱塩工法

　脱塩工法は，塩害に対する補修工法であり，電気防食より大きな直流電流（標準的には 1 A/m²）をコンクリート中の鋼材に向かって流し，コンクリート中の塩化物イオン（Cl⁻）をコンクリート外に電気泳動することによって脱塩する。また，将来，外部から塩化物イオンの侵入がある場合は，必要に応じて表面被覆工法と併用することが適切である。なお，PC 構造物に適用する場合には，PC 鋼材の水素ぜい性が懸念される場合があるため，十分な検討が必要である（図 15-6）。

　iii）再アルカリ化工法

　再アルカリ化工法は，中性化に対する補修工法である。脱塩工法と同様に直流電流（標準的には 1 A/m²）をコンクリート中の鋼材に向かって流すことにより，アルカリ性溶液をコンクリート中の鋼材に向かって電気浸透させる工法である。なお，常時，雨水などが流れる場所においては，コンクリート中に浸透したアルカリ性溶液がコンクリート外に流出してしまう可能性があるため，必要に応じて表面被覆工法と併用することが適切である。

　iv）電着工法

　電着工法とは，主としてひびわれ部の閉塞および表層部の緻密化による補修工法である。直流電流（標準的には 0.5 A/m²）を仮設陽極からコンクリート

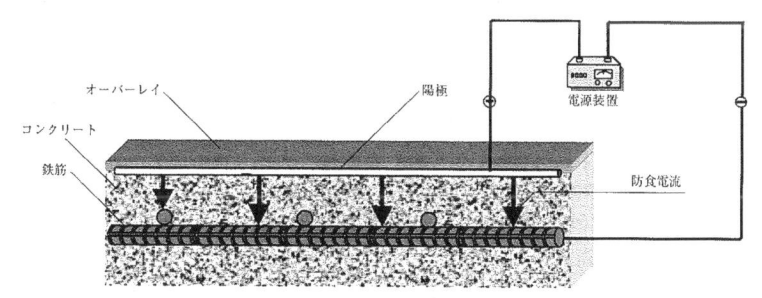

図 15-5　電気防食工法[2]

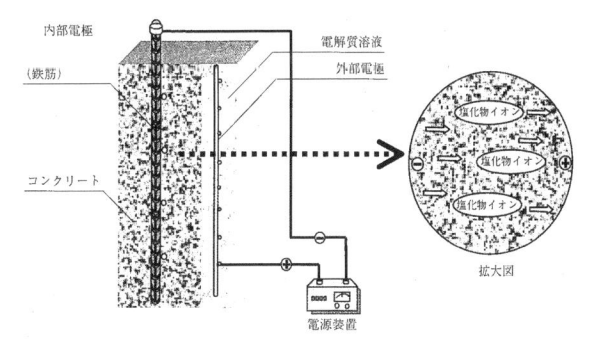

図 15-6　脱塩工法[2]

中の鋼材に向かって流すことにより，電解質溶液（海水）中のCa^{2+}，Mg^{2+}イオン等をひびわれ内部やコンクリート表面に無機質の電着物として析出させ，表層部を緻密化することによって所定の透水係数以下とするものである。

(g) 剥落防止工法

剥落防止工法は，かぶりコンクリートやモルタル片などの剥落による第三者への影響度に関する性能を確保するために行う工法である（**図15-9**）。橋梁の床版下面（張出し床版，水切り部），壁高欄外側などのかぶりコンクリートやトンネル覆工コンクリートが劣化して剥落することを防止する目的で実施する工法である。塗膜に強度と変形追従性をもたせるため，現場でエポキシ樹脂等の有機材料やポリマーセメント系の無機材料を各種繊維シート・ネット（ビニロン繊維，ガラス繊維，炭素繊維，アラミド繊維など）に含浸して，コンクリート表面に貼り付ける。

(3) 補修材料

補修工法に使用される補修材料の種類を**表15-2**に示す。表に示した材料をその成分から大きく分けると以下に示す①有機系材料，②ポリマーセメント系材料，③セメント系材料，④繊維系材料の四つに区分することができる。①有機系，②ポリマーセメント系，③セメント系の材料は，その成分によって基本

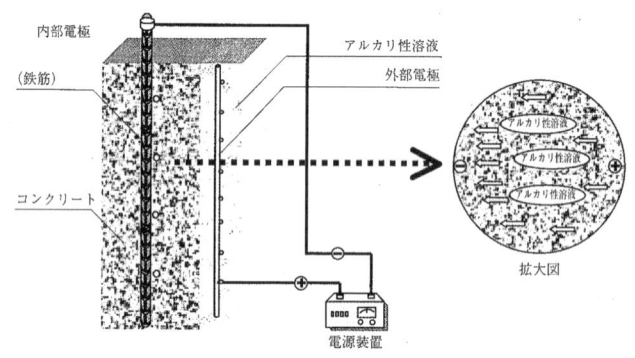

図 15-7 再アルカリ化工法[2]

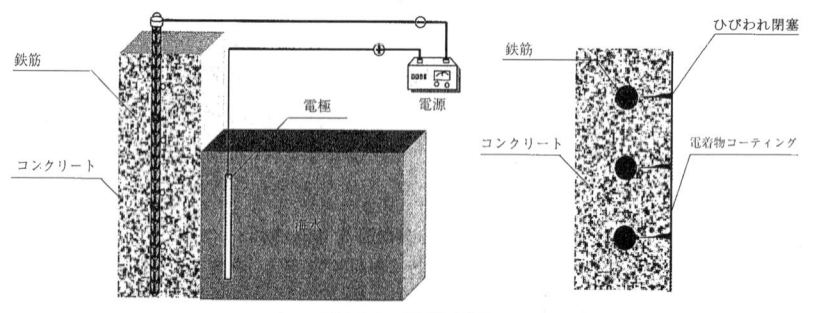

図 15-8 電着工法[2]

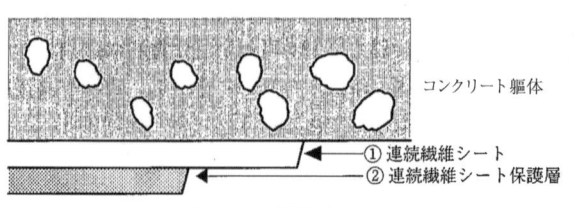

図 15-9 剥落防止工法[2]

表 15-2 各種補修工法別の使用材料の例

補修工法		有機系材料	ポリマーセメント系材料	セメント系材料	繊維系材料	電極，電解質溶液など
ひびわれ補修工法	ひびわれ被覆工法	○	○	○	—	—
	注入工法	○	○	○	—	—
	充填工法	○	○	—	—	—
表面被覆工法		○	○	△	—	—
断面修復工法（鉄筋防錆工法）		○	○	○	○	—
電気化学的防食工法	電気防食工法	△	△	△	—	○
	脱塩工法	△	△	△	—	○
	再アルカリ化工法	△	△	△	—	○
	電着工法	—	△	—	—	○
剥落防止工法		○	—	—	○	—

○：適用，△：補助工法の材料として適用する

的な性質が異なるため，使用に際しては，補修目的や補修材料に要求される性能や使用環境，施工条件などを十分に検討する必要がある．なお，材料に関する詳細は，第4章を参照のこと．

15.2.2 補強工法

コンクリート橋の補強は，橋梁の耐荷力を当初設計の水準まで，あるいはその水準以上に向上させるために実施される対策である．一般的には耐震性の向上を目指す場合や，活荷重が増加するような荷重条件が変化した場合，損傷が進展して耐荷力が低下した場合，あるいは劣化予測によって将来の性能低下の可能性がある場合に補強が行われるが，図15-10に示すような流れに沿って所要の補強水準を定めるとともに，使用材料，補強工法を立案して，補強計画を策定する必要がある．以下に，現時点における代表的な補強技術の概要と再劣

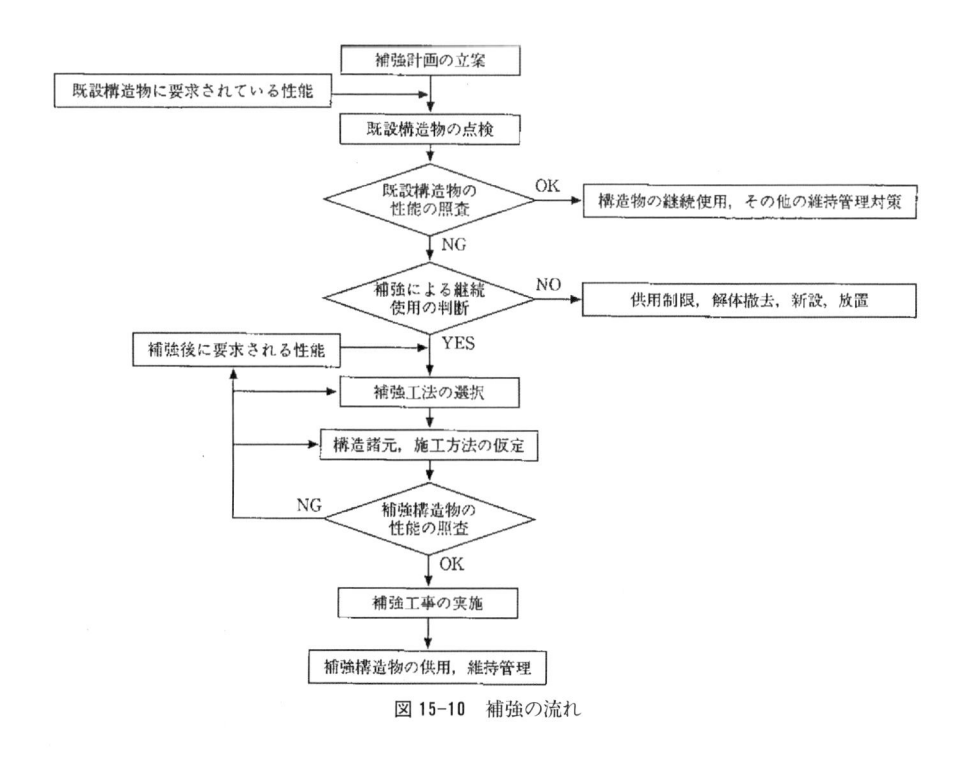

図 15-10 補強の流れ

化や施工上の留意点などを述べる。

(1) 補強設計

補強された断面および部材の耐力算定は，一般に行われている設計法（例えば，許容応力度法や限界状態設計法など）により行う。ただし，構造物の構造形式，部材断面の諸元および使用材料の力学的特性については既設構造物の現状に基づいた適切な設計法を選定して行うことが必要である。通常の耐力算定方法は，曲げ，軸力，せん断およびねじり等による破壊現象の特徴を考慮した仮定に基づいて定められているので，補強後の耐力算定に際しては，これらの仮定が成立するか否かの確認を行うことが必要であり，採用する設計法の特徴を事前に把握しておくことが重要である。

構造物の損傷は，一般に部材の断面急変部など応力が集中しやすい部分に多いが，このような場合の耐力算定においては，実際の現象を精度よく評価することが可能なFEM解析などを用いたり，必要に応じて実験により確認することが必要である。また，不静定構造の場合には，プレストレスによる二次応力，温度変化，コンクリートの乾燥収縮，クリープなどの影響も考慮する必要がある。また，マスコンクリートでは温度応力の影響を，鋼材等の腐食ではその腐食量を適切に設計に考慮する必要がある。

(2) 補強工法

(a) 打替え工法

損傷が著しく耐荷力が不足し，修復が難しい場合にコンクリート部材の一部および全部を撤去して，新しいコンクリートに交換することによって補強効果を上げようとするものである。スラブや壁では実績が多いが，梁や柱でも適用は可能である。道路橋の床版では急速施工の観点からプレキャスト床版による置換え工法もある。

(b) 増厚工法

ⅰ) 上面増厚工法

上面増厚工法は，既設床版上面の切削や研掃等を実施したのち，鋼繊維補強コンクリート等の打設により一体化を図り，曲げ耐力や押抜きせん断耐力の向

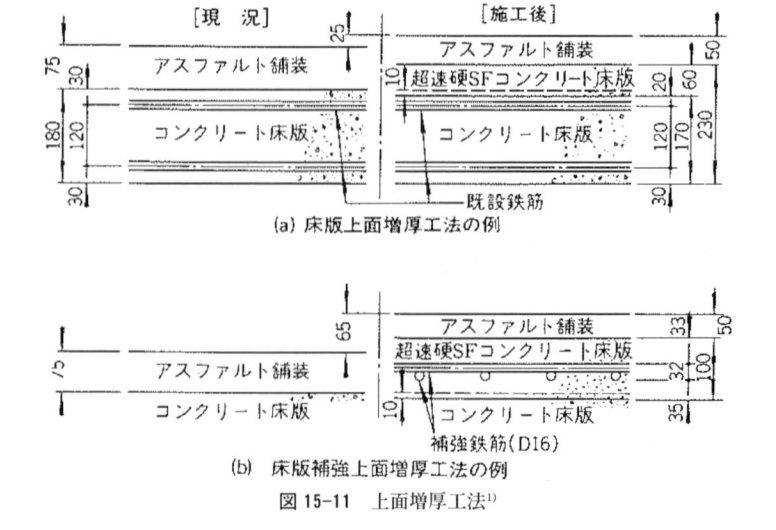

(a) 床版上面増厚工法の例

(b) 床版補強上面増厚工法の例

図15-11 上面増厚工法[1]

上を図る工法である（**図15-11**）。これまで，主として鋼橋のRC床版の補強対策として多く用いられている。一般的には，交通規制を伴うことから，工程を短縮するために超速硬コンクリートを使用し，また，ひびわれ防止対策として鋼繊維を混入し，増厚工事専用のコンクリートフィニッシャーで敷均しから仕上げまでの一連の作業を行っている。

ⅱ）下面増厚工法

下面増厚工法は，既設床版下面や主桁下面に鉄筋などの補強材を設置して，コンクリートもしくはモルタルで一体化し，既設鉄筋の応力やたわみを低減させ，曲げ耐力の向上を図る工法である（**図15-12**）。なお，床版へ下面増厚工法を適用する場合には，橋面防水により床版下面への漏水を防ぐことが重要であるとともに，補強後の点検では，補強部材の剥離や，接着不良を確認するために打音検査などを行うとともに外観状況を観察する。

(c) 接着工法

ⅰ）鋼板接着工法

鋼板接着工法は，コンクリート部材の引張縁等に鋼板をエポキシ樹脂等で接着して，既設部材と一体化させて耐荷力の向上を図る工法である（**図15-13**）。過去の実績も多く，実験，施工試験などの報告によって補強効果が確認されている事例が多い。ただし，施工後の損傷等が外部から観察しにくいこと，浸透した水が滞水し，補強効果が得られないこともあるため，鋼材の防錆対策・水処理対策を十分に行うことが大切である。また，補強後の点検では，補強部材の剥離や，接着不良を確認するために，打音検査などを行うとともに外観状況を観察する。

ⅱ）連続繊維シート接着工法

連続繊維シート接着工法（FRP-Fiber Reinforced Plastic-接着工法）は，コンクリート部材の主として，引張応力や斜め引張応力作用面へ繊維補強材にエポキシ樹脂接着剤などを含浸させながら積層し，コンクリート面に接着させ一体化する工法である（**図15-14**）。繊維補強材には，炭素繊維，アラミド繊

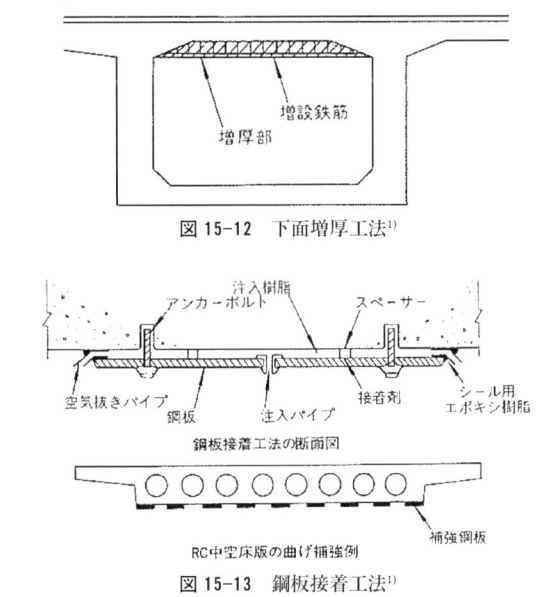

図15-12 下面増厚工法[1]

図15-13 鋼板接着工法[1]

維，ガラス繊維などがある。連続繊維シート接着工法を行う場合には，多積層となる場合の積層数に限界があることに留意して使用することが重要である。連続繊維シートの接着方法として，一定間隔をもって格子状に貼り付けることにより，ひびわれの進展観察が可能となり，部材内の滞水も免れることができる。点検では，鋼板接着工法の場合と同様に，補強部材の剥離や，接着不良を確認するために，打音検査などを行うとともに外観状況を観察する。

(d) プレストレス導入工法

プレストレス導入工法は，コンクリート部材に緊張材（鋼材もしくは連続繊維補強材）を配置してプレストレスを導入することによって，コンクリート部材の応力状態を改善し，曲げ耐力あるいはせん断耐力を増加させる工法である（**図15-15**）。外ケーブル補強を行った場合の点検においては，大きな力が作用する定着具および偏向部（デビエーター部）に損傷が生じていないか確認を行うとともに，外ケーブルの外套管に亀裂などの損傷が生じた場合には，外ケーブル（鋼材）の防食性能が著しく低下し，耐久性・耐荷性を著しく低下させることとなるので，十分に点検を行う必要がある。

また，最近では連続繊維シートやプレートを緊張してからそれらを接着することで，上部工の補強を行う方法も提案されている。

(e) 連続化工法

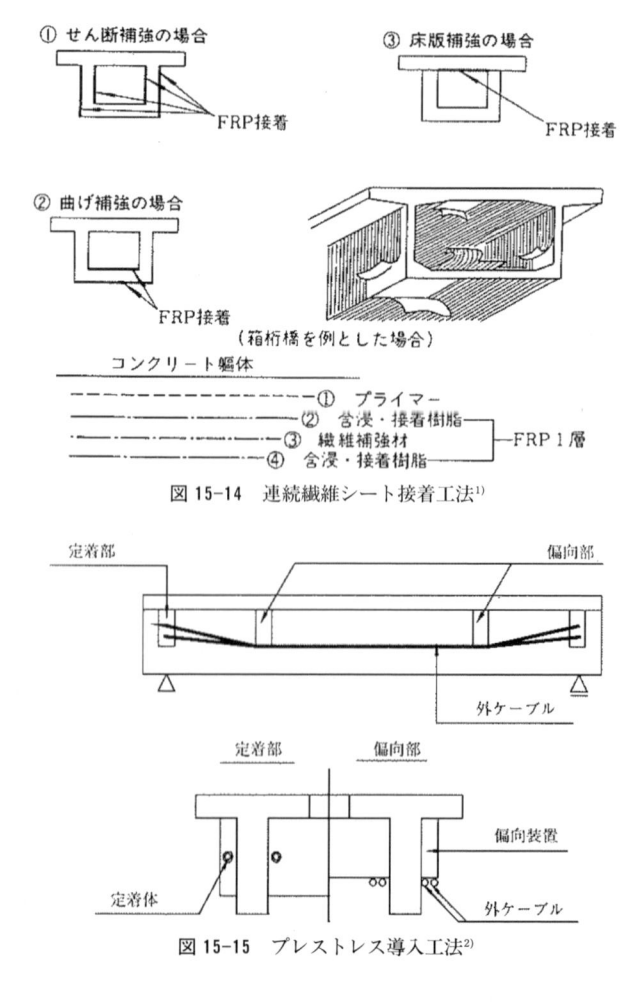

図 15-14 連続繊維シート接着工法[1]

図 15-15 プレストレス導入工法[2]

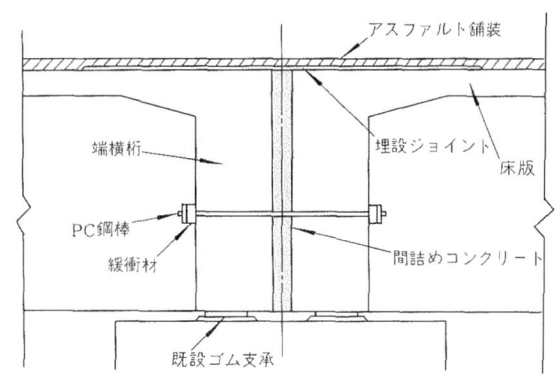

図 15-16　連続化工法（PC 桁横桁連結工法）[3]

　連続化工法は，隣り合う既設単純桁の主桁や床版等を連結し，互いの桁端に生じる相対変位を拘束することにより，伸縮装置をなくして路面を連続化する工法である（**図 15-16**）。この工法は，これまでの単純桁として設計されていた部材を連結するため構造形式が変化し，連結部付近の主桁や床版および橋脚等に対して付加的な断面力や応力が生じる。この工法においては，いかに既設部材に対して影響を与えずに桁相互を連結するかが重要になってくる。

(3) 補強材料

　補強工法に使用される材料の種類を**表 15-3** に示す。補強材料を選定する際には，補強の目的，補強工法を考慮し，適切な材料を選定する必要がある。補強材料を大別すると，①鋼材，②有機系材料，③ポリマーセメント系材料，④セメント系材料，⑤繊維系材料に分けられる。なお，材料に関する詳細は，第4章を参照のこと。

表 15-3　各種補強工法別の使用材料の例

補強工法	補　強　材　料
打替え工法	鉄筋，セメント系材料，鋼繊維，ポリマーセメント系材料，繊維系材料，あと施工アンカー
増厚工法（断面の増加工法）	鉄筋，セメント系材料，鋼繊維，ポリマーセメント系材料，繊維系材料，あと施工アンカー
接着工法（接着補強）	鋼板，繊維系材料，有機系材料，あと施工アンカー
プレストレス導入工法	PC 鋼材，繊維系材料，定着具，グラウト材，鉄筋，セメント系材料
連続化工法	PC 鋼材，鉄筋，セメント系材料，あと施工アンカー，埋設ジョイント，アスファルト舗装

15.2.3　事　例

　電気防食工，FRP 補強工，剥落防止対策工，外ケーブル工の事例を示す。

事例―1：電気防食工，FRP 補強工（床版・主桁）

（1） 橋梁概要
- 橋長：21.000 m
- 径間割：2@9.890 m
- 構造形式　上部：2径間単純 RCT 桁
- 建設年：昭和36年

（2） 損傷の概要

床版下面・主桁底面側面に鉄筋に沿ったひびわれが多くみられ，一部はかぶりコンクリートの剥離を伴っていた。また，錆汁は全体的にみられ内部鉄筋の発錆が認められた。

海岸線から 250 m，東北地方の日本海側，地域区分B，対策区分Ⅲ（「道路橋の塩害対策指針（案）」より）

（3） 対策の考え方
① 塩害による損傷の停止・抑制
② 床版の疲労耐久性向上

塩化物イオンの測定結果をもとに，フィックの拡散方程式により塩化物イオンの10年後における拡散予測を行った。拡散予測から，現時点で保護塗装により外部からの塩化物イオンを遮断しても鋼材位置における塩化物イオン量が発錆限界値を下回らないことがわかり，電気防食工法を採用することとした。

また，本橋はB活荷重対応路線であるため配力筋等が不足している床版を補強する必要があり，各種補強工法の中から維持管理の不要な炭素繊維シート接着工法を採用した。

（4） 実施した対策工
- 電気防食工：197 m²，炭素繊維シート接着工：58 m²

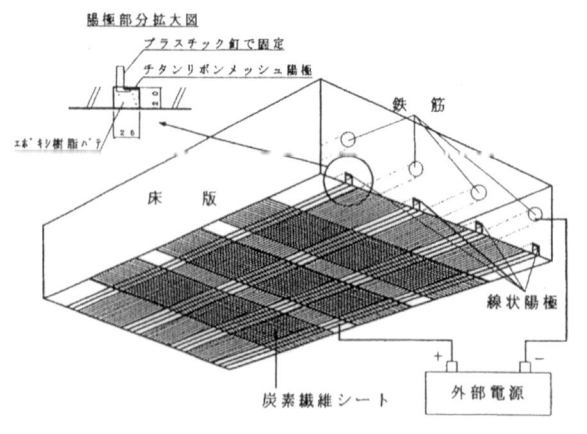

線状陽極方式と炭素繊維シート接着工法の併用

下地処理工→　断面修復工→　電気防食工→　炭素繊維シート接着工

出典：(財)道路保全技術センター 道路構造物保全研究会，「道路構造物の補修・補強工法事例集」，（平成14年度報告書）

事例―2：剥落防止対策工（床版・主桁）

（1） 橋梁概要
- 橋長：81.000 m
- 径間割：13@6.200 m
- 構造形式　上部：RC 連続ラーメン橋
- 建設年：昭和40年

（2） 損傷の概要
　主桁底面側面・床版下面の一部に鉄筋露出・錆汁の流出跡がみられ，鉄筋露出部ではかぶりコンクリートの剥落跡が認められた。

　たたき点検の結果，錆汁の流出箇所ではかぶりコンクリートのうきが認められ将来的な剥落が予想された。

　以上の損傷は主桁ではスターラップの配置方向であり，鉄筋探査の結果スターラップのピッチであることが，また，床版では主鉄筋の配置方向であり，主鉄筋のピッチであることが確認された。

（3） 対策の考え方
　都市部の橋梁であり外部塩分による塩害等の損傷原因は考えられない。また，鉄筋露出部でのかぶり厚を測定した結果，かぶり厚は0～10 mm 程度であることから，配筋のかぶり厚不足が原因であると判断した。かぶりコンクリートの中性化を抑制し，かつ，鉄筋の発錆に起因するかぶりコンクリートの剥落防止対策工法をコンクリート表面に施工する。

（4） 実施した対策工
　本橋梁の橋面下は民間の資材置場，駐車場等に利用されているため短期間の施工が要求されることから，実績・経済性には劣るものの施工性に優れ施工期間の短縮が図れる積層シート貼付け工法の剥落防護工を採用した。

　　積層シート貼付け工法仕様：
　　積層シート（特殊ラミネートシート）

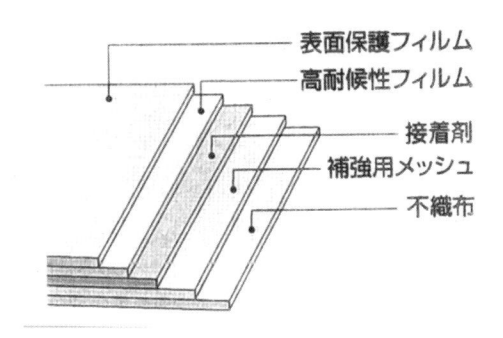

出典：㈶道路保全技術センター 道路構造物保全研究会，「道路構造物の補修・補強工法事例集」，（平成14年度報告書）

事例—3：外ケーブル工（主桁）

（1） 橋梁概要
- 橋長：546.320 m
- 径間割：7@70.000 m＋55.320 m
- 構造形式　上部：PC 8径間有ヒンジラーメン箱桁橋
- 建設年：昭和47年

（2） 損傷の概要

　塩害によるコンクリートのうき，ひびわれ，剥離，鉄筋発錆，錆汁が著しい。また本線の設計荷重は TL-20 であったが，同時にB活荷重への補強と走行性向上（ノージョイント化）も行う。飛来塩分等の浸透により躯体コンクリートは塩害による損傷を非常に受けやすい状況にある。

　1985年に補強を行ったが，残留塩分による劣化進行がおさまらなかった。

（3） 対策の考え方
① B活荷重に対する補強工事および上部工の連続化
② 走行性の改善
③ 中央ヒンジ支承，伸縮装置の維持管理の低減
④ 橋脚部付近の活荷重モーメントの低減

（4） 実施した対策工
① 箱桁外面部に定着ブロックを施工
② 箱桁内ウェブ，下床版に定着ブロックを施工
③ 定着ブロックをPC鋼棒により固定
④ 外ケーブル配置，ヒンジ部ジェットコンクリート打設，緊張
⑤ 伸縮装置撤去

側径間定着部 　　　中央径間定着部

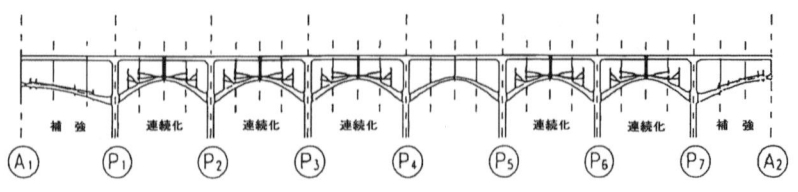

外ケーブル配置図

出典：(財)道路保全技術センター 道路構造物保全研究会，「道路構造物の補修・補強工法事例集」，（平成14年度報告書）

15.3 鋼橋の補修・補強

15.3.1 補修工法

(1) 腐食損傷対応の工法

鋼橋の防錆・防食は一般に塗装により行われており，塗膜が健全な間は腐食は発生しない。このために一定周期で塗替えが行われている。しかし，塗替えが行われていても，鋼橋の桁端部や支承部周辺など水分やごみが滞留しやすい箇所では，早い時期に塗膜が劣化し，局部的な腐食が進行する。海岸地域では，塩分の付着による部材の腐食が著しく進行する。その結果断面減少等の損傷が発生し，安全性や耐久性を左右する要因となる。

(a) 腐食損傷補修・補強の留意点

① 鋼部材に対する防水対策の第一は，床版に防水層を施工することである。樋からの水が桁の下フランジ表面に滴り落ちないように，また，伸縮継手を貫通する水が床組の端部に滴り落ちないようにしなければならない。

② 塗装が不可能な隙間は，鋼板や形鋼を溶接し，隙間を密封して隙間に水が浸入しないようにしなければならない。

③ 湿潤状態になりやすく腐食を促進する塵やごみの堆積を防止しなければならない。

④ 通気と排水対策，空気の流通を妨げるおそれのある非構造部材を取り除くことにより，構造物の通気を容易にする必要がある。

(b) 部位の清掃

構造物の保守作業は，塗装をし直すだけに限らず，1年か2年に1回の周期で清掃することも含まれる。清掃には，樋に詰まっているものの除去，溝の清掃をし，たまった塵の除去，塗装の部分的補修をすることなどが含まれる。部材を高圧水の噴射で洗うことは適切な保守の方法である。

(c) 塗装の塗り直し

塗膜は大気中に暴露されると徐々に劣化し，防錆性能や着色性能も徐々に低下してゆく。鋼道路橋の塗装の機能を維持するには，塗膜の性能が管理上必要な水準以下に低下する前に塗装の塗替えを行って，塗装の機能を回復させることが必要である。

塗装による防食の効果と耐久性に，塗装される素地鋼材面の錆落としの程度が著しく影響を及ぼすことは，多くの研究と経験によって十分に確かめられた事実である。したがって，塗装前の錆落としの程度を可能な限り高めることを，まず第一に心がけなければならない。鋼道路橋の塗装では，塗膜の劣化や発錆が一様に生ずることは少なく，素地調整や塗付け作業が行いにくくて塗膜の品質が低下しやすい部分や，結露や漏水等により水に濡れている時間が長い部分などで早期に発生する。また，橋梁の新設時に部材の運搬や架設の過程で塗膜が損傷した箇所も早期に発錆しやすい。これらの箇所を発錆の都度部分的に塗り替えておけば，全面塗替えの間隔を長くすることが可能である。

塗膜に劣化がみられた時点で直ちにその部分を塗り替えることが理想的であるが，塗膜点検の頻度や塗替え費用に制限を受けることから現実的ではなく，塗替え時に影響を残さない程度まで部分的な劣化を許容し，全面塗替えによって対処するのが現状である。

塗替え塗装は，1種ケレン（ブラスト）が可能な場合は，下塗りを防錆能力の高い厚膜型ジンクリッチペイント＋エポキシ樹脂塗料として延命化を図る。2種ケレン（パワーツール）の場合は，錆がくぼみ等に残存するので，遮断機能の高い変性エポキシ樹脂塗料を下塗りとして採用して延命化を図る。塗替え塗装の上塗りは，塗替え周期の長期化を目的とし，ポリウレタン樹脂塗料またはふっ素樹脂塗料を採用する。

(d) 添接板締付け工法

腐食した部分に断面欠損があり，塗装塗替えでは補修が困難な場合，欠損した断面を復旧するために腐食部分を切断撤去し，補強鋼板を高力ボルトで添接する。欠損部分の錆をすべて除去すること，新しい錆が補強板の周囲から発生しないよう適切な処置を行うことが必要である（図15-17）。

(e) 損傷リベットの取替え工法

経年劣化により腐食欠損したリベットを撤去し，高力ボルトに取り替える。リベット撤去時にガス溶断をする場合，過大な熱を与えないことに留意する必要がある（図15-18）。

(f) 高力ボルトの取替え工法

F11T，F13T等遅れ破壊により損傷し，落下の懸念のある高力ボルトをF10Tに取り替える。ボルトは原則として1本ずつ取り替えるが，応力照査により1列の数本をまとめて取り替えてもよい。取り替えボルト群の中央から端部の順序で，添接板に無理な応力が発生しない様にボルトを取り替える（図15-19）。

(g) 高力ボルトの腐食対策工法（ボルトキャップ工法）

接合部のボルト部は，その形状から部分的に塗膜厚が薄くなりやすく，また，現場でボルト締め付け後に素地調整を行うため，十分な処理が難しい。こ

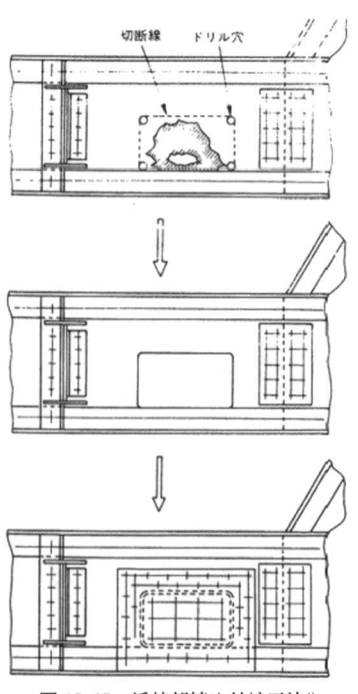

図 15-17 添接部締め付け工法[4]

15.3 鋼橋の補修・補強　403

取替え前　⇒　研磨工　⇒　センターポンチング　⇒　穿孔

穿孔停止　⇒　打抜きポンチング　⇒　打抜き　⇒　完了

図 15-18　損傷リベット取替え工法[4]

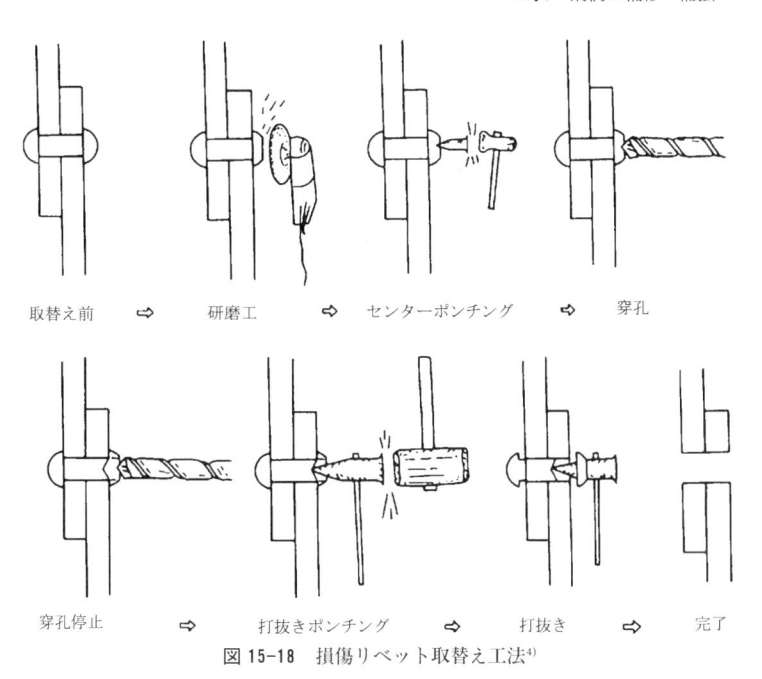

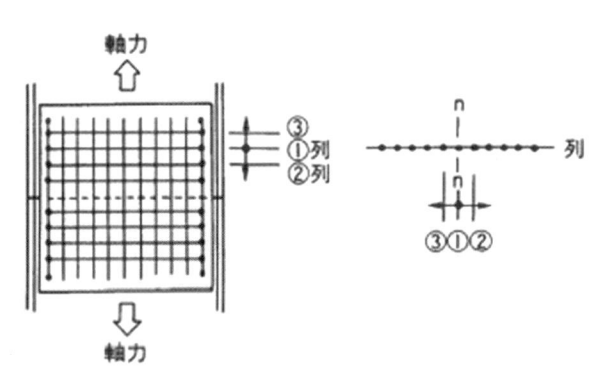

図 15-19　高力ボルトの取替え工法[4]

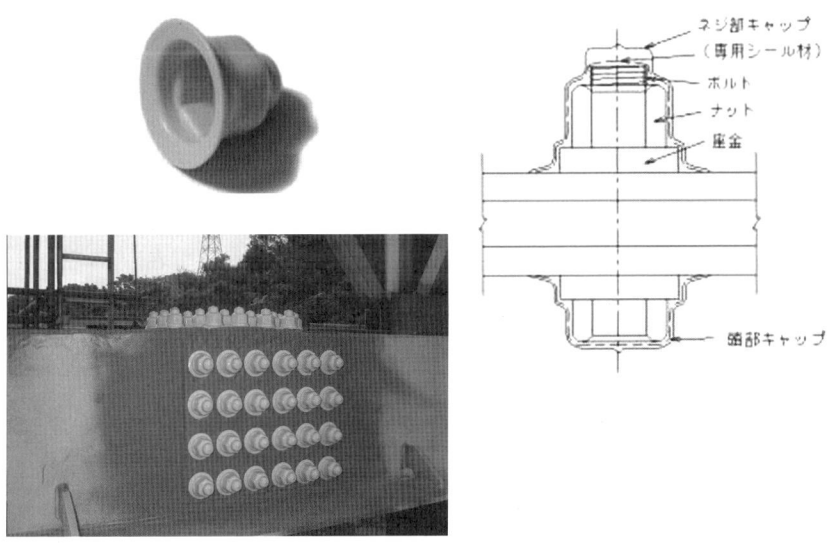

図 15-20　ボルトキャップ工法

のため，早期に錆汁が流れたり発錆が生じ，防食性，美観上の問題を生じやすい部分である。この対策としては，防錆ボルトの使用，超厚塗り塗装などがあるが，簡易な方法として，耐候性のある塩化ビニール樹脂製防錆キャップを適用して効果を上げている事例もある（**図15-20**）。この方法は，ボルトに樹脂性のボルトキャップを取り付けて，防食するキャップとボルトの隙間にシール材を充填する。

(2) 疲労損傷対応の工法

疲労損傷は，供用年数の経過に伴ってその発生頻度が増加し，発生の箇所もほぼ固定化されるとともに，損傷程度も著しくなる傾向にある。補修・補強工法には，補強材の取付け方法によって，溶接接合，高力ボルト接合およびこれらの併用工法があるが，損傷箇所，損傷の程度等により，再発防止の観点も含めて，その取扱いは十分に検討する必要がある。

(a) 溶接補修の留意点

① 一般に溶接による補強は，供用中の橋梁の場合は，品質管理上不十分となりやすいことから，溶接部の応力集中によって疲労強度の低下をもたらす。したがって，部材を貼り付けて補強する場合には，高力ボルト接合を採用することが多い。

② 溶接接合を採用する場合には，溶接部で応力集中の原因となる溶接欠陥をなくすことが肝要である。特に溶接ビード止端部では，TIG（タングステン・イナートガス）処理によって再溶融し，その形状を改良することで応力集中を緩和し，疲労亀裂の発生を防ぐことができる。

③ 溶接が全くできないか，十分にできない鋼材に対して不注意に溶接補修を行わない。

④ 溶接による補修不良の典型は，疲労や衝撃を受けて亀裂を生じた鋼板を溶接により補修した場合である。鋼板を矯正したあとに，亀裂を生じた部分の両縁を単に突き合わせて溶接するだけにしておくと，亀裂部の奥に存在する収縮と応力集中により亀裂を引き起こすと考えられる。

(b) 溶接ビード止端部の TIG 処理工法

非消耗タングステン電極を使用したアーク溶接により溶接ビード端部を再溶融し，応力集中を緩和させる（**図15-21**）。

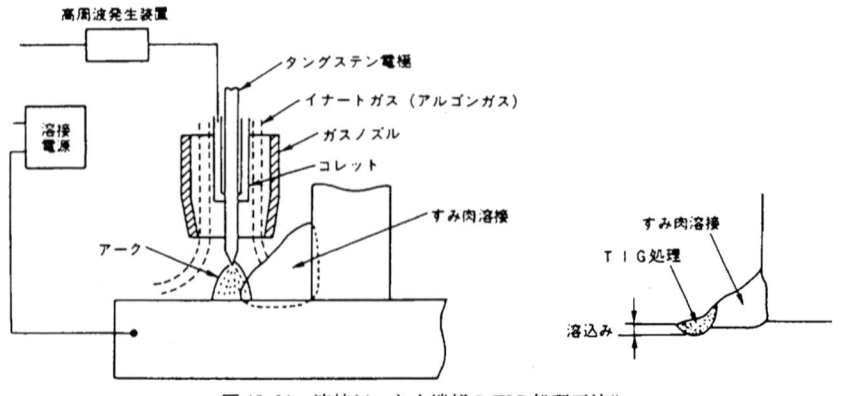

図15-21 溶接ビード止端部のTIG処理工法[4]

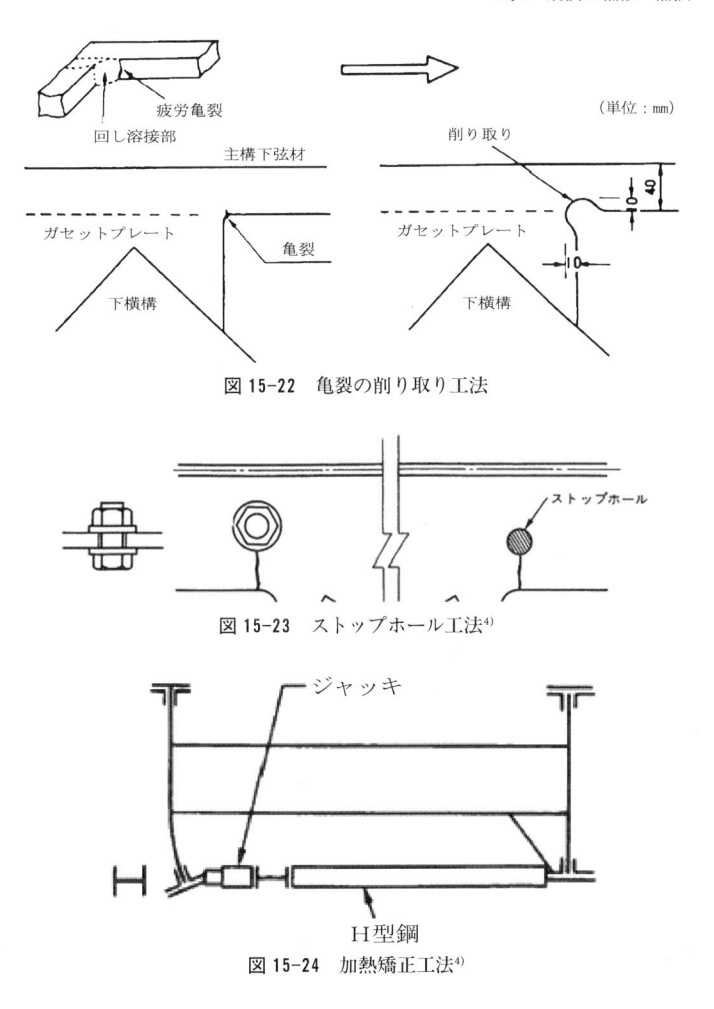

図15-22 亀裂の削り取り工法

図15-23 ストップホール工法[4]

図15-24 加熱矯正工法[4]

(c) 亀裂の削り取り工法

部材に発生した亀裂を削り取り、滑らかに加工して応力集中を低減させる。削り取りがさらなる応力集中にならないように注意する必要があり、応力の低い箇所に適用する（**図15-22**）。

(d) ストップホール工法

部材に発生した亀裂先端に円孔を設けて応力集中を緩和し、亀裂の進行を防止する。応急処理としてストップホールをあけるが、最終処理としては添接板で補強するか、高力ボルトで締付けを行う（**図15-23**）。

(3) 変形損傷対応の工法

鋼橋の損傷には、走行車両、列車等による疲労損傷や、漏水や環境等による腐食以外にも、例は少ないが、車両の衝突、火災、地震等の事故によるものや、設計・施工上の配慮不足によるもの等さまざまな原因による損傷がある。

・加熱矯正工法

変形した部分を加熱して曲げ抵抗力を低下させ、ジャッキ等で矯正する。鋼材のヤング率は600℃程度で常温時の約半分になるが、材質により加熱の影響を事前に検討しておく必要がある（**図15-24**）。

15.3.2 補強工法

(1) 腐食損傷対応の工法

断面欠損を伴う腐食の事例では，部材の腐食貫通にみられるようにすぐに取替え・補強が必要となる例が多い。実際に主桁の当て板補強や二次部材のガセット交換等の対策が実施されている。

(2) 亀裂損傷対応の工法

亀裂損傷に対する補強工法も，基本的には腐食損傷に対する補強工法と同じであるため，以下にまとめて記述する。

(a) 補強時の留意点

不適切な工法を採用することにより，補強前よりも安全性を低下させたり，別の損傷原因となる場合があるため，留意が必要である。

① 応力を解放して部材交換を実施する場合，既存部材の死荷重応力が増加し，適度の応力が発生することがある。

② 当て板補強など部材の剛度が変化する場合，構造全体の剛度バランスが変化し，既存部分に過度の応力が発生することがある。

(b) ゲルバー桁補強

ゲルバー桁は静定構造であるため過去に多数架設されているが，ゲルバーヒンジ部の耐力が不足する傾向にあり，経年劣化がみられる事例が多い。ゲルバーヒンジ部付近の応力集中部の鋼板増厚補強や，桁連続化による耐荷力向上による補強が行われている（**図 15-25**）。

(c) 主桁増設

活荷重の増加に伴って設計荷重がB活荷重に増加され，既存の桁断面では応力超過となる傾向にある。この荷重増加に対応するため，主桁を増設することで荷重を分散して補強する工法である（**写真 15-1**）。死荷重を開放し，増設桁

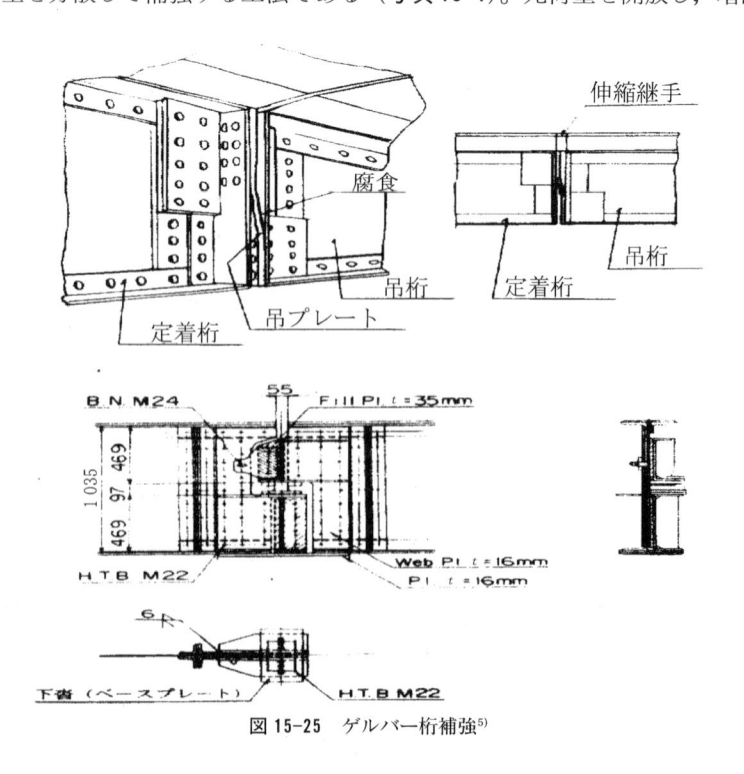

図 15-25 ゲルバー桁補強[5]

15.3 鋼橋の補修・補強

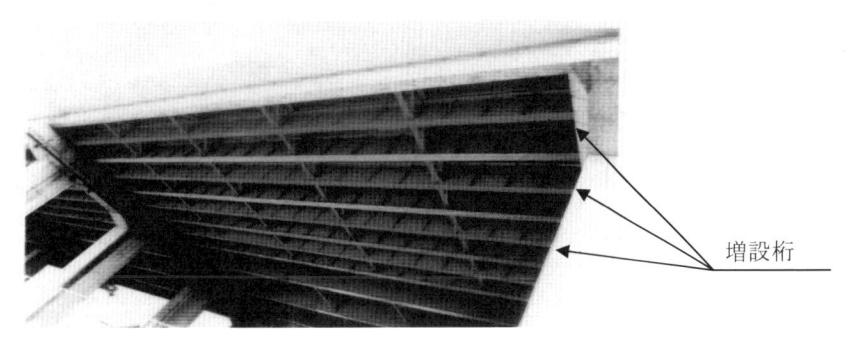

写真 15-1 主桁増設[5]

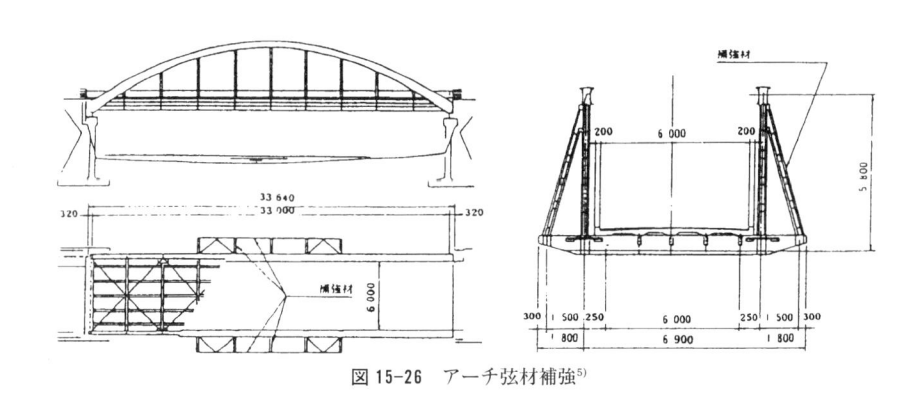

図 15-26 アーチ弦材補強[5]

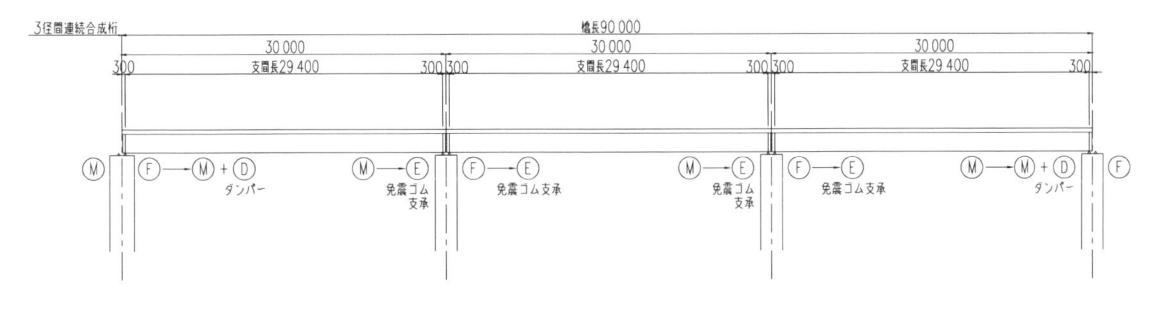

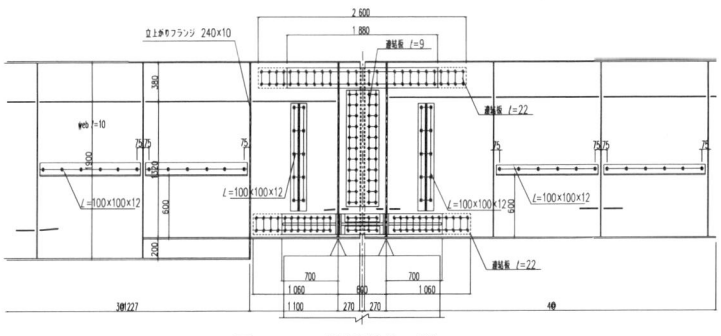

図 15-27 桁連続化工法

図 15-28　外ケーブル補強工法

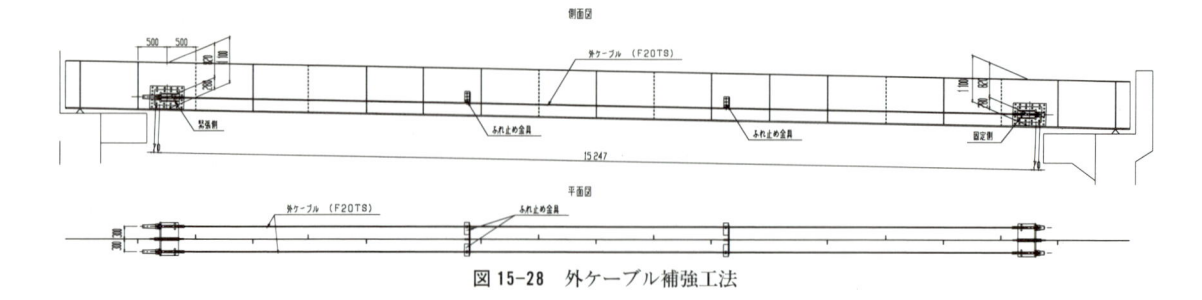

にも負担させるためには，桁中央部でジャッキアップが必要となる。

　(d)　アーチ弦材補強

　アーチ橋の横荷重補強に部材を増設し，アーチの主構弦材の横倒れ座屈等を防止する（**図 15-26**）。

　(e)　桁連続化工法

　単純桁が過去に多く架設されているが，耐震性の向上と走行性の向上のため，支承をゴム分散沓に取り替えて桁を連続化させる。既設橋梁が連続桁の場合，固定および可動沓を免震沓に取り替えて地震時の橋脚への負担を軽減する場合もある（**図 15-27**）。

　(f)　外ケーブル補強工法

　桁の断面剛性が不足している場合に外ケーブルにより緊張し，断面力の一部を追加外ケーブルで負担することで耐荷力の向上を図る。適切な導入張力の把握と，張力調整が重要である（**図 15-28**）。

15.3.3　事　例

表 15-4 に主な補修・補強事例のリストを示すとともに，次項以下に代表的な事例の概要を示す。

表 15-4　補修・補強事例

部位	内容	文献
主　桁，床　組	1) ダイヤフラムと縦リブの交点の添接部 2) 鋼板の外主桁と対傾構および横桁との取合い部の損傷 3) 鋼板の中主桁と分配横桁との取合い部の損傷 4) 鈑桁支点部の横構取付けガセット近傍の亀裂応力の低減 5) 床組（横桁，縦桁）下フランジの腐食 6) 横桁ウェブの腐食	日本鋼構造協会，「既設鋼橋部材の耐力・耐久性診断と補修・補強に関する資料集」，平成14年1月
添接部	1) 高力ボルトの損傷（遅れ破壊） 2) 箱桁現場継手部の腐食 3) リベットの腐食 4) ボルトの腐食	日本橋梁建設協会，「鋼橋の補修・補強事例集」，平成14年10月 日本橋梁建設協会，「鋼橋の点検・維持・修繕について」，平成12年5月
その他	1) 腐食による斜張橋ケーブルの損傷 2) 吊橋ケーブルの損傷（ハンガーロープの腐食） 3) 吊橋ケーブルの損傷（ケーブル素線の腐食） 4) 吊橋ケーブルの取替え（腐食損傷）	「鋼橋技術研究会報告書」，平成8年11月

事例―1：添接板締付け工法による腐食した鋼桁の補修

（1） 橋梁概要
- 橋長：60 m
- 構造形式：ランガーアーチ橋
- 架設年：昭和 35 年
- 設計示方書：道路橋示方書（昭和 13 年版）

（2） 損傷の概要

ランガーアーチ橋の補剛桁が腐食により断面欠損しており，塗装塗替えでは耐荷力が確保できないと懸念された。

（3） 対策の考え方

調査により腐食断面欠損が母材の 10％以上の箇所は添接板で補修することとした。腐食部が下フランジと腹板の接合部付近のため，溶接接合案も考えられたが，リベット構造部材のため，熱影響を考慮してフランジ部も含めた高力ボルト接合とした。

（4） 実施した対策工

補修後，全面塗装を行った。腐食の進行はみられていない。

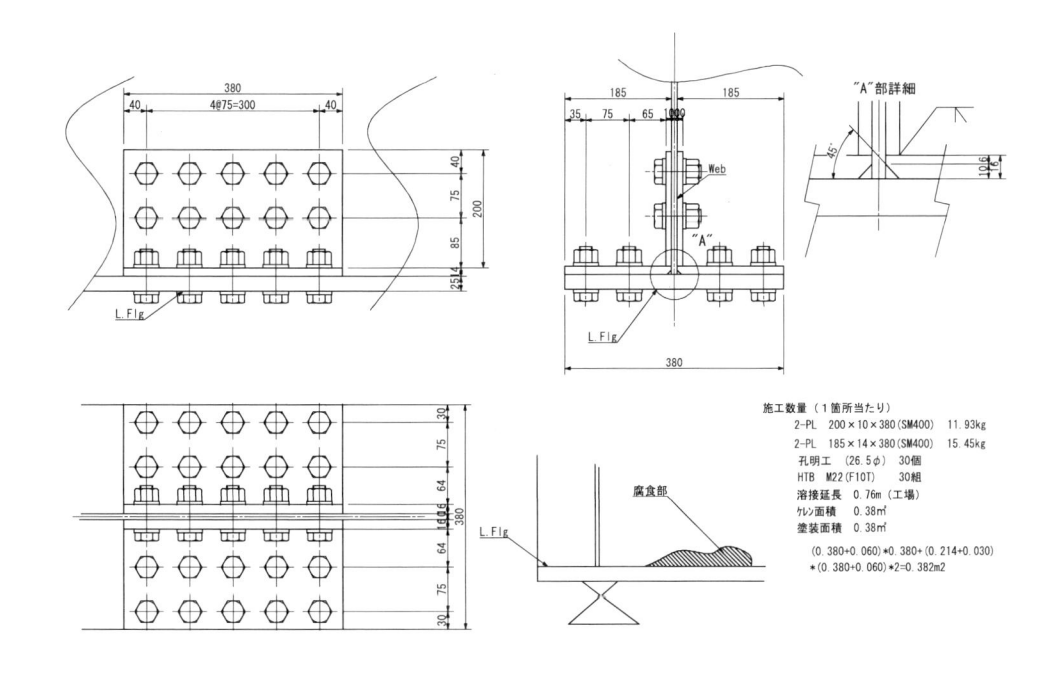

施工数量（1箇所当たり）
2-PL 200×10×380 (SM400)　11.93kg
2-PL 185×14×380 (SM400)　15.45kg
孔明工 (26.5φ)　30個
HTB M22 (F10T)　30組
溶接延長　0.76m（工場）
ケレン面積　0.38㎡
塗装面積　0.38㎡

$(0.380+0.060)*0.380+(0.214+0.030)$
$*(0.380+0.060)*2=0.382m2$

事例—2：増桁工法による耐荷力不足の鋼桁の補強

(1) 橋梁概要
- 橋長：12 m
- 構造形式：単純Ｉ桁橋
- 架設年：昭和43年
- 設計示方書：昭和39年
- その他

(2) 損傷の概要
　二等橋で外桁が腐食し，耐力が不足している桁に増桁と外桁補強を行い１等橋相当に補強した。

(3) 対策の考え方
　既設主桁の中間に増桁を行った。死荷重分も増桁に負担させるため，支間中央でベント支持ジャッキアップを行い，増桁設置後ジャッキダウンした。外桁は腐食が著しいため，溝形鋼で補強し，耳桁程度の耐力を確保した。

(4) 実施した対策工
　図のように増桁して補強した。

新設桁の配置図

新設桁５主桁
既設内桁４主桁
既設外桁補強

15.4 下部工の補修・補強

15.4.1 補修工法

(1) コンクリート橋脚

コンクリート下部工の補修に用いられる工法は、コンクリート上部工と同様に下記に示す工法がある。

① ひびわれ補修工法（表面被覆、注入、充填工法等）
② 断面修復工法
③ 表面被覆工法
④ 電気化学的防食工法
⑤ その他（アルカリ骨材反応および塩害対策の補修工法等）

これらの工法および使用材料、維持管理上の着目点については、「15.2 コンクリート橋の補修・補強」を参照のこと。

(2) 基礎の空洞充填工法

本工法は、軟弱地盤上の杭で支持されている橋台において、踏掛版下部、基礎底面部、構造物と盛土部の境界部などに生じた空洞部をエアモルタルや気泡混合軽量土（FCB）などの軽量材料で充填し、路面沈下やひびわれ等の変状を防ぐことを目的とした補修工法である。

空洞充填後においても、地盤沈下が収束していない場合、継続して空洞が発生する可能性があり、地盤沈下量の経時的な変化を定期的に把握することが望ましい。

設計・施工上の留意点は以下のとおりである。

(a) 充填材料の選定

① 施工後の沈下を考慮し、軽量であること。
② 狭小な空間への充填となるため、流動性がよいこと。
③ 2次沈下や応力伝達の面から、周辺地盤と同程度の強度とすること。
④ 浸透水等により流出しないこと。
⑤ 環境上、短期・長期において汚染や公害等を発生させないもの。

(b) 充填の確認

エア抜きが不完全な場合、充填不足を生じるため、エア抜き孔および注入孔の設置位置を十分に考慮して決める。

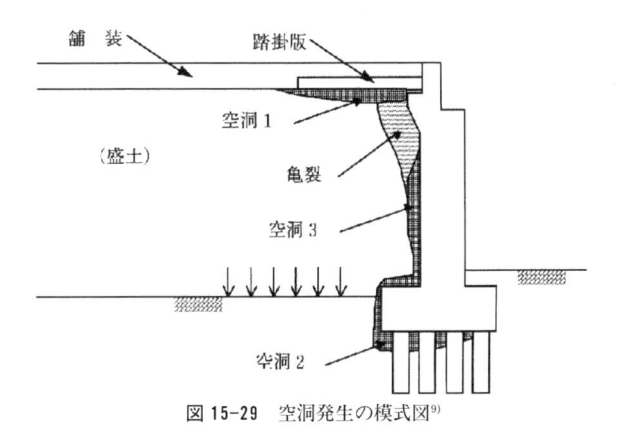

図 15-29 空洞発生の模式図[9]

15.4.2 補強工法

(1) コンクリート橋脚

(a) 鉄筋コンクリート巻立て工法

本工法は，橋脚の柱や壁等の既設コンクリートの周囲に鉄筋コンクリートを増打ちし，じん性の向上や耐力を増強することで，粘り強い構造とすることを目的とした補強工法である。

維持管理上の問題は比較的少ない補強工法であるが，既設コンクリートの拘束により巻立てコンクリートにひびわれが発生しやすい。したがって，点検時には，巻立てコンクリートのひびわれの有無について確認する。

(b) 鋼板巻立て工法

既設部材のまわりに鋼板を配置し，既設部材と鋼板との間に無収縮モルタルやエポキシ樹脂等を充填し，補強する工法である。本工法は，せん断耐力と変形性能の向上に着目した補強と曲げ耐力の向上に着目した補強との2種類の方法がある。

維持管理上の着目点は，曲げ耐力の向上を目的とした場合，鋼板の接着性能が重要であり，点検時には接着効果を確認するために打音検査等を行う必要がある。せん断耐力と変形性能の向上を目的とした場合には，補強材の接着性能はさほど重要ではない。また，塗料の付着量が少ないシャープウェッジ部や熱影響を受けた溶接ビート部に腐食が発生しやすいので注意が必要である。

(c) 連続繊維巻立て工法

連続繊維シートやストランドを巻き立てることにより，耐力と変形性能を向

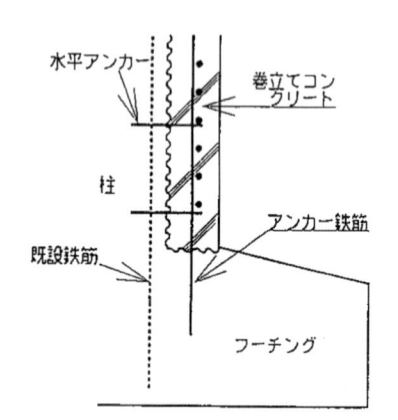

図15-30 鉄筋コンクリート巻立て工法[10]

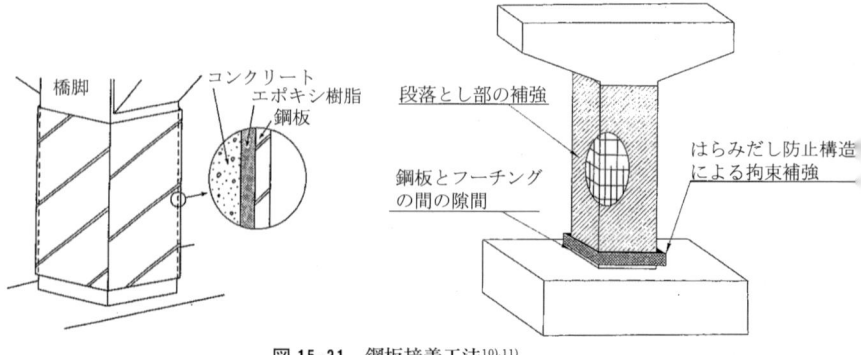

図15-31 鋼板接着工法[10],[11]

上させる工法である。連続繊維を主鉄筋方向に巻き立てることにより，曲げ耐力が向上し，帯鉄筋方向に巻き立てることにより，せん断耐力やじん性が向上する。

連続繊維は軽量であり，施工に重機を必要としないため，河川内や急斜面上の高橋脚等の耐震補強にも使用可能である。

維持管理上の着目点は，連続繊維には耐火や耐紫外線劣化を目的とした塗装が行われるため，塗装劣化等に関する点検が重要となる。

(d) PC巻立て工法

本工法は，鉄筋コンクリート巻立て工法の帯鉄筋の代わりに，降伏点の高いPC鋼材（PC鋼線，PC鋼より線，PC鋼棒）を帯筋として使用することによって補強を行う工法である。PC巻立て工法は，その施工法の違いから，以下の3種類に分類される。

① 既設橋脚に直接PC鋼材をスパイラル状に，あるいは帯筋として巻き付け，保護コンクリートあるいは吹付けコンクリートで保護する工法。せん断力の増加とじん性の改善を行う。

② 補強部巻立てコンクリート内にPC鋼材を配置する方法。鉄筋コンクリート巻立て工法と同様に軸方向鉄筋を配筋したのち，PC鋼材を帯筋として配筋する。

③ プレキャストパネルを建て込み，PC鋼材を配置する方法。既設橋脚をプレキャストパネルで覆い，PC鋼材をスパイラル状あるいは帯筋状に配筋する。

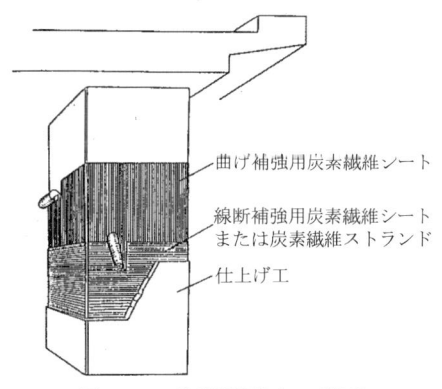

図 15-32　連続繊維巻立て工法[10]

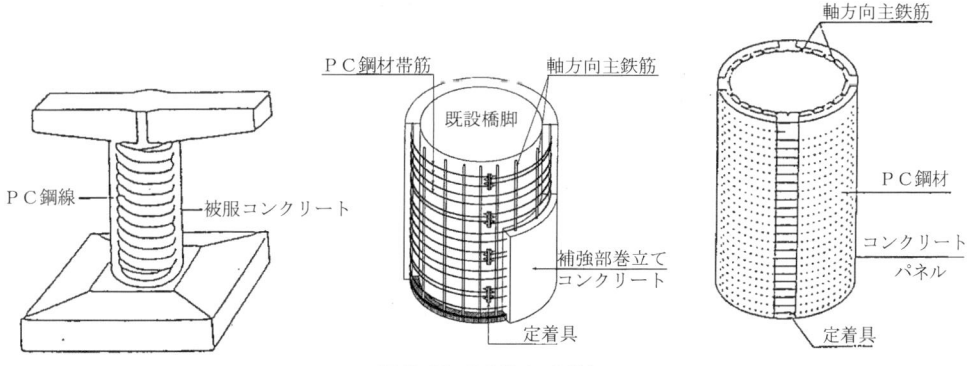

図 15-33　PC巻立て工法

(2) 鋼製橋脚

(a) コンクリート充填工法

鋼製橋脚の耐震補強方法は，コンクリートの充填が一般的であり，その効果は変形性能（塑性率）とともに耐力が増加することである．しかし，コンクリート充填工法は，躯体基部には有効であるが，重量の増加による基礎への負担が増大することにより，適用困難な場合がある．

(b) 補剛材による補強

鋼断面のみで変形性能を確保する補強方法は，橋脚断面の補剛材の幅厚比パラメータを改善する縦リブ，横リブ補強，角部にコーナープレートを当てる角補強等がある．

(3) 基　礎

(a) 増杭工法

本工法は，既設基礎の周囲に新たに杭を打設して既設基礎と一体化することで，基礎の耐力増加，良好な地盤への荷重伝達を目的とした補強工法である．

上部工など桁下空間の施工高さの制約を受けるため，特殊な機械が必要となり施工性が悪くなる場合がある．また，打設する杭寸法から，掘削範囲が大きくなり近接構造物への影響が懸念される．

設計・施工上の留意点は以下のとおりである．

① 既設杭の近接施工となるため，地盤をゆるめない工法を採用すること．
② 桁下空間が低くかつ長尺杭の施工となり，継手箇所が多くなることから，施工性，確実性の適切な工法を選定する必要がある．

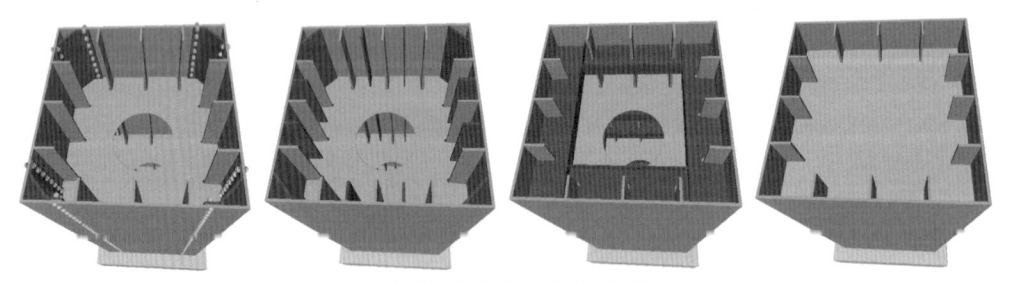

図 15-34　鋼製橋脚の補強方法[12]

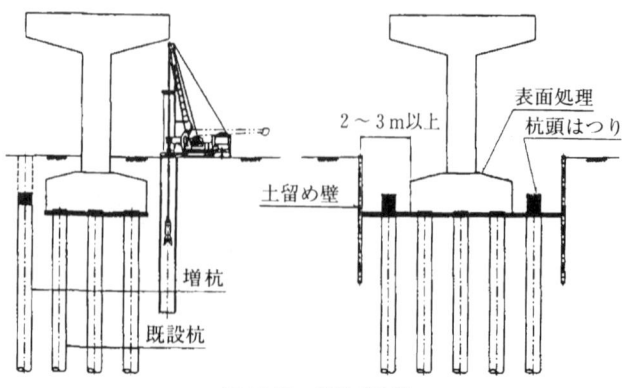

図 15-35　増杭工法[13]

(b) マイクロパイル工法

本工法は，小口径（φ300 mm 以下）の鋼管を用いた杭で，増杭工法の一種である。既設基礎の周囲に新たに杭を打設して既設基礎と一体化することで，基礎の耐力増加，良好な地盤へ荷重伝達させることを目的とした補強工法である。

本工法には，施工方法により3種類（高耐力マイクロパイル，STマイクロパイル，ねじ込み式マイクロパイル）の工法があるが，共通した特徴は以下のとおりである。

① 短尺の鋼管をねじ式継手により順次継ぎ足すため，桁下空間の厳しい現場条件下での施工が容易である。
② 施工機械も小さく，騒音・振動が少ない。
③ 小口径のためフーチング拡大幅を小さくできる。
④ 斜杭施工が可能である。

設計・施工上の留意点として，支持力等の設計は通常の杭と同様であるが，地震時保有水平耐力はマイクロパイルと既設杭からなる径の異なる群杭の影響を考慮する。

(c) 根固め工

本手法は，洗掘された橋脚の周囲の河床面にコンクリートブロックなどを設置し，橋脚周辺の土砂の流出を防ぐことを目的とした補強工法である。

河床を直接被覆する直接工法と橋脚の付帯構造物により流れを制御する間接工法がある。直接工法には，捨石・沈床工・詰杭・蛇籠・床張り・コンクリート根固め工・シートパイル工・注入などがあり，間接工法には堰堤・水制工などがある。

これらの工法は，河床状態，施工の難易・緊急性の条件から選定されるが，洗掘の応急工事や予防保全工事として実施されるため，洗掘後の傾斜，移動，沈下が発生したような場合には適用できない。また，適用や施工法の選定を誤れば，不安定な根固め工となりかえって危険性を増す場合もあるため十分な検討が必要である。

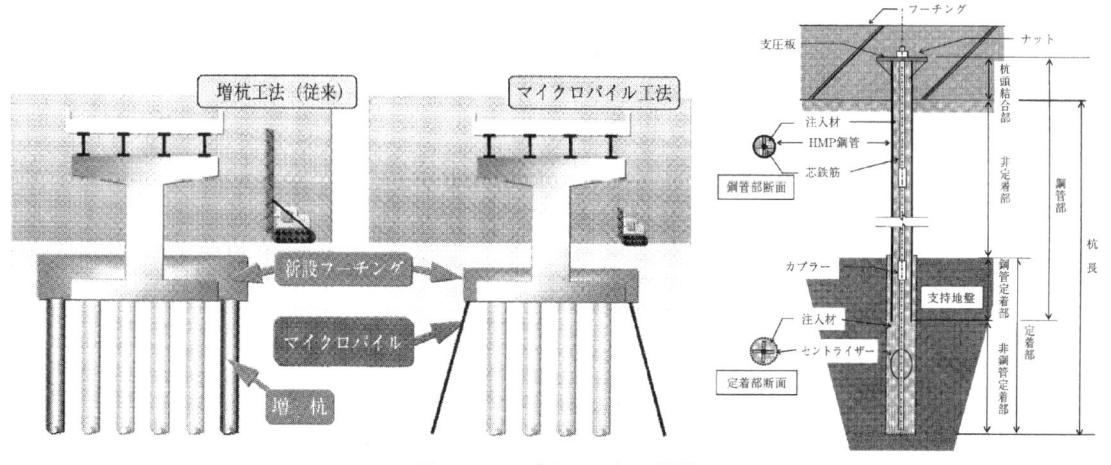

図 15-36 マイクロパイル工法[13]

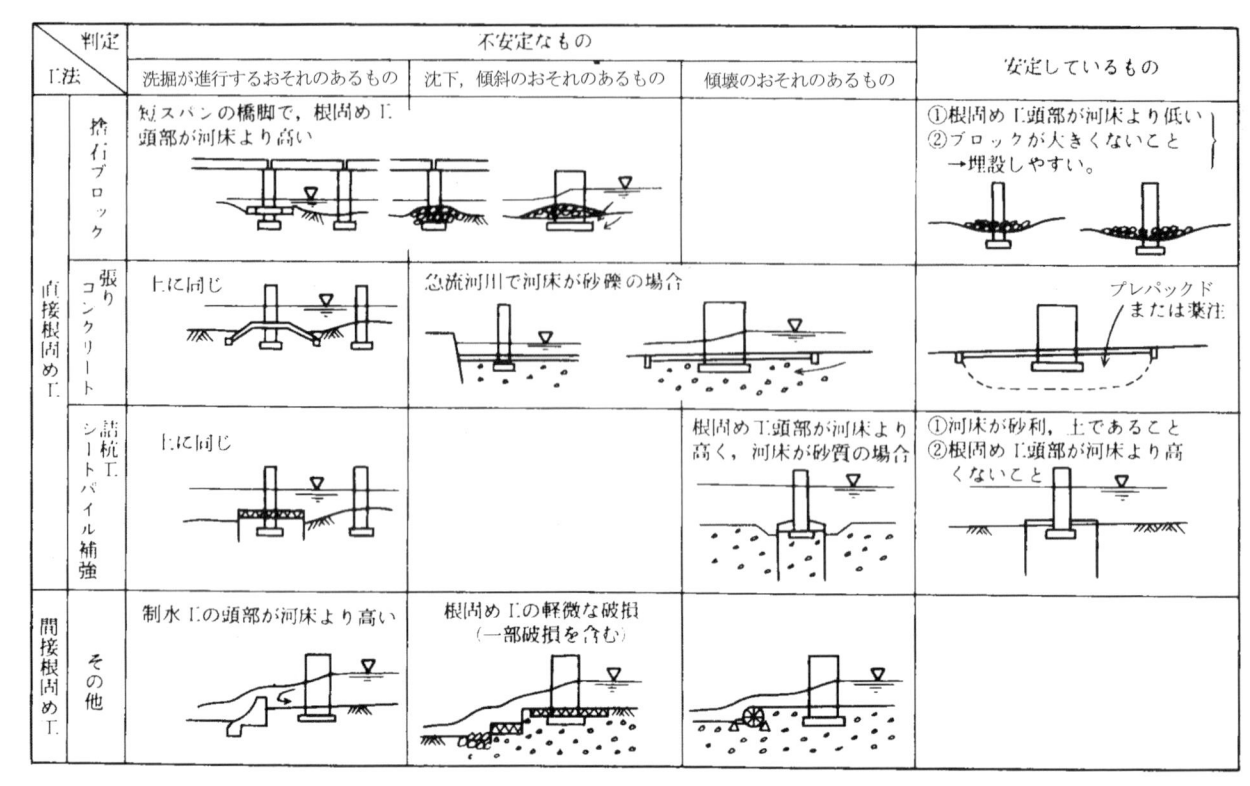

図 15-37　根固め工の一覧[14]

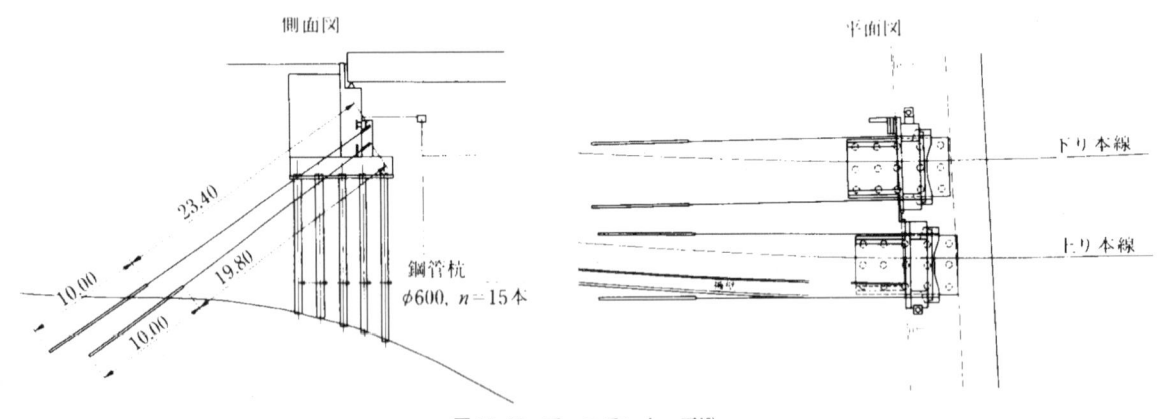

図 15-38　アースアンカー工[15]

(d)　アースアンカー

　本工法は，橋台前面から背面地盤へ永久アンカー工を施工することで，水平抵抗力を増し，橋台の背面盛土の沈下に伴う杭基礎橋台の沈下，傾斜，移動を抑止することを目的とした補強工法である。

(e)　軽量盛土工法

　本工法は，橋台背面の埋戻し材に発泡スチロール（EPS）やコルゲートパイプなどの軽量盛土材を使用することで，橋台地盤にかかる上載荷重を軽減し，基礎橋台の沈下，傾斜，移動を抑止することを目的とした補強工法である。

(f) 杭体補強工法

本工法は，パイルベント基礎において，杭の周囲に半円筒形の補強鋼板を溶接接合して設置し，これを所定の深度まで連続して圧入したのち，杭と補強鋼板の間にセメントミルクを注入することによって耐震補強する工法である。

なお，橋脚・基礎の耐震補強に関して，「既設橋梁の耐震補強マニュアル（案）」（設計・施工部会作成）に詳述されているので参照されたい。

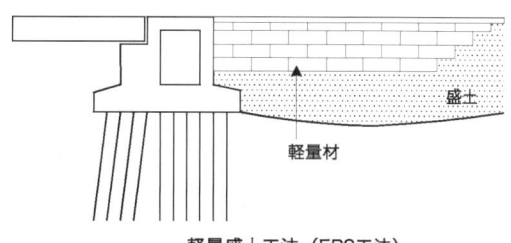

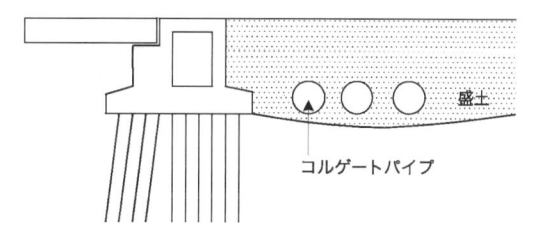

図 15-39 軽量盛土工法[15]

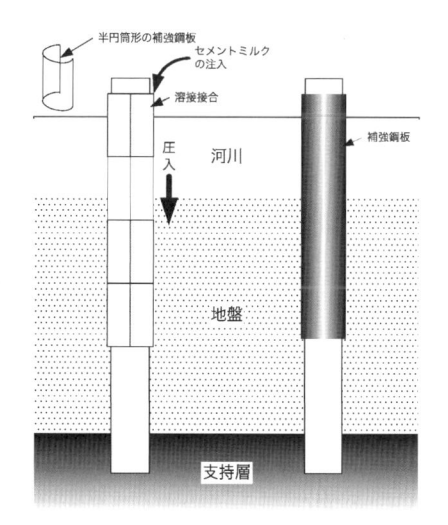

図 15-40 杭体補強工法の概念図[15]

15.4.3 事　例

下部工の補修・補強の代表的な事例の概要を以下に示す。

事例―1：塩害により損傷した橋台の補修
（1） 橋梁概要 ・橋長：140 m ・構造形式：鋼アーチ橋，PC 中空床版橋（上部工） ・架設年：昭和 51 年 ・設計活荷重：TL-20
（2） 損傷の概要 　海岸線から 900 m に位置する湖上橋において，鋼アーチ橋の橋台部に鉄筋に沿ったひびわれの発生があり，一部のひびわれより，錆汁がみられた。ひびわれの発生状況およびコンクリート中の塩化物イオンを調査した結果，鉄筋位置での塩分量は，$2.8\ kg/m^3$ と発錆限界値を上回っており，損傷原因は外部塩分による塩害であると推定された。
（3） 対策の考え方 　鉄筋の発錆が著しくないことにより，塩害対策のみの補修とした。フィックの拡散方程式により，外部からの塩化物イオンの供給がなくなれば，塩化物イオン濃度が発錆限界値（$1.2\ kg/m^3$）を下回ることが確認された。 　① うき部分の撤去・復旧（断面修復工）→ポリマー系セメントモルタル 　② ひびわれ部の充填（ひびわれ注入工）→低圧エポキシ樹脂注入 　③ 保護ライニング工→遮塩性，ひびわれ追従性に優れる超柔軟型エポキシ樹脂
（4） 実施した対策工 　　　　　　　（補修前）　　　　　　　　　　　　　　（補修後） 出典：(財)道路保全技術センター 道路構造物保全研究会，「補修・補強事例集」，（平成 13 年度報告書）

事例一2：鋼板巻立て工法により補強した円柱式 RC 橋脚

(1) 橋梁概要
- 径間長：42.000 m～43.000 m
- 構造形式：PC 箱桁断面T型ラーメン（上部工），円柱式 RC 橋脚（下部工）
- 架設年：昭和38年
- 設計活荷重：TL-20（1等橋）

(2) 損傷の概要
　ひびわれは橋脚天端から1.3 m付近まで橋脚表面全面に分布しており，活荷重作用時には，ひびわれ面どうしが接触している箇所がある。また，ひびわれは下方ほど密に分布している。ひびわれは，活荷重の作用により，動いており進行性である。

(3) 対策の考え方
　期待する効果は，橋脚の耐力復元と鉄筋の応力低減とする。工法選定の理由は，橋脚内部までにひびわれが到達しており，橋脚そのものの耐力復元のため，鋼板巻立て（コンクリート充填）工法が採用された。

(4) 実施した対策工

　　1) 橋梁一般図

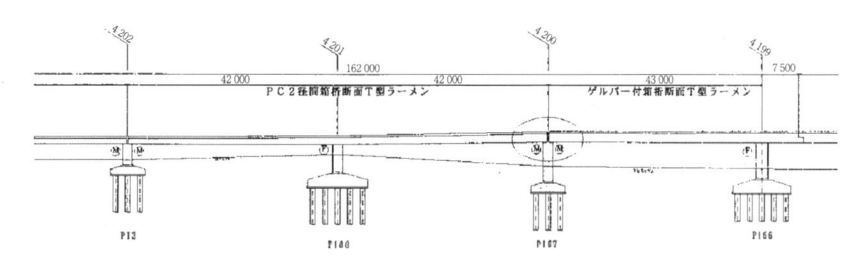

　　2) 補強概要図

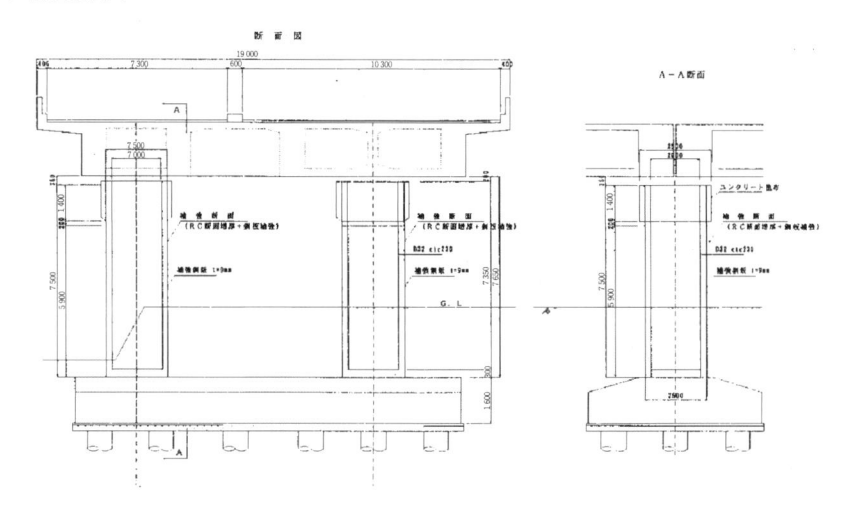

出典：(財)道路保全技術センター 道路構造物保全研究会，「補修・補強事例集」，（平成13年度報告書）

事例—3：炭素繊維巻立て工法により補強した中空円柱橋脚
（1） 橋梁概要 ・橋脚高：30～65 m（全8基） ・構造形式：2～3径間連続折線トラス橋（上部工），中空円形橋脚（下部工） ・架設年：昭和44年 ・設計活荷重：TT-43
（2） 損傷の概要 　耐震基準の変更に伴い，段落とし部の照査を行った結果，曲げ耐力の不足が判明した。
（3） 対策の考え方 　コンクリート巻立て工法，鋼板巻立て工法，炭素繊維巻立て工法の3候補の中から， 　① 河川阻害率の制約 　② 施工条件の制約 　③ 維持管理の容易さ の理由によって，炭素繊維シート工法が選択された。
（4） 実施した対策工 炭素繊維補強概念図 ・躯体コンクリート ・柱軸方向 n 枚 ・フープ方向 n 枚 ・表面仕上げ工 ・柱軸方向に，段落とし部の曲げ耐力の不足分を炭素繊維シートで補強。 ・フープ方向に，実験により確認された必要量を炭素繊維シートで補強。 出典：㈶道路保全技術センター 道路構造物保全研究会，「補修・補強事例集」，（平成13年度報告書）

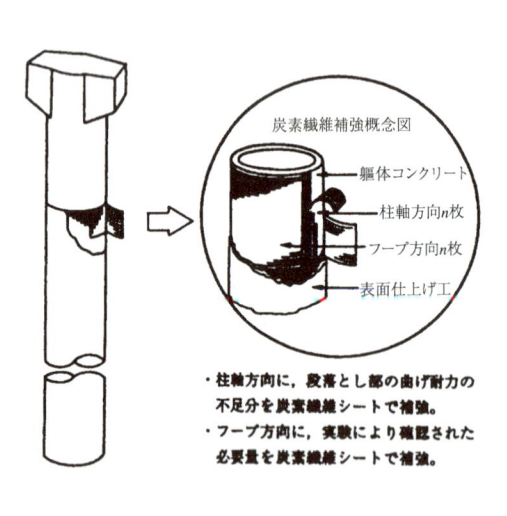

事例―4：PC 巻立て工法により補強した橋脚

(1) 橋梁概要
・橋長：1 290 m（24 橋脚）
・構造形式：ポストテンション単純T桁橋，PC 3径間連続有ヒンジラーメン橋（上部工）
　　　　　　単柱式円型または小判型橋脚，杭基礎（下部工）
・架設年：昭和 49 年
・設計活荷重：TL-20（1 等橋）

(2) 損傷の概要
　耐震補強工事

(3) 対策の考え方
　橋脚躯体を鉄筋コンクリートで巻き立て，帯筋に PC 鋼材を使用し，プレストレスを導入することにより一体化を行い，地震時の保有水平耐力を大きく向上させる。

(4) 実施した対策工

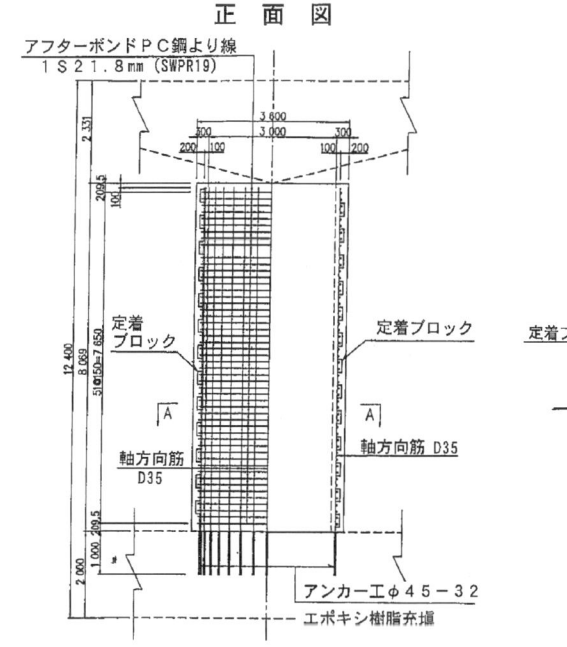

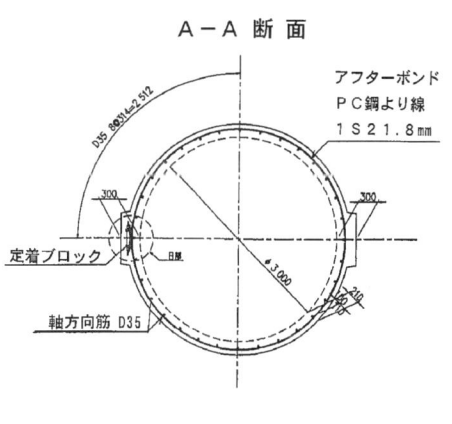

事例―5：増杭工法による基礎の耐震補強

（1） 橋梁概要
- 橋長，支間割等：276.8 m，（支間 2@20.625＋9@25.350）
- 構造形式：非合成単純鈑桁（上部工），逆 T 式木杭基礎，ケーソン基礎（下部工）
  　　　　　昭和 35，46 年に PC 杭にて増杭されている。
- 架設年：昭和 26 年

（2） 損傷の概要

地盤の液状化を考慮した安定照査結果から，地震時の水平方向抵抗力に対する補強が必要となった。

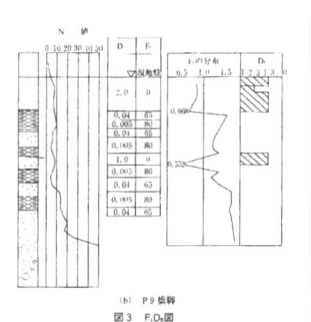

（3） 対策の考え方

地震時の変形剛性不足を補う効果を期待する。

工法選定は，支持耐力の確保，施工による旧フーチングの安定性の確保，桁下空間の制約から選定した。

（4） 実施した対策工

対策工の諸元：場所打ち杭，ϕ1000 mm，14 本

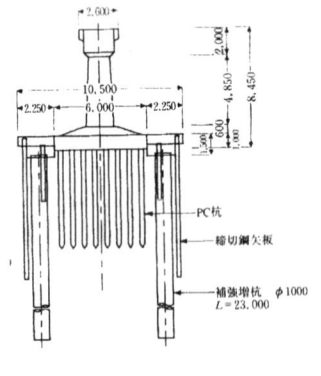

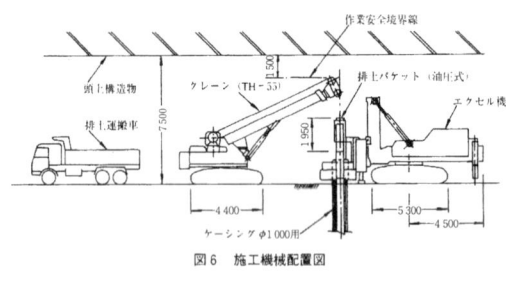

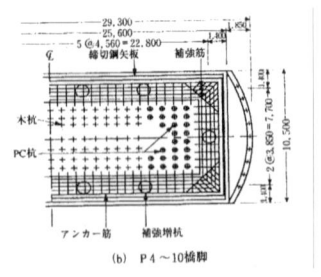

事例—6：マイクロパイルによる基礎の耐震補強

(1) 橋梁概要
- 橋長，支間割等：40.6 m，（支間 3@13.5）
- 構造形式：パイルベント形式，ϕ 400 mm×9本，杭長 13 m（下部工）
- 架設年：昭和39年
- その他：桁下空間 4 m

(2) 損傷の概要

地盤の液状化を考慮した安定照査結果から，地震時の水平方向抵抗力に対する補強が必要となった。

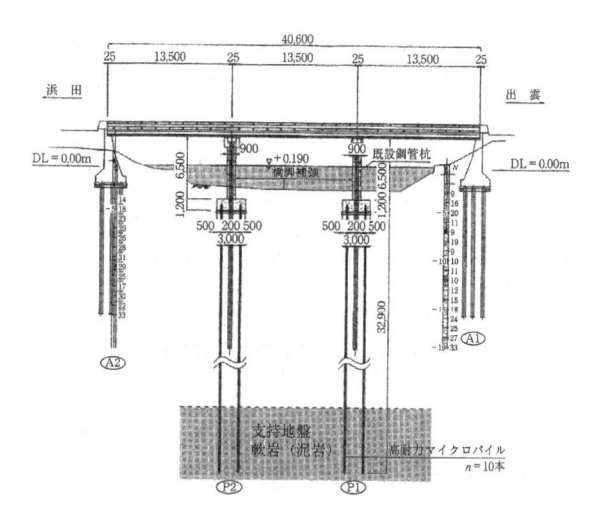

(3) 対策の考え方

地震時の変形剛性不足を補う効果を期待する。

工法選定は，支持耐力の確保，施工による旧フーチングの安定性の確保，桁下空間の制約から選定した。

設計上，単杭としての評価は通常の杭と同様に行うが，レベル2地震時の照査は径の異なる群杭の影響を考慮した地震時保有水平耐力法を修正した手法で行う。

(4) 実施した対策工

対策工の諸元：高耐力マイクロパイル，
ϕ 300 mm，L=32.9 m，
n=10本

施工方法：桁下空間が 4 m と低く，また，支持層が泥岩であることから，ロータリーパーカッション二重管方式により削孔した。

出典：基礎工の維持管理，「基礎工」，Vol 31. No.6，総合土木研究所，p.47，2003.6

事例—7：EPS による橋台背面部盛土の沈下対策

（1） 橋梁概要
- 橋長，支間割等：上部工：鋼 3 径間連続鈑桁橋
- 構造形式：SSPϕ 800 mm，杭長 40 m，摩擦杭（下部工）
- 架設年：昭和 58 年
- その他：沖積層厚 70 m，盛土高 8 m

（2） 損傷の概要

沈下速度が 6 cm/年で沈下収束がみえず，橋台の背面方向への傾斜，落橋防止装置のせん断破壊，支承・伸縮装置の機能障害，盛土部との段差が生じていた。将来的に，周辺地盤や構造物の変状の進行により大規模修繕や付替えが必要となるため，抜本的な沈下対策が必要となった。

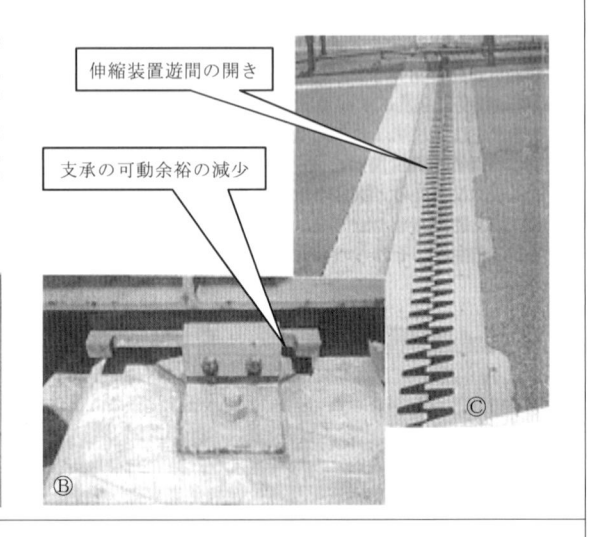

（Ⓐ 耐震連結装置の破損／Ⓑ 支承の可動余裕の減少／Ⓒ 伸縮装置遊間の開き）

（3） 対策の考え方

沈下量を低減する効果を期待する。工法選定には，増杭工法，応力遮断工法，荷重軽減工法の中から，既設杭の自重負担，桁下空間の制限，60 m の軟弱地盤層，背面盛土の沈下との観点から，荷重低減工法を選定した。供用しながらの工事，土捨場や掘削量，施工性の観点から，軽量盛土材にはEPSブロックを採用している。

（4） 実施した対策工

対策工の諸元：EPS ブロック厚 2 500 mm（5@500 mm），施工延長：橋台より 55～60 m。

施工範囲は，橋台基礎杭先端より 45°のすべり面を考慮した範囲とした。

施工後の挙動：2 mm/年の沈下が継続中。日常点検や軽微な補修は必要。

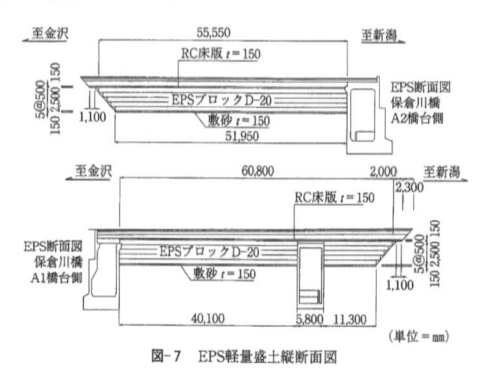

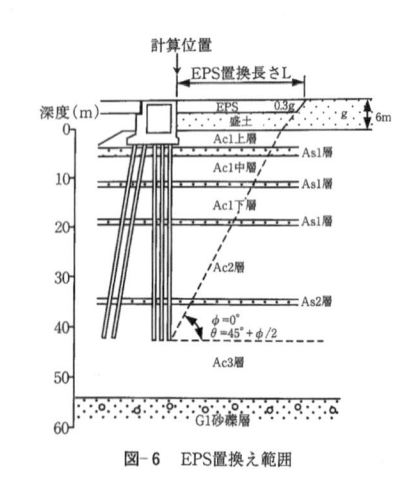

図-7 EPS軽量盛土縦断面図

図-6 EPS置換え範囲

出典：基礎工の維持管理，「基礎工」，Vol 31. No. 6，総合土木研究所，p.59，2003. 6

15.5 支承および落橋防止システムの補修・補強

15.5.1 補修工法

(1) 塗装の塗替え

腐食は支承の代表的な劣化現象であり，上部工の継手からの漏水が支承のまわりに滞水して腐食を生じることが多い。腐食対策としては塗装が一般的である。塗装の仕様は環境条件や耐久性に応じて決められるが，特に補修の場合は錆や既設塗膜を完全に除去して下地を調整することが重要である。下地調整が十分に行われないと塗膜のうきや剥離を生じるので注意する必要がある。

写真15-2 亜鉛溶射

また，最近では亜鉛を溶射する工法も開発されている。亜鉛は鉄よりもイオン化しやすいため電気防食の犠牲陽極にも用いられている材料である。溶射を行う場合にも塗装と同様に下地調整を十分に行う必要がある。

(2) 沓座モルタルの打替え

沓座モルタルは乾燥収縮や支承の腐食，支承の動きによってひびわれが発生しやすい。このため，高強度の無収縮モルタルが一般に用いられているが，樹脂系の材料を用いる場合もある。

モルタルを打ち替える際には，既設モルタルを撤去するために桁を仮受けする必要がある。また，沓座の位置をターンバックルやライナーで固定する。モルタルの撤去が広範囲になる場合には沓を一時撤去する場合もある。モルタル撤去後ははつり面を清掃して打継ぎ処理を行ったのち，新たなモルタルを充填する。モルタル充填時には沓座下面にもモルタルが確実に充填されるように，必要に応じて空気抜き等を設置する。また，充填後は有害な荷重や振動が作用しないように養生を行う。やむをえず養生時間が十分にとれない場合には硬化時間の早い早強性のモルタルを使用する。

(3) 沓座前面のコンクリート打足し

沓座前面の配筋不足やひびわれに浸透した水の凍結等によって沓座前面のコ

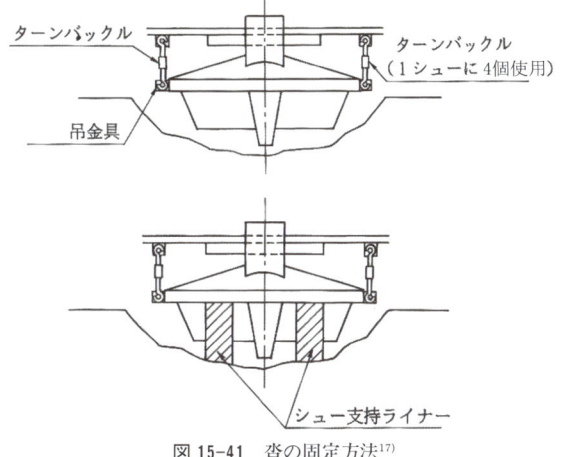

図15-41 沓の固定方法[17]

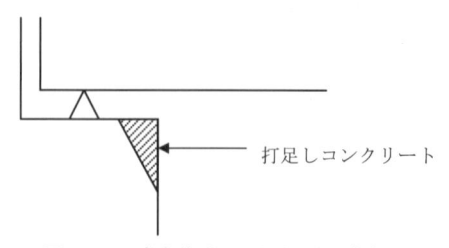

図15-42 沓座前面コンクリートの打足し

ンクリートが剥離・剥落した場合には，既設コンクリートを撤去して新たにコンクリートを打設する．打継ぎの際には，既設コンクリートとの一体化を図るために差し筋などを行う．また，配筋不足が原因の場合には新たに補強鉄筋を配筋する必要がある．打継ぎ時の留意点は沓座モルタルの打替えの場合と同様である．

(4) アンカーボルトの交換

地震その他の水平力によってアンカーボルトが破断したり，腐食によって断面が欠損した場合にはアンカーボルトを交換するか，あるいは別途アンカーボルトを設置する必要がある．アンカーボルトを設置する際には予想される水平力や軸力等に対して十分な耐力を有していることを検討しなければならない．また，腐食に対して塗装等による防食を行う必要がある．

(5) 支承取替え

支承の損傷が著しい場合には支承を取り替える必要がある．最近では耐震補強を兼ねてゴム沓が用いられることが多くなっている．支承を取り替える際には既設の支承を撤去するため，桁を仮受けする必要がある．仮受け材は十分な強度を有したものであることを確認するとともに，桁や仮受け材の支持部に局部的な力が作用するため，これらの箇所に対する補強も検討しなければならない．

写真15-3 支承の取替え[18]

(6) グリース塗布

可動沓のローラーが腐食したりごみが侵入したりするとローラーの移動を拘束して支承の損傷の原因となるため，ローラー部にグリースを塗布するなどして移動を円滑にする必要がある．補修を行う際には，錆やごみ，土砂等をきれいに取り除いたのち，注入等によってローラーにグリースを塗布する．

15.5.2 補強工法

阪神・淡路大震災を契機に，大規模地震に見舞われた場合にも上部構造の落橋を防止できるように，平成8年道路橋示方書に準拠して落橋防止システムの強化が行われている．落橋防止システムは，①桁かかり長，②落橋防止構造，③変位制限構造，④段差防止構造の四つの構成要素からなる．

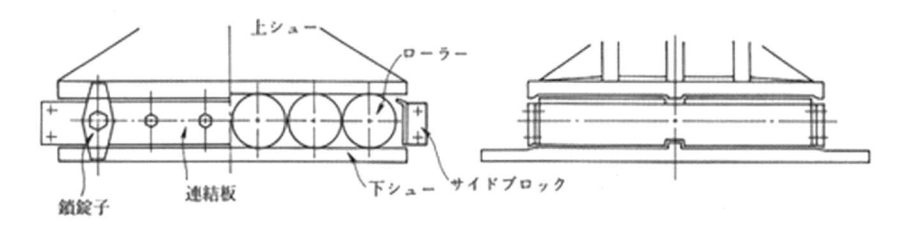

15.5 支承および落橋防止システムの補修・補強   427

図 15-43 グリース塗布の施工フロー[17]

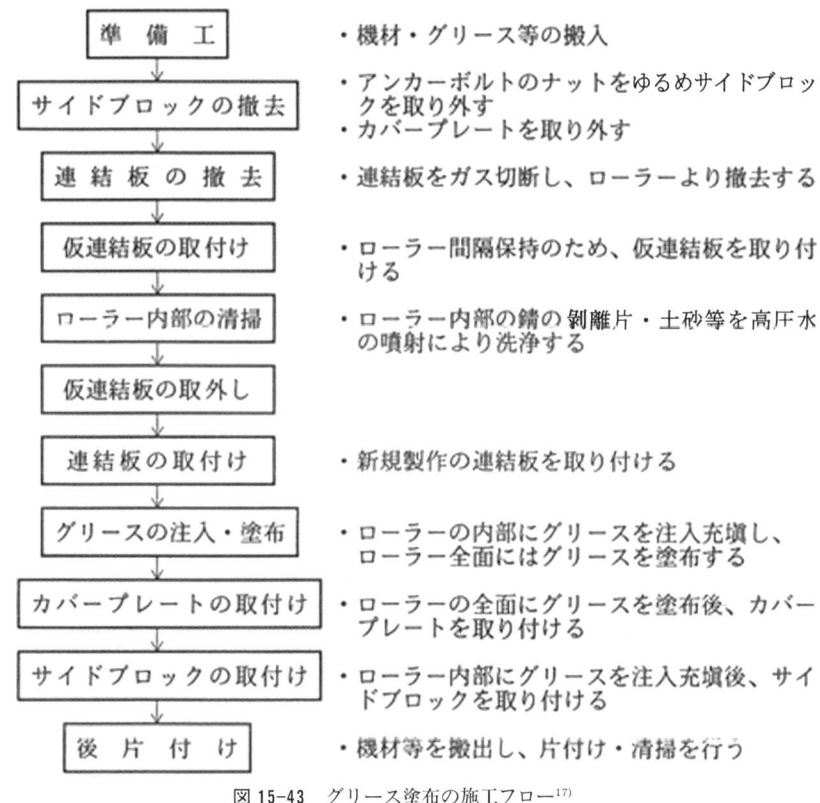

(1) 橋座の拡幅

桁かかり長の不足を補うために橋座を拡幅する。コンクリートまたは鋼製のブラケットにより，必要な部分の拡幅を行う場合が多い。

(2) 落橋防止構造

上部工と下部工の相対変位が桁かかり長を超えないように，端支点およびかけ違い部において落橋防止工を設ける。落橋防止工には以下のタイプのものがある。

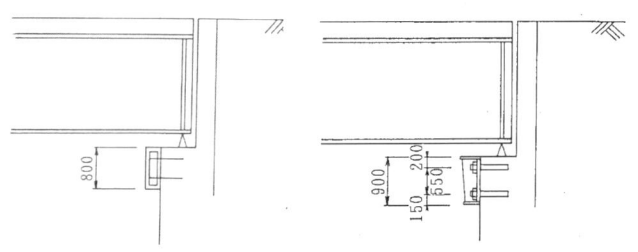

図 15-44 橋座の拡幅[19]

① 上部構造と下部構造を連結する構造。
② 上部構造および下部構造に突起を設ける構造。
③ 2連の上部構造を相互に連結する構造。

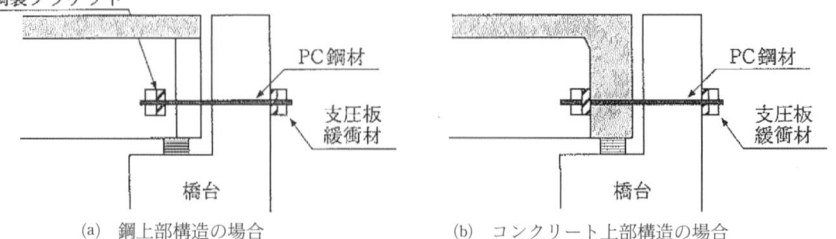

(a) 鋼上部構造の場合　　　　(b) コンクリート上部構造の場合
図 15-45　上部工と下部工を連結する構造[20]

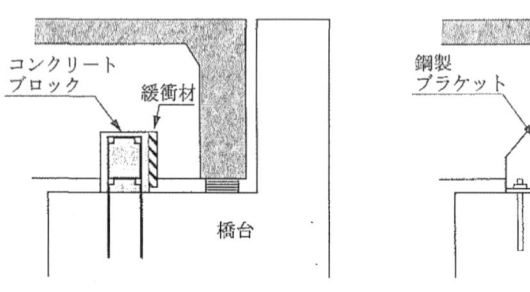

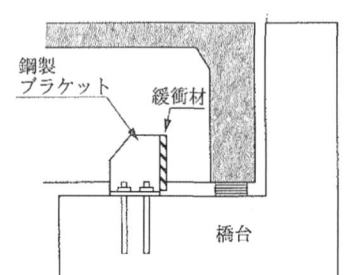

(a) コンクリートブロックを用いる落橋防止構造　　(b) 鋼製ブラケットを用いる落橋防止構造
図 15-46　上部構造および下部構造に突起を設ける構造（例1）[20]

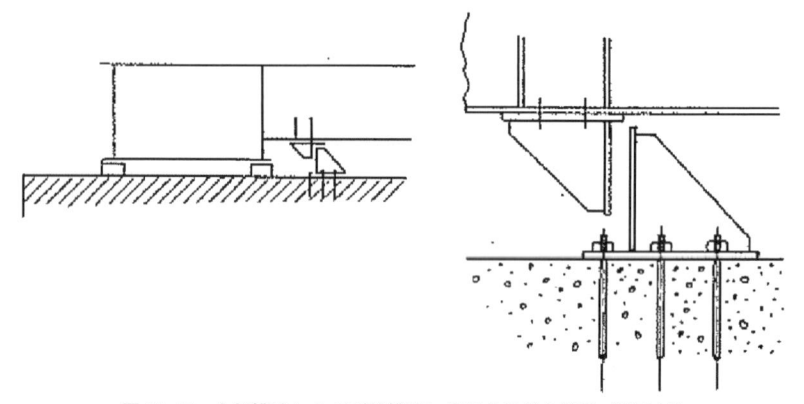

図 15-47　上部構造および下部構造に突起を設ける構造（例2）[21]

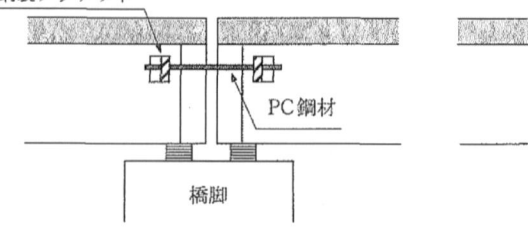

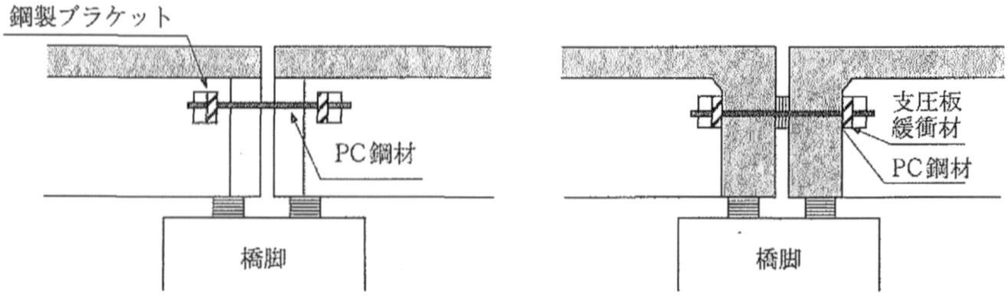

(a) 鋼上部構造の場合　　　　(b) コンクリート上部構造の場合
図 15-48　2連の上部構造を相互に連結する構造[20]

(3) 変位制限構造の追加

　斜橋や曲線橋および流動化の可能性がある地盤で，支承が損傷した場合に上下部構造間の相対変位が大きくならないようにする。変位制限構造には以下のタイプがある。

　① 上部構造と下部構造を連結する構造。
　② 上部構造および下部構造に突起を設ける構造。

　これらは「15.5.2 (2) 落橋防止構造」の①，②と同じ構造形式のものであるが，設計地震力と設計移動量という設計的要因により分類される。すなわち，設計地震力は変位制限構造の方が落橋防止構造よりも大きく，設計移動量は変位制限構造の方が落橋防止構造よりも小さい。それぞれの目的は，落橋防止構造は支承が慣性力抵抗機能を喪失したあとで上部工が桁かかり長を超えない，すなわち落橋しないようにするものであり，変位制限構造は支承の慣性力に抵抗する機能を補完するものである。

(4) 段差防止構造の追加

　支承高さが高い支承部が破損した場合に，路面に車両の通行が困難となる段差が発生するのを防止する。落差防止構造には以下のタイプがある。

　① 予備のゴム支承
　② コンクリートの台座

　落橋防止構造の基本形式を**表15-5**に示す。また，落橋防止システム構成要素の構造形式の分類を**表15-6**に示す。

15.5.3 事　例

　支承および落橋防止システムの補修・補強の代表的な事例の概要を以下に示す。

表15-5 落橋防止構造の基本形式（構成要素）[22]

		概要図および特徴		備　考
連結材構造	PC鋼材による連結		・PC鋼材の引張耐力により抵抗する。 ・大きな移動遊間量をコイルバネ等を装着し固定する。 ・既設補強用に鋼桁の側面にも使用される。	製品メーカー ・㈱エスイー ・東京ファブリック工業㈱ ・他
	チェーンによる連結		・チェーンの引張耐力により抵抗する。 ・桁の移動方向に制約を受けない。 ・部分的にゴムを被覆した緩衝チェーンを用い衝撃吸収機能を付加する。	製品メーカー ・昭和機械商事㈱ ・シバタ工業㈱ ・他
	その他		・チェーンをゴムで被覆したU形のブロック形状であり、ゴムの弾性効果により衝撃吸収を図る。	製品メーカー ・㈱ブリヂストン
突起等を設ける構造	RC製突起		・下部工の突起と桁の端横桁の衝突により落橋を防ぐ。 ・端横桁には補強が必要。 ・衝突面に衝撃吸収用のゴムパッドを設ける。	
	鋼製突起			

15.5 支承および落橋防止システムの補修・補強　431

表 15-6　落橋防止システム構成要素の構造形式の分類[22]

			使用材料	構造形態パターン図	備考
橋軸方向	沓座拡幅		RC or 鋼板		張出しブラケット構造
	落橋防止構造	桁間連結	PC鋼材		
	落橋防止構造および変位制限構造	桁と下部工連結 — 橋台部 — パラペット連結			
		桁と下部工連結 — 橋台部 — 躯体連結			桁の側面取付けおよび桁の下面取付け
		桁と下部工連結 — 橋脚部			同上
	突起構造	下からの突起	RC or 鋼板		
		上下の突起			
橋軸直角方向	突起構造	下からの突起			外桁側面配置および桁間配置
		上下の突起			
段差防止構造		下からの突起			

事例―1：橋脚移動に伴う支承の移設[18]

（1） 橋梁概要
山間部に架設された3径間連続鋼鈑桁橋

（2） 損傷の概要
地山の移動によって橋脚が橋軸方向に移動し，下沓のストッパーがサイドブロックにあたって移動を拘束していた。

（3） 対策の考え方
橋脚の移動と温度変化による内部応力を開放し，支承機能を回復させるために底板の移設を行った。

（4） 実施した対策工
① 支承機能をもつ特殊ジャッキを支承前面に設置して桁を支持
　↓
② 底板下面のコンクリート除去
　↓
③ アンカーボルト切断
　↓
④ コアカッターによる新アンカーボルト孔の削孔
　↓
⑤ 底板を所定の位置に移設
　↓
⑥ ローラーすべり面の清掃

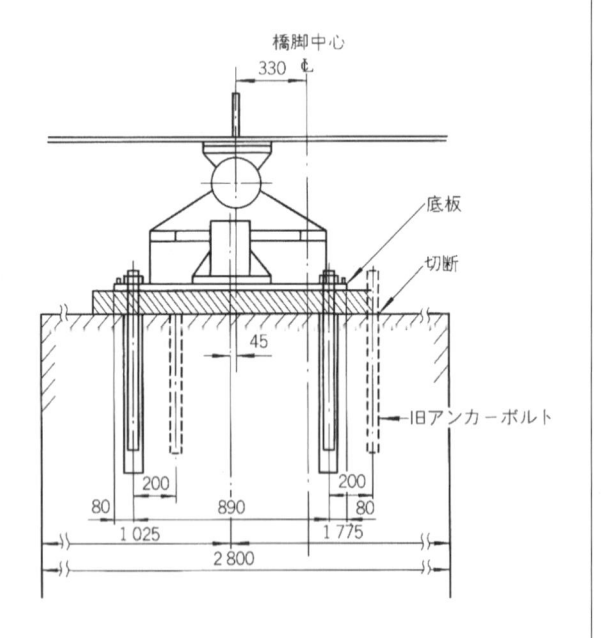

出典：雨宮富昭，支承の損傷と補修事例，「橋梁と基礎」，94-8，建設図書，pp.151-152，1994.8

事例—2：支承取替え（鋼沓→ゴム沓）
（1） 橋梁概要 ・橋長：56.86 m ・支間：2×27.6 m ・構造形式：ポストテンション単純T桁橋（上部工） 　　　　　　単柱式円型または小判型橋脚，杭基礎（下部工） ・架設年：昭和37年 ・設計活荷重：TL-20（1等橋）
（2） 損傷の概要 　既設の鋼製沓（線支承）の腐食が激しく，支承機能を失った状態。
（3） 対策の考え方 　フラットジャッキにより主桁をもち上げ，既設沓前面に新たに設置したゴム沓に上部工反力を受け替える。 　既設鋼製沓は撤去せず，防錆処理を施して残す。また，支点横桁を増厚し，アンカーボルトを設置する。
（4） 実施した対策工 施工前 施工前 出典：プレストレスト・コンクリート建設業協会 関西支部，「PC建設業協会のご案内」

事例―3：縦型緩衝ピンによる変位制限構造

（1）　橋梁概要
　・橋長：60 m
　・支間割：2径間連続鋼鈑橋
　・構造形式：鋼鈑桁橋
　・架設年：昭和45年

（2）　損傷の概要
　供用年数が比較的長い橋梁における支承は，支承部の設計水平耐力が現在の道路橋示方書における支承の設計基準と合致していない。したがって，支承取替えまたは支承の水平力不足分を補うため，変位制限構造を新たに設置する工法が橋梁の耐震補強対策として実施されるが，本件では後者の工法において，変位制限構造として縦型緩衝ピンが採用された。

（3）　対策の考え方
　縦型緩衝ピンは，写真に示すようにピンの一部に緩衝材として繊維補強ゴム（PRF構造）を付与した構造であり，緩衝効果を有する橋軸方向および橋軸直角方向兼用の変位制限構造として設置される。

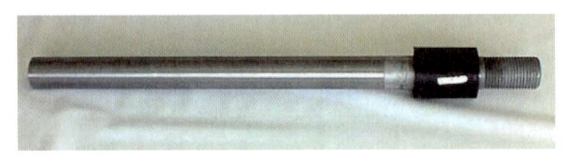

縦型緩衝ピン

　地震発生時においては，変位制限構造が機能することにより，各個撃破の防止ならびに荷重分散など緩衝効果を発揮し，変位制限構造本体ならびに支承の損傷防止を期待する。
　また，構造自体がコンパクトになるため，雨水などが橋座面にたまることも少なく，支承部の点検や補修などの障害にならない工法であることから，支承部の機能延命に寄与することを期待する。

（4）　実施した対策工
　縦型緩衝ピンの施工事例を写真に示す。縦型緩衝ピンは，下部工における橋座面の支承周辺部にピンを埋設し，主桁の下フランジに高力ボルトで接続した連結板を張り出してピンと連結する構造である。ブラケットの形状およびピンの設置箇所によりラテラルや添加物などを避けた位置に設置可能とした工法である。

変位制限構造と落橋防止構造
（縦型緩衝ピン：チェーン）

変位制限構造詳細
（縦型緩衝ピン）

事例―4：支承取替え工と落橋防止構造事例

（1） 橋梁概要
- 構造形式：コンクリートホロースラブ桁（上部工）

（2） 損傷の概要
耐震補強工事

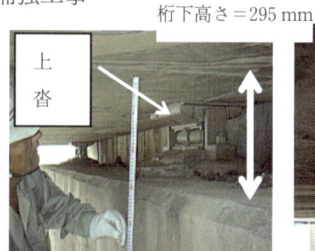

桁下高さ＝295 mm

支承取替え前 　　　　　　　　支承取替え後

（3） 対策の考え方
支承をゴム沓に取り替えて荷重を分散するとともに，落橋防止構造を設ける。

（4） 実施した対策工
コンクリート桁部の支承取替えでは上沓を存置し，存置した上沓部に鋼製型枠を設置して枠内に無収縮モルタルを充填した。上沓と新支承を溶接する従来工法に比べ，取合い作業が容易であるが，ゴム支承にベースプレートがないため，平面度を出すのに工夫を要した。

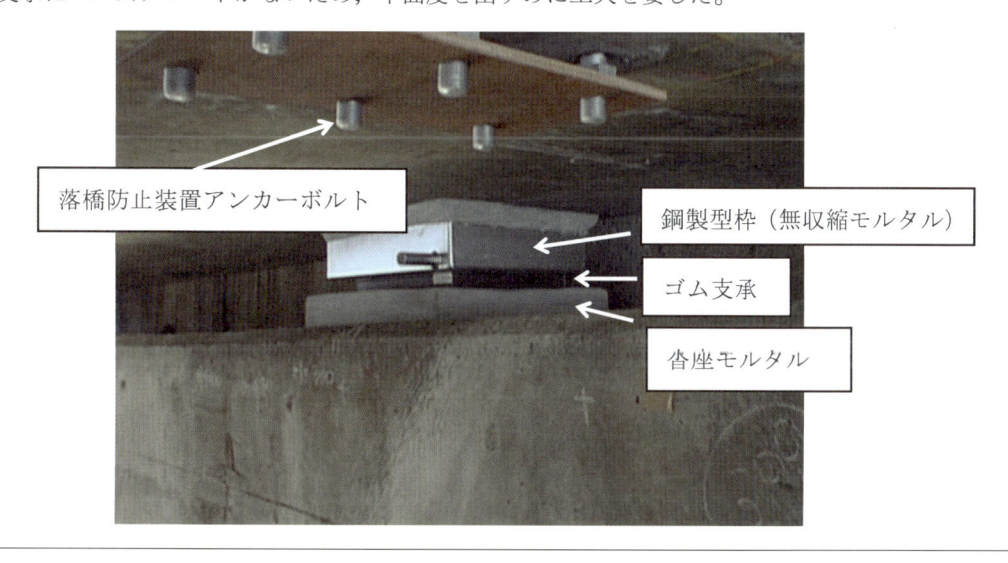

参考文献

1) 小松, コンクリート橋の補修・補強の概要,「橋梁と基礎」, 建設図書, pp. 71-74, 1994. 8
2) 日本コンクリート工学協会,「コンクリートのひびわれ調査 補修・補強指針-2003-」, 2003. 6
3) 山本, 既設橋梁の連続化,「橋梁と基礎」, 建設図書, pp. 163-166, 1994. 8
4) 日本鋼構造協会,「既設鋼橋部材の耐力・耐久性診断と補修・補強に関する資料集」, H 14. 1
5) 日本橋梁建設協会,「鋼橋の補修・補強事例集」, H 14. 10
6) 日本橋梁建設協会,「鋼橋の点検・維持・修繕について」, H 12. 5
7) 鋼橋技術研究会,「鋼橋維持管理部会報告書」, H 8. 11
8) 日本橋梁建設協会, 鋼橋の損傷と点検・診断, 平成12年5月
9) 畔地吾一他, 軟弱地盤における沈下空洞対策, 基礎工, 2003. 6 Vol. 31, No. 6, pp. 79-81
10) ㈳土木学会関西支部, 道路橋の補修・補強, 平成9年8月, pp. 116-117
11) 「コンクリート補修・補強マニュアル」編集委員会, コンクリート補修・補強マニュアル, 2003. 5, pp. 155-158
12) 村山八洲雄他, 最近の耐震診断と耐震補強,「土木施工」, 2003 Aug Vol. 44 No. 8, pp. 23-24
13) 西谷雅弘, 既設橋梁基礎の補強工法と事例,「基礎工」, 2003. 6 Vol. 31, No. 6, pp. 43-48
14) 塩井幸武, 基礎工の洗掘と維持管理,「基礎工」, 2001. 9 Vol. 29, No. 9, pp. 2-5
15) 福島弘文, 基礎の変状と補強,「基礎工」, 1990. 9 Vol. 18, No. 9, pp. 83-89
16) 豊里栄吉他, 北陸道における橋台背面部盛土の沈下対策 (EPS工法),「基礎工」, 2003. 6 Vol. 31, No. 6, pp. 43-48
17) ㈶鉄道総合技術研究所,「鋼構造物補修・補強・改造の手引き」, pp 22-23, 88-89, H 4. 7
18) 雨宮富昭, 支承の損傷と補修事例,「橋梁と基礎」, 建設図書, pp. 151-152, 1994. 8
19) ㈳日本道路協会,「兵庫県南部地震により被災した道路橋の復旧に係る仕様の準用に関する参考資料 (案)」, p. Ⅲ-28, p. Ⅲ-32, H 7. 6
20) ㈳日本道路協会,「道路橋示方書・同解説Ⅴ耐震設計編」, p. 7, p. 25, H 14. 3
21) ㈳日本道路協会,「道路橋支承便覧」, p. 290, H 3. 7
22) 東京都建設局,「既設橋梁落橋防止システム強化要領 (案)」, pp. 275-276, 1998. 3

第16章　破壊力学

16.1 コンクリート床版の破壊

16.1.1　コンクリートの破壊

(1)　曲げを受ける部材の破壊[1]

　明瞭な降伏点を有する鉄筋で補強された部材が曲げモーメントの作用で破壊する，いわゆる曲げ破壊の形式は次の三つに分類される。

(a)　引張破壊

　曲げモーメントを増加していくと，まず引張鉄筋が降伏点に到達する。以降はその塑性ひずみの増大により中立軸が急激に圧縮縁側に近づき，圧縮域が減少して最終的に圧縮縁のコンクリートひずみが終局圧縮ひずみ ε_{cu}' に達し，コンクリートの圧縮破壊（圧壊）によって破壊するとき，これを引張破壊という。この破壊形式はじん性に富む（**図16-1** (a)参照）。

(b)　つりあい破壊

　引張鉄筋量が多くなってある限界値に達すると，曲げモーメントが増大する際に，鉄筋が降伏点に到達すると同時にコンクリートの圧縮縁ひずみが ε_{cu}' に到達してコンクリートが圧縮破壊する。このような破壊形式をつりあい破壊という。そして，このときの鉄筋比をつりあい鉄筋比とよぶ。

(c)　圧縮破壊

　つりあい鉄筋比より多量の鉄筋を配置した断面では，鉄筋応力が降伏点より小さい弾性範囲内の状態で，コンクリートが急激に圧縮破壊して崩壊する。このようなぜい性的な曲げ破壊の形式を圧縮破壊といい（**図16-1** (b)参照），その

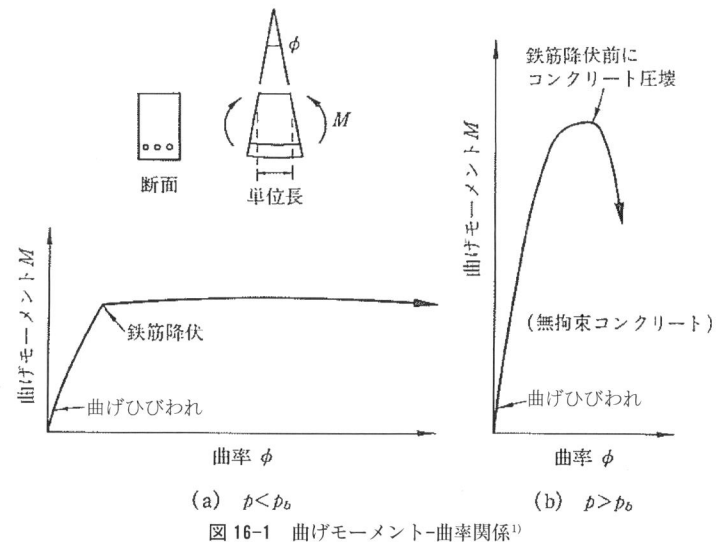

(a)　$p<p_b$　　　　　(b)　$p>p_b$

図 16-1　曲げモーメント-曲率関係[1]

ような断面を過大鉄筋断面とよぶ。

(2) せん断破壊[1]

鉄筋コンクリート部材にせん断力が作用すると，せん断応力によって斜め方向のひびわれが発生し，せん断破壊を起こすことがある。

斜めひびわれ（せん断ひびわれ）を大別すると，**図 16-2** に示すような，①ウェブせん断ひびわれ，②曲げせん断ひびわれの二つのタイプがある。

前者は，曲げひびわれの生じていない領域において，ウェブ中央位置付近から斜め上下位置方向に向かって発生するひびわれである。このようなひびわれは，せん断力に比べて曲げモーメントが小さい場合やプレストレストコンクリート部材でプレストレスが大きい場合に生じやすい。

一方，後者は曲げひびわれとして発達したものがせん断と曲げの影響で傾斜するひびわれであり，せん断力と曲げモーメントがともに大きい領域に生じやすい。

梁部材の代表的なせん断破壊形式は，次のとおりである（**図 16-3** 参照）。

(a) 斜め引張破壊

ウェブせん断ひびわれの発達による破壊で，せん断補強鉄筋が配置されていない場合には，ウェブせん断ひびわれの発生とほぼ同時に急激にぜい性的な破壊性状を示す。

(b) せん断圧縮破壊（または曲げせん断破壊）

曲げせん断ひびわれの発達によってコンクリートの圧縮域が次第に減少し，最終的には曲げ圧縮域コンクリートの圧壊によって破壊が生じるものである。これは，斜め引張破壊ほど急激ではない。

(c) せん断引張破壊（またはせん断付着破壊）

ウェブ幅が薄い場合や鋼材が集中配置されている場合，斜めひびわれ発生後に鋼材の付着破壊によるコンクリートの割裂，あるいはひびわれ開口部での鋼材のダウエル作用によるコンクリートの割裂によって破壊する。

(d) ウェブ圧縮破壊（または斜め圧縮破壊）

斜めひびわれ間のコンクリートが斜め圧縮応力により圧縮破壊するものである。特に，プレストレストコンクリートのⅠ形やT形断面でウェブが非常に薄く，しかもプレストレスが過大な場合にはせん断補強鉄筋を配置しても，このような破壊を生じやすい。

(3) 面部材の押抜きせん断力[1]

スラブに局部的に集中荷重が作用する場合や柱からの荷重を直接支えるフー

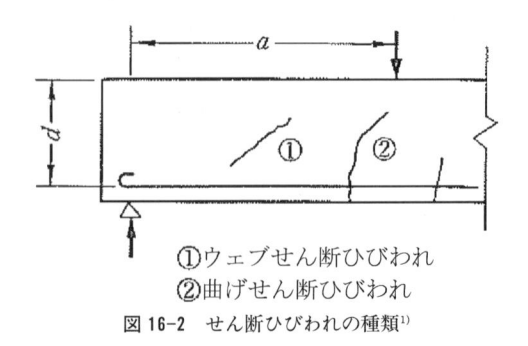

①ウェブせん断ひびわれ
②曲げせん断ひびわれ

図 16-2 せん断ひびわれの種類[1]

図 16-3 せん断破壊形式[1]

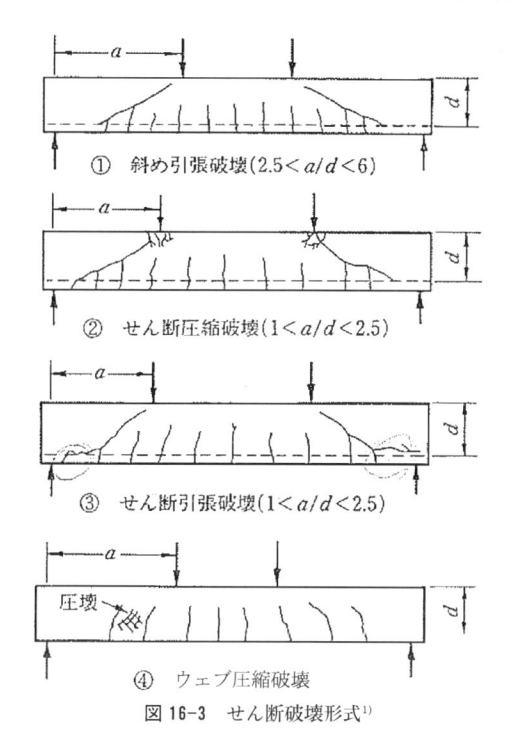

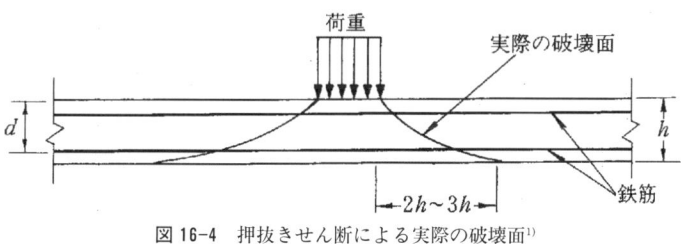

① 斜め引張破壊（$2.5 < a/d < 6$）
② せん断圧縮破壊（$1 < a/d < 2.5$）
③ せん断引張破壊（$1 < a/d < 2.5$）
④ ウェブ圧縮破壊

図 16-4 押抜きせん断による実際の破壊面[1]

チングなどの場合，**図 16-4** に示すように載荷部分を頂点にして近傍のコンクリートが円錐状またはピラミッド状のコーンを形成し，押し抜けるようにしてせん断破壊することがある。このような板状の面部材のせん断破壊を押抜きせん断破壊という。

(4) コンクリート柱の破壊[2]

　橋脚などの柱部材は，通常は軸力とともに曲げモーメントやせん断力を受ける。**図 16-5** のように軸力と曲げモーメント（曲げ耐力）には相関関係がある。つりあい軸力以下では圧縮軸力が増加すると曲げ耐力も増加する。一方せん断耐力は軸力によってあまり増加しないので，変形能力の乏しいせん断破壊が先行しないように設計上留意しなければならない。

　柱の代表的な事例として道路橋の RC 橋脚の例を取り上げることとする。道路橋の橋脚は地震時の水平作用力により決定され，特に変形性能に富む性能（じん性率が大きい）が要求される部材である。一般に，柱断面に対して少ない軸方向鉄筋を配置した部材は，じん性に富む傾向にあり，一方，柱断面に対して多くの軸方向鉄筋を配置した部材は，曲げ耐力は高くなるものの，じん性率が小さくなる傾向にある。また，柱断面が大きく，帯鉄筋が多く配置された柱はせん断耐力は大きい。反対に軸方向鉄筋を多く配置して絞った柱断面で

図 16-5 軸力と曲げモーメントの相関図[2]

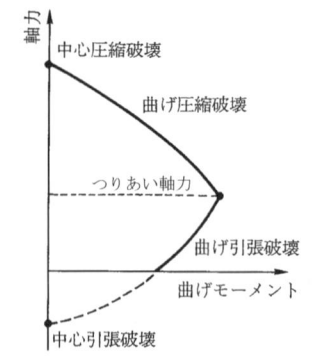

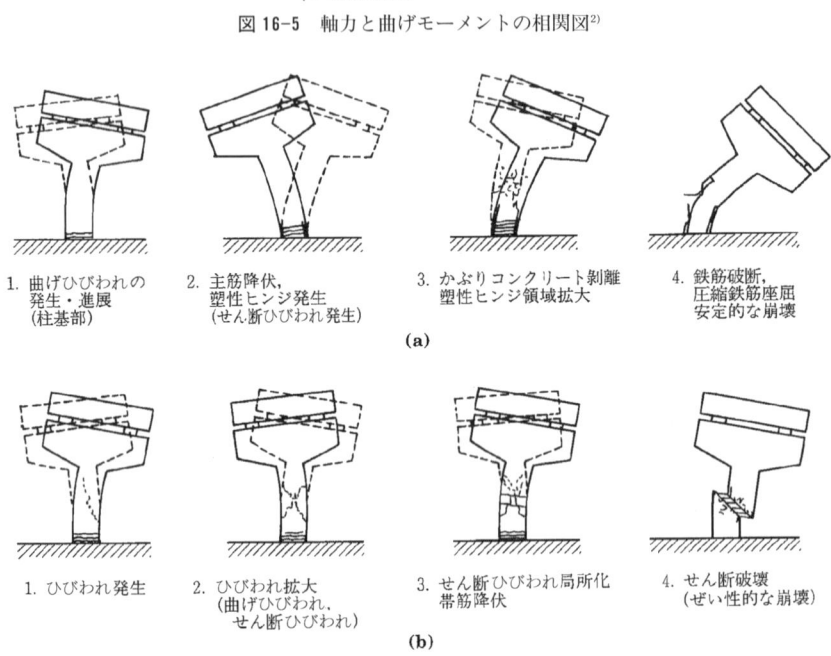

図 16-6 地震時における RC 1 本柱の破壊過程[1]

(a)
1. 曲げひびわれの発生・進展（柱基部）
2. 主筋降伏，塑性ヒンジ発生（せん断ひびわれ発生）
3. かぶりコンクリート剥離，塑性ヒンジ領域拡大
4. 鉄筋破断，圧縮鉄筋座屈，安定的な崩壊

(b)
1. ひびわれ発生
2. ひびわれ拡大（曲げひびわれ，せん断ひびわれ）
3. せん断ひびわれ局所化，帯筋降伏
4. せん断破壊（ぜい性的な崩壊）

は，曲げ耐力に比べて，相対的にせん断耐力が低くなることがある。

昭和 50 年代以降の比較的新しい柱については，ぜい性的な破壊を回避するために設計上の配慮がなされている。特に阪神・淡路大震災以後の柱では，じん性に富む構造とするために，横拘束効果を期待して帯鉄筋を多く配置する処置がとられ，曲げ破壊先行型（せん断破壊が先行してはならない）の破壊モードとなるように設計されるようになった。しかしながら，古い基準で建造された建築・土木構造物では，特に帯鉄筋が少なく，せん断破壊が先行し，じん性が小さい柱部材があることに留意する必要がある。

ここに，代表的な鉄筋コンクリート 1 本柱について，強震時の破壊過程の概念図（図 16-6）を示すこととする。(a)は曲げ破壊の過程を示すが，柱の基部に塑性ヒンジを形成しつつねばりに強く破壊に至る。(b)はせん断破壊の過程を示すが，曲げひびわれの発生からせん断ひびわれに進展し，ねばりが乏しい状態でぜい性的な破壊となる。

16.1.2 RC床版の疲労破壊のメカニズム

(1) コンクリート床版下面破壊[3),4),5)]

　コンクリート床版は，直接輪荷重を支える重要な部材であり，他の構造物に比較して過酷な状態にある。大型車の通行が増加した場合には，その繰返し荷重の作用で，損傷の進行速度が早まると同時に，最終的にせん断破壊により床版が抜け落ちることもある。**図16-7**にRCコンクリート床版の疲労破壊メカニズムの経過を示す。

　①の段階は，版として機能する損傷が軽微な段階の床版である。

　②の段階は，乾燥収縮などの影響により，1方向にひびわれが発生し，並列の梁状となった段階である。乾燥収縮に伴うひびわれは，床版の形状等に起因して，橋軸直角方向に生じやすい。橋軸直角方向にひびわれが発生すると，配力鉄筋方向の曲げ剛性は，主鉄筋方向の曲げ剛性に比べて著しく低下し，床版

①版として挙動する初期の段階

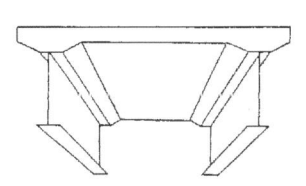

②乾燥収縮クラックの発生により並列の梁状になる段階

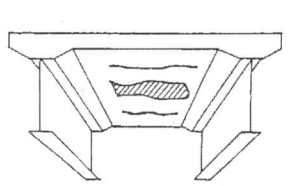

③活荷重により縦横のクラックが交互に発生し格子状のクラック密度が増加する段階

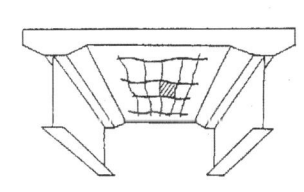

④下面から発生した曲げクラックが移動荷重の影響で上面まで貫通する段階

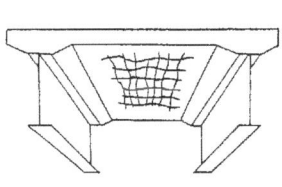

⑤貫通したクラックの破面どうしがすり磨き作用により平滑化されせん断抵抗を失う段階

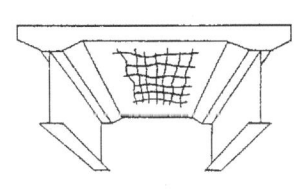

⑥低下した押抜きせん断強度を超える輪荷重により抜け落ちを生じる段階

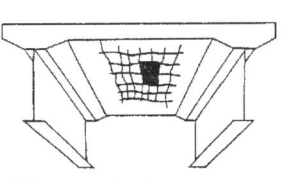

図16-7　RC床版の損傷メカニズム[5)]

は等方性版から異方性版へと変化する。すなわち，橋軸方向へのモーメント分配が減少し，主鉄筋（橋軸直角方向）の応力が増加し，2方向ひびわれ（③の段階）へと進行する。なお，昭和45年以前の基準で製作された床版では，主鉄筋量に対して配力鉄筋量が少なく，橋軸直角方向にひびわれが入りやすい構造となっている。このため，交通荷重の繰返しによるコンクリート床版の損傷は，特に古い基準で設計された橋梁で顕著となっている。

③の段階は，縦横のひびわれが交互に発生し，格子状のひびわれ密度が増加する段階である。この段階では活荷重の作用により，橋軸・橋軸直角方向に曲げモーメントが発生する。その結果，縦横のひびわれが徐々に進行し，せん断，ねじりせん断剛性が徐々に低下していく。③の段階以降，すなわち④もしくは⑤の段階の損傷の進行は，水が存在する場合に加速され顕著となる。なお，この段階，すなわち格子状のひびわれが生じた段階となると，その床版は最終的な破壊に至る可能性が高いことが指摘されており，その意味からもこの段階は特に重要といえる。

④の段階は，下面から発生した曲げひびわれが交通荷重の影響で上面にまで貫通する段階である。この段階になると，2方向のひびわれが進行する間に，さらに新しいひびわれが発生し，ひびわれは亀甲状となる。また，交通荷重の繰返しによるせん断力およびねじりモーメントにより，床版の曲げひびわれは貫通する。

⑤の段階では，貫通したひびわれの破面ですり磨き現象が生じ，破面は平滑化され，せん断抵抗力を徐々に失っていく。せん断抵抗力の低下は，水が存在する場合に特に著しい。貫通ひびわれから浸透した雨水は，すり磨き現象と同時に，コンクリート中の石灰分を溶解し，遊離石灰が床版下面に沈着するようになる。また，鉄筋の錆汁も付着するようになる。これらは，特に縦・横断勾配が小さい箇所や舗装のわだち掘れ等で雨水の滞水しやすい箇所で顕著となる。

⑥の段階にまで至る，すなわち亀甲状ひびわれが20〜30 cm角程度にまで進行すると，これを超える輪荷重により，抜け落ちが生じる。

(2) コンクリート床版の上面損傷[4]

主に交通荷重の影響により生じる疲労損傷に対し，重交通路線では舗装面のポットホールに代表される上面損傷の発生が報告されている。この上面損傷は，床版上側鉄筋の腐食やかぶり部コンクリートの劣化に起因するものと考えられるが，鉄筋の腐食を伴わない場合もある。この上面損傷は，版厚にかかわらず発生するが，どちらかといえば，凍結防止剤を多量に散布する積雪寒冷地において多発する傾向があるようである。また，この種の損傷が生じた床版，特に版厚の厚い床版に上面損傷が生じた場合には，床版下面に損傷が進行するまで比較的長い時間がかかるため，下面からの観察ではひびわれ，遊離石灰などが確認されないことも多い。

以上のような現象から，コンクリート床版の上面損傷のメカニズムを推定すれば，図16-8のようになるものと考えられる。

建設当初にコンクリート床版の上面に発生した乾燥収縮ひびわれ（①）に対しては，車両の通行に伴って，雨水が高圧で注入・吸引（②：ポンピング作

① 乾燥収縮によるひびわれ

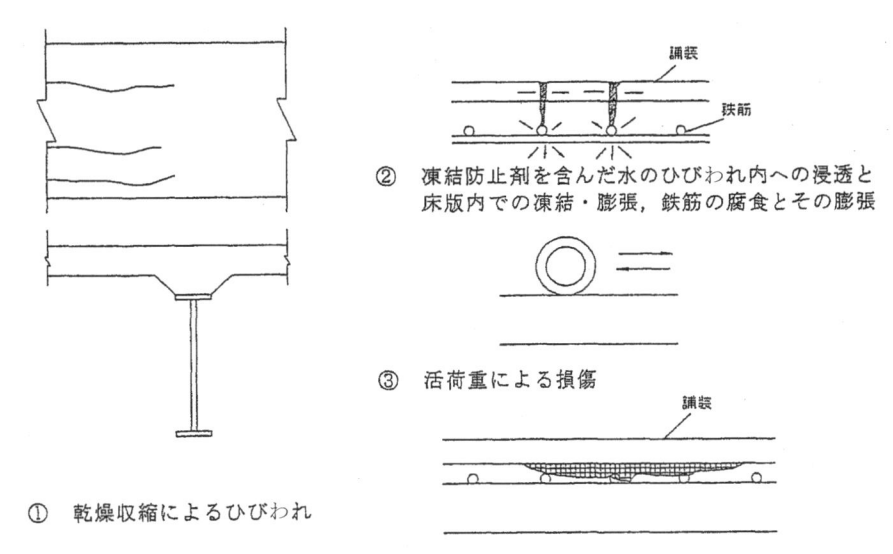

② 凍結防止剤を含んだ水のひびわれ内への浸透と床版内での凍結・膨張，鉄筋の腐食とその膨張

③ 活荷重による損傷

④ 上記②，③による劣化・損傷の進展（床版上面のコンクリートのロック化，泥状化），複合劣化

図16-8 凍結防止剤による上面損傷のメカニズム[3]

用）され，徐々にひびわれが拡大（③）していく。ひびわれが上側鉄筋に達すると，鉄筋は発錆しやすくなり，発錆時の膨張圧により，かぶりコンクリートが浮いた状態となる。浮いた状態のコンクリートが床版上面にあれば，交通荷重の影響により，すり磨き作用等が生じ，コンクリートが泥状化（④）する。最終的に損傷は舗装のうき，ポットホールとして出現する。なお，③の段階であっても，条件によってはポットホールが発生した事例も報告されている。ひびわれに供給される水に凍結防止剤が含まれている場合，鉄筋の発錆速度は飛躍的に増加する。このため，この種の損傷は，凍結防止剤を使用する積雪寒冷地において，多発する傾向にあるものと考えられる。なお，上面損傷においても，床版上面からの水の供給が問題となるため，床版防水は有効である。

16.1.3 コンクリート床版の破壊確認[6]

(1) 疲労耐久性試験[6]

(a) 試験概要

本試験結果は，国土交通省土木研究所「道路橋床版の輪荷重走行試験における疲労耐久性評価手法の開発に関する共同研究報告書（その4）」（平成13年1月）において，輪荷重走行試験を実施した報告書の一例である。

供試体は，昭和39年道示に準じて製作されたRC床版（以下「RC 39」），平成8年度道示に準じて製作されたRC床版（以下「RC 8」），同道示にてフルプレストレスで設計された供試体のPC鋼材量を半減した供試体（以下「PRC 50」）の計3体を比較に用いるものとした。図16-9，16-10にRC供試体の形状・寸法を図16-11にPRC 50供試体の形状寸法を示す。また，表16-1に各供試体の諸元を示す。

(b) 階段状荷重漸増載荷試験

載荷試験は，図16-12に示す初期荷重を157 kN（16 tf）とし，40 000回走行ごとに（2 tf）荷重を増加させる階段載荷とした。階段載荷は，供試体が

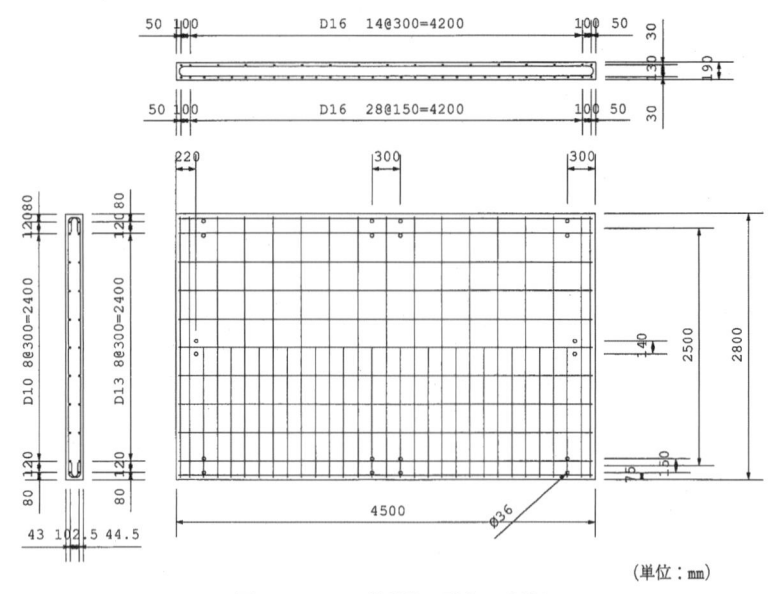

図 16-9 RC39供試体の形状・寸法[6]

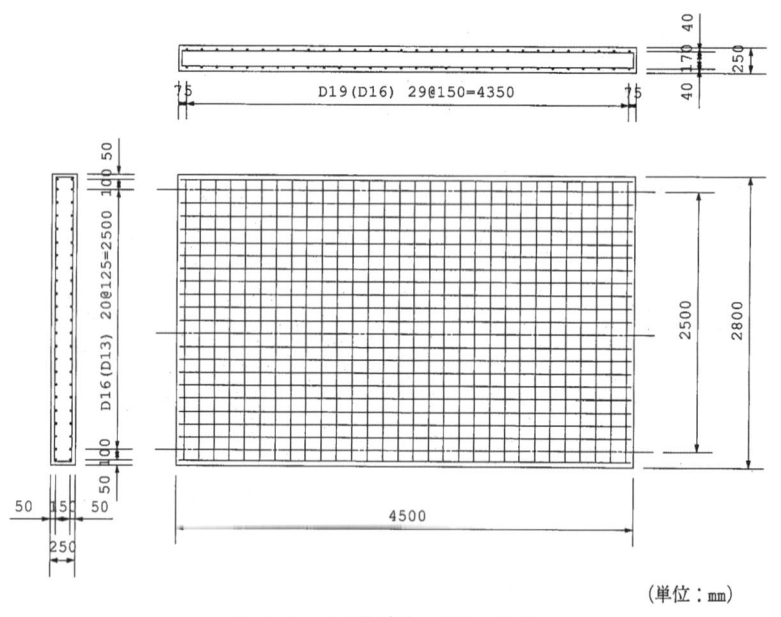

図 16-10 RC8供試体の形状・寸法[6]

破壊に至るまでもしくは走行回数520 000回392 kN（40 tf）まで実施するものとした。

(c) 試験結果

図16-13に各供試体の破壊時走行回数と載荷荷重の関係を示す。**表16-2**に各供試体の走行回数および破壊状況を示す。昭和39年道示に準じて製作されたRC床版（RC 39）は，走行回数15 000回157 kNで破壊しているのに対し，平成8年度道示に準じて製作されたRC床版（RC 8）の方は，走行荷重250 000回275 kNで破壊している。なお，PRC 50供試体は，走行回数520 000回392 kNでも未破壊である。

図16-14に各供試体の走行回数と供試体中央変位の関係を示す。昭和39年

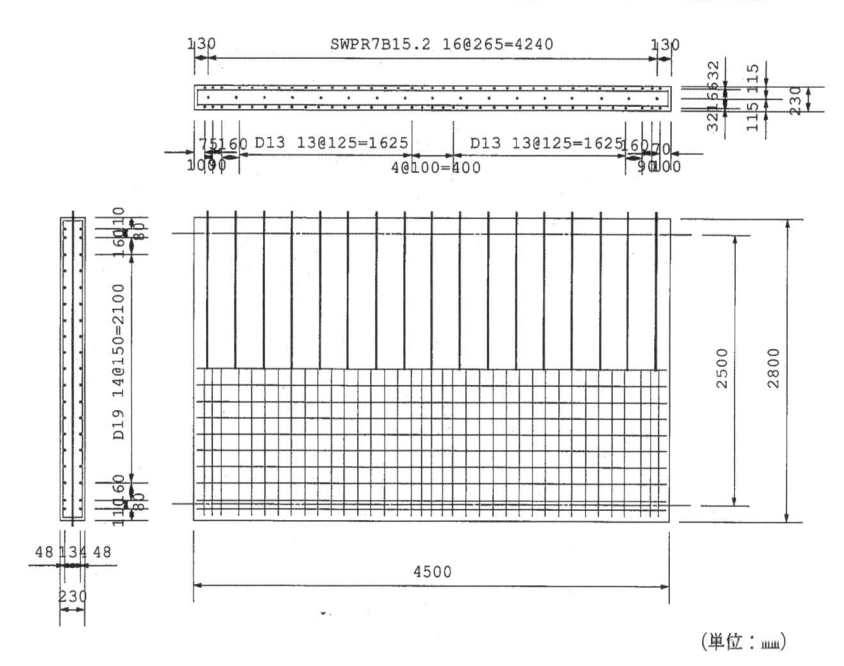

図 16-11 PRC50供試体の形状・寸法[6]

表 16-1 各供試体の諸元[6]

供試体名	適用示方書	寸法 (cm)	支間 (cm)	橋軸直角方向 (cm)			橋軸方向 (cm)		
				径	有効高さ	間隔	径	有効高さ	間隔
RC39 供試体	昭和 39年	280×450 ×19	250	D16	15.7 (3)	15 (30)	D13 (D10)	14.3 (4.3)	30
RC8 供試体	平成 8年	280×450 ×25	250	D19 (D16)	21 (4)	15	D16 (D13)	19 (5.6)	12.5
PRC50 供試体	平成 8年	280×450 ×23	250	SWPR7B15.2	11.5	26.5	—		—
				D13	19.8 (3.2)	12.5	D19	18.2 (4.8)	15

( ) 内は圧縮側鉄筋の値

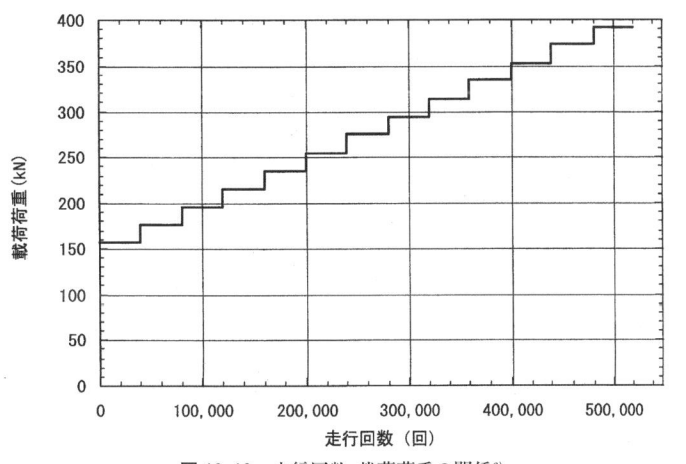

図 16-12 走行回数-載荷荷重の関係[6]

道示に準じて製作された RC 床版（RC 39）は，走行回数 15 000 回で 15 mm 以上の中央変位を示しているのに対し，平成 8 年度道示に準じて製作された

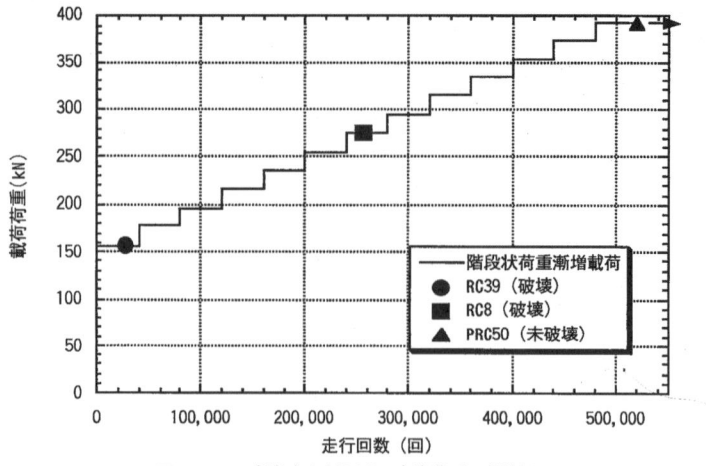

図16-13 破壊時走行回数-破壊荷重の関係[6]

表16-2 各供試体の破壊時走行回数[6]

供試体名	コンクリート圧縮強度 N/mm²(kgf/cm²)	破壊時荷重 kN	走行回数 回	破壊状況
RC39供試体	26.9 (274)	157	27 392	押抜きせん断破壊
RC8供試体	27.1 (276)	275	255 649	押抜きせん断破壊
PRC50供試体	56.9 (580)	392	520 000	未破壊

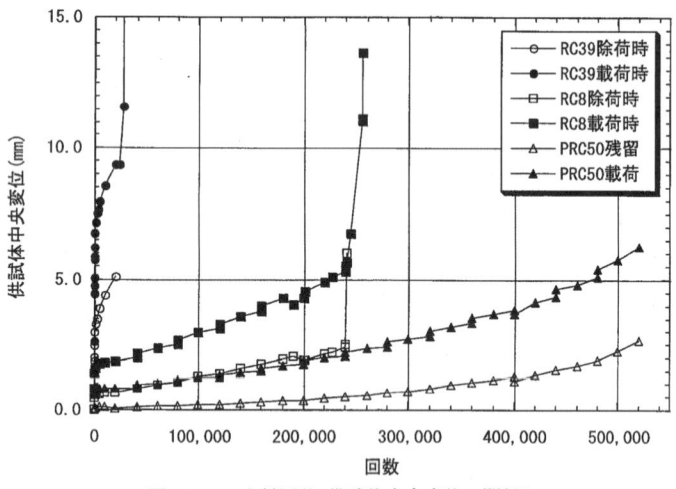

図16-14 走行回数-供試体中央変位の関係[6]

RC床版（RC 8）の方は，走行荷重250 000回で13 mm程度である．なお，PRC 50供試体は，走行回数520 000回で中央変位は6 mm程度である．

(2) コンクリート床版の水張り疲労試験[5]

　(a) 雨水の浸透による劣化概要

　写真16-1は，実橋床版の破壊部の一例である．観察するとコンクリートが骨材だけになっているのが認められる．**写真16-2**は，ある橋で観測された舗装のクモの巣状の状態であり，この舗装をはがした床版上面の状況は**写真16-3**である．また，**写真16-4，16-5**は，同様な舗装の損傷と舗装除去後の上面の状況であるが，この事例では，舗装と一緒にコンクリートのかぶりが取れて

写真 16-1 陥没部の状況[5]

写真 16-2 舗装上面のわれ(1)[5]

写真 16-3 舗装除去後の床版表面の骨材化現象[5]

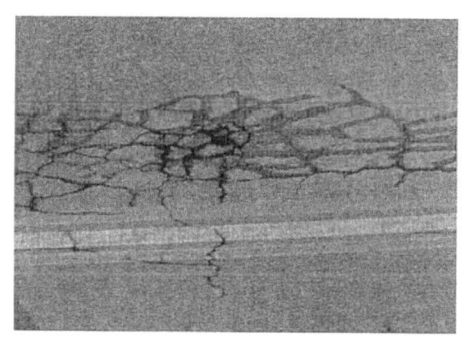

写真 16-4 舗装上面のわれ(2)[5]

写真 16-5 舗装除去後の剥離と鉄筋腐食[5]

しまい鉄筋がかなり腐食していることがわかる。

　代表的な劣化状況を示したが，両者とも舗装に浸透した雨水が原因と推察できる。**写真 16-5**は特に寒冷地の事例であり，融雪用の塩化カルシウムが散布された経緯があり，塩分による鉄筋腐食を伴ったものである。**写真 16-3**の損傷に対しては，これまでは材料欠陥・施工欠陥によるものといわれてきたが水がらみの疲労と考えられる。このような現象を骨材化現象という。

(b) 水張り疲労試験

　骨材化現象を水がらみの疲労と考えて，これを再現するために床版上にプール（水張り）をつくり疲労実験を行った結果を以下に述べる。

　試験結果より，乾燥状態で行った疲労寿命より，水張りをつくり疲労実験し

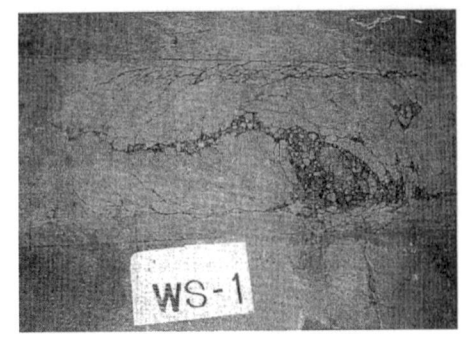

写真 16-6　水張り疲労試験の破壊状況(1)[5] 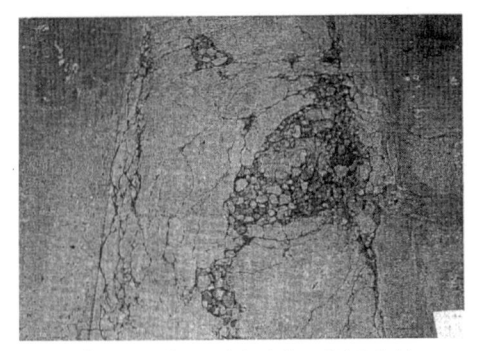　　　　写真 16-7　水張り疲労試験の破壊状況(2)[5]

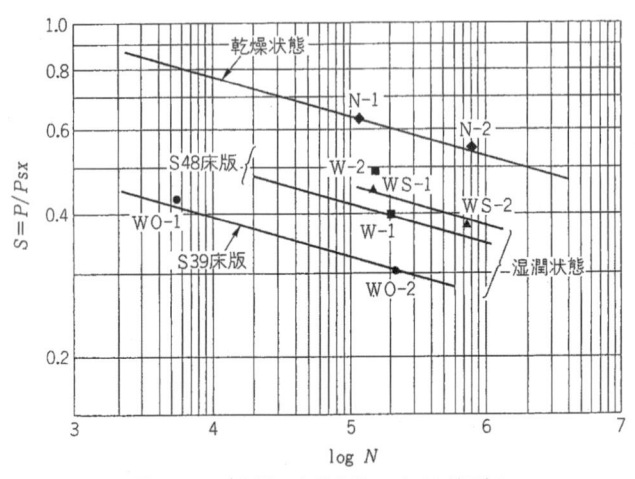

図 16-15　（水張り疲労実験の S-N 結果）[5]

た方が，短い寿命でたわみが増加し，耐荷力を喪失することがわかった。載荷を停止し，荷重を除去すると，**写真 16-6，16-7** のようにコンクリートの一部が骨材のみになり，モルタル成分はほとんど，ひびわれを通じて流下していることがわかる。

　水張り試験結果を S-N 図にプロットすると**図 16-15** のようになり，乾燥状態のものと比較すると 50〜300 倍の速さで破壊したことがわかる。この結果から，水張り疲労試験での疲労寿命は最小寿命で，乾燥状態のものが最大寿命であり，実際は両者の中間になっているものと考えられる。

16.2　鋼部材の破壊

16.2.1　破壊力学[7]

　破壊力学とは，亀裂を有する物体の破壊現象を定量的に取り扱うものであり，亀裂の存在を前提にしている。溶接継手を含めた鉄鋼材料の破壊形式は，ぜい性破壊と延性破壊に大きく分けられる。これらの形式は，**図 16-16** に示すように，巨視的にみるか微視的にみるかによって異なる。ぜい性破壊がへき開破壊であり，延性破壊がせん断破壊または垂直破壊である。

　へき開破壊は，巨視的には破面が引張応力に垂直に生成し，塑性変形がほとんどないため平坦である。へき開破面の特色は，**図 16-17** に示すように微視的にはリバー・パターンであり，巨視的にはシェブロン・パターンである。せん断破壊は，巨視的には破面が最大せん断応力が生じる方向，すなわち引張応力

(a) へき開破壊

(b) せん断破壊

(c) 垂直破壊

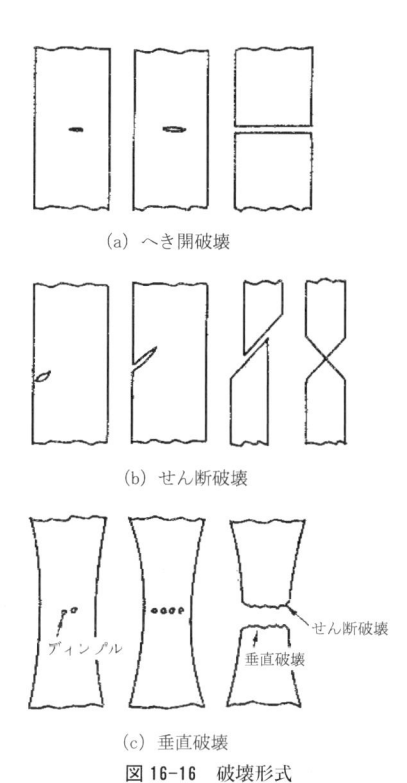

図16-16 破壊形式

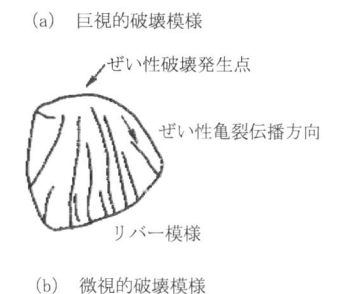

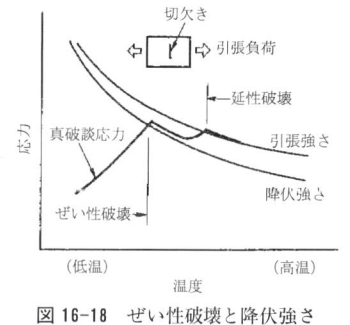

(a) 巨視的破壊模様

(b) 微視的破壊模様

図16-17 へき開破面の特徴

図16-18 ぜい性破壊と降伏強さ

に対して45度傾いて発生する。垂直破壊は，丸棒試験片を引張破断させたときに試験片中央部で生じる引張軸に垂直な破面を呈するものである。

破壊形式は材料に依存するが，亀裂の有無，温度，変形速度などによっても変わる。亀裂が大きいほど，温度が低いほど，さらに変形速度が大きいほど，材料は延性的な破壊からぜい性的な破壊へ遷移する。ぜい性破壊（へき開破壊）が生じるためには**図16-18**に示すように，へき開破壊応力が降伏強さより小さくなる必要がある。

ぜい性破壊は，発生が瞬時であり，また大きな被害をもたらすもので，他の破壊形式に比べて危険性が高い。そこで，材料のぜい性破壊に対する抵抗，すなわち破壊じん性を定量的に把握し，圧力容器，溶接構造物などの設計・安全管理に適用することにより，安全性の確保が図られている。破壊力学において破壊じん性は，応力拡大係数，亀裂開口変位（CDOD），経路独立積分Jなどのパラメータを用いて求めることができる。一方，破壊力学に基づかない方法であるが，工業的に有効に使われてきたシャルピー衝撃試験などのじん性測定法がある。

16.2.2 溶接構造物の破壊事故例

(1) 破壊事故例

船舶，橋梁などの一般鋼構造物の各種事故は，過去長年にわたる苦い経験を踏まえた広範囲な安全対策についての研究成果によって，最近その数は著しく減少している。**表16-3**に構造物の代表的な事故の概要を示し，**写真16-8**，**16-9**に事故例を示す。ここで取り上げたのは，主としてぜい性破壊により構造物が瞬時に崩壊し，人的，社会的，経済的に多大な影響をもたらしたものであ

表 16-3　構造物の代表的な破壊事故例とその概要

	年度	構造物の種類	発生場所	事故の概要	事故の主原因
①	1886年10月	給水塔（リベット構造）	Long Island N.Y., アメリカ	記録に残る最初のぜい性破壊，水圧試験時に底部から亀裂が発生，全壊。	極めてもろい材料を応力集中部に使用したのが原因。
②	1919年1月	糖密タンク（リベット構造）	Boston, Mass. アメリカ	建造後3年，マンホール付近から瞬時にぜい性破壊して全壊。死者12名。	タンク全体にわたる強度不足，特に局所応力に対する考慮が欠如。
③	1938-40年1月-3月	Hasselt 橋ほか（全溶接トラス橋）	Albert 運河 ベルギー	下弦材とガセットの溶接部より亀裂発生，6分後に上弦材も破壊し墜落。	高い拘束応力と残留応力，さらに応力集中部の微小な溶接欠陥。
④	1940-46年	戦時標準船 T-2 タンカー，リバティー船	アメリカ	5000隻中1000隻ほどぜい性亀裂事故が発生。20隻以上で甲板あるいは船底を完全破壊。	溶接船の設計上の不備，工作の不良とともに鋼材およびその溶接部のじん性の低いことが重大な原因。
⑤	1943年2月	球形水素タンク	Schenectady N.Y., アメリカ	建造3ヵ月，マンホールの取付け溶接部から亀裂発生，完全破断。	溶接部の欠陥，マンホールの応力集中と残留応力，気温の急上昇による熱応力。
⑥	1943年3月	球形アンモニアタンク	Pennsylvania アメリカ	ハンマ試験のときに，亀裂が発生し，溶接線と直角に進展，局部破損。	リムド，セミキルド鋼，一部のオーバラップとポロシティがあった溶接部から発生。
⑦	1944年10月	二重殻の LNG タンク（円筒型圧力容器）	Cleveland Ohio, アメリカ	タンク底部より1/3～1/2部より LNG 漏洩着火，爆発，死者28名の大惨事。	使用温度-163℃に対し，内層材（3.5Ni 鋼）のじん性不足。
⑧	1948-51年	ガスラインパイプ	アメリカ	公表事故報告は少ないが，多くのぜい性破壊事故。	冷間での拡管加工，1000m以上も亀裂が蛇行形で伝播したものもある。
⑨	1952年2月	原油タンク	Fawley イギリス	耐圧試験時に1段目の周継手部のトレパニング補修溶接部より発生，伝播。	トレパニング検査部の補修溶接の不良による溶接欠陥が原因。
⑩	1954年11月	タンカー World Concord	イギリス	北大西洋で折半。船体中央船底部のロンジ材と隔壁の交差部で発生，隔壁に沿って伝播，甲板を貫通。	戦時標準船の事故の経験を取り入れ，設計，材料とも最新のものであった。新たなじん性規定の見直しの契機。
⑪	1965年12月	アンモニア合成用厚肉圧力容器	Immingham イギリス	水圧試験時に使用圧力にほぼ近い圧力でぜい性破壊。フランジ鍛鋼品と円筒部の周溶接部より発生。	鍛鋼フランジ側の HAZ のわれ（一辺10mmの三角形状）より発生。応力除去焼なましの温度管理が不十分によるぜい化。
⑫	1965年12月	海洋構造物（リグ）Sea Gem	北海	甲板昇降式リグで移動準備中に崩壊沈没，死者12名。	円筒脚に4個ずつ取り付けられたタイバーフレームが破損。すみ肉溶接のトウに発生した疲労破面があり，そこからぜい性破壊。
⑬	1966年5月	ボイラードラム	Cockenzie 発電所 イギリス	貫通型ノズルの取付け溶接継手内面側のトウ部に沿ったわれよりぜい性亀裂が発生。	応力除去焼なまし処理の初期に，急速加熱による熱応力に残留応力が重畳，水素の遅れ破壊の要因も関係。
⑭	1968年4月	球形タンク（プロピレン）	徳山，日本	水圧試験中に，板厚29mmの80km高張力鋼のロワーリング縦継手ボンド部からのぜい性亀裂，せん断破壊も伴い全壊。	補修溶接に80 kJ/cm 台の大入熱溶接が行われ，ボンドぜい化が起こった。
⑮	1974年12月	円筒形大型石油貯槽	水島，日本	板厚12mmの60km高張力鋼を用いたアニュラープレートの底隅角部が約13mにわたって破壊し，大量の油が流出。	タンク本体と基礎地盤の相互作用の重要性が指摘。
⑯	1979年3月	タンカー Kurdistan 号	イギリス	カナダの浮氷海中に全速（15ノット）で突入，ビルジキール取付け板の突合せ接部から亀裂発生，外板に伝播し折損。	ビルジキール取付け板は開先を取らずに突合せ溶接され，その溶接欠陥（溶込み不足）に亀裂発生。低温じん性不足。
⑰	1980年3月	海洋構造物（半潜水式リグ）A. L. Kielland 号	北海，ノルウェー	風速16～20 m/秒の暴風で転倒，死者123名。5脚構造，そのうちの1本の支えパイプに設けられた水中聴音器のサポート板溶接部から亀裂発生。	サポートの不適当な設計による高応力。材質の不備，亀裂発生部の溶接の溶込みは不十分でビード形状も最善でない。先在われから疲労亀裂進展し，破断。
⑱	1984年7月	アミン吸収塔	Chicago アメリカ	操業中に容器の一部を交換したときの補修溶接部に沿って破壊，炎上，死者17名。	容器内面の補修溶接部の硬化相に水素応力われが発生，容器の壁中に伝播。事故直前に内容物の漏洩があった。

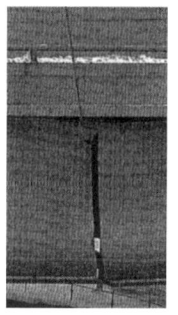

写真16-8 Hoan橋のぜい性破壊事例（アメリカ，ミルウォーキー州）[9]　写真16-9 ぜい性破壊部の拡大写真[9]

る。

構造物の損傷を起こす破壊には，

① 延性破壊

② ぜい性破壊

③ 疲労破壊

④ 環境破壊

などがある。破壊の種類によって，材料の破壊抵抗値およびその破壊を促進する要因は異なる。**表16-4**はいくつかの異なる観点から破壊形態を分類したものである。構造物の破壊事故は，これらの破壊現象が単独で起こることもある

表16-4 破壊現象の分類法

分類法	分類項目	破壊形式
1. 負荷の変動形式による分類	①単調増加荷重による破壊 ②衝撃的荷重による破壊 ③繰返し荷重による破壊 ④一定荷重による破壊	静的破壊 衝撃破壊 疲労破壊 クリープ 遅れ破壊 　（応力腐食われ， 　　液体金属ぜい化われ， 　　水素ぜい化われ， 　　中性子照射ぜい化われ）
2. 亀裂進展に伴う系の安定性による分類	①安定状態のもとでの亀裂の拡大による破壊 ②不安定な亀裂の拡大による破壊	安定破壊 不安定破壊 　延性不安定破壊 　ぜい性不安定破壊
3. 破断部の塑性変形の難易による分類	①塑性変形を伴う破壊 ②塑性変形をほとんど伴わない破壊	延性破壊 ぜい性破壊
4. 金属組織学的分類	①亀裂が結晶粒内を通る破壊 ②亀裂が結晶粒界を通る破壊	粒内破壊 粒界破壊
5. 破面状態による分類	①へき開破面を呈する破壊 ②微小空洞の合体による破壊 ③すべり面での分離による破壊	へき開破壊 延性破壊 せん断破壊
6. 雰囲気温度による分類	①高温下における破壊 ②室温下における破壊 ③低温下における破壊	高温疲労 熱疲労 クリープ 低温疲労 低温ぜい性
7. 腐食環境による分類	①溶解型破壊 ②水素吸蔵型破壊	APC（Active Path Cracking） HE（Hydrogen Embrittlement）

が，いくつかの破壊現象が複合して起こる場合もある。すなわち，破壊形態として，欠陥からの亀裂の発生，亀裂の安定的な進展，最終的な不安定破壊という経過をとった場合，安定亀裂の成長には疲労破壊，環境破壊，延性破壊があり，不安定破壊にはぜい性破壊，延性破壊，環境破壊がある。

(2) 破壊の種類と原因

破壊事故の原因となるものは，設計的要因，材料選定の問題，施工上の問題に分類される。この三つの要因がどの程度の割合になっているかを調べた例を表16-5に示す。設計不良が約半分を占め，残りを材料不良および施工不良が折半するという結果になっている。

設計上の問題としては，外力推定の誤り，構造的な応力集中を起こすなどの構造設計の不備，材料選定の誤りなどがその主たるものである。特に厚肉の圧力容器や複雑な構造では，溶接施工のしやすさ，非破壊検査のしやすさを考慮した構造設計が望まれる。また，利用条件を十分に考慮した適切な材料選定の知識も必要となる。

施工の問題としては，開先形状，溶接の入熱などの溶接条件の誤り，材料に対する工作の不適，熱処理の誤りなどがある。適正条件で溶接後の熱処理を行うことが重要である。熱処理技術が不十分であることが，ぜい性化の原因となったことがあるし，予想以上に残留応力や拘束応力が発生して事故につながった場合もある。

さらに，施工に関して，特に重要なものとして補修溶接があげられる。これまでの事故でも補修溶接に関係したものも多くあり，十分に注意を払う必要がある。

(3) 破壊防止のための注意点

構造物の破壊事故は，溶接われや溶融不良，溶込み不足などの欠陥に，構造的不連続による応力集中，残留応力，拘束応力，さらに急冷や加熱による熱応力が作用し，それによって破壊の駆動力が材料の破壊抵抗値を上回った場合に起こるものである。したがって，欠陥をなくすこと，あるいは欠陥寸法を破壊に対して限界値以下に抑えること，応力集中を小さくするような構造設計や施工法，適正な後熱処理，十分な破壊抵抗力をもつ材料の選定などによって破壊を防止することができる。

構造物は無欠陥ではあり得ないし，発見された欠陥をすべて補修することは経済的でないばかりか，補修溶接でかえって安全上問題を残すことがある。構造物の機能が損なわれないことが確認できる場合には，要求される構造物の安全性の度合いに応じたある範囲内で欠陥の存在も許容されるべきであろう。

表16-5 破壊損傷の種類と原因

（破壊損傷の種類）	（原因）
① ぜい性破壊	─ 材料不良（約25%）
② 延性破壊	
③ 疲れ破壊	
④ クリープ破壊	設計不良（約50%） ─ 強度設計の誤り／構造設計の不備／材料選択の誤り
⑤ クラック（われ）	
⑥ 腐食摩耗	
⑦ 座屈	─ 施工不良（約25%）

16.2.3 疲労亀裂[8]

(1) 疲労亀裂とは

　疲労亀裂は，外力が繰り返し作用することによって溶接継手や切欠き部などの応力の集中しやすい部分に発生するものである。成長した疲労亀裂の先端が引張応力を繰り返す領域にある場合には，亀裂の長さと引張応力の大きさが一定の条件を満たすと一気にぜい性的な破壊を生じる。この破壊は，通常の静的荷重による延性的な破壊に比べて急激であり，突然の落橋につながるおそれがある。ただし，現在までに報告されている損傷事例のほとんどは二次部材と主桁あるいは主構の接合部から生じたもので，落橋の可能性があったものはまれである。しかし，油断は禁物であり，亀裂が成長して引張応力の領域に達したり，溶接構造物では主部材に入り込んだりすることがある。

　溶接部の疲労亀裂は，その発生箇所によって一般に図16-19に示すように2タイプに分類される。一つはすみ肉溶接止端部から発生する止端亀裂であり，もう一つが，ルート部から発生するルート亀裂である。亀裂の発生箇所は，作用外力と密接に関係する。図16-20は，すみ肉溶接について亀裂の発生位置の例を作用外力の種類別に分類整理したものである。設計計算時に応力照査が行われる板面内に作用する力に対する損傷事例はほとんどなく，事例の多いのは二次応力としての面内力③④，あるいは②の面外力による損傷である。このとき，疲労亀裂は，すみ肉溶接のサイズが大きい場合には@や©の止端部から発生しやすく，サイズが不十分な場合にはⓑのようにすみ肉溶接ルート部から発生しやすく，それが進展しⓑに示すようにビード表面に現れることがある。

(2) 疲労亀裂の発生原因

　疲労亀裂の原因は，直接的には応力の集中と繰返しであるが，亀裂を生じやすくする誘因が次のようにいろいろな段階に存在する。

　　設　　　計：設計時のモデル化と実構造物との違いによる二次応力の発生。不適切な構造ディテールの採用による応力集中。極端な軽量化による剛性不足のため，活荷重たわみが大きくなり，二次応力が発生。

　　材料・製作：溶接欠陥は疲労強度を低下させる最大の原因。不適切な鋼材，溶接材料の使用や溶接施工は，溶接われなどの欠陥を生じやすくする。

　　荷　　　重：大型車両の増大，特に過積載車両の存在は，著しく疲労寿命を

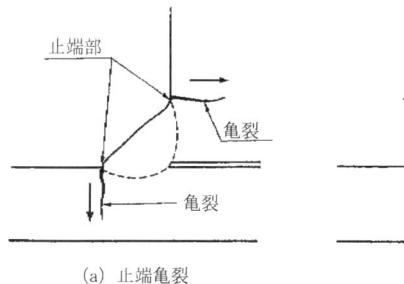

(a) 止端亀裂　　　　(b) ルート亀裂

図 16-19 すみ肉溶接部からの疲労亀裂

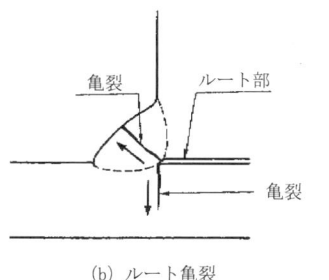

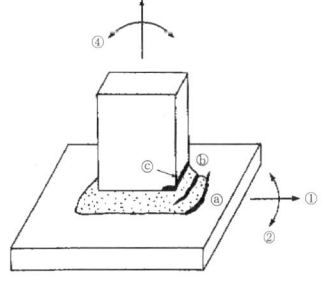

図 16-20 すみ肉溶接部における外力の種類と疲労亀裂の発生形式

短くする。特殊なものとして風による振動などがある。

維 持 管 理：不十分な維持管理による部材の腐食のため，断面減少が生じ応力の増加集中の原因となる。支承部の腐食や摩耗による機能不全のため，繰り返し拘束応力が生じる。

(3) 損傷部位と点検時の留意点

疲労亀裂が橋梁の安全性に及ぼす影響や発見された場合の対処方法については，その発生部位や進展状況によって異なる。大部分の亀裂は，それほど緊急性の高いものではないが，後々の対策を容易にするためにも，点検によって早期に亀裂の発生の有無や進展状況を把握し，対策を講じておくことが望ましい。主桁や主構の部材軸方向に対して直角に発生する亀裂については，進展すると部材の破断につながる可能性が高いので，発見後早急に対応する必要がある。また，二次部材に発生した亀裂でも，そのまま放置した場合には主桁や主構などの主部材に進展する可能性の有無などを十分考慮し，緊急対策の必要性，あるいは補修・補強の必要性とその程度について検討することが重要である。

表16-6，写真16-10～16-17に既存の疲労損傷事例を，図16-21～16-22に代表的な亀裂の発生部位を示す。発生部位に関する特徴は次のとおりである。

① プレートガーダーでは，対傾構や横桁と主桁の接合部，桁端の切欠き部，ソールプレート部などにみられる。

② アーチ，トラス橋では，補剛桁あるいはトラス弦材と横桁の接合部，縦桁と横桁の接合部などの床組，アーチ橋の垂直材上下端の接合部にみられる。

③ 鋼床版では，Ｕリブの突合せ溶接部，横リブと縦リブの交差部，垂直補剛材とデッキプレートの溶接部などの輪荷重走行位置の直下における溶接部にみられる。

これらの部位のうち，桁端，ヒンジ部の切欠きおよびソールプレートの溶接部などの桁端部のように，亀裂の進展が主桁，主構の破断に直接つながるおそれがある部位については簡易足場や簡易点検装置などを用いて点検時に必ず確認することが望ましい。また，鋼床版についても，これまでは比較的軽微な事例が中心であったが，活荷重の影響を受けやすい構造であることや，普及し始めたのが昭和40年代後半頃からであり，供用年数を踏まえると，今後注意して点検することが望ましい。

参考のために，これまでに活荷重によって疲労亀裂を受けた鋼道路橋に共通する特徴を以下に示す。

① 供用後，十数年以上経過している。
② 大型車交通量が比較的多い路線である。
③ 昭和31年または39年の道路橋示方書で設計された溶接橋に多い。

(4) 疲労亀裂の補修・補強方法

疲労亀裂は，鋼板を貼り付けて断面積を増やしたからといって，強度が改善されるとは限らない。接合部の応力集中がかえって疲労強度を低下させることがあるからである。

構造ディテールの改善がよく行われるが，選択を誤ると新たな損傷を引き起

疲労損傷事例

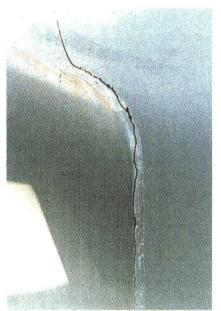

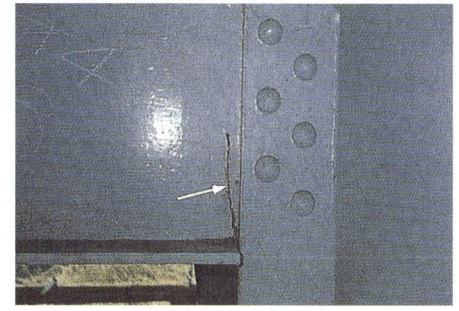

写真 16-10　主桁

写真 16-11　縦桁取付け部

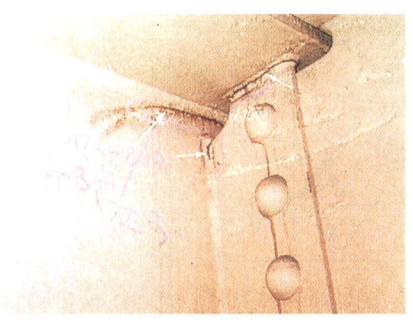

写真 16-12　横桁取付け部

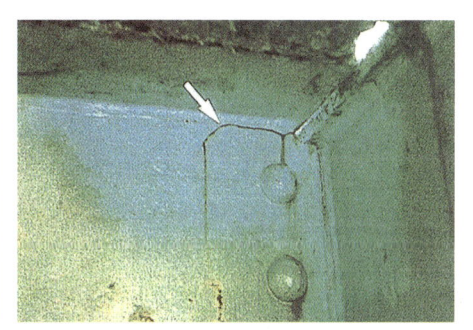

写真 16-13　横桁取付け部

写真 16-14　対傾構取付け部

写真 16-15　横構取付け部

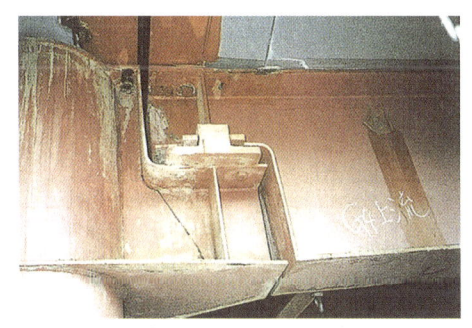

写真 16-16　桁端切欠き部

写真 16-17　支承ソールプレート溶接部付近

こす原因になることがある。また，橋梁全体の剛性を高めることが効果的な場合があるが，それは部材相互の変位差を小さくするからである。部材の変形を不必要に拘束することが局部応力の原因となっている場合には，補強するのではなく，逆にその拘束を取り払うことが解決法になることもある。

疲労には溶接欠陥などの個別，突発的なものと，ある構造ディテールが一様

表 16-6 既存の疲労損傷の事例

形　式		着目部位	損傷箇所
I 桁箱桁（RC床版）	I 桁	主桁端部	①下フランジと切り欠いたウェブとの溶接部
		横構ガセットプレート	②支点上横構ガセットプレート取付け部
			横構ガセットプレート取付け部
		垂直補剛材，対傾構ガセット，横桁端部	③対傾構，横桁の取付け垂直補剛材上端溶接部，対傾構弦材取付けガセットの溶接部，横桁端部リベット孔部，横桁フランジの貫通部
		端横桁端部	④端横桁の端部，支点上垂直補剛材の上下端溶接部
		枝桁	⑤主桁との溶接部，横桁との連結部（リベット孔）
		下フランジ板継ぎ部	⑥下フランジ板継ぎ部の突合せ溶接部
	共　通	ソールプレート	⑦支承ソールプレートの溶接部
アーチ，トラス	上路アーチ	垂直材端部	⑧垂直枠の上下端の接合部
		補剛桁端部	⑨端支柱上の補剛桁の端部
	中路アーチ	アーチリブウェブ	⑩アーチリブウェブと横桁接合部
	下路アーチ	吊材	⑪吊材の上下端の接合部
	共通（床組）	横桁，端横桁端部	⑫横桁の端部（横桁ウェブ面内力に起因）
			⑬端横桁および横桁の端部（横桁ウェブ面外力に起因）
		縦桁端部	⑭縦桁，補強縦桁端部
		端横桁	⑮端横桁ウェブと縦桁の接合部（横桁ウェブ面外力に起因）
鋼床版橋	鋼床版部	縦リブ	⑯縦リブ（Uリブ）どうしの突合せ溶接部
			⑰デッキプレートと縦リブ（Uリブ）の溶接部
			⑱端横リブ，ダイヤフラムと縦リブの端部のすみ肉溶接部 支点上ダイヤフラム垂直補剛材と縦リブの溶接部
		横リブ	⑲横リブウェブと縦リブとの交差部
			⑳デッキプレートとの溶接部（現場継手部による切欠き部）
		垂直補剛材上端部	㉑デッキプレートと垂直補剛材との溶接部
	箱桁部	ダイヤフラム等隅角部	㉒ダイヤフラム隅角部の溶接部 横リブと垂直補剛材，ガセットの溶接部
		コーナープレート（下フランジ側）	㉓コーナープレートと下フランジ，ダイヤフラムの溶接部
ゲルバーヒンジ		円弧状フランジを有するゲルバーヒンジ	㉔下フランジと切り欠いたウェブとの溶接部 I 断面（I 桁，上路アーチ側径間），箱断面（トラス）
吊　橋		ハンガー定着部材	㉕ハンガーを補剛桁に定着する吊ボルト
橋　脚		T 型橋脚隅角部	㉖柱と梁の溶接部
付属物		標識柱とその取付け部	㉗箱桁ウェブと標識柱基部および柱分岐部の溶接部
	吊金具	吊金具の取付け部	㉘I 桁橋外桁吊金具取付け溶接部

に損傷を受ける場合がある。

　前者は材料，製作に起因するものであり，損傷の発生確率は小さいが主部材に重大な損傷を生じさせることもある。これに対して後者は，構造に起因するものであり，損傷事例が多く，二次部材に発生するものが大部分である。

　疲労亀裂が生じてしまうと，その原因を特定し対策を立てるためには，かな

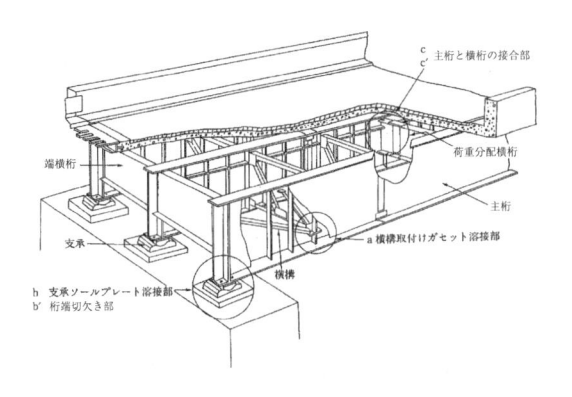

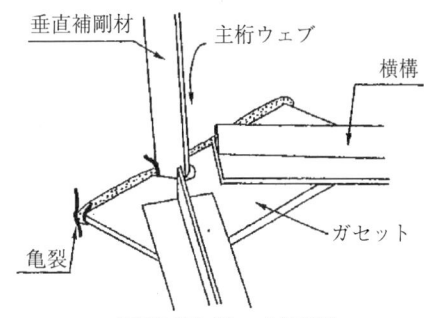

16.2 鋼部材の破壊　457

a 横構取付けガセット溶接部
(注) 亀裂が溶接ビードから外れてウェブ内に進展している場合には，進展を監視しながら早急に対処する。

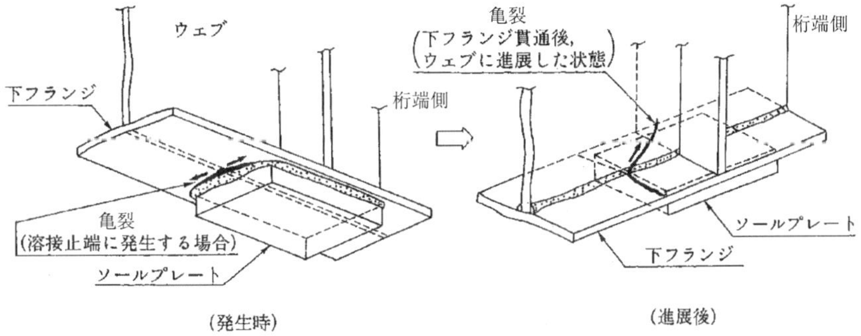

b ソールプレート溶接部

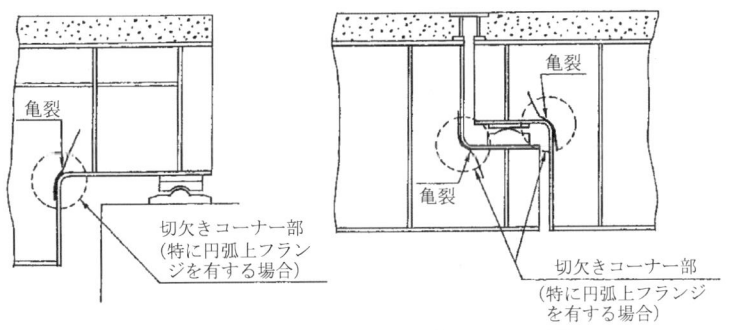

b′ 桁端切欠き部（ゲルバーヒンジ部も含む）

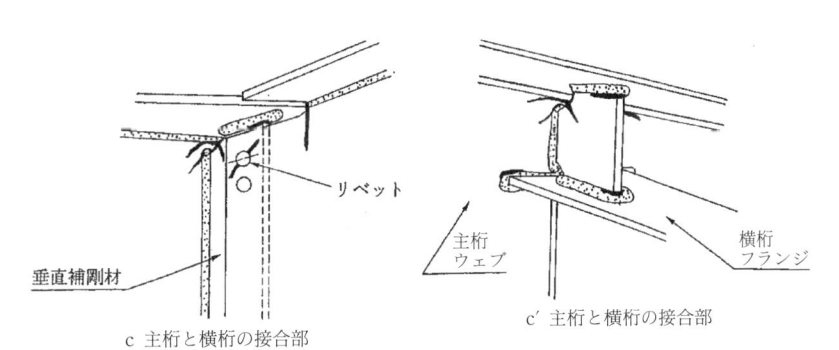

c 主桁と横桁の接合部
c′ 主桁と横桁の接合部
(注) bおよびb′については，亀裂が主桁・主構ウェブに進展した事例が報告されているので，点検時に必ずチェックすること。

図 16-21　I 桁橋における主な損傷部位

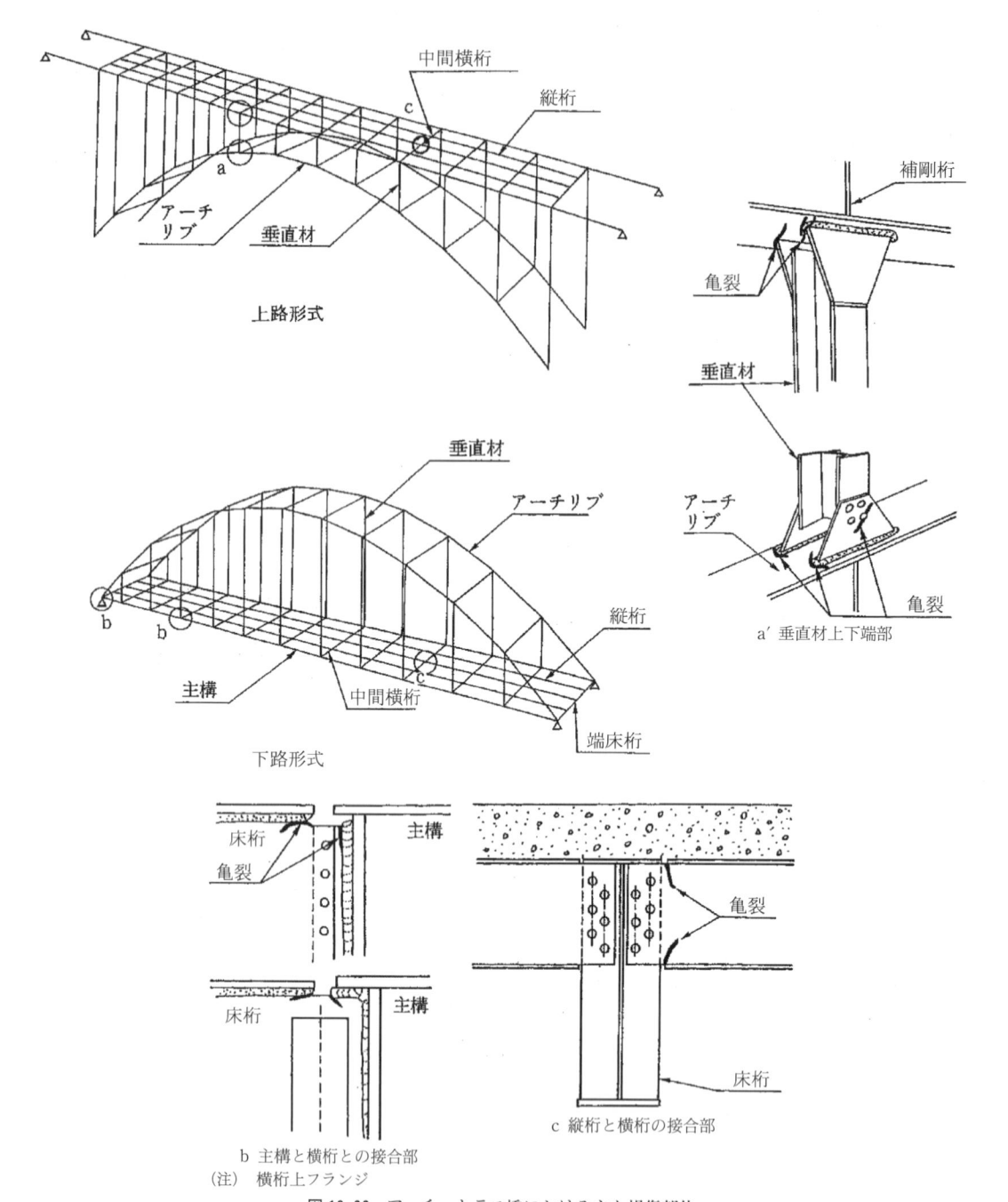

図 16-22 アーチ，トラス橋における主な損傷部位

りの専門的な知識と経験が必要になる。一見類似した損傷であっても，疲労亀裂の発生原因は必ずしも同一とは限らず，それぞれの対策が必要になるので慎重な対応が大切である。

16.2.4 座　屈[10),11)]

　座屈とは真っすぐな柱や板が，それぞれ軸方向圧縮力および一方向一様分布の面内圧縮力度を受けて，急激に大きくたわむ現象をいう。座屈の特徴の一つは，変位が力と直接関係ない方向に生じることで，もともと曲げようとする力

16.2 鋼部材の破壊 459

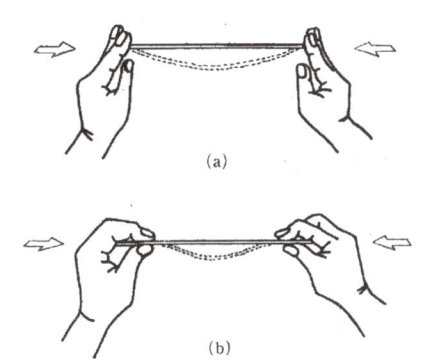

図 16-23 定規の圧縮

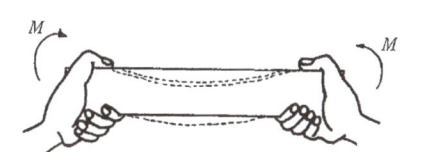

図 16-24 定規（梁）を面内に曲げると限界の力で面外にたわむ

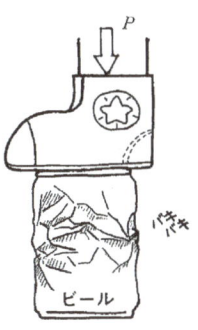

図 16-25 ビールの空き缶（円筒シェル）の座屈

写真 16-18 地震による主桁の座屈(1)

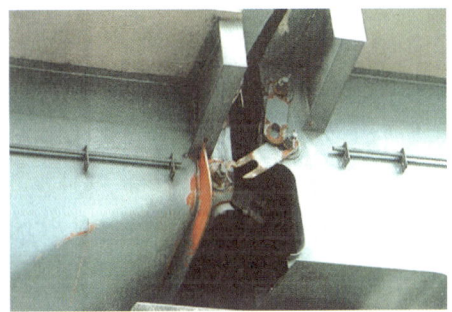

写真 16-19 地震による主桁の座屈(2)

写真 16-20 地震による主桁の座屈(3)

写真 16-21 地震による主桁の座屈(4)

写真 16-22 地震による橋脚の座屈(1)

写真 16-23 地震による橋脚の座屈(2)

が作用する梁などのその方向のたわみと，この点で区別される．座屈現象の最も重要な点は，材料としての強さに関係なく部材の座屈強度が決まってしまうことである．すなわち，細長い部材が座屈しやすく，太く短い部材が座屈しにくいことになる．

さらに，座屈に対する抵抗の大小は，端部をどのように支えるか（境界条件）にも依存する．図16-23(a)に示すように定規の両端の長さ方向に押していくと，ある程度の力までは目にみえない程度縮みながら真っすぐに耐えるが，さらに力を増していくと急激に横に曲がる．それを，図16-23(b)に示すように端部が回転しないように手で支えた場合は，座屈しにくく大きな力まで耐えることができる．

座屈現象は，圧縮を受ける部材に固有の破壊形式で，トラス橋の上弦材や建物の柱のような圧縮を受ける棒状の部材にだけでなく，図16-24，16-25に示すように背の高い梁が曲げを受ける場合やシェルなどの板構造が圧縮を受ける場合にも生じる．座屈による破壊は，急激に生じることから危険度が大きく，過去にも多くの事故が報告されている．写真16-18〜16-23に地震による橋梁や橋脚の座屈の例を示す．

したがって，特に薄く，細長くなることの多い鋼構造物の設計にあたっては，座屈安全性が重要な検討項目になってくる．

参考文献
1) 小林和夫,「コンクリート構造学」, 森北出版, pp. 40-92, 1994
2) ㈳日本コンクリート工学協会,「コンクリートの診断技術'03 応用編」, pp. 20-21, 2003
3) 橋梁と基礎 98-5,「RC床版とその損傷」, pp. 49-53, 1998. 5
4) 橋梁と基礎 98-6,「RC床版とその損傷（その2）」, pp. 47-50, 1998. 6
5) 日本道路公団,「道路構造物点検要領（案）」, pp. 164-154, 平成13年4月
6) 国土交通省土木研究所,「道路橋床版の輪荷重走行試験における疲労耐久性評価手法の開発に関する共同研究報告書（その4）」, pp. 4-14, 平成13年1月
7) 溶接学会,「溶接・接合技術」, 産報出版, pp. 247-264, 1993. 5
8) 日本道路協会,「鋼橋の疲労」, 丸善, pp. 32-38, 平成9年5月
9) 下里哲弘,「首都高速道路の若返り作戦」, JSSC, No. 50, pp. 1-10, 平成15年10月
10) 日本橋梁建設協会,「鋼橋の損傷と点検・診断（点検・診断に関する調査報告書）」, pp. 73-113, 平成12年5月
11) 崎元達郎,「構造力学 [上]」, 森北出版, pp. 177-179, 1994. 2

第17章　特殊橋梁

17.1 コンクリート橋の特殊橋梁

17.1.1　アーチ橋

(1) 構造形式[1]

アーチ橋は曲弦部材を用い，支承部に作用する水平反力を利用してこれに作用する曲げモーメントを軽減する構造である。アーチ橋を大別すると，アーチリブの背面上に裏込めをして側壁を設けた充側アーチと，裏込めしないで支柱または支壁を立ててその上に床構を載せた開側アーチの2種類となる。また，構造上で分類すると水平反力を地盤で支持する方法と，これを受けるための部材（タイ，補剛桁，補剛トラス）を主構に組み込む方法とがある。前者には固定アーチ，2ヒンジアーチ，3ヒンジアーチ等があり，後者にはタイドアーチ，ローゼアーチ等がある。

(a) 固定アーチ

最も剛性が大きい形式であり，上路式と下路式に分けられ，上路式が一般的である。上路式開側形式のものは，長支間の場合に適用される。また，上路式充側型も支間が短い場合に適用されることが多いが，地盤沈下による影響が大きい。

(b) 1ヒンジアーチ

頂点にヒンジを有するもので，実際の施工例ははとんどない。

(c) 2ヒンジアーチ

起点にヒンジを設けたもので，鋼橋のように上路式に使用することはあまりなく，タイドアーチの弓弦アーチとして下路式にすることが多い。

(d) 3ヒンジアーチ

この形式は，静定構造であることから地盤の沈下や温度変化等の二次応力に対して有利であるが，剛性に乏しいという欠点がある。

(e) タイドアーチ

2ヒンジアーチにタイをつけて，全体として静定構造としたものである。桁下空間の少ない場合に下路式としてよく用いられる。

(f) 弓弦アーチ

この形式はタイドアーチと構造上大差はないが，吊材とタイとが結合されていて共働するようになっている点が異なる。吊材には垂直材または斜材を用いており，斜吊材を用いると集中荷重を広範囲に分布させることができるため，活荷重によってアーチに生じる曲げモーメントを著しく減少できる。

(g) ローゼアーチ

この形式はアーチリブと直線桁とを垂直材で剛結した構造で，両端のアーチ

固定アーチ

1ヒンジアーチ

2ヒンジアーチ

3ヒンジアーチ

タイドアーチ

垂直材による弓弦アーチ

斜材による弓弦アーチ

ローゼアーチ

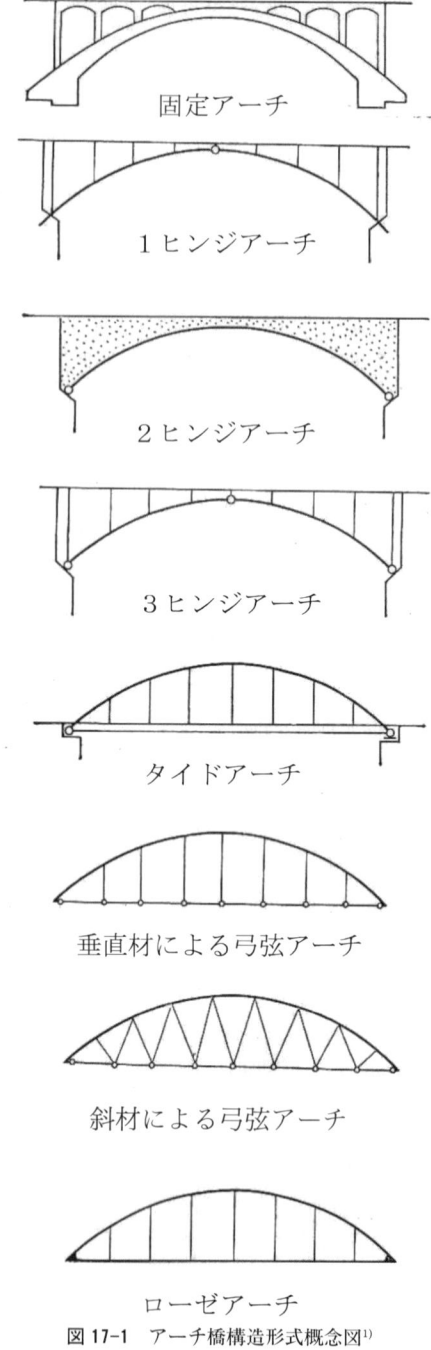

図17-1 アーチ橋構造形式概念図[1]

と直線桁の交点は剛結構造とするのが一般的である。

(2) 部材特性[2]

(a) アーチ部材

充側アーチは，アーチ背面上に裏込め土砂を盛った上に路面を設けているが，裏込め土を保つためにアーチ上面に土留め壁も設けられている。また，側壁には温度変化，収縮およびアーチの変形などにより発生する二次応力に備えるために，伸縮継手が設けられている。裏込め用の土砂とアーチ背部上の界面には，5～30 cm程度の厚さで玉石等の透水層があり，この透水層から橋台ま

たは橋脚上の凹部に集水して排水孔より外部へ排水を行う。

開側アーチは，活荷重をまず床構で支持し，次に支柱によってアーチに伝えられる。支柱はほぼ等間隔にアーチ上に建てられるが，頂点付近は高さが低くなるため，支柱の代わりに側壁を設け，アーチ上に基礎コンクリートを直接打つことで充側式の構造としている。

床構の縦桁は単桁，ゲルバー桁または連続桁とし，陸上取付け部およびアーチ頂点付近に伸縮継手が設けられている。陸上との取付けには，アーチ起点上に建てた支柱を土留め壁に兼用させて橋台とする方法と，盛土を節減するためまたは地震その他を考慮して，床構を陸側に延長させ終端に背の低い橋台を設け，その中間の傾斜地には橋脚を設ける方法とがある。大支間のアーチ橋では，床構用の縦桁をトラスとすることが多い。

柱は橋の全幅と同じ幅の壁構造（支壁）と偶数本の柱（支柱）の2種類がある。支柱と縦桁およびアーチとの連結点は，理論上ヒンジ構造としなければならないが，全体をラーメン構造（フィーレンデール構造）として設計する場合には連結点を剛性構造としている。

(b) ヒンジ

アーチ橋のヒンジには，鉛，石およびコンクリートを用いたものと鋼を用いたものに分類される。鉛，石およびコンクリートを用いたヒンジは，最も簡単な構造であるため，比較的小支間のアーチ橋に用いられることが多い。鋳鋼製の沓を用いたヒンジは，鋼橋の場合と同様な構造であり，ほぼ完全なヒンジ作用を果たすことができる。丸鋼を交差させてその弾力性を用いたメナーゼヒンジは，工費が少ないが不完全のそしりを免れないことから，工事中の仮設ヒン

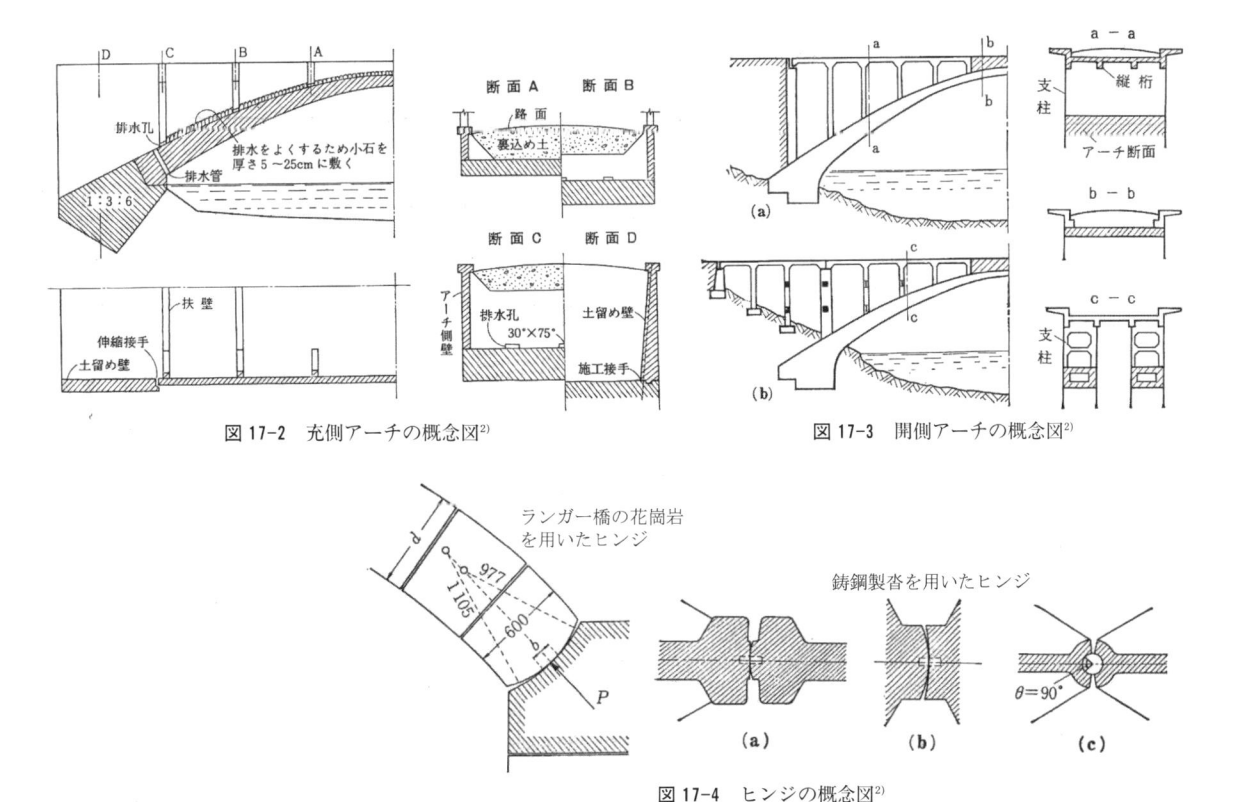

図 17-2 充側アーチの概念図[2)]

図 17-3 開側アーチの概念図[2)]

図 17-4 ヒンジの概念図[2)]

ジに用いられる。

　(c) 橋台および橋脚

　橋台および橋脚は，原則的に一般橋梁の場合と同様であるが，静定構造のときと異なって水平分力を有しており，橋台に働く力として下記のようなものがあげられる。

① アーチ起点における反力
② 橋台自重
③ 橋台の裏込め土，路盤および路面上の活荷重
④ 橋台背面の土圧
⑤ 浮力や地震力等（場合に応じて）

(3) 点検・維持[3]

　アーチ橋特有の問題として，下記に示すようなアーチに発生する二次応力があげられる。

① 活荷重および死荷重によって生じるアーチ軸方向の短縮
② 温度変化による伸縮
③ コンクリートの収縮
④ 橋台または橋脚の移動および沈下
⑤ 支保工の沈下
⑥ コンクリートの弾性および塑性変形などにより生じる応力

　これらの応力によりひびわれなどの変状が発生しやすいアーチクラウン部や，変形や過度の移動を生じやすいヒンジ部などを重点的に点検する必要がある。

17.1.2　斜張橋

(1) 構造形式[4]

　斜張橋は，主桁，塔および斜材ケーブルで構成され，その結合条件や斜材の配置等の組合せにより多種の形式がある。これらの構成要素の一般的な分類は下記に示すとおりである。

　(a) 主桁の支持形式

　フローティング形式，連続桁形式，ラーメン形式，中央ヒンジ桁形式

　(b) 塔の形状

　1本柱，独立2本柱，H形柱，A形柱，逆Y形柱等

　(c) 斜材の配置形式

　斜材配置面数（1面吊，2面吊）

　斜材配置形状（放射形，ファン形，ハープ形，スター形）

　(d) 塔，橋脚，主桁の結合方法

　塔，橋脚，主桁とも剛結の場合

　塔と橋脚は剛結で，主桁は自由または橋脚上に支点を置く場合

(2) 部材特性[4]

　(a) 主　桁

　斜張橋の桁高は桁橋に比べて低く抑えることが可能であるが，剛性も低くなるため変形性に富み，複雑な振動特性を有する。また，斜材張力により大きな

17.1 コンクリート橋の特殊橋梁

表 17-1 斜張橋の構造形式概念図[3]

	ラジアル（放射）形	ファン形	ハープ形	スター形
1本				
2本				
3本				
4本				
4本以上				
変則				

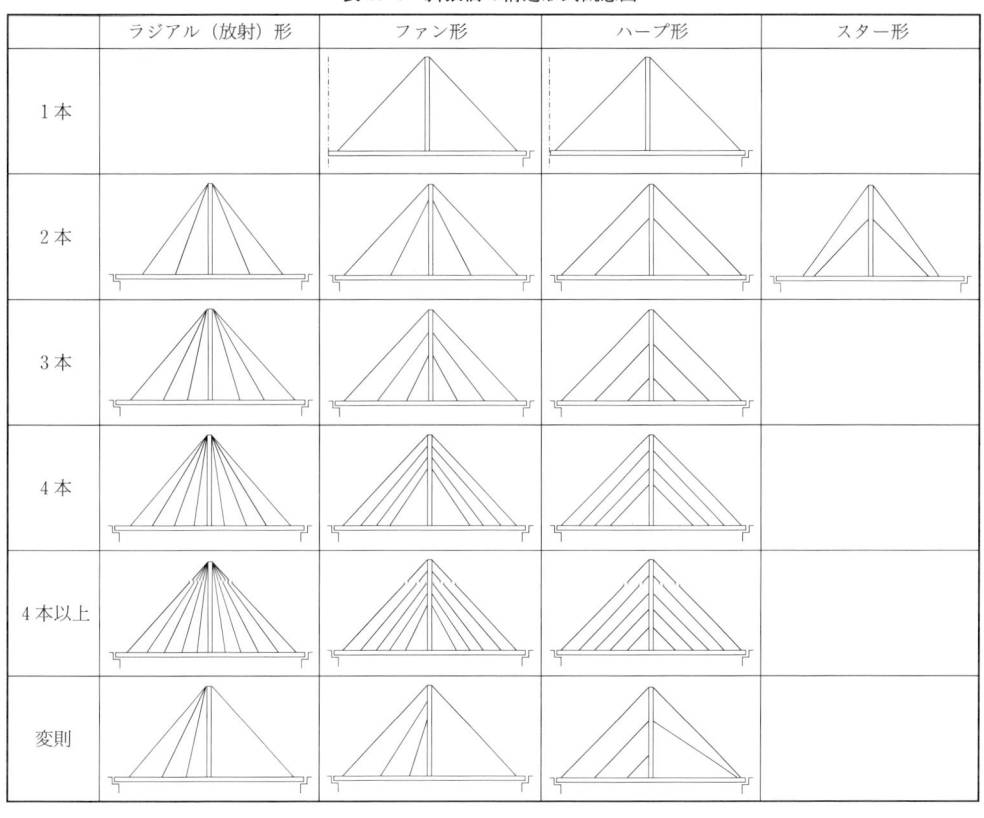

表 17-2 塔の構造形式概念図[3]

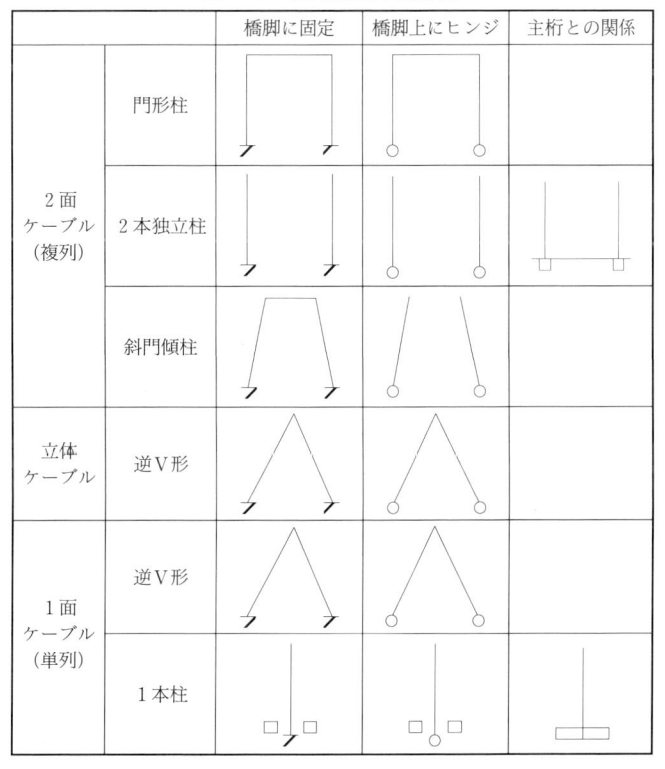

		橋脚に固定	橋脚上にヒンジ	主桁との関係
2面ケーブル（複列）	門形柱			
	2本独立柱			
	斜門傾柱			
立体ケーブル	逆V形			
1面ケーブル（単列）	逆V形			
	1本柱			

表 17-3 塔，橋脚，主桁の結合方法概念図

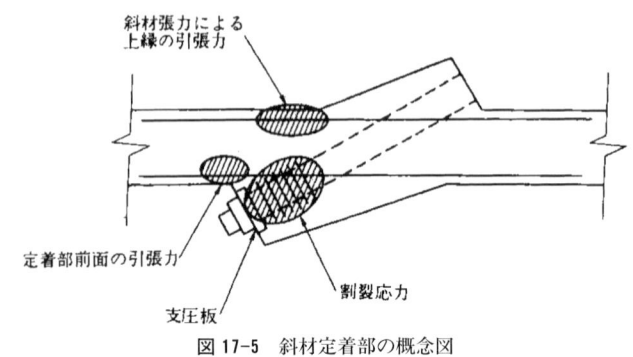

塔，橋脚，主桁とも剛結	塔，橋脚は剛結で主桁は自由	塔，橋脚は剛結で橋脚上に支点

図 17-5 斜材定着部の概念図

軸圧縮力を受ける。

(b) 斜材定着部

斜材定着部は斜材から大きな張力を受ける部分であるため，斜材張力により発生するせん断力や局部応力に対して，PC 鋼線や鉄筋などによって補強される構造となっている。

(c) 斜　材

斜材は静的な引張応力だけでなく，活荷重による変動応力も受ける。変動応力の主な発生原因としては，風と走行車両が考えられる。風による斜材の振動の種類としては限定振動と自励振動があり，このうち渦励振等による限定振動は比較的低風速の風で発生して一定の振幅で振動するため，斜材定着部が固定状態であると，斜材の定着部近傍に固定端モーメントが繰り返し発生する。なお，斜材は鋼材であるため防錆処理を施した防水構造となっている。

(3) 点検・維持

斜張橋は主桁の桁高を低く抑えられていることから，風による渦励振作用により大きなたわみが発生することがある。このようなたわみが発生した場合，径間中央および固定端付近にひびわれが生じる。また，斜材定着部に発生しているせん断力や局部応力により，定着位置を中心に放射状のひびわれが生じることから，これらの位置を重点的に点検する必要がある。

17.1.3　その他の橋梁

(1)　中央ヒンジ形式 PC 橋

(a) 構造形式

中央ヒンジ形式 PC 橋は，橋脚の脚柱と桁が剛結されており，橋梁端部で桁を支持し，水平方向にせん断力のみは伝えるが水平方向の移動を拘束しないようなせん断ヒンジが設置されている場合が多い。このような構造は，死荷重お

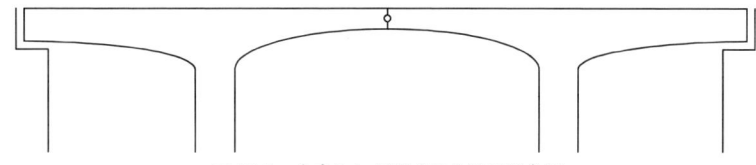

図17-6 中央ヒンジ形式PC橋の概念図

およびプレストレストに対しては構造が対称であるので一次の不静定であり，任意の荷重に対しては三次の不静定となる。また，中央ヒンジ側が片持ち梁構造であることから，自重による垂れ下がりを防ぐ目的で，橋梁端部側の自重を大きくして橋台で支持する構造となっている。このため，中央ヒンジ側に比べて橋梁端部側の桁高を高くしているか，橋座に浮き上がり防止用のアンカー等が配置されている。

(b) 部材特性

中央ヒンジ形式のPC橋は，中央ヒンジ部の主桁を片持ち梁構造で支持していることから，塑性ひずみが増大すると中央ヒンジ部が垂れ下がる現象を生じやすい。塑性ひずみとは，コンクリートに一定荷重を接続載荷した場合，その瞬間に弾性ひずみを生ずるだけでなく，材齢に伴って増大するひずみであり，応力による時間依存性の部分すなわちクリープによるひずみと乾燥収縮によるひずみの和である。一般的にクリープによるひずみは若材齢時に多く発生する。

桁はPC構造物であることから，橋脚との剛結部の曲げ応力が中央ヒンジ部の垂れ下がりによって極端に増加することはない。

(c) 点検・維持

中央ヒンジ形式のPC橋は，塑性ひずみにより中央ヒンジ部の垂れ下がり現象を生じやすく，この現象によりヒンジ沓の損傷が発生する。また，伸縮装置部に段差を生じる等の現象を引き起こし，通行車両通過に伴って片持ち梁先端が大きく振動する場合にはヒンジ沓の破損，主桁コンクリートのひびわれや破損などを誘発することから，これらの位置を重点的に点検する必要がある。

17.2 鋼橋の特殊橋梁[7),8),9)]

17.2.1 アーチ橋

アーチ橋は古くはローマの水道橋にみられるような石材でつくられてきたが，鋼橋としての材料は19世紀になって鋳鉄が用いられ，その後錬鉄，鋼と変わってきた。材料の高品質化に伴い設計理論もより高度化し，本格的な大規模アーチ橋が欧米でつくられてきた。なお，国内における大規模アーチ橋としては大三島橋（アーチ支間長297 m）がある。

鋼アーチ橋梁の形式は，17.1のコンクリートアーチ橋に準じるものであるが，ここでは，補剛桁端部とアーチ部材端部を一体とすることによりアーチの水平反力を補剛桁内の張力に置き換える構造形式の下路式アーチ橋と，2ヒンジアーチ構造の上に垂直材，補剛桁を設けた上路式アーチ橋に着目して記述する。

(1) 構造特性

アーチ橋の構造は，トラス橋等の形式と同様に2アーチ主構とその主構を一体化させる部材および路面を支持する床組からなる立体構造である。下路式ア

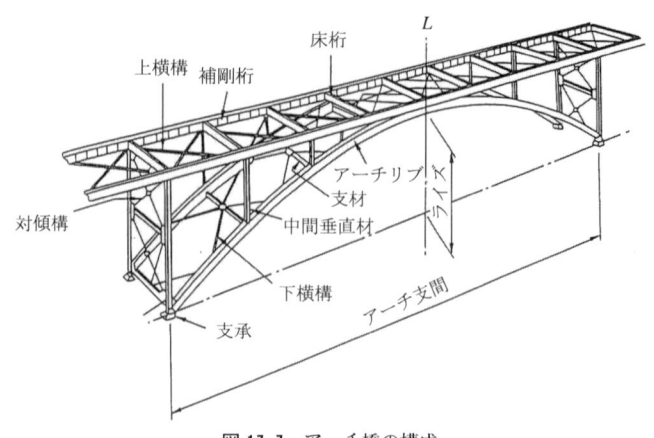

図17-7 アーチ橋の構成

　アーチ橋の主構はアーチ部材，補剛桁，吊材からなる．2アーチ主構をつなぐ両端には橋門構があり，2アーチ材天端をつなぐ部材としては上支材，上横構が設けられる．上路式アーチ橋の主構はアーチ部材，支材，横構からなり，アーチ材の上には垂直材，補剛桁がある．2アーチ主構の支点部付近には端支柱により補剛桁を支持し，かつこの端支柱面内にはアーチの面外変形を防ぐ対傾構が設置される．

　立体構造物であるアーチ橋全体の安定性に関しては，狭幅員・大支間長の場合，面外座屈に留意する必要がある．構造計画時においては，支間・ライズ比約6以上で，横構，対傾構，橋門構＋支間・主構間隔約20以下の条件下では面外座屈の照査は不要である．

　したがって，部材の損傷対応に関しては，一般の鋼材の損傷，劣化に留意するのみでなく，その部材の損傷が，構造全体の面外座屈安全率を大きく下げうる部材であるかどうかを認知しておくことが重要である．

(2) 部材特性

(a) 下路式アーチ橋

① アーチ部材：吊材を介して補剛桁からの路面荷重を曲げモーメントと軸力として受けもつ部材である．

② 補剛桁：床版，縦桁，横桁を介して路面荷重を受けもつ部材であると同時に先にも述べたとおり，アーチ部材の水平反力を張力（軸力）として受けもつ部材である．

③ 吊材：補剛桁とアーチ部材をつなぎ，補剛桁からの荷重を軸力としてアーチ部材に伝達する部材である．一般には棒，円柱，H材が用いられるが，長大橋の場合には交差するケーブル材を45度に配置した形式（ニールセン系）もある．

④ 橋門構：アーチ部材に載荷される横荷重（風，地震荷重など）反力をアーチ下端の支点に伝える働きを担っている．

⑤ 上横構，上支材：アーチ部材に載荷される横荷重（風，地震荷重など）をアーチ上面の面として受け止め，橋門構へ部材力として伝達する働きを担っている．

(b) 上路式アーチ橋

写真 17-1 大三島橋

① アーチ部材：全路面荷重をアーチ上面に受け，両端の支点に反力として伝達する部材である。
② 上横構，上支材：2アーチ主構の上面をつなぐ部材で，横荷重の全反力を支点に伝える働きを担う部材である。
③ 補剛桁：路面荷重を直接または間接的に受け止める部材である。
④ 垂直材，端支柱：補剛桁とアーチ部材をつなぐ部材で，圧縮材として設計される。
⑤ 端対傾構：2端支柱間に設置される対傾構で，地震時荷重を含む横荷重による全反力を支点に伝達する働きを担う部材である。

(3) 点検・維持

点検・維持に関して，アーチ橋の特異な部分について列記する。
① アーチ部材：補剛桁との交差部（隅角部），端支柱との一体部，垂直材，クラウン部の取付け部などの亀裂の有無。
② 補剛桁：上記アーチ部材の記述に準じる。
③ 垂直材，吊材，支柱：補剛桁，アーチ部材との連結部付近の亀裂。特に下路式アーチ橋においては，低風速での部材の風琴振動などによる取付け部の亀裂の有無に注意する必要がある。
④ 横構，支材：2主構を一体化させるための二次的部材ではあるが，これらの部材の損傷は構造物全体の面外座屈の安全率を著しく低下させるため，留意する必要がある。

17.2.2　斜張橋[8),9),10),11)]

近年，斜張橋が短期間に近代橋梁として一定の位置を確保するに至ったのは，高強度ケーブルの出現，コンピュータの発達による静的，動的な構造解析法の発達と耐風設計法の確立および合理的で精度の高い架設技術の発達等に起因する。また，同じ吊形式橋梁である吊橋に比べ設計自由度が高く，優れた構造特性を有すると評価されるのは以下の理由による。
① ケーブル配置，塔形状などによる形態が多様で，設計の自由度が高いこと。
② 支間長の適用範囲が広く，支間割の制約が比較的少ないこと。

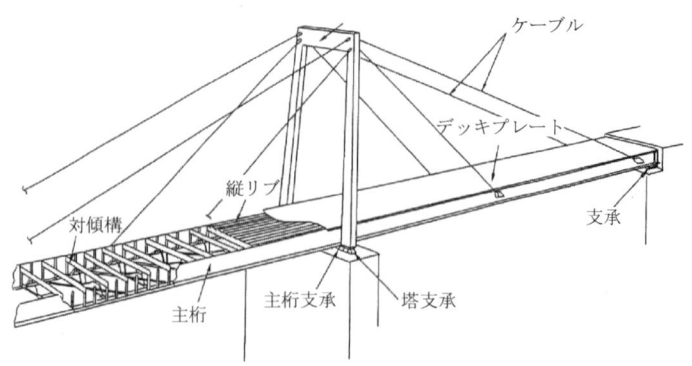

図 17-8 斜張橋（ファン形 2 面ケーブル）の構成

③ ケーブルプレストレスによる塔・主桁の応力調整が可能で，経済的な設計ができること．
④ ケーブルを利用した張出し架設が可能となり，合理的な架設が行えること．
⑤ ケーブル・塔・主桁により構成される景観が機能的で近代感覚にマッチしていること．

近年，国内で完成した代表的な斜張橋としては，中央径間長 460 m の横浜ベイブリッジ，中央径間長 890 m の多々良大橋などがあげられる．

(1) 構造特性

斜張橋は，主塔から斜め方向に張られたケーブルにより主桁を支持する形式の橋梁である．ケーブルが斜めに張られていることにより，塔，主桁には断面力として曲げモーメントとともに軸力が生じる．これらの断面力は荷重の載荷状態によって著しく異なった性状を示す．

また斜張橋はケーブルにプレストレスを与えることにより塔，主桁の断面力調整を行いつつ設計を行うことが可能である．プレストレス量の主な設定目的としては，①活荷重無載荷状態での主塔曲げモーメントの最小化，②活荷重無載荷状態での主桁径間中央，中間支点上曲げモーメントの平衡化などがあげられる．この結果，側径間端部の支点では一般に負反力が生じる．

したがって，設計時，架設終了時，活荷重載荷時の各部材断面力（応力）の記録の保存は将来の維持管理のためには非常に重要なこととなる．

なお，初期の少段数ケーブル形式に比べ，今日多用されているマルチケーブル（多段）形式の優位点としては以下の点があげられる．

① ケーブル太さを細くできることにより桁，塔部への定着構造が簡素化できる．
② 多段数ケーブルの場合，桁架設，補修・取替えが容易．
③ 多段数ケーブルへのプレストレス量の調整により，特に桁，塔の曲げモーメント調整が可能．

(2) 部材特性

斜張橋は，主桁，主塔，斜めケーブルの 3 主要部材から構成される橋梁形式である．以下にその特性を示す．

(a) 主 桁

主桁の断面形状は路面形状，ケーブル配置，塔および下部工との関係，主橋

梁とアプローチ橋梁断面などを配慮して決定される．ただし，耐風安定性を確保するために，さらに断面形状を変更したり，制振対策を併用することもある．代表的な主桁断面としては，1箱桁，2箱桁，多主桁，トラス桁等がある．ケーブル1面吊形式の斜張橋ではねじり剛性の高い1箱桁形式の採用が多い．

なお，桁上の床版は桁作用と床作用を兼ねることにより自重軽減が図れる鋼床版を採用する例が多い．

また，主桁には一般の桁橋とは異なりケーブル定着構造，制振対策装置の設置構造，負反力支承設置構造，主塔との一体構造など特異な構造を有している場合が多い．

　(b) 主　塔

主塔はケーブルを介して主桁を支持する重要構造物である．塔の形式は，ケーブル面数，ケーブル定着位置などの違いにより1本柱，2本柱，A形，門形などがある．これらの形式の塔には，大きな軸力のほかに橋軸方向および直角方向の曲げモーメントが働く．設計に際しては，これらの作用力を考慮した柱としての座屈安定照査がなされる．また，主塔側のケーブル定着部，塔基部など特異な構造も主塔に含まれる．

　(c) ケーブル

使用ケーブルは，設計張力に耐えうる強度であることのほかに，材料面，防食面にも留意しなければならない．過去にはロックドコイルロープ，スパイラルロープなどが多用されたが，今日では防食性，耐候性に優れた平行線ケーブルが主流となってきている．

(3) 点検・維持

斜張橋の点検・維持に際して留意する点を以下に列記する．

　(a) 主　桁

一般の鋼床版桁橋の維持管理のほかに，ケーブル定着構造付近のボルトのゆるみ，亀裂，雨水の浸入，滞水および制振対策部材または装置などの機能の維持状況の確認，負反力支承など，特殊構造の機能維持状況に関する確認などが重要である．

　(b) 塔

主桁に準じるが，ケーブル定着構造付近のボルトのゆるみ，亀裂，雨水の浸入，滞水および制振対策部材または装置などの機能の維持状況の確認が重要な項目となる．また，車両などの接触事故による主塔本体の損傷などは主塔耐力に大きな影響を与える場合があるので，慎重に対処する必要がある．

　(c) ケーブル

斜張橋における過去の損傷事例としては，ケーブルに関するものが多い．その原因はケーブルの腐食，疲労，振動などが主であるが，ほかにストランド，ソケット合金部のクリープによるケーブル張力の抜け，主桁のキャンバーの経年変化が問題となることもある．したがって，ケーブルの腐食，ケーブルの風による振動，ケーブル定着装置付近の維持管理状況などに留意する必要がある．

写真 17-2　多々良大橋

17.2.3　吊橋[8),9),10)]

吊橋は，斜張橋とともにケーブルによって桁を支える代表的な吊形式橋梁である。本形式は長径間化が可能で，完成系の主要部材が架設部材として使用できるなどの合理性，優位性をもち，多くの大規模径間長の海峡橋等として計画，架設されてきた。国内最大中央径間長1 991 m を誇る明石海峡大橋も本形式の橋梁である。

(1) 構造特性

吊橋の構造は，主に以下の四つの要素から成り立っている。

① 補剛桁（または補剛トラス）と床組。
② ①の構造を吊り下げる主ケーブル＋ハンガーロープ。
③ ②の主ケーブルを支持する塔。
④ ②の主ケーブルを定着し，垂直，水平方向反力を受けもつアンカーレッ

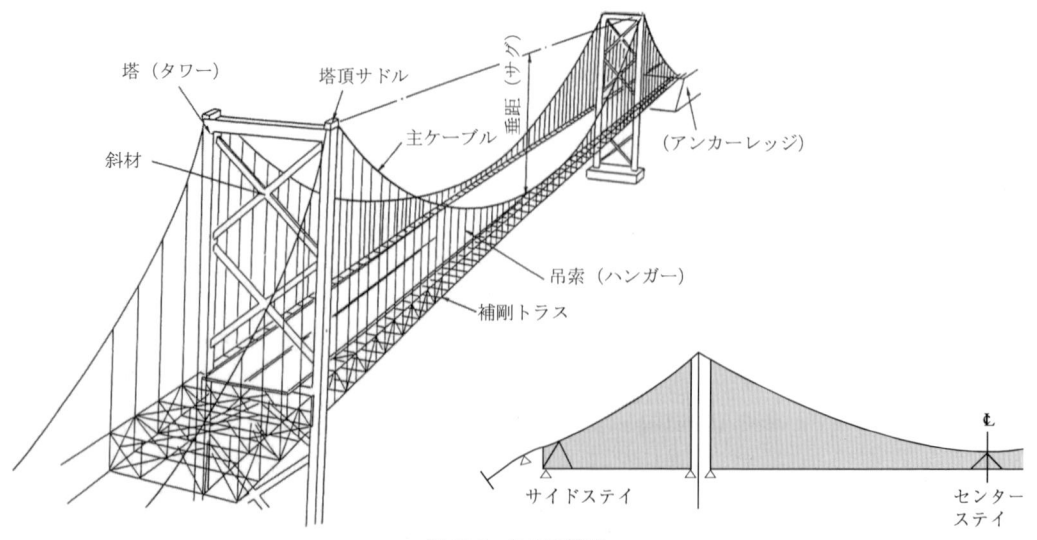

図 17-9　吊橋の構成

ジ。

(2) 部材特性

吊橋は，桁橋などと異なる構造要素をもち，要素を形成するためにケーブル，ロープの特殊部材を有している。したがって点検者はこれらの部材の働きなどを理解して点検することが望まれる。

① 主ケーブル：主塔，アンカーレッジが設置されたあとに施工されるのが主ケーブルである。主ケーブルは載荷荷重反力を主塔，アンカーレッジへ伝達する主要な働きをする。

② サドル（主塔，側塔）：主塔の天端に設置されるサドルは，主ケーブルと塔を連結させる役目を担う。

③ スプレーサドル：主ケーブルのアンカーレッジ側で，主ケーブルをアンカーレッジに定着させるために1本ごとのストランドに分散させる部材である。

④ アンカーバー（アイバー）またはソケット：主ケーブルをアンカーレッジに定着する際に，主ケーブルの分割された1ストランドごとにアンカーバーに連結する。このアンカーバーの下端はコンクリートアンカーレッジに定着される。

⑤ ストランドシューまたはストランドソケット：ストランドシューは現場でケーブルを1本1本の素線から組み立てる場合に用いるケーブル定着装置である。これらのアンカーレッジ側には④のアンカーバーまたはソケットが定着されている。

⑥ ハンガーロープ：補剛桁からの荷重を主ケーブルに伝達する主要な部材である。ここでの荷重には補剛桁上の床版上に載荷される活荷重をも含む。

⑦ ケーブルバンド：主ケーブルとハンガーロープを連結する部材である。主ケーブルは放物曲線であるため，鉛直にぶら下がっているハンガーロープとの交角は主塔に近づくに従い傾斜角が大きくなる。したがって，ケーブルバンドの締付け力は主塔に近づくに従い大きな力が必要となる。

⑧ ハンガーロープソケット：ハンガーロープの端部に設けたソケットで，ケーブルバンドまたは補剛桁の連結部において，ピン，支圧板などにより連結する部材である。

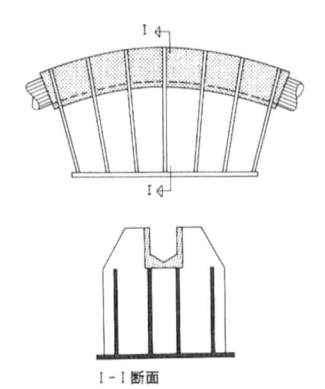

図 17-10 鞍部に鋳鋼，下側部分に溶接構造を用いたケーブルサドル

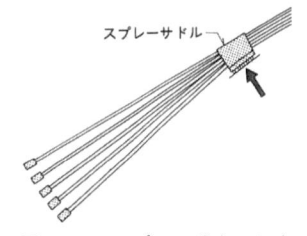

図 17-11 スプレーサドルによるストランドの片側分散方式

図 17-12 主ケーブルのストランド張力をアンカーブロックに伝える方式例

図 17-13 ケーブルバンドとハンガーロープの例

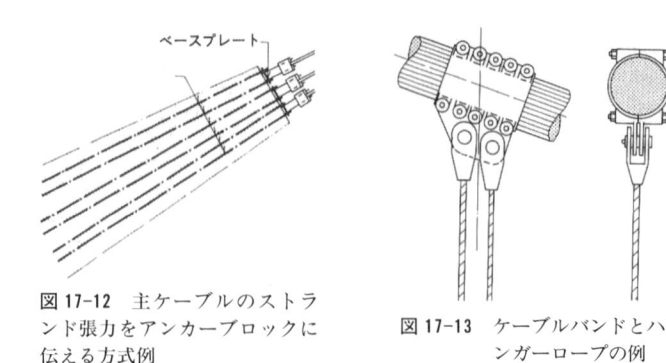

⑨ ステイ：センターステイは，中央径間中央で桁とケーブルの間にロープなどを張り，桁の橋軸方向の変位を拘束する（図 17-9）。同じ目的で側径間の端部にサイドステイが設けられることがある。

(3) 点検・維持

吊橋の点検・維持に際して留意する点を(2)で取り上げた部材を中心に以下に列記する。

① 主ケーブル：主にケーブルの腐食について点検することとなるが，その際に保護カバー，コーティングの損傷状況もあわせて点検する。特に留意すべき点検箇所としてはケーブルバンド近傍，塔上サドル周辺，アンカーレッジ近傍および主ケーブル最低部（中央径間の中心位置付近）である。

② サドル（主塔，側塔）：サドル周辺における点検項目としては，サドル固定用のボルトなどのゆるみ，主ケーブルのスリップ，キャスティングにおける腐食・亀裂などがあげられる。

③ スプレーサドル：スプレーサドル周辺の点検項目としては，ボルトの落下・ゆるみ，キャスティング自体における亀裂の有無，スプレーからケーブル上方への移動。この移動の兆候としては，ストランド下側のペイントのはがれまたは上側のコーティングなどの団子状態などである。

④ アンカーバーまたはロッド：これらの点検項目としては，コンクリート埋込み部付近の腐食，亀裂，劣化または移動などである。

⑤ ストランドシューまたはストランドソケット：これらの点検項目のうち，シューではシムの変位の兆候，移動・腐食および不整合，シューの亀裂。ソケットでは移動の兆候，ゆるみ，腐食，破損，ソケット表面のねじのペンキのはがれ，錆など。

⑥ ハンガーロープ，ソケット：これらの点検項目としては，ロープの腐

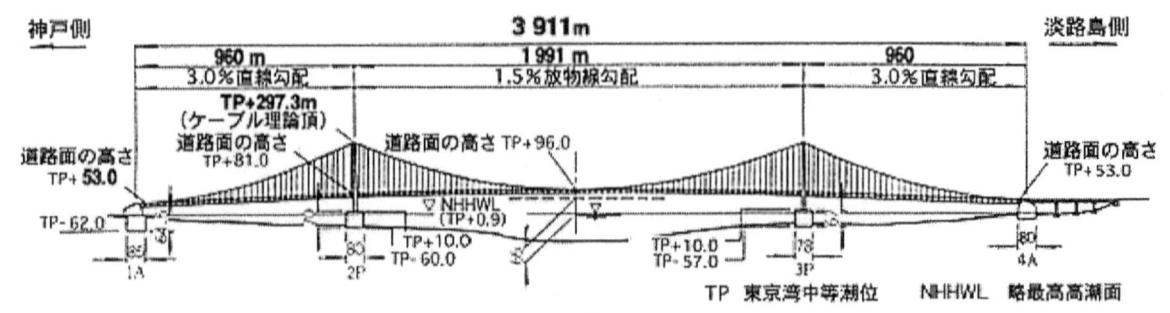

図 17-14 明石海峡大橋側面図

図 17-15　明石海峡大橋補剛桁断面図

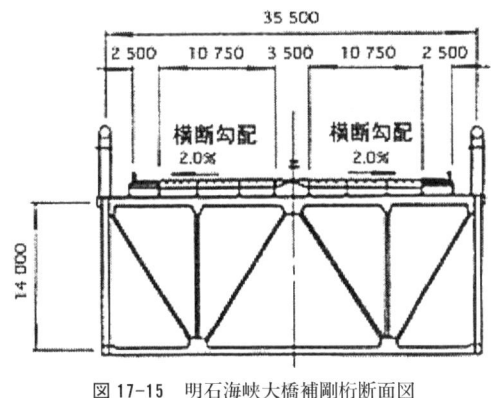

写真 17-3　明石海峡大橋

食，破断，劣化およびロープ連結装置の移動，摩耗，不具合など。
⑦　ケーブルバンド：ケーブルバンド周辺の点検項目としては，ボルトの欠落，ゆるみ，バンド自体における亀裂の有無，バンド全体のずれ，回転の有無など。
⑧　ステイ：橋軸方向の地震時や暴風時にセンターステイから主ケーブルに予測しない大きな力が作用する可能性があり，ボルトの欠落，ゆるみ，ステイ自体の破断などが点検項目となる。

17.2.4　その他の橋梁
(1)　連続合成桁[12),13)]

　合成桁橋は，鉄筋コンクリート床版と鋼桁とがずれ止めによって結合され，両者が一体となって主桁として機能する鋼桁橋である。合成桁では，床版が活荷重を直接支持する版であるとともに，主桁の一部分としても働くため，桁高の減少，耐震性の向上，および従来のプレートガーダーに比べて鋼重を低減でき，支間長も長くすることができる。

　プレストレスを導入する連続合成桁は，1959 年の「鋼道路橋合成桁設計施工指針」の改訂に伴い，本格的に建設されるようになっている。しかしながら，鋼重節約に比べ，施工が面倒で維持修繕も困難なことから，1970 年に架設された大阪市の毛斯倫（モスリン）大橋（最大スパン長：76.5 m）を最後に建設されていない。

　それに代わり，プレストレスを導入しない連続合成桁橋が，1973 年に改訂された「鋼道路橋設計示方書」において認められたことで数多く架設されている。プレストレスしない連続合成桁橋の最大スパン長は，神崎橋（1975 年）の 88 m である。しかしながら，プレストレスしない連続合成桁も，RC 床版のひびわれ問題が懸念され，1980 年以降，その使用は著しく少なくなったようである。

　合成桁はコンクリートの圧縮力に対する強さと鋼の引張りに対する強さを合理的に活用した構造であるため，コンクリート断面に圧縮力が作用する場合にはその効果を発揮する。

　鋼桁を両端の支承だけで支持してコンクリートを打設すると，鋼桁と床版の自重を鋼桁が受けもつことになり，コンクリートが硬化したあとの活荷重と舗

装, 高欄などの死荷重に対してのみ合成桁として働く。これを活荷重合成桁という。一方, 鋼桁支間部に仮支点を設けて鋼桁を支持した状態でコンクリートの打設を行い, コンクリート硬化後に仮支点を取り除くと全死荷重と活荷重に対して合成桁として働く。これを死活荷重合成桁という。活荷重合成桁に比べ鋼桁重量は小さくなるが, 施工が煩雑なため, 一般的には, 活荷重合成桁が多く用いられている。

しかし, 過去においては, この施工の繁雑さを解消し, 建設時に支保工を長期間設置する代わりにあらかじめ連続桁構造で架設した桁を切断することで, 死荷重に対しても部分的に合成構造とする切断合成桁[14]という形式も存在した。

連続合成桁では, 中間支点付近の負の曲げモーメントにより床版に引張応力が生じるためプレストレスを導入するなどの特別な措置が必要となり, その負の曲げモーメント領域の対処の方法によって以下のようなものがある。

① プレストレスを導入して桁全域を完全合成桁として活用するもの（プレストレスを導入する連続合成桁）。
② 負の曲げモーメント領域では版のコンクリートを無視し, 版の中に配置された橋軸方向の鉄筋と鋼桁からなる鋼断面で抵抗させるもの（プレストレスしない連続合成桁）。
③ 負の曲げモーメント領域の床版構造は連続させないで, 非合成構造とするもの（部分合成桁）。
④ 設計方法は部分合成桁と同じであるが, 床版構造を連続させるもの（断続合成桁）。
⑤ 負の曲げモーメント領域に, ばね定数を考えた柔なジベルを用いるもの（弾性合成桁あるいは不完全合成桁）。

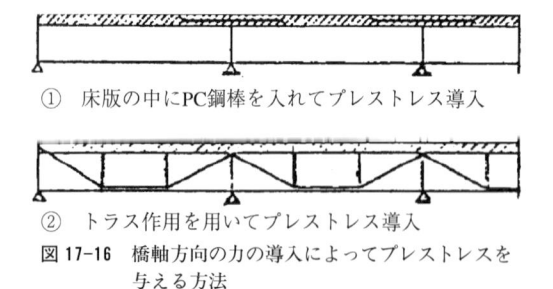

① 床版の中にPC鋼棒を入れてプレストレス導入
② トラス作用を用いてプレストレス導入
図 17-16 橋軸方向の力の導入によってプレストレスを与える方法

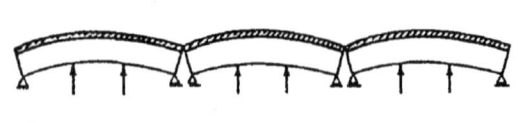

① コンクリート硬化まで自重を仮支持 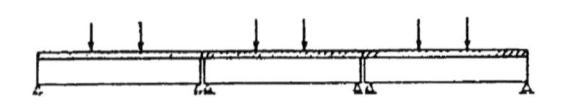
② コンクリート硬化後仮支点を撤去
図 17-17 単純桁に仮支点を設けてプレストレスを与える方法

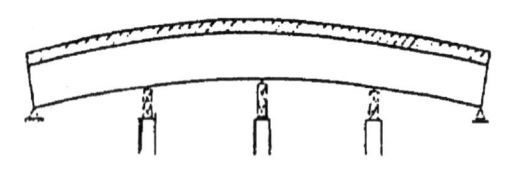

① 上げ越し状態でコンクリート打設
② コンクリート硬化後, 降下 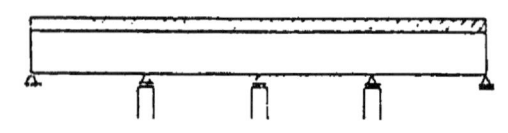
図 17-18 連続桁にキャンバーによってプレストレスを与える方法

図 17-16〜18 に連続合成桁のプレストレス導入方法を紹介する。

「道路橋示方書 II 鋼橋編 9章 合成けた」（平成8年12月）では合成桁特有の事項について全般的に規定されている。このうち，連続合成桁に関する主なものについて以下に示す。

(a) 版の合成作用の取扱い

まず，連続合成桁における版の合成作用についてであるが，連続桁では載荷状態によって，一つの着目断面において正および負の曲げモーメントが生じる。引張力を受ける版のコンクリート断面を有効とする設計を行うプレストレスを導入する連続合成桁では，正・負両方の曲げモーメントに対して，版のコンクリートを桁の断面に算入する。しかし，引張力を受ける版のコンクリート断面を無視して設計するプレストレスを導入しない連続合成桁では，正の曲げモーメント領域での合成作用の扱いは前者と同じであるが，負の曲げモーメント域に対しては版の中に配置された橋軸方向鉄筋と鋼桁との鋼断面だけを有効な抵抗断面として応力を算出する。

なお，いずれの場合でも，主桁の弾性変形および不静定力を算出する場合は，版のコンクリートの合成作用を考慮するものとする。

(b) 引張力を受ける版の鉄筋量および配筋

引張応力を受ける版においてコンクリート断面を有効とする設計を行う場合は，版のコンクリートにひびわれが生じると応力状態が計算仮定と全く異なることになるので，全引張力を受けもたせるように鉄筋を配置する。

引張応力を受ける版においてコンクリート断面を無視する設計を行う場合は，版のコンクリートにひびわれが生じるのはやむをえないが，このひびわれが版のコンクリートの主桁作用および床版作用に有害であってはならないことから，橋軸方向の鉄筋量をコンクリート断面積の2％以上，周長率を0.045 cm/cm² 以上と規定している。

この規定を満足する床版は，合成作用に有害となるようなひびわれが発生することはなく，さらに繰返し荷重を受けても，ひびわれ幅は0.2 mmを超えることのないことが，実験で確かめられている。

そして，いずれの場合でも，鉄筋は死荷重による曲げモーメントの符号が変化する点を超えて，版のコンクリートの圧縮側に定着するものとしている。

(c) 主桁作用と床版作用との重ね合わせ

合成桁の床版コンクリートは，一般に主桁作用としての応力と床版作用としての応力を同時に受ける。したがって，これらの応力に対してそれぞれ安全であることを照査するほか，これらの重ね合わせについても照査しなければならない。具体的には，圧縮側ではコンクリートの圧縮応力，引張側では鉄筋応力

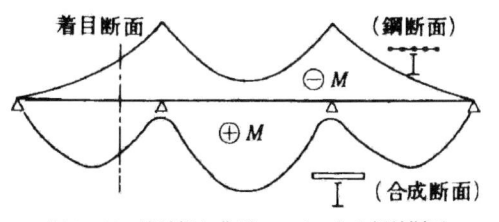

図 17-19 連続桁と曲げモーメントと抵抗断面

について照査することになる。

(d) 中間支点付近のずれ止め

中間支点付近のずれ止めに作用する水平せん断力は，プレストレスを導入する連続合成桁およびプレストレスしない連続合成桁のいずれについても，版のコンクリート断面を有効として算出する。これは，引張力に対して版の断面を無視する設計を行う場合でも，実際には，ある程度は版と主桁の合成作用が生じると考えられること，および設計の簡素化を図ることからこのように規定されている。

このほか，道示 9.2.6 から道示 9.2.8 には，版のコンクリートのクリープ，版のコンクリートと鋼桁との温度差および版のコンクリートの乾燥収縮による不静定力の算出方法，さらに，道示 9.5.3 にはこれらによって生じるせん断力の分担方法について規定されている。

また道示 9.3 には，許容応力度および降伏に対する安全度の照査方法が述べられている。

(2) 亜鉛めっき橋[15]

鋼はさまざまな優れた特性をもつ反面，錆びやすいという欠点がある。亜鉛めっき処理はこの鋼の欠点を補うための一つの方法であり，耐食性・信頼性・経済性の点からも優れた防錆方法といえる。わが国における亜鉛めっき橋の歴史は，昭和 38 年 6 月に旧建設省九州地方建設局が施工した流藻川が最初といわれている。この橋は，H 形鋼をめっきした橋長 13 m，鋼重 27 t と小規模な道路橋であった。しかし，これを機に九州各県や旧建設省九州地方建設局が中心となり亜鉛めっき橋の施工が進み，昭和 40 年までに西日本で 49 橋が施工された。

(a) 構造特性[15]

亜鉛めっき橋には長期の耐久性と経済的優位性が期待できる。しかし，亜鉛めっきの施工工程においては部材を 440°C 前後の溶融亜鉛に浸漬させる作業があり，この過程で急速加熱とその後の温水による冷却という特殊な熱履歴を受ける関係から，ほかの防錆法とは異なる特性を考慮しなければならない。これらの観点からみた特徴を塗装橋と比較した。

防食方法からの特徴

① 亜鉛めっき橋は，亜鉛による犠牲防食作用を利用したもので，亜鉛（鉄－亜鉛合金等を含む）が鋼材表面を覆っている限り防錆機能が確保されており，その被膜は一般的な使用環境では 100～150 年以上の耐用年数を期待でき，維持管理コストが大幅に軽減できる経済橋といえる。しかし，塩分など有害な腐食因子が多く存在する海岸地域で，塗装より優れた耐久性は評価されるものの，海岸線の近くや地形の関係で過酷な腐食環境となる場所に設置される場合には，単一の防食法だけではなく，亜鉛めっきと塗装を組み合わせた防食法の採用が効果的と考えられる。

② めっき溜りが生じない様な形状とすることに留意すれば細部まで均一な防食被膜を施すことができる。

③ めっき被膜は亜鉛および鉄と亜鉛の合金などからできているため，均質でかつ密着性にも優れており，衝撃や摩擦などで剥離することがなく信頼

性が高い。たとえ鋼の素地が局部的に露出するようなことがあっても、亜鉛は鋼に対して電気化学的に活性であるため、周囲の亜鉛が鋼の発錆を防ぐ作用がある。

④ 長期間の使用により、めっき被膜が減耗し外観上の問題が出たり、めっき橋としての耐用限界に達した場合でも、ケレン等適当な前処理を施した上、塗装すれば十分な塗膜の性能が確保でき塗装橋として再使用が可能である。

(b) めっき橋に使用する鋼材[15]

JIS G 3101　一般構造用圧延鋼材
JIS G 3106　溶接構造用圧延鋼材
JIS G 3444　一般構造用炭素鋼鋼管
JIS G 3466　一般構造用角形鋼管
JIS G 3452　配管用炭素鋼鋼管
JIS G 5101　炭素鋼鋳鋼品
JIS G 5102　溶接構造用鋳鋼品
JIS G 5111　構造用高張力炭素鋼および低合金鋼鋳鋼品

(c) 部材特性[15]

めっき橋には特有の問題点があり、これらを考慮して設計する必要がある。めっき部材は、440℃前後の高温のめっき槽に浸漬させるため、めっき部材にねじれ、そりなどの変形、やせ馬が生じる。これらは、部材製作段階での溶接方法および溶接順序、残留応力、めっきの浸漬方法の違いなどに起因していると考えられる。その防止対策としては、拘束材の取付け、構造詳細への配慮等が必要である。また、空気抜き孔などを設け、密閉構造としないことも大切である。

(d) 点検・維持[18]

都市、田園等通常の環境に架けられた亜鉛めっき橋は、実績から約50年以上メンテナンスの必要はないと考えられる。めっき橋の亜鉛付着量は、通常 $800\,g/m^2$ 以上もあり、付着量の最も少ないと思われるボルト、ナットでも $600\,g/m^2$ 以上付着している。さらに、暴露試験のデータをもとに年間腐食量を $10\,g/m^2$ としてボルト、ナットの亜鉛付着量 $600\,g/m^2$ から耐用年数を算出すると60年以上見込めることになる。したがって防食メンテナンスはめっきの耐用期限が過ぎてから必要となると考えられる。海水の飛沫や海塩粒子の飛来が多い地域では、地形のわずかな違いにより腐食量は大きく異なり、非常に厳しい環境では耐用年数が限られる。したがって、そのような地域では海塩粒子の測定をあらかじめ実施し年間腐食量を測定して、メンテナンスのインターバルを想定する必要がある。

(e) その他、溶融亜鉛めっき面への塗装について[18]

亜鉛めっきは、長期間の耐食性能が特徴であり、一般的にはめっきの被膜のまま使用される。しかしながら、めっき面に塗装して使用する場合もあり、それらを以下に示す。

ⅰ) 腐食環境が過酷な場合

海塩粒子の飛来塩分や温泉地のような厳しい環境に架けられる場合は、めっ

き被膜の腐食量が大きいことから，めっき＋塗装の複合防食を採用すれば長期防食が可能となる。

　ⅱ）塗装の塗替えが困難な場合

供用開始後のメンテナンスが困難で，長期間のメンテナンスフリーが塗装の単独使用では期待できないことがある。そのような場合に，めっき＋塗装の複合防食が有効と考えられる。

　ⅲ）景観上の理由

新設時の亜鉛めっき面は金属光沢をもっているが，経時的に光沢が消え灰色に変化する。市街地道路などで，周囲との色彩調和を図るために指定色があるような場合に，めっき面塗装が施される。

(3) 無塗装橋梁

耐候性鋼は大気環境下においては普通鋼と比較して腐食しにくい鋼である。耐候性鋼が腐食しにくいのは安定錆をつくり，それが保護被膜となって腐食の進行を抑制するためである。耐候性鋼は大気暴露の初期においては普通鋼と同様に錆が進行するが，年月が経過するとともに錆の進行速度が遅くなり，5年程度経過すると錆の進行はほとんどなくなる。ただし適正な環境下で，しかも適正な使用条件を満たすことが重要である。

　(a) 構造特性

耐候性鋼は以下の条件を満たすことにより，安定錆が形成される。

① 鋼表面が大気に触れること。
② 適度な乾湿の繰返しを受けること。
③ 生成した酸化被膜を機械的に剥離してはならない。
④ 海水飛沫がかからないこと。

　(b) 耐候性鋼材の区分[19]

　　JIS G 3114　溶接構造用耐候性熱間圧延鋼材（W種，P種）
　　　　　　　　W種（錆安定化処理仕様，裸仕様）
　　　　　　　　P種（塗装仕様）
　　JIS G 3125　高耐候性圧延鋼材

　(c) 部材（材料）特性

同じ環境下における橋梁においても，詳細構造の違いによっては錆の状態が異なることが予想される。したがって耐候性鋼材の特性を十分引き出せるような詳細構造を工夫する必要がある。具体的には，風通しをよくし，滞水を避け水切りをよくするなどである。耐候性橋梁特有の詳細構造に留意する必要がある。

　(d) 点検・維持[19]

無塗装橋梁は，メンテナンスフリーといわれるが，全く手をかけなくてよいということではない。つまり，塗装橋梁と同じように，排水の状況とか支承回りの状況等の基本的な点検は必要である。さらに，無塗装橋梁独特の問題として錆の状況を定期的に調査していく必要があるので正確にはミニマムメンテナンスというべきであろう。無塗装橋梁において重点的に点検する部分は，塗装橋梁の塗膜が劣化しやすい部分と同じく，以下に示す構造部分と考えられる。

① 下フランジ下面，下フランジとウェブの溶接部

写真 17-4　亜鉛めっき橋

② 箱桁内面，上下フランジ下外面
③ トラス格点部
④ 桁端および支点付近，支承部
⑤ 部材取付け部や連結部
⑥ ラーメン隅角部などの節点部
⑦ ゲルバー桁の架違い部
⑧ 伸縮装置，排水装置

　上記のうち，箱桁内面，桁端部，ゲルバー桁の架違い部については塗装を施すものとする。また，支承部については塗装を標準とするが，溶融亜鉛めっきの使用も考えられる。

　(e)　点検項目[19]

　無塗装橋梁では，点検時に錆の状態をみて将来安定錆になるのかなりにくいのかを判断する方法と，耐候性鋼板上に安定錆の生成を阻害する状況があるか否かを調査する方法の二つの方法によって，具体的に点検を実施する。したがって点検項目としては以下に示す5項目を考慮する。

　① 層状剝離錆の有無

写真 17-5　無塗装橋梁

② 粗い錆の有無
③ 耐候性鋼板の錆面にかかる漏水の有無
④ 耐候性鋼板上の滞水の有無
⑤ 耐候性鋼板の錆面に接触する不純物の有無

(4) 小吊橋[24]

(a) 部材特性

小吊橋を構成する部材には以下のようなものがある。

ⅰ) メインケーブル

ワイヤーロープの種類には，車道用橋にはすべて構造用のロープが使用されているが，人道橋では，半数以上が吊橋などの恒久構造物に不向きな中心繊維入りのより線ロープが使用されている。

ⅱ) メインケーブルの定着方法

ソケット，コッターおよびケーブルが直接埋め込まれたものなどがあるが，大半がクリップ止めである。

ⅲ) ハンガーロープとその定着方法

ハンガーの種類は構造用ロープ，中心繊維入りのより線，丸棒，単線（ナマシ鉄線）等を使用している。ハンガーの種類によって定着方法は左右され，丸棒の場合はすべてケーブルバンドとターンバックル，また鉄線は巻付けシージングして止める。

ワイヤーロープではソケット以外はすべてクリップ止めである。

ⅳ) 床　　組

床版には，一部縞鋼板の使用を除き，ほとんど木板が使用されている。また，横桁にはほとんど溝形鋼が使用されている。

ⅴ) 主　　塔

門形でコンクリート製のものが多い。橋体等が架け替えられても，主塔，アンカーブロックは旧来のものを使用しているためか，ケーブルや橋体より古いものがある。

ⅵ) 耐風索

耐風索の使用は車道用橋より人道用橋の方が多く，ロープには7×7，6×7，6×19，6×24およびなまし鉄線が使用される。定着はアンカーブロックに埋め込まれたアイバーに直接，あるいはターンバックルを介してのクリップ止めか，シージング止めである。

(b) 点検・維持

昭和55年に建設省土木研究所より「吊橋の点検の手引き」が出され，①橋の形状，②ケーブルの点検，③ハンガーの点検要領が詳細に記されている。実際に調査した結果を踏まえ，これに追加する事項を**表17-4**にまとめた。

表 17-4 小吊橋の調査要領

調査対象	調査項目	留意点	調査対象	調査項目	留意点
全体形状	形式（補剛の有無） 使用状況（荷重） 一般寸法（図を参照） 路面形状（縦断，横断） ケーブルの橋軸方向の通り たわみと，揺れ	格点構造で判別 車道か人道か，制限荷重，使用している度合い 特にバックステーと，アンカー部の折れ	補剛桁 高欄	材質 断面形状，寸法 曲がり，倒れ 錆，腐食の度合い 連結の種類 ボルト等の異状 溶接部の異状	局部的曲がりは座屈も考えられる リベット，HTボルト，普通ボルト，溶接 ボルト等の抜け，折れ，ゆるみ，われ
メインケーブル	ロープの種類 ロープ本数 ロープの径 ロープの錆，腐食の度合い ロープの変形（形くずれ，伸び折れ），傷（断線も），摩耗	判別しにくいので慎重に調べる 複数の場合均等に力がかかっているか 製作時誤差＋7～10％あり 特に定着部，塔頂部，ハンガー取付け部に注意	床組	材質 断面形状，寸法 床版の異状 錆，腐食の度合い 取付け部 支承部	腐食によるわれの有無，通行に支障がないか ボルト，溶接部に異状がないか 支承，橋台より浮いていないか，アンカーボルトが正常か
メインケーブルの定着部	定着の方法 アイバー，ターンバックル等の形状寸法 土砂，ごみ等で埋もれていないか アイバーの曲がり，伸び アイバーの腐食 ターンバックルの状態 クリップの数と取付け方法 シンプルの有無 ソケット合金の抜出しと腐食	 アイバーのアイ部が閉じているか（溶接等で），変形，クラック等 特にコンクリートとの接触部分でわれたり細くなっていないか （フックの伸び，傷，クラック），ねじの余長が十分か ソケット前面は腐食しやすい，ソケットの中も水が通る	ハンドロープ	ハンドロープの種類 ハンドロープの本数と径 取付け位置，方法 錆，腐食 ロープの異状 機能を果たしているか	何に定着しているか，途中何に止めているか（他の部材の機能を阻害していないか） 曲がり，折れ，断線 通行に支障がないか
			主塔	形式 材質 断面形状，寸法 錆，腐食，われ 基礎部の異状	鋼管で内部腐食の原因になる孔等がないか コンクリートの場合，われ，剥離等に注意 基礎コンクリートのわれ，地盤の傾き，くずれの有無
ハンガー	ハンガーの種類 ハンガーの本数 ハンガーの径 ハンガーの位置 取付け方法 ケーブルバンドの構造と異状 クリップの数，取付け方法 アイボルト，ターンバックルの形状寸法 アイボルト，ターンバックルの異状 錆，腐食の度合い ハンガーと他部材の当たり	 すべりの有無，不均等になっていないか すべり，ボルトのゆるみ アイ部，フック部の伸び，ハンガーが外れないか，ねじの余長 揺れても当たらないか	サドル	形式 固定ボルトの異状 メインロープの異状 メインロープの逸脱の有無	変形等，主塔の梁に当たらないか
			アンカーブロック	形式 材質 断面形状寸法 すべりの有無 底面の洗掘の有無	一般には，土中に埋め込まれており，測定は不可能である
			耐風索	メインケーブルと同じ アンカーブロックと同じ	
			橋歴	架設，補修時期	

写真 17-6　小吊橋

17.3　木　橋

17.3.1　概　要

(1)　変　遷

　木橋は，古くから人びとの生活に関わりをもち，最も原始的な構造の丸太橋から，近代的な木斜張橋まで，人の歴史や社会とともに，その構造も変化してきた。日本でも明治になって鋼橋やコンクリート橋が普及する以前は，石橋と並んで各地にたくさんの木橋が架橋されてきた。その中には日本三奇橋として現存する山口県岩国市の錦帯橋や山梨県大月市の猿橋など馴染み深い橋もある。

　近年になって，防腐剤，接着剤，木材の加工技術，設計法および施工法など木橋技術の進歩，森林保護のための間伐材の有効利用，鋼やコンクリートにはない木の質感を求める価値観の多様化等とともに，木橋が再び求められるようになってきた。この節では構造用集成材を使用した木橋を，従来の単木橋と区別し，近代木橋として取り上げる。

(2)　材　料

(a)　木材の組織構造

　木材は，鋼やプラスチック等の等方性材料と異なり，方向や断面によって物

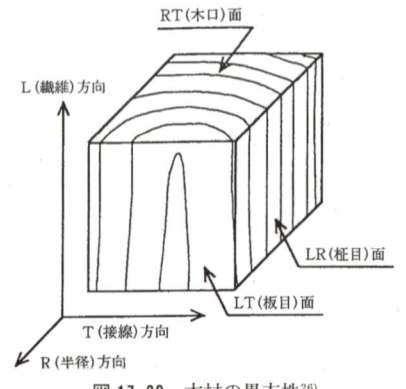

図 17-20　木材の異方性[26]

理的な性質が著しく異なる異方性の材料である。軸方向に垂直な断面を木口面，放射断面を柾目面，接線断面を板目面とよぶ[25]。

(b) 木材の物理的性質

木材と他の構造用材料の物理的性質を比較したものを**表17-5**に示す。

木材は，軽量で比強度が高く，鋼と同等以上の引張比強度を有する。そのほか，木材には以下に示すような特異な性質がある[29]。

① 強度のばらつき：鋼の引張強度のばらつきは5％程度であるが，実大木材の曲げ強度では15～30％以上のばらつきがある。最近は，ラミナの欠点分散・除去によって，強度のばらつきの少ない構造用集成材が利用されるようになってきた。

② 粘弾性：木材には弾性的な性質と粘性的な性質（クリープ）の両方の性質がある。クリープは木材に限らず，プラスチックなどの高分子材料やコンクリートにもみられる現象であるが，木材の場合は，含水率や温湿度などの環境条件に影響されるという特徴がある。クリープによる変形量が2.0倍になる場合もある。

③ 異方性：木材は材料の方向によって強度が異なる。繊維方向（軸方向）を1とすると繊維直角方向（軸直角方向）の強度は1/10程度しかない。

④ 含水率：木材は含水率によって収縮・膨張し，強度も変化する。含水率が30％以下になると木材は収縮を起こし始め，含水率が22％以上のものは未乾燥材とみなされる。木材の要求される仕上げ含水率は使用場所によって異なるが，木橋の場合は，通常12％以下である。

(c) 構造用集成材

構造用集成材について，日本農業規格（JAS）では，「所要の耐力を目的としてひき板をその繊維方向を互いにほぼ平行にして積層接着した一般材であって，主として構造物の耐力部材として用いられるものをいう」と定義している。集成材に用いられるひき板のことをラミナとよぶ[27]。集成材の製作概念図を**図17-21**に示す。

表 17-5 木材と構造用材料の物理的性質[27],[28]

項目	単位	ベイマツ (集成材：E120-F330)	コンクリート ($f'_{ck}=40$)	鋼 (SS400)	アルミニウム (A5083)
圧縮強度	N/mm²	25.2	40	400	275
引張強度	N/mm²	22.2	3	400	275
比重	—	0.55（生材）	2.3	7.8	2.7
圧縮比強度	—	46	17	51	102
引張比強度	—	40	1	51	102
弾性係数	$\times 10^{-3}$ N/mm²	15.7（生材：繊維方向）	31	200	70
熱伝導率	kcal/(m/h/℃)	0.075（生材：スギ）	1.3	46	225
線膨張係数	$\times 10^{-6}$ ℃⁻¹	3.5（生材：繊維方向）	1.0	1.2	2.4

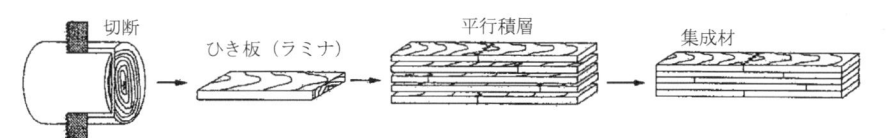

図 17-21 集成材の製作概念図[27]

(3) 接合方法[30]

木橋の接合方法には，以下に述べるように大きく分けて三つの種類がある。

(a) 嵌合（かんごう）による接合

金物類を使用せず，木材どうしの「めり込み抵抗」および「せん断抵抗」によって力を伝達する接合法である。完成した接合部はもとの部材形態との調和が保たれ，外観上は簡素かつ美しく，一種の芸術品としての趣をもっている。反面，加工は一般的に複雑で高い技術が要求され，接合部の力学的な性能は加工精度に左右される場合が多い。最近では複雑な加工を機械によって行うプレカット技術も盛んになっている。伝統的な木造建築に多く用いられ，木橋への適用例は少ない（図17-22）。

(b) 接着剤を用いた接合

接着接合は，木材どうしあるいは木材と他材料とを接着剤で接合する技術を総称する。接着接合は初期剛性が高く，強度も大きいという長所を有しているが，粘りはほとんど期待できず，一度初期破壊が発生すると接合部全体がもろく破壊しやすく，構造信頼性の面で改良すべき点が残されている（図17-23）。

(c) 接合具を用いた接合

接合具による接合は，釘，ボルト等のいわゆる接合具を用いて部材を接合するものを総称する。この接合法は，接合具1個当りの強度性能をもとに，接合

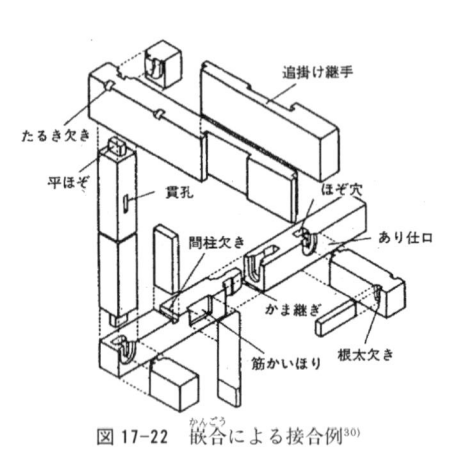

図17-22 嵌合（かんごう）による接合例[30]

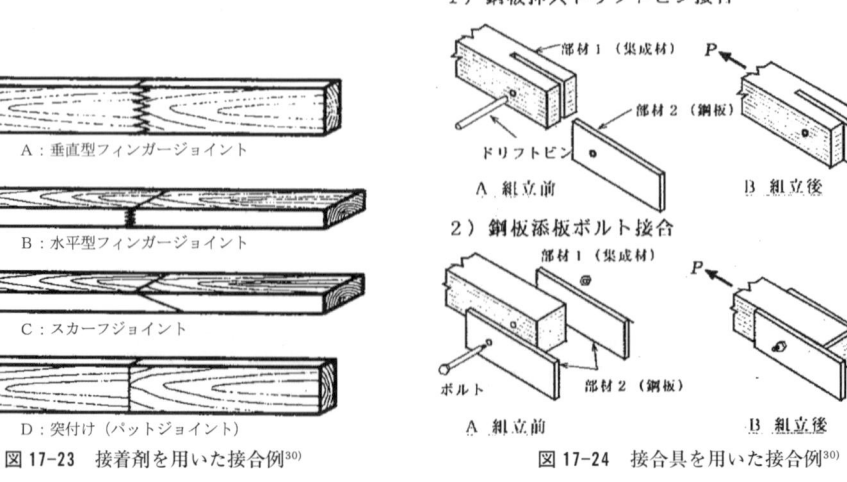

図17-23 接着剤を用いた接合例[30]

図17-24 接合具を用いた接合例[30]

具を構造計算によって任意に設計していく手法がほぼ確立されている。この接合部はねばり強く終局時の信頼性で評価が高く接合の主流を占めている。反面，審美性が悪く，木との相性にも難があり，耐久性に劣るなどの批判もある（図 17-24）。

(4) 木橋設計に関する指針・規準類

木橋に関して，現存する公の設計示方書は昭和 15 年に内務省が制定した「木道路橋設計示方書案」があるが，近代木橋の設計には実質的に用いられてはいない。現実には，以下の建築基準や諸外国の規定を準用して実務設計を進めている。

[日本の指針・規準]
① 「木質構造設計規準・同解説－許容応力度・許容耐力設計法」日本建築学会，2002.10
② 「木質構造限界状態設計指針（案）・同解説」日本建築学会，2003.10
③ 「木橋設計施工の手引き－木橋づくり新時代－」㈶日本住宅・土木技術センター編著，平成 7 年 1 月
④ 「大断面木造建築物設計施工マニュアル」日本建築センター，昭和 63 年 6 月

[海外の指針・規準]
⑤ Eurocode 5-Design of timber structures- Part 1.1 : General rules and rules for buildings, 1993 E, ENV 1995-1.1
⑥ Eurocode 5 -Design of timber structures- Part 2: Bridges, ENV 1995-2, 1997
⑦ Wood Highway Bridges, Canadian Wood Council, 1992
⑧ Timber Bridges, Design, Construction, Inspection, and Maintenance, United States Department of Agriculture Forest Service, 1990. 6
⑨ National Design Specification for wood Construction, National Forest Products Association, 1991
⑩ Section 13 : Timber Structures, Standard Specifications for Highway Bridges, American Association of State Highway and Transportation and Officials, Inc., 1992
⑪ Ontario Highway Bridge Design Code, Ontario Ministry of Transportation and Communications, 1983

17.3.2 木橋の分類

(1) 構造形式[31]

木橋には，鋼やコンクリートの橋梁と同じようにいくつかの構造形式がある。以下に主な構造形式とその特徴および実績例を示す。

(a) 桁　橋

比較的短支間の橋梁に適した構造で，構造も単純で，施工実績も最も多い。桁がつながっている連続桁橋と桁が連続していない単純桁橋に分けられる。

(b) アーチ橋

アーチは木材に対して有利な形式であり，より長い支間の木橋に有効に用い

写真 17-7　かじか橋（桁橋） 　　　　　写真 17-8　神の森大橋（アーチ橋）[32]

ることができる。景観的にも優位なことから施工事例も多い。路面位置によって上路，中路および下路に分類される。

(c) プレストレス床版橋

PC鋼材で床版の幅員方向にプレストレスを与えることにより，床版を一体化させる構造である。1970年頃にカナダのオンタリオ州で開発された工法である。

(d) 方杖橋

桁を斜めから支持する支材（方杖）を用いて堅牢にした橋で，長い有効支間をとることができる。

(e) 吊　橋

両岸に張り渡したケーブルで主桁または主構トラスを吊った形式の橋であ

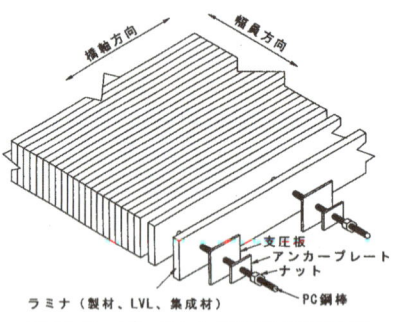

図 17-25　プレストレス床版橋の概念[33] 　　　写真 17-9　クルワドウ橋（プレストレス床版橋）

写真 17-10　坊中橋（トラス橋）[34] 　　　写真 17-11　用倉大橋（斜張橋）[35]

る。容易に支間長を延ばすことができ，木橋にもしばしば採用されてきた。
　(f)　トラス橋
　　比較的短い部材を三角に組み，長支間に対応することが可能な構造である。木橋の場合，接合部や引張部材には鋼材が併用される場合が多い。
　(g)　斜張橋
　　斜めに張った斜材とよばれるケーブルによって，主桁または主構トラスを吊

表 17-6　木橋施工実績（国内）[36]

No.	橋名	所在地	橋種	構造形式	橋長(m)	最大支間(m)	有効幅員(m)
1	やすらか橋	北海道滝川市（丸加高原健康の郷）	歩道橋	ニールセンローゼ橋	30.000	30.000	2.000
2	平岡公園梅の香橋	北海道札幌市清田区平岡公園	歩道橋	上路式アーチ橋	70.000	44.000アーチ部 10.500側径間桁部	3.000
3	千樹橋	北海道岩見沢市9条西4丁目	歩道橋	桁橋	32.499	31.599	3.000
4	なかよし橋	北海道岩見沢市東町	歩道橋	トラス橋（屋根）	22.300	21.700	3.000
5	坊川林道2号橋	秋田県鷹巣町	車道橋	桁橋	6.000	5.600	4.000
6	揚の沢橋	秋田県鷹巣町	車道橋	プレストレス木床版橋	8.000	7.600	4.000
7	藤倉橋	秋田県本荘市山内字藤倉地内	歩道橋	無補剛吊橋	37.000	32.000	1.800
8	深沢橋歩道橋	秋田県大館市響沢地内	歩道橋	桁橋	30.100	20.500	3.000
9	百目石橋	秋田県仙北郡協和町荒川字百目石	車道橋	タイドアーチ橋	20.900	20.000	5.500
10	坊中橋	秋田県山本群藤里町藤琴字上坊中	車道橋	キングポストトラス橋	55.000	27.000	7.000車道部 2.000歩道部
11	大猿橋	群馬県粕川村，新里村	車道橋	中路式アーチ橋	28.000	27.480桁部 25.600アーチ支間部	5.500車道部
12	樋詰橋	埼玉県桶川市川田谷	車道橋（軽車両）	桁橋	49.500	7.000	3.300
13	あいあい橋	埼玉県日高市巾着田	歩道橋	立体トラス橋	91.200	45.600	2.500 5.100
14	東山ふれあい橋	神奈川県横浜市宮前区	歩道橋	ポニートラス橋	15.000	15.000	3.000
15	桃介橋	長野県南木曽町	歩道橋	補剛トラス吊橋	247.762	102.330	2.728
16	矢ヶ橋大橋	長野県北佐久郡軽井沢町矢ヶ崎公園内	歩道橋	ラーメン橋	159.330	51.590	3.000
17	木のかけはし	長野県木曽郡上松町	車道橋	プレストレス木床版橋	40.500	10.000	7.000車道部 1.500歩道部
18	みどり橋	長野県木曽郡三岳村	車道橋	ラーメン橋	30.000	12.000 27.400πラーメン支間長	7.000車道部 1.500歩道部
19	田代橋	長野県南安曇郡安曇村	車道橋	プレストレス木床版橋	22.900	22.000	5.000
20	かじか橋（県民の森木橋）	石川県江沼郡山中町	歩道橋	上路式アーチ橋	22.800	16.400アーチ支間長	3.000
21	こおろぎ橋	石川県江沼郡山中町	車道橋	方杖橋	20.800	17.400	4.000
22	蓬莱橋	静岡県島田市	車道橋（軽車両）	桁橋	896.500	9.900	2.400
23	裁断橋	愛知県丹羽郡大口町堀尾跡公園内	歩道橋	桁橋	23.000	22.300	4.000
24	宇治橋	三重県伊勢市宇治舘町	歩道橋	桁橋	101.800	7.240	8.420
25	近江富士2号橋	滋賀県野洲郡野洲町	歩道橋	立体トラス橋	47.855	23.250	2.020
26	上津屋橋	京都府八幡市城陽市	歩道橋	桁橋	356.500	7.200	3.000
27	黒滝吊床版橋	奈良県黒滝村	歩道橋	吊床版橋	115.600	115.000	0.900
28	川代公園吊橋	兵庫県氷上郡山南町上滝地内	歩道橋	無補剛吊橋	88.500	70.000	1.500
29	錦帯橋	山口県岩国市	歩道橋	柱橋橋体構造，刎出桁構造	193.300	39.700	4.250
30	用倉大橋	広島県豊田郡本郷町広島中央森林公園内	歩道橋	斜張橋	145.000	77.000	5.000
31	かっぱ橋	広島県福山市山野町山野神石町時安	歩道橋	トラス橋	57.000	36.300	2.300
32	神の森大橋	愛知県広田村	車道橋	アーチ橋	26.360	23.000	5.000
33	六根の橋	高知県檮原町	歩道橋	ポニートラス橋	38.400	19.704	3.000
34	奥ものべ紅香橋	高知県香美郡物部村別府山	車道橋	方杖トラス橋	29.000	28.000	5.000
35	三日月橋	大分県大分市高瀬口戸七瀬川自然公園内	歩道橋	タイドアーチ橋	66.720	65.000	3.000
36	神馬橋太郎	大分県久住町	歩道橋	桁橋，ラーメン橋	71.000	29.000	3.500
37	阿蘇望橋	熊本県波野村遊雀	車道橋	ラチストラス橋	41.600	39.900	6.500
38	仙人橋・徐福橋	鹿児島県串木野市冠嶽	歩道橋	アーチ橋	69.200	30.540	5.000
39	金峰2000年橋	鹿児島県日置郡金峰町大坂	車道橋	アーチ橋	42.000	36.900	10.100

った形式の橋である。

(2) 施工実績

わが国での近代木橋の多くは，歩道橋であるが林道や村道あるいは町道として車道橋もその架設実績を増やしつつある。1993年度から1998年度までの6年間で全国で511橋の木橋が建設され，そのうち53橋は車道橋である（日本木橋協会調べ）。国内木橋施工実績の一部を**表17-6**に示す。

17.3.3 木橋のメンテナンス

(1) 木橋の劣化

　(a) 木材と腐朽[37]

構造部材として用いられる材料は，時間とともに物理的，化学的に劣化し，強度などの要求性能を満足しなくなる。木材では，この物理的，化学的劣化以上に生物的な劣化が問題となる。木材は細胞構造をもつ生物材料であり，その主要成分は炭水化物からなる。木材の劣化現象は，腐朽とよばれる微生物による分解作用による。木材の腐朽は栄養分（木材の主要成分），水分（含水率が20％以上），酸素および温度（5～40℃）の4条件が揃うと進行する（**表17-7**）。

　(b) 腐朽対策

木材は，腐朽しない条件下では非常に高い耐久性を有する。したがって木材の耐久性を向上させるためには，木材を腐朽菌から守ることが重要である。その方法を大別すると，防腐処理と塗装になる（**表17-8**）。

表17-7 微生物劣化の特徴と強度への影響度[37]

微生物	劣化の特徴	強度への影響度
バクテリア類	主として土壌，水中等に用いられる木材に繁殖する。その分解作用は極めて緩慢なため，材料強度上はほとんど問題にならない。	微
カビ類	木材表面や辺材部を変色させる。強度的な影響は小さいが，衝撃強度を若干低下させる場合がある。	小
軟腐朽菌類	主として土壌，水中等に用いられる木材を表面から腐朽させる。カビ類の一部が引き起こす。	中
木材腐朽菌類	担子菌（キノコ）の一群で，最も激しく木材を腐らせる。	大

表17-8 腐朽対策とその特徴[37]

分類		特徴
防腐処理	塗布処理	処理範囲を自由に選定することができ，薬剤も少量ですむ。手間がかかり，ムラができやすい欠点がある。
	吹付処理	広い面積を効果的に処理できる。薬剤の無駄が多く，薬剤による汚染防止対策が必要となる。
	浸漬処理	手間なくムラなく大量に処理できる。大量の薬剤が必要で，部分的な処理ができない。
	加圧注入処理	密閉型の耐圧管内で圧力をかけ，木材内部へ薬剤を浸透させることができるので，防腐効果の信頼性が高い。特別な装置が必要であり，現場処理ができない。
塗装	造膜型	木材表面に塗膜をつくるため光沢がある。初期の性能維持期間が長い反面，再塗装時に旧塗膜をはがす必要がありコスト高になる。
	浸透型	塗装ムラが少なく，塗装が簡単である。造膜型に比較して劣化の進行は早い。

(2) 木橋のメンテナンス

現存する世界最古の木質構造は，680年に建設された法隆寺といわれている。また，薬師寺もほぼ同時期で，これらは建立後1300年を経過している[38]。海外の木橋にも架設後100年以上も経過し，なお供用中のものも多い。これらの木質構造物に共通していることは，地震，積雪等の予想される外力に抵抗できる十分な強度と耐久性を有する材料を選定していること，建設後のメンテナンスを十分に行っていることである。したがって，現状の木橋もメンテナンスを実施することで耐用年数を延ばすことができる。この項では，木橋のメンテナンスの中心となる点検および補修について記述する。

(a) 点　　検[39),40),41)]

木橋の劣化の兆候を早期に発見するためには，定期的な点検を実施しなければならない。主として，点検は日常点検，定期点検および詳細点検に分けられる。表17-9に点検の種類とその内容を示す。

点検時の診断方法には，簡単な用具を用いて行う目視，触診，打診と特殊な用具・装置を用いて行うものがある。ここで，主要な診断方法について記述する。

ⅰ) 目　　視

異常な変色部分（黒色，暗褐色，灰白色）の有無，他より著しく乾きが遅く，濡れて変色している部位の有無など局部的な変色や子実体（キノコ）あるいは菌糸付着の有無などを観察し，腐朽部判定を行う方法である。塗装の劣化，接着剝離，蟻害の兆候の判定，部材のたわみ，割裂，めり込みおよび変形の有無なども目視で判定する。

ⅱ) 触　　診

腐朽材の特徴は著しく強度が低下していることである。マイナスドライバーなどを突き刺し，その際の突き刺しやすさを調査することによって腐朽の有無を判定する。

ⅲ) 打　　診

腐朽している部分と健全な部分をハンマーでたたき，音を聞き比べることによって腐朽部の判定を行う方法である。一般に腐朽材は鈍い音がする。

ⅳ) 含水率の測定

木材の含水状態を判定することで腐朽の発生を判断する。含水率が繊維飽和点（25～35％）を超えていれば腐朽の可能性がある。含水率計には，高周波式と電気抵抗式の2種類がある。

ⅴ) 打込み深さの測定

ピロディンは，一定のばね力で打ち込まれる針（直径2mm程度）の打込

表17-9　点検の種類と内容[39)]

点検の種類	点検の内容
日常点検	通常の巡回の際に，目視を主体として行う点検。
定期点検	定められた時期に行う，目視，触診，打診を主体とした点検。年に1～2回は行うことが望ましい。
詳細点検（臨時点検）	日常および定期点検または地震・台風・火災等の災害発生時において，重大な損傷または疑わしい事態が確認された場合に行う専門的な点検。

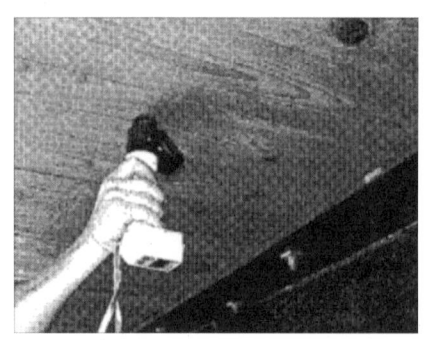

写真 17-12　高周波式含水率計[40] 　　　　　写真 17-13　ピロディン[40]

み深さを測定する機器である。その打込み深さによって木材の健全度を判定する。

木橋点検における特有の留意事項について，以下に示す。

　ⅰ）接合部

　木橋は架設条件や輸送条件により現場での接合が発生する。木橋の接合部は母材が木材で挿入板や連結板が鋼板の異種材料で構成されることが一般的である。木橋においては，接合部が最も構造上の弱点となりやすい。

　ⅱ）腐　朽

　腐朽菌は雨水や泥等がたまりやすく乾燥しにくい箇所で活動が活発になる。したがって，特に注意を要する箇所は主桁と床版の接触面，主桁の接合部および高欄の取付け部である。また，日陰となりやすい部分や河川や池などの上にある場合には特に注意が必要となる。通常の木材の場合，腐朽すると材表面に変色や軟化等の異常が現れるため，目視や打診，触診によって腐朽を知ることができる。しかし，エッキ材（ボンゴシ）では，腐朽が内部から進む場合があるので腐朽の判定は極めて難しい。材表面に異常がみられない場合でも，変色していたり苔が生えていたりするなどの異常がみられれば，内部の腐朽を疑うべきである。また，木材は濡れると材の色が濃くなるが，天候回復後も極端に乾燥が遅い部分は腐朽の疑いがある。さらに，腐朽により微量ながら酸が発生するため，ボルトやピン等の金属部分が錆びている場合にも注意する必要がある。

　ⅲ）わ　れ

　木材が乾燥すると，干われとよばれる大小のひびわれが発生する。これらのひびわれは，一般的に強度に影響することはないとされているが，利用者のけがの原因となったり，雨水が浸入滞留して腐朽の発生につながることもあるの

写真 17-14　白色腐朽菌類の子実体[40] 　　　　　写真 17-15　床版の干われ[40]

表 17-10　定期点検における点検部位と項目[41]

部　位	方　　法	項　　目
高　欄	支柱頂部に振動を加える	・がたつきはないか ・振動が大きかったりゆっくりではないか
床　版	床版支間中央を歩行	・不自然なたわみはないか
	打　診	・がたつきや不自然な打音は生じないか
主　桁	下面から目視	・接合部に開きなどの異常はないか ・著しいわれは生じていないか ・部材の変色などの異常はないか
橋　脚 橋　台	目視・打診	・腐朽菌の繁殖，部材の変色などの異常はないか ・接合部に不具合はないか
その他	下面から目視	・横桁，対傾構，高欄取付け部に異常はないか

で注意が必要である。

　定期点検における点検部位と項目と点検結果に対する評価を以下に示す。

　過去の日常点検や定期点検結果と比較して，劣化の著しい部位がないかチェックする。その部位が構造的に重要な部分であれば対策を検討することとなる。新たに劣化が確認された部位については，その傾向を考察する。何らかの傾向がみられる場合には対策を検討する。橋梁全体として必要な機能を維持しているかを判定する。疑わしい場合にはさらに詳しい試験や点検を実施して判断する。

　(b)　補　　修

　わが国では木橋の補修に関する参考資料は少なく，特に具体的な補修方法や事例に関しては極めて少ないのが現状である。一方，木橋先進国アメリカでは，Timber Bridges[42] の中に木橋の維持管理や補修方法に関して詳しく解説されており，具体的な事例も紹介されている。補修の項目として，水分制御（止水，排水），現場防腐処理，機械的補修，エポキシ樹脂による補修などがあり，それぞれの項目に対して，代表的な補修方法が事例とあわせて示されている[43]。今後わが国でも，点検マニュアルとあわせて補修・補強マニュアルを整備していくことは重要な課題である。以下に接合部，腐朽およびわれに対する補修時の留意事項を示す。

　ⅰ）　接合部の補修[44]

　塗膜が劣化した接合具・接合金物に対しては再塗装を施す。塗膜の欠陥は，素地調整の不足，塗料の品質不良，塗装環境の不適切など下地処理，塗料の材質および塗装工事に起因して生じる。したがって再塗装に関しては，塗装計画の作成，素地調整・塗装および塗装管理を実施する。接合具のゆるみ，欠落などについては，接合具の増締め，座金挿入による増締め，新規接合具との交換などの処置をとる。接合具と部材間の隙間には鋼板などを挿入した上で締直しを行う。継手部の通直性に関しては，ゆがみの状態によって対応が異なる。その部分を解体して行うかまたは接合具をゆるめて正常な形にするための処置を実施するが，ゆがみが再発生しないように検討する必要がある。

　ⅱ）　腐朽に対する補修[45]

　腐朽が認められた部材は，使用の可否を判断する。使用不能であれば交換し，使用可能であっても今後腐朽が拡大するかどうかを判定し，腐朽拡大のおそれがある場合には部材を交換する。腐朽しているということは，その環境が

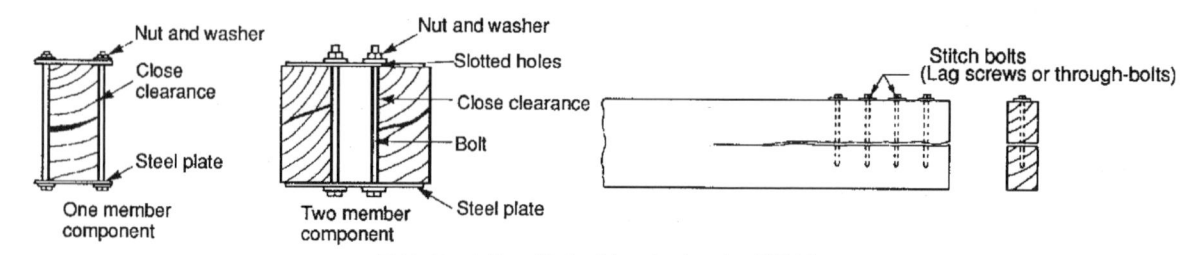

図17-26 クランプおよび縫いボルトによる補修例[42]

腐朽に適していることになるので，水仕舞いの改良など構造的な是正措置を実施する。また，薬剤などによる防腐を目的とした予防措置を行う。

iii) われに対する補修[42]

部材のひびわれやはがれに対しては，クランプや縫込みボルトによる機械的な補修とエポキシ樹脂を用いた補修を実施する。機械的な補修は，トラスなど多数の部材，接合部を有する構造に有効であり，ひびわれを閉じるためではなく，ひびわれの進展を防ぐことを目的としている。エポキシ樹脂による補修は適用範囲が広く，特にせん断抵抗を期待する部材に効果的である。補修方法としては樹脂の圧入が一般的であるが，ジェルやパテ状のものを手作業で補修箇所に塗り込む方法も用いられる。部材表面の湿度管理や温度管理が重要である。

参考文献

1) 横道英雄，「コンクリート橋（改訂版）」，技報堂，1972
2) 土木学会，「土木工学ハンドブックⅠ（第4版）」，技報堂出版
3) 橋梁ハンドブック編集委員会，「設計・施工のための橋梁ハンドブック」，建設産業調査会，1976
4) ㈳日本道路協会，「道路橋示方書・同解説　Ⅰ共通編　Ⅲコンクリート橋編」，2002
5) コンクリート橋，「F・レオンハルト　レオンハルトのコンクリート講座⑥」，鹿島出版会，1983
6) ㈳日本道路協会，「道路橋示方書・同解説　Ⅰ共通編　Ⅱ鋼橋編」，2002
7) 大田孝二・深沢　誠，「橋と鋼」，建設図書，2000
8) 鋼橋技術研究会（翻訳・編集）「橋梁検査トレーニング・マニュアル（Bridge Inspector's Training Manual/90）」
9) ㈳日本橋梁建設協会，「鋼橋の損傷と点検・診断」，2000
10) 藤野陽三他，「吊形式橋梁」，建設図書，1990
11) 土木学会，「鋼斜張橋―技術とその変遷―」，1990
12) 橘　善雄，「連続合成桁橋」，理工図書，1966
13) 関西道路研究会，「連続合成桁橋の復活に向けて」，1998
14) 「橋梁と基礎」，第37巻第11号，建設図書，2003.11
15) ㈳日本鋼構造協会，「溶融亜鉛めっきの設計・施工指針」，1996
16) ㈳日本橋梁建設協会，「溶融亜鉛めっき橋設計・施工マニュアル」，1990
17) ㈳日本橋梁建設協会，「溶融亜鉛めっき橋設計・施工マニュアル（箱桁橋他　増補編）」，1995
18) ㈳日本橋梁建設協会・㈳日本溶融亜鉛鍍金協会，「溶融亜鉛めっき橋ガイドブック」，1998
19) ㈳日本橋梁建設協会，「無塗装橋梁の手引き」，1991
20) ㈳日本橋梁建設協会，「耐候性橋梁データブック」
21) ㈳日本橋梁建設協会，「無塗装橋梁のQ＆A」，2000
22) ㈳日本橋梁建設協会，「無塗装耐候性橋梁実績資料集第5版」，2000
23) 阪神高速道路公団，「無塗装耐候性橋りょう設計施工指針」，2000
24) 浅田・田中，「簡易小吊橋の実態調査報告」，横河橋梁技報，No.11，1981
25) 土木学会鋼構造委員会木橋技術小委員会，「木橋技術に関する講習会テキスト・シンポジウム論文報告集」，㈳土木学会，p.5，2001
26) 秋田県立農業短期大学木材高度加工研究所，「コンサイス木材百科」，㈶秋田県木材加工推

進機構，p. 54，1998
27) 土木学会鋼構造委員会木橋技術小委員会，「木橋技術に関する講習会テキスト・シンポジウム論文報告集」，㈳土木学会，pp. 7-13，2001
28) 大阪大学阪大フロンティア研究機構，「アルミニウム合金構造物実現のためのシンポジウム」，大阪大学，pp. 7-11，2004
29) 秋田県立農業短期大学木材高度加工研究所，「コンサイス木材百科」，㈶秋田県木材加工推進機構，p. 203，1998
30) 秋田県立農業短期大学木材高度加工研究所，「コンサイス木材百科」，㈶秋田県木材加工推進機構，pp. 214-225，1998
31) 林野庁監修，「近代木橋の時代」，龍源社，pp. 12-15，1995
32) 林野庁監修，「近代木橋の時代」，龍源社，p. 66，1995
33) 土木学会鋼構造委員会木橋技術小委員会，「第2回木橋技術に関するシンポジウム論文報告集」，㈳土木学会，p. 95，2003
34) 土木学会鋼構造委員会木橋技術小委員会，「木橋技術に関する講習会テキスト・シンポジウム論文報告集」，㈳土木学会，p. 220，2001
35) 木橋技術協会木橋技術基準検討委員会，「木橋」，木橋技術協会，p. 34，1997
36) 土木学会鋼構造委員会木橋技術小委員会，「木橋技術に関する講習会テキスト・シンポジウム論文報告集」，㈳土木学会，pp. 183-339，2001
37) 土木学会鋼構造委員会木橋技術小委員会，「木橋技術に関する講習会テキスト・シンポジウム論文報告集」，㈳土木学会，pp. 151-156，2001
38) 秋田県立農業短期大学木材高度加工研究所，「コンサイス木材百科」，㈶秋田県木材加工推進機構，p. 14，1998
39) 土木学会鋼構造委員会木橋技術小委員会，「木橋技術に関する講習会テキスト・シンポジウム論文報告集」，㈳土木学会，pp. 165-170，2001
40) ㈶国土技術研究センター木橋技術基準検討委員会，「木歩道橋設計・施工に関する技術資料」，㈶国土技術センター，pp. 参3-5，2003
41) ㈶国土技術研究センター木橋技術基準検討委員会，「木歩道橋設計・施工に関する技術資料」，㈶国土技術センター，p. 参17，2003
42) Michael A. Ritter,「Timber Bridges, Design, Construction, Inspection, and Maintenance, United States Department of Agriculture Forest Service」, pp. 13-22(14章), 1990
43) 土木学会鋼構造委員会木橋技術小委員会，「木橋技術に関する講習会テキスト・シンポジウム論文報告集」，㈳土木学会，p. 170，2001
44) ㈶日本住宅・木材技術センター森林資源有効活用促進調査委員会，「大規模木造建築物の保守管理マニュアル」，㈶日本住宅・木材技術センター，pp. 183-203，1997
45) ㈶日本住宅・木材技術センター森林資源有効活用促進調査委員会，「大規模木造建築物の保守管理マニュアル」，㈶日本住宅・木材技術センター，pp. 171-174，1997

第 18 章　今後の動向と展望

18.1 橋梁点検に対する要求の変化

「第 1 章　序説」で述べているように，高度成長期に大量に建設された道路構造物の高齢化が急速に進んでおり，大規模な更新時代を迎えるに際して橋梁の点検作業はより重要となってきている。一方，少子高齢化による技術者の不足や著しい科学技術の発達など，点検を取り巻く環境も変化していることに加え，更新時期の平準化，補修・更新費用の最小化等，長期的な観点から，今後の管理・更新等のあり方を検討する中での点検に対する要求も変化しつつある。

例えば，新しいニーズとして以下のようなものがある。

① 『事後保全』から『予防保全』への移行：従来の点検は，橋梁の安全性に影響を及ぼす損傷を見逃さないという点に主眼がおかれてきたが，損傷を予測するために必要なデータを蓄積するという観点での点検も要求されている。

② 点検の高度化・省力化：技術者の不足や科学技術の発達の面から，点検ロボットなど点検技術者を支援する機器類が要求されている。また，損傷を予測するための客観的なデータの取得・蓄積という面からは，評価・診断システムなど点検技術者を支援するツール類も要求されている。

③ 遠隔地常時監視：技術者の不足，点検の効率化，橋の健全性を評価するための客観的なデータの取得・蓄積などの面から，橋梁の遠隔地常時監視（モニタリング）に適したシステムや機器類が要求されている。

これまでの道路構造物の維持管理・補修では，道路構造物をルーチン作業として点検し，劣化が顕著に現れている箇所において対症療法的に修繕するのが一般的であった。また，点検要領の作成，データベースの構築，技術開発の推進などが個別に行われてきた。

しかし，これからの道路構造物の維持管理・補修では，全体を俯瞰した枠組み，総合的なマネジメントシステムの構築について検討していくという大きな流れがあり，点検もその流れに沿った形へ変化していくことが時代の要求であろう。

18.2 橋梁点検の動向

⑴ 点検の内容

点検は，道路構造物の状態を把握することが主たる目的であり，従来は橋梁の安全性に影響を及ぼす損傷を見逃さない，あるいは点検後の措置を示唆する評価を行うことに重きをおいてきたが，それにとどまらず，健全度評価や劣化予測から対策工事に至る一連のアクションに結びつけることを前提として行う

必要がある。そのためには，その後の劣化予測，対策方法や時期について意思決定を行うために必要な情報の収集を伴わなければならない。

膨大な道路ストックを効率的に点検するためには，工学的かつ統計的な裏づけをもった点検項目や頻度の見直しが必要であり，その地点における環境条件を反映するとともに，大型車の重量および積載量遵守状況を把握するなど，交通特性を点検に反映しなければならない。また，劣化が確認された場合には，その性状と予測の精度に応じて，適切な点検間隔を設定する必要がある。

このように，道路構造物の点検対象について，劣化の特性やメカニズム，道路利用者への影響等を考慮した上で，どのような点検頻度と方法で行うかを検討することが要求されることとなろう。

(2) 評価の定量化とデータの蓄積

点検結果については，数値情報や画像情報を必要に応じて用いるなど可能な限り定量的かつ客観的に記録することが望ましく，健全度評価や劣化予測等に有効なデータを対象として一貫性のあるデータ記録を行うことが重要である。

データは，電子化して今後のマネジメントに活用するとともに，点検の結果発見された損傷データは継続して観察し，点検から補修完了までの一貫した履歴をデータベースとして保存・蓄積・更新する必要がある。加えて，これらの情報を道路管理者の関係職員の間で共有することが，健全度評価や劣化予測から対策工事に至る一連のアクションを行う上で効果的である。

(3) 点検の高度化，遠隔地常時監視

今後開発が必要と考えられる技術のうち，点検技術では，点検作業の効率化とその有効な記録方法に関する技術開発が必要である。例えば，通常の目視点検では視認できないコンクリート内部の空洞や変状を把握するための赤外線や超音波，光ケーブルなどを活用した技術の開発，また，構造物表面の状態を記録するためのレーザー光線やハイビジョンカメラ，CCDカメラなどを活用した映像を記録する技術などが考えられる。

さらに，劣化が顕在化する以前にその兆候を把握したり，発生している応力を検出するための非破壊点検手法や，コンクリート中の鉄筋の腐食程度を精度よく効率的に測定するための検査方法，現地に到達することが困難な箇所の遠隔点検技術や遠隔地常時監視（モニタリング）技術の開発も必要である。

(4) 点検に関する資格制度

総合的なマネジメントシステム構築において，設計・施工，点検，健全度評価，劣化予測，管理計画の各段階で，一定レベルの知識と経験を有する技術者が必要となる。

点検については，日常の点検と道路構造物ごとの定期的な点検に大別される。

日常点検は日々の巡回において目視により実施しているものであり，道路管理者等がその知識と経験に基づき実施している。今後は，点検を行う者の専門能力をより一層向上させることにより，点検水準の確保を図る必要がある。

道路構造物の定期点検および健全度評価は，従来どおり民間と道路管理者等が協力し，点検要領等に従って実施していくことになろうが，定期点検の確実な実施，客観的で一貫性のあるデータの蓄積，点検結果に基づく正確な健全度

評価を行うためには，一定の水準以上の知識と経験が必要であり，道路管理者と民間ともに所要の技術力を有する技術者が必要である。

道路構造物の将来の状態を構造体の劣化メカニズムを考慮して正確に予測するには，高度な専門能力が必要である。また，劣化予測に基づき補修や更新等の管理計画を作成する際には，道路構造物について一定水準以上の知識と経験を有するとともに，現場レベルでの維持管理業務にも通暁した技術力が求められる。さらに，設計においてライフサイクルコスト最小の思想を導入する際，劣化した構造物の状態を精査するための詳細な調査を実施する際にも高度な専門能力が必要となる場合がある。これらの比較的高い技術力と判断力を要する業務は，道路管理者が自らの技術力に基づき実施することが基本であるが，必要に応じ，外部の高度な技術力を有する技術者を活用することが有効である。

所要の技術力を有した技術者を確保するためには，米国における橋梁検査員制度のような，その技術力に見合った資格制度の活用が有効であると考えられる。

わが国においては，道路構造物の点検等について㈶海洋架橋・橋梁調査会が実施する橋梁点検員講習があり，これらの講習の活用に加え，新たな資格制度の創設も含めて，技術者の育成と活用のあり方について検討が進められていくことであろう。

また，道路管理に関わる業務に対する技術的報酬や社会的評価が高くないとの指摘が多いことから，点検，調査，評価，予測に関する技術を適切に評価し，その対価としてのエンジニアリング・フィーの考え方や発注方式などの改善も資格制度とあわせて検討されていくことが望まれる。

18.3 ハンドブック活用上の課題

民間会社だけで構成される本研究会が作成した本書が広く活用されるためには，ハンドブックとしての有用性があること，つまり，短期間で橋梁点検員に必要な基礎知識の習得と技術力の向上が得られる教育用テキストであることを実証する必要がある。

橋梁点検員を対象とした講習会を開催し，ハンドブックの普及を進めると同時に内容の充実を図っていくことが必要である。そのためには，本書を作成したメンバーの，トレーナーとしてのさらなる技術力の向上もまた必要である。

そして，非破壊検査機器，補修技術，マネジメント技術等の時代の進展が著しい科学技術を有効に活用できるテキストへ適宜更新し続けていくことが今後の課題であろう。

参考文献
1) 道路構造物の今後の管理・更新等のあり方に関する検討委員会,「道路構造物の今後の管理・更新等のあり方」, 2003

あとがき

　本委員会では，平成14年度および平成15年度の2カ年にわたり「橋梁点検ハンドブック」（全18章）の草稿に取り組んだ。

　本書を作成する動機や目的は「まえがき」および「第1章　序説」で述べたとおりであるが，そもそもハンドブックとは新たな真理を追究するものではなく，既知の知見を系統立てて整理・とりまとめ，業務に携わる人の知識不足や経験不足を補い，短期間で多くの人材を育成するためのツールである。

　したがって，本委員会ではこの視点から，これまでの成果をより有効に活用し，実用的なハンドブックとして総括するために以下に示す事項に留意してとりまとめを行った。

①　橋梁点検に必要な知識の全容を系統立てて章立てし，流れを把握しやすく，使いやすいものとする。

②　できるだけ平易な表現を用い，作業手順や点検のポイントを簡潔に要領よくまとめる。

　草稿の作成作業は，四つのワーキンググループに分かれて，それぞれのワーキンググループに鋼橋を専門とする委員とコンクリート橋を専門とする委員をとりまぜてグループを編成した。この狙いは，専門分野の異なるメンバーが異なる視点から意見を述べあうことにより，高度な専門知識を共有するとともに不得意な分野を補完し，橋梁全体の点検・診断知識をバランスよく習得することにあった。

　各委員は自身の本業の傍ら時間外，あるいは休日を返上して原稿作成に取り組み，討議を重ねて500余ページの草稿を作成した。本当に厳しいスケジュールの中，総勢34名が目的を一つにしてつくりあげた成果である。

　また，本委員会では，平成16年度に本草稿のさらなる内容精査およびハンドブックの普及を目的として，会員会社を対象に8月と11月に講習会を実施し，受講者の意見を参考に内容の訂正を行った。

　さらに，平成16年3月に国土交通省国道・防災課から刊行された「橋梁定期点検要領」との整合を図るために，損傷の種類の分類訂正，損傷度評価と対策区分について訂正を行った。

　本書の草稿は平成14年度から16年度までの3カ年をかけほぼ完成した。しかし，作成本来の意味からすれば，本書の完成はハンドブック活用のスタートラインについた状態であり，今後，広く活用されるために自らが率先して利用し，さらなる内容の充実を図り普及展開していくことが大切である。

「やるべきことは書店においてたくさん並べられている。あとはやるかやらないかだ」
　　　　　　　　　　　　　　（日本経済団体連合会会長　奥田碩より）

平成18年3月
道路構造物保全研究会　計測・診断部会
橋梁委員会委員長　白瀬昇快

索　引

あ

I型鋼格子床版　180
アイバー　473
亜鉛めっき橋　478
亜鉛溶射　425
アースアンカー工　416
アスファルト系舗装　201
アーチ橋　145, 461, 467
アーチ橋の点検項目　249
アーチ系構造　22
アーチ弦材補強　408
アーチデッキスラブ　184
アーチ部材　462, 468, 469
圧縮強度　97
圧縮破壊　437
穴あき　212
網目状ひびわれ　277
アメリカ合衆国の橋梁点検　332
アルカリ骨材反応　102, 221, 388
RCアーチ橋の点検項目　230
RC桁橋の点検項目　222
RC床版　179
RC床版橋の点検項目　225
RC床版の損傷メカニズム　441
RCラーメン橋の点検項目　228
アルミ合金形式伸縮装置　320
アンカーバー　473, 474
アンカーボルトのゆるみ　263, 264
安全性照査　76, 93

い

イギリスの橋梁点検　336
維持管理指標　214
維持管理要領（点検編）　334
異常時点検　160
異常な音・振動　266, 289
1ヒンジアーチ　461
一般構造用圧延鋼材　110
一般図　164
インピーダンス測定　355, 371

う

ウイング　149
上降伏点　113
上支材　469
ウェブ圧縮破壊　438
上横構　468, 469
うき　224, 277, 281

（右カラム）

渦流探傷試験（ET）　355, 369
打替え工法　394
打替え材料　130
内ケーブル構造　143
上塗り　118
上塗り塗料　122
上面増厚工法　394

え

永久ひずみ　113
A種の橋　74
SCデッキ　183
FRP補強工　398
エポキシ樹脂MIO塗料　122
エポキシ樹脂系注入材　128, 136
エポキシ樹脂塗料　120
エポキシ樹脂プライマー　119
MEスラブ　183
MCI　214
L荷重　74
LB支承　39
塩害　102, 221, 388
塩害による橋脚の損傷　102
遠隔地常時監視　497, 498
塩化ゴム系塗料　123
延性　72, 113
延性破壊　451
鉛直ひびわれ　276, 281, 282
塩分　123

お

応力　71
応力-ひずみ関係　71
応力-ひずみ曲線　99
応力頻度測定　258
応力腐食ひびわれ　115
遅れ破壊　109
押抜きせん断力　438
オーバーハング式道路標識　313
オーバーヘッド式道路標識　313
温度応力クラック　209

か

階段状荷重漸増載荷試験　443
開腹アーチ　231
火害　107
化学的腐食　106
荷重低減工法　424

片持ち式道路標識　313
活荷重　74
加熱矯正工法　405
下部構造　141
下部工のひびわれ　104
壁式橋脚　151
カラーイメージングソナーによる洗堀調査　372, 385
環境破壊　451
乾燥収縮　99
陥没　212
画像処理法　372, 374
ガードケーブル　300
ガードパイプ　299
ガードレール　299
顔料　116

き
机上調査　163
基礎　149, 151
基層　201
基礎工法　153
基礎の空洞充填工法　411
基礎の洗堀　294
基礎の沈下・傾斜　293, 296
亀甲状ひびわれ　276, 281
木橋　484
木橋の接合方法　486
木橋のメンテナンス　491
木橋の劣化　490
QSスラブ　183
橋脚　94, 149, 150
橋脚の座屈　459
橋座　149
橋座の拡幅　427
橋台　94, 148, 150
胸壁　148
橋門構　468
供用性指標　214
橋梁管理カルテ　173
橋梁台帳　163, 173
橋梁定期点検要領（案）　161, 186, 190, 212, 219, 332, 334
橋梁点検員講習　499
橋梁点検結果等入力支援システム　345
橋梁点検車　167
橋梁点検要領（案）　212, 331
橋梁データベース管理システム　338
橋梁のマネジメントサイクル　346
橋梁マネジメントシステム　347
橋梁用ビーム型防護柵　300
局部照明　309
許容応力度設計法　85
亀裂　239, 243, 244, 248, 252, 288
亀裂の削り取り工法　405
逆T型橋台　150

く
杭基礎　35, 151, 152
杭基礎の点検項目　292
杭体補強工法　417
くぼみ　208
クリープ　99
グースアスファルト舗装　202

け
軽量盛土工法　416, 417, 424
ケーソン基礎　34, 151, 152
桁構造　22
桁端部の損傷　191
桁橋の点検項目　241
桁連続化工法　408
欠陥　2
ケーブル　471
ケーブル型防護柵　300
ケーブルカバーの腐食　255
ケーブルの腐食　254, 257
ケーブルバンド　473, 475
建造物保守管理標準（案）・同解説　334
ゲルバー桁補強　406
現地踏査　167
現場継手　23

こ
高圧注入　127, 129
鋼管矢板基礎　35
鋼桁　86
工場継手　22
鋼床版　177, 178, 181
高所作業車　167
鋼製形式伸縮装置　320
構造用集成材　485
光沢　125
交通管理図　168
鋼T型橋脚の点検項目　287
鋼板すべり支承　38
鋼板接着工法　395
鋼板巻立て工法　412, 419
降伏点一定鋼　111
鋼ラーメン橋脚の点検項目　290
高力黄銅支承板支承　39, 156
高力ボルト継手　89
高力ボルトの取替え工法　402, 403
高力ボルトの腐食対策工法　402
骨材　10
固定アーチ　461
個別評価　197
コルゲーション　207, 210, 213
コールドジョイント　221
コンクリート　12
コンクリート壁式橋脚の点検項目　285
コンクリート床版下面破壊　441
コンクリート強度じん性測定法　372, 378

コンクリート橋台の点検項目　275
コンクリート系床版　178, 179, 185
コンクリート充填工法　414
コンクリート床版上面破壊　442
コンクリート柱の破壊　439
コンクリートT型橋梁の点検項目　275
コンクリートヒンジ支承　154
コンクリート舗装　203
コンクリートラーメン橋脚の点検項目　283
コンクリートロッカー支承　154
コンポスラブ　182
合成桁　91
合成桁橋　143
合成床版　178
剛性防護柵　300, 302, 304, 305
ゴム支承　38, 154, 157
ゴム支承の点検箇所　270
ゴムジョイント形式伸縮装置　319

さ

再アルカリ化工法　391, 392
砂塵　124
サドル　473, 474
錆　124, 125
サーモグラフィ法　355, 357
3ヒンジアーチ　461
座屈　87, 109, 458

し

支圧強度　98
支圧接合　89
紫外線　124
死荷重　74
支承の移設　432
支承の機能障害　265
支承の亀裂　262
支承の取替え　426, 433, 435
支承の腐食　262
支承板支承　38, 154
支承板支承の点検箇所　269
支承部周辺の点検箇所　269
支承部の沈下　268
支承部の土砂詰まり　267
支承部の落下　267
止水材料　134
自然電位法　355, 362
下降伏点　113
下塗り　118
下塗り塗料　119
下面増厚工法　395
写真撮影法　194
斜張橋　145, 464, 469
斜張橋の点検項目　249
車両用防護柵　299, 301
沓座モルタルの欠損　266
主ケーブル　473, 474

主桁　142, 145, 470
主桁増設　406, 410
主桁の座屈　459
主桁のひびわれ　104
主塔　471
衝撃弾性波法　372, 377
詳細調査　160, 258
小吊橋　482
床版　142, 145
床版橋　143
床版の亀裂　198
床版のひびわれ　191, 199
床版の腐食　198, 198
床版防食機能の劣化　198
初期欠陥　220, 221, 388
シリコンアルキド樹脂塗料　123
資料調査　163
シーリング材　129, 136
シーリング材の劣化　137
伸縮装置の形式　319
伸縮装置の損傷　322
振動測定法　372, 379
浸透探傷試験（PT）　355, 368
J-BMS　345
軸力　72, 77
自己収縮　100
事後保全　497
自動打音検査機　194
磁歪応力測定法　372, 382
磁粉探傷試験（MT）　355, 367
充填工法　129, 389
充填材料　131, 138
充腹アーチ　231
重力式橋台　150
樹脂系注入材　128
上部構造　141
じん性　109

す

垂直材　469
水滴による結露　124
スケーリング　105
ステイ　474, 475
ストップホール工法　405
ストランド　112
ストランドシュー　473, 474
ストランドソケット　473, 474
スパイラル　112
スプレーサドル　473, 474
すべり止め舗装　202

せ

赤外線法　195, 355, 357, 372, 375
施工ジョイントクラック　209
施工不良　388
設計図書　163

接着工法　395
接着層　201
セメント　10
セメント系注入材　128
セメントコンクリート舗装　203
線支承　38, 39, 154, 156
線支承の点検箇所　269
せん断圧縮破壊　438
せん断強度　98
せん断破壊　438
せん断引張破壊　438
せん断付着破壊　438
せん断力　73, 80
ぜい性　72
ぜい性破壊　451
全体評価　197

そ

ソケット　473
外ケーブル工　400
外ケーブル構造　144
外ケーブル補強工法　408
損傷　2, 220, 240
損傷状況の把握　219
損傷度判定標準　200, 212
損傷評価基準　196
損傷別評価　212
損傷リベットの取替え工法　402, 403
増厚工法　394
増杭工法　414, 422

た

耐荷力曲線　87
対傾構　145
対策区分の判定　219
対策区分判定要領　196
耐震性能1　96
耐震性能2　96
耐震性能3　96
滞水　199, 207, 213, 279, 282, 289
タイドアーチ　461
タイプI地震動　74
タイプII地震動　74
タイヤ跡　208
耐ラメラテア鋼　111
耐力　113
縦型緩衝ピン　434
堅壁　148
縦桁　145
タールエポキシ樹脂塗料　120
たわみ性防護柵　299, 302, 303, 305
単スロープ型防護柵　300
ダイヤスラブ　184
ダイヤフラム　146
打音法　355, 361
打撃音法　372, 376

脱塩工法　391
脱落　240, 243, 249, 289, 303
段差　207, 210, 211, 213
弾性限　113
弾性波法　194
断面修復工法　390
断面修復材料　130, 137

ち

地中レーダー法　372, 380
地中連続壁基礎　34
着色舗装　202
チャンネルビーム合成床版　183
中央ヒンジ形式PC橋　466
中間点検　160
中空床版橋　143
中性化　101, 221, 388
中性子法　355, 365
超厚膜型エポキシ樹脂塗料　121
超音波厚さ測定（UM）　355, 370
超音波探傷試験（UT）　355, 366
超音波探傷法（UT）　355, 356
超音波ボルト軸力計　372, 384
長ばく形エッチングプライマー　118
超微粒子セメント系スラリー　128
長油性フタル酸樹脂塗料　122
チョーキング　126
直接基礎　33, 151, 152
直接基礎の点検項目　292
直壁型防護柵　300

つ

追跡調査　161
通常点検　160
突合せ後付け形式伸縮装置　319
突合せ先付け形式伸縮装置　319
つりあい破壊　437
吊材　468
吊材の破断　266
吊橋　145, 472
吊橋の点検項目　256

て

低圧注入　127, 129
TRC床版　183
TMCP鋼　111
T荷重　74, 96
T桁橋　143
T桁橋床版　185
定期点検　160, 219
鉄筋　10, 12
鉄筋コンクリート床版　177, 179
鉄筋コンクリート巻立て工法　412
鉄筋に沿ったひびわれ　276
鉄筋防錆工法　390
鉄筋露出　198, 224, 225, 227, 232, 278, 284, 286

索引

添加剤　117
添加式道路標識　313
点検記録　338
点検計画書　166
点検結果の記録　219
点検結果の評価　212
点検調書　163, 173
点検の高度化　497, 498
点検の省力化　497
点検用野帳　168
添接板締付け工法　402, 409
デジタルX線撮影システム　372, 381
電気化学的防食工法　390
電気防食工法　390, 391, 398
電磁波法　355, 358
電磁誘導法　355, 359
電着工法　391, 392

と
凍害　105
凍害による橋脚の損傷　105
特定点検　160
塗装劣化　304
トラス型ジベル合成床版　183
トラス橋　145
トラス橋の点検項目　244
トラス構造　22
トンネル照明　309
ドイツ連邦の橋梁点検　336
道路維持修繕要綱　331
道路管理データベースシステム　338, 343
道路橋補修便覧　331
道路使用許可申請書　168
道路標識　313, 315

な
中塗り　118
中塗り塗料　122
斜め圧縮破壊　438
斜材　466
斜材定着部　466
斜め引張破壊　438
斜めひびわれ　277, 282, 284
鉛系錆止めペイント　119
波形ウェブ橋　143

に
2ヒンジアーチ　461

ね
根固め工　415, 416
ねじりモーメント　82
熱拡散率　100
熱伝導率　100
熱膨張係数　100

は
排水性舗装　202
排水装置の損傷　323, 328
排水桝　324, 325
排水桝周辺の床版損傷　327
破壊力学　448
はがれ　124, 125
剥離　124, 198, 208, 222, 224, 225, 227, 232, 278, 284, 286
剥落防止工法　392, 399
剥落防止材料　133
箱桁橋　143
箱桁橋床版　185
端支柱　469
端対傾構　469
柱式橋脚　151
破断　240, 248, 252, 264, 289, 304
ハンガーロープ　473, 474
ハンガーロープソケット　473
半重力式橋台　150
半たわみ性舗装　202
反発硬度法　355, 360
反力　73
場所打ちRC床版　179
場所打ち床版橋　178
場所打ち箱桁橋　178
バックルプレート　324
パイプスラブ　184
パネル別評価　197
パラペット　148
パワースラブ　183

ひ
控え式橋台　150
非合成桁　91
Hitスラブ　184
引張強度　98
引張接合　90
引張強さ　108, 113
引張破壊　437
比熱　100
非破壊検査機器　353
ビヒクル　117, 122
ひびわれ　211, 221, 222, 227, 230, 232
ひびわれ注入工法　388
ひびわれ注入材　128
ひびわれ度　216
ひびわれの検出装置　194
ひびわれ被覆工法　388
ひびわれ補修工法　126, 127
ひびわれ率　216
表層　201
表面塗布材料　129
表面被覆工法　389
表面ぶくれ　209
表面保護材料　132, 138

比例限　113
疲労　72, 106, 113
疲労亀裂　453
疲労センサー　372, 383
疲労耐久性試験　443
疲労破壊　112, 451
ヒンジ　463
BMS　345
B種の橋　74
BP-A支承　39
BP-B支承　39
微細ひびわれ　105
ビーム型防護柵　299
PSI　214
PC鋼材　10, 13
PC合成床版　181, 185
PC鋼線　13, 112, 114
PC鋼より線　13, 112, 114
PCコンポ橋　143
PC斜張橋の点検項目　237
PC床版　179
PC中空床版橋の点検項目　234
PCT・I桁橋の点検項目　232
PCT桁　75, 76
PC箱桁橋の点検項目　235
PC巻立て工法　413, 421
ピボット支承　39, 154, 156
ピン支承　39, 154, 156
ピン支承の点検箇所　270

ふ
フェノール樹脂MIO塗料　121
フェノールフタレイン法　355, 364
吹付け材料　130
複合トラス橋　143
ふくれ　125
腐食　111, 115, 239, 249, 251, 288, 303, 308
腐食機構　111
腐食性ガス　124
付着強度　98
フーチング　148
フーチング基礎　33
フーチングの点検項目　291
ふっ素樹脂塗料　123
扶壁式橋台　150
フラッシュ　208
フランスの橋梁点検　336
フレッチング　115
フレッチング疲労　116
フレッチング疲労強度　114
フレッチング腐食　115
フロリダ型防護柵　300
Vカット充填材料　129, 136
ブリスタリング現象　207
ブリッジマネジメントシステム　331, 345
分極抵抗法　355, 362

プライマー　118
プレキャスト床版橋　178
プレキャストT桁橋　178
プレキャストPC床版橋　180
プレストレス導入工法　396
プレストレストコンクリート床版　179
プレストレストコンクリート舗装　203
プレストレッシング方式　144
プレテンション桁　8, 11
プレートガーダー　86
プレートガーダー橋　145
プレハブ化床版　180
プレパックドコンクリート工法　390

へ
ヘアクラック　209
変位制限構造　434
変形　71, 288
変状　3
変色　227, 228, 278, 284
変性エポキシ樹脂塗料　120, 121
変退色　125
ベタ基礎　33

ほ
崩壊　105
放射線法　355, 363
補強　161
補強材料　396
補強設計　394
歩行者自転車用柵　299, 302
補剛桁　468, 469
補剛材による補強　414
補修　161
舗装内浸透水排出対策　325
舗装ひびわれ　207, 210, 213
ホワイトベース　203
防音壁　306, 307
防護柵　299
防食機能の劣化　240, 288
防水層　201
防錆材料　139
ボックスビーム　299
ボルトキャップ工法　402, 403
ポストテンション桁　9, 11
ポットホール　207, 210, 213
ポップアウト　105
ポリウレタン樹脂塗料　123
ポリッシング　208
PONTIS　345, 348

ま
マイクロパイル工法　415, 423
曲げ強度　98
曲げせん断破壊　438
曲げモーメント　73, 77

索 引

摩擦接合　89
豆板　221
摩耗　210

み
水セメント比法則　97
水張り疲労試験　446, 448
MICHI　338, 343, 346
密閉ゴム支承板支承　39

む
無機ジンクリッチプライマー　118
無機ジンクリッチペイント　119
虫食い状ひびわれ　209
無塗装橋梁　480
無溶剤型タールエポキシ樹脂塗料　121
無溶剤型変性エポキシ樹脂塗料　121

め
明色舗装　202

も
木材の異方性　484
目視点検　258
モルタルパッチング工法　390
門型式道路標識　313

や
焼入れ　110
焼きなまし　110
焼きならし　110
焼戻し　110
ヤング係数　78

ゆ
Uカット充填材料　129, 136
遊間の異常　265
有機ジンクリッチペイント　120
遊離石灰　277, 282
遊離石灰　194
遊離石灰を伴うひびわれ　191, 224, 225
Uリブ合成床版　183
ユニットスラブ　180
油膜による汚れ　124
弓弦アーチ　461
ゆるみ　240, 243, 249, 289

よ
溶解腐食　115
溶剤　117
溶接構造用圧延鋼材　110
溶接構造用耐候性熱間圧延材　110
溶接継手　88
溶接ビード止端部のTIG処理工法　404
翼壁　149

横桁　142, 145
横構　145
横梁　149
汚れ　126
予防保全　497
寄り　208

ら
落下物防止柵　307
落橋防止構造　427, 430, 435
落橋防止システム　431
ラベリング　208
ラーメン橋　145
ラーメン橋台　150
ラーメン橋の点検項目　244
ラーメン式橋脚　151
ランガー桁橋　145

り
リバーデッキ　184
リフレクションクラック　209
リベット継手　90
リラクセーション　114

れ
レーザー法　196
レーダー法　355, 358
劣化　2
レベル1地震動　74, 92, 96
レベル2地震動　74, 92, 96
連続化工法　396, 397
連続合成桁　475
連続照明　309
連続繊維シート接着工法　395, 396
連続繊維巻立て工法　412, 420
連続鉄筋コンクリート舗装　203

ろ
老化　208
漏水　198, 199, 207, 213, 225, 279, 282, 289
路線図　163
ローゼアーチ　461
ローゼ桁　145
路側式道路標識　313
ロッカー支承　38, 39, 154
ロックドコイル　112
ロードアスファルト舗装　202
路面点検システム　372, 373
ローラー支承　39, 40, 154, 157
ローラー支承の点検箇所　270
ローラーの脱落　264

わ
わだち掘れ　207, 211, 213
われ　125

[MEMO]

橋梁点検ハンドブック

2006年12月20日　第1刷Ⓒ
2011年 1 月25日　第2刷

編　者　　(財)道路保全技術センター
　　　　　道路構造物保全研究会

発行者　　鹿　島　光　一

発行所　　鹿島出版会
　　　　　104-0028　東京都中央区
　　　　　八重洲2丁目5番14号
　　　　　Tel 03(6202)5200　　振替 00160-2-180883
　　　　　無断転載を禁じます。
　　　　　落丁・乱丁本はお取替えいたします。

印刷・製本　創栄図書印刷
ISBN4-306-02379-6　C3052　Printed in Japan

本書の内容に関するご意見・ご感想は下記までお寄せください。
URL:http://www.kajima-publishing.co.jp
E-mail:info@kajima-publishing.co.jp